普通高等教育土建学科专业"十五"规划教材
高校建筑学专业指导委员会规划推荐教材

# 外国近现代建筑史

(第二版)

同济大学 罗小未 主编

中国建筑工业出版社

图书在版编目（CIP）数据

外国近现代建筑史/罗小未主编. —2版. —北京：
中国建筑工业出版社，2003（2023.8重印）
普通高等教育土建学科专业"十五"规划教材.
高校建筑学专业指导委员会规划推荐教材
ISBN 978-7-112-06022-1

Ⅰ. 外… Ⅱ. 罗… Ⅲ.①建筑史—外国—近代—高等学校—教材②建筑史—外国—现代—高等学校—教材 Ⅳ.TU-091.1

中国版本图书馆CIP数据核字（2003）第083522号

本书为普通高等教育土建学科"十五"规划教材。本教材对1982年第一版《外国近现代建筑史》一书进行了全面地修订和重新编写，大大地补充和增加了新的内容，并尽可能地反映国外自18世纪中叶工业革命至今两百余年来的建筑文化发展概况，以适应新时期的教学需要。具体内容体现在以下六个方面：一、18世纪下半叶至19世纪下半叶欧洲与美国的建筑；二、19世纪下半叶至20世纪初对新建筑的探求；三、新建筑运动的高潮——现代建筑派及其代表人物；四、第二次世界大战后的城市建设与建筑活动；五、战后40~70年代的建筑思潮——现代建筑派的普及与发展；六、现代主义之后的建筑思潮等。

本教材适合建筑学、城市规划专业使用，也可供土建及相关专业人员学习与工作参考。

责任编辑：王玉容
责任设计：彭路路
责任校对：刘玉英

普通高等教育土建学科专业"十五"规划教材
高校建筑学专业指导委员会规划推荐教材

### 外国近现代建筑史
（第二版）

同济大学　罗小未　主编

\*

中国建筑工业出版社出版、发行（北京西郊百万庄）
各地新华书店、建筑书店经销
北京市密东印刷有限公司印刷

\*

开本：787×1092毫米　1/16　印张：28½　字数：710千字
2004年8月第二版　2023年8月第五十四次印刷
定价：48.00元
ISBN 978-7-112-06022-1
（20994）

版权所有　翻印必究
如有印装质量问题，可寄本社退换
（邮政编码 100037）

本社网址：http://www.cabp.com.cn
网上书店：http://www.china-building.com.cn

# 前　言

　　本书是我国高等学校建筑学专业、城市规划专业及相关专业的教材和一切对建筑感兴趣的所有人员学习与工作的参考书。它是一本历史，其最终的目的是引导读者正确认识和理解建筑与建筑学的发展过程，从而使建筑历史精华体现在今日时空之中。

　　建筑历史主要是建筑文化史。"文化"按《辞海》的解释，是人类在社会实践过程中所获得的物质与精神的生产能力和所创造的物质与精神财富的总和。建筑文化就是这些能力与财富在建筑领域上的反映。作为一种历史现象，建筑文化和其他文化一样，有历史上的继承性与革新性，在阶级社会中又有阶级性，此外还有民族性与地域性；不同时期、不同民族与不同地域的建筑又形成了建筑文化的多样性；而以上一切又与一定社会的政治、经济和其他文化密切关联。然而，建筑文化与其他文化相比却更为多元，其异质共存的情况无处不在。简单地说：它是一个人为环境，但与自然密切相关；它既是人们日常生活的场所，又常常兼作某个群体的精神象征，有时还是商品；它是物质生产、又是精神创造；它是技术，又是艺术。由于有人就有建筑，而建筑是需要人力物力来实现的，因而它既有服务于社会的任务，又往往会受社会权势所左右……建筑的多元本质使建筑难以用简单的言语来概括之，同时又使建筑的发展与变化相对其他文化，具有其自身的特殊性和一定的自主性。

　　建筑历史是人们认识与了解建筑与建筑学最有效的知识途径。古人有谓，欲知其人，观其行、察其言；虽然这些言行是发生于彼时彼地的往事，但它们对说明该人的本质还是十分有效的。现代著名哲学家和历史学家克罗齐和科林伍德提倡分析和批判的历史哲学[1]。科林伍德指出，历史事件并非仅仅是现象、研究历史不仅仅是观察对象，而是必须看透它，辨析出其中的思想与心理活动，才能发现各种文化与文明的重要模式与动态；历史其实是思想史。须知历史过程是由人的行为构成的，而人的行动本质是历史与社会上不同人的生存理想与客观现实相互作用的结果。因此，将历史事件重新置放在当时的社会背景与各种理想与现实的矛盾之中，透过历史事件的表象去辨析其背后的思想活动，就显得十分重要了。诚然，奠基于这些思想活动上的经验与答案也很重要，但由于时空的变迁，过去的经验不一定能解决今日的问题；不过处于各种矛盾之中的思想活动、思想方式与价值取向却是值得研讨的，并会很有启发。建筑本来就是人为之物，这种分析和批判的历史哲学无论对研究或学习建筑历史的人都很有裨益。

　　本书尽可能客观地反映国外自18世纪中叶工业革命至今两百余年来建筑历史与文化的重大事件与发展概况。由于时间与空间跨度较大，具体内容体现在下面六个方面：1.18世纪下半叶～19世纪下半叶欧洲与美国的建筑；2.19世纪下半叶～20世纪初对新建筑的探求；3.新建筑运动的高潮——现代建筑派及其代表人物；4.第二次世界大战后的城市规划与建筑活动；5.第二次世界大战后40～70年代的建筑思潮——现代建筑派的普及与发展；6.现代主义之后的建筑思潮。历史从来都不可能展现全部史实。这里尽可能列入能够反映建筑与建筑学的本质、多样性与多元性的历史事件，特别是能反映隐藏在丰富的历史现象后面的思想内容和思想意识。为此，本书虽然是在1982年的《外国近现代建筑史》基础上重新编写的，但在对原稿作必要的修正与补充之外，还大大地充实了有利于分析和批判的新内容。现今的份量几乎是原来的一倍。例如第六章，其中文字十余万、图片百余帧就是全新的；第五章还增加了第三世界国家的内容。正文后面还附有比较详细的索引，不仅便于读者查找，对有心的读者来说，可能还是一份有用的资料。

最后还有一个说明。由于目前国内对国外建筑师名字的音译不统一，各译各的，虽然都力求确切，但有时仍使人摸不着头脑。为此，本书尽可能采用或参考曾经在音译中做过认真及细致工作的《简明不列颠百科全书》中译本中的译名。虽然该书的译名有的与我们建筑界惯用的不完全一致，须知，有些姓氏不仅建筑界中有，其他领域也有，可能更为通行。为了取得一致，促进统一，还是采用了该书的译名。

本书的编写人除了1982年版本分属四所大学的六位老师之外，又增加了三位年轻的老师。具体分工如下：

第一章的第一、二、三节，第二章全章，第四章第一节中的五和第三节中的一、二由东南大学的刘先觉负责；

第一章的第四节和第四章的第二节由天津大学的沈玉麟负责；

第三章的第一节至第八节由清华大学的吴焕加负责；

第三章的第九节、第四章第一节中的一、二、三、四和第五章全章由同济大学的罗小未负责；第四章第一节中的六由同济大学陈琬与罗小未负责，第四章第三节中的三由同济大学蔡婉英与罗小未负责；

第六章的第一节至第六节由同济大学的卢永毅负责，第七节由同济大学彭怒与卢永毅负责，第八节由同济大学李翔宁与卢永毅负责。

此外在工作过程中我们还得到不少学生如周磊、孙彦青、李将、王颖、李燕宁等的协助，李将还在协助编制索引中费了很多心。对他们的努力，我在此表示衷心的感谢。

由于时间与水平的关系，本书还存在很多纰漏，望读者原谅。

罗小未

---

注❶：克罗齐（B. Croce, 1866~1943），意大利人，著有《历史学的理论与实践》（1921年出版）；科林伍德（R. G. Collingwood, 1889~1943），英国人，著有《历史的观念》（1946年出版）。两者均为现代著名的哲学家、历史学家，提倡分析和批判的历史哲学。

# 目　录

前言
**第一章　18世纪下半叶～19世纪下半叶欧洲与美国的建筑** …………… 1
　第一节　工业革命对城市与建筑的影响 ………………………………… 1
　第二节　建筑创作中的复古思潮——古典复兴、浪漫主义、折衷主义 … 4
　　一、古典复兴（CLASSICAL REVIVAL） ………………………………… 4
　　二、浪漫主义（ROMANTICISM） ………………………………………… 7
　　三、折衷主义（ECLECTICISM） ………………………………………… 9
　第三节　建筑的新材料、新技术与新类型 ……………………………… 11
　第四节　面对工业革命后资本主义城市矛盾而提出的探索 …………… 20
　　一、巴黎改建 …………………………………………………………… 21
　　二、"新协和村" ………………………………………………………… 23
　　三、"田园城市" ………………………………………………………… 24
　　四、"工业城市" ………………………………………………………… 26
　　五、"带形城市" ………………………………………………………… 27
　　六、美国的方格形城市 ………………………………………………… 28

**第二章　19世纪下半叶～20世纪初对新建筑的探求** ………………… 30
　第一节　建筑探新的社会基础 …………………………………………… 30
　第二节　欧洲探求新建筑的运动 ………………………………………… 31
　　一、探求新建筑的先驱者 ……………………………………………… 31
　　二、艺术与工艺运动 …………………………………………………… 32
　　三、新艺术运动 ………………………………………………………… 33
　　四、奥地利、荷兰与芬兰的探索 ……………………………………… 36
　第三节　美国的芝加哥学派与赖特的草原式住宅 ……………………… 39
　　一、高层建筑的发展与芝加哥学派 …………………………………… 39
　　二、赖特的草原式住宅 ………………………………………………… 43
　第四节　法国对钢筋混凝土的应用 ……………………………………… 46
　第五节　德意志制造联盟 ………………………………………………… 50

**第三章　新建筑运动的高潮——现代建筑派与代表人物** …………… 53
　第一节　两次世界大战之间的社会历史背景与建筑活动 ……………… 53
　第二节　建筑技术的进展 ………………………………………………… 55
　第三节　战后初期建筑探新运动的持续及其流派 ……………………… 56

一、古典复兴、浪漫主义、折衷主义仍在运行 ···················· 56
　　　二、坚持探新的表现主义派、未来主义派、风格派与构成主义派 ···················· 57
　第四节　新建筑运动走向高潮——现代建筑派的诞生 ···················· 61
　第五节　格罗皮厄斯与"包豪斯"学派 ···················· 65
　第六节　勒·柯比西埃 ···················· 75
　第七节　密斯·范·德·罗 ···················· 81
　第八节　赖特和他的有机建筑 ···················· 86
　第九节　阿尔托 ···················· 94

第四章　第二次世界大战后的城市建设与建筑活动 ···················· 102
　第一节　战后的建筑概况 ···················· 102
　　　一、西欧 ···················· 103
　　　二、北欧 ···················· 113
　　　三、美国 ···················· 118
　　　四、巴西 ···················· 122
　　　五、日本 ···················· 124
　　　六、前苏联 ···················· 129
　第二节　战后的城市规划与实践 ···················· 134
　　　一、20世纪40年代后期的城市规划与建设 ···················· 134
　　　二、20世纪50年代的城市规划与建设 ···················· 140
　　　三、20世纪60年代以来的城市规划与建设 ···················· 149
　　　四、对未来城市的设想 ···················· 176
　第三节　高层建筑、大跨度建筑与战后建筑工业化的发展 ···················· 181
　　　一、高层建筑 ···················· 181
　　　二、大跨度与空间结构建筑 ···················· 201
　　　三、战后西方国家建筑工业化的发展 ···················· 216

第五章　战后40～70年代的建筑思潮——现代建筑派的普及与发展 ···················· 232
　第一节　进程中的反复与建筑既有物质需要又有情感需要的提出 ···················· 232
　第二节　对理性主义进行充实与提高的倾向 ···················· 240
　第三节　粗野主义倾向与勒·柯比西埃的广泛影响 ···················· 250
　第四节　讲求技术精美的倾向 ···················· 259
　第五节　典雅主义倾向 ···················· 265
　第六节　注重高度工业技术的倾向 ···················· 271
　第七节　讲究人情化与地域性的倾向 ···················· 283
　第八节　第三世界国家对地域性与现代性结合的探索 ···················· 290
　第九节　讲求个性与象征的倾向 ···················· 310

## 第六章　现代主义之后的建筑思潮 ……………………………………………… 324
### 第一节　从现代到后现代 …………………………… 324
### 第二节　后现代主义 ………………………………… 336
### 第三节　新理性主义 ………………………………… 347
### 第四节　新地域主义 ………………………………… 357
### 第五节　解构主义 …………………………………… 369
### 第六节　新现代 ……………………………………… 387
### 第七节　高技派的新发展 …………………………… 402
### 第八节　简约的设计倾向 …………………………… 413

## 索引 …………………………………………………………………………………… 425

# 第一章　18世纪下半叶～19世纪下半叶欧洲与美国的建筑

## 第一节　工业革命对城市与建筑的影响

自17世纪英国资产阶级革命(1640年)至普法战争和巴黎公社(1871年)是欧洲封建制度瓦解和灭亡的时期,是资本主义在先进国家中取得胜利的时期,是自由资本主义形成和发展的时期。

虽然英国资产阶级革命出现于17世纪,但是西方资本主义国家城市与建筑的重大变化却出现在18世纪的工业革命以后。特别是在19世纪中叶,工业革命已从轻工业(如纺织等)扩至重工业,铁产量的大增为建筑的新功能、新技术与新形式准备了条件。

工业革命的冲击,给城市与建筑带来了一系列新问题。首当其冲的是工业城市,因生产集中而引起的人口恶性膨胀,由于土地私有制和房屋建设的无政府状态而造成的交通堵塞、环境恶化,使城市陷入混乱之中。其次是住宅问题,虽然资产阶级不断地建造房屋,但他们的目的是为了牟利,或出于政治上的原因,或仅仅是谋求自己的解脱,广大的民众仍只能居住在简陋的贫民窟中,严重的房荒成为资本主义世界的一大威胁。第三是社会生活方式的变化和科学技术的进步促成了对新建筑类型的需要,并对建筑形式提出了新要求。因此,在建筑创作方面产生了两种不同的倾向。一种是反映当时社会上层阶级观点的复古思潮;另一种则是探求建筑中的新功能、新技术与新形式的可能性。

资产阶级为了发展工业而渴需科学,因为科学可以探究与运用自然力量。在当时科学技术的发明中,以1782年詹姆士·瓦特发明的蒸汽机影响最大。它不仅能应用于纺织、冶金、交通运输、机器制造等工业,以减少繁重的体力劳动,而且还使工业生产集中于城市。于是大城市人口便以惊人的速度增长起来。18世纪下半叶,随着机器大生产的发展,原来一些封建的手工业城市已逐渐发展成为资本主义大机器生产的工业城市。首先在英国,其次在法国、比利时等,不但旧城扩展了,新城在交通要道和原料产地也陆续诞生。恩格斯在《英国工人阶级状况》一书中分析资本主义城市的发展时曾经写道:"人口也像资本一样地集中起来;这也是很自然的,因为在工业中,人——工人,仅仅被看做一种资本,他把自己交给厂主去使用,厂主以工资的名义付给他利息。大工业企业需要许多工人在一个建筑物里面共同劳动;这些工人必须住在近处,甚至在不大的工厂近旁,他们也会形成一个完整的村镇。他们都有一定的需要,为了满足这些需要,还需有其他的人,于是手工业者、裁缝、鞋匠、面包师、泥瓦匠、木匠都搬到这里来了。……于是村镇就变成小城市,而小城市又变成大城市。城市愈大,搬到里面来就愈有利,因为这里

有铁路，有运河，有公路；可以挑选的熟练工人愈来愈多；……这就决定了大工厂城市惊人迅速地成长。"❶

随着资本主义大工业在城市中的盲目发展，城市人口迅速地增加，尤其以大城市最为

居民百分率表(%)❷  表1-1-1

| 年 度 | 英 国 | | 德 国 | | 法 国 | | 美 国 | |
|---|---|---|---|---|---|---|---|---|
| | 农村 | 城市 | 农村 | 城市 | 农村 | 城市 | 农村 | 城市 |
| 1800 | 68 | 32 | — | — | 80 | 20 | 96 | 4 |
| 1850 | 50 | 50 | — | — | 75 | 25 | 88 | 12 |
| 1860 | 46 | 54 | — | — | 72 | 28 | 84 | 16 |
| 1870 | 38 | 62 | 64 | 36 | 70 | 30 | 79 | 21 |
| 1880 | 32 | 68 | 59 | 41 | 65 | 35 | 72 | 28 |
| 1890 | 28 | 72 | 53 | 47 | 62 | 38 | 65 | 35 |
| 1900 | 22 | 78 | 46 | 54 | 58 | 42 | 60 | 40 |
| 1910 | 22 | 78 | 40 | 60 | 55 | 45 | 54 | 46 |
| 1920 | 21 | 79 | 38 | 62 | 53 | 47 | 48 | 52 |

注：1940年美国约有60%的人口居住在城市中。

大城市人口增长表❸  表1-1-2

| 城 市 | 1800年 | 1850年 | 1900年 | 1920年 |
|---|---|---|---|---|
| 伦 敦 | 865000 | 2363000 | 4536000 | 4483000 |
| 巴 黎 | 547000 | 1053000 | 2714000 | 2806000 |
| 柏 林 | 172000 | 419000 | 1889000 | 4024000 |
| 纽 约 | 79000 | 696000 | 3437000 | 5620000 |

突出。农村居民就相应地减少了。从表1-1-1、表1-1-2中可以清楚地看出来。

这种人口迅速向大城市集中的现象，以英国最为突出。例如伦敦在19世纪后半叶就集中了英国⅙的人口，生产占全国¼。这些大城市所控制的范围远远超出其行政范围。

与此同时，在资本主义制度下，由于土地的私有、工厂盲目地建造、城市建设的无计划性，大量劳动人民的居住条件非常恶劣，贫民窟到处滋生，城市房荒日益严重，使资本主义大工业城市不可避免地陷入了混乱状态。19世纪时的英国伯明翰(Birmingham)即是一例(图1-1-1)。

在这种情况下，城市变成了一个拥挤、混乱的地方，既不能顺利地发展生产，又不宜于居住。工人住宅区的恶劣卫生条件使得流行病大量发生。恩格斯在《论住宅问题》中就尖锐地指出："现代自然科学已经证明，挤满了工人的所谓恶劣街区，是周期性光顾我们城市一切流行病的发源地。……统治的资本家阶级以逼迫工人阶级遭到流行病的痛苦为乐事是不能不受惩罚的；后果总会落到资本家自己头上来。而死神在他们中间也像在工人中间一样逞凶肆虐。"❹

---

❶《马克思恩格斯全集》第2卷第300页，人民出版社，1975年。
❷ 摘自刘光华编《市镇计划》第33页，高等教育部教材审编处，1954年。
❸ 摘自《城乡规划》上册第23页，中国工业出版社，1961年。
❹《马克思恩格斯选集》第2卷491页、492页，人民出版社，1972年。

另外，居住区与工作地点距离过远的矛盾也日益尖锐化。工人每天往返不但要浪费很多时间与费用，而且来往于拥挤不堪的地下车和汽车中，到了工作地点时，就早已疲乏不堪了，此类情形在美国的大城市和伦敦尤其普遍（图1-1-2）。这种生命和经济上的浪费是十分惊人的。

资产阶级统治者为了克服城市的混乱，曾采取了一系列的措施，但是在资本主义制度下，这些措施有的根本无法实现，有的虽然实现，也不能彻底解决资本主义城市的矛盾。

早在17世纪英国革命后，建筑师雷恩（Christopher Wren）就曾给1666年惨遭大火的伦敦提出过一个改建规划，这是试图整顿旧城市的初步尝试。但是伦敦土地分属于几十个贵族地主，无法实行统一规划，这个尝试最后失败了。

18世纪末，法国大革命以后，国民议会的革命政府曾设法改善过巴黎市区的部分公共设施。到了19世纪后半叶，所谓奥斯曼（G. E. Haussmann）的巴黎改建计划也是对资本主义城市改造的一次摸索。但是这些改造仅限于主要街区，而它们背后的贫民区的混乱现象仍是无法克服的。

资产阶级在欧洲其他大城市，也曾效法过奥斯曼的方法。他们把工人街区，特别是大城市中心的工人街区切开，不论是为了公共卫生或美化，还是由于市中心需要大商场，或是由于敷设铁路、修建街道等等交通的需要，其结果总是一样：最不成样子的小街小巷没有了，但是……这种小街小巷立刻又在别处，甚至就在紧邻的地方出现，而且交通越来越拥挤，人口愈来愈多，卫生条件愈来愈恶劣。

图1-1-1　英国伯明翰在19世纪的情况

图1-1-2　伦敦路德门处的街道与旱桥

## 第二节 建筑创作中的复古思潮——
## 古典复兴、浪漫主义、折衷主义

建筑创作中的复古思潮是指从18世纪60年代到19世纪末流行于欧美的古典复兴、浪漫主义与折衷主义。它们的出现,主要由于新兴的资产阶级的政治需要,他们之所以要利用过去的历史样式,是企图从古代建筑遗产中寻求思想上的共鸣。马克思说:"人们自己创造自己的历史,但是他们并不是随心所欲地创造,并不是在他们自己选定的条件下创造,而是在直接碰到的、既定的、从过去承继下来的条件下创造。一切已死的先辈们的传统,像梦魇一样纠缠着活人的头脑。当人们好像只是在忙于改造自己和周围的事物并创造前所未闻的事物时,恰好在这种革命危机时代,他们战战兢兢地请出亡灵来给他们以帮助,借用它们的名字、战斗口号和衣服,以便穿着这种久受崇敬的服装,用这种借来的语言,演出世界历史的新场面"。[1]

古典复兴、浪漫主义与折衷主义在欧美流行的时间大致如表1-2-1所示。

古典复兴、浪漫主义与折衷主义在欧美流行的时间　　　　表1-2-1

|  | 古典复兴 | 浪漫主义 | 折衷主义 |
| --- | --- | --- | --- |
| 法　国 | 1760~1830 | 1830~1860 | 1820~1900 |
| 英　国 | 1760~1850 | 1760~1870 | 1830~1920 |
| 美　国 | 1780~1880 | 1830~1880 | 1850~1920 |

### 一、古典复兴(CLASSICAL REVIVAL)

古典复兴是资本主义初期最先出现在文化上的一种思潮,在建筑史上是指18世纪60年代到19世纪末在欧美盛行的仿古典的建筑形式。这种思潮曾受到当时启蒙运动的影响。

启蒙运动起源于18世纪的法国,是资产阶级批判宗教迷信和所谓封建制度永恒不变等传统观念的运动,曾为资产阶级革命作舆论准备。18世纪法国资产阶级启蒙思想家著名的代表主要有伏尔泰、孟德斯鸠、卢梭和狄德罗等人。虽然他们的学说反映了资产阶级各阶层的不同观点,但他们却具有着一个共同的核心,那便是资产阶级的人性论,"自由"、"平等"、"博爱"是其主要内容,被用作为鼓吹资本主义制度的口号。正是由于对民主、共和的向往,唤起了人们对古希腊、古罗马的礼赞,因此,法国资产阶级革命胜利后初期曾向罗马共和国借用英雄的服装自然不足为奇了,这也就是资本主义初期古典复兴建筑思潮的社会基础。

在18世纪前的欧洲,巴罗克与洛可可建筑风格盛行一时,它反映了王公贵族生活日益奢侈与腐化,封建王朝已走上末路。当时在建筑上大量使用繁琐的装饰与贵重金属的镶嵌,引起了讲究理性的新兴资产阶级的厌恶,他们对于巴罗克与洛可可风格正如对待专制制度一样,认为它束缚了建筑的创造性,不适合新时代的艺术观,因此要求用简洁明快的处理手段来代替那些繁琐与陈旧的东西。他们在探求新建筑形式的过程中,试图借用古典

---

[1] 《马克思恩格斯选集》第1卷第603页,人民出版社,1972年。

的外衣去扮演进步的角色,希腊、罗马的古典建筑遗产成了当时创作的源泉。在法国大革命时期,资产阶级热烈向往着"理性的国家",研究与歌颂古罗马共和国成为资产阶级知识分子的时风。不仅文学艺术界如此,建筑界也有明显的反映。马克思说:"在罗马共和国的高度严格的传统中,资产阶级社会的斗士们找到了为了不让自己看见自己的斗争的资产阶级狭隘内容、为了要把自己的热情保持在伟大历史悲剧的高度上所必需的理想、艺术形式和幻想。"❶这充分说明了18世纪古典复兴所反映的资产阶级的政治目的。当法兰西共和国为独裁的拿破仑帝国所代替时,在上层资产阶级的心目中,"民主"、"自由"已逐渐成为抽象的口号,这时他们向往的却是罗马帝国称雄世界的霸权。于是,古罗马帝国时期雄伟的广场和凯旋门、纪功柱等纪念性建筑便成了效法的榜样。

对古典建筑的热衷,自然引起了对考古工作的重视。18世纪下半叶到19世纪,考古工作成绩显著,大批考古学家先后出发到希腊、罗马的废墟上去进行实地发掘;接着一篇篇详尽的考古报告传遍欧洲,尤其是当发掘出来的希腊、罗马艺术珍品运到各大博物馆时,欧洲人的艺术眼界才真正打开了。另外,德国人温克尔曼(Johann Joachim Winckelmann)于1764年出版的"古代艺术史"(History of Ancient Art),曾热烈推崇希腊艺术简洁精练的高贵品质,对当时也起了很大的影响。从这些著作与实物中,人们看到了古希腊艺术的优美典雅,古罗马艺术的雄伟壮丽。于是人们攻击巴罗克与洛可可风格的繁琐、矫揉造作以及路易皇朝后期的所谓古典主义(Classicism)的不够正宗,极力推崇希腊、罗马艺术的合于理性,认定应当以此作为新时代建筑的基础。

由此可见,18世纪古典复兴建筑的流行,固然主要由于政治上的原因,另一方面也是由于考古发掘进展的影响。

古典复兴建筑在各国的发展,虽有共同之处,但也有些不同。大体上法国以罗马式样为主,而英国、德国则希腊式样较多。采用古典复兴的建筑类型主要是为资产阶级政权与社会生活服务的国会、法院、银行、交易所、博物馆、剧院等公共建筑,还有纪念性的建筑,至于一般市民住宅、教堂、学校等建筑类型相对来说影响较小。

法国在18世纪末到19世纪初是欧洲资产阶级革命的据点,也是古典复兴运动的中心。早在大革命(1789年)前后,法国已经出现了像巴黎万神庙(Panthéon, 1755~1792年,设计人:J. G. Soufflot,图1-2-1,兴建时是Ste-Geneviève教堂,建成后改作供奉名人之用)那样的的古典复兴建筑。此后,罗马复兴的建筑思潮便在法国盛极一时。

在法国大革命前后还出现了像部雷(Etienne Louis Boullée, 1728~1799年)和勒杜(Claude Nicolas Ledoux, 1736~1806年)那样企图革新建筑的一代人。他们在资产阶级革命激情的影响下,为了追求理性主义的表现,虽然也采用古典柱式作为构图手段,但却趋向简单的几何形体,或使古典建筑具有简化、雄伟的新风格,或力求打破传统的轮廓线。但这类建筑只是表现了资产阶级一时的英雄主义情绪,实现的很少。部雷最有代表性的作品是1783年设计的伟人博物馆方案,1784年设计的牛顿纪念碑方案(Newton Cenotaph),后者是一巨球形的建筑因体量过大而没有实现。勒杜设计的例子如巴黎维莱特关卡(Barriere de la Villette, 1785年),勒·桑戴关卡(Barriere de le Sante)等。

---

❶ 《马克思恩格斯选集》第1卷第604页,人民出版社,1972年。

图 1-2-1　巴黎万神庙

拿破仑帝国时代，在巴黎建造了许多国家级的纪念性建筑，例如星形广场上的凯旋门(1808~1836年，设计人：J. F. Chalgrin，图1-2-2)、马德莱娜教堂(The Madeleine, Paris, 1806~1842年，设计人：Pierre Alexandre Vignon)等建筑都是罗马帝国时期建筑式样的翻版。在这类建筑中，它们追求外观上的雄伟、壮丽，内部则常常吸取东方的各种装饰或洛可可的手法，因此形成所谓的"帝国式"风格(Empire Style)。

图 1-2-2　巴黎星形广场凯旋门

英国的罗马复兴并不活跃，表现得也不像法国那样彻底。代表作品为英格兰银行(1788~1833年，设计人，Sir John Soane)。希腊复兴的建筑在英国占有重要的地位，这是由于当时英国人民对希腊独立的同情，与1816年国家展出了从希腊雅典搜集的大批遗物之后，在英国形成了希腊复兴的高潮。这类建筑的典型例子如爱丁堡中学(The High School, Edinburgh, 1825~1829年，设计人：T. Hamilton)，不列颠博物馆(The British Museum, London, 1823~1847年，设计人：Sir Robert Smirke)等。

德国的古典复兴亦以希腊复兴为主，著名的柏林勃兰登堡门(Brandenburg Gate, 1789~1793年，设计人：C. G. Langhans)即是从雅典卫城山门吸取来的灵感。另外，著名建筑师申克尔(K. F. Schinkel)设计的柏林宫廷剧院(1818~1821年，图1-2-3)及柏林老博物馆(Altes Museum, 1824~1828年)也是希腊复兴建筑的代表作。

图1-2-3　柏林宫廷剧院

美国在独立以前，建筑造型都是采用欧洲式样。这些由不同国家的殖民者所盖的房屋风格称为"殖民时期风格"(Colonial Style)，其中主要是英国式。独立战争时期，美国资产阶级在摆脱殖民地制度的同时，曾力图摆脱"殖民时期风格"，由于他们没有自己的悠久传统，也只能用希腊、罗马的古典建筑去表现"民主"、"自由"、光荣和独立，所以古典复兴在美国盛极一时，尤其是以罗马复兴为主。1793~1867年建的美国国会大厦(设计人：William Thornton and B. H. Latrobe, 图1-2-4)就是罗马复兴的例子，它仿照了巴黎万神庙的造型，极力表现雄伟的纪念性。希腊复兴的建筑在美国也很流行，特别是在公共建筑中颇受欢迎。例如1798年在费城建造的宾夕法尼亚银行(Bank of Pennsylvania, 设计人：B. H. Latrobe)就是这类建筑的一个典型例子。

二、浪漫主义 (ROMANTICISM)

浪漫主义是18世纪下半叶到19世纪上半叶活跃于欧洲文学艺术领域中的另一种主要思潮，它在建筑上也得到一定的反映。

浪漫主义产生的社会背景比较复杂。资产阶级革命胜利以后，大资产阶级的统治使资本主义经济法则代替了封建权势，曾支持革命的小资产阶级与农民在革命斗争中却落了

图1-2-4　美国国会大厦

空,新兴的工人阶级仍处于水深火热之中。于是社会上出现了象圣西门(Henn de Saint-Simon, 1760～1825年)、傅立叶(F-M-C Fourier, 1772～1837年)、欧文(Robert Owen, 1771～1858年)等乌托邦社会主义者。他们反映了小资产阶级的心情、也掺有某些没落贵族的意识,憎恨工业化城市带来的恶果,提倡新的道德世界,但反对阶级斗争,企图用和平手段说服资产阶级放弃对劳动人民的剥削压迫。在新的社会矛盾下,他们回避现实,向往中世纪的世界观,崇尚传统的文化艺术,后者正好符合大资产阶级在国际竞争中强调祖国传统文化的优越感。所有这些错综复杂的社会意识,在艺术与建筑上导致了浪漫主义。

浪漫主义既带有反抗资本主义制度与大工业生产的情绪,又夹杂有消极的虚无主义色彩。它在要求发扬个性自由、提倡自然天性的同时,用中世纪手工业艺术的自然形式来反对资本主义制度下用机器制造出来的工艺品,并以前者来和古典艺术抗衡。

浪漫主义最早出现于18世纪下半叶的英国。18世纪60年代到19世纪30年代是它的早期,也称之为先浪漫主义时期。先浪漫主义带有旧封建贵族怀念已失去的寨堡与小资产阶级为了逃避工业城市的喧嚣而追求中世纪田园生活的情趣与意识。在建筑上则表现为模仿中世纪的寨堡或哥特风格。模仿寨堡的典型例子如埃尔郡的克尔辛府邸(Culzean Castle, Ayrshire, 1777～1790年),模仿哥特教堂的例子如称为威尔特郡的封蒂尔修道院的府邸(Fonthill Abbey, Wiltshire, 1796～1814年)。19世纪中叶在探求新建筑的热潮中,英国的艺术与工艺运动(Arts and Crafts movement)虽然比它晚,但在意识根源上有相似的地方。此外,先浪漫主义在建筑上还表现为追求非凡的趣味和异国情调,有时甚至在园林中出现了东方建筑小品。例如英国布赖顿的皇家别墅(Royal Pavilion, Brighton, 1818～1821年,图1-3-3)就是模仿印度伊斯兰教礼拜寺的形式。

从19世纪30年代到70年代是浪漫主义的第二个阶段,是浪漫主义真正成为一种创作潮流的时期。当时大量出现的关于中世纪建筑样式的分析与研究报告为它准备了条件。这时期的浪漫主义建筑以哥特风格为主,故又称哥特复兴(Gothic Revival)。哥特复兴式不仅用于教堂,并出现在学校与其他世俗性建筑中。它反映了当时西欧一些人对发扬民族传统文化的恋慕,认为哥特风格是最有画意和诗意的,并尝试以哥特建筑结构的有机性来解决古典建筑所遇到的建筑艺术与技术之间的矛盾。

浪漫主义建筑最著名的作品是英国国会大厦(Houses of Parliament, 1836~1868 年,设计人:Sir Charles Barry, 图 1-2-5)。它采用的是亨利第五时期的哥特垂直式,原因是亨利第五(1387~1422 年)曾一度征服法国,欲以这种风格来象征民族的胜利。此外,如英国斯塔夫斯的圣吉尔斯教堂(S. Giles, Staffs, 1841~1846 年,设计人:A. W. N. Pugin)与伦敦的圣吉尔斯教堂(1842~1844 年,设计人:Scott and Moffatt),以及曼彻斯特市政厅(The Town Hall, Manchester, 1868~1877 年,设计人:Alfred Waterhouse)都是哥特复兴式建筑较有代表性的例子。

图 1-2-5　英国国会大厦

浪漫主义建筑和古典复兴建筑一样,并没有在所有的建筑类型中取得阵地。它活动的范围主要只限于教堂、学校、车站、住宅等类型。同时,它在各个地区的发展也不尽相同,大体来说,英国、德国流行较广,时间也较早,而法国、意大利则流行面较小,时间也较晚,这是因为前者受古典的影响较少,而传统的中世纪形式影响较深的缘故;后者却恰恰相反。

### 三、折衷主义(ECLECTICISM)

折衷主义是 19 世纪上半叶兴起的另一种创作思潮,这种思潮在 19 世纪以至 20 世纪初在欧美盛极一时。折衷主义越过古典复兴与浪漫主义在建筑样式上的局限,任意选择与模仿历史上的各种风格,把它们组合成各种式样,所以也称之为"集仿主义"。

折衷主义的产生是由几方面因素促成的。自从资本主义在西方取得胜利后,资产阶级的真面目很快就暴露出来。他们曾经打过的民主、自由、独立的革命旗帜被抛弃一边,古典外衣对它也失去了精神上的依据,正像马克思所说:"资产阶级社会完全埋头于财富的创造与和平竞争,竟忘记了古罗马的幽灵曾经守护过它的摇篮"❶。这时,一切生产都已商品化,建筑也毫无例外地需要有丰富多彩的式样来满足商标的要求与供资产阶级个人玩尝和猎奇的嗜好。于是希腊、罗马、拜占廷、哥特、文艺复兴和东方情调在城市中杂然并

---

❶ 《马克思恩格斯选集》第 1 卷第 604 页,人民出版社,1972 年。

存,汇为奇观。同时,在19世纪时,交通已很便利,考古、出版事业大为发达,加上摄影的发明,便于人们认识与掌握古代建筑各种遗产,以致可能对古代各种式样进行选择模仿和拼凑。另外,新的社会生活方式、新建筑类型的出现,以及新建筑材料、新建筑技术和旧形式之间的矛盾,造成了19世纪下半叶建筑艺术观点的混乱,这也是折衷主义形成的基础。

折衷主义建筑并没有固定的风格,它语言混杂,但讲究比例权衡的推敲,常沉醉于对"纯形式"美的追求。但是它在总体形态上并没有摆脱复古主义的范畴。因此在建筑内容和形式之间的矛盾,仍然没有获得解决。

折衷主义在欧美的影响非常深刻,持续的时间也比较长。19世纪中叶以法国最为典型;19世纪末与20世纪初又以美国较为突出。

巴黎歌剧院(1861~1874年,设计人:J. L. C. Garnier,图1-2-6)是折衷主义的代表作,法兰西第二帝国的重要纪念物,奥斯曼改建巴黎的据点之一。它的立面是意大利晚期的巴罗克风格,并掺杂了烦琐的洛可可雕饰。巴黎歌剧院的艺术形式在欧洲各国的折衷主义建筑中有很大的影响。

罗马的伊曼纽尔二世纪念碑(Monument to Victor Emmanuel Ⅱ, 1885~1911年,设计人:Giuseppe Sacconi)是纪念意大利经历了1500年的分裂后在1870年终于重新统一的大型纪念碑。建筑形式采用了罗马的科林斯柱廊和类似希腊古典晚期的宙斯神坛那样的造型。

此外,巴黎的圣心教堂(Church of the Sacred Heart, 1875~1877年,设计人:Paul Abadie,图1-2-7)则是属于拜占廷和罗马风建筑风格混合的例子。

图1-2-6 巴黎歌剧院

第三节 建筑的新材料、新技术与新类型

图 1-2-7　巴黎圣心教堂

1893年美国在芝加哥举行的哥伦比亚博览会，是折衷主义建筑的一次大检阅。在这次博览会中，美国资产阶级为了急于表现当时自己在各方面的成就，迫切需要"文化"来装潢自己的门面以之和欧洲相抗衡，所以芝加哥博览会的建筑物都采用了欧洲折衷主义的形式，并特别热衷于古典柱式的表现。这种暴发户的精神状态与思想上的保守落后，使美国当时刚兴起的新建筑思潮受到了沉重的打击。

法国大革命以后，原来由路易14奠基的古典主义大本营——皇家艺术学院被解散。1795年它被重新恢复，1816年扩充调整后改名为巴黎美术学院（Ecole des Beaux-Arts），它在19世纪与20世纪初成为整个欧洲和美洲各国艺术和建筑创作的领袖，是传播折衷主义的中心。

20世纪前后，社会形势的急剧变化，导致了谋求解决建筑功能、技术与艺术之间矛盾的"新建筑"运动。于是，一度占主要地位的折衷主义思潮逐渐衰落。

## 第三节　建筑的新材料、新技术与新类型

在资本主义初期，由于工业大生产的发展，促使建筑科学有了很大的进步。新的建筑材料，新的结构技术，新的设备，新的施工方法不断出现，为近代建筑的发展开辟了广阔的前途。由于应用与发挥了这些新技术的可能性，建筑的高度与跨度突破了传统的局限，在平面与空间的设计上也比过去自由多了，这些突破必然要影响到建筑形式的变化。

**初期生铁结构**　以金属作为建筑材料，远在古代的建筑中就已经有了应用，至于大量的应用，特别是以钢铁作为建筑结构的主要材料则始于近代。随着铸铁业的兴起，1775～1779年在英国塞文河（Severn River）上建造了第一座生铁桥（设计人：Abraham Darby，图1-3-1）。桥的跨度达100英尺（30m），高40英尺（12m）。1793～1796年在伦敦又出现了一座更新式的单跨拱桥——森德兰桥（Sunderland Bridge），桥身亦由生铁制成，全长达236英

图 1-3-1　英国第一座生铁桥

尺（72m），是这一时期构筑物中最早与最大胆的尝试。

真正以铁作为房屋的主要材料，最初应用于屋顶上，如 1786 年在巴黎为法兰西剧院建造的铁结构屋顶（设计人：Victor Louis，图 1-3-2），就是一个明显的例子。后来这种铁构件在工业建筑上逐步得到推广，典型的例子如 1801 年建于英国曼彻斯特的索尔福德棉纺厂（The Cotton Mill, Salford，设计人：Watt and Boulton）的 7 层生产车间。它是生铁梁柱和承重墙的混合结构，在这里铁构件首次采用了工字形的断面。民用建筑方面应用铁构件的典型例子如英国布赖顿的印度式皇家别墅（Royal Pavilion, Brighton, 1818~1821 年，设计人：John Nash，图 1-3-3），它的重约 50t 的铁制大穹窿被支撑在细瘦的铁柱上。如此应用生铁构件，可以说是为了追求新奇与时髦。

**铁和玻璃的配合**　为了采光的需要，铁和玻璃两种建筑材料的配合应用在 19 世纪建筑中获得了新的成就。1829~1831 年在巴黎老王宫的奥尔良廊（Galerie d'Orléans, Palais

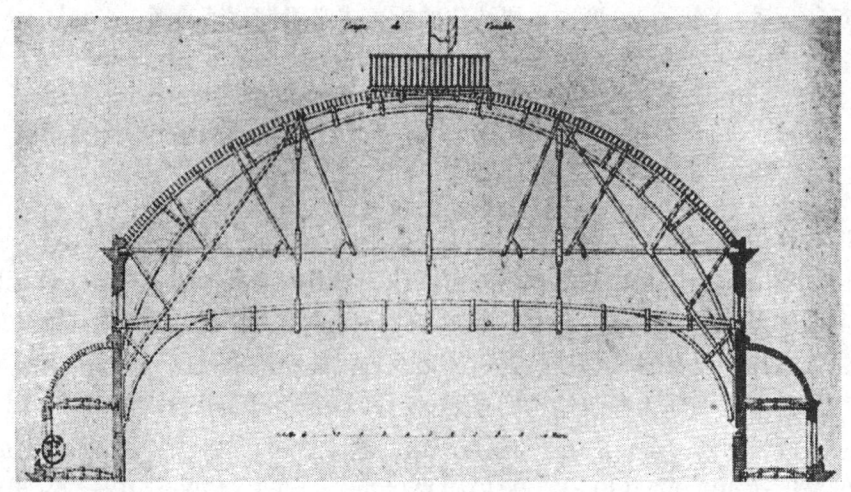

图 1-3-2　巴黎，法兰西剧院铁结构屋顶

第三节 建筑的新材料、新技术与新类型

图 1-3-3　布赖顿的英国皇家别墅

Royal,设计人：P. F. L Fontaine,1762~1853年,图1-3-4)中最先应用了铁构件与玻璃配合建成的透光顶棚。它和周围的折衷主义沉重柱式与拱廊形成强烈的对比。1833年又出现了第一个完全以铁架和玻璃构成的巨大建筑物——巴黎植物园的温室(Greenhouses of the Botanical Gardens,设计人：Rouhault,图1-3-5)。这种构造方式对后来的建筑有很大的启示。

**向框架结构过渡**　框架结构最初在美国得到发展,它的主要特点是以生铁框架代替承重墙。1854年在纽约建造的哈珀兄弟大厦(Harper and Brothers Buildling,设计人：James Bogardus,图1-3-6),一座5层楼的印刷厂,是初期生铁框架建筑的例子。美国在1850~

图 1-3-4　巴黎老王宫的奥尔良廊

图 1-3-5　巴黎植物园温室

图 1-3-6　纽约哈帕兄弟大厦

1880 年间所谓"生铁时代"中建造的商店、仓库和政府大厦多应用生铁构件作门面或框架。如美国中部的贸易中心圣路易斯市的河岸上就聚集有 500 座以上这种生铁结构的建筑（图 1-3-7），在立面上以生铁梁柱纤细的比例代替了古典建筑沉重稳定的印象。尽管如此，它仍然未能完全摆脱古典形式的羁绊。高层建筑在新结构技术的条件下得到了建造的可能性。第一座依照现代钢框架结构原理建造起来的高层建筑是芝加哥家庭保险公司的十层大厦（Home Insurance Company，1883～1885 年，设计人：William Le Baron Jenney，图 1-3-8），它的外形还仍然保持着古典的比例。

**升降机与电梯**　随着工厂与高层建筑的出现，垂直运输是建筑内部交通一个很重要的

第三节　建筑的新材料、新技术与新类型

图 1-3-7　圣路易斯,甘特大厦的生铁门面

图 1-3-8　芝加哥家庭保险公司大厦

问题。这个问题促使了升降机的发明。最初的升降机仅用于工厂中,后来逐渐用到一般高层房屋上。第一座真正安全的载客升降机是美国纽约由奥蒂斯(E. G. Otis)发明的蒸汽动力升降机;它曾在 1853 年世界博览会上展出。1857 年这座升降机被装至纽约一座商店中,1864 年升降机技术传至芝加哥。1870 年贝德文(C. W. Badwin)在芝加哥应用了水力升降机,此后,到 1887 年开始发明电梯。欧洲升降机的出现较晚,直到 1867 年才在巴黎国际博览会上装置了一架水力升降机,这种技术以后在 1889 年应用于埃菲尔铁塔内。

随着生产的飞速发展与人们生活方式的日益复杂,在 19 世纪后半叶对建筑提出了新的任务——建筑必须跟上社会的需要。这时建筑负有双重职责:一方面要解决不断出现的新建筑类型问题,如火车站、图书馆、百货公司、市场、博览会等;另一方面更需要解决的是新技术与旧建筑形式的矛盾问题。因此,建筑师必须了解社会生活以及建筑师必须解决工程技术与艺术形式之间的关系迫使建筑师在新形势下摸索建筑创作的新方向。

**图书馆**　19 世纪中叶,法国建筑师拉布鲁斯特(Henri Labrouste, 1801～1875 年),反对学院派拘泥于古典规范的方法,建议用新结构与新材料来创造新的建筑形式。1843～1850 年他在巴黎建造的圣吉纳维夫图书馆(Bibliothéque Sainte Genevieve,图 1-3-9)是他的代表作之一。这是法国第一座完整的图书馆建筑,铁结构、石结构与玻璃材料在这里得到了有机的配合。拉布鲁斯特的第二个著名作品是巴黎国立图书馆(Bibliothéque Nationale,图 1-3-10,建于 1858～1868 年)。它的书库共有 5 层(包括地下室),能藏书 90 万册,地面与隔

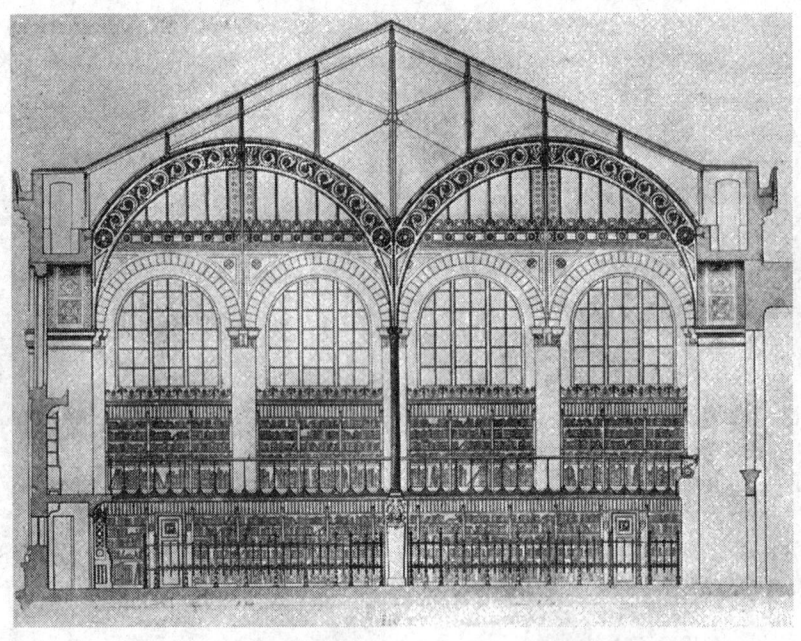

图 1-3-9 巴黎圣吉纳维夫图书馆剖面

图 1-3-10 巴黎国立图书馆内部

墙全部用铁架与玻璃制成，这样既可以解决采光问题，又可以保证防火安全。在书库内部几乎看不到任何历史形式的痕迹，一切都是根据功能的需要而布置的，因此也有人称他为功能主义者，从这里我们可以看到建筑内容开始要求与旧形式决裂。但是，必须指出，他在阅览室等其他部分的处理上，仍表现有折衷主义的影响。

**市场** 新的建筑方法在市场建筑中也获得了新的成就。不同于过去一间间封闭的铺面而是出现了巨大的生铁框架结构的大厅。比较典型的例子如1824年建于巴黎的马德莱娜市场（Market Hall of the Madeleine），1835年在伦敦建造的亨格尔福特鱼市场（Hungerford Fish Market）等。

**百货商店** 随着工业发展，城市发展，人口增多而出现了大规模的商业建筑如百货商店。这种建筑最先出现于19世纪的美国，是在借用仓库建筑的形式基础上发展出来的。纽约华盛顿商店（1845年，图

1-3-11)是这种初期百货商店的一个例子,它的外观基本上保持着仓库建筑的简单形象。以后,百货商店逐渐形成了自己独具的风格,如费城的沃纳梅克商店(John Wanamaker Store, 1876 年)、纽约百老汇路与布鲁姆街转角的百货商店(Broadway and Broome Street, 1857 年最初装上升降机)等均是当时典型的例子。尤其值得注意的是 1876 年建造的巴黎廉价商场(Bon Marché, 建筑师:L. A. Boileau, 工程师:G. Eiffel, 图 1-3-12),它是第一座以铁和玻璃建造起来的具有全部自然采光的百货商店。

**博览会与展览馆** 19 世纪后半叶,工业博览会给建筑的创造提供了最好的条件与机会。显然,博览会的产生是由于近代工业的发展和资本主义工业品在世界市场竞争的结果。博览会的历史可以分为二个阶段:第一个阶段是在巴黎开始和终结的,时间为 1798~1849 年,范围是国家性的;第二个阶段则占了整个 19 世纪后半叶(1851~1893 年),这时它已具有国际性质了,博览会的展览馆便成为新建筑方式的试验田,博览会的历史不仅表现了铁结构在建筑中的发展,而且在审美观上也有了重大的转变。在国际博览

图 1-3-11 纽约,华盛顿商店

图 1-3-12 巴黎廉价商场

会时代中有两次突出的建筑活动，一次是1851年在英国伦敦海德公园(Hyde Park)举行的世界博览会的"水晶宫"展览馆(Crystal Palace)，另一次则是1889年在法国巴黎举行的世界博览会中的埃菲尔铁塔(Eiffel Tower)与机械馆(Galerie des Machines)。

1851年建造的伦敦"水晶宫"展览馆(图1-3-13、1-3-14)，开辟了建筑形式与预制装配技术的新纪元。设计人帕克斯顿(Joseph Paxton)原是一个园艺师，他采用了装配花房的办法来完成这个玻璃铁构架的庞大外壳。建筑物总面积为74000m²；建筑物长度达1851英尺(555m)，象征1851年建造；宽度为408英尺(124.4m)，共有5跨，结构以8英尺(约2.44m)为基本单位(因当时生产的玻璃长度为4英尺，约1.22m，结构模数以此尺寸

图1-3-13 伦敦"水晶宫"

图1-3-14 伦敦"水晶宫"内景

作为基数)。外形为一简单阶梯形的长方体，并有一与之垂直的拱顶，各面只显出铁架与玻璃，没有任何多余的装饰，完全表现了工业生产的机械本能。在整座建筑物中，只应用了铁、木、玻璃三种材料，施工从1850年8月开始，到1851年5月1日结束，总共花了不到9个月的时间，便全部装备完成。"水晶宫"的出现，曾轰动一时，人们惊奇地认为这是建筑工程的奇迹。1852~1854年，"水晶宫"被移至西德纳姆(Sydenham)，在重新装配时，将中央通廊部分原来的阶梯形改为筒形拱

顶，与原来纵向拱顶一起组成为交叉拱顶的外形。整个建筑于1936年毁于大火。

此后，世界博览会的中心转到了巴黎，如1855年、1867年、1878年、1889年在巴黎举行的世界博览会。

1889年的世界博览会是这一历史阶段发展的顶峰。在这次博览会上，主要以高度最高的埃菲尔铁塔与跨度最大的机械馆为中心。铁塔(图1-3-15)在工程师埃菲尔(G. Eiffel)领导下，在17个月中建成。塔高达328m，内部设有4部水力升降机，它的巨型结构与新型设备显示了资本主义初期工业生产的最高水平与强大威力。机械馆(图1-3-16、1-3-17)布置在塔的后面，是一座空前未有的大跨度结构，刷新了世界建筑在跨度上的纪录。这座建筑物长度为420m，跨度达115m，主要结构由20个构架所组成，四壁与屋顶全为大片玻璃。在结构方法上首次应用了三铰拱的原理，拱的末端越接近地面越窄，每点集中压力有120t，说明了新结构试验的成功，也促使了建筑不得不探求新形式的现实。机械馆直到1910年才被拆除。

综上所述，可以清楚看到，在19世纪的建筑领域里，工程师对新技术与新形式的发展起了重要的作用，他们成了新建筑思潮的促进者。

图1-3-15　巴黎埃菲尔铁塔

图1-3-16　巴黎世界博览会机械馆

图1-3-17　巴黎世界博览会机械馆的三铰拱

## 第四节 面对工业革命后资本主义城市矛盾而提出的探索

工业革命以前，在封建社会内部发展起来的早期资本主义城市，其城市结构与布局与先前封建社会城市无根本变革。有一些建设较好的巴罗克或古典主义风格的城市尚有较好的体形秩序。但自18世纪工业革命出现了大机器生产后，引起了城市结构的根本变化，工业化破坏了原来脱胎于封建时期那种以家庭手工业为中心的城市结构与布局。大工业的生产方式，使人口像资本一样集中起来。工业城市人口以史无前例的惊人速度，5倍或10倍地猛增（如纽约人口自1800年的50年内增长近9倍，1850年后的50年内又增长近5倍，其他有些欧洲城市也以3到5倍飞跃速度迅猛增长）。城市中出现了前所未有的大片工业区、交通运输区、仓库码头区、工人居住区。城市规模越来越大，城市布局越来越混乱。原来的城市环境与城市面貌遭到破坏，城市绿化与公共、公用设施异常不足，城市已处于失措状态。

城市土地成为资产阶级榨取超额利润的有力手段。土地因在城市中所处位置不同而差价悬殊。土地投机商热衷于在已有的土地上建造更多的大街与房屋，形成一块块小街坊，以获取更多的可获高价租赁利润的临街面。有的城市为了景观开辟了很多对角线街道，使城市交通更加复杂，特别是铁路线引入城市后，交通更加混乱。有些城市是在原来的中世纪古城基础上发展起来的。在改建过程中，把大银行、大剧院、大商店临街建造，后院则留给贫民居住，以至在城市中心区形成大量建筑质量低劣、卫生条件恶化、不适于人们居住的贫民窟。

工业革命后欧美资本主义城市的种种矛盾随着资本主义的发展而日益尖锐，既危害劳动人民的生活，也妨碍资产阶级自身的利益。这引起某些统治阶级、社会开明人士以及空想社会主义者的疑惧。为尝试缓和社会矛盾，曾实施过一些有益的探索，其中著名的如巴黎市中心的改建、"协和新村"（Village New Harmony）、"田园城市"（Garden City）、"工业城市"（Industrial City）等。但在资本主义制度下，这些措施虽有所补益，但未能解决城市的根本症结。

巴黎市中心改建、"田园城市"和美国的方格形（Gridiron）城市是这个时期历史发展中的主要活动，对其后各国城市建设影响较大。巴黎改建利用了强大的国家权力，进行了一个规模宏伟的城市改建规划，其侧重点在于市中心区的市容。改建后的宽阔林荫路、严整的放射形道路与雄伟的广场、街道两旁房屋的庄严立面和平整的天际线所共同体现出来的皇都气派及其交通功能在当时是世界之冠，对后世有不小的影响。巴黎改建的局限性在于炫耀国家权力，没有顾及广大劳动群众急切需要解决的居住、工作、文化和休息问题。

"田园城市"的理论创始于19世纪末，其后各国的卫星城镇理论与新城运动都受它的影响。理论创始人鉴于城市环境质量的下降与城市自然生态环境的被破坏，提出了亦城亦乡的田园式城市布局，使其兼具城乡两者的优点并解决资本主义城市固有矛盾。这个理论受卢骚的"返回自然"和空想社会主义者如康帕内拉的"太阳城"，傅立叶的"公社房屋"、"理想城市"以及欧文的"新协和村"的影响。其中尤以欧文的"新协和村"影响最大,他们在自己的乌托邦中描绘了未来的共产主义社会。美国的方格形城市则是这个时期划分小街坊的典型实例,是为解决世界上最迅速发展的新建的大商业城市的一种典型平面布局。"工业城市"的设想方案则是资本主义人口与工业发展的一种必然产物,它已觉察到应把工业作为城市结构的一个主要组成部分。"带形城市"理论则被以后的规划工作者用作沿高速干道以带状向外延伸发展布置工业与人口的一种规划组织形式。

## 一、巴黎改建

自1853年起,法国塞纳区行政长官奥斯曼❶执行法国皇帝拿破仑第三的城市建设政策,在巴黎市中心进行了大规模的改建工程。其目的除了解决城市功能结构由于急剧变化而产生的种种尖锐矛盾和对帝国首都进行装点外,还在于从市中心区迫迁无产阶级,改善巴黎贵族与上层阶级的生活与居住环境,拓宽大道、疏导城市交通。

巴黎宏伟的干道规划(图1-4-1)为十字形加环形路,以爱丽舍田园大道(Champs Elysees)(图1-4-2)为东西主轴。在奥斯曼执政的17年中,在市中心区开拓了95km顺直宽阔的道路(拆毁49km旧路),于市区外围开拓了70km道路(拆毁5km旧路),其中布有古典式的规则和对称的中轴线道路以及设有纪念性碑柱或塑像的装饰性广场(图1-4-3),大大地丰富了巴黎的城市面貌。当时对道路宽度、两旁建筑物的高度与屋顶坡度都有一定的比例和规定。在开拓了12条宽阔的树木林立的放射路的明星广场四周建筑屋檐等高,立面形式协调统一。全市各区都修筑了大面积公园。宽阔的爱丽舍田园大道向东、西延伸,把西郊的布伦公园与东郊的维星斯公园的巨大绿化面积引进市中心。市中心的改建重点以罗浮宫至凯旋门最为突

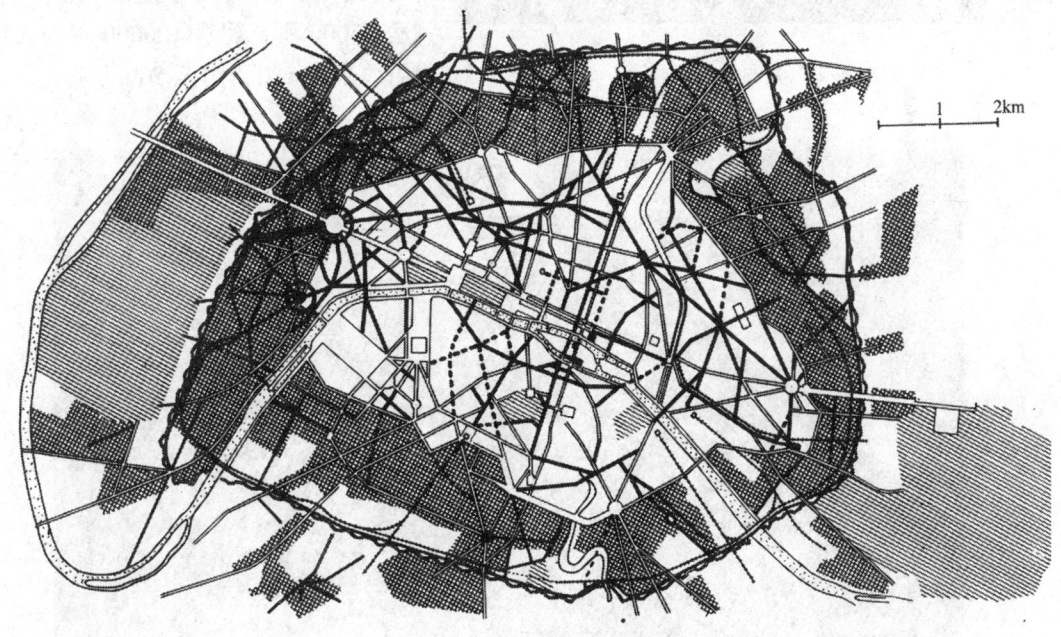

图1-4-1 奥斯曼的巴黎改建规划

---

❶见本教材第一章第一节。

图 1-4-2 爱丽舍田园大道

出,它继承 19 世纪初拿破仑大帝的帝国式风格将道路、广场、绿地、水面、林荫带和大型纪念性建筑物组成一个完整的统一体,成为当时世界上最壮丽的市中心之一。

巴黎改建除了市中心外还设立了几个区中心,这在当时是创见。它适应了因城市结构的改变而产生的分区要求。

从当时的历史条件看,巴黎还处于马车时代、工场时代和煤气灯时代,尚无新的交通工具和新的先进技术,但巴黎改建促进了城市的近代化。自来水供应由原来的每天 112000m³ 增至 343000m³。自来水干管由原来的 747km 增至 1545km。还建造了新的下水道系统,总长度从原有的 146km 增至 560km。照明气灯亦增至 3 倍。1855 年并开办了出租马车的城市公共交通事业。这时共拆房 27000 所,建房 100000 所,人口由原来的 120 万增至 200 万。

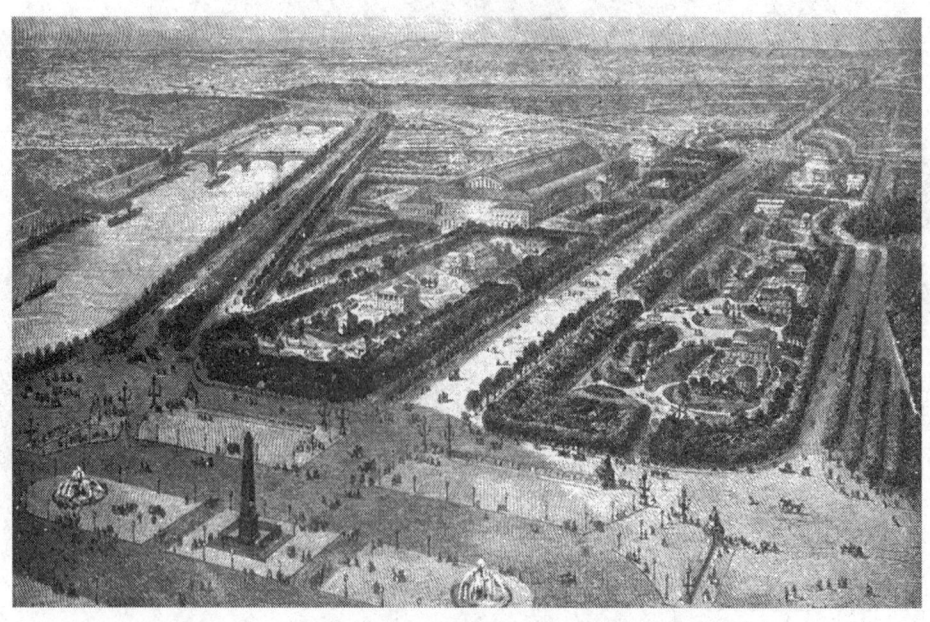

图 1-4-3　19 世纪中叶巴黎协和广场与爱丽舍田园大道

巴黎改建未能解决城市贫民窟问题。旧的贫民窟刚拆除后,立即于新拓干道的街坊后院出现新的贫民窟,也未能解决城市工业化提出的新要求;对因国内和国际铁路网的形成而造成的城市交通障碍也未能得到解决。但奥斯曼对巴黎改建所采取的种种大胆改革措施和城市美化运动仍具有重要历史意义。当时19世纪的巴黎曾被誉为世界上最近代化的城市。

## 二、"新协和村"

欧文(R. Owen,1771~1858年)是19世纪伟大的空想社会主义者之一。他针对资本主义已暴露出来的各种矛盾,进行了揭露和批判,认为要获得全人类的幸福,必须建立崭新的社会组织,把农业劳动和手工艺以及工厂制度结合起来,合理地利用科学发明和技术改良,以创造新的财富,而个体家庭、私有财产及特权利益,将随整个社会制度而消灭。未来社会将按公社(Community)组成。其人数为500~2000人,土地划归国有,分给各种公社,实现部分的共产主义。最后农业公社将分布于全世界,形成公社的总联盟,而政府消亡。

1817年欧文根据他的社会理想,把城市作为一个完整的经济范畴和生产生活环境进行研究,提出了一个"新协和村"(Village of New Harmony,图1-4-4)的示意方案。他在方案中假设居民人数为300~2000人(最好是800~1200人),耕地面积为每人0.4hm$^2$或略多。他认为天井、胡同、小巷与街道易形成许多不便,卫生条件也差,主张采用近于正方的长方形布局。村的中央以四幢很长的居住房屋围成一个长方形大院。院内有食堂、幼儿园与小学等。大院空地种植树木供运动和散步之用。住宅每户不设厨房,而由公共食堂供应全村饮食。以篱笆围绕村的四周,村边有工场,村外有耕地和牧地,篱内复种果树。村内生产和消费计划自给自足,村民共同劳动,劳动成果平均分配,财产公有。

1825年欧文为实践自己的理想,毅然动用他自己的大部分财产来创设共产村。他带领900名成员从英国到达美国的印第安那州,以15万美元购买了总面积为12000hm$^2$的土地建设"新协和村"该村组织与1817年的设想方案相似,但建筑布局不尽类同。他认为建设共产村可揭开改造世界的序幕,以极大的抱负和热忱苦心经营,用去了两年时间和他储

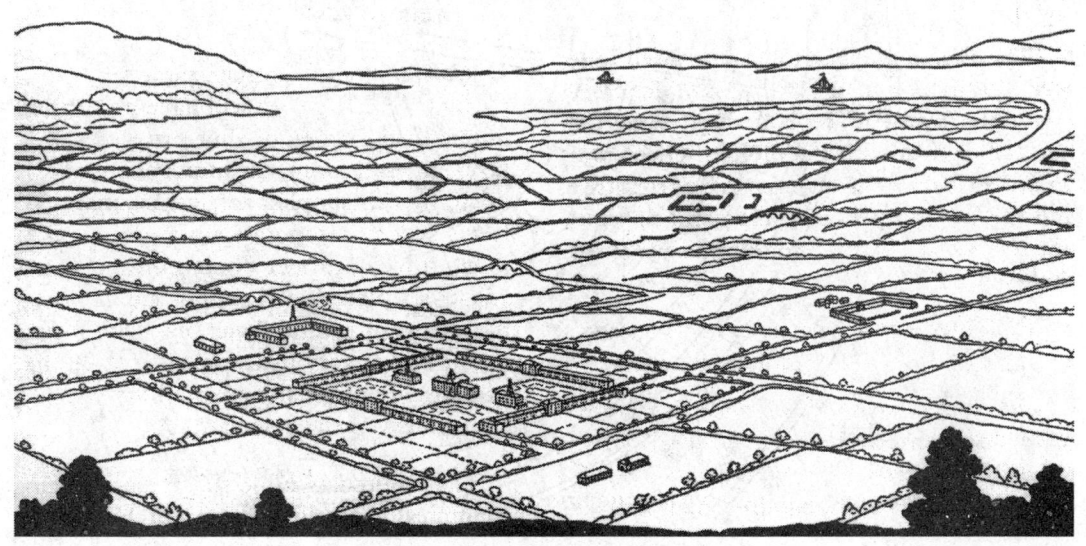

图1-4-4 欧文的"新协和村"示意图

有的巨额财富的几乎全部，但最终失败。

和欧文的试验类似的，有傅立叶(Charles Fourier, 1772~1837年)的"法郎吉"("Phalanges")和卡贝(Etienne Cabet)的"依卡利亚"(Icaria)共产主义移民区等，这些也先后失败。

在资本主义社会中，不可能存在理想的社会主义城市。他们的实践虽在当时未产生实际影响，但其进步的思想，对后来的规划理论，如"田园城市"与"卫星城市"等起重要作用。

### 三、"田园城市"

19世纪末，英国政府针对当时的城市痼疾以"城市改革"与"解决居住问题"为名，授权英国社会活动家霍华德(Ebenezer Howard, 1850~1928年)进行城市调查和提出整治方案。霍华德于1898年著述《明天——一条引向真正改革的和平道路》(1902年再版时书名改为《明日的田园城市》)，揭示工业化条件下的城市与理想的居住条件之间的矛盾以及大城市与接触自然之间的矛盾，提出了"田园城市"(曾译为"花园城市")的设想方案。

霍华德看到19世纪末资本主义大城市恶性膨胀给城市带来的严重恶果，认识到城市的无限发展和城市土地投机是资本主义城市灾难的根源，认识到城市人口的过于集中是由于它具有吸引人们的磁性，认为如能有意识地移植和控制，城市就不会盲目扩张。他提出"城乡磁体"(Town-Country Magnet)，企图使城市生活和乡村生活像磁体那样相互吸引、共同结合。这个城乡结合体既可具有高效能与高度活跃的城市生活又可兼有环境清净、美丽如画的乡村景色，并认为这种城乡结合体能产生人类新的希望、新的生活与新的文化。

为了阐明规划意图，霍华德作了"明日的田园城市"示意图解方案(图1-4-5、1-4-6)，以疏散大城市工业和人口到规模约为32000人的"田园城市"中去。其土地总面积为2400hm$^2$，而以其中心部分的600hm$^2$用于建设"花园城市"。如果城市平面为圆形，则自中心至周围的半径长度为1140m。

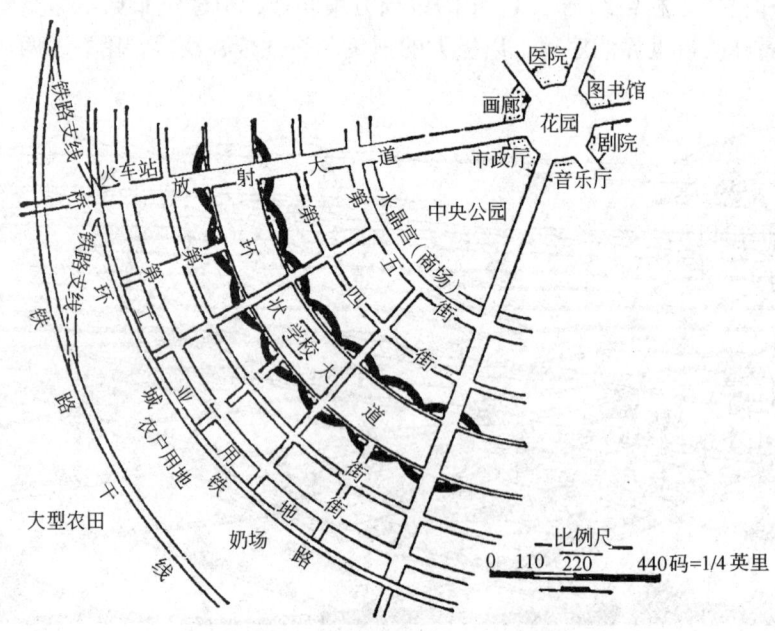

图1-4-5　"田园城市"示意图解方案

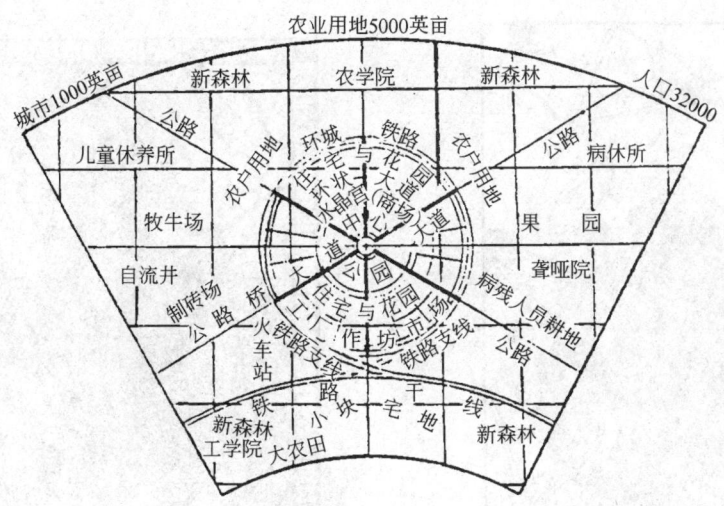

图 1-4-6　"田园城市"及其周围用地图解方案

城市由一系列同心圆组成，可分市中心区、居住区、工业仓库地带以及铁路地带。有 6 条各 36m 宽的放射大道从圆心放射出去，将城市划分为 6 个等分面积。

市中心区中央为一占地 2.2hm² 的圆形中心花园。围绕花园四周布置大型公共建筑如市政府、音乐厅、剧院、图书馆、博物馆、画廊以及医院等。其外绕有一圈占地 58hm² 的公园，公园四周又绕一圈宽阔的向公园敞开的玻璃拱廊，称为"水晶宫"，作为商业、展览和冬季花园之用。

居住区位于城市中部，有宽 130m 的环状大道从中通过。其中央有宽阔的绿化地带，安排了 6 块各为 1.6hm² 的学校用地，其余空地则作儿童游戏与教堂用。面向环状大道两侧的低层住宅平面成月牙形，使环状大道显得更为宽阔壮丽。

在城市外环布置了工厂、仓库、市场、煤场、木材场与奶场等。

在工业、仓库地带的外围，有铁路专用线引入工厂与仓库。为了防止烟尘污染，采用电力作为能源。

城市四周的农业用地有农田、菜园、牧场、森林以及休、疗养所等。在设想的 32000 居民中，有 2000 人从事农业，就近居住于农业用地中。

霍华德提出以母城为核心，围绕母城以发展子城的卫星城市理论，并强调城市周围保留广阔绿带的原则。他建议母城的规模应不超过 60000 人口，子城应不超过 30000 人口，母城与子城之间均以铁路联系。

在他的倡议下，英国第一个"田园城市"于 1903 年创建于离伦敦 55km 的莱奇沃思（Letchworth）（图 1-4-7），城市和农业用地共 1840hm²，规划人口 35000 人。第二个"田园城市"于 1919 年建于韦林（Welwyn）（图 1-4-8），离伦敦 27km，城市和农业用地共 970hm²，规划人口 5 万人。这两个"田园城市"经长期经营未能达到原规划人口数，也未能解决大伦敦工业与人口的疏散问题。

"田园城市"理论比空想社会主义者的理论前进了一步。他对城乡关系、城市结构、城市经济、城市环境、城市面貌都提出了见解，对城市规划学科的建立起重要作用，并成为现代英国卫星城镇的理论基础。

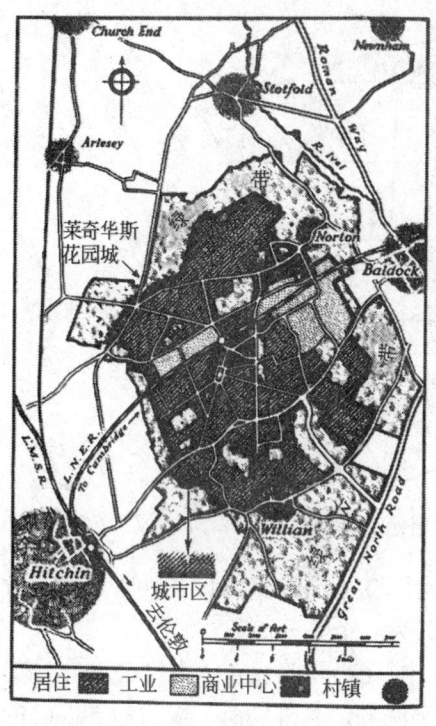

图1-4-7 莱奇沃思田园城市

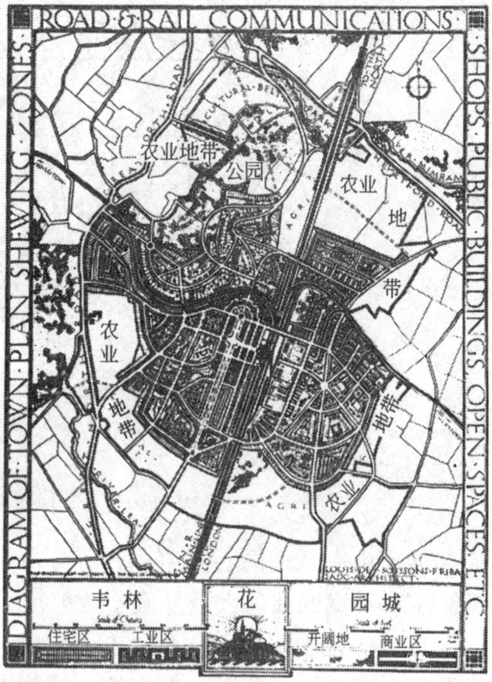

图1-4-8 韦林田园城市

## 四、"工业城市"

1898年几乎与霍华德提出"田园城市"理论的同时，法国青年建筑师加尼埃(Tony Garnier, 1869~1948年)也从大工业的发展需要出发，开始了对"工业城市"规划方案的探索。他设想的"工业城市"（图1-4-9)人口为35000人。规划方案于1901年展出，于

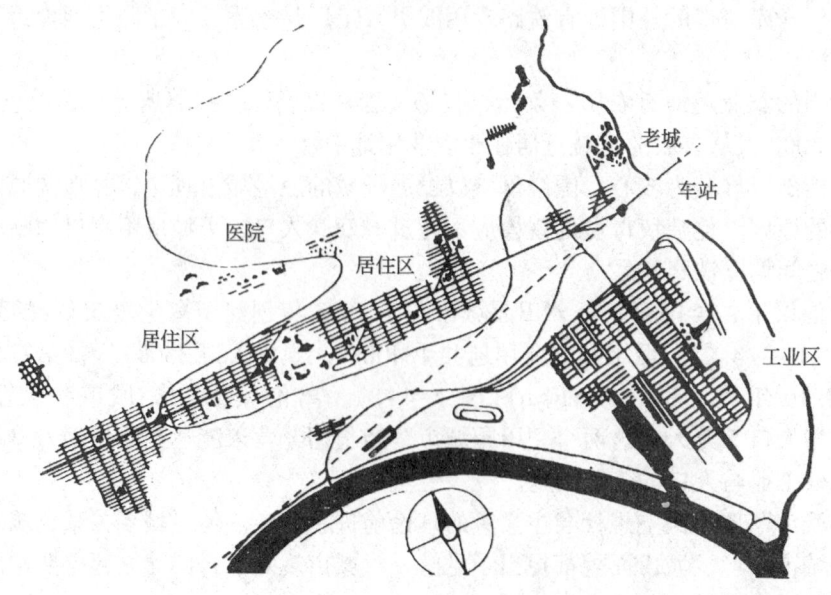

图1-4-9 "工业城市"规划方案

1904年完成详细平面图。

加尼埃对大工业发展所引起的功能分区、城市交通、住宅组群都作了精辟的分析。

他把"工业城市"的要素进行了明确的功能划分。中央为市中心，有集会厅、博物馆、展览馆、图书馆、剧院等。城市生活居住区是长条形的。疗养及医疗中心位于北边上坡向阳面。工业区位于居住区的东南。各区间均有绿带隔离。火车站设于工业区附近。铁路干线通过一段地下铁道深入城市内部。

城市交通是先进的，设快速干道和供飞机起飞的试验性场地。

"工业城市"住宅街坊(图1-4-10)宽30m深150m，各配备相应的绿化，组成各种设有小学和服务设施的邻里单位。

图1-4-10　"工业城市"住宅街坊

加尼埃重视规划的灵活性，给城市各功能要素留有发展余地。他运用1900年左右世界上最先进的钢筋混凝土结构来完成市政和交通工程的设计。市内所有房屋如火车站、疗养院、学校和住宅等也都用钢筋混凝土建造❶，形式新颖整洁。

### 五、"带形城市"

19世纪末西班牙工程师索里亚(Arturo Soria y Mata, 1844~1920年)提出了"带形城市"(Linear City)理论。他认为城市从核心向外一圈圈扩展的城市形态已经过时。这将使城市拥挤、卫生恶化。他提出城市发展应依赖交通运输线成带状延伸，使城市既接近自然又便利交通。他于1882年在西班牙马德里外围建设了一个4.8km长的"带形城市"(图1-4-11)。后于19世纪90年代又在马德里周围规划了一个未建成的马蹄状的"带形城市"，共58km。他的理论是：城市应有一条宽的道路作为脊椎，城市宽度应有限制，但城市长度可以无限。沿道路脊椎可布置一条或多条电气铁路运输线，可铺设供水、供电等各种地下工程管线。最理想的方案是沿道路两边进行建设，城市宽度500m，城市长度无限。这种带形城市可以把马德里与彼得堡连接起来。如果从一个或若干个原有城市作多方延伸，可形成三角形网络系统。

---

❶ 见本教材第二章第四节。

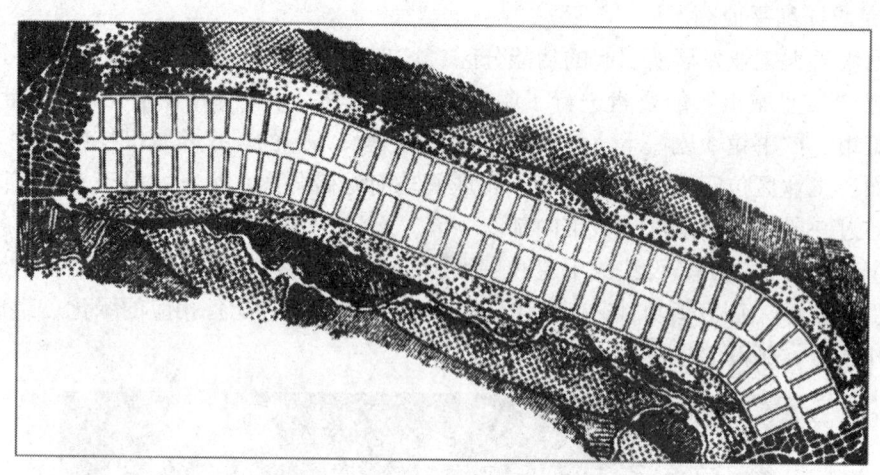

图 1-4-11　西班牙的"带形城市"

"带形城市"理论对以后城市分散主义有一定的影响。20 世纪 40 年代，现代派建筑师希尔贝赛默（Ludwig Hilberseimer）等人提出的带形工业城市理论也是这个理论的发展。

### 六、美国的方格形城市

18、19 世纪欧洲殖民者在北美这块印第安人富饶的土地上建立了各种工业和城市。城市的开发和建设由地产投机商和律师委托测量工程师对全国各类不同性质不同地形的城市作机械的方格形（Gridiron）道路划分（一般把街坊划分成长方形）。开发者关心的是在城市地价日益昂贵的情况下获取更多利润，于是采取了缩小街坊面积、增加道路长度，以获得更多的可供出租的临街面。首都华盛顿是少数几个经过规划的城市之一，采用了放射加方格的道路系统。地形起伏的旧金山也生搬硬套地采用了方格形道路布局，给城市交通与建筑布局带来很多不便。这种由测量工程师划分的方格形布局不能理解为某个城市的规划，而只是在使用马车时代交通不发达的情况下资本主义大城市应付工业与人口集中的一种方法。

1800 年的纽约，人口仅 79000 人，集中于曼哈顿岛的端部。1811 年的纽约城市总图（图 1-4-12）采用方格形道路布局，东西 12 条大街，南北 155 条大街。市内惟一空地是位于东西第 4 街与第 7 街，南北 22 街与 34 街之间的一块军事检阅用地，1858 年后改建为中央公园。

这个方格形城市东西长 20km，南北长 5km（图 1-4-13）。1811 年制订规划时预计 1860 年城市人口将增加 4 倍，1900 年将到达 250 万人，总图就是按 250 万人口规模进行规划的。事实上，人口增长比规划预计的快，1850 年已达 696000 人，而 1900 年竟达 3437000 人。

1811 年的纽约总图是马车时代的产物，不适应城市的发展，但它对人口与城市规模的增长尚有一定的预见性，在一定程度上适应了当时世界大城市发展的速度。这种布局方式后随同资本主义的扩散而被移植至世界各殖民地半殖民地国家的新发展城市中。

第四节 面对工业革命后资本主义城市矛盾而提出的探索

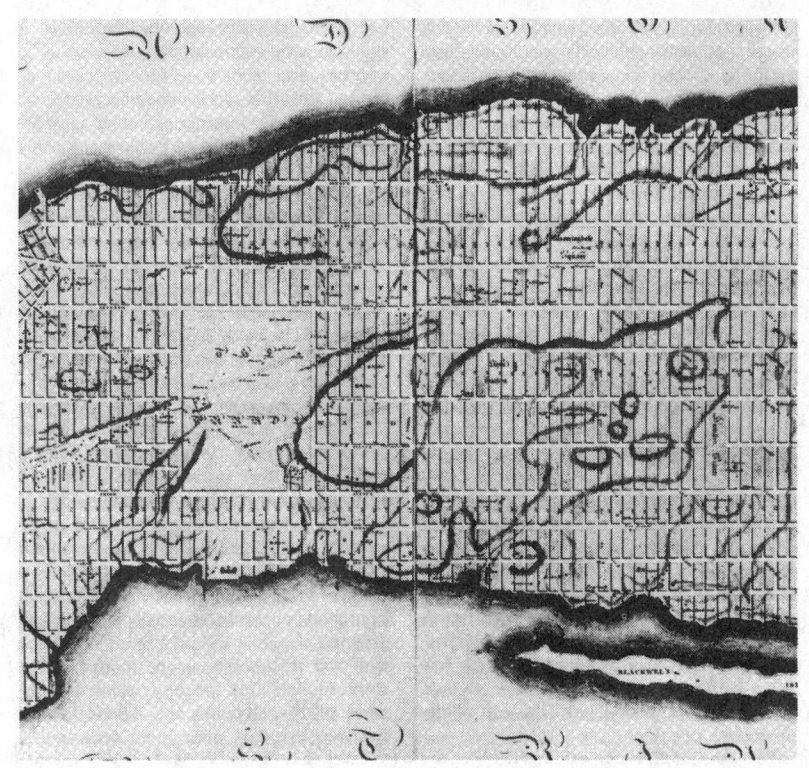

图 1-4-12　1811 年的纽约城市总图

图 1-4-13　纽约市街鸟瞰图

# 第二章 19世纪下半叶~20世纪初对新建筑的探求

## 第一节 建筑探新的社会基础

自1871年的巴黎公社至1917年俄国的十月社会主义革命以至1918年的第一次世界大战结束，是自由竞争的资本主义为垄断资本主义所更替的时期。在这个时期内，资本主义国家以德、法、英、美最有代表性。

普法战争之后，普鲁士统一了德国，1871年宣告德意志帝国成立，从而使统一的国内市场与资本主义经济得到迅速发展。同时，由于德国工业革命开始较晚，因而它新建立起来的工业部门，如钢铁、电机、化学工业等可以利用当时最先进的技术加以装备。在19世纪70年代德国的钢产量占世界第三位，但到了19世纪末已超过了英、法两个老牌资本主义国家而仅次于美国。电机、化学工业发展更为迅速，1833年，德国的化学染料产量占世界2/3以上。19世纪末至20世纪初，德国在生产集中的基础上形成了垄断组织，开始进行资本输出，于是与英、法展开了激烈的斗争，要求重新瓜分世界。

19世纪中叶，法国在经济发展水平上，居资本主义世界第二位，仅次于英国。但到了19世纪末已落后于美、德、英三国而退居于第四位。法国经济发展的相对迟缓是因为它和英国一样，资本主义发展较早，工业设备陈旧。在普法战争失败之后，又使它的工业资金和原料来源受到巨大损失。另外，法国的自然资源，特别是煤矿比较稀少，对它的工业发展也起了不利的影响。法国经济发展虽然相对缓慢，但到了19世纪末20世纪初也走向了帝国主义阶段，具有了生产垄断与资本输出的特征。

英国在19世纪60年代时，工业生产水平仍占世界第一位，但从70年代起逐渐落后，先后被美国和德国超过。到20世纪初已退居第三位。英国的工业生产发展速度所以落后于美、德等国，是因为英国作为一个老牌的资本主义国家，设备没有更新。另外一个原因是英国的资本大量输出到殖民地，影响了国内工业的发展。19世纪末英国开始过渡到帝国主义阶段。由于生产的集中，在冶铁、炼钢、造船等工业部门中都形成了垄断组织。

美国是一个新兴的资本主义国家，在南北战争结束后，由于采用了先进的生产设备，使资本主义经济迅速发展起来。1860年，美国的工业生产水平占世界第四位，但到了1890年时就超过了老牌的资本主义国家而跃居世界第一位。农业生产也迅速提高。19世纪末，在美国资本主义经济迅速发展的过程中，生产和资本的集中也以很大的速度和规模进行。到了20世纪初，美国成为典型的垄断资本主义国家。

从德、法、英、美等国的发展过程中，可以看出资本主义世界工农业产量在这个时期不断增长。在冶金工业中，贝塞麦、马丁、汤麦斯炼钢法已经广泛应用。钢铁产量的增长又促进了机器、钢轨、车厢、轮船的制造。在动力工业方面，这时期出现比旧式蒸汽机更经济、效能更高的蒸汽涡轮机和内燃机。内燃机需要液体燃料，它的出现促进了石油的开采。内燃机的发明又推动机器工业的发展，并为汽车和飞机的制造创造了条件。化学工业和电气工业是这一时期新出现的工业部门。19世纪70年代至90年代，电话、电灯、电车、无线电等先后发明。90年代初，远距离送电试验获得成功，这就为工业电气化开拓了广泛的可能性。

19世纪末，资本主义世界工业生产产值比30年前增加了约一倍多，随之而来的是城市人口又不断增长，城市建设也不断发展。资本主义国家经济向世界范围的扩大，进一步密切了各地区之间的经济与文化联系。

在这个时期中，生产急骤的发展，技术飞速的进步，资本主义世界的一切都处在变化之中，昨天的新东西，到今天就已陈旧，一件新东西还来不及定型就已经过时了。这时的生产既然发展得如此之快，建筑作为物质生产的一个部门，不能不跟上社会发展的要求。它迅速地在适应新社会的要求下摆脱了旧技术的限制，摸索着材料和结构的更新。随着钢和钢筋混凝土应用的日益频繁，新功能、新技术与旧形式之间的矛盾也日形尖锐。于是引起了对古典建筑形式所谓的"永恒性"提出了质疑，并在一些对新事物敏感的建筑师中掀起了一场积极探求新建筑的运动。

这些思潮先后出现在不同的国家之中，其目的是要探求一种能适应变化着的社会时宜的新建筑。但由于各国的现实情况不同，外加追求变革的建筑师本人的社会地位与个人观点的关系，解决问题的重点与方法有不同。有的人认为问题的征结在于旧形式的羁绊，于是从形式上的变革着手，带动其他；例如始于比利时的新艺术运动和奥地利、荷兰与芬兰等对简化与"净化"旧建筑形式的尝试，其中新艺术运动是成功地运用当时的新材料——铁来作结构与装饰的方法。也有人认为应以功能来统一技术与形式的矛盾；在这方面芝加哥学派最为突出，赖特也在功能、形式与技术（部分采用钢筋混凝土结构）的统一中创造了新型与宜人的"草原式"住宅。更有人肯定了新技术的道路，要为新技术寻找一种能说明这种技术的美学观念和艺术形式；例如法国对钢筋混凝土的应用和德意志制造联盟的主张。就是这些探索，使建筑观念摆脱了原来与手工业的砖石结构相依为命的复古主义、折衷主义的美学羁绊，初步踏上了现代化的道路。

## 第二节 欧洲探求新建筑的运动

### 一、探求新建筑的先驱者

在欧洲，对新建筑的探求，最早可追溯到19世纪20年代。德国著名建筑师申克尔（Karl Fredrich Schinkel，1781~1841年，柏林宫廷剧院的设计人）原来热心于希腊复兴风格，但在资本主义大工业急剧发展的时代，申克尔为了寻求新建筑的可能性，曾多次出国考察，先后到过英国、法国、意大利，并曾在日记中写道："所有伟大的时代都在它们的房屋样式中留下了它们自己的记录。我们为何不尝试为我们自己找寻一种样式呢？"[1]可见申克尔在接触到外面的世界时发现到了建筑艺术中的时代性问题。从此他试图在创作中进

---

[1] 转引自《20世纪的欧洲建筑》A. Whittick，第一卷，第28页。

行一些摸索，比较有代表性的例子如 1827 年设计的柏林百货商店和 1830 年设计的一座图书馆，他把柱式与檐口作了相当的简化，窗子也相对地加大了，这在当时还是一种大胆的尝试。

另一个德国建筑师桑珀（Gottfried Semper, 1803～1879 年），原致力于古典复兴，后来又受折衷主义建筑思潮的影响。他曾去过法国、希腊、意大利、瑞士、奥地利等国。1851～1855 年到伦敦，并在 1851 年国际博览会的工地上工作过，深受像"水晶宫"那样的建筑艺术造型和它的建造方式之间的关系所启发，提出了建筑的艺术形式应与新的建造手段相结合的问题。他在 1852 年著有《工业艺术论》一书，1861～1863 年又发表了《技术与构造艺术中的风格》(Der Stil in den technischen und techtonischen Kunsten)，出版了两卷。在文中他试图证明建筑装饰的根源来自应用不同材料和某种技术条件的结果，换句话说，就是建造手段决定了建筑形式。在建筑艺术中，他深信一座建筑物的功能应在它的平面与外观上，甚至包括任何装饰构件上反映出来。他认为新的建筑形式应该反映功能与材料、技术的特点。这种创作见解曾引起当时不少人的注目，并为长期受学院派的为艺术而艺术的思想禁锢的建筑师们指出了一条新的道路。

在法国，拉布鲁斯特是一位杰出的建筑师，他所设计的巴黎圣吉纳维夫图书馆（1843～1850 年）与巴黎国立图书馆（1858～1868 年），不仅在阅览室与书库中大胆地应用并暴露了新的建筑材料与结构；在外形上虽没有跳出一般建筑的格局，但造型已开始净化。这些建筑为后来创造新建筑形式曾起了一定的示范作用。

以上关于建筑的时代性、建筑形式与建造手段的关系以及建筑功能与形式的关系，成为了探求新建筑的焦点。

二、艺术与工艺运动

19 世纪 50 年代在英国出现的"艺术与工艺运动(Arts and Crafts Movement)"是小资产阶级浪漫主义的社会与文艺思想在建筑与日用品设计上的反映。

英国是世界上最早发展工业的国家，也是最先遭受由工业发展带来的各种城市痼疾及其危害的国家。面对当时城市交通、居住与卫生条件越来越恶劣，以及各种粗制滥造而廉价的工业产品正在取代原来高雅、精致与富于个性的手工业制品的市场，社会上，主要是一些小资产阶级知识分子，出现了一股相当强烈的反对与憎恨工业，鼓吹逃离工业城市，怀念中世纪安静的乡村生活与向往自然的浪漫主义情绪。以罗斯金(John Ruskin, 1819～1900 年)和莫里斯(William Morris, 1834～1896 年)为代表的"艺术与工艺运动"便是这股思潮的反映。

"艺术与工艺运动"赞扬手工艺制品的艺术效果、制作者与成品的情感交流与自然材料的美。莫里斯为了反对粗制滥造的机器制品，寻求志同道合的人组成了一个作坊，制作精美的手工家具、铁花栏杆、墙纸和家庭用具等，由于成本太贵，未能大量推广。他们在建筑上主张迁到城郊建造"田园式"住宅来摆脱象征权势的古典建筑形式。1859～1860 年由建筑师韦布(Philip Webb)在肯特建造的"红屋"(Red House, Bexley Heath, Kent, 图 2-2-1)就是这个运动的代表作。"红屋"是莫里斯的住宅，平面根据功能需要布置成 L 形，使每个房间都能自然采光，并用本地产的红砖建造，不加粉刷，大胆摒弃了传统的贴面装饰，表现出材料本身的质感。这种将功能、材料与艺术造型结合的尝试，对后来的新建筑有一定的启发，受到不求气派、着重居住质量的小资产阶级的认同。但是莫里斯和罗斯金

第二节 欧洲探求新建筑的运动

图 2-2-1 "红屋"

思想的消极方面，即表现为把用机器看成是一切文化的敌人，他们向往过去和主张回到手工艺生产，显然是向后看的，也是不合时宜的。相对来说，后来欧洲大陆的新建筑运动就多少反映了工业时代的特点。

### 三、新艺术运动

在欧洲真正提出变革建筑形式信号的是19世纪80年代始于比利时布鲁塞尔的新艺术运动(Art Nouveau)。

比利时是欧洲大陆工业化最早的国家之一，工业制品的艺术质量问题在那里也显得比较尖锐。19世纪中叶以后，布鲁塞尔成为欧洲文化和艺术的一个中心。当时，在巴黎尚未受到赏识的新印象派画家塞尚(Cezanne)、梵高(Van Gogh)和苏拉(Seurat)等都曾被邀请到布鲁塞尔进行展出。

新艺术运动的创始人之一，费尔德(Henry van de Velde, 1863～1957年)原是画家，80年代致力于建筑艺术革新的目的是要在绘画、装饰与建筑上创造一种不同于以往的艺术风格。费尔德曾组织建筑师讨论结构和形式之间的关系，并在"田园式"住宅思想与世界博览会技术成就的基础上迈开了新的一步，肯定了产品的形式应有时代特征，并应与其生产手段一致。在建筑上，他们极力反对历史样式，意欲创造一种前所未见的，能适应工业时代精神的装饰方法。当时新艺术运动在绘画与装饰主题上喜用自然界生长繁盛的草木形状的线条，于是建筑墙面、家具、栏杆及窗棂等也莫不如此。由于铁便于制作各种曲线，因此在建筑装饰中大量应用铁构件，包括铁梁柱。

新艺术派的建筑特征主要表现在室内，外形保持了砖石建筑的格局，一般比较简洁。有时用了一些曲线或弧形墙面使之不致单调。典型的例子如奥太(Victor Horta, 1861～1947年)在1893年设计的布鲁塞尔都灵路12号住宅(12 Rue de Turin，图2-2-2)，费尔德在1906年设计的德国魏玛艺术学校(Weimar Art School)等。后来费尔德就任该校的校长，直

## 第二章 19世纪下半叶～20世纪初对新建筑的探求

图 2-2-2　都灵路 12 号住宅内部

到 1919 年被格罗皮乌斯接替为止。

1884 年以后，新艺术运动迅速地传遍欧洲，甚至影响到了美洲。正是由于它的这些植物形花纹与曲线装饰，脱掉了折衷主义的外衣。新艺术运动在建筑中的这种改革只局限于艺术形式与装饰手法，终不过是以一种新的形式上反对传统形式而已，并未能全面解决建筑形式与内容的关系，以及与新技术的结合问题，这也就是它为什么在流行一时之后，在 1906 年左右便逐渐衰落。虽然如此，它仍是现代建筑摆脱旧形式羁绊过程中的一个有力步骤。

新艺术运动在德国称之为青年风格派(Jugendstil)，其主要据点是慕尼黑。它们的代表作品如 1897～1898 年在慕尼黑建造的埃尔维拉照相馆(Elvira Photographic Studio)和 1901 年建造的慕尼黑剧院。当时属于这一派的著名建筑师有贝伦斯(Peter Behrens, 1868～1940)、恩德尔(August Endell, 1871～1924 年)等。青年风格派在德国真正有成就的地方是在达姆施塔特。1901～1903 年在黑森大公恩斯特·路德维希(Ernst Ludwig of Hessen)的赞助下，那里举行了一次广泛的现代艺术展览会，吸收了各国著名的艺术家与建筑师参加，其中比较著名的有奥尔布里希(Joseph Maria Olbrich, 1867～1908 年)与贝伦斯等人。展览会打破常规，除了建造一座展览馆外，还在就近一个公园里让各个艺术家自由布置，建造自己的房子，形成了一个艺术家之村。他们把建筑作为复兴艺术的起点，试图使新艺术和建筑设计紧密结合起来。这里最有代表性的作品是由奥尔布里希设计的路德维希展览馆(Ernst Ludwig House, 1901 年，图 2-2-3)。它的外观简洁，窗户很大，主要入口是一个

图 2-2-3　达姆施塔特，路德维希展览馆

圆拱形的大门，两旁有一对大雕像。大门周围布满了植物图案的装饰，反映了新艺术运动的特征。

新艺术运动在英国也有它的代表人物，麦金托什(Charles Rennie Mackintosh, 1868～1928年)是其中最具天才者。他的作品格拉斯哥艺术学校的图书馆部分(1907～1909年，图2-2-4)反映了建筑功能同新艺术造型手法上的有机联系，当时的维也纳学派与分离派也受到他的影响。

西班牙建筑师高迪(Antonio Gaudi, 1852～1926年)虽被归纳为新艺术派的一员，但在建筑艺术形式的探新中却另辟途径。他与比利时的新艺术运动并没有渊源上的联系，但在方法上却有一致之处，即努力探求一种与复古主义学院派全然不同的建筑

图 2-2-4　格拉斯哥艺术学校图书馆部分

风格。他以浪漫主义的幻想极力使塑性的艺术形式渗透到三度的建筑空间中去，还吸取了东方伊斯兰的韵味和欧洲哥特式建筑结构的特点，再结合自然的形式，精心地独创了他自己的具有隐喻性的塑性造型。西班牙巴塞罗那的米拉公寓(Casa Mila, 1905～1910年，图2-2-5)便是典型的例子。

高迪的建筑使人赞叹，但由于过于独特对建筑界的影响不大。在他的作品中看不出功能与技术上的革新，技术也仅仅是用来为艺术的偏爱服务。过去他并未受到很大的重视，但近20余年却在西方国家被追封为伟大的天才建筑师，以其浪漫主义的想像力和建筑形式的出其不意而备受赏识。因为这正符合当前西方资本主义世界标新立异追求非常规的创

图 2-2-5　巴塞罗那，米拉公寓

造精神。

**四、奥地利、荷兰与芬兰的探索**

在新艺术运动的影响下，奥地利形成了以瓦格纳（Otto Wagner，1841～1918年）为首的维也纳学派。瓦格纳是维也纳学院的教授，曾是桑珀的学生，原倾向于古典建筑，后来在工业时代的影响下，逐渐形成了新的建筑观点。1895年他发表了《现代建筑》（Moderne Architektur）一书，指出新结构、新材料必然导致新形式的出现，并反对历史样式在建筑上的重演。然而"每一种新格式均源于旧格式"❶，因而瓦格纳主张对现有的建筑形式进行"净化"，使之回到最基本的起点，从而创造新形式。瓦格纳的代表作品是维也纳的地下铁道车站（1896～1897年）和维也纳的邮政储蓄银行（The Post Office Saving Bank，1905年，图2-2-6）。车站上还有一些新艺术派特点的铁花装饰；而银行的大厅里却线条简洁，所有的装饰都被废除了，玻璃和钢材被用来为现代的功能和结构理论服务。

图2-2-6　维也纳邮政储蓄银行

瓦格纳的见解对他的学生影响很大，到1897年间，维也纳学派中的一部分人员成立了"分离派"（Vienn's Secession），宣称要和过去的传统决裂。1898年在维也纳建的分离派展览馆，设计人奥尔布里希（图2-2-7）就是一例。他们主张造型简洁，常是大片的光墙和简单的立方体，只有局部集中装饰。但和新艺术派不同的是装饰主题常用直线，使建筑造型走向简洁的道路。瓦格纳本人在1899年也参加了这个组织。这派的代表人物是奥尔布里希和霍夫曼（J. C. Hoffmann，1870～1956年）等。

在维也纳的另一位建筑师洛斯❷（Adolf Loos，1870～1933年）是一位在建筑理论上有独

---

❶《现代建筑史》——J. Joedicks，第38页。
❷ A. 洛斯《装饰与罪恶》（1906年）。转摘自K. 弗兰普顿："新的轨迹：20世纪建筑学的一个系谱式纲要"，张钦楠译。

图 2-2-7　维也纳分离派展览馆

到见解的人。当瓦格纳还没有完全拒绝装饰的时候,洛斯就开始反对装饰,并反对把建筑列入艺术范畴。他针对当时城市生活的日益恶化,指出"城市离不开技术","维护文明的关键莫过于足够的城市供水"。他主张建筑以实用与舒适为主,认为建筑"不是依靠装饰而是以形体自身之美为美",甚至把装饰与罪恶等同起来。洛斯的思想反映了当时某些资产阶级建筑师在批判"为艺术而艺术"中的一个极端。他的代表作品是 1910 年在维也纳建造的斯坦纳住宅(Steiner House,图 2-2-8),建筑外部完全没有装饰。他强调建筑物作为立方体的组合同墙面和窗子的比例关系,是一完全不同于折衷主义并预告了功能主义的建筑形式。因此洛斯可以说是新建筑运动中一杰出人物。

在北欧,对新建筑的探索以荷兰较为出色。著名建筑师伯尔拉赫(H. P. Berlage, 1856～

图 2-2-8　斯坦纳住宅

图 2-2-9　阿姆斯特丹交易所

1934年)对当时流行的折衷主义艺术深为痛恨,提倡"净化"(Purify)建筑,主张建筑造型应简洁明快及表现材料的质感,声明要寻找一种真实的,能够表达时代的建筑。他的代表作品是1898~1903年建造的阿姆斯特丹证券交易所(图2-2-9)。建筑形体维持了当时建筑的大体格局,但形式则被简化。内外墙面均为清水砖墙,不加粉刷,恢复了荷兰精美砖工的传统;在原来檐部与柱头的位置,以白石代替线脚和雕饰;内部大厅大胆地采用钢拱架与玻璃顶棚的作法,体现了新材料、新结构与新功能的特点。但是它正立面的连续券门,上部的圆窗和檐下的小齿饰,仍不免使人联想到当地中世纪"罗马风建筑"(Romanesque Architecture)传统。

在城市规划方面,伯尔拉赫主张有计划的发展,1902年他为阿姆斯特丹作了第一次规划方案,1915年又作了第二次方案。他认为城市应该作为一个整体来考虑,合理规划道路系统,注意人民的生活需要,适当地布置绿地与室外的公共活动场所,并要有风格统一的市容。

伯尔拉赫还是一位注意学习外国经验的人,正是他最先把赖特的作品从美国介绍到欧洲。20世纪20年代,他又参加"国际现代建筑协会"(CIAM)❶,积极从事"现代建筑"运动,对荷兰,甚至北欧现代建筑的发展都有过较大的影响。

芬兰,是北欧较偏僻的一个国家。在那里遍布着湖泊与森林,有着独特的民族传统,虽然许多世纪以来曾多次受到外国的侵略,但在文化上并没有被征服。19世纪末,它也受到了新艺术运动的影响,并主动接受了它。20世纪初,在探求新建筑的运动中,著名建筑师老沙里宁(Eliel Saarinen, 1873~1950年)所作的赫尔辛基火车站(1906~1916年,图2-2-10)是一非常杰出的实例,其简洁的体形、灵活的空间组合,为芬兰现代建筑的发展开辟了道路。

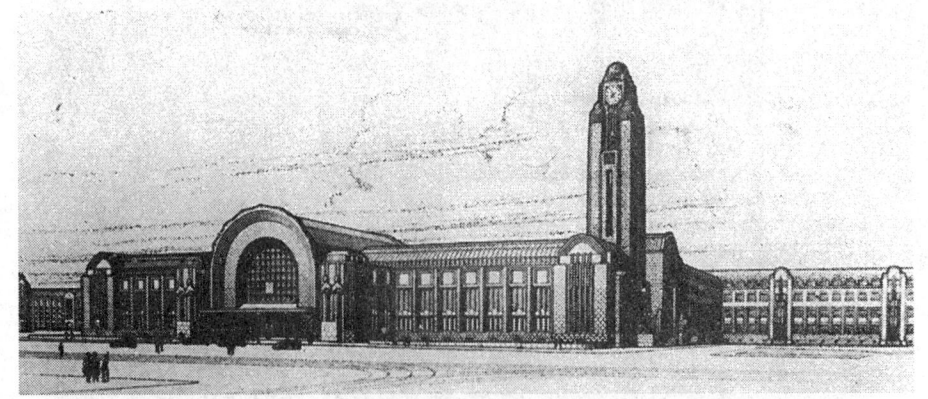

图 2-2-10　赫尔辛基火车站

---

❶ 全名:Congrés Internationaux d'Architecture Moderne.

## 第三节 美国的芝加哥学派与赖特的草原式住宅

### 一、高层建筑的发展与芝加哥学派

19世纪70年代,在美国兴起了芝加哥学派,它是现代建筑在美国的奠基者。南北战争以后,北部的芝加哥取代了南部的圣路易斯城的位置,成为开发西部富源的前哨和东南航运与铁路的枢纽。随着城市人口的增加,对于兴建办公楼和大型公寓是有利可图的,特别是1871年的芝加哥大火,使得城市重建问题特别突出。为了在有限的市中心区内建造尽可能多的面积,高层建筑开始在芝加哥涌现。这些建筑该如何建造:是在原来的建造方法与美学观点下争取层数的增加还是应有较大的变革或革新是当时摆在所有与此问题有关的人面前的问题。"芝加哥学派"(Chicago School)就此应运而生。

芝加哥学派最兴盛的时期是在1883年到1893年之间。它的重要贡献是在工程技术上创造了高层金属框架结构和箱形基础,和在建筑设计上肯定了功能和形式之间的密切关系。它在建筑造型上趋向简洁、明快与适用的独特风格,使它很快便在市中心闹市区占有统治地位,并接二连三地建造起来。

芝加哥学派的创始人是工程师詹尼(William le Baron Jenney, 1832~1907年)。1879年他建造了第一莱特尔大厦(First Leiter Buliding 图2-3-1),一座砖墙与铁梁柱混合结构的7层货栈,1883~1885年又建造了芝加哥家庭保险公司的10层框架建筑,但立面尚没有完全摆脱古典的外衣,显得比较沉重。而1885~1887年,由理查森(H. H. Richardson)设计的芝加哥马歇尔·菲尔德百货批发商店(Marshall Field Wholesale Store,图2-3-2),在结构上仍然采用传统的砖石墙承重,但外形上却摒弃了折衷主义的虚假装饰。它那简洁明确的造型手法,反映了芝加哥学派的特征。

1891年,伯纳姆与鲁特(Burnham and Root)设计了莫纳德诺克大厦(Monadnock Building,图2-3-3),这座16层的建筑成为芝加哥采用砖墙承重的最后一幢高层建筑。它在造型上,没有壁柱也没有线脚装饰,外表光光的,突出的檐口与窗户不同于虚假的折衷主义,而是合乎结构逻辑的表现。它使传统砖石建筑采用了新的形式,符合了当时业主不愿采用金属框架结构的要求。但毕竟是层数过多,底下几层的墙最厚者达2米余。但同为他们二人设计的卡皮托大厦(The Capitol, 1892年,图2-3-4)却是一幢金属框架结构,折衷主义外

图2-3-1 第一莱特尔大厦

## 第二章 19世纪下半叶～20世纪初对新建筑的探求

图 2-3-2　马歇尔·菲尔德百货批发商店

图 2-3-3　莫纳德诺克大厦

图 2-3-4　卡皮托大厦

衣和东方式屋顶的 22 层建筑，高 91.5m，是 19 世纪末以前芝加哥最高的建筑。由此可见，芝加哥学派对现代高层建筑的探索并不是一蹴而就的，而是一条曲折与有反复的摸索道路。其焦点表现为对新旧结构方法与新旧形式的取舍上。

1890～1894 年，伯纳姆与鲁特终于提出了一件被公认为是当时芝加哥学派的杰作，这就是 16 层的里莱斯大厦(Reliance Building, 图 2-3-5)。它采用了先进的框架结构与大面积玻璃窗，同时以其透明性与端庄的比例使人大开眼界。建筑基部用深色的石块砌成，它与上部的玻璃窗和白面砖塔楼形成强烈的对照。虽然狭窄的窗间墙上还有些古典的装饰，但顶部已没有沉重的压檐了。

芝加哥学派的另一代表作品是霍拉伯德与罗希(Holabird and Roche)设计的马凯特大厦(Marquette Building, 1894 年, 图 2-3-6)，这是一座 90 年代末芝加哥的优秀高层办公楼的典型。它的立面简洁，整齐排列有面宽较阔的横长方形的"芝加哥式窗"。内部空间是不加以固定的隔断，以便将来按需要自由划分，这是框架结构的优点之一。从街上正面看，马凯特大厦的外表像一个整体，但在背面却看出它是一个"E"字形的平面，中间部分是电梯厅，办公室在它周围。内院向一面开放有利于面向内院的办公室的采光与通风。

由于当时迫切需要解决居住问题，本时期的主要建设对象除了高层办公楼还有高层旅馆与高层公寓。它们外表同样具有办公楼的特点。如 1891 年建造的芝加哥"大北方饭店"就是一例，它简洁的立面与圆形的转角，明显地反映了为适应工业时代审美要求的形式。

图 2-3-5　里莱斯大厦

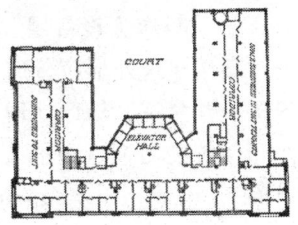

图 2-3-6　马凯特大厦

## 第二章 19世纪下半叶~20世纪初对新建筑的探求

图 2-3-7　C. P. S. 百货公司大厦

在谈到芝加哥学派时不能不提沙利文 (Louis Henry Sullivan, 1856~1924年)。沙利文是芝加哥学派的得力支柱与理论家，他的理论与实践使当时致力于探索高层建筑设计的芝加哥进步工程师与建筑师足以称为芝加哥学派。他早年在麻省理工学院学过建筑，1873年到芝加哥，曾在詹尼建筑事务所工作，后来去巴黎，再返回芝加哥开业。沙利文是一位非常重实际的人，在当时有些人尚在犹豫要不要采用金属框架结构，采用了势必影响建筑形式……而在形式上又要不要采用人们已经习惯了的折衷主义装饰……等等问题下，他首先突出了建筑功能并提出了"形式随从功能"（Form follows function）的惊人口号。他的代表作品是 1899~1904 年建造的芝加哥 C. P. S. 百货公司大厦（Carson Pirie Scott Department Store, 图 2-3-7）。它的立面采用了典型的由"芝加哥式窗"组成的网格形构图。至于装饰只在重点的部位，如入口处才有，装饰题材是类似新艺术派然而又兼有沙利文特点的图案。

沙利文在建筑理论上的见解很值得注意，他说："自然界中的一切东西都具有一种形状，也就是说有一种形式，一种外部的造型，以此来告诉我们，这是些什么，以及如何和别的东西互相区别开来。"因此沙利文对建筑的结论是，要给每个建筑物一个适合的和不错误的形式，这才是建筑创作的目的。他认为世界上一切事物都是"形式永远随从功能，这是规律"（form ever follows function and this is the law）。同时他还进一步强调他的主张："那里功能不变，形式就不变。"❶

为了说明高层办公楼建筑的典型形式，沙利文为建筑师规定了此类建筑在功能上的特征：第一，地下室要包括有锅炉间和动力、采暖、照明的各项机械设备。第二，底层主要用于商店、银行或其他服务性设施，内部空间要宽敞，光线要充足，并有方便的出入口。第三，二层楼要有直通的楼梯与底层联系，功能可以是底层的继续，楼上空间分隔自由，在外部有大片的玻璃窗。第四，二层以上都是相同的办公室，柱网排列相同。第五，最顶上一层空间作为设备层，包括水箱、水管、机械设备等。由于上述情形，沙利文还考虑到，高层建筑外形应分成三段处理：底层与二层是一个段落，因为它们的功能相似。上面各层是办公室，外部处理是一个个窗子。顶部设备层可以有不同的外貌，窗户较小，并且按照传统的习惯，还加有一条压檐。典型的例子如1895年在布法罗建造的信托银行大厦（The Guaranty Trust Building, Buffalo）。

---

❶ 转引自 Jürgen Joedicke《A History of Modern Architecture》第 27 页。

沙利文的思想在当时具有一种革命的意义，他认为建筑的设计应该从内而外，应按功能来选择合适的结构并使形式与功能一致。这和与之同时流行着的折衷主义只按传统的历史样式设计、不考虑功能特点是完全不同的。

由此可见，芝加哥学派在19世纪建筑探新运动中所起的进步作用是很大的。首先，高层办公楼是一种新类型，新类型必定有它的新功能，芝加哥学派突出了功能在建筑设计中的主要地位，明确了结构应利于功能的发展和功能与形式的主从关系，既摆脱了折衷主义的形式羁绊，也为现代建筑摸索了道路。其次，它探讨了新技术在高层建筑中的应用，并取得了一定的成就，使芝加哥成了高层建筑的故乡。第三，使建筑艺术反映了新技术的特点，简洁的立面符合于新时代工业化的精神。

但是芝加哥学派并不能摆脱当时社会条件的局限，所有这些成就只能成为资本家作为追逐利润的投机手段。因此，芝加哥学派的建筑多半集中在市中心区一带，地价昂贵与追逐利润逼使它们不断向高层发展，随之而来的是严重的城市卫生与交通问题。

在建筑创作上芝加哥学派的发展也未能一帆风顺。1893年芝加哥的哥伦比亚世界博览会全面复活折衷主义风格的做法，是对刚刚兴起的新建筑思潮的一次沉重打击，它反映了美国垄断资产阶级试图借用古代文化来装扮门面，以之争夺世界市场的思想。从此，芝加哥的高层建筑中有不少采用了象征美国大工商企业的"商业古典主义"风格。

除芝加哥以外，纽约在本时期内高层建筑也发展得很快。如1911～1913年建的伍尔沃斯大厦(Woolworth Building,设计人：Cass Gilbert,图2-3-8)，已高达52层，241m，外形采用的是哥特复兴式手法。由于它的体形高耸入云，当时记者把它比之为"摩天楼"(Skyscraper)，从此，形容超高层建筑的摩天楼一词也就广为传播。同时，在它建成之后，纽约市政当局鉴于日照与通风的原因，制定了法规，要求高层建筑随着高度的上升而要渐渐后退，这对20～30年代纽约摩天楼的造型有深刻的影响。

## 二、赖特的草原式住宅

赖特(Frank Lloyd Wright, 1869～1959年)是美国著名的现代建筑大师。1887年，当时他18岁，来到了芝加哥；1888年，进入沙利文与爱得勒(Adler)的建筑事务所；1894年，赖特离开了这个建筑事务所自己开业，并独立地发展了美国土生土长的现代建筑。他在美国中部地区地方农舍的自由布局基础上，融合了浪漫主义的想像力创造了富于田园诗意的"草原式住宅"(Prairie House)，接着他在居住建筑设计方面取得了一系列的成就。后来他所

图2-3-8　伍尔沃斯大厦

提倡的"有机建筑",便是这一概念的发展。

草原式住宅最早出现在20世纪初期。它的特点是在造型上力求新颖,彻底摆脱折衷主义的常套;在布局上与大自然结合,使建筑与周围环境融为一个整体。"草原"用以表示他的住宅设计与美国中部一望无际的大草原结合之意。

草原式住宅大都位于芝加哥城郊的森林地区或是密执安湖滨,是当时中等资产阶级的住宅。它的平面常作成十字形,以壁炉为中心,起居室、书房、餐室都围绕着壁炉布置,卧室一般放在楼上。室内空间尽量做到既分隔又连成一片,并根据不同的需要有着不同的层高。起居室的窗户一般比较宽敞,以保持室内与自然界的密切联系。但由于在造型上强调水平向的,层高一般较低,出檐又大,室内光线往往比较暗淡。建筑物的外形充分反映了内部空间的关系;体形构图的基本形式是高低不同的墙垣、坡度平缓的屋面、深远的挑檐和层层叠叠的水平阳台与花台所组成的水平线条,它们被垂直面的大烟囱所统一,显得很有层次,也很丰富。外部材料多表现为砖石的本色,与自然很协调;内部也以表现材料的自然本色与结构为特征,由于它以砖木结构为主,所用的木屋架有时就被作为一种室内装饰暴露于外。比较典型的例子如1902年赖特在芝加哥设计的威利茨住宅(Ward W. Willitts House, Highland Park, Ill.);1907年在伊利诺州河谷森林区设计的罗伯茨住宅(Isabel Roberts House, River Forest, Illinois);以及1908年在芝加哥设计的罗比住宅(F. C. Robie House. Chicago)等。

威立茨住宅建在平坦的草地上,周围是树林。平面呈十字形。十字形平面在当地民间住宅中是常用的。但赖特在平面上来得更灵活。在门厅、起居室、餐室之间不作固定的完全分割,使室内空间增加了连续性;外墙上用连续成排的门和窗,增加室内外空间的联系,这样就打破了旧式住宅的封闭性。在建筑外部,体形高低错落,坡屋顶伸得很远,形成很大的挑檐,在墙面上投下大片阴影。在房屋立面上,深深的屋檐,连排的窗孔,墙面上的水平饰带和勒脚及周围的矮墙,形成以横线为主的构图,给人以舒展而安定的印象。

罗伯茨住宅(图2-3-9,2-3-10,2-3-11)是赖特设计的小住宅中最优美的作品之一。建筑平面是草原式住宅惯用的十字形,大火炉在它的中央。室内采用了两种不同的层高,

图2-3-9 罗伯茨住宅外观

第三节 美国的芝加哥学派与赖特的草原式住宅

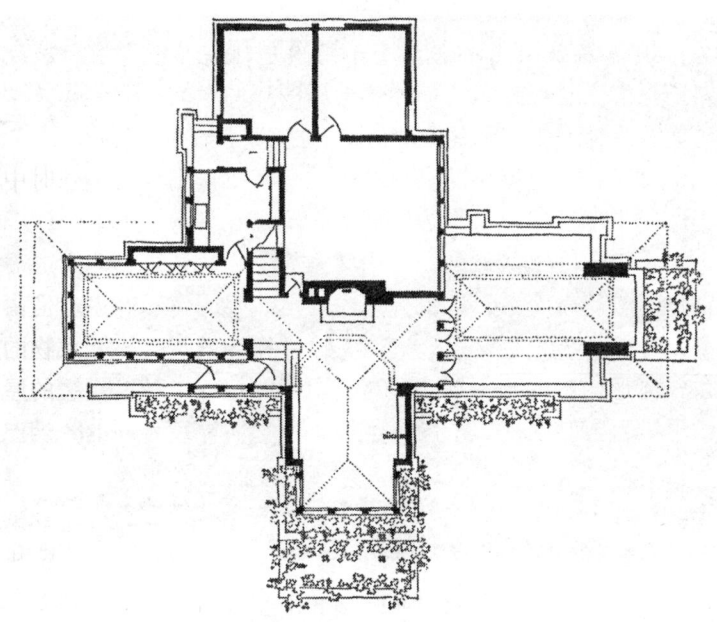

图 2-3-10 罗伯茨住宅平面

图 2-3-11 罗伯茨住宅起居室

起居室的净空是 2 层的高度，顶棚根据屋顶的自然坡度而灵活处理，在顶棚之下，设有一圈回廊式的陈列墙，可以布置瓶花、盆景、或其他装饰品，以丰富室内空间的艺术处理。外形上互相穿插的水平屋檐，以及深深的阴影落在门窗与粉墙上，衬托出一幅生动活泼的图景。建筑物的周围有花台和树木，与自然环境结合紧密。

罗比住宅(图 2-3-12)是赖特在草原式住宅的基础上设计的城市型住宅中的一例，在某种程度上与芝加哥学派的建筑构思较为默契。它的平面根据地形布置成长方形，特点是强调层层的水平阳台和花台，结合周围的树木，也能获得自然之趣。它的造型对后来城市花园住宅的设计有深远的影响。

第二章　19世纪下半叶~20世纪初对新建筑的探求

图 2-3-12　罗比住宅

尽管赖特的草原式住宅当时在芝加哥城郊颇受欢迎，但并没有引起美国的普遍重视。然而它的名声却传至欧洲，引起了德国、荷兰对赖特作品的极大兴趣。

草原式住宅是为了满足资产阶级对现代生活的需要与对建筑艺术猎奇的结果。赖特在力图摆脱折衷主义的框框下，走上体形组合的道路，创造了新的建筑构图手法，为美国现代建筑的发展起了积极的探索作用。

## 第四节　法国对钢筋混凝土的应用

大工业生产为建筑技术的发展创造了良好的条件，新材料、新结构在建筑中得到了广泛的试验机会。钢和钢筋混凝土从19世纪中叶起对建筑的发展有极重要的影响。自从1855年贝赛麦炼钢法(转炉炼钢法)出现后，钢材在建筑上应用便开始普遍了。钢筋混凝土则在19世纪末到20世纪初才广泛地被采用，它给建筑结构方式与建筑造型提供了新的可能性。

钢筋混凝土的出现和在建筑上的应用是建筑史上的一件大事，在20世纪头10年，它几乎被认为是一切新建筑的标志。直到现在钢筋混凝土结构仍表现了它在建筑上所起的重大作用。

钢筋混凝土的发展过程是很复杂的。早在古罗马时代的建筑中，就已经有过天然混凝土的结构方法，但是它在中世纪时失传了。真正的混凝土与钢筋混凝土是近代的产物。1774年英国第一次在普利茅斯附近英吉利海峡的涡石礁上成功地采用石块与混凝土的混合结构建造了一座灯塔(人们按水手的传说称之为涡石塔，Eddystone Lighthouse)。当时所谓的混凝土只是一种石灰、粘土、砂子、铁渣的混合物。1824年英国首先生产了胶性的波特兰水泥，遂为混凝土结构的发展提供了条件。起初常把混凝土作为铁梁中的填充物，后来进一步发展了把混凝土作楼板的新形式。在混凝土结构的发展过程中，1855年巴黎博览会展出了由兰博(J. L. Lambot)设计的钢筋水泥船,对钢筋混凝土的出现具有积极意义;1868年法国园艺家莫尼埃(H. Monnier)以铁丝网与水泥试制花钵;1868~1870年他又在法国建成了一座钢筋混凝土水库。所有这些试验的成功,都为近代钢筋混凝土结构的发展奠定了基础。

钢筋混凝土的广泛应用是在1890年以后的事。它首先在法国与美国得到发展。

法国建筑师埃纳比克(Francois Hennebique,1842~1921年)于19世纪90年代在法国赖因堡(Bourg la Reine)为自己建造的别墅,是作为应用钢筋混凝土的广告。此后,博多(Anatole de Baudot)于1894年在巴黎建造的蒙玛尔特教堂(Saint-Jean de Montmartre,图2-4-1),是第一个用钢筋混凝土框架结构建造的教堂。接着钢筋混凝土结构传遍欧美。

20世纪初著名的法国建筑师佩雷(Auguste Perret,1874~1955年)善于运用钢筋混凝土结构,同时努力发掘这种材料与结构的表现力。他早期的钢筋混凝土作品是巴黎富兰克林路25号公寓(图2-4-2),建于1903年,这是一座八层钢筋混凝土框架结构,框架间填以褐色墙板,组成了朴素大方的外表,一切装饰都去掉了但并不单调。佩雷说:"装饰常有掩盖结构的缺点"。他在巴黎还建了一座庞泰路车库(Garage in the Rue de Ponthieu,1905年,图2-4-3)与埃斯德尔(Esders)服装工厂(1919年),这两座建筑都显示出钢筋混凝土新结构的艺术表现力。

法国另一个建筑师加尼埃[1]也善于应用钢筋混凝土这种新结构。他曾作过"工业城市"(Cite Industrielle)的假想方案,人口为35000,有明确的功能分区,并作了部分街区的

图2-4-1 巴黎蒙玛尔特教堂

图2-4-2 富兰克林路25号公寓

---

[1] 见本教材第一章第四节。

图 2-4-3　庞泰路车库

设计，全部建筑为钢筋混凝土结构，布局整齐、外形简洁，反映了他探求适应工业时代特点的建筑。1901～1904 年他在"工业城市"中所作的市政厅、底层开敞的集会厅与中央铁路车站方案（图 2-4-4）都应用了钢筋混凝土这种新材料与结构来达到新颖的造型与开敞明快的效果。1910 年他在里昂所建的运动场则是他在自己家乡的作品之一。

第一次世界大战期间，法国工程师弗雷西内（Eugéne Freyssinet），在巴黎近郊的奥利（Orly）机场建造了一座巨大的飞船库（1916 年，图 2-4-5），它由一系列的抛物线型的钢筋混凝土拱顶组成，跨度达 320 英尺（96m），高度达 195 英尺（58.5m）。拱肋间有规律地布

图 2-4-4　加尼埃设计的假想工业城市中央车站方案

第四节 法国对钢筋混凝土的应用

图 2-4-5 奥利飞船库

图 2-4-6 世界上第一座无梁楼盖的仓库

置着采光玻璃，具有别致的装饰效果。1924 年他又在旁边建了另一座尺度较前者略大，同样结构的飞船库。

瑞士著名工程师马亚尔（Robert Maillart）设计过许多新颖的钢筋混凝土桥梁，这些桥梁大多为中空箱体式断面的三铰拱结构。桥板两端下面的非承重部分被镂空以减少桥的重量，故其形式极为轻快，并且形式和结构应力的分布是一致的。此外，马亚尔还在苏黎世城建造了第一座无梁楼盖的仓库（1910 年，图 2-4-6）。

所有这些新结构的出现,对于现代的工业厂房、飞机库、剧院、大型办公楼、公寓等的功能要求有了合理的解决。它们的空间不再为结构所阻碍,可以更自由、更合理地布置建筑平面和组织空间了。

## 第五节 德意志制造联盟

德国在19世纪末的工业水平迅速地赶上了老牌资本主义国家的英国和法国,而跃居欧洲第一位。当时的德国,一片欣欣向荣,它不仅要求成为工业化的国家,而且希望能成为工业时代的领袖。它乐于接受新东西,只要对自己的工业发展有利便吸取。为了使后起的德国商品能够在国外市场上和英国抗衡,1907年出现了由企业家、艺术家、技术人员等组成的全国性的"德意志制造联盟"(Deutscher Werkbund),它的目的在于提高工业制品的质量以求达到国际水平。

在建筑艺术领域里,德国不像英国有过艺术与工艺运动,或美国有芝加哥学派和比利时有新艺术运动那样深刻的改革传统。1897年比利时新艺术派的费尔德应邀到德国举行展览会,轰动一时,自此,德国对接受外来的新思想很感兴趣。接着美国新建筑的先驱赖特的作品集于1910年在德国出版,德国在当时还举行了一些像布鲁塞尔新派绘画那样的展览,许多著名的外国建筑师也被邀请到德国来。由于这些内外因素的共同影响,促使了德国在建筑领域里的创新。德意志制造联盟是这一新思潮的支持者,它里面有许多著名的建筑师,他们认定了建筑必须和工业结合这个方向。其中享有威望的是贝伦斯,他以工业建筑为基地来发展真正符合功能与结构特征的建筑。他认为建筑应当是真实的,现代结构应当在建筑中表现出来,这样就会产生前所未见的新形式。1909年,他在柏林为德国通用电气公司设计的透平机制造车间与机械车间,造型简洁,摒弃了任何附加的装饰,成为现代建筑的先行者。

透平机车间(AEG Turbine Factory,图2-5-1)按功能分为两部分,一个主体车间和一个

图2-5-1 德国通用电气公司透平机车间

附属建筑，因为机器制造过程需要充足的采光，建筑的外形如实地反映了这种需要，在柱墩之间开足了大玻璃窗。车间的屋顶由钢三铰拱构成，避免了柱子，为开敞的大空间创造了条件。侧立面山墙的轮廓与它的多边形大跨度钢屋架一致，打破了传统的造型惯例。不过这座建筑本来是钢骨架，但在转角处却做成沉重的砖石墙体外形，这说明了建筑师在面对新结构与传统审美的矛盾中仍有些束手无策。贝伦斯所作的这座透平机车间为探求新建筑起了一定的示范作用，它在现代建筑史中是一个里程碑，被西方称之为第一座真正的"现代建筑"。

贝伦斯不仅对现代建筑有一定的贡献，而且还培养了不少人才。著名的第一代现代建筑大师格罗皮厄斯（Walter Gropius，1883～1969）、密斯·范·德·罗（Ludwig Mies van der Rohe，1886～1969）、勒·柯比西埃（Le Corbusier，1887～1965)都先后在贝伦斯的建筑事

图 2-5-2　法古斯工厂

务所工作过。他们从贝伦斯那里得到了许多教益，为他们后来的发展奠定了基础。

格罗皮厄斯和 A. 迈尔（Adolf Meyer，1881～1929 年）于 1911 年设计的在阿尔费尔德的法古斯工厂（Fagus Werk, Alfeld，图 2-5-2)❶，是在贝伦斯建筑思想启发下的新发展。这座外墙以玻璃为主的建筑造型简洁、轻快、透明，表现了现代建筑的特征。此外，格罗皮厄斯远在 1910 年就设想用预制构件解决经济住宅问题，这是对建筑工业化最早的探索。

1914 年，德意志制造联盟在科隆举行展览会，除了展出工业产品之外，把展览会中的建筑也作为新的工业产品来展出。由于它们形象新颖，结构轻巧，造型明快，极富有吸引力。展览会中最引人注意的是格罗皮厄斯设计的展览会办公楼（图 2-5-3)。这座建筑全部采用平屋顶，由于经过技术处理，可以防水和上人，这在当时还是一种新的尝试。在造型上，除了底层入口处采用一片砖墙外，其余部分全为玻璃窗，两侧的楼梯间也做成圆柱形的玻璃塔。这种结构构件的外露、材料质感的对比、内外空间的沟通等设计手法在当时全部是新的，都被后来的现代建筑所借鉴。

从以上所述欧美新建筑的一些情况来看，它们的目的都是要在建筑设计上创时代之新，使功能、技术与艺术能有机结合，并满足当代社会的要求。由于这时期的创新是在 19 世纪后半叶到 20 世纪初资本主义社会急骤变化的时期中进行的，建筑师的创新必然要受到资本主义的经济法则与当时社会的历史性、阶级性与知识水平的制约。同时建筑师必须

---

❶ 见本教材第三章第五节。

图 2-5-3　德意志制造联盟科隆展览会办公楼

面对与解决在此急骤变化时期中建筑形式上的新旧审美观之间、新技术与旧形式之间和新功能、新技术与新形式之间的种种矛盾。

# 第三章 新建筑运动的高潮——现代建筑派与代表人物

## 第一节 两次世界大战之间的社会历史背景与建筑活动

1914~1918年发生了第一次世界大战。英国、法国、俄国等为一方，德国、奥地利、匈牙利等为另一方，进行了长达4年之久的战争。前后卷入这场大战的国家达30个，7000万人被驱使走上战场，战死者1000万人，伤残者达2000万，此外还有大量平民死于战祸，欧洲许多地区遭到严重破坏。

1917年俄国发生十月革命，推翻沙皇的统治，建立了苏维埃社会主义国家。1918年德国战败投降，签订了《凡尔赛和约》。大战结束，旧的德意志帝国被推翻，奥匈帝国瓦解，中欧和南欧出现了一些新的国家，改变了欧洲的政治地理面貌。

欧洲各国在战争中严重受创。战败的德国失去了全部殖民地，经济陷于破产的境地，通货膨胀达到惊人的程度。战胜国也被战争拖垮了。英国和法国欠下美国大笔债款，由战前的债权国变成了债务国。饥馑和贫困笼罩着遭受战灾蹂躏的广大地区，阶级矛盾十分尖锐。许多地方的劳动人民在俄国十月革命的影响下奋起斗争。战争结束不久，德国、奥地利、波兰、捷克相继爆发人民革命，有的地区还建立过短暂的苏维埃政权。在战胜国之一的意大利，劳动人民也提出了"像俄国那样干"的口号，1920年夏季掀起了夺取工厂的斗争，一度几乎占领所有的大工厂，给资产阶级统治以严重打击。战后初期，欧洲主要国家都陷于严重的经济和政治危机之中。

只有美国在战争中变得更强大了。战争爆发后，美国长期坐山观虎斗，同交战双方做生意，大发战争财。直到1918年胜负形势已经明显以后，它才加入英法一方，成为战胜国。在4年战争期间，美国经济实力急剧膨胀，钢产量从每年2351万吨增加到4446万吨，汽车年产量从57万辆增加到117万辆。战争结束时美国掌握了世界黄金储备的40%。世界财政经济重心由欧洲转到了美国。

1924年以后，欧洲各国经济逐渐恢复过来，生产开始上升。1926年法国重工业生产超过了战前水平，1930年，法国工业总产值达到1913年水平的140%，战败的德国在美国的扶植下也复苏过来。1924年到1929年期间，数百亿美元的资金流入德国，使它能够大力更新工业设备，迅速提高生产能力。1929年，德国工业生产总额达到1913年的113%，重新超过了英国和法国。

美国的经济在20年代继续发展。一些新兴工业部门如化学、电气、人造纤维和航空工业等发展得最快。1920~1929年期间美国工业生产增长了32%。1929年，美国在世界工业总产量中所占的比重达到48.5%。

但是从1929年到1933年，美国爆发了严重的经济危机，工业生产下降46%，股票价格下跌 79%，一万家银行倒闭，十多万个公司企业破产。这次危机很快蔓延到整个资本主义世界，形成空前未有的世界经济危机。德国的钢产量从 1929 年的 1610 万 t 下跌到 1932 年的 560 万 t。1932 年德国的失业人数达到 700 万人，超过了 1918 年战争结束时的数字。

严重的经济危机使阶级斗争尖锐起来。共产党在劳动人民中的影响迅速增长。有些国家的大资产阶级认为无法再用通常的议会方式继续进行统治，它们采用法西斯手段镇压劳动人民的反抗。1922 年，意大利法西斯分子墨索里尼上台执政。1933 年希特勒在德国建立法西斯政权。法西斯统治者对内严酷镇压劳动人民，对外大肆侵略扩张。德国意大利勾结东方的日本形成德、意、日三国侵略同盟。1935 年意大利入侵阿比西尼亚（埃塞俄比亚），1936 年意德两国武装干涉西班牙，1937 年日本侵占中国，1938 年德国侵占奥地利和捷克，1939 年进攻波兰，第二次世界大战全面开始。

就资本主义世界来说，两次世界大战之间的 20 年时间大体可分为三个阶段。（一）1917～1923 年，这是世界资本主义体系受到深刻震撼的时期。出现了第一个社会主义国家苏联，欧洲各国陷于严重的经济和政治危机之中。（二）1924～1929 年是资本主义相对稳定的时期，资本主义各国经济得到恢复并出现某些高涨。（三）1929～1939 年是资本主义世界发生严重经济危机，酝酿和走向新的世界战争的时期。

总的说来，介于两次世界大战之间的这个时期，即 20 世纪 20 年代和 30 年代，是充满着激烈震荡和急速变化的时期。社会历史背景的这种特点也明显地表现在这一时期各国的建筑活动之中。

第一次世界大战期间欧洲交战各国的民用建筑活动几乎完全停顿。大量的房屋毁于战火。法国和比利时受到的破坏尤其严重，有些城镇几乎整个地毁掉。其他国家受到战争的影响，建筑活动也减少了。大战结束以后，各国都面临着严重的住房缺乏问题。据统计，英、法、德每一国最低限度都急需 100 万户以上的新住房。住宅建设成为各国朝野上下最为关切的事情。英国首相劳合·乔治（David Lloyd George）在战争结束时宣布诺言："不能再让打了胜仗的人和他们的孩子再住进贫民窟。……人民的居住是国家关心的问题。"但是从 1919 到 1923 年期间，英国实际只建造了 25 万户住房，住宅建设的速度和规模远远赶不上需要。除了荷兰、瑞典、瑞士等未参战的中立国外，其他国家的情况都和英国差不多，有的甚而更糟。

在资本主义国家，住宅建设不能满足需要原因是很复杂的。战后初期，建筑材料供应不足，缺少熟练工人，房屋造价昂贵也是很重要的因素。以英国为例，1921 年的建筑木料价格比战前的 1914 年增长 300%，石板瓦增长 225%，石灰增长 200%，住宅造价比 1914 年增长 250%。因此各国都有很多人住在试用新材料和新技术的住宅建筑中，提出了几百种新的住宅建筑方法。其中大多数是用混凝土、金属板材、石棉水泥板和其他工业制品代替砖、石、木等传统建筑材料，用提高预制装配程度的办法减少现场工作量，加快建造速度。1920 年，经英国建设部批准的就有 110 种新的建筑体系。在德国有国立研究院组织和推动住宅建筑技术的改革。著名建筑家格罗皮乌斯在 20 世纪 20 年代多次试验用焦渣砌块和预制钢筋混凝土梁建造公寓住宅，用钢框架和石棉水泥板或木框架和铜片等试建装配式小住宅。一时间，采用各种新材料新技术的试验性住宅到处涌现，但是得到实际推广的却很少。原因之一是新的建筑方式本身尚不成熟，存在这样或那样的缺陷；其次是整个社会经济处于困境，既无力按传统方式大量建造住宅，也不可能大量采用新技术去建造新型住宅；第三，采用新的建筑技术在起初总是更费钱的。1922年以后，欧洲的传统建筑材料价格开始回跌（例如1921年荷兰的住宅造价为1914年的375%，到1924年下降为250%）。人们更乐于采用传统材料按传统方式建造住房，对于新材料新技术的兴趣也就减少了。因为这些缘故，在第一次大战之后住宅建筑方面一度出现的以装配化为中心的技术改革浪潮便逐渐低落下来。虽然如此，20世纪20年代各国在住宅方面所做的技术革新工作并没有白费，它为第二次大战以后住宅工业化的大发展作了准备。

1924年以后，欧洲主要国家的经济逐渐恢复并开始上涨，社会相对安定，建筑活动随之兴盛起来。美国在战争中发了财，战后又继续发展，建筑活动十分兴旺，城市中的高楼大厦像雨后春笋般建造起来，50层、60层、70层直到102层的摩天楼接踵出现，为全世界所瞩目。在20世纪30年代初世界经济危机影响到来之前，美国和欧洲各主要工业国曾出现过一个建筑活动繁荣的时期。接着各国的建筑业便进入了萧条时期。1933年以后，资本主义世界经济渐渐从危机中复苏过来，建筑活动重新活跃了一个短时期；1939年，第二次大战全面爆发，交战各国的民用建筑活动又几乎全部陷于停顿。

## 第二节　建筑技术的进展

第一次大战之后，建筑科学技术有很大的发展，特点是把19世纪以来出现的新材料、新技术加以完善并推广应用，工程师的创造与发明在此起了很大的作用。高层钢结构技术的改进和推广就是一个例子。1931年，纽约30层以上的楼房已有89座。钢结构的自重日趋减轻。经过长期研究的焊接技术也开始用于钢结构，1927年出现了全部焊的钢结构房屋。到1947年，在美国建成24层的全部焊接的楼房。

钢筋混凝土结构的应用也更普遍了。

采用有刚性节点的金属框架，特别是钢筋混凝土整体框架的大量应用，促进了对刚架和其他复杂的超静定结构的研究。新的计算理论和方法陆续出现。1929年，克罗斯（Hardy Gross）提出解超静定结构的渐进法即是一例。结构科学中另外一些复杂问题如结构动力学、结构稳定等等，也取得了重要的成果。

大战以后，日益增多的电影院、电影摄影场、室内体育馆、汽车和飞机库等建筑都要求较大的跨度。在各种大跨度建筑中，壳体结构的出现具有重要的意义。1922年，德国一家光学工厂由于试验工作的需要，造了一个精确的半球形屋顶。做法是在钢杆拼接的半球形网格上铺上3cm厚的一层混凝土。这个很薄的屋顶却有很高的强度。经过研究改进，人们建成了使混凝土和钢材结合起来共同工作的筒形壳屋顶。1925年，在德国耶那（Jena）天文台及莱比锡和巴塞尔（Barssel）等地的市场建筑上采用了钢筋混凝土的圆壳屋顶。巴塞尔市场的薄壳屋顶跨度达到60m，厚度只有9cm。1933年苏联在西比尔斯克歌剧院的观众厅上采用的钢筋混凝土扁圆壳，直径也是60m，壳的厚度减少到6cm。除壳体之外，这个时期人们还试验了其他型式的大跨结构。1933年芝加哥博览会上建成了一座采用圆形悬索屋盖的机车展览馆，直径60m。

新的建筑材料也陆续用于建筑，铝材除了用于室内装饰外，还用作窗框和窗下墙的面层。不锈钢和搪瓷钢板也开始用作建筑饰面材料。

玻璃产量增加很快。质量改进，品种增多。1927年制造出安全玻璃。1937年出现了全玻璃的门扇。20世纪30年代初，美国建立专门的玻璃纤维研究机构，30年代末这种材料已广泛用作隔热、隔音材料。玻璃砖也流行起来。塑料开始少量地用于楼梯扶手和桌面等部位。用橡胶和沥青材料制成的各种颜色的铺地砖逐渐推广。木材制品也有很大的改进，1927年开始用蛋白胶粘结胶合板，产品质量显著改善，20世纪30年代又用酚树脂生产出防水的胶合板，可以用作混凝土工程的模板。

研究出多种吸音抹灰和隔声吸音材料，除玻璃纤维外，还使用了蛭石、珍珠岩和矿渣棉等材料。提高了建筑的隔声和音响质量。

第一次大战后，建筑设备的发展加快了。电梯速度大大提高。1923年有了霓虹灯，1925年出现磨砂灯泡，1938年出现日光灯。家用电器设备迅速增多。空调设备首先用于特殊工业建筑中。1930年在美国建造了第一座完全无窗的工厂，随后空调设备推广到一些公共建筑中。厨房和厕浴设备也不断改进，在某些建筑中，设计顶棚时已开始对照明、空调、防火和声学要作统一安排。总之，各种建筑设备的发展使房屋不再像过去那样只是一个空壳，建筑师不但要同结构工程师、还要同各种设备工程师共同配合，才能设计出现代化的房屋建筑。建筑使用质量的提高是第一次世界大战后建筑发展的一个重要特点。

建筑施工技术也相应提高了。纽约帝国州大厦（Empire State Building，1931年）的建造反映了这方面的成就。帝国州大厦坐落在纽约的繁华大街上。地段面积长130m，宽60m，5层以下占满整个地段面积，从第6层开始收缩，面积为70m×50m。30层以上再次收缩，到第85层面积缩小为40m×24m。85层以上是一个直径约10m。高61m的圆塔。塔本身相当17层。因此，帝国州大厦号称102层。圆塔顶端距地面380m，第一次超过巴黎铁塔的高度。整个大厦总体积为96.4万 m³，有效使用面积为16万 m²。房屋总重量达30万t以上。结构用钢5.8万t。楼内装有67部电梯和大量的复杂管网。

1930年3月17日帝国州大厦开始钢结构施工，至9月全部钢结构安装完毕。1931年5月1日大楼全部竣工，交付使用。从设计到使用只用了18个月。按102层计算，平均每5天多建造1层，这个施工速度在20世纪70年代以前在美国也没有被超过。

大楼建成以后，由于自身重量极大，楼房钢结构本身压缩了15~18cm。有人担心帝国州大厦的巨大重量会引起地层的变动，这种情况并没有发生。楼房在大风中最大摆动达到7.6cm，但对建筑物安全和人的感觉没有什么影响。

帝国州大厦的建成，综合地表现了20世纪30年代建筑科学技术的水平。

## 第三节　战后初期建筑探新运动的持续及其流派

### 一、古典复兴、浪漫主义、折衷主义仍在运行

战后初期，尽管始于19世纪末的新建筑运动已越来越引起人们的注意，但复古主义仍然相当流行。不过19世纪对历史建筑样式的复兴已经不那么严格，经常是有些混杂的。例如在古典方面既有古希腊古罗马的古典也有17、18世纪的古典主义，甚至还夹有

文艺复兴的特点。因此,它们就更多地被称为古典主义或新古典主义了。当时纪念性建筑和政府性建筑不用说,就是一些大银行、大保险公司也仍然继续用古典柱式把自己装扮起来,1924年建成的伦敦人寿保险公司(London Life Issurance Building)就是一例。这一类建筑在内部往往已采用钢或钢筋混凝土结构,但外形却依然古色古香,1929~1934年建造的曼彻斯特市立图书馆是又一个这样的例子。这座圆形图书馆采用钢结构,但是它的外形是仿古的。入口处的柱廊是罗马科林斯柱式,建筑物的上部又有一圈爱奥尼柱式。作为骨架的钢结构在外观上完全被掩藏起来,似乎是什么见不得人的东西,现代图书馆建筑的功能也被古代建筑样式所抑制。内容和形式明显不一致。

把不同时代和不同地区的建筑样式凑合在一座建筑之中的折衷主义建筑也不断出现。1923年落成的斯德哥尔摩市政厅(The City Hall of Stockholm)是一座有名的例子。建筑师奥斯特堡(Ragnar Ostberg)在这个建筑物中采用了包括古希腊的、古罗马的、拜占廷的、威尼斯的、罗驮❶的、哥特的以及文艺复兴等不同时代和不同地区的建筑式样组合成这座折衷的浪漫主义的作品。建筑师的技巧是很高明的,建筑的形象也很优美,但无论如何,这座市政厅的设计思想是向后看的,它缺少新的时代气息。

古典复兴和折衷主义的建筑潮流在美国比在西欧持续的更久,直到20世纪40年代,华盛顿还建造了一些十分地道的仿古罗马风格的建筑,其中有华盛顿国家美术馆和最高法院大厦。

可是社会生活在飞速变化,建筑物的功能要求日益复杂,房屋的层数和体量不断增长,建筑材料和结构已和古代大不相同。因此,在绝大多数新建筑上断续套用历史上的建筑样式必然要遇到愈来愈多的矛盾和困难。所以,在很多情况下,即使非常热爱古代建筑样式的学院派建筑师,也不得不作出让步,对那些旧的建筑样式和构图规则加以简化和变通。檐口、柱头和柱础逐渐简化,壁柱蜕变成墙面上的竖向线脚,玻璃窗向水平方向扩大,装饰纹样日见减少。石头建筑的沉重封闭的面貌渐渐削弱,框架结构的方格形构图特征在建筑外形上隐隐然显示出来。不过对称的格局仍是尽力保持的。同古典建筑相比,严格的形似办不到了,但仍力求"神似"。

所以,到了20世纪20年代,保守派建筑师已经渐渐分化,不成为一个坚实的阵营了。他们设计出来的建筑物,从严格复古到神似什么都有,其间的差别和层次也甚多。

**二、坚持探新的表现主义派、未来主义派、风格派与构成主义派**

在保守派的日益不合时宜中,革新派那一面却日见兴旺起来。第一次大战后欧洲的经济、政治条件和社会思想状况给主张革新者以有力的促进。第一,战后初期的经济拮据状况促进了建筑中讲求实用的倾向,对于讲形式尚虚华的复古主义和浪漫主义带来一阵严重打击。第二,20世纪20年代后期工业和科学技术的迅速发展以及社会生活方式的变化又进一步要求建筑师突破陈规。汽车和航空交通的迅速发展,无线电和电影的普及、科学研究、教育、体育、医药、出版事业的进步要求新的建筑类型,旧有的建筑类型在内容和形制上也发生了很大的改变。材料、结构和施工的进步也迫使越来越多的建筑师走出古代建筑形式的象牙之塔。这些变化有力地推动建筑师改革设计方法,创造新型建筑。第三,第一次大战后欧洲的社会政治思想状况给建筑革新运动提供了有利的气氛。大战的惨祸和俄

---

❶ Romanesque,又译罗蔓、似罗马或伪罗马。

国十月革命的胜利使各国广大阶层的人民普遍产生了不愿再照原样生活下去的思想。在战败国中,人心思变的情绪更加强烈。战后时期,欧洲社会意识形态领域中涌现出大量的新观点、新思潮,思想异常活跃。建筑界的情况也是这样,建筑师中主张革新的人愈来愈多,各色各样的设想、计划、方案、观点和试验如雨后春笋,主张也愈见激烈彻底。在整个20年代,西欧各国,尤其是德、法、荷三国的建筑界呈现出空前活跃的局面。

建筑本身牵涉到功能、技术、工业、经济、文化、艺术等许多方面,建筑的革新必然也是多方面的。各种人从不同角度出发,抓着不同的重点,循着多种途径进行试验和探索。战后初期,有很多人和流派,包括各种造型艺术家在内,对新建筑的形式问题感到浓厚的兴趣,进行了多方面的探索,其中比较突出并对后来在思想与手法上产生重要影响的派别有表现主义派、未来主义派、风格派和构成主义派。下面就分别对这些流派作一些简短的介绍。

**表现主义派**(Expressionism)。20世纪初在德国、奥地利首先产生了表现主义的绘画、音乐和戏剧。表现主义者认为艺术的任务在于表现个人的主观感受和体验。例如,画家心目中认为天空是蓝色的,他就会不顾时间地点,把任何天空都画作蓝色的。绘画中的马,有时画成红色的,有时又画成蓝色的,一切都取决于画家主观的"表现"需要,他们的目的是引起观者情绪上的震动或激情。在这种艺术观点的影响下,第一次大战后出现了一些表现主义的建筑。这一派建筑师常常采用奇特、夸张的建筑体形来表现或象征某些思想情绪或某种时代精神。德国建筑师门德尔松(Erich Mendelsohn 1887~1953年)在20世纪20年代设计过一些表现主义的建筑。其中最有代表性的是1919~1920年建成的德国波茨坦市爱因斯坦天文台(Einstein Tower, Potsdam。图3-3-1)。

1917年爱因斯坦提出了广义相对论,这座天文台就是为了研究相对论而建筑的。相对论是一次科学上的伟大突破,它的理论很深奥,对于一般人来说,它既新奇又神秘。门德尔松在爱因斯坦天文台的设计中抓住这一印象,把它作为建筑表现的主题。他用混凝土和砖塑造了一座混混沌沌的多少有些流线型的体形,上面开出一些形状不规则的象征运动感

图 3-3-1　爱因斯坦天文台

的窗洞，墙面上还有一些莫名其妙的突起。整个建筑造型奇特，难以言状，可真是表现出一种神秘莫测的气氛，也有人从中得到的感受是一个崭新的时代在高速前进。

有个表现主义派的电影院建筑在顶棚上做出许多下垂的券形花饰，使观众感到如同坐在挂满石钟乳的洞窟之中；有个轮船协会的大楼上做出许多象征轮船的几何图案；荷兰阿姆斯特丹的表现主义派甚至把住宅建筑外观处理得能使人联想起荷兰人的传统服装和木头鞋子。表现派建筑师主张革新，反对复古，但他们是用一种新的表面的处理手法去替代旧的建筑样式，同建筑技术与功能的发展没有直接的关系。它在战后初期时兴过一阵，不久就消退了。

**未来主义派**（Futurism）是第一次大战之前首先在意大利出现的一个文学艺术流派。当很多中层阶级对资本主义工业化下的社会现实表示不满的时候，未来主义派却对资本主义的物质文明大加赞赏，对未来充满希望。1909年，未来主义派的创始人，意大利作家马里内蒂（F. T. Marinetti，1876~1944年）在第一次"未来主义宣言"中宣扬工厂、机器、火车、飞机等的威力，赞美现代大城市，对现代生活的运动、变化、速度、节奏表示欣喜，并认为火车与工厂烟囱喷出的浓烟和机车车轮与飞机发出的震耳欲聋的响声都是值得歌颂的❶。他们否定文化艺术的规律和任何传统，宣称要创造一种全新的未来的艺术。未来主义派的画家在绘画中用各种手法着意表现动作和速度。例如在题名为"妇人与狗"（作者 Giacomo Balla）的绘画中，画家给一只狗画上许多的腿，以表示它在急速走动。1914年，第一次大战前夕，意大利未来主义者圣泰利亚（Antonio Sant'Elia，1888~1916年）在他们举办的未来主义展览会中展出了许多未来城市和建筑的设想图，并发表"未来主义建筑宣言"。圣泰利亚的图样都是高大的阶梯形的楼房，电梯放在建筑外部，林立的楼房下面是川流不息的汽车、火车，分别在不同的高度上行驶。对此，圣泰利亚在宣言中说"应该把现代城市建设和改造得象大型造船厂一样，既忙碌又灵敏，到处都是运动，现代房屋应该造得和大型机器一样。"❷

意大利未来主义者在当时没有实际的建筑作品。但是他们的观点以及对建筑形式的设想对于20世纪20年代甚至对于第二次大战以后的先锋派建筑师都产生了不小的影响。

**风格派**（De Stijl）与**构成主义派**（Constructivism）。1917年，荷兰一些青年艺术家组成了一个名为"风格"派的造型艺术团体。主要成员有画家蒙德里安（Piet Mondrian，1872~1944年），范·陶斯堡（Theo Van Doesberg），雕刻家范顿吉罗（G. Vantongerloo），建筑师奥德（J. J. P. Oud）、里特弗尔德（G. T. Rietveld）等。风格派有时又被称为"新造型主义派"（Neo Plasticism）或"要素主义派"（Elementarism）。总的看来，它是20世纪初期在法国产生的立体派（Cubism）艺术的分支和变种。风格派认为最好的艺术就是基本几何形象的组合和构图。蒙德里安认为绘画是由线条和颜色构成的，所以线条和色彩是绘画的本质与要素，应该允许独立存在。他说用最简单的几何形和最纯粹的色彩组成的构图才是具有普遍意义的永恒的绘画。他的不少画就只有垂直和水平线条，间或涂上一些红、黄、蓝的色块，题名则为"有黄色的构图"，"直线的韵律"，"构图第×号，正号负号"等等。风格派雕刻家的作品，则往往是一些大小不等的立方体和板片的组合。

第一次大战前后，俄国有些青年艺术家也把抽象几何形体组成的空间当作绘画和雕刻的内

---

❶ 参考 K. 弗兰普顿："新的轨迹：20世纪建筑学的一个系谱式纲要"。张钦楠译。
❷ 转引自 K. 弗兰普顿：《Modern Architecture, A Critical History》1980版，第87页。

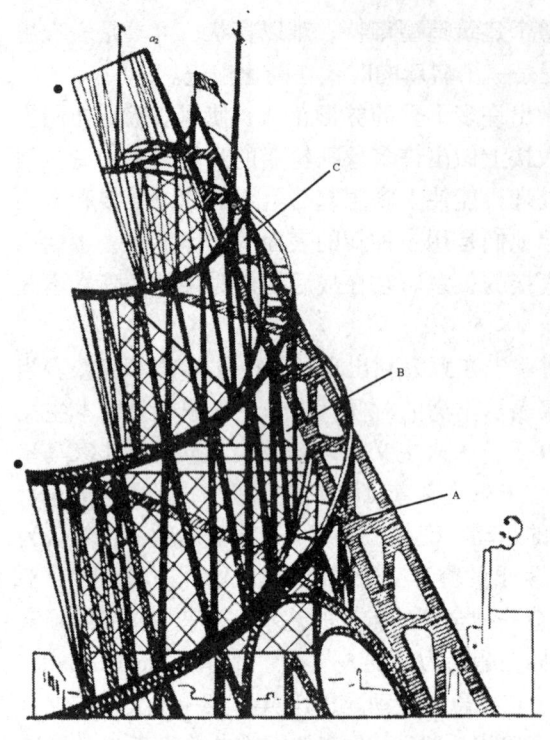

图 3-3-2　第三国际纪念碑

容。他们的作品，特别是雕塑，很像是工程结构物(图 3-3-2)。这一派别被称为构成主义派。代表人物有马列维奇(Kazimir Malevich)塔特林(Vladimir Tatlin)，伽勃(Naum Gabo)等。风格派和构成派在旨趣和观念上没有什么区别，只是手法不同以至形式有别，实际上两派的有些成员到后来也在一起活动了。

风格派和构成主义派既表现在绘画和雕刻方面，也表现在建筑造型、装饰、家具、印刷装帧等许多方面。一些原来是画家的人，后来也从事建筑和家具设计。例如，范·陶斯堡和马列维奇都是既搞绘画雕刻，又搞建筑设计的。在建筑造型上，虽然风格派与构成主义派同样地坚持运用建筑的最基本要素——梁、柱、板、门、窗或各种结构构件来进行造型。但在手法上风格派比较讲究各部分与整体在构图上的平衡；而构成主义派，可能由于它形成于俄国十月革命前后的社会动荡之中，在构图上往往显得比较唐突、惊险或出其不意。由于风格派比较容易被接受，故又有国际构成主义之称，而构成主义派则被称为俄罗斯构成主义。

最能代表风格派特征的建筑是里特弗尔德设计的荷兰乌得勒支(Utrecht)地方的一所住宅(图 3-3-3、3-3-4)。这是一个由简单的立方体，光光的板片、横竖线条和大片玻璃错落

图 3-3-3　乌德勒支住宅

60

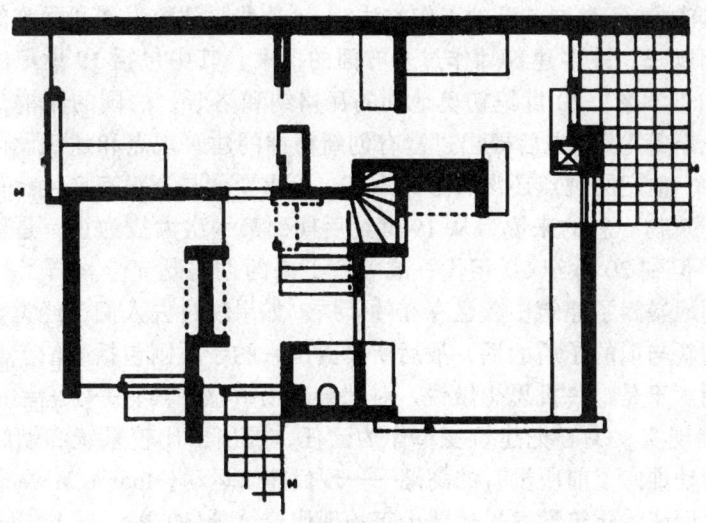

图 3-3-4　乌德勒支住宅一层平面

穿插组成的建筑。如果注意一下范·陶斯堡等人在前一年(1923 年)所绘制的一个住宅设计图解,我们就更能了解风格派建筑的特点了。里特弗尔德设计的这所住宅,可以说是风格派画家蒙德里安的绘画的立体化。

　　风格派和构成主义派热衷于几何形体、空间和色彩的构图效果。作为绘画和雕刻艺术,他们的作品是抽象的,并不反映客观事物。但是,如果我们把风格派和构成主义派只是当作一种造型手法的流派来看,它们在造型和构图的视觉效果方面进行的试验和探索还是有一定的价值。新材料出现了,技术和工艺改变了,社会经济条件和生活方式变化了,人们的美学观点和爱好也跟着转变。建筑、家具、服饰、交通工具、纺织品、日用器具和印刷品等等各种器物都要改变它们的造型。因此,对于形式和空间作一般性的试验研究也是现代生产和生活提出来的要求。风格派、构成主义派以及现代西方其他许多艺术流派在这些方面所作的试验和探索对现代建筑及实用工业品的造型设计是有启发意义的。即使在最近的始于 20 世纪 80 年代后期的解构主义派(Deconstructivism)[1]在手法上还表现了俄罗斯构成主义的影响。

　　表现主义派、未来主义派、风格派和构成主义派等作为独立的流派存在的时间都不长,20 世纪 20 年代后期,它们渐渐消散,但它们对现代建筑及其后的影响,特别是在思想上,还是相当深远的。

## 第四节　新建筑运动走向高潮——现代建筑派的诞生

　　表现主义派、未来主义派、风格主义派、构成主义派等等本来就是美术和文学艺术方面的派别,它们没有也不可能提出和解决当代建筑发展所涉及的许多根本性的问题。

　　建筑应当向何处去?建筑如何同迅速发展的工业和科学技术相配合?怎样满足现代社会生产和生活提出的各种复杂的建筑功能要求?应当怎样处理继承和革新的矛盾?怎样创造新

---

[1] 见本教材第六章。

的建筑风格?建筑师如何改进自己的工作方法?……这些是建筑发展所面临的实际问题和理论问题。长时期以来,许多建筑师作过多方面的探索,其中包括19世纪法国的拉布鲁斯特,美国的芝加哥学派,20世纪初奥地利的瓦格纳和洛斯,法国的佩雷,荷兰的伯尔拉赫,德国的贝伦斯等等❶,先后提出过富有创新精神的建筑观点和建筑设计。但是,他们的努力是零散的,他们的观点还没有形成系统,更重要的是还没有产生出一批比较成熟而有影响的实际建筑物。总的来说,从19世纪后期到第一次大战为止,是新建筑运动的酝酿和准备阶段。但到20世纪20年代,战争留下来的创伤既充分暴露了社会中的各种矛盾,同时也深刻地暴露了建筑中久已存在的矛盾。如果说过去人们已经觉察到建筑由于时代进步而引起的新与旧的矛盾的话,战后所暴露出来的矛盾则包括政治上、经济上以及哲学上的等等问题。于是,一批思想敏锐,对社会事物敏感并具有一定经验的年轻建筑师、面对百孔千疮的现实,决心把建筑变革作为己任,提出了比较系统和彻底的建筑改革主张,把新建筑运动推向了前所没有的高潮——现代建筑运动(Modern Movement)——形成了后来继学院派之后统治建筑学术界达数十年的现代建筑派(Modern Architecture)。

现代建筑派包含有两方面的内容,一是以德国的格罗皮厄斯、密斯·范·德·罗和法国的勒·柯比西埃为代表的欧洲先锋派(European avant-garde),又被称为功能主义派(Functionalism)、理性主义派(Rationalism)、现代主义派(Modernism)、欧洲现代建筑派与国际现代建筑派(International Modern)。他们是现代运动的主力。另一是以美国赖特为代表的有机建筑派(Organic Architecture)。

此外有一些派别人数不多但十分重要,如芬兰的阿尔托(Alvar Aalto 1898~1976年)那样的人物。他们在建筑观点上特别是在建筑与社会和与时代的关系上,赞成欧洲的现代建筑派,也参加了他们发起的CIAM组织,但在设计手法上则倾向于有机性。

现在先从欧洲先锋派的形成过程谈起。格罗皮厄斯、勒·柯比西埃和密斯·范·德·罗三个人在第一次大战之前已经有过设计房屋的实际经验。在1910年前后,三个都在柏林建筑师贝伦斯的设计事务所中工作过。贝伦斯当时是大工业企业德国通用电气公司的艺术顾问,同德国工业界组织的德意志制造联盟有密切联系。格罗皮厄斯等人因此对于现代工业对建筑的要求与条件有比较直接的了解。他们在大战前夕已经脱离了学院派建筑的影响,选择了建筑革新的道路。格罗皮厄斯在1911年与A.迈尔合作设计的工厂建筑——法古斯工厂,是第一次大战以前欧洲最新颖的工业建筑之一。

第一次大战结束的时候,格罗皮厄斯、勒·柯比西埃和密斯·范·德·罗都只有30多岁,他们立即站到了建筑革新运动的最前列。他们不仅要彻底改革建筑并要使建筑帮助解决当时西欧社会由于政治、经济动荡而陷入的生活资料严重匮缺,特别是公众住房极端紧张的困境。具体的方法便是重视建筑的功能、经济与动用新的工业技术来解决问题。

1919年,格罗皮厄斯继新艺术派代表人物费尔德出任魏玛艺术与工艺学校的校长。就职后他立即改组这个学校,聘请一批激进的年轻艺术家当教员,推行一套新的教学制度和教学方法,同保守的学院教育唱对台戏。由他领导的这所称为"包豪斯"(Bauhaus)的学校随即成为西欧最激进的一个设计和建筑的中心。

1920年勒·柯比西埃在巴黎同一些年轻的艺术家和文学家创办《新精神》杂志,写文

---

❶ 见本教材第二章。

章鼓吹创造新建筑。1923年出版《走向新建筑》一书，强烈批判保守派的建筑观点，为现代建筑运动提供了一系列理论根据。这本书象一声春雷，表明新建筑运动高潮——现代建筑运动——的到来。

密斯·范·德·罗在战后初期热心于绘制新建筑的蓝图。1919~1924年期间，他提出了玻璃和钢的高层建筑示意图，钢筋混凝土结构的建筑示意图等等。他通过精心推敲的采用新技术的建筑形象向人们证明：摆脱旧的建筑观念的束缚之后，建筑师完全能够创造出清新活泼、优美动人的新的建筑形象。

随着西欧经济形势的逐渐好转，格罗皮厄斯等人有了较多的实际建造任务。他们陆续设计出一些反映他们主张的成功作品。其中包括1926年格罗皮厄斯设计的包豪斯校舍，1928年勒·柯比西埃设计的萨伏伊别墅(Villa Savoie)，1929年密斯·范·德·罗设计的巴塞罗那展览会德国馆等等。这些建筑不仅是现代派并成为建筑历史的经典性作品。

有了比较完整的理论观点，有了一批有影响的建筑实例，又有了包豪斯的教育实践，到20年代中期，现代派的队伍迅速扩大，声势日益宏壮，步伐也渐趋一致。当时他们的老前辈贝伦斯与原德意志制造联盟的主席帕尔齐格(Hans Poelzig)以及维也纳的霍夫曼(Josef Hoffmann)等都支持他们。同时还有一批中、青年建筑师如荷兰的奥德、芬兰的阿尔托、德国的陶特兄弟(Bruno and Max Taut)、门德尔松、H. 迈尔(Hannes Meyer)等加入到他们的队伍中。这些人有的虽原属表现主义派，构成主义派或新造型主义派，但都投入到讲求现代性与重视社会效益的现代建筑派中。此外远在意大利的意大利理性主义者特拉尼(G. Terragni，1904~1943年)等人，虽然声称不想与传统决裂，但在设计上却与他们有共同之处。渴望用新技术来建设新社会的年轻的苏联建筑师如维斯宁兄弟(A. and L. Vesnin)、金斯伯格(M. Ginsburg)则与他们遥遥呼应。1927年，德意志制造联盟在斯图加特举办的住宅建筑展览会上展出了5个国家16位建筑师设计的住宅建筑。其中有小住宅、联立式、公寓式，设计者突破传统建筑的框框，发挥钢和钢筋混凝土结构及各种新材料的性能，在较小的空间中认真解决实用功能问题。在建筑形式上，大都采用没有装饰的简洁的平屋顶、白色抹灰墙、灵活的门窗布置和较大的玻璃面积，并具有朴素清新的外貌。由于建筑风格比较统一，成为了现代建筑派一次有力的不是用语言而是用实物做出的宣言。

这些建筑师的设计思想虽不完全一致，但是有一些共同的特点，即着眼于社会上的中、下层阶级与工薪阶层。为此，在设计方法上：(一)重视建筑的使用功能并以此作为建筑设计的出发点，提高建筑设计的科学性，注重建筑使用时的方便和效率；(二)注意发挥新型建筑材料和建筑结构的性能特点，例如，框架结构中的墙可以不承重，在建筑设计中就充分运用这个特点而决不按传统承重墙的方式去对待它；(三)努力用最少的人力、物力、财力造出适用的房屋，把建筑的经济性提到重要的高度；(四)主张创造现代建筑新风格，坚决反对套用历史上的建筑样式。强调建筑形式与内容(功能、材料、结构、构筑工艺)的一致性，主张灵活自由地处理建筑造型，突破传统的建筑构图格式；(五)认为建筑空间是建筑的主角，建筑空间比建筑平面或立面更重要。强调建筑艺术处理的重点应该从平面和立面构图转到空间和体量的总体构图方面，并且在处理立体构图时考虑到人观察建筑过程中的时间因素，产生了"空间——时间"的建筑构图理论。(六)废弃表面外加的建筑装饰，认为建筑美的基础在于建筑处理的合理性和逻辑性。

这些完全不同于以往的建筑观点与方法遂被称为建筑中的"功能主义"或"理性主义"，近来又有人把它称为"现代主义"等等。事实上格罗皮厄斯和勒·柯比西埃等人是反对这些名称的。可是这些提法还是不胫而走，流传很广，并且引起许多笔墨官司。看来，功能主义的提法只突出了这种建筑理论在建筑组成要素——功能、技术、艺术——中对功能的侧重；理性主义的提法表明了这种理论在思维上对物质构成的侧重，其实都不尽妥帖。此外，由于这个派别中有小数左派，如 H. 迈尔等坚持建筑形式应完全客观地遵从材料的结构性能与房屋在建造过程中的特点，又使这个派别后来被批判为技术的功能主义。为了使这个派别同当时在美国的以赖特为代表的现代派区别开来，可以将其笼统地称为欧洲的现代派。

欧洲的现代派由于它对欧洲战后艰难时期的经济复兴特别适应，故自 20 世纪 20 年代末普遍为当时的新型生产性建筑、大量性住宅和讲究实用并具有新功能的公共建筑，诸如学校、体育馆、科学实验楼、图书馆、百货公司与电影院等等所接受，并产生了不少优秀和富有创造性的实例。

1928 年，格罗皮厄斯、勒·柯比西埃和建筑历史与评论家 S. 基甸（Sigfried Giedion）等在瑞士拉萨拉兹（La Sarraz）建立了由 8 个国家的 24 位建筑师组成的国际现代建筑协会（CIAM）❶。他们交流与研究建筑工业化、低收入家庭住宅、有效地使用土地与生活区的规划和城市建设等问题。在 1933 年的雅典会议上，还提出了一个城市规划大纲，即著名的"雅典宪章。"自此，现代建筑派成为当时欧洲占主导地位的建筑潮流。由于他们着重于解决一般公众在生活上的生理与物理要求，采用新技术并着意于建筑空间与建造上的经济性，建筑风格摒弃历史传统与地方特点，以至其形式无论建在哪里都比较近似，因而被建筑评论家希契科克（H. R. Hitchcock）和建筑师 P. 约翰逊（Philip Johnson，1906 年生）称之为国际式建筑（International Style）。

任何建筑思潮都是既定环境下的产物并为这个环境的某一个方面服务。当代建筑师 A. 西扎（Alvaro Siza）的警句："建筑师什么也没有发明，他只是改造了现实"，❷ 说明了思潮在创造中的局限。第一次世界大战后的美国现实不同于欧洲。欧洲当时是无论战胜国或战败国均陷于政治、经济与哲学的困境或彷徨之中，而美国却因在战争中得益而经济上升、信心十足。战后美国的建筑创作基本沿着战前的方向前进：官方建筑与富人府邸仍以简化的古典复兴、折衷主义为主，教堂以浪漫主义为主，高层建筑则采用一种在简单的几何形体的墙面上饰以垂直、水平向或几何形图等装饰的称为装饰艺术派（Art Deco）风格，只有少数人致力于探索具有时代特征的现代风格。后者当以 F. L. 赖特为代表的有机建筑派最为突出。他们没有制造什么声势，也没有成立什么组织。由于其中的多数，如格里芬（Walter Burley Griffin），雷蒙（Antonin Raymond）、诺伊特拉（Richard Neutra）和格林兄弟（Greene and Greene）曾在赖特手下工作过，故在设计观点与作风上十分接近。赖特早在

---

❶ 全名为：Congrès Internationaux d'Architecture Moderne。该组织自 1928 年成立后共开过 11 次会议，至 1959 年因内部意见分歧而宣布长期休会。

❷ 转摘自 K. 弗兰普顿的"新的轨迹：20 世纪建筑学的一个谱系式纲要"，张钦楠译。

19世纪末便倡导了接近自然和富于生活气息的草原式住宅；两次世界大战之间转而利用新的工业材料与新技术来为他的现代生活与生活美学服务，并称之为有机建筑。其中最有代表性的是他在1936年为富豪考夫曼设计的流水别墅(Kaufmann House on the Waterfall)和在1936~1939年设计的约翰逊公司总部(Johnson Wax Administration Building in Racine Wisconsin)。这两幢建筑最近被美国建筑师学会评为美国20世纪最受欢迎的十大建筑之二。

赖特的有机建筑无疑地是现代派的，它和欧洲的现代派有不少共同的地方。例如反对复古、重视建筑功能、采用新技术、认为建筑空间是建筑的主角等等。但是，正如上面说过，美国当时的现实与欧洲的现实不同。欧洲的现代派是要使建筑适应他们社会当时面临的困境；而美国的有机建筑则以提高业主的生活情趣为创作方向，很少把自己同社会上的广大公众密切联系起来。赖特虽然也设计了一些面向公众的低造价住宅，但不那么典型。最能说明赖特的天才与追求的作品是条件宽裕、精心设计以至最终成为一件功能齐全、悦目赏心、灵气洋溢和富有诗意的作品。在这里新技术并不是为了节约造价或便利生产而是促成灵气与诗意的有力手段。

1949年，B. 泽维(Bruno Zevi)在《走向有机建筑》(Toward An Organic Architecture)中说："有机建筑的兴趣在于人和他的生活，它远远超出了直接或间接地重新产生物理上的感受。……当房间，房屋和城市的空间布局是为人在物质上、心理上和精神上的愉悦而规划设计时，这就是有机建筑。有机性基于一种社会的而不是造型的观念。只有在追求建筑的人性先于建筑的人道主义时才能称得上是有机的"。❶这里深刻地说明有机建筑的特点。

两次世界大战之间除了以赖特为代表的美国有机建筑外还有在德国的也称为有机的沙龙(Hans Scharoun, 1893~1972年)，和哈林(Hugo Häring, 1882~1958年)等人。他们相信功能的首要性，并参加了CIAM，但不赞成以勒·柯比西埃为代表的直角几何形的形式，认为设计应采用有机与自然的方法。哈林尝试表现主义地对待建筑的材料与结构；沙龙则表现主义地对待建筑的空间与形体。例如1927年德意志制造联盟在斯图加特的魏森霍夫区(Weissenhof)举办的住宅展览会中，沙龙设计的住宅不仅把楼梯与它外面的墙造成自由的弧形曲线，并且把楼梯上的屋面也造成弧形的斜坡。

20世纪30年代起，现代建筑普遍受到欧美等国家的年轻建筑师欢迎。

## 第五节　格罗皮厄斯与"包豪斯"学派

**早期的活动**

格罗皮厄斯(Walter Gropius, 1883~1969年)出生于柏林，青年时期在柏林和慕尼黑高等学校学习建筑。1907年到1910年在柏林著名建筑师贝伦斯的建筑事务所中工作。

1907年贝伦斯被聘为德国通用电气公司(AEG Allgemeine Electricitats Gesellschaft)的设计顾问，从事工业产品和公司房屋的设计工作。这件事表明正在蓬勃发展的德国工业需要建筑师和各种设计人员同它结合，更好地为工业和市场经济服务。这个结合必然引起了对

---

❶ 转摘自K. 弗兰普顿的"新的轨迹：20世纪建筑学的一个系谱式纲要"张钦楠译。

旧的建筑思想和传统建筑风格的冲击。贝伦斯开始尝试新的建筑处理手法。1909年他设计了著名的透平机车间。这使他的事务所在当时成了一个很先进的设计机构。除了格罗皮厄斯，柯比西埃和密斯·范·德·罗也差不多在同一时期到那里工作。这些年轻建筑师在那里接受了许多新的建筑观点，对于他们后来的建筑方向产生了重要影响。格罗皮厄斯后来说："贝伦斯第一个引导我系统地合乎逻辑地综合处理建筑问题。在我积极参加贝伦斯的重要工作任务中，在同他以及德意志制造联盟的主要成员的讨论中，我变得坚信这样一种看法：在建筑表现中不能抹杀现代建筑技术，建筑表现要应用前所未有的形象❶。"

1911年，格罗皮厄斯与A.迈尔合作设计了法古斯工厂❷，这是一个制造鞋楦的厂房（图3-5-1）。它的平面布置和体型主要依据生产上的需要，打破了对称的格式。厂房办公楼的建筑处理最为新颖。它的平屋顶没有挑檐。在长约40m的墙面上，除了支柱外，全是玻璃窗和金属板做的窗下墙。这些由工业制造的轻而薄的建筑材料组成的外墙完全改变了砖石承重墙建筑的沉重形象。格罗皮厄斯等没有把玻璃窗嵌放在柱子之间，而是安放在柱子的外皮上，这种处理手法显示出玻璃和金属墙面不过是挂在建筑骨架上的一层薄膜，益发增加了墙面的轻巧印象。在转角部位，设计者利用钢筋混凝土楼板的悬挑性能，取消角柱，玻璃和金属连续转过去，这也是同传统的建筑很不同的处理手法。

图3-5-1　法古斯工厂

---

❶ "Rationalization"，《The New Architecture & The Bauhaus》，Walter Gropius, London, 1935，第47页。
❷ 见本教材第二章第五节。

总之,在法古斯工厂我们看到了(1)非对称的构图;(2)简洁整齐的墙面;(3)没有挑檐的平屋顶;(4)大面积的玻璃墙;(5)取消柱子的建筑转角处理。这些手法和钢筋混凝土结构的性能一致,符合玻璃和金属的特性,也适合实用性建筑的功能需要,同时又产生了一种新的建筑形式美。这些建筑处理不是格罗皮厄斯的创造。19世纪中叶以后,许多新型建筑中已经采用过其中的一些手法。但在过去,它们都是出于工程师和铁工场工匠之手。而格罗皮厄斯则是从建筑师的角度,把这些处理手法提高为后来建筑设计中常用的新的建筑语汇。在这个意义上,法古斯工厂是格罗皮厄斯早期的一个重要成就,也是第一次世界大战前最先进的一座工业建筑。

1914年,格罗皮厄斯在设计德意志制造联盟科隆展览会的办公楼❶时,又采用了大面积的完全透明的玻璃外墙。

这个时期,格罗皮厄斯已经比较明确地提出要突破旧传统,创造新建筑的主张。1910年,格罗皮厄斯从美国的建造方法中得到启发,提出了改进住宅建设的建议。他说:"在各种住宅中,重复使用相同的部件,就能进行大规模生产,降低造价,提高出租率"❷。他认为在住宅中差不多所有的构件和部件都可以在工厂中制造,"手工操作愈减小,工业化的好处就愈多"❸。格罗皮厄斯是建筑师中最早主张走建筑工业化道路的人之一。1913年他在《论现代工业建筑的发展》的文章中谈到整个建筑的方向问题。他写道:"现代建筑面临的课题是从内部解决问题,不要做表面文章。建筑不仅仅是一个外壳,而应该有经过艺术考虑的内在结构,不要事后的门面粉饰。……建筑师脑力劳动的贡献表现在井然有序的平面布置和具有良好比例的体量,而不在于多余的装饰。洛可可和文艺复兴的建筑样式完全不适合现代世界对功能的严格要求和尽量节省材料、金钱、劳动力和时间的需要。搬用那些样式只会把本来很庄重的结构变成无聊情感的陈词滥调。新时代要有它自己的表现方式。现代建筑师一定能创造出自己的美学章法。通过精确的不含糊的形式,清新的对比,各种部件之间的秩序,形体和色彩的匀称与统一来创造自己的美学章法。这是社会的力量与经济所需要的"❹。格罗皮厄斯的这种建筑观点反映了工业化以后社会对建筑提出的现实要求。

**包豪斯**

1919年,第一次世界大战刚刚结束,格罗皮厄斯出任魏玛艺术与工艺学校校长后,即将该校与魏玛美术学校合并成为一专门培养新型工业日用品和建筑设计人才的高等学院,取名为魏玛公立建筑学院(Des Staatlich Bauhaus Weimar),简称包豪斯。

格罗皮厄斯早就认为"必须形成一个新的设计学派来影响本国的工业界,否则一个建筑师就不能实现他的理想。"格罗皮厄斯在包豪斯按照自己的观点实行了一套新的教学方法。这所学校设有纺织、陶瓷、金工、玻璃、雕塑、印刷等学科。学生进校后先学半年初步课程,然后一面学习理论课,一面在车间学习手工艺,3年以后考试合格的学生取得"匠师"资格,其中一部分人可以再进入研究部学习建筑。

在格罗皮厄斯的指导下,这个学校在设计教学中贯彻一套新的方针、方法。它有以下

---

❶ 见本教材第二章第五节。
❷❸《Architecture and Desinh, 1890~1939》第188页。
❹《1913年德国制造联盟年鉴》Jahrbuch des Deutscher Werkbundes, Jena, 1913。

一些特点：第一，在设计中强调自由创造，反对模仿因袭、墨守陈规。第二，将手工艺同机器生产结合起来。格罗皮厄斯认为新的工艺美术家既要掌握手工艺，又要了解现代大机器生产的特点。要在掌握手工生产和机器生产的区别与各自的特点中设计出高质量的能供给工厂大规模生产的产品设计。第三，强调各门艺术之间的交流融合，提倡工艺美术和建筑设计向当时已经兴起的抽象派绘画和雕刻艺术学习。第四，培养学生既有动手能力又有理论素养。第五，把学校教育同社会生产挂上钩，包豪斯的师生所作的工艺设计常常交给厂商投入实际生产。由于这些做法，包豪斯打破了学院式教育的框框，使设计教学同生产的发展紧密联系起来，这是它比旧式学校高明的地方。

但是更加引人注意的是20世纪20年代包豪斯所体现的艺术方向和艺术风格。20世纪初期，西欧美术界中产生了许多新的潮流如立体主义、表现主义、超现实主义等等。战后时期，欧洲社会处于剧烈的动荡之中，艺术界的新思潮、新流派愈加层出不穷，此起彼伏。在格罗皮厄斯的主持下，一些最激进流派的青年画家和雕刻家到包豪斯担任教师，其中有康定斯基(Wassily Kandinsky)、保尔·克利(Paul Klee)、法宁格(Lyonel Feininger)、莫霍伊·纳吉(László Moholy-Nagy)等人。他们把最新奇的抽象艺术带到包豪斯。一时之间，这所学校成了20世纪20年代欧洲最激进的艺术流派的据点。

立体主义、表现主义、超现实主义之类的抽象艺术，作为一种社会意识形态，反映出现代资产阶级社会在精神上的空虚。但是有些流派在形式构图上所作的试验对于建筑和工艺美术来说则具有启发作用。正如印象主义画家在色彩和光线方面所取得的新经验，丰富了绘画的表现方法。立体主义和构成主义的雕刻家在几何图形的构图方法所作的尝试对于建筑和实用工艺品的设计很有参考意义。

在抽象艺术的影响下，包豪斯的教师和学生在设计实用美术品和建筑的时候，摒弃附加的装饰，注重发挥结构本身的形式美，讲求材料自身的质地和色彩的搭配效果，发展了灵活多样的非对称的构图手法。这些努力对于现代建筑的发展起了有益的作用。

实际的工艺训练，灵活的构图能力，再加上同工业生产的联系，这三者的结合在包豪斯产生了一种新的工艺美术风格和建筑风格。其主要特点是：注重满足实用要求；发挥新材料和新结构的技术性能和美学性能；造型整齐简洁，构图灵活多样；便于机器生产和降低成本。

包豪斯的工艺美术风格可以从布罗伊尔(Marcel Breuer, 1902~1981年)的家具设计中看到。布罗伊尔是包豪斯的毕业生，1924年留校当教员。他在实用的家具设计方面很有成效。1925年布罗伊尔第一次设计了用钢管代替木料的椅子，设计方案带有明显的构成主义的影响。这个设计交给了工厂，经过改进，制出了简洁、美观而实用的钢管家具。

包豪斯的建筑风格——主要表现在格罗皮厄斯这一时期设计的建筑中。1920年前后，格罗皮厄斯设计并实现的建筑物有耶拿市立剧场(City Theater, Jena, 1923年与A.迈尔合作)；德绍市就业办事处(1927年)等。最大的一座也是最有代表性的是包豪斯新校舍。

### 包豪新校舍

1925年，包豪斯从魏玛迁到德绍，格罗皮厄斯为它设计了一座新校舍，1925年秋动工，次年年底落成(图3-5-2、3-5-3)。包豪斯校舍包括教室、车间、办公、礼堂、饭厅、

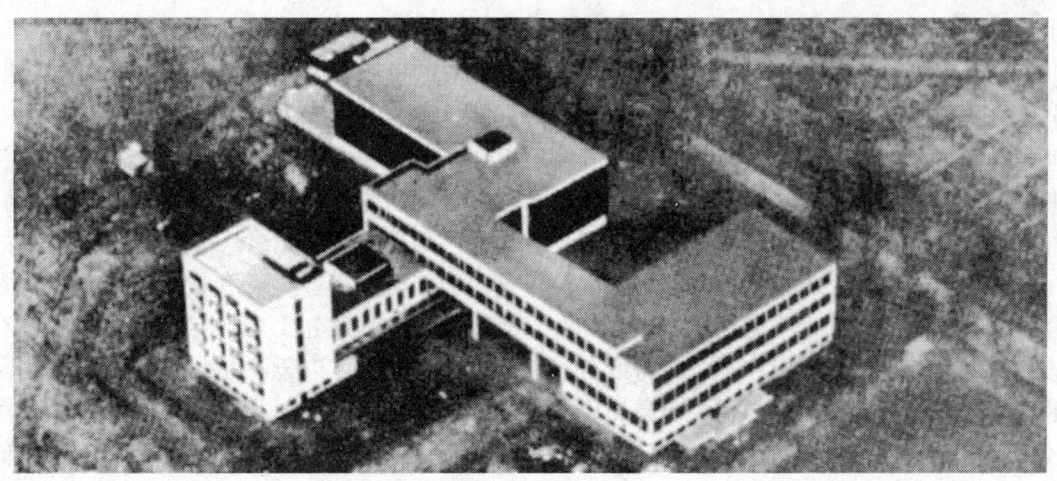

图 3-5-2　包豪斯校舍

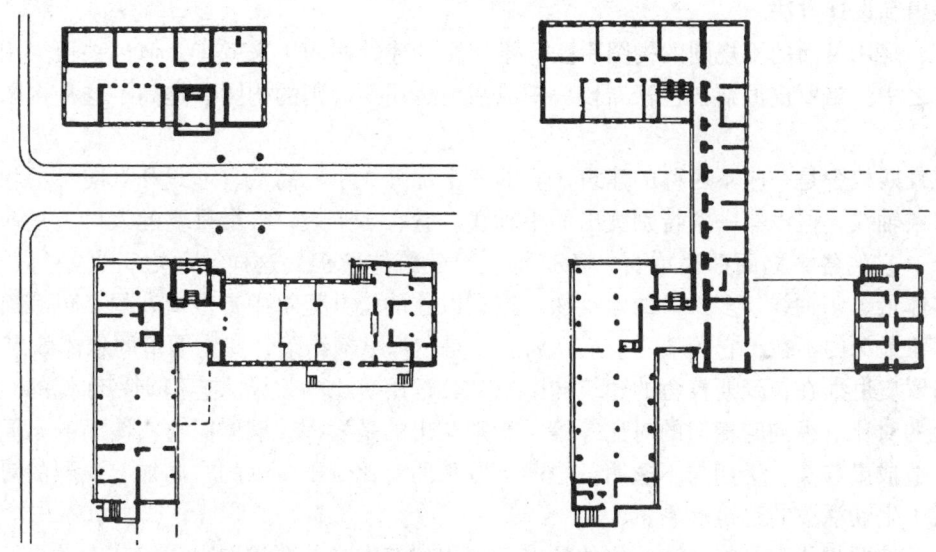

图 3-5-3　包豪斯校舍平面

及高年级学生的宿舍。德绍市另外一所规模不大的职业学校也同包豪斯放在一起。

校舍的建筑面积接近 10000m²，是一个由许多功能不同的部分组成的中型公共建筑。格罗皮厄斯按照各部分的功能性质，把整座建筑大体上分为三个部分。第一部分是包豪斯的教学用房，主要是各科的工艺车间。它采用 4 层的钢筋混凝土框架结构，面临主要街道。第二部分是包豪斯的生活用房，包括学生宿舍、饭厅、礼堂及厨房、锅炉房等。格罗皮厄斯把学生宿舍放在一个 6 层的小楼里面，位置是在教学楼的后面；位于宿舍和教学楼之间的是单层饭厅及礼堂。第三部分是职业学校，它是一个 4 层的小楼，同包豪斯教学楼相距约 20 多米，中间隔一条道路。两楼之间有过街楼相连。两层的过街楼中是办公和教员室。除了包豪斯教学楼是框架结构之外，其余都是砖与钢筋混凝土混合结构。一律采用平屋顶，外墙面用白色抹灰。

包豪斯校舍的建筑设计有以下一些特点：

一、把建筑物的实用功能作为建筑设计的出发点。学院派的建筑设计方法通常是先决定建筑的总的外观体型，然后把建筑的各个部分安排到这个体型里面去。在这个过程中，也会对总的体型作若干调整，但基本程序还是由外而内。格罗皮厄斯把这种程序倒了过来，他把整个校舍按功能的不同而分区，按照各部分的功能需要和相互关系定出它们的位置，决定其体型。包豪斯的工艺车间，需要宽大的空间和充足的光线。格罗皮厄斯把它放在临街的突出位置上，采用框架结构和大片玻璃墙面。学生宿舍则采用多层居住建筑的混合结构和建筑形式，面临运动场。饭厅和礼堂既要接近教学部分，又要接近宿舍，就正好放在两者之间，而且饭厅和礼堂本身既分割又联通，需要时可以合成一个大空间。包豪斯的主要入口没有正面对着街道，而是布置在教学楼、礼堂和办公部分的接合点上。职业学校另有自己的入口，同包豪斯的入口相对而立，又正好在进入校区的通路的两边。这种布置对于外部和内部的交通联系都是比较便利的。格罗皮厄斯在决定建筑方案时当然有建筑艺术上的预想，不过他还是把对功能的分析作为建筑设计的主要基础，体现了由内而外的设计思想和设计方法。

二、采用灵活的不规则的构图手法。不规则的建筑构图历来就有，但过去很少用于公共建筑之中。格罗皮厄斯在包豪斯校舍中灵活地运用不规则的构图，提高了这种构图手法的地位。

包豪斯校舍是一座不对称的建筑，它的各个部分大小、高低、形式和方向各不相同。它有多条轴线，但没有一条特别突出的中轴线。它有多个入口，最重要的入口不是一个而是两个。它的各个立面都很重要，各有特色。建筑体量也是这样。总之，它是一个多方向，多体量、多轴线、多入口的建筑物。这在以往的公共建筑中是很少有的。包豪斯校舍给人印象最深的不在于它的某一个正立面，而是它那纵横错落，变化丰富的总体效果。

格罗皮厄斯在包豪斯校舍的建筑构图中充分运用对比的效果。这里有高和低的对比，长与短的对比，纵向与横向的对比等等，特别突出的是发挥玻璃墙面与实墙面的不同视觉效果，造成虚与实，透明与不透明，轻薄与厚重的对比。不规则的布局加上强烈的对比手法造成了生动活泼的建筑形象。

三、按照现代建筑材料和结构的特点，运用建筑本身的要素取得建筑艺术效果。包豪斯校舍部分采用钢筋混凝土框架结构，部分采用砖墙承重结构，屋顶是钢筋混凝土平顶，用内落水管排水。外墙面用水泥抹灰，窗户为双层钢窗。包豪斯的建筑形式和细部处理紧密结合所有的材料、结构和构造做法，由于采用钢筋混凝土平屋顶和内落水管，传统建筑的复杂檐口失去了存在的意义，所以包豪斯校舍完全没有挑檐，只在外墙顶边做出一道深色的窄边作为结束。

在框架结构上，墙体不再承重，即使在混合结构中，因为采用钢筋混凝土的楼板和过梁，墙面开孔也比过去自由得多。因此可以按照内部不同房间的需要，布置不同形状的窗子。包豪斯的车间部分有高达三层的大片玻璃外墙，还有些地方是连续的横向长窗，宿舍部分是整齐的门连窗。这种比较自由而多样的窗子布置来源于现代材料和结构的特点。

包豪斯校舍没有雕刻，没有柱廊，没有装饰性的花纹线脚，它几乎把任何附加的装饰都排除了。同传统的公共建筑相比，它是非常朴素的，然而它的建筑形式却富有变化。除了前面提到的那些构图手法所起的作用之外，还在于设计者细心地利用了房屋的各种要素本身的造型美。外墙上虽然没有壁柱、雕刻和装饰线脚，但是把窗格、雨罩、挑台栏杆大片玻璃墙面和抹灰墙等等恰当地组织起来，就取得了简洁清新富有动态的构图效果。在室内也是尽量利用楼梯、灯具、五金等实用部件本身的体形和材料本身的色彩和质感取得装饰效果。

当时包豪斯校舍的建造经费比较困难，按当时货币计算，每立方英尺建筑体积的造价只合 0.2 美元。在这样的经济条件下，这座建筑物比较周到地解决了实用功能问题，同时又创造了清新活泼的建筑形象。应该说，这座校舍是一个很成功的建筑作品。格罗皮厄斯通过这个建筑实例证明，摆脱传统建筑的多条框框以后，建筑师可以自由地灵活地解决现代社会生活提出的功能要求，可以进一步发挥新建筑材料和新型结构的优越性能，在此基础上同时还能创造出一种前所未见的清新活泼的建筑艺术形象。包豪斯校舍还表明，把实用功能、材料、结构和建筑艺术紧密地结合起来，可以降低造价，节省建筑投资。同学院派建筑师的做法相比较，这是一条多、快、好、省的建筑设计路线，符合现代社会大量建造实用性房屋的需要。这座建筑确实是现代建筑史上的一个重要里程碑。

包豪斯的活动及它所提倡的设计思想和风格引起了广泛的注意。新派的艺术家和建筑师认为它是进步的甚至是革命的艺术潮流的中心。保守派则把它看作是异端。当时德国的右派势力攻击包豪斯，说它是俄国布尔什维克渗透的工具。随着德国法西斯党的得势，包豪斯的处境愈来愈困难。1928 年，格罗皮厄斯离开包豪斯，由更为重视功能与偏爱俄罗斯构成主义的 H. 迈尔继任校长。德国纳粹更视之为眼中钉。1930 年，密斯·范·德·罗接任校长，把学校迁到柏林。1933 年初，希特勒上台，包豪斯在这一年遭到封闭。

**对新型住宅建筑的研究**

格罗皮厄斯离开包豪斯后，在柏林从事建筑设计和研究工作。特别注意面向公众的居住建筑、城市建设和建筑工业化问题。1928 年到 1934 年期间，他设计的一些公寓建筑得到实现。其中有达默斯托克居住区(Dammerstock Housing, 1927～1928 年)和柏林西门子住宅区(Siemensstadt Housing, Berlin, 1930 年)。它们大都是 3～5 层的混合结构单元式公寓住宅。在群体布置上，这些住宅楼基本上按着好的朝向采取行列式布局。在建筑和街道的关系上，有意打破甬道式周边布置的方式。在个体设计上，经济地利用建筑面积和空间，外墙用白色抹灰，外形比例恰当、简朴整洁。从今天的眼光看来，仍不失为优秀的城市住宅设计。

这一时期，格罗皮厄斯又研究了在大城市中建造高层住宅的问题。1930 年他在布鲁塞尔的 CIAM 第三次会议上提出的报告中主张在大城市中建造 10～12 层的高层住宅，他认为"高层住宅的空气阳光最好，建筑物之间距离拉大，可以有大块绿地供孩子们嬉戏"，"应该利用我们拥有的技术手段，使城市和乡村这对立的两极互相接近起来"。他做过一些高层住宅的设计方案。但在德国当时的条件下，没有能够实现。

格罗皮厄斯在这时期还热心地试验用工业化方法建造预制装配式住宅。在 1927 年德意志制造联盟举办的斯图加特住宅展览会上，他设计了一座两层的装配式独家住宅，外墙是贴有软木隔热层的石棉水泥板，挂在轻钢骨架上。1931 年，他为一家工厂 (Hirsch, Kupfer und Messing Werke) 作了单层装配式住宅试验。墙板外表面用铜片，内表面用石棉水泥板，中间用木龙骨和铝箔隔热层。虽然自重较轻，装配程度较高，但所用材料太昂贵，无法推广。

**到美国后的活动**

1933年希特勒上台以后，德国变成了法西斯国家。1934年，格罗皮厄斯离开德国到了英国。他在伦敦同英国建筑师M. 弗赖(Maxwell Fry)合作设计过一些中小型建筑，比较著名的有在英平顿的乡村学院(Village College, Impington, 1936年)。1937年格罗皮厄斯54岁的时候接受美国哈佛大学之聘到该校设计研究院任教授，次年担任建筑学系主任，从此长期居留美国。

图 3-5-4　格罗皮厄斯自用住宅

格罗皮厄斯到美国以后，主要从事建筑教育活动。在建筑实践方面，他先是同包豪斯时代的学生布罗伊尔合作，设计了几座小住宅，比较有代表性的是格罗皮厄斯的自用住宅(Gropius Residence, Lincoln, Mass, 1937年，图3-5-4)。1945年格罗皮厄斯同一些青年建筑师合作创立了协和建筑师事务所(The Architect's Collaborative，简称TAC)。他后来的建筑设计几乎都是在这个集体中合作产生的。

1949年，格罗皮厄斯同协和建筑师事务所的同人合作设计的哈佛大学研究生中心(Harvard Graduate Center, Cambridge, Mass)是他后期一个较重要的建筑作品[1]。

从30年代起，格罗皮厄斯已经成为世界上最著名的建筑师之一，被公认为现代建筑派的奠基者和领导人之一，各国许多大学和学术机构纷纷授予他学位和荣誉称号。1952年，格罗皮厄斯70岁之际，美国艺术与科学院专门召开了"格罗皮厄斯讨论会"，他的声誉达到了最高点。

**格罗皮厄斯的建筑理论**

第一次大战之前，格罗皮厄斯开始提出自己的建筑观点，以后陆续发表了不少关于建筑理论和建筑教育的言论。他的建筑思想从20世纪20年代到50年代在各国建筑师中曾经产生过广泛的影响。

格罗皮厄斯很早就提出建筑要随着时代向前发展，必须创造这个时代的新建筑的主张。他说"我们处在一个生活大变动的时期。旧社会在机器的冲击之下破碎了，新社会正在形成之中。在我们的设计工作中，重要的是不断地发展，随着生活的变化而改变表现方式，决不应是形式地追求"风格"特征[2]。在新的社会条件之中，格罗皮厄斯特别强调现代工业的发展对建筑的影响。他在1952年写的《工业化社会中的建筑师》的论文中写道："在一个逐渐发展的过程中，旧的手工建造房屋的过程正在转变为把工厂制造的工

---

[1] 见本教材第四章四节。
[2] 《全面建筑观》W. Gropius，第94页。

化建筑部件运到工地上加以装配的过程"❶。他反驳那些反对建筑工业化的人时写道："我们没有别的选择，只能接受机器在所有生产领域中的挑战，直到人们充分利用机器来为自己的生理需要服务"❷。事实上，早在1910年，格罗皮厄斯就提出过建议，主张建立用工业化方法供应住房的机构。他指出用相同的材料和工厂预制构件可以建造多种多样的住宅，既经济质量又好。由于条件限制，用工业化方法大规模地建造住宅直到第二次大战后才变为现实。但这正好说明格罗皮厄斯的远见，他在近半个世纪以前就抓住了建筑发展的这一趋势。

为了创造符合现代社会要求的新建筑，格罗皮厄斯像十九世纪末叶以来一些革新派建筑师那样，坚决地同建筑界的复古主义思潮进行论战。他说："我们不能再无休止地一次次复古。建筑学必须前进，否则就要枯死。它的新生命来自过去两代人的时间中社会和技术领域中出现的巨大变革。……建筑没有终极，只有不断的变革"❸。格罗皮厄斯讥讽建筑中的复古主义者"把建筑艺术同实用考古学混为一谈"。他进一步指出："历史表明，美的观念随着思想和技术的进步而改变。谁要是以为自己发现了"永恒的美"，他就一定会陷于模仿和停滞不前。真正的传统是不断前进的产物，它的本质是运动的，不是静止的，传统应该推动人们不断前进"❹。在另一个地方格罗皮厄斯明确提出："现代建筑不是老树上的分枝，而是从根上长出上来的新株"❺。这些铿锵的语言表达了格罗皮厄斯对于眼光往后看的保守主义者的有力批判，也表现出他作为20世纪新建筑运动的思想领袖的气概。在同建筑中的保守派进行的斗争中，格罗皮厄斯是非常坚决和明确的。

在建筑设计原则和方法上格罗皮厄斯在20世纪20年代和30年代比较明显地把功能因素和经济因素放在最重要的位置上。这在他20年代设计的建筑物和建筑研究中表现得相当清楚。他在当时的言论中也表达过这种观点。1925～1926年，他在《艺术家与技术家在何处相会》的文章中写道："物体是由它的性质决定的，如果它的形象很适合于它的工作，它的本质就能被人看得清楚明确。一件东西必须在各方面都同它的目的性相配合，就是说，在实际上能完成它的功能，是可用的，可信赖的，并且是便宜的"，"艺术的作品永远同时又是一个技术上的成功"❻。1934年，格罗皮厄斯在回顾他设计的两座建筑物时说："在1912到1914年间，我设计了我最早的两座重要建筑："阿尔费尔德的法古斯工厂和科隆展览会的办公楼，两者都清楚地表明重点放在功能上面，这正是新建筑的特点"❼。

不过格罗皮厄斯到了后来似乎不愿意承认他有过这样的观点和做法。1937年，他到美国当教授，就公开声明说："我的观点时常被说成是合理化和机械化的顶峰。这是对我的工作的错误的描绘"❽。1953年在庆祝70岁生日时，他说，人们给他贴了许多标签：像"包豪斯风格"，"国际式"，"功能风格"等，都是不正确的，把他的意思曲解了。

---

❶ 《全面建筑观》W. Gropius，第88页。
❷ 《格罗皮厄斯》Giedion，第77页。
❸ 《全面建筑观》W. Gropius，第81页。
❹ 《全面建筑观》W. Gropius，第79页。
❺ 《全面建筑观》W. Gropius，第94页。
❻ 《建筑与设计，1890～1939年》，第147页。
❼ 《全面建筑观》W. Gropius，第71页。
❽ 《全面建筑观》W. Gropius，第22页。

格罗皮厄斯辩解说，他并不是只重视物质的需要而不顾精神的需要；相反，他从来没有忽视建筑要满足人的精神要求。他说，"许多人把合理化的主张（Idea of rationalization）看成是新建筑的突出特点，其实它仅仅起到净化的作用。事情的另一面，即人们灵魂上的满足，是和物质的满足同样重要。"

后来，在1952年，格罗皮厄斯又说："我认为建筑作为艺术起源于人类存在的心理方面超乎构造和经济之外，它发源于人类存在的心理方面。对于充分文明的生活来说，人类心灵上美的满足比起解决物质上的舒适要求是同等的甚至是更加的重要"❶。

并非人们误解了格罗皮厄斯。事实上他到美国之后，把自己理论上的着重点作了改变。这是因为美国不同于欧洲，第二次大战以后的建筑要求也和第一次大战前后很不相同了。究竟哪种看法是格罗皮厄斯的真意呢？都是。一个人的观点总是反映着时代和环境的烙印。从根本上来说，作为一个建筑师，格罗皮厄斯从不轻视建筑的艺术性。他之所以在1910年到20年代末之间比较强调功能、技术和经济因素，主要是德国工业的发展和德国战后的经济条件与实际需要。

无论如何，从1911年到20年代末，格罗皮厄斯促进了建筑设计的基本原则和方法的革新，同时创造了一些很有表现力的新的建筑手法和建筑语汇。

格罗皮厄斯在"包豪斯"时期和到美国以后有不少关于建筑教育原理和建筑艺术本质的论述。他提出了一些独到的看法，同时也有些偏激的论点。例如，在培养建筑师的方案设计能力上，他强调要鼓励和启发学生的想像力，这是正确的；可是他又极力推崇自发的主观随意性。他主张"从托儿所和幼儿园就开始训练，让孩子自由地随意地拼搭涂抹以刺激想像力"，"学生的画和模型一定不要加以改正，因为他的想象力很容易被成年人糟蹋掉"❷。他说学习设计最要紧的是保持一种"没有被理性知识的积累所影响的新鲜心灵"，他引用阿奎那（Thomas Aquinas）的话："我要把灵魂掏空，好让上帝进来"，接着说："这种没有成见的空虚是创造性所需要的心理状态"。所以"设计教师一开始的任务就是把学生从知识的包袱下解脱出来，要鼓励他信任自己下意识的反应，恢复孩提时代没有成见的接受能力"❸。

为什么格罗皮厄斯在设计教学方面有这样的观点呢？这是从他对艺术——包括建筑艺术在内——的看法中产生的。他认为艺术最重要的是"对形式、空间和色彩的感觉和体验。心理问题事实上是最基本的、第一位的，设计中的技术因素不过是我们通过有形的东西去体现无形的东西的一种知识性的借助而已"。而且，他认为"最重要的事实是感知来自我们的内部，不是来自我们看见的对象"❹。因而再三地宣扬下意识和幻觉的重要性。

尽管如此，格罗皮厄斯在推动现代建筑的发展方面起了非常积极的作用。他被公认为现代建筑史上一位十分重要的建筑革新家，并于第二次世界大战后被推崇为四位现代建筑大师之一。

---

❶《全面建筑观》W. Gropius，第82页。
❷《全面建筑观》W. Gropius，第55页。
❸《全面建筑观》W. Gropius，第38页。
❹《全面建筑观》W. Gropius，第35页。

## 第六节 勒·柯比西埃

勒·柯比西埃(Le Corbusier，1887~1966年)是现代建筑运动的激进分子和主将，也是本世纪最重要的建筑师之一。从20年代开始，直到去世为止，他不断以新奇的建筑观点和建筑作品，以及大量未实现的设计方案使世人感到惊奇。勒·柯比西埃是现代建筑师中的一位狂飙式人物。

勒·柯比西埃出生于瑞士，父母是制表业者。少年时在故乡的钟表技术学校学习，后来从事建筑。1908年他到巴黎在著名建筑师佩雷处工作，后又到柏林德国著名建筑师贝伦斯处工作过。佩雷因较早运用钢筋混凝土而著名，贝伦斯以设计新颖的工业建筑而著名，他们对勒·柯比西埃后来的建筑方向产生了重要的影响。第一次大战发生前，勒·柯比西埃又曾在地中海一带周游参观古代建筑遗迹和地方民间建筑。战争来临，建筑活动停顿，勒·柯比西埃从事绘画和雕刻，直接参加到当时正在兴起的立体主义的艺术潮流中。勒·柯比西埃没有受过正规的学院派建筑教育，相反从一开始他就受到当时建筑界和美术界的新思潮的影响，这就决定了他从一开始就走上新建筑的道路。

1917年勒·柯比西埃移居巴黎。1920年他与新派画家和诗人合编名为《新精神》《L'Esprit Nouveau》的综合性杂志。杂志的第一期上写着"一个新的时代开始了，它根植于一种新的精神：有明确目标的一种建设性和综合性的新精神"。勒·柯比西埃等人在这个刊物上连刊发表了一些鼓吹新的建筑的短文。1923年，勒·柯比西埃把文章汇集出版，书名《走向新建筑》(Vers une Architecture)。

### 《走向新建筑》

《走向新建筑》是一本宣言式的小册子，里面充满了激奋甚至是狂热的言语，观点比较芜杂，甚至互相矛盾，但是中心思想是明确的，就是激烈否定19世纪以来因循守旧的复古主义、折衷主义的建筑观点与建筑风格，激烈主张创造表现新时代的新建筑。

书中用许多篇幅歌颂现代工业的成就。勒·柯比西埃说："出现了大量由新精神所孕育的产品，特别在工业生产中能遇到它"，他举出轮船、汽车和飞机就是表现了新的时代精神的产品。柯比西埃说："飞机是精选的产品，飞机的启示是提出问题和解决问题的逻辑性"。他认为"这些机器产品有自己的经过试验而确立的标准，它们不受习惯势力和旧样式的束缚，一切都建立在合理地分析问题和解决问题的基础之上，因而是经济和有效的"，"机器本身包含着促使选择它的经济因素"。从这些机器产品中可以看到"我们的时代正在每天决定自己的样式"。因此他非常称颂工程师的工作方法，"工程师受经济法则推动，受数学公式所指导，他使我们与自然法则一致，达到了和谐"。勒·柯比西埃拿建筑同这些事物相比，认为房屋也存在着自己的"标准"，但是"房屋的问题还未被提出来"，他说"建筑艺术被习惯势力所束缚"，传统的"建筑样式是虚构的"，"工程师的美学正在发展着，而建筑艺术正处于倒退的困难之中"。

出路何在呢？出路在于来一个建筑的革命。勒·柯比西埃说："但是，在近50年中，钢铁和混凝土已占统治地位，这是结构具有更大能力的标志。对建筑艺术来说，其中老的经典被推翻了，如果要与过去挑战，我们应该认识到历史上的样式对我们来说已不复存在，一个属于我们自己时代的样式已经兴起，这就是革命"。

勒·柯比西埃在这本书中给住宅下了一个新的定义，他说："住房是居住的机器"。"如果从我们头脑中清除所有关于房屋的固有概念，而用批判的、客观的观点来观察问题，我们就会得到'房屋机器——大规模生产的房屋'的概念。

勒·柯比西埃极力鼓吹用工业化的方法大规模建造房屋。"工业像洪水一样使我们不可抗拒"，"我们的思想和行动不可避免地受经济法则所支配。住宅问题是时代的问题。今天社会的均衡依赖着它。在这更新的时代，建筑的首要任务是促进降低造价，减少房屋的组成构件"，因此，"规模宏大的工业必须从事建筑活动，在大规模生产的基础上制造房屋的构件"。

在建筑设计方法上，勒·柯比西埃提出："现代生活要求并等待着房屋和城市有一种新的平面"，而"平面是由内到外开始的，外部是内部的结果"。在建筑形式方面，他赞美简单的几何形体。他说："原始的形体是美的形体，因为它使我们能清晰地辨识"。在这一点上，他也赞美工程师，他认为"按公式工作的工程师使用几何形体，用几何学来满足我们的眼睛，用数学来满足我们的理智，他们的工作简直就是良好的艺术"。他讥笑"今天的建筑师惧怕几何形的面"，"今天的建筑师不再创造那种简单的形体了"等等。

勒·柯比西埃同时又强调建筑的艺术性，强调一个建筑师不是一个工程师而是一个艺术家。他在书中写道："建筑艺术超出实用的需要，建筑艺术是造型的东西"。他并且说建筑的"轮廓不受任何约束"，"轮廓线是纯粹精神的创造，它需要有造型艺术家"；并说，"建筑师用形式的排列组合，实现了一个纯粹是他精神创造的程式。"

这些是勒·柯比西埃在书中表述的主要建筑观点。从这里我们看到他大声疾呼要创造新时代的新建筑，主张建筑走工业化的道路，他甚至把住房比作机器，并且要求建筑师向工程师的理性学习。但同时，他又把建筑看作是纯粹精神的创造，一再说明建筑师是一个造型艺术家，他并且把当时艺术界中正在兴起的立体主义流派的观点移植到建筑中来。勒·柯比西埃的这些观点表明他既是理性主义者，同时又是浪漫主义者。这种两重性也表现在他的建筑活动和建筑作品之中。总的看来，他在前期表现出更多理性主义，后期表现出更多的浪漫主义。

**萨伏伊别墅**（Villa Savoy，1928年设计，1930年建成，图3-6-1、3-6-2、3-6-3）

图3-6-1　萨伏伊别墅

像大多数外国现代建筑师一样，勒·柯比西埃早期做的最多的是小住宅设计。他的许多建筑主张也最早在小住宅中表现出来。

1914 年他拟制的一处住宅区设计 (Les Maisons Domino) 中，用一个图解说明现代住宅的基本结构，是用钢筋混凝土的柱子和楼板组成的骨架，在这个骨架之中，可以灵活地布置墙壁和门窗，因为墙壁已经不再承重了。1926 年，柯比西埃就自己的住宅设计提出了"新建筑五个特点"(Les 5 points D'une Architecture Nouvelle)，这五点是：

(1) 底层的独立支柱。房屋的主要使用部分放在二层以上，下面全部或部分地腾空，留出独立的支柱；

(2) 屋顶花园；

(3) 自由的平面；

(4) 横向长窗；

(5) 自由的立面。

这些都是由于采用框架结构，墙

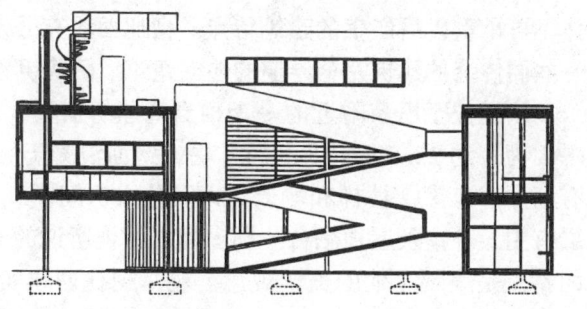

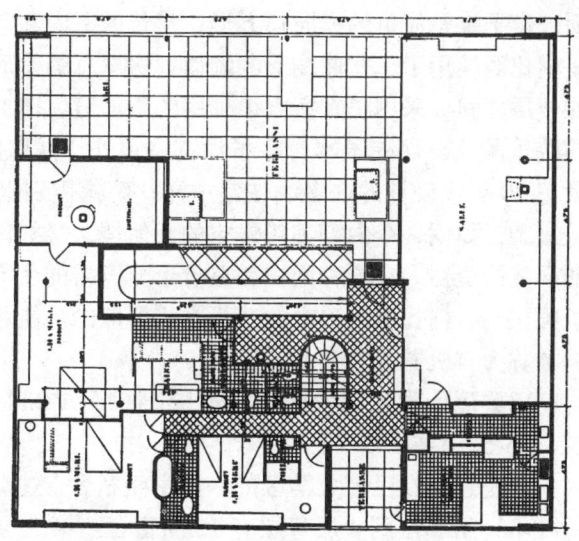

图 3-6-2　萨伏伊别墅平、剖面

图 3-6-3　萨伏伊别墅内景

体不再承重以后产生的建筑特点。柯比西埃充分发挥这些特点,在20世纪20年代设计了一些同传统的建筑完全异趣的住宅建筑。萨伏伊别墅是其中的著名代表作。

这是位于巴黎附近的一个相当阔绰的别墅,建在12英亩大的一块基地的中心。房子平面为一约22.50m×20m 的方块,钢筋混凝土结构。底层三面有独立的柱子,中心部分有门厅、车库、楼梯和坡道,以及仆人房间。2层有客厅、餐厅、厨房、卧室和院子。3层有主人卧室及屋顶晒台。勒·柯比西埃所说的五个特点在这个别墅中都用上了,但更大的特点是表现了他的美学观念。勒·柯比西埃实际上是把这所别墅当作一立体主义的雕塑。它的各种体形都采用简单的几何形体。柱子是一根根细长的圆柱体,墙面粉刷成光面,窗子也是简单的横向长方形。建筑的室内和室外都没有装饰线脚。为了增添变化,勒·柯比西埃用了一些曲线形的墙体。房屋总的体形是简单的,但是内部空间却相当复杂,在楼层之间,采用了在室内很少用的斜坡道,增加了上下层的空间连续性。二楼有的房间向院子敞通,而院子本身除了没有屋顶外,同房间没有什么区别。像勒·柯比西埃在20世纪20年代设计的许多小住宅一样;萨伏伊别墅的外形轮廓比较简单,而内部空间则比较复杂,如同一个内部细巧镂空的几何体,又好像一架复杂的机器——勒·柯比西埃所说的居住的机器。在这种面积和造价十分宽裕的住宅建筑中,功能是不成为问题的,作为建筑师,勒·柯比西埃追求的并不是机器般的功能和效率,而是机器般的造型,这种艺术趋向被称为"机器美学"。

**巴黎瑞士学生宿舍**(Pavillion Suisse A La Cite Universitaire, Paris, 1930~1932,图3-6-4、3-6-5、3-6-6)。

这是建造在巴黎大学区的一座学生宿舍。主体是长条形的5层楼,底层敞开,只有6对柱墩,从2层到4层每层有15间宿舍。第5层主要是管理人的寓所和晒台。第1层用钢筋混凝土结构,2层以上用钢结构和轻质材料的墙体。在南立面上,2~4层全用玻璃墙,5层部分为实墙,开有少量窗孔,两端的山墙上无窗,北立面上是排列整齐的小窗。楼梯和电梯间处理的比较特别,它突出在北面,平面是不规则的L形,有一片无窗的凹曲墙面。在楼梯间的旁边,伸出一块不规则的单层建筑,其中包括门厅、食堂、管理员室。

在这座建筑中,勒·柯比西埃在建筑处理上特别采用了种种的对比手法。这里有玻璃

图3-6-4　巴黎瑞士学生宿舍

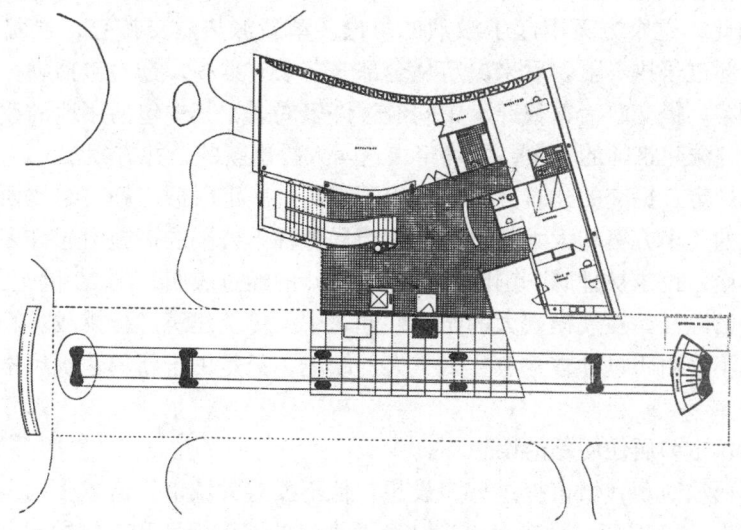

图 3-6-5　巴黎瑞士学生宿舍底层平面

墙面和实墙面的对比，上部大块体同下面较小的柱墩的对比，多层建筑和相邻的低层建筑的对比，平直墙面和弯曲墙面形体和光影的对比，方整规则的空间同带曲线的不规则的空间的对比。单层建筑的北墙是弯曲的，并且特意用天然石块砌成虎皮墙面，更带来天然和人工两种材料的不同质地和颜色的对比效果。这些对比手法使这座宿舍建筑的轮廓富有变化，增加了建筑体形的生动性。

1936 年，勒．柯比西埃到巴西里约热内卢协助设计教育卫生部大楼。

图 3-6-6　巴黎瑞士学生宿舍背面

最后建成的是一座 17 层的板式建筑，在它的脚下连着一个形体比较自由的低层的礼堂，也是采用了类似瑞士学生宿舍的格局。

这种建筑手法以后常常为现代建筑师所采用。

**日内瓦国际联盟总部设计方案**

1927 年国际联盟为建造总部征求建筑设计方案。总部包括理事会、秘书处、各部委员会等办公和会议用建筑，一座 2600 座的大会堂及附属图书馆等。地址在日内瓦的湖滨。勒．柯比西埃与皮埃尔．让内亥（Pierre Jeanneret）合作提出的设计方案，不拘泥于传统的格式，把大会堂放在最重要的位置，将其他部分组织在 7 层的楼房中，配置在会堂的一侧形成一组非对称的建筑群。勒．柯比西埃等在设计中认真解决交通、内部联系、光线朝向、音响、视线、通风、停车等实际功能问题，使建筑首先成为一个工作起来很方便的场所。建筑采用钢筋混凝土结构，建筑的体形完全突破传统的格式，具有轻巧、新颖的面貌。正因为如此，这个方案引起了激烈的争论。革新派热烈支持它，学院派固执地反对它。评选团内部也争执不下。后来决定从全部377个方案中，选出包括勒·柯比西埃方案在内的9个方案，提交政治家裁夺。中间经过许多周折，其中包括用地的改变等等。最后选出了4个学院派建筑师的方案，并确定由这4人提出新的合并方案。

按照原来规定，提交的建筑方案的造价不得超过一定限额，勒·柯比西埃的方案符合规定，而入选的4个方案却大大超出。国联当局种种不公平的措施引起许多人的愤懑。柯比西埃提出诉讼，也未被理睬。国际总部建筑设计的经过表明，到20世纪20年代末期，革新派建筑师已经开始在规模宏大的纪念性建筑中向传统建筑进行挑战。勒·柯比西埃设计方案的落选不是由于设计本身有什么重大的缺陷，只是由于新的建筑风格还没有为官方所接受。

**关于现代城市和居住问题的设想**

勒·柯比西埃对现代城市提过许多设想。他不反对大城市，但主张用全新的规划和建筑方式改造城市。1922年，他提出一个300万人口的城市规划和建筑方案。城市中有适合现代交通工具的整齐的道路网，中心区有巨大的摩天楼，外围是高层的楼房。楼房之间有大片的绿地，各种交通工具在不同的平面上行驶，交叉口采用立交，人们住在大楼里面，除了有屋顶花园之外，楼上的住户还可以有"阳台花园"。20世纪20年代后期，他按照这些设想提出了巴黎中心区改建方案（Plan "Voisin" de Paris）。以后他不断完善他的现代城市理想，并多次为其他城市拟制城市规划。勒·柯比西埃认为在现代技术条件下，可以做到既保持人口的高密度，又形成安静卫生的城市环境，关键在于利用高层建筑和处理好快速交通问题。在城市应当分散还是集中的争论上，他是一个城市集中主义者。他的城市建设主张在技术上是有根据的。他所提出的许多措施，如高层建筑和立体交叉等，后来在世界上一些城市中已经得到实现。他拟制的巴黎市中心区，虽有不切实际之处，但对巴黎若干地区的建设发展有一定程度的影响。勒·柯比西埃在半个世纪之前提出的那些原则和孜孜不倦地绘制的许多方案和蓝图，说明他在城市建设问题上是极有远见卓识的。

在第二次世界大战以前的20年左右的时期中，勒·柯比西埃的建筑作品相当丰富，其中包括大量未实现的方案。如1928年为莫斯科苏维埃宫设计竞赛提出的方案，1933～1934年为北非阿尔及尔所作的许多建筑设计等等。从建成房屋和未实现的方案中可以看到，勒·柯比西埃的建筑构思非常活跃。他经常把不同高度的室内空间灵活地结合起来。在北非的一个博物馆设计中，他采用方的螺旋形的博物馆平面，便于以后陆续添建。在高层建筑方面，勒·柯比西埃提出过十字形、板式、Y字形、菱形、六边形等等多种形式，在第二次大战以后这些形式都陆续出现了。在应用新型结构方面他也经常走在前面，1937年，在巴黎世界博览会上，按照他的设计，建成了一座用悬索结构的"新时代馆"（Le Pavillon des Temps Nouveaux, 30m×35m）。1939年又提出过形式更加新颖的幕墙式展览馆。在住宅建筑方面，勒·柯比西埃提出多种形式的多层公寓，在1933年为阿尔及尔做的设计中曾提出逐层错落后退的公寓。这些结构和建筑形式在二次大战以后逐渐推广应用。可以说，勒·柯比西埃在现代建筑设计的许多方面都是一个先行者。他在现代建筑构图上作出的丰富多样的贡献使他对现代建筑产生了非常广泛的影响。

第二次世界大战后，勒·柯比西埃被公认为4位现代建筑大师之一，更被推崇为现代建筑最伟大的建筑形式给予者(form giver)。当时他的年龄已经 60 岁上下，但他的创作勇气和锐气并没有丝毫减退，而是以最大的毅力勇往向前。他在马赛的"人居单元"(Unite d'Habitation, Manseille, 1946~1952 年)为城市公寓建筑提出了一种新模式，其粗犷的形式还推动了当时一种称为粗野主义思潮(Brufalism)的发展。他的惊世之作朗香教堂(Notre-Dame-du-Haut Chapel, Ronchamp, 1950~1954 年)推翻了他在 20 与 30 年代时极力主张的理性主义原则和简单的几何图形，其带有表现主义倾向的造型震动了当时整个建筑界。其后，他为印度昌迪加尔设计的政府建筑群和法国拉图莱特的修道院等等说明了现代建筑不是一成不变的，它可以在尊重功能、结构与材料的性能下以(Convent de la Saint-Marie-de-la-Tourette, near Lyons, 1953~1959 年)多种不同的形式出现❶。

## 第七节　密斯·范·德·罗

在外国现代著名建筑师中，密斯·范·德·罗(1886~1969 年)成为一个建筑师的道路是比较少见的，他没有受过正规学校的建筑教育。他的知识和技能主要是在建筑实践中得来的。

密斯·范·德·罗出生在德国亚琛(Aachen)一个石匠的家中。他很小就帮助父亲打弄石料。上了两年学之后，到一家营造厂做学徒，干过建筑装饰的活计。19 岁那年，密斯到柏林一个建筑师那里工作，又在木器设计师那里做学徒。21 岁的时候，他开始为别人设计住宅。1909 年，23 岁的密斯·范·德·罗到建筑师贝伦斯那里工作。第一次大战期间，他在军队中搞军事工程。他在工作实践中掌握建造房屋的技术。

**关于新建筑的主张**

战后初期，许多搞建筑的人没有实际工作可做，但建筑思潮却很活跃。密斯·范·德·罗也投入了建筑思想的论争和新建筑方案的探讨之中。

1919 年到 1924 年间，他先后提出 5 个建筑示意方案。其中最引人注意的是 1919 年到 1921 年的两个玻璃摩天楼的示意图。它们通体上下全用玻璃做外墙，高大的建筑象是透明的晶体，从外面可以清楚看见里面一层层楼板。他解释说："在建造过程中，摩天楼显示出雄伟的结构体型，只在此时，巨大的钢架看来十分壮观动人。外墙砌上以后，那作为一切艺术设计基础的结构骨架就被胡拼乱凑的无意义的琐屑形式所掩没。""用玻璃做外墙，新的结构原则可以清楚地被人看见。今天这是实际可行的，因为在框架结构的建筑物上，外墙实际不承担重量，为采用玻璃提供了新的解决方案"❷。这些方案当时只停留在纸面上，直到第二次世界大战后才有实现的机会。

1926 年，他设计了德国共产党领袖李卜克内西和卢森堡的纪念碑(图 3-7-1)。红砖砌的碑身采用立体主义的构图手法。这座碑后来被法西斯拆毁。

这时候密斯·范·德·罗已经同传统建筑决裂，积极探求新的建筑原则和建筑手法。他在这一时期发表的言论中强调建筑要符合时代特点，要创造新时代的建筑而不能模仿过去。"必须了解，所有的建筑都和时代紧密联系，只能用活的东西和当代的手段来表现，任何时代都不例外。""在我们的建筑中试用以往时代的形式是无出路的""必须满足

---

❶ 详见第四章。
❷ 《两座玻璃摩天楼》Mies, Van der Rohe, 1922。

我们时代的现实主义和功能主义的需要"[1]。他重视建筑结构和建造方法的革新。"我们今天的建造方法必须工业化。……建筑方法的工业化是当前建筑师和营造商的关键问题。一旦在这方面取得成功，我们的社会、经济、技术甚至艺术的问题都会容易解决"[2]。他甚至说："我们不考虑形式问题，只管建造问题。形式不是我们工作的目的，它只是结果"[3]。

密斯·范·德·罗成了20年代初期最急进的建筑师之一。1926年，他担任德意志制造联盟的副主席。1927年这个联盟在斯图加特魏森霍夫区(Weissenhof)举办住宅建筑展览会，密斯·范·德·罗是这次展览会的规划主持人。欧洲许多著名的革新派建筑师如格罗皮乌斯、勒·柯比西埃、贝伦斯、奥德、陶特等参加了这次展览。密斯·范·德·罗本

图 3-7-1 李卜克内西和卢森堡纪念碑

人的作品是一座每层有4个单元，1梯2户的4层公寓(图3-7-2)。这次展览会上的住宅建筑一律是平屋顶，白色墙面，建筑风格比较统一。

**巴塞罗那博览会德国馆**(Barcelona Pavilion)

1929年，密斯·范·德·罗设计了著名的巴塞罗那世界博览会德国馆(图3-7-3、3-7-4、3-7-5)。

这座展览馆所占地段长约50m、宽约25m。其中包括一个主厅，两间附属用房，两片水池和几道围墙。特殊的是这个展览建筑除了建筑本身和几处桌椅外，没有其他陈列品。

图 3-7-2 密斯设计的公寓住宅

---

❶《建筑与时代》Mies Van der Rohe，1924。
❷《建造方法的工业化》Mies Van der Rohe，1924。
❸《关于建筑与形式的箴言》Mies Van der Rohe，1923。

图 3-7-3　巴塞罗那博览会德国馆

图 3-7-4　巴塞罗那博览会德国馆内景

实际上，这是一座供人参观的亭榭，它本身就是展览品。

整个德国馆立在一片不高的基座上面。主厅部分有 8 根十字形断面的钢柱，上面顶着一块薄薄的简单的屋顶板，长 25m 左右，宽 14m 左右。隔墙有玻璃的和大理石的两种。墙的位置灵活而且似乎很偶然，它们纵横交错，有的延伸出去成为院墙。由此形成了一些既分隔又连通的半封闭半开敞的空间，室内各部分之间，室内和室外之间相互穿插，没有

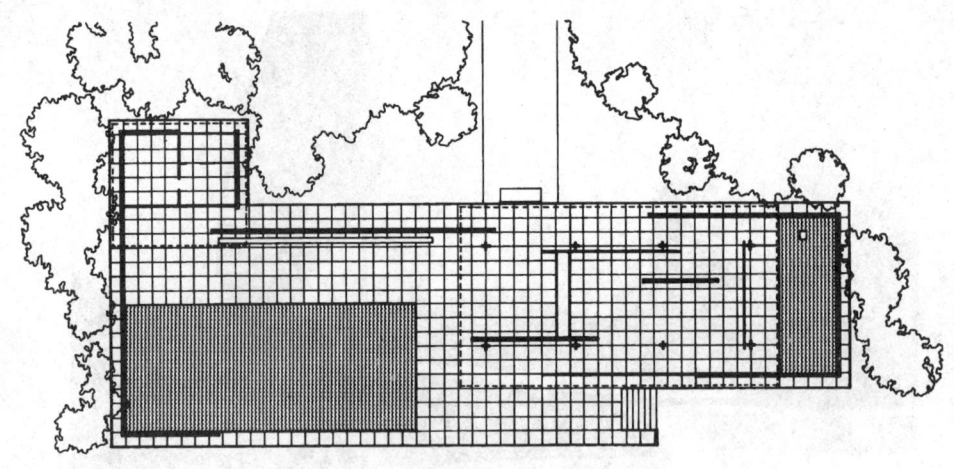

图 3-7-5　巴塞罗那博览会德国馆平面

明确的分界。这是现代建筑中常用的流动空间的一个典型。

这座建筑的另一个特点是建筑形体处理比较简单。屋顶是简单的平板，墙也是简单的光光的板片，没有任何线角，柱身上下没有变化。所有构件交接的地方都是直接相遇。人们看见柱子顶着屋面板，竖板与横板相接，大理石板与玻璃板直接相连等等。不同构件和不同材料之间不作过渡性的处理，一切都是非常简单明确，干净利索。同过去建筑上的繁琐装饰形成鲜明对照，给人以清新明快的印象。

正因为体形简单，去掉附加装饰，所以突出了建筑材料本身固有的颜色、纹理和质感。密斯·范·德·罗在德国馆的建筑用料上是非常讲究的。地面用灰色的大理石，墙面用绿色的大理石，主厅内部一片独立的隔墙还特地选用了华丽的白玛瑙石。玻璃隔墙有灰色的和绿色的，内部的一片玻璃墙还带有刻花。一个水池的边缘衬砌黑色的玻璃。这些不同颜色的大理石、玻璃再加上镀克罗米的柱子，使这座建筑具有一种高贵、雅致和鲜亮的气氛。

1928 年，密斯曾提出了著名的"少就是多"（Less is More）的建筑处理原则。这个原则在此得到了充分的体现。

巴塞罗那博览会德国馆以其灵活多变的空间布局，新颖的体形构图和简洁的细部处理获得了成功。它存在的时间很短暂，但是对现代建筑却产生了如同经典似的广泛影响。最近巴塞罗那在它拆除了 70 年后严格地按照原貌在原址上将它重新建造出来，以供建筑爱好者参观。

不过，我们应该看到，这座展览建筑本身没有任何实用的功能要求，造价又很宽裕，因此允许建筑师尽情地发挥他的想象力。这是一个非常特殊的建筑物，可以说，它是一件无实用要求的纯建筑艺术作品。

**图根德哈特住宅**（Tugendhat House, Brno）

1930 年密斯·范·德·罗得到机会把他在巴塞罗那展览馆中的建筑手法运用于一个捷克银行家的豪华住所图根德哈特住宅之中（图 3-7-6、3-7-7），住宅坐落在花园中，面积十分宽阔。在它的起居室、餐室和书房部分之间只有一些钢柱子和两三片孤立的隔断，有一片外墙是活动的大玻璃，形成了和巴塞罗那展览馆类似的流动空间。此后数年，密斯还设计过一些住宅方案，大都具有类似的特征。

第七节 密斯·范·德·罗

图 3-7-6　图根德哈特住宅

图 3-7-7　图根德哈特住宅室内

1930 年，密斯·范·德·罗继任包豪斯的校长，两年后，学校被法西斯政权解散。1937 年密斯·范·德·罗到美国任伊利诺工学院(I. I. T, Illinois Institute of Technology, Chicago)建筑系主任，从此定居美国。

美国是资本主义世界工业最发达的国家，房屋建筑中大量使用钢材。密斯到美国后，专心探索钢结构的建筑设计问题。他认为结构和构造是建筑的基础，他说："我认为，搞建筑必定要直接面对建造的问题，一定要懂得结构构造。对结构加以处理，使之能表达我们时代的特点，这时，仅仅在这时，结构成为建筑。"从这一观点出发，他细心探索在建筑中直接运用和表现钢结构特点的建筑处理手法。他的钻研不仅使他在 1919～1921 年关于钢和玻璃摩天大楼的憧憬得以实现，并使他的钢和玻璃建筑在空间布局、形体比例、结构布置甚至结点处理，均达到严谨、精确以致精美的程度。例如他在 20 世纪 50 年代为伊利诺工学院设计的克朗楼(Crown Hall, 1956 年)，为女医生法恩斯沃思设计的住宅(Farnsworth House, Plano, Illinois, 1950 年)以及在纽约的西格拉姆大厦(Seagoam Building, New York, 1954～1958 年)❶无一

---

❶ 详见第四章。

不是形式清纯，体态端庄、晶莹剔透，并带有强烈的从当时来说技术上十分前卫的倾向。特别是西格拉姆大厦，由于用料考究、造价昂贵、施工精细更被一些新型的大公司认为可用以代言自己的威望与实力的形象。于是密斯风格（Miesian Style）从此风靡欧美达20余年。为此，密斯在第二次世界大战后被奉为现代建筑四位大师之一。

## 第八节　赖特和他的有机建筑

赖特（Frank Lloyd, Wright, 1869~1959年）是本世纪美国的一位最重要的建筑师，在世界上享有盛誉。他设计的许多建筑受到普遍的赞扬，是现代建筑中有价值的瑰宝。赖特对现代建筑有很大的影响，但是他的建筑思想和欧洲新建筑运动的代表人物有明显的差别，他走的是一条独特的道路。

赖特出生在美国威斯康星州，他在大学中原来学习土木工程，后来转而从事建筑。他从19世纪80年代后期就开始在芝加哥从事建筑活动，曾经在当时芝加哥学派建筑师沙利文等人的建筑事务所中工作过。赖特开始工作的时候，正是美国工业蓬勃发展，城市人口急速增加的时期。19世纪末的芝加哥是现代摩天楼诞生的地点。但是赖特对现代大城市持批判态度，他很少设计大城市里的摩天楼。赖特对于建筑工业化不感兴趣，他一生中设计的最多的建筑类型是别墅和小住宅。

1893年赖特开始独立执业。从19世纪末到20世纪最初的10年中，他在美国中西部的威斯康星州、伊利诺州和密执安州等地设计了许多小住宅和别墅。这些住宅大都属于中等阶级，坐落在郊外，用地宽阔，环境优美。材料是传统的砖、木和石头，有出檐很大的坡屋顶。在这类建筑中，赖特逐渐形成了一些既有美国民间建筑传统，又突破了封闭性的住宅处理手法。它适合于美国中西部草原地带的气候和地广人稀的特点。赖特把它们称为"草原式住宅"，虽然他们并不一定建造在大草原上。

图3-8-1　拉金公司大楼

与此同时，赖特还设计了一些完全排除了当时正在流行的复古主义倾向的公共建筑，这些建筑重视功能，形体简洁，外形与内部空间一致，在块体的组合中比例得当，构图有序，墙面上重点点缀了一些装饰。这无疑是一种新的建筑形式正在脱颖而出。

**拉金公司办公楼与东京帝国饭店**

1904年建造的纽约州布法罗市的拉金公司大楼（Larkin Building, 1950年被拆除，图3-8-1、3-8-2）是一座砖墙面的多层办公楼。这座建筑物的楼梯间布置在四角，入口门厅和厕所等布置在突出于主体之外的一个建筑体量之内，中间是整块的办公面积。中心部分是5层高的采光天井，上面有玻璃顶棚。这是一个适合于办公的实用建筑。在外形上，赖特完全摒弃传统的建筑样式，除极少的地方重点做了装饰外，其他都是朴素的清水砖墙，檐口也只有一道简单的凸线。房子的入口处理也打破老一套的构图手法，不在立面中央，而是放到侧面凹进的地方，在 1904 年，这些都是颇为新颖的做法。1910 年赖特到欧洲，在柏林举办他的建筑作品展览会，引起欧洲新派建筑师的重视与欢迎。1911 年在德国出版了他的建筑图集——《瓦斯牟什卷》(The Wasmuth Portfolio)，对欧洲正在酝酿中的新建筑运动产生了促进作用。

1915 年，赖特被请到日本设计东京的帝国饭店(Imperial Hotel)。这是一个层数不高的豪华饭店，平面大体为 H 形，有许多内部庭院。建筑的墙面是砖砌的，但是用了大量的石刻装饰，使建筑显得复杂热闹。从建筑风格来说它是西方和日本的混合，而在装饰图案中同时又夹有墨西哥马雅传统艺术的某些特征。这种混合的建筑风格在美国太平洋沿岸的一些地区原来就出现过。特别使帝国饭店和赖特本人获得声誉的是这座建筑在结构上的成功。日本是多地震的地区，赖特和参与设计的工程师采取了一些新的抗震措施，连庭院中的水池也考虑到可以兼作消防水源之用。帝国饭店在 1922 年建成，1923 年东京发生了大地震，周围的大批房屋震倒了，帝国饭店经住了考验并在火海中成为一个安全岛。

**流水别墅**(1936 年，图 3-8-3)

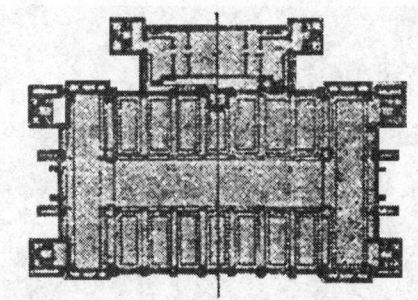

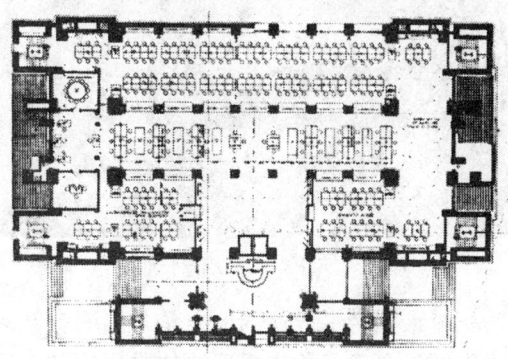

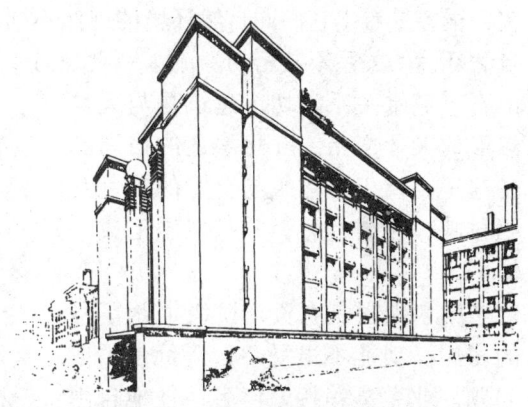

图 3-8-2　拉金公司平面与透视图

在 20 世纪 20 年代和 30 年代，赖特不断地在建筑创作上探求新的表现与方法，建筑风格经常出现变化。他一度喜欢用许多几何形图案来装饰建筑物，随后又用得很有节制；房屋的体形时而极其复杂，时而又很简单；木和砖石是他惯用的材料，但进入 20 年代，他也将混凝土用于住宅建筑，并曾多次用混凝土砌块建造小住宅。愈到后来，赖特在建筑处理上也愈加灵活多样、更少拘束，他不断创造出令人意想不到的建筑空间和体形。1936 年，他设计的流水别墅就是一座别出心裁，构思巧妙的建筑艺术品。

流水别墅在宾夕法尼亚州匹茨堡市的郊区，是匹茨堡市百货公司老板考夫曼的产业。考夫曼买下一片很大的风景优美的地产，聘请赖特设计别墅。赖特选中一处地形起伏，林木繁盛的风景点，在那里，一条溪水从巉岩上跌落下来，形成一个瀑布。赖特就把别墅建造在这个瀑布的上方。别墅高的地方有 3 层，采用钢筋混凝土结构。它的每一层楼板连同

图 3-8-3 流水别墅

边上的栏墙好像一个个托盘,支承在墙和柱墩上。各层的大小和形状各不相同,利用钢筋混凝土结构的悬挑能力,向各个方向远远地悬伸出来。有的地方用石墙和玻璃围起来,就形成不同形状的室内空间,有的角落比较封闭,有的比较开敞。

在建筑的外形上最突出的是一道道横墙和几条竖向的石墙,组成横竖交错的构图。栏墙色白而光洁,石墙色暗而粗犷,在水平和垂直的对比上又添上颜色和质感的对比,再加上光影的变化,使这座建筑的体形更富有变化而生动活泼。

流水别墅最成功的地方是与周围自然风景紧密结合。它轻盈地凌立在流水上面,那些挑出的平台象是争先恐后地伸进周围的空间。拿流水别墅同柯比西埃的萨伏伊别墅加以比较,很容易看出它们同自然环境的迥然不同的关系。萨伏伊别墅边界整齐,自成一体,同自然环境的关系不甚密切。流水别墅是另一种情况,它的体形疏松开放,与地形、林木、山石、流水关系密切,建筑物与大自然形成犬牙交错、互相渗透的格局。在这里,人工的建筑与自然的景色互相衬映,相得益彰,并且似乎汇成一体了。

流水别墅是大资产阶级消闲享福的房屋。功能不很复杂,造价也不成问题。业主慕赖特之声名,任他自由创作。象密斯·范·德·罗设计巴塞罗那博览会的德国馆一样,流水别墅也是一个特殊的建筑。这些条件使赖特充分发挥他的建筑艺术才能,创造出一种前所未见的动人的建筑景象。

**约翰逊公司总部**(Johnson and Son Inc. Administration Building 1936~1997 年,Racine Wiscosin。图 3-8-4、3-8-5)。

这是一个低层建筑。办公厅部分用了钢丝网水泥的蘑菇形圆柱。中心是空的,由下而上逐渐增粗,到顶上

图 3-8-4 约翰逊公司总部

图 3-8-5　约翰逊公司总部室内

扩大成一片圆板。许多个这样的柱子排列在一起，在圆板的边缘互相连接，其间的空档加上玻璃覆盖，就形成了上面透光的屋顶。四周的外墙用砖砌成，并不承重。外墙与屋顶相接的地方有一道用细玻璃管组成的长条形窗带。这座建筑物的许多转角部分是圆的，墙和窗子平滑地转过去，组成流线型的横向建筑构图。赖特的这座建筑物结构特别，形象新奇，仿佛是未来世界的建筑，因此吸引了许多参观者，约翰逊制腊公司因此也随之闻名。后来赖特又为这个公司设计了实验楼。

"西塔里埃森"（Taliesin West, Scottsdale, Arizona。图 3-8-6）

1911 年，赖特在威斯康星州斯普林格林(Spring Green, Wisconsin)建造了一处居住和工作的总部。他按照早先来自威尔斯的祖辈对这块土地的命名，称之为"塔里埃森"(Taliesin)。1938 年起，他在亚利桑那州斯科茨代尔(Scottsdale, Arizona)附近的沙漠上又修建了一处冬季使用的总部，遂称为"西塔里埃森"。

赖特那里经常有一些他的追随者和从世界各地去学习的学生。赖特一向反对正规的学校教育，他的学生和他住在一起，一边为他工作一边学习。工作包括设计绘图，也包括家务和农事活动，时时还做建筑和修理工作。这是以赖特为中心的半工半读的学园和工作集体。

西塔里埃森坐落在荒凉的沙漠中，是一片单层的建筑群，其中包括工作室、作坊、赖特和学生们的住宅、起居室、文娱室等等。那里气候炎热，雨水稀少，西塔里埃森的建筑方式反映了这些特点。它用当地的石块和水泥筑成厚重的矮墙和墩子，上面用木料和帆布板遮盖。需要通风的时候，帆布板可以打开或移走。西塔里埃森的建造没有固定的规划设

图 3-8-6 西塔里埃森

计，经常增添和改建。这所建筑的形象十分特别，粗糙的乱石墙体有的呈菱形或三角形，没有油饰的木料和白色的帆布板错综复杂地组织在一起，有的地方像石头堆砌的地堡，有的地方象临时搭设的帐篷。在内部，有些角落如洞天府地，有的地方开阔明亮，与沙漠荒野连通一气。这是一组不拘形式的、充满野趣的建筑群。它同当地的自然景物倒很匹配，给人的印象是建筑物本身好像沙漠里的植物，也是从那块土地中长出来的。

**古根海姆博物馆**(The Guggenheim Museum, New York。图 3-8-7、3-8-8)

美国在两次世界大战期间都不是战场，国家经济没有受到挫折，反而增长。社会生活比较稳定，这使建筑师能沿着自己本来的追求继续发展。赖特不喜欢重复他自己的创作方

图 3-8-7 古根海姆博物馆

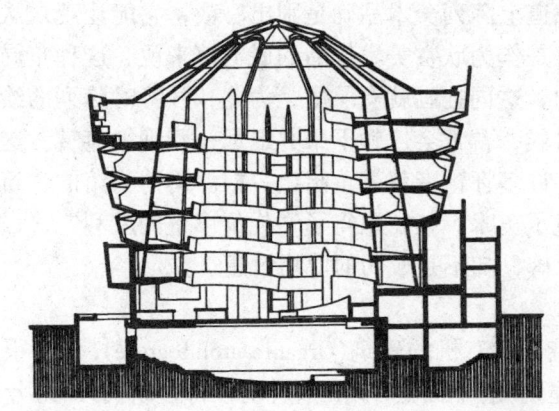

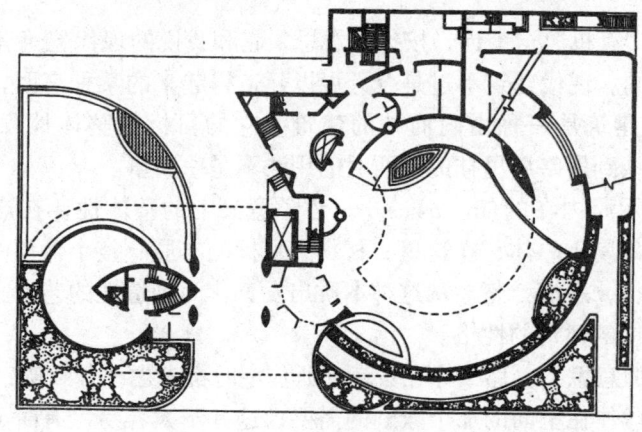

图 3-8-8　古根海姆博物馆平、剖面

法与手法，因而每个作品均有十分强烈的个性与可识别性。

古根海姆博物馆是赖特为纽约设计的惟一建筑。早在 1942 年此方案就有了，但直到 1959 年 10 月才建成开幕，这时赖特已经去世。S. R. 古根海姆是一个富豪，他请赖特设计这座博物馆用以展览他的美术收藏品。博物馆坐落在纽约第五号大街上，地段面积约 50m×70m，主楼是一个很大的白色钢筋混凝土螺旋形建筑，里面是一个高约 30m 的圆筒形空间，周围有盘旋而上的螺旋形坡道。圆形空间的底部直径在 28m 左右，向上逐渐加大。坡道宽度在下部接近 5m，到顶上展宽到 10m 左右。美术作品就沿坡道陈列，观众循着坡道边看边上(或边看边下)。大厅内的光线主要来自上面的玻璃圆顶，此外沿坡道的外墙上有条形高窗给展品透进天然光线。螺旋形大厅的地下部分有一圆形的讲演厅。博物馆的办公部分也是圆形，同展览部分并连在一起。

在纽约的大街上，这座博物馆的体形显得极为特殊，很不协调。那上大下小的白色螺旋形体，沉重封闭的外貌、不显眼的入口，异常的尺度等等，使这座建筑看来像是童话世界中的房子。正是由于不协调，才使这座在功能、形式与结构上能自圆其说的建筑，虽然蜷伏在周围林立的褐色砖砌高楼大厦之间，仍能成为这个地区的一个景点。

螺旋形的博览馆是赖特的得意之笔。他说："在这里，建筑第一次表现为塑性的。一层流入另一层，代替了通常那种呆板的楼层重叠，……处处可以看到构思和目的性的统一"。在盘旋而上的坡道上陈列美术品确是别出心裁,它能让观众从各种高度随时看到许多奇异的室内景象。可是作为欣赏美术作品的展览馆来说,这种布局引起许多麻烦。坡道是斜的,墙面也是斜的,这同挂画就有矛盾,为此,开幕时陈列的绘画都去掉了边框。人们在欣赏美术作品的时候,常常会停顿下来并退远一些细细鉴赏,这在坡道上就不大方便了。博物馆开幕之后,许多评论者就着重指出古根海姆博物馆的建筑设计同美术展览的要求是冲突的,建筑压过了美术,赖特取得了"代价惨重的胜利"(《纽约时报》的评论)。这座建筑是赖特的纪念碑,却不是成功的博物馆建筑。

**有机建筑论**

赖特把自己的建筑称做有机的建筑(Organic architecture),他有很多文章和讲演阐述他的理论。什么是有机建筑呢?下面是 1953 年庆祝赖特建筑活动 60 年的时候,他同记者谈话时所作的一段解释:

记者:你使用"有机"这个词,按你的意思,它和我说的现代建筑有什么不同吗?

赖特:非常不同。现代建筑不过是今天可以建造得起来的某种东西,或者任何东西。而有机建筑是一种由内而外的建筑,它的目标是整体性(entity)。我说的有机,和谈到屠宰店里挂的东西时的用法不是一回事。

有机表示是内在的(intrinsic)——哲学意义上的整体性,在这里,总体属于局部,局部属于总体;在这里,材料和目标的本质、整个活动的本质都像必然的事物一样,一清二楚。从这种本质出发,作为创造性的艺术家,你就得到了特定环境中的建筑的性格。

记者:知道你的意思了,那么你在设计一所住宅时都考虑些什么呢?

赖特:首先考虑住在里面的那个家庭的需要,这并不太容易,有时成功,有时失败。我努力使住宅具有一种协调的感觉(a sense of unity),一种结合的感觉,使它成为环境的一部分。如果成功(建筑师的努力),那么这所住宅除了在它所在的地点之外,不能设想放在任何别的地方。它是那个环境的一个优美部分,它给环境增加光彩,而不是损害它[1]。

在另一个地方,赖特说有机建筑就是"自然的建筑"(a natural architecture)。他说自然界是有机的,建筑师应该从自然中得到启示,房屋应当像植物一样,是"地面上一个基本的和谐的要素,从属于自然环境,从地里长出来,迎着太阳。"有时,赖特又说有机建筑即是真实的建筑,"对任务和地点的性质、材料的性质和所服务的人都真实的建筑。"

1931 年,赖特在一次讲演中提出 51 条解释,以说明他的有机建筑,其中包括"建筑是用结构表达观点的科学之艺术","建筑是人的想像力驾驭材料和技术的凯歌","建筑是体现在他自己的世界中的自我意识,有什么样的人,就有什么样的建筑"等等。

赖特的建筑理论本身很散漫,说法又虚玄,他的有机建筑理论竟象是雾中的东西,叫人不易捉摸。而他却总说别人不懂得他,抱怨自己为世人所误解。

但有一点是清楚的,赖特对建筑的看法同勒·柯比西埃和密斯·范·德·罗等人有明显区别,有的地方还是完全对立的。勒·柯比西埃说:"住宅是居住的机器",赖特说:"建筑应该是自然的,要成为自然的一部分"。赖特最厌恶把建筑物弄成机器般的东西。

---

[1] 《The Future of Architecture》,F. L. Wright, London, 1955, 第 12 页。

他说："好，现在椅子成了坐的机器，住宅是住的机器，人体是意志控制的工作机器，树木是出产水果的机器，植物是开花结子的机器，我还可以说，人心就是一个血泵。这不叫人骇怪吗！"❶ 勒·柯比西埃设计的萨伏伊别墅虽有大片的土地可用，却把房子架立在柱子上面，周围虽有很好的景色，却在屋顶上另设屋顶花园，还要用墙包起来。萨伏伊别墅以一付生硬的姿态同自然环境相对立，而赖特的流水别墅却同周围的自然密切结合。萨伏伊别墅可以放在别的地方，流水别墅则是那个特定地点的特定建筑。这两座别墅是两种不同建筑思想的产物，从两者的比较中，我们可以看出赖特有机建筑论的大致意向。

在 20 世纪 20 年代，勒·柯比西埃等人从建筑适应现代工业社会的条件和需要出发，抛弃传统建筑样式，形成追随汽车、轮船、厂房那样的建筑风格。赖特也反对袭用传统建筑样式，主张创造新建筑，但他的出发点不是为着现代工业化社会，相反，他喜爱并希望保持旧时以农业为主的社会生活方式，这是他的有机建筑理论的思想基础。

赖特的青年时代在 19 世纪度过，那是惠特曼(W. Whitman, 1819～1892 年，美国诗人)和马克·吐温(Mark Twain, 1835～1910 年，美国作家)的时代。赖特的祖父和父辈在威斯康星州的山谷中耕种土地，他在农庄上长大，对农村和大自然有深厚的感情。他的"塔里埃森"就造在祖传的土地上，他在 80 多岁的时候谈到这一点还兴奋地说："在塔里埃森，我这第三代人又回到了土地上，在那块土地上发展和创造美好的事物"，对祖辈和土地的眷恋溢于言表。

赖特的这种感情影响到他对 20 世纪美国社会生活方式的不满。他厌恶拜金主义、市侩哲学，也厌恶大城市。他自己不愿住在大城市里，还主张把美国首都搬到密西西比河中游去，他也反对把联合国总部放在纽约，主张建在人烟稀少的草原上。按照他的理想，城市居民每人应有一英亩土地从事农业。他始终是个重农主义者。虽然他大半生时间生活在 20 世纪，可是某些思想仍属于 19 世纪。他不满意美国的现实生活，经常发出愤世嫉俗的言论，并抱怨自己长期没有得到美国社会的重视。

在建筑方面也是这样，他看不上别人的建筑，激烈地攻击 20 年代的欧洲新建筑运动，认为那些人把他开了头的新建筑引入了歧途。他挖苦说："有机建筑抽掉灵魂就成了'现代建筑'"，"绦虫钻进有机建筑的肚肠里去了"❷。他对当代建筑一般采取否定的对立的态度。1953 年在谈到美国建筑界时他说："他们相信的每样东西我都反对，如果我对，他们就错了"。他说，世界上发生的变化，对他都不起影响，"很不幸，我的工作也没有给这些变化以更多的影响。如果我的工作更好地被人理解，我本来可以对那些变化发挥有益的影响"，"我的理想完全确定了，我选择了率直的傲慢寡合"❸。赖特后来虽然有了很大的名声，但他是个落落寡合的孤独者。

赖特的思想有些方面是开倒车的。他的社会理想不可能实现，他的建筑理想也不能普遍推行。他实际涉及的建筑领域其实很狭窄，主要是有钱人的小住宅和别墅，以及带特殊性的宗教和文化建筑。他设计的建筑绝大多数在郊区，地皮宽阔，造价优裕，允许他在建

---

❶ 《The Future of Architecture》F. L. Wright, London, 1955, 第 12、145 页。

❷ "Organic Architecture looks at Modern Architecture", 1952, 《In The Cause of Architecture》, F. L. Wright, New, York, 1975。

❸ 《The Future of Architecture》F. L. Wright 第 29 页。

筑的体形空间上表现他的构思和意图。大量性的建筑类型和有关国计民生的建筑问题较少触及。即使在资产阶级社会中,他也是一个很突出的为少数人服务的建筑师,或者说,是一个为少数有特殊爱好的业主服务的建筑艺术家。

但在建筑艺术范围内,赖特确有其独到的方面,他比别人更早地冲破了盒子式的建筑。他的建筑空间灵活多样,既有内外空间的交融流通,同时又具有幽静隐蔽的特色。他既运用新材料和新结构,又始终重视和发挥传统建筑材料的优点,并善于把两者结合起来。同自然环境的紧密配合则是他的建筑作品的最大特色。赖特的建筑使人觉着亲切而有深度,不像勒·柯比西埃那样严峻而乖张。

在赖特的手中,小住宅和别墅这些历史悠久的建筑类型变得愈加丰富多样,他把这些建筑类型推进到了一个新的水平。

赖特是 20 世纪建筑界的一个浪漫主义者和田园诗人。他的成就是建筑史上的一笔珍贵财富。第二次世界大战后,50 年代末,他与格罗皮厄斯、勒·柯比西埃、密斯·范·德·罗同被公认为现代建筑四位大师。

1959 年,赖特以 89 岁的高龄离开人世。

## 第九节 阿 尔 托

阿尔托(Alvar, Aalto, 1898～1976 年)在两次世界大战之间是一位年轻和杰出的现代派建筑师。他虽然没有像格罗皮厄斯、勒·柯比西埃、密斯·范·德·罗和赖特那样被命名为现代派大师,但他对现代建筑的贡献,特别是他在第二次世界大战后自成一格的设计风格——建筑人情化(humanizing architecture)——大大地丰富了现代建筑的设计视野,为现代建筑开辟了一条广阔的道路。而这个特点事实上他在两次世界大战之间的作品中已经流露了。

阿尔托出生在芬兰西部的一个农村中,父亲是一位土地测量师,9 岁时,他们全家搬到了芬兰中部的于瓦斯居拉(Jyvaskyla)城镇中。阿尔托从小喜欢绘画,按他自己的记忆,他曾被老沙里宁当时在芬兰设计的建筑图片所吸引,立下了长大后要当建筑师的愿望。中学毕业后 2 年,他便积极参与了他们家在郊区建的一座夏季住宅的设计与建造工作。

1921 年,阿尔托毕业于赫尔辛基工业大学,成为一位正式的建筑师。当时芬兰正处于热情高涨的建设时期。须知芬兰自 12 世纪中叶便一直为瑞典所统治,1807 年瑞典把芬兰让给了俄罗斯,又使它成为俄罗斯的殖民地。而芬兰是一个民族自觉意识甚强的国家,在长达数百年的外族统治中,从来没有放弃过为争取民族独立与保存和复兴自己的民族文化而作的斗争;1917 年,芬兰终于争取到独立,人民欢呼胜利之热情不言而喻。阿尔托正好处在这个伟大的历史转折时刻。独立前他曾参加过于瓦斯居拉争取国家独立的地方军队,独立后他满腔热情投身到探索具有芬兰特点的建筑创作中。他在学校时受的是学院派的新古典主义教育,毕业后他与当时芬兰的年轻建筑师一道走向了一条带有中世纪芬兰地方传统的国家浪漫主义道路。但当时芬兰国家的经济并不宽裕,资源也不丰富,阿尔托看到了当时正在德国和荷兰兴起的现代运动,很快便转到现代派的道路上去。欧洲现代派的讲求实用、经济、采用新的工业技术来解决问题以及他们所提倡的具有强烈的新时代感的建形式大大地吸引了他。但根深蒂固的对芬兰这块土地与对芬兰人——使用者——的情感，使阿尔托在两次世界大战之间的作品粗看上去像是功能主义，细看一下则可以发现里面蕴藏着许多细腻的同北欧芬兰地方文化与关心使用者的密切联系。例如阿尔托喜欢木材，曾称赞木材在北欧农村建筑中的意义，并努力发挥木材在建筑与家具制造中的可能性。这是因为芬兰盛产木材(芬兰森林面积占国土的1/3以上)，以及木材的质感与手感在芬兰这个以寒冷为主导的气候中比混凝土能使使用者感到舒服与愉快得多的缘故。又如阿尔托在生活器皿设计与建筑设计中常喜用柔和的曲线，据说这是受到芬兰众多的湖泊(占国土的1/10)的启发。再如，由于芬兰有1/3领土处于北极圈内，每年都有几个月整天处于黑暗或"白夜"之中，即使有阳光时，太阳的高度角也很低，为了使用者的舒适，阿尔托在天然采光与人工采光中处处都甚为费心。阿尔托曾说："……手，这双塑造人类房舍、城市、大厦以致精细物品的手，应该是柔软的、仁慈的、目的在于让所做的一切令人舒适愉快。"❶正好说明了阿尔托既不同于唯理的欧洲现代派，也不同于精心创造诗意精品的赖特。

阿尔托的第一个现代派作品是 1928～1930 年建在图尔库(Turku)一间报馆(Turun Sanomat)的办公楼与印刷车间。这座具有"新建筑五个特点"的建筑从外观看很像勒·柯比西埃的作品。但报馆的印刷车间却表现了阿尔托的创作个性。他在一个简单得不能再简单的白色车间中放了一排钢筋混凝土的立柱。柱子形状上大下小，横断面呈圆角的矩形；柱身从下到上不对称地向一边逐渐放大，并在顶部出挑成一个像托盘那样的头部。整根柱子上下浑然一体，犹如雕塑似地点缀了车间，给车间以人气；然而在材料性能与力学传递上又那么的合理。这个把美学与技术结合在一起的作品引起了人们对他的注意，并被公认为是芬兰的第一座现代建筑。1929年阿尔托正式参加了 CIAM。

**帕米欧结核病疗养院**(Tuberculosis Sanatorium at Paimio, 1929-1933 年，Finland 图 3-9-1、3-9-2)，奠定了阿尔托在现代建筑中的地位。

疗养院周围是一片树林，用地没有很多限制，使建筑师可以自由地布置建筑物的体形。阿尔托处处把病人的休养需要放在首位。疗养院最重要的部分是一座七层的病房大楼，有 290 张病床。采用单面走廊，每屋 2 张病床。病房大楼成一字形，朝向东南。面对着原野和树林，每个房间都有良好的阳光、新鲜空气和广阔的视野。在病房大楼的东端，有一段专供病人用的敞廊，朝向正南方，与主体大楼成一角度，上有曲线形的雨篷。大楼最上一层也是供病人用的敞廊。

病房大楼的背后是垂直交通部分，有电梯、楼梯及其他房间，底层是入口门

图 3-9-1　帕米欧肺病疗养院

---

❶ 见 "The Humanizing of Architecture"，Technology Review, Nov. 1940。

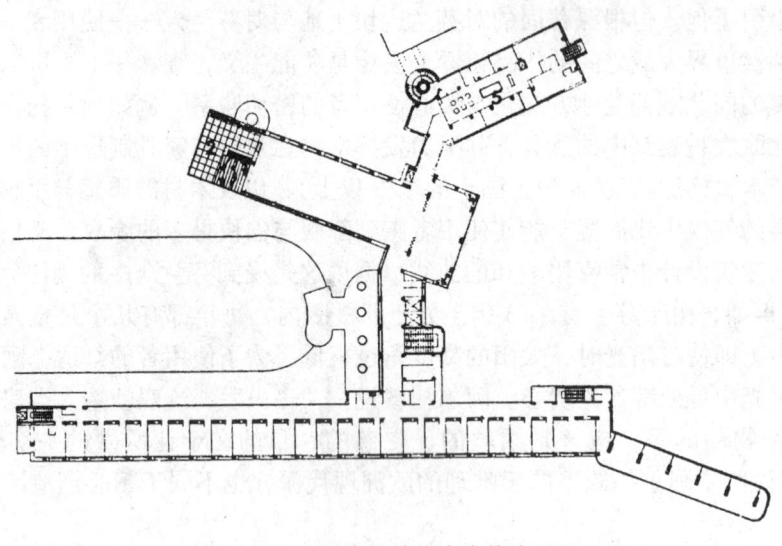

图 3-9-2　帕米欧结核病疗养院平面

厅，再后面连着一幢 4 层小楼，里面有各种治疗用房，病人餐室、文娱室和疗养院办公室。小楼与病房部分不平行，这样就形成了一个张开的喇叭口形的前院，给进出的车辆留下宽裕的车道。小楼的后面是厨房、储藏室及护理人员用房，附近还有一座锅炉房。以上几个部分既不平行，又不对称，看起来似乎有些零乱，但都是按内部的功能需要而定的。这样的布局使休养、治疗、交通、管理、后勤等部分都有比较方便的联系，同时又减少了相互间的干扰。

7 层的病房大楼采用钢筋混凝土框架结构。在外形上，可以清楚地看出它的结构布置，阿尔托不是把结构包藏起来，而是使建筑处理同结构特征统一起来，产生了一种清新而明快的建筑形象，既朴素有力又合乎逻辑。

**维堡市立图书馆**(Municipal Library, Viipuri, 1935 年建成)

1927 年，阿尔托赢得了维堡市立图书馆的设计竞赛，但该馆当时没有动工。1930 年，当该馆决定要建造时，阿尔托征得业主同意后提出了一个完全不同于原方案的现代主义构

图 3-9-3　维堡市立图书馆鸟瞰图

图 3-9-4　维堡市立图书馆讲演厅

第九节 阿尔托

图 3-9-5　维堡市立图书馆阅览大厅

想。建成后成为现代派建筑的又一杰出作品(图 3-9-3、3-9-4、3-9-5)。

维堡(原属芬兰，1947 年归苏联)在 20 年代是个 9 万人口的小城市。图书馆的位置在市中心公园的东北角，实际上是小镇居民的一个文化生活中心。建筑面积虽然不大，但其中包括书库、阅览室、期刊室、阅报室、儿童阅览室、办公和研究部分，此外还有一个讲演厅。阿尔托完全摆脱了当时一般图书馆建筑的格式，他从分析各种房间的功能用途和相互关系出发，把各部分恰当地组织在紧凑的建筑体量之内。整个图书馆由两个靠在一起的长方体组成(图 3-9-3)。主要入口朝北。进门以后，是个不大的门厅，正面通向图书馆主要部分，向右进入讲演厅，左面有楼梯间，通向二楼的办公室和研究室，门厅里还布置有挂衣处、小卖部、厕所。楼梯间有整片玻璃墙，给门厅带来足够的光线。门厅布置得既方便又紧凑，十分妥帖。图书馆的出纳和阅览部分在另外那个长方形体量中。底层有儿童阅览室、阅报室、书库、管理员住所等。儿童阅览室另有入口朝南，与公园里的儿童游戏场相近；阅报室也有单独出入口，面临东面的街道，行人可径直来这里看报纸。图书出纳台和阅览大厅在楼上(图 3-9-5)。在出纳部，设计者利用楼梯平台和夹层做到充分利用室内空间。出纳台的位置与楼梯的扶手巧妙结合与安排，使少数管理人员能方便地照管整个大厅。

图书馆采用钢筋混凝土结构。建筑师对建筑照明和声学问题做了细致的考虑。由于芬兰的太阳高度角很小，阅览大厅四壁不设窗户，只在平屋顶上开着圆形天窗，以避免光线水平向地直射到阅读者的眼睛。在讲演厅内(图 3-9-4)，阿尔托用木条把顶棚钉成波浪形，以便通过声浪的反射使每个座位上人的说话声音都能被大家听到。芬兰有木建筑的传统，采用木条拼制的波浪形顶棚，不仅有使用上的作用，并使讲演厅带上了芬兰的地方建筑色彩。

维堡图书馆的外部处理很简洁，在使用上与造型上像是一座功能主义的作品，但它在手法上的细腻，对使用者在感觉上的关心以及把美学、地方性同技术结合起来，大大地丰富了现代派建筑的设计内容与方法。

## 1938年世界博览会的芬兰馆

阿尔托善于把现代性与地方性结合的天才使他多次赢得了为芬兰设计世界博览会中的芬兰馆的设计竞赛。1937年巴黎世界博览会中的芬兰馆与1938年纽约世界博览会中的芬兰馆(图3-9-6)都在展示木材与木材产品,特别是木材在现代建筑中种种不同应用的可能性,与由此而产生的在形式、质感与颜色上的美学效果方面可谓达到鬼斧神工的地步。纽约世博会的芬兰馆展厅狭长而局促,阿尔托把展厅建得高高的,只在一边放展品。为了增加展出面积与展出效果,他把这个墙面分成4层,各层不仅在水平方向上像波浪似地有起有伏,并且在竖直方向上也像波浪似地前后汹涌。为了使参观者便于在仰视中充分看到展品,他把四层墙面一层比一层向外推出,并把墙面略为向前倾斜,以迎合参观者仰视时的视线。展馆的丰富与浪漫的艺术形式明确地宣告了阿尔托是一位卓越的现代建筑师,芬兰是一个先进的现代化国家。1940年,芬兰馆与博览会中其他国家的展馆一起被拆除。

图3-9-6　1938年纽约世界博览会的芬兰馆

**玛丽亚别墅**(Villa Mairea, Noormarkku, 1937~1938年,图3-9-7、3-9-8、3-9-9)

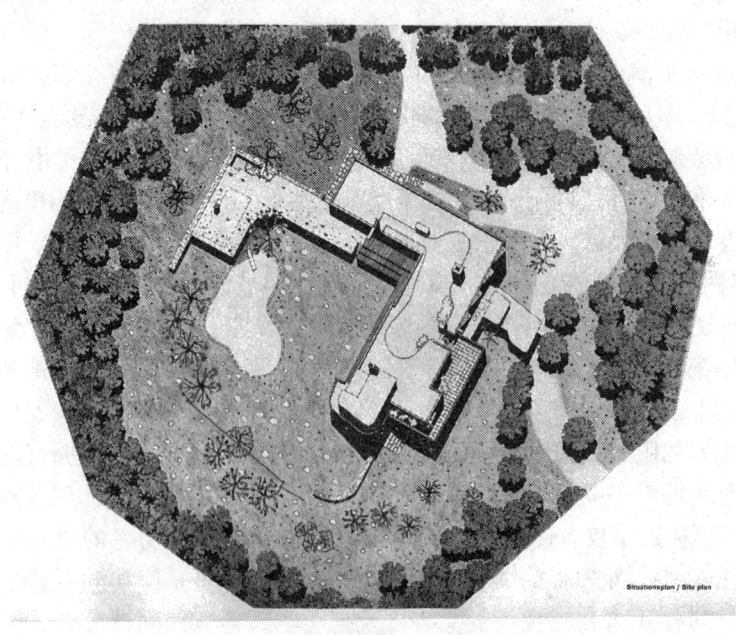

图3-9-7　玛丽亚别墅的鸟瞰图

第九节 阿 尔 托

图 3-9-8 玛丽亚别墅的入口

图 3-9-9 玛丽亚别墅室内

阿尔托的帕米欧结核病疗养院和维堡市立图书馆引起了芬兰产业家古利克森夫妇（Harry and Mairea Gullichsen）的注意。他们先是请他为他们在苏尼拉（Sunila）的纸浆厂设计厂房与工人住宅，继而又请他为他们设计了称为玛丽亚别墅的夏季住宅。

玛丽亚别墅的设计时间处在上述两个世博会的芬兰馆之间。当时阿尔托正在为探索丰富的建筑形式、不同材料肌理的并列与共鸣和精致的细部而着迷。玛丽亚别墅正好为他提供了一个可以尽情发挥的机会。

玛丽亚别墅地处茂密的树丛之中。平面呈由两个曲尺形重叠而成的"冂"形，三面比较封闭，当中是花园。建筑形体由几个规则的几何形块体组成，但非常突出地在几个重点

99

部位上点缀了几个自由曲线形的形体：这就是房屋入口处的雨篷，花园中的腰果形游泳池和处于主体建筑面对花园的转角处的一座高出于其他的象楼座那样的部分；后者是女主人玛丽亚的画室，也是这座别墅着意要指明的地方。房屋外墙用了好几种不同的材料：白粉墙、木板条饰面、打磨得很光滑的石饰面与粗犷的毛石墙。柱子也用了好几种不同的式样，有天然的粗树干，有一捆捆用绳子把好几根细树干捆绑起来的束柱，也有钢筋混凝土支柱。它们给人的印象是，这是一座建在大自然中能与自然环境对话的建筑，然而又是精工细造的住宅。这座住宅除了浪漫主义地对待房屋与自然环境的关系外，为了主人的舒适，还在光线与通风上采取了周密的技术措施。例如为了保证主人能在"白夜"中休息(芬兰夏季的黑夜甚短)，对卧室的窗户朝向作了调整；为了调节室温与保证通风(当时尚未有现在的空调设备)和考虑到热空气的上升，特意在楼板与顶棚内装有隐蔽的通风管；此外，为了保证室内的恒温，把遮阳的百叶装在窗户玻璃的外面等等。这些方法都是阿尔托针对具体情况而作出的考虑。

楼下起居用的空间呈风车形排列，各翼之间隔而不断，相互流通，十分舒畅。为了消除起居室内钢筋混凝土柱子给人在触觉上的冷漠，特意在柱身人们容易触摸到的部位缠上藤条，使之在感觉上温暖与柔和些。可见，阿尔托对使用者在人情上的考虑是十分细致的。

玛丽亚别墅在建成后即广泛受到人们的注意。它展示了现代建筑前所未有的魅力，宣告了一种"在整个建筑发展领域中少有能与之匹敌的建筑理念。"❶ 这种理念概括地说就是抒情地对待使用者，既在功能上，也在心理上。这种理念不仅影响了日后的住宅设计，并影响了建筑设计。

**胶合板家具与其他**(图 3-9-4，3-9-10)

阿尔托所有的作品都是和他的同为建筑师的妻子艾恩诺(Aino)一同设计的。他们从1924年结婚直到艾恩诺1949年逝世，没有一个作品不是两人通力合作的成果。艾恩诺去世之后，阿尔托一度感到失落；1952年他与建筑师伊利莎(Elissa)结婚，重新找到了理想的合作伙伴。因而阿尔托所有的成绩都有他前后两位妻子的一份。

芬兰盛产木材。阿尔托对木材性质的研究与理解使他在20世纪20年代末便萌发了用胶合板来制造家具的想法。经过一系列实验后，1935年艾恩诺和玛丽亚·古利克森一同建立了称为 Artek 的家具设计公司，正式生产她与阿尔托设计的胶合板家具，并成功地使之成为芬兰畅销海外的一项产业。它的三条腿并可层叠起来贮藏的胶合板凳子(图3-33)与扶手同椅脚一气呵成的椅子(图3-39)是其中最受欢迎的两款。据说最先启发阿尔托设计家具的是当时布罗伊尔在包豪斯设计的镀克罗米钢管家具。不过阿尔托的胶合板家具是传统材料的现代化运用，外加木材同芬兰地方资源的联系，使它更具有深层意义。

阿尔托还设计了不少如玻璃器皿、灯具或茶具之类的日用品，其中他的自由形体的玻璃器皿系列甚受欢迎。至于其形式，据阿尔托说是受芬兰湖泊的自然曲线的启发。

此外，阿尔托还设计了不少例如门把手之类的五金或木制构件。这些构件的设计都有便于使用和使用者感到舒适、甚至亲切的特点。例如把门把手做成适合人手捏上去时的形状，或在金属把手上缠上软皮的条条(图3-9-11)，以使人在漫长的冬季气候中感到温暖些。总而言之，这些设计处处表现了阿尔托对人情，甚至触感上的考虑。

---

❶ W. 王语。见《World Architecture, A Gritical Mosaic》第三卷。

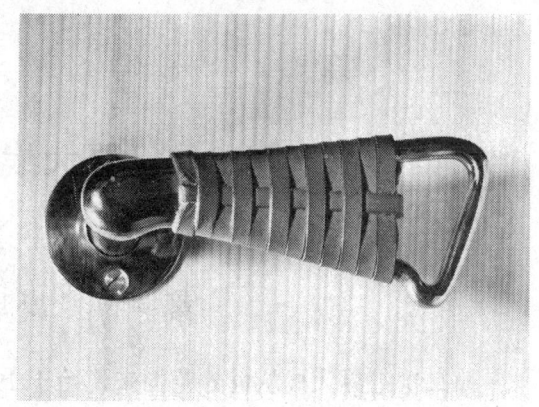

图 3-9-10　阿尔托设计的胶合板家具之一　　　　　　图 3-9-11　门把手设计之一

阿尔托无疑是现代建筑最杰出与最伟大的建筑师之一。他的作品兼有欧洲现代派的理性和美国有机建筑的诗意,更有他所独有的抒情,即对使用者在人情上的诚挚考虑。此外,他把芬兰的传统与地方特点延伸,并转变为现代所需,其意义是重大的。K. 弗兰普顿(Kenneth Frampton)曾把他的作品称为是异质共存的建筑(heterotopic architecture)。文图里(Rokest Venturi, 1925 出生)在他的《建筑的复杂性与矛盾性》中说:"在所有现代大师的作品中,阿尔托的作品对我来说是最有意义的。"他并多次以阿尔托的作品为例来说明建筑的复杂性与矛盾性。虽然文图里的作品与阿尔托的作品看上去毫无共同之处。但从文图里对他的崇敬中,可以看到阿尔托作品理念的特点,它不仅开阔了现代建筑的思路,并影响了后来的现代建筑甚至后来所谓的后现代建筑的发展。为此,也有人把他称为是两次世界大战之间与第二次世界大战之后现代建筑的联系人。

# 第四章　第二次世界大战后的城市建设与建筑活动

## 第一节　战后的建筑概况

第二次世界大战从世界范围来说始于1939年，结束于1945年，即从德国入侵波兰起，到德国和日本投降为止。

在此数年中，各国政治与经济条件的不同，思想和文化传统的不一和对于建筑本质与目的的不同看法使各地建筑发展极不平衡，建筑活动与建筑思潮也很不一致。

从各个国家来说，战后政治形势的变更（如社会主义国家与第三世界国家的兴起和有些国家在政权上的分裂），经济的盛衰，建筑工业在各国经济上所占的地位，世界上局部战争的连绵不断与第三次世界大战的威胁等等都直接或间接地影响到城市的建筑活动和对待城市规划与建筑设计的态度。同时，尖端科学在战后发展的日新月异及其对工业的影响，也在强烈地影响着建筑。例如，化学工业从军事工业转向平时建设，材料工业特别是钢、玻璃、各种合金、塑料与陶瓷等在数量与质量上的发展，电子工业与计算机在科研、生产与管理上的推广应用，核物理学、原子能利用的趋于成熟，甚至人造卫星与宇宙飞船的发展等等都为建筑提供了较前优越得多的条件，也对建筑提出了新的要求，并从正面或反面刺激着人们城市与建筑观念的变迁。另一方面，战后技术至上思想的泛滥，工业生产无政府状态地高速增长，也加深并恶化了原来就已够严重的城市问题、污染问题，甚至还产生了对人权、人身的侵犯等等问题。这些问题强烈地影响着城市与建筑的发展与变化。此外，建筑本身既是一种工业产品，又是一个需要消耗大量与多种其他工业产品的市场。战后建筑工业的兴旺直接或间接带动了材料工业、建筑设备工业、建筑机械工业和建筑运输工业的突飞猛进。同时，建筑还需要大量的劳动力，这无疑关系到国家的就业问题。因此建筑工业的荣枯对国家的经济至关重要。例如美国就把建筑工业列为国家经济三大支柱之一。其结果是国家干预建筑工业，力图利用建筑工业来调整国家经济；同时，各种与建筑材料、建筑设备、建筑机械、建筑运输有关的大公司、大企业与大财团也在千方百计地左右建筑工业，使之朝着有利于自己的方向发展。这些干预与左右必然会影响城市与建筑活动以及城市规划与建筑设计思想的发展和变迁。

在建筑思潮方面，西欧和美国在战后最初的二三十年中继续为建筑的现代化作出贡献；日本在现代建筑中的崛起，引起世人瞩目；第三世界国家的建筑也在使现代化与本土地域性的结合中做出了杰出的成绩。这时期的建筑虽然名目繁多、五彩缤纷，但基本观念仍属现代建筑派。20世纪60年代中期，与世界各先进工业国在庆幸自己在经济建设与改造世界中的胜利时，又发现了工业的无止境发展与技术至上对地球与人类的危害。于是，社会上出现了一股批判过去、批判权威、要求分裂与自立门户的所谓后工业时代，或后现代主义，或称现代主义之后的思潮。这些思潮最先反映在哲学、文学、艺术、影视、政治等批评上，到20世纪70年代也波及建筑。由于建筑中的现代主义之后派是一股汹涌澎湃、在内容与观点上各自为政并且多元与多样的思潮，这将在第五章作专门的论述与讨论。本章主要涉及战后40至70年代的城市与建筑思潮。

正如上面说过，战后各国的发展十分不平衡，难以一概而论。限于篇幅，下面挑选几个当时被认为是影响较大的国家与地区予以介绍。

一、西欧

第二次世界大战对西欧的建筑，无论战胜国或是战败国，均造成了极大的损失。其严重程度使许多人担心地认为没有很长时间是不可能恢复过来的。然而由于种种原因，诸如美援、技术发展与因此而引起的经济增长，竟使恢复工作能以出乎意料的速度很快地进行，在这个过程中，许多国家都出现了应急的重建同城市长远规划的矛盾。在这方面，英国与荷兰做得比较出色。

英国

英国的经济原来是从殖民体系的基础上发展起来的。它的工业生产在19世纪曾居于世界首位。20世纪的两次世界大战都强烈地冲击了它的殖民体系。特别是第二次世界大战以后，亚非拉民族解放运动蓬勃发展，英属殖民地纷纷独立，英国的政治、经济与军事实力受到进一步的打击，工业生产的增长率也就缓慢了。到60年代末，它的工业生产次于美、苏、日、西德、法国居于世界第六位。但是长期的工业基础、科技实力与生产经验使它不仅在汽车、飞机、化学、电子与石油工业方面仍能在国际市场上进行竞争，在建筑设计与城市规划方面也能不断地作出一些新贡献。

由于英国几乎有3/4的人口居住在城市，早在20世纪30年代便在城市无限膨胀的灾难中看到必须控制大城市发展的重要性。第二次世界大战在一开始时便使一些大城市，诸如伦敦和考文垂(Coventry)受到破坏，激发了他们尚在战争期间，即自1941年起，便已开始着手重建这些城市的规划和设计❶。因此，当战争一结束，这些城市的修复与重建就有计划、有条理地按照规划方案而进行。到50年代中叶，伦敦周围的8个卫星城镇❷便已拥有原计划人口的一半了。然而，他们并不以此满足，持续的调查研究使他们不断地发现新问题并提出新的尝试办法。例如，关于各个城市建筑的缺乏特色和城市中心的缺乏生气等问题。经过分析，认为前者是设计问题，后者是因城市规模过小而引起的。于是从60年代起，不仅注意了设计的多样化和创造地方特色，并把有些新城的人口从原来规划的5万扩大到10万。因此，英国卫星城镇规划的参考价值，很大程度在于它在工作过程中的持续研究和不断地发现问题、改进问题的工作方法。

英国在中、小学校的建设与设计中也做出了不少成绩。它在1945~1955的10年中共建了约3500所中、小学校，容纳了1800000名学生。其中哈特福德郡❸的成绩较大。学校大多为单层，按错落排比方式布局，保证了学生课内外、室内外的联系，并成功地采用了预制装配的金属骨架和钢筋混凝土顶棚与墙板系统，如图4-1-1❹。

---

❶ 见本章第二节。
❷ 见本章第二节。
❸ Hertfordshire，主持设计人为阿斯金(Charles. H. Askin. 1893~1959年)。
❹ Pantley Park Primary School, Welwyn Garden City, Hertfordshire, 1948~1950年。

图 4-1-1　哈特福德郡一所学校

在建筑设计上，现代建筑派在战争期间完全在英国站稳了脚。20 世纪 50 年代以英国青年建筑师史密森夫妇(A. and P. Smithson，前者生于 1928 年，后者生于 1923 年)和斯特林(James Stirling，1926～1992 年)为代表的新粗野主义(New Brutalism，又译为"新野性主义"，现代建筑派在战后的一个企图在建筑形式上创新的支派)❶和 60 年代以库克(Peter Cook，1936 年生)为代表的称为阿基格拉姆派(Archigram)所提出的未来乌托邦城市的设想❷，对当时的青年建筑师与建筑学生影响很大。虽然阿基格拉姆提出的插入式城市(plug in city)没有实现，但却一度在青年人中掀起了一股以钢或钢筋混凝土建造的巨型结构(megastructure)❸来综合解决多种用途与可变要求的建筑设计倾向，并预告了要在建筑中采用与表现尖端技术的高技派(High-Tech)❹的来临。

20 世纪 60 年代下半期，面对着尖锐的城市交通问题，英国开始研究旧城中心的改建。其基本见解之一是：过去那种把机动车纳入专用车道的办法已不能解决问题，建议建造架空的"新陆地"(New Land)。"新陆地"的上面是房屋，下面是机动车交通与服务性设施，行人可以不受干扰地自由来往于房屋之间。这样的见解已被应用到一些大型的建筑群中，如伦敦的南岸艺术中心(South Bank Art Center，1967 年，设计人 H. Bennett，图 4-1-2)。南岸艺术中心和在它东侧的 国家剧院(1967～1976 年，设计人 Denys Rasdun & Partners，图 5-3-9)可以说是英国战后最初二三十年中最杰出的公共建筑。

20 世纪 70 年代以后，当西方世界受美国影响，掀起了一股不大的后现代形式主义思潮❺时，英国虽然一向比较重视传统但也被波及。主要表现在一些私人住宅或面向中层或中下层的公众住宅中。例如 20 世纪 80 年代伦敦码头区改建(London Dockland)中就有不少简化了的这种或那种风格的住宅。

---

❶ 见第五章第三节。
❷ 见本章第二节第 177 页。
❸ 见第五章第六节第 280～283 页。
❹ 见第五章第六节。
❺ 见第六章。

图 4-1-2　伦敦南岸艺术中心局部

高技派虽然不是英国所独有，但从世界范围来说，英国在高技派方面的贡献可谓是最杰出的。这可能与它在 19 世纪时便已创造了像水晶宫那样建筑的传统有关。自从 70 年代，英国建筑师福斯特（Norman Foster, 1935 年生），罗杰斯（Richard Rogers, 1933 年生），格里姆肖（Nicholas Grimshaw, 1939 年生）和霍普金斯（Michael Hopkins, 1935 年生）等等都有采用各种尖端的工程技术来创造端庄与优雅建筑的经历。

此外，阿鲁普（Ove Arup, 1895～1988 年）和他的联合事务所（Arup Associates）则是世界知名的擅长解决工程技术难题的事务所。世界上许多需要在技术上进行探索的建筑，如悉尼歌剧院以及上述高技派大师的有些作品都是请他做顾问的。

**法国**

法国的建筑在第二次世界大战中受到严重的破坏，损失很大。它的居住情况在战前便已相当紧张；战后，住宅建设更成为当务之急。好在法国战后的经济恢复是比较快的。1949 年，它的工业生产已达到战前的水平；以后，从 1949 到 1969 年这 20 年中，法国的国民生产总值每年平均增长率约为 11%。因此它的建筑活动相当活跃。

20 世纪 70 年代以后，法国的经济增长有所下降，建筑活动的步伐就比较慢了。

战后最初几年，由于法国没有像英国那样在战争期间便已开始进行城市规划，因此应急的重建与城市规划之间的矛盾很大，有时就像互不相关似的自行其道。这个问题到 60 年代初才渐有好转。

勒阿弗尔（Le Havre）是法国沿英吉利海峡的主要城市。它的市中心在战争中全部被炸毁。1944 年，法国现代建筑的老前辈佩雷接受了规划与重建的任务，但具体工作到1947

1947年以后才进行。勒阿弗尔的规划采用了能配合居住房屋预制构件的6.24m作为模数。预制构件在此第一次大规模地应用。有些房屋的结构包括墙板及各种部件都是预制的。为了避免建筑形式因采用同一构件而雷同，有意在建筑体量与节奏上进行调整，并特别为此制造了一些特殊的构件。

法国自从20世纪50年代下半期，通过了一系列关于发展区域与地区规划的条例后，在国家的资助下建造了不少采用预制装配的工业体系的住宅。这些居住区的规模都异常地大，其中由国家资助的图卢兹·勒·米拉居住区(Toulouse-Le-Mirail, 1961~1966年，设计人 Candilis, Josic and Woods, 图4-1-3)的居民是10万；近巴黎的 Auluay-Sous-bois 的居民是7万，它们比英国战后早期的卫星城镇都要大。在图卢兹·勒·米拉居住区中，机动车与行人各有自己的道路网，互不干扰，住宅的种类与组合方式多种多样，从而宣告了法国的大量性居住建筑已由采用预制构件进入到全预制装配的工业体系。法国的工业建筑体系不仅使法国得以迅速地解决了尖锐的住房问题，并因它在组合上的灵活，形式多样与色彩丰富而受到世界的注意。

1961年巴黎通过了酝酿已久的限制城市中心发展、把工厂和办公楼搬到郊区以及在巴黎周围发展5个新城的巴黎改建规划。这个规划虽然至今尚未实现，但它使巴黎的建设可以比较有计划地进行。其中巴黎西郊的德方斯新区(La Défence)❶是巴黎改建中的一个典型实例。

在建筑设计方面，战后现代建筑派取代了学院派成为法国的主要学派，并在战后30余年中爆发了不少引人注目的火花。

勒·柯比西埃设计的马赛公寓大楼❷从设计构思来说刚好同勒阿弗尔相反，它是一幢从城市规划角度出发而设计的房屋。体现了勒·柯比西埃早在20世纪20年代便已在探索的关于构成城市的最基本单元的设想。马赛公寓建成后，人们对它的议论很多。有的是对功能上的议论，也有的是对那称为粗野主义的风格不能接受。

其后，勒·柯比西埃设计的朗香教堂❸又轰动了整个建筑学坛。它一方面使本来忠诚于他的信徒大为震惊，同时也为那些正在踌躇是否能在创作中脱离现代建筑派之经和背叛理性主义之道的青年建筑师首次开了绿灯。

正如将近一百年前，法国曾以它在1889年世界博览会中的埃菲尔铁塔和机械馆创建了当时世界上最高的和跨度最大的铁结构一样，它在第二次世界大战后也在建筑技术上不断创新。巴黎的国家工业与技术中心❹的陈列大厅建于1958年，跨度218m，是迄今跨度最大的空间结构，也是跨度最大的薄壳结构。1977年，法国的国立蓬皮杜艺术文化中心❺因它表现出了一个完全不同于过去人们所认为的文化建筑应有的典雅面貌而引起人们的广泛议论和注意。

---

❶ 见本章第二节第158~160页。
❷ 见第五章第四节第250~252页。
❸ 见第五章第九节第314~316页。
❹ 见本章第三节第202、204页。
❺ 见第五章第七节第282~289页。

第一节　战后的建筑概况

(a)鸟瞰

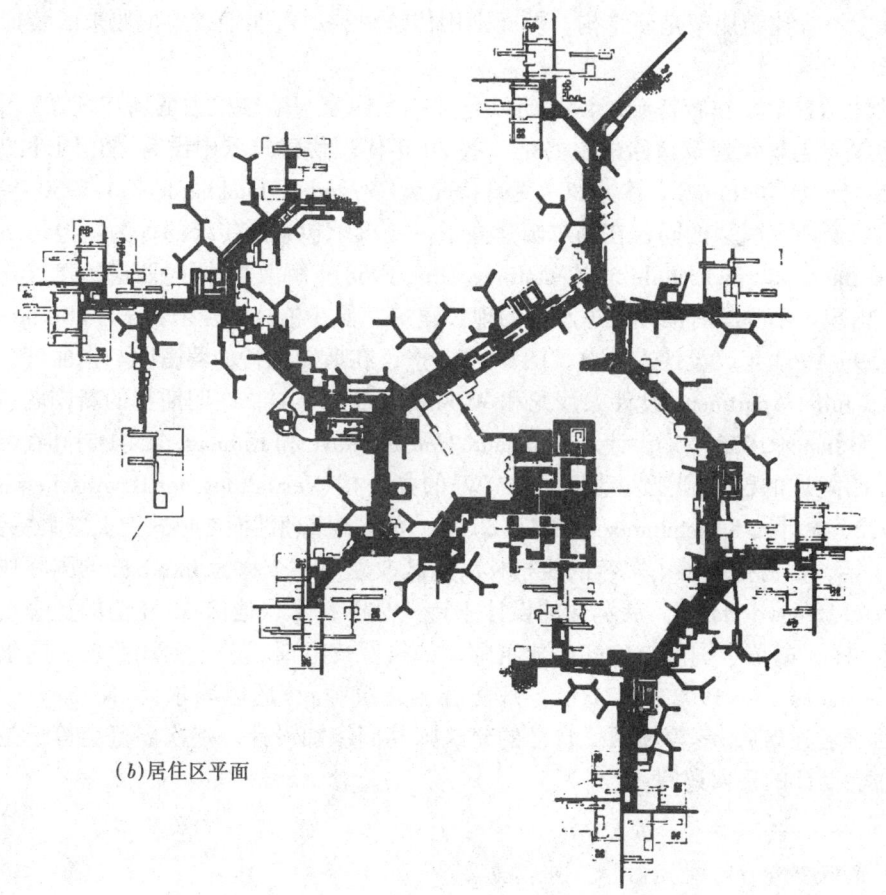

(b)居住区平面

图 4-1-3　图卢兹·勒·米拉居住区

## 前西德

德国在第二次世界大战中所蒙受的损失最为严重。西德战前的原有住宅是 1050 万户,被破坏了 500 万户,其中 235 万户完全被毁。西德各城市中心的破坏尤其严重,如科隆的城市中心建筑被破坏了 70%,维尔茨堡(Wurzburg)市中心破坏达 75%,柏林的破坏则更为严重。

西德在战后的经济发展是比较快的。它在 1950 年的国民总产值已经超过战前 1936 年同一地区的水平。1960 年的国民总产值是 1950 年的 3 倍多,1970 年又是 1960 年的 1 倍多,达到了 6790 亿马克(合 1855 亿美元),居美国、日本之后,占资本主义世界的第三位。

战后西德首先着手的是住宅建设。它在 1949~1950 年间就建了 10 万户。1950 年国家公布的住房建设条例中把 6 年的目标定为 180 万户。所以到 20 世纪 60 年代,住房问题已基本上解决了。但西德在城市规划上并不顺利,因为西德的城市规划权在于地方当局。而地方当局往往比较照顾私人利益,故很少看到由政府举办的较大规模的建设。在所有西德的城市中,汉诺威(Hanover)在战后重建与长远规划方面做得较好。

20 世纪 40 年代末与 50 年代初,西德为了国民的精神需要,恢复作为战败国国民对国家的信心,费了许多精力修复和重建历史建筑,有的整条街都按原样修复起来,如科隆近圣马丁的河滨民居。有的建筑虽已全部被破坏,也按原样重建。在这方面,他们做了许多尝试,其中不少建筑躯架是新结构,外壳则用传统材料尽可能细致地把原来的装饰与细部恢复起来。

在设计思想上,在希特勒统治时期只允许歌颂国家与歌颂权力的新传统派[1],因此,战后初期领先走现代建筑道路的主要是一些 20 年代现代建筑派中没有逃亡国外的老建筑师,如巴特宁(O. Bartning)、沙龙和卢克哈特兄弟(W. and H. Luckhardt)等。1950 年,同 20 余年前的包豪斯有联系的同仁在乌尔姆建立了一所继承包豪斯传统的称为新包豪斯的建筑学院(New Bauhaus, Hochschule für Gestaltung, Ulm, 1968 年解散)。同时西德的建筑开始趋向现代化,出现了不少具有国际先进水平的现代建筑。如在柏林的爱乐音乐厅(Berlin Philharmonie, 1959~1963 年,设计人沙龙,图 5-9-5,)[2],在斯图加特的罗密欧与朱丽叶公寓(The Romeo and Juliet Apartment, 设计人沙龙和 W. Franck, 图 4-1-4),在明斯特的新剧院(The New Theatre at Münster, 1955 年,设计人 Deilmann, Hausen, Rave 和 Ruhnau,图 4-1-5)和在慕尼黑奥林匹克公园附近的巴伐利亚发动机厂(BMW)的办公楼(Verwaltung der Bayerischen Motorenwerke, 1972, 设计人 K. Schumntzer, 图 4-1-6)等,均是既重理性而在形式上又颇具特色的。

1957 年,西德把酝酿了多年的西柏林汉莎区改建成一个称为 Interbau 的国际住宅展览会(Interbau, Hansaviertel)[3]。展览会的设计主持人是巴特宁,他像 30 年前的魏森霍夫住宅展览会[4]一样,邀请了国际上的知名建筑师,如格罗皮厄斯、勒·柯比西埃、阿尔托、雅各布森(A. Jacobsen, 1902~1971 年,丹麦著名建筑师)、尼迈耶尔(O. Niemeyer, 1907 年生,巴西著名建筑师)等等和西德自己的建筑师共同参加设计。那次展览会等于是战后现代优秀住宅设计的一次巡阅。

---

[1][2] 见第五章第一节。
[3] 见第五章第二节第 240~242 页。
[4] 见第三章第七节。

第一节 战后的建筑概况

图4-1-4 罗密欧与朱丽叶公寓

图4-1-5 明斯特新剧院

图4-1-6 巴伐利亚发动机厂的办公楼

20世纪70年代末,前西柏林的国际会议中心(图4-1-7)是一座耗资达4亿美元,可容纳2万人同时在里面进行各种活动,配备了当时最尖端的机械与电子设备的全欧最大的会议中心。它代表了西德70年代的经济水平,也代表了它的科技水平,是一座彻底的高技派与机械美相结合的产品。人们对它的评价褒贬不一。

图4-1-7　前西柏林国际会议中心

**意大利**

意大利与德国虽同为战败国,但在战争中受到的破坏却比德国轻得多。战后意大利在经济恢复上曾一度比较快,以后由于政权的更迭和缺乏重要的工业资源,自20世纪60年代起步伐开始平缓。它在1970年的工业产值次于美、苏、日、西德、英、法,居世界第7位。

意大利在战前便已严重缺乏住宅,战后首先从住宅建设入手,建设的数量虽然很大,但到20世纪50年代末还是供不应求。在从事大规模的住宅建设中,意大利感到最棘手的是没有及早做好城市规划。这个缺陷随着政府的不断更迭而越来越严重。例如米兰市关于发展居住区的设想草图是1954年才做出来的,罗马的则到1957年还在讨论之中。因此意大利战后应急建设与城市长远规划的矛盾比上述各国更为严重,建筑的风格与质量也参差不齐。

在设计思想上,意大利比其他国家显得多样和善变。由于古代传统在意大利从未中断,20年代的现代建筑思潮又曾给以强烈的影响,因此,虽然意大利在战前占主导的风格是折衷主义的新传统派(见第五章第一节),但同时又具备尊重新技术的特点。战后,人们在摆脱法西斯统治的过程中批判了新传统派,全面走上现代建筑的道路。当时的建筑风格虽然形形色色,实质上不外乎两种倾向。一是在罗马、都灵和巴勒莫等地所谓的新现实主义(Neo-realism)。他们主张把目光转向人们每天日常生活中所见所闻的具体现实,用最通俗、最普通和最像日常交谈的语言把它表达出来,并反对抽象的,同日常生活无关的东西。建筑师里多尔菲(M. Ridolfi)设计的罗马蒂布尔蒂诺区(Tiburtino District, 设计人 Ridolfi, Quaroni and Fiorentino 等,50年代,图4-1-8)可谓它们的代表。另一方面则倾向于理性的分析和建造技术,不过在这方面各人的重点与格调不一。例如在20世纪40与50年代米兰每 3 年举行一次的设计与艺术展览会(Milan Triennals)就曾为提高大量性住宅的建造质量做过许多工作。他们收集了意大利各地住宅从规划到构造的各种做法,并对这些资料从功能与技术合理性方面进行分析。这对当时各国的大量性住宅设计与生产有很大的启发。在实践上,罗马火车站(Terminal Station, Rome, 1948~1951 年,设计人 Calini, Montuore, Castellazzi 和 Vitellozzi,图 4-1-9)和在米兰的称为贝拉斯加塔楼(Torre Velasca, 1958 年完成,设计人 B. B. P. R 设计室,图 4-1-10)的高层办公楼可谓这方面的代表。前者在不作修饰中尽量把结构做得很美,后者则完全按实际需要与条件来建造。此外他们还建造了不少利用新技术来创造浓厚宗教气氛的教堂。

图 4-1-8　罗马蒂布尔蒂诺区的一角

图 4-1-9　罗马火车站

图 4-1-10 贝拉斯加塔办公楼

在意大利最具有国际声誉的现代建筑师无疑是内尔维(P. L. Nervi)。这位兼工程师、建筑师与营造师于一身的人物建造了不少在工程技术与艺术上均无可非议的作品。如罗马小体育宫❶和米兰的皮雷利大厦(Piralli Building, Milan)❷均被公认为最具有国际先进水平的杰作。

## 二、北欧

**瑞典**

正如英国在城市规划中做出成绩一样，瑞典在住房建设中做出了榜样。

瑞典在战争中的中立使它的城市没有蒙受损失，但政府对城市规划与住房建设的注意——规划先行、颁布保证规划实施的法令、政府资助住房建设等等——使它很早便宣布全国基本上解决了住房问题，租金也比较合理。魏林比(Vällingby)❸是首都斯德哥尔摩郊外的一个新区，可谓这方面的典范。它的规划与设计做得非常细致，在做规划时便几乎把每幢房屋都落实到住户上。图4-1-11是它的一个居住区的一角，图4-1-12是城中心区的公共会堂。

图4-1-11　魏林比某住宅区的一角

图4-1-12　魏林比新城中心区公共会堂

---

❶ 见本章第三节第203页。
❷ 见本章第三节第187页。
❸ 见本章第二节第142页。

瑞典住房的建筑风格类似下面第四节要谈到的所谓北欧的"人情化"与"地方性"倾向，但较之为普通与朴素并更接近传统，人们称之为"新经验主义"（New Empericism）。其代表人物是马克利乌斯（Sven Markelius）和厄斯金（Ralph Erskine，1914年）所建住宅大多为标准设计，但在规划上十分灵活并具有特色，如斯德哥尔摩的格伦达新村（Siedlung Gröndel, 1948～1950年，设计人 S. Backström、L. Reinius，图 4-1-13）和魏林比的一组低层住宅（设计人 Höyer 和 Lynndquist，图 4-1-14）。

图 4-1-13　格伦达新村

**丹麦与芬兰**

丹麦与芬兰曾受到战争的破坏，但国家对待城市与建筑的态度与瑞典相仿，舍得在这方面花费技术力量与资金，所以能从容不迫地医治战争创伤，并继而进行建设。

这两个国家的设计力量也比较雄厚，在丹麦有年老而经验丰富的菲斯克尔（K. Fisker，1893～1965），又有年轻有为的乌特松（J. Utzon，1918年生，图 4-1-15 是他设计的一组富有地方色彩的住宅，1962～1963年），还有善于把现代化与传统结合起来的雅各布森。在芬兰则有世界著名而杰出的阿尔托。他们都企图在工业化中渗有手工业，在现代化中反映传统。人们把这种建筑风格称为现代建筑中的"人情化"与"地域性"。阿尔托除了设计房屋外还主持了芬兰许多城市的规划工作。雅各森则除了设计住房外还设计了不少公共与工业建筑。乌特松在澳大利亚的悉尼歌剧院则是 20 世纪的精品之一[1]。

---

[1] 见第五章第九节第 322～323 页。

第一节 战后的建筑概况

(a)外观

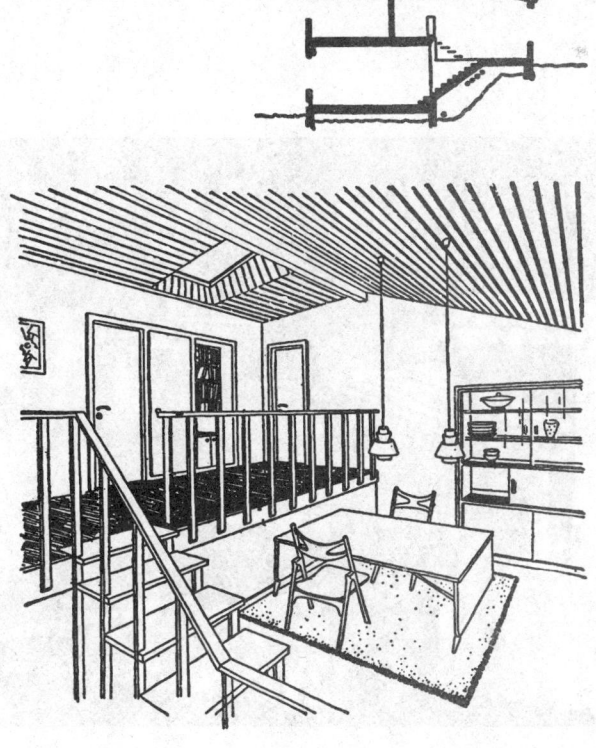

(b)室内

图 4-1-14　魏林比一组低层住宅

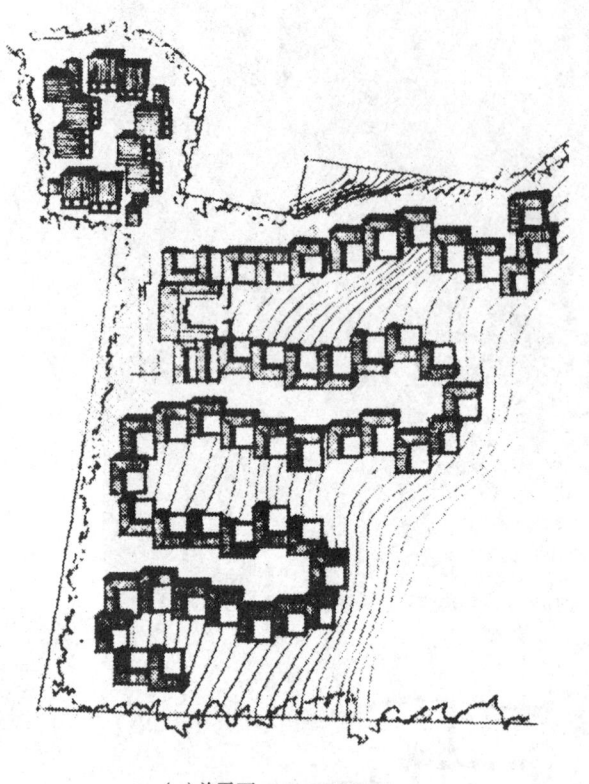

(a)总平面　　　　　　　　　　　　(b)单元平面

(c)局部鸟瞰

图 4-1-15　弗雷登斯堡一个住宅新村

### 荷兰

荷兰在战前便已十分重视建筑与城市的结合,阿姆斯特丹和鹿特丹的建设一直是在规划的指导下进行的。战后,在异常艰巨的重建与新建中,他们坚持了这个优良的传统。在战争中被炸成平地的鹿特丹市中心的重建是这方面较成功的例子。其中,以林巴恩步行购物街(Lijnbaan,图 4-1-16 最为出色❶。设计人是范登布鲁克(J. H. Van den Broek,1898~1978 年)、巴克马(J. B. Bakema,1914~1981 年)。

战后,荷兰在探索构成城市的基本单元(如勒·柯比西埃所谓的"居住单元",Unité d'Habitation)方面做了许多工作。这些"居住单元"是由多种不同类型的住宅组成的,规模有大有小,有高有低,并配备有与其规模相适应的公用设施。研究人范登布鲁克和巴克马为了要强调它们在形式上的多样化,以及批判两次世界大战之间由欧洲现代建筑派所提倡的行列式,把它们称为"形象组团"(Visual Group)。用这些"形象组团"可以组成各种不同规模的既统一而又具有个性的居住小区或大区。如已建成的在亨格洛的小德里恩住宅区

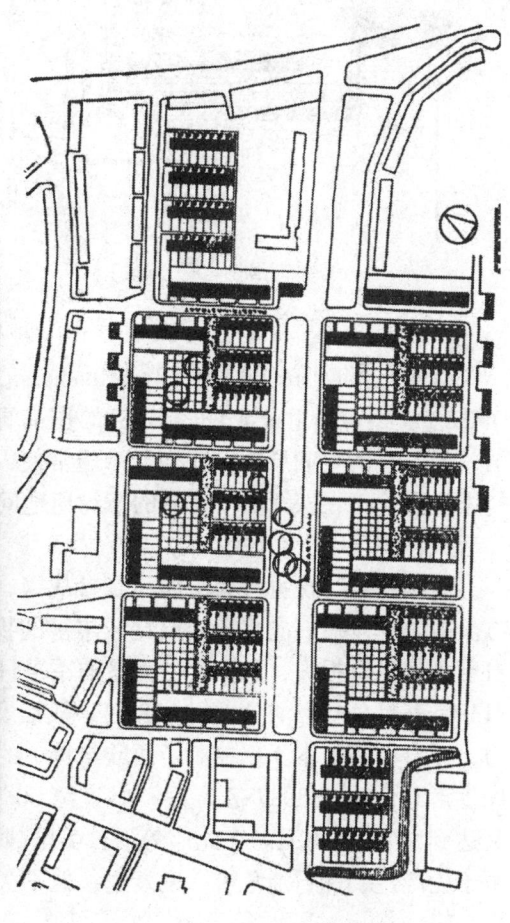

图 4-1-16　林巴恩步行购物街　　　　　图 4-1-17　小德里恩住宅区布局
沿步行街的建筑高 2 层;后面为多层与高层建筑

---

❶ 见本章第二节。

(Klein Driene in Hengelo, 1956～1958 年, 图 4-1-17)便是一个实例。图 4-1-18 是他们为北肯纳麦兰区(Nord-Kennermerland)做的方案。

在建筑创作上, 第二次世界大战后的荷兰继承了他们自 20 世纪初便不断地在建筑创新上做出贡献的光荣传统。除了上面谈到的范登布鲁克和巴克马外, 50 年代的范艾克❶(Aldo Van Eyck, 1918～1999 年)以他在阿姆斯特丹的儿童之家(Children's Home, Amsterdam, 1957～1960 年, 图 5-2-7)引起人们的广泛注意。他理性地把生活行为、空间、结构与构造和贴近人情的建筑形式结合起来考虑, 奠定了后来所谓具有结构主义哲学的建筑设计❷的基础。70 年代建筑师赫茨伯格❸(H. Hertzberger, 1932 年生)在阿珀尔多伦建的中央贝赫尔保险公司总部大楼(Central Beheer Head quaters, Apel-doorn, 1970～1972 年, 图 5-2-8)更受到赞许。它为办公楼创造了一种新的形式。

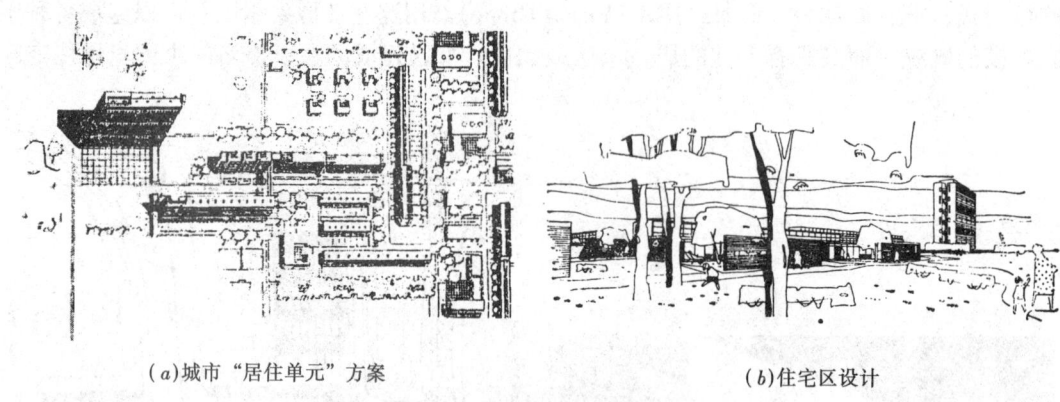

(a)城市"居住单元"方案　　　　(b)住宅区设计

图 4-1-18　北肯纳麦兰区的住宅区

最近十余年, R·库哈斯(Rem Koolhass, 1944 年生)和他的 OMA❹(大都市建筑事务所, Office for Metropolitan Architecture)的作品再次唤起人们对荷兰建筑的重视。它们形式简洁, 但丰富的空间层次、序列与渗透常使人一经体验便难以忘怀。最近他们为了城市的可持续发展, 正在探索城市住宅的节约用地问题。

### 三、美国

美国在第二次世界大战中虽是参战国, 由于远离战场, 成为欧洲反法西斯阵营的大后方。战争爆发后, 它凭着自己比较丰富的物质资源, 整顿和加强了军备的计划和领导, 使自己不仅没有损失, 并因接受大量的军事订货而发了大财。1940 年美国的国民生产总值是 813 亿美元, 1945 年达到 1828 亿。战后, 它凭借自己的先进技术、工业生产与经济实力, 使自己的资本不仅控制了西欧与拉美的多数国家并深入到亚非拉地区。1960 年它的国民生产总值达到 5037 亿美元, 20 世纪 60 年代是美国战后经济的黄金时期, 于是 1970 年又达到 9741 亿美元。在此形势下, 美国战后的建筑也有很大的发展。1973 年后美国经济由于生产过剩和石油危机一度衰退, 但不久又跃居世界首位。

---

❶ 见第五章第二节。
❷ 见第五章第二节第 248 页。
❸ 见第五章第二节。
❹ 见第六章第五节。

战后直接影响美国建筑发展与变化的是它的强大的物质技术力量、雄厚的技术人员队伍和一大批专门投资于房屋建设与经营的大业主(developer)。它们共同使美国战后在建筑材料(如钢与钢筋混凝土趋向轻质高强、各种塑料和化工产品应用在建筑中)、建筑结构(如轻型、薄腹、预应力、空间薄壳与各种三向度的空间结构的发展)、施工技术(如振动技术、预制装配、滑模、顶升、施工机械以及利用直升飞机来吊装等等)、建筑设备(如人工空调、电梯、灯光等等的使用与舒适的适应性、灵活性、多样化与自动化等)等方面均在世界上领先。人们常说，美国往往不是这些事物的发明人，但它却是这些事物的大规模推广应用者和提高者。大型的建筑企业与建筑师联合事务所的出现是战后美国的一个特色，这些组织拥有数百甚至上千的工作人员。它们的业务包括城市规划、建筑设计、建筑结构、建筑设备、电气与机械等全套过程。其中有些还同建筑材料企业、营造公司、房屋建设与经营者同属于一个经济垄断组织。它们经常独家包揽某一城市的主要建筑业务，并扩展到其他城市与国家。例如美国的 SOM[1]和 DMJM[2]建筑设计事务所的年收入在 20 世纪 70 年代为 3500 万美元以上。它们在全国的主要城市分设机构，业务范围远及西德、意大利诸国，甚至还遍及中东、南亚、东南亚国家。它们的设计方向常在国内与国外产生很大的影响。此外，一些房屋建设与经营者和那些同建筑材料、设备、机械或运输工业有关的大公司、大企业，为了使建筑成为自己产品的广告或市场，也常常不惜巨资通过设计竞赛或提供研究基金来左右建筑设计的方向。这种活动及其内含的企图在美国比在其他国家更为突出。

发展高层建筑是美国战后建筑的一个主要方面。城市商业中心土地的越来越昂贵和人们常把房屋的规模与质量作为业主财富与威信的象征，促使许多业主和房屋建设与经营者经常不惜把一些质量仍然很好的房屋推倒重来。如纽约的利华大厦[3]，西格拉姆大厦[4]都是在这种情况下建造起来的。它们大多为钢框架幕墙结构，其预制装配程度可达 60% 以上。由于建筑是封闭的，因此全部采用人工空调和采光系统。60 年代后期，美国开始向新型结构的超高层发展。结构上的改革，主要是加强外圈的抗风与抗震性能，采用了筒体结构，使高层建筑在 1968 年达到 100 层，高 373m（芝加哥的约翰·汉考克大厦[5]），1973 年达到 110 层，高 411m（纽约世界贸易中心[6]），1974 年的芝加哥西尔斯大厦[7]也是 110 层，但高 443m，曾长期是世界最高的建筑。同时，美国还拥有 1976 年建成的，至今仍是世界最高的钢筋混凝土结构大楼——水塔广场大厦[8]，它是 76 层，高 260m。而这个突破是同高强混凝土的发展与应用分不开的。

在居住建筑方面，美国在城市与郊区均有发展。战后，私人汽车的普及使很多具备条件的人迁到远离城市喧闹的地方，形成了城郊住宅区的无限蔓延。这里有独立的拥有大花园的富翁住宅，也有供中层阶级的大型住宅区。这些住宅区有的采用美国建国初期的农场似的传统形式，也有的是把欧洲现代派的经验与美国实际结合起来的新型居住区，如雷士顿(Reston)等。新建的居住区多设有公共的商业设施与一些供游戏用的如球场、游泳池、人工湖等。郊区住宅

---

[1] Skidmore, Owings & Merrill 建筑设计事务所，总部在芝加哥。
[2] Daniel, Mann, Johnson & Mendenhall 建筑设计事务所，总部在洛杉矶。
[3] 见本章第三节第 183 页。
[4] 见本章第三节第 184、185 页。
[5][6][7][8] 见本章第三节第 184~186 页。

在60年代时极其兴旺，几乎成为每个美国人所向往的美景，但必须自备汽车交通。城市住宅主要是高层的，有供百万富翁居住的极为豪华的公寓，也有供没有条件迁到郊区去住的低收入阶层的低标准公寓。后者由于社会治安的恶劣，越来越暴露了它的不适应性。

美国在建设卫星城镇方面并不成功。战后曾由联邦政府批准与由政府通过发放公债资助的13个新城，到1978年只有6个是有发展前途的，其余7个已因工厂不愿迁入，居民过少而停顿。目前政府号召要着重对旧城中那些破落了的地区进行重建，并把这种重建称为"旧城中的新城"（New Town in Town），用以吸引中层阶级居民返回城市，以便挽回城市由于居民外迁而损失了的税收。

60年代起不少城市开始了对城市市中心区的改建，如波士顿与费城等进行得较好❶。改建的方案从规划到建筑大多是采取设计竞赛的方法进行录取的。其总的倾向是车行与人行分道，三向度地组织空间和发展综合有商业、娱乐、旅馆、办公、甚至有医院等设施的多种用途中心（Mixed-use Centre）。其目的是要使行人不必接触到机动交通工具便能享受到现代城市中的一切设施。

在建筑设计方面，美国在第二次世界大战期间总算摆脱了学院派设计思想的束缚，全面走上了现代建筑的道路。美国在战前便拥有像赖特和诺伊特拉（图4-1-19是他设计的Warten Tremaine住宅，圣巴巴拉，加利福尼亚，1947～1948年）那样非常出色的，既是现代派，又具有美国特色的建筑师。20世纪30年代，德国的现代建筑派成员涌入美国。他们在美国30年代经济危机的恢复时期以及第二次世界大战战争期中充分发挥了作用并证实了他们的理论和才能。其中不少还在大学里任教甚至主持教育大权，如格罗皮厄斯任哈佛大学设计研究院的教授与建筑系系主任，密斯·范·德·罗任伊利诺伊工学院的建筑系系主任等等。此外，法国的勒·柯比西埃、芬兰的阿尔托和瑞士的建筑历史与理论家基甸等等也经常到美国讲学。这样也就奠定了欧洲的现代建筑派理论在美国的根基。然而，任何建筑理论都是它在当时与当地社会上的某种需要、某些条件或某些社会思潮的反映。战后的美国毕竟与两次世界大战之间的德国不同，也与战争时期的美国不同。欧洲的经验到了美国之后，便成为附有美国特点（要取悦顾客）的东西了。战后一二十年中，美国建筑师在对理性主义进行充实与提高中（既要重视功能与技术的合理性与先进性，又要使其形式能取悦人）方面作了不少尝试。50年代下半期，在美国同时还掀起了一股称为典雅主义（Formalism）❷之风，由于这种风格较能表达美国国家或那些大企业、大公司的权势而盛行一时。此外，欧洲不论有什么新思潮就会迅速流入美国。如粗野主义和各种追求个性与象征的倾向，虽源于欧洲，但在美国却得到了富有美国特色的反映。例如小沙里宁（Eero Saarinen, 1910～1961年），L. 卡恩（Louis Kahn. 1901～1974年，图4-1-20是他在加利福尼亚La Jolla设计的索尔克生物研究学院——Salk Institute for Biological Research, 1959～1965年）和贝聿铭（Ieoh Ming Pei, 1917年生）均做出了十分杰出的成绩。60年代末，美国出现了一股批判现代建筑的理性原则、提倡自由地引用历史符号的设计倾向。这种倾向成为了后来席卷西方的各种统称为现代主义之后（Post-Modernism）思潮的先声。

---

❶ 见本章第二节第165～167页。
❷ 见第五章第五节第265页。

第一节 战后的建筑概况

图 4-1-19　诺伊特拉设计的一住宅

图 4-1-20　索尔克生物研究学院

## 四、巴西

拉美国家由于在战争期间远离战场,不仅没有受到破坏,个别国家(例如巴西)反而因此市场活跃一时。但新老殖民主义者对它们的长期控制,使各国的发展极不平衡,即使在一国之内,各地区的差别也很大。沿海大城市如里约热内卢、加拉加斯等,建筑活动频繁,规模也很大;而内地则仍然非常偏僻、落后。

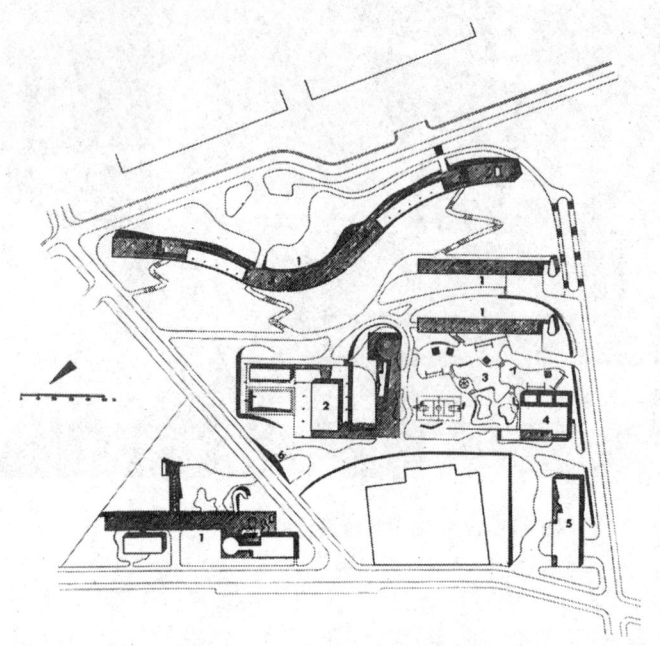

(a)总平面

(b)外观

图 4-1-21 佩德雷古胡综合住宅区

在建筑设计上,大城市受美国与西欧的影响极深,形式现代化;但由于工业基础较差,建筑技术比较落后,在造型上则倾向于在严谨之中寻求奇特,喜用曲线的形体和变化多端的遮阳板,这些现已成为拉美国家建筑风格的特征。里约热内卢的佩德雷古胡综合住宅区(Pedregulho Residential Complex,1947~1952年,设计人 Affonso Eduardo Reidy,图4-1-21)是这方面的一个典型例子。他在每幢房屋的设计上,在群体的体量与室内外空间的平衡上表现了杰出的技巧。

在城市规划上,拉美国家一般来说不那么重视。但50年代下半期,从1957年起,巴西新都巴西利亚(Bacilia)❶的建设,同印度的昌迪加尔❷一样,都轰动了世界。巴西利亚选址于巴西中部的沙漠高地上,从规划以至设计都表现了很大的魄力和决心。规划方案是通过方案竞赛而录取的,设计人是科斯塔(Lucio Costa)。其中城市中心的三权广场与总统府(设计于1958年,图4-1-22)的设计均非常有特色,设计人是战前曾同勒·柯比西耶共同设计巴西教育卫生部大楼的尼迈耶尔。

(a)局部外观

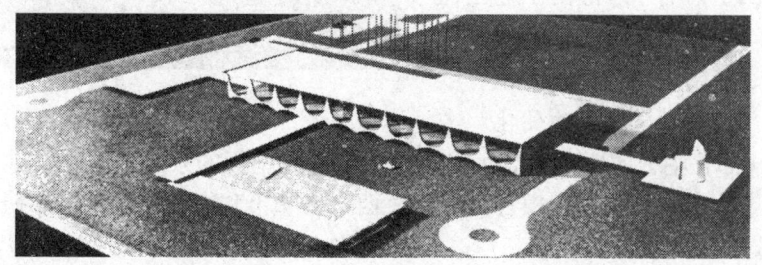

(b)总体鸟瞰

图4-1-22 巴西利亚总统府

---

❶ 见本章第二节第145~146页。
❷ 见本章第二节第144~145页与第五章第三节第252~254页。

## 五、日本[1]

日本在第二次世界大战中是战败国，经济受到很大创伤；但是经过15年的恢复与成长之后，东山再起，不论是工业生产还是科学技术方面，都发展迅速，大有后来居上之势。尤其在上世纪六十至九十年代间，年产值增长达13%，比欧洲发展最快的德国还快一倍，是美国的3到4倍，成了仅次于美国的世界经济大国。在建筑事业方面，以不到30年的时间，继承了欧美的成就，积极开展技术革新活动，同时更重视技术管理工作，建筑企业实现了现代化，因此，日本从原先落后的状态挤入了世界先进行列。

战后日本的建筑发展，与经济发展基本一样，大体上可分为三个时期：恢复期(1945~1950年)；成长期(1950~1960年)和发展期(1960年以后)。

恢复期和成长期的建筑。1945年日本的工业生产总值只有战前的30%。城市建筑被破坏1/3，东京则达55%。当时房荒十分严重，为此，日本立即计划建造简易住宅30万户，以应急需。1947年在东京开始建造4层钢筋混凝土公寓式住宅。1948年日本成立建设省，主管全国基建任务，使后来建筑事业的顺利发展得到了保障。当时临时住宅法规规定每人居住面积不超过$10m^2$。1955年日本成立住宅公团(住宅公司)，专门从事全国住宅建设工作。1958年以后，住宅建设数量日增，于是开始走建筑工业化的道路。从1945~1968年，全国共完成了1000万户住宅的建设。1958年，战后日本现代建筑的先行者前川国男(Kunio Maekawa, 1905~1986年)设计的10层晴海公寓(图4-1-23)是日本住宅公团主办的东京港湾工业区住宅建设的著名实例。这是一座试验性住宅，着眼于抗震结构，造型稍感沉重，依赖一片阳台调剂外观，尚能有所变化。大

图4-1-23　东京晴海公寓，1958

阪周围于战后满布住宅公团所造的居民点，最著名的是南面的泉北丘陵。其他如千叶县千叶市、爱知县丰明市、东京都世田谷区、板桥西、多摩市和奈良市、横滨市矶子区等都有住宅公团开发建设的地区。

1947年日本对被原子弹破坏的广岛市重新进行规划，同时把很多精力放在那些曾受战争损害的城市整理、重建与发展上，并在这方面积累了很多经验。20世纪60年代起日本在筑波科学城、关西科学城与新宿副中心的规划与建设上的成就，使它进入国际的先进行列。同时，日本对古城京都与奈良的保护也为世界古城与古建筑保护开创了新局面。

---

[1] 本节资料参考童寯著的《日本近现代建筑》。

在建筑设计方面，1947年为了纪念广岛原子弹死难者和制止战争，决定在爆炸位置建设和平中心。由丹下健三(Kenzo Tange, 1913年生)设计了纪念券门和两层楼的纪念馆(图4-1-24，1950年建成)。纪念馆上层陈列模型图片阐明战争惨象，下层是空廊，建筑造型完全是西方现代建筑面貌。丹下健三自此奠定了他后来几十年在日本建筑创作界的卓越地位。与丹下齐名的有他的老师前川国男和同学阪仓准三、吉阪隆正等。他们都是勒·柯比西埃1953年在东京设计上野公园西洋美术馆时的助手。可见勒·柯比西埃当时在日本的影响是很大的。

图4-1-24　广岛和平中心纪念馆与纪念券门

从60年代初到70年代初是日本经济也是日本建筑的大发展时期。经济与科学技术的飞速发展，对日本建筑的现代化有很大推进。在这一时期内，大型的公共建筑、体育建筑、高层建筑、市政厅建筑等类型都有突出的发展。建筑对新结构与新技术的应用也取得了相当大的成就。

在公共建筑方面，前川国男设计的京都文化会馆与东京文化纪念会馆是一对姊妹作品，1961年建成。两座建筑的造型均显得粗壮厚重，受到了勒·柯比西埃的粗野主义影响，并掺有日本民族传统手法。其中东京文化纪念会馆显得更加雄浑有力(图4-1-25)。

图4-1-25　东京文化纪念会馆

1962年，日本在海外建造了一座著名的文化建筑，罗马的日本学院。这座日、意文化交流机构由吉田五十八设计，外观很简单，但从柱间排列节奏和深檐错落中，取得日本传统茶室的造型效果。院内一角还布置有日本传统的庭园——"和风庭园"。

20世纪60年代，日本有两次大建筑方案竞赛：国立京都国际会馆和东京国立剧场。国际会馆竞赛方案1963年由丹下的门徒大谷幸夫中选，国立剧场方案到1966年由岩本博行完成。

京都国际会馆造型象征"合掌"，又近似传统神社叉形架，既象征国际合作，又具有耐震稳定作用。全馆空间构思新颖，亦能与结构紧密联系，但体型变化过于复杂，不免有矫揉造作之势。

东京国立剧场基地四周空旷，面对皇宫，被规定为"美观区"。剧场造型用深棕色预制水泥构件仿8世纪日本寺院井干式仓库的墙面。但正立面入口远望不够明显，且用水泥

(a)鸟瞰

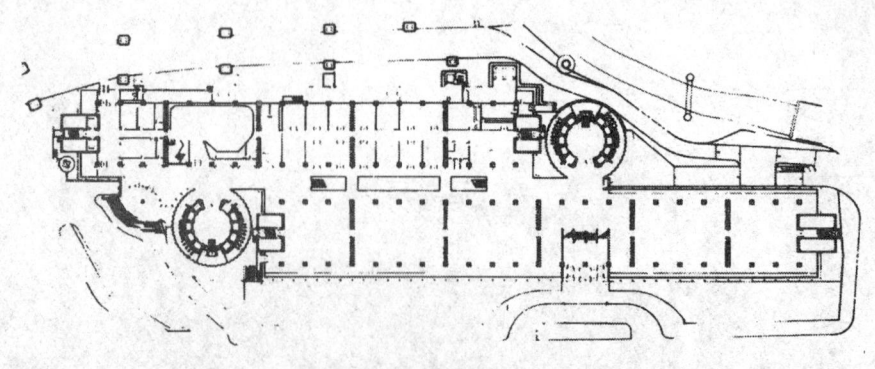

(b)建筑平面图

图 4-1-26　皇居旁大楼

模仿井干外墙，满目横条，无从辨认内部建筑层数，也就缺了人的尺度感。这些缺点都是片面追求既定形式所致。

1964年，丹下健三在东京建造了他的传世杰作——代代木国立室内竞技场。这将在本章第三节(P206~207)介绍。

1966年建筑师林昌二(日建设计)设计的皇居旁大楼被认为是"具有战后日本现代建筑最高水平的作品"[1]为了适应基地的不规则形，两栋细长的办公楼通过夹在其间的中央大厅错接在一起。中央大厅两端有两个独立的圆筒形支撑体，内设楼梯与各种服务性设施。建筑造型明快有力，细部均做得十分精致(图4-1-26)。

1970年在大阪举行的国际博览会(图4-1-27)，是充气建筑的一次大展出。建筑物标新立异，有蘑菇状、贝壳状、拱状、筒状等等，探索了充气结构的各种可能性。展览会上的日本馆由日本建筑设计事务所设计，是由五个圆厅组成的钢结构大圆圈，以此象征五瓣的日本国花(樱花)。

图4-1-27　大阪国际博览会全景

在追随西方的高级娱乐性社交活动建筑中，比较典型的如丹下健三1961年设计的神奈川户冢高尔夫球会所。造型最突出的部分是反卷钢筋混凝土薄壳屋顶，由6根钢筋混凝土柱支承。翌年完成的九州宫崎高尔夫球俱乐部由竹中工务店设计施工，位于宫崎市海滨，造型采用圆边圆角的处理手法，充分探索了混凝土塑性造型的特点。这是继勒·柯比西埃创造的粗糙水泥饰面之后的另一种手法。

战后日本建筑中大量出现新建的县与市的厅舍(办公楼)。这些厅舍一般可分为大、中、小三种，内容含有办公部分，市民活动部分和市会议场。属大型厅舍的如丹下健三

---

[1] 《20世纪世界建筑精品集锦》第9卷，第111页，张钦楠主编，关肇邺、吴耀东本卷主编，吴耀东译。

1955年设计的东京都厅舍，1958年造的香川县厅舍（图5-7-6），以及阪仓准三1961年设计的吴市厅舍。其中香川县厅舍外廊露明的钢筋混凝土梁头应用了日本传统的木构手法，是对开拓民族风格的一种尝试（图5-7-6）。中型厅舍如1954年建的清水市厅舍，1962年建的江津市厅舍。小型厅舍如1960年建的仓敷市厅舍（图5-3-7）、1964年建的大阪府枚冈市厅舍（图4-1-28）以及1966年建的古河市行政中心等。其中枚冈市厅舍用钢筋混凝土曲线屋顶模拟民族形式，仓敷市厅舍用水泥模拟传统井干式仓库造型，都是对创造民族新风格的探索。

图4-1-28　大阪府枚冈市厅舍

高层建筑从60年代中期开始在日本有很大的发展。自1923年关东大地震以后，为考虑安全，并照顾到当时的经济能力，政府当局于1931年规定把居住区建筑高度限制在16m以及20m以内，商业区在31m以内。这样，最高建筑也不超过10层。1962年日本建设省通过电子计算机检验高层建筑新结构体系的抗震性能，保证安全之后，于1963年修正建筑法规，撤消高度限制，1964年公布新法令。建筑高度自1968年进入30层领域。自东京三井霞关大厦（高36层，147m）开始，有1970年建成的东京新宿京王广场旅馆（高47层，客房950间），1974年建成的东京新宿住友大厦（高52层），与同年完工的新宿三井大厦（高55层）。1979年又在东京建造了60层的阳光大楼。其他城市如大阪、名古屋、神户等地也都有20多层到30层以上的高层建筑。

在住宅设计中十分具有特色的是由槙文彦设计的代官山集合住宅（始建于1969年）。基地处于东京一个副中心的边沿，高度限制为10m，容积率是1.5。设计的特点表现在室内外空间的宜人尺度，并在沿街住户与街道之间通过不同层面的空间组合，使人在活动上各得其所。基地上原有的自然环境尽可能地保存下来，包括上面原有一座小神舍，这使自然环境与人文环境均显得特别丰富。建筑手法的谦和与接近人情，使代官山集合住宅同时也是城市设计中的成功实例（图4-1-29）。

在住宅方面引人注意的还有安藤忠雄设计的住吉长屋（1976年）。由于安藤在20世纪80年代更为人知，这将在第六章介绍。

战后日本的建筑的确是丰富多彩。1972年黑川纪章（K. N. Kurokawa，1934年生）在

图 4-1-29　代官山集合住宅沿街外观　　　　　图 4-1-30　中银仓体大楼

东京的中银仓体大厦(图 4-1-30)是当时新陈代谢派(见第五章第六节 P281)关于"永恒还是临时"[1]的一次宣言。60 年代，英国 P. 库克的插入式城市没有实现，70 年代黑川纪章在日本经济飙升的背景下却把用轻钢板制成、可由工厂大量预制的装配式居住单元实现了。然而真的要把它变成工业化建造体系还有许多困难，因而只能暂到此为止。

综上所述，可以看出日本建筑在战后发展极快，不论在建筑类型、建筑技术或设计手法方面均已步入西方先进建筑行列。从建筑风格看，有些建筑不免受到勒·柯比西埃与赖特在日本的助手雷蒙(Antonin Raymond)的影响[2]，同时不少建筑师也试图探讨民族传统手法在新建筑上的应用。

### 六、前苏联

第二次世界大战结束后，苏联人民在战争破坏的废墟上开始了新的建设。住宅、工厂和各类公共建筑大量修复和兴建，不少几乎夷为平地的城市，很快地又展现在地平线上，短短的几年内取得了很大的成绩。在设计思想方面，战前 30 年代时曾提倡的"社会主义

---

[1]《20 世纪世界建筑精品集锦》第 9 卷第 119 页。
[2] 前川国男于 1928 年，阪仓准三于 1929 年去巴黎，曾先后入勒·柯比西埃建筑事务所学习和工作。1922 年美国建筑师赖特曾在东京完成帝国饭店，工程完后，赖特助手雷蒙就定居东京，并对日本建筑界产生一定的影响。雷蒙还曾在日本训练一批助手，如吉林顺三、前川国男等。丹下健三又受到前川国男的影响。

现实主义"的文艺创作思想与方法,在反法西斯战争胜利的形势下,被继续奉为建筑设计的指导思想,并在战争所激励的爱国主义和民族主义情绪高涨的气氛中,更被引为惟一正确的思想与方法。

社会主义时期的现实主义强调建筑与文学、戏剧、绘画、音乐一样,是与"帝国主义及其仆从国的腐败思想作斗争的最有力武器";认为"建筑的主要特征是形成建筑物的思想艺术和建筑形象",要是"否认建筑是艺术,就是否认社会主义现实主义的创作方法";而否定社会主义现实主义创作方法就意味着政治上的背离。这样,就把建筑设计局限为只是艺术创作、而且是某种既定形象的艺术创作。他们认为"随着苏联经济力量的不断高涨,大批生产性和实用性建筑,……都将成为真正的艺术作品"。于是,在强调社会主义制度优越性和战胜德国法西斯的胜利喜悦下,把高大雄伟与繁琐装饰认作是显示比资本主义制度优越和富裕的象征;在批判世界主义,强调民族形式的口号下,把帝俄时代从俄罗斯文艺复兴到折衷主义艺术形式视为社会主义的民族形式。城市道路、广场是以气派、轴线和对景为主来决定其走向和尺度的;大量性住宅也要有台基、重檐和窗楣装饰;阳台不是根据使用需要与经济上的可能性,而是根据所谓立面构图来配置;凯旋门与大柱廊成为经常出现的建筑构图母题。不仅在城市中如此,建在诸如伏尔加河~顿河运河上的船闸(建于1948~1952年,建筑师 L. Polgakov 等,图 4-1-31)这样的工程性建筑中也大量使用。

1950年前后在莫斯科兴建了第一批高层建筑,共八幢,高度多为20余层,其中有住宅、旅馆、办公楼等,也包括26层的莫斯科大学。莫斯科古德林斯基广场(起义广场,Kudrinskaya Square-Vosstania,建筑师 M. Posokhin 等,图 4-1-32)建于 1950~1954 年,其

图 4-1-31　伏尔加河~顿河运河上的船闸

---

❶《20世纪世界建筑精品集锦》第7卷第127页。本卷主编格涅多夫斯基与海特;中方协调人张祖刚;俄译中吕富珣。

中央部分高 33 层。从当时的宣传报道看，建造高层建筑的主要目的在于"试图归还莫斯科一个优美的城市轮廓线"，使之成为统领附近建筑的形象中心。为了区别于资本主义国家的摩天楼，所有高层建筑的屋顶都加上了出自 17 或 18 世纪莫斯科建筑式样的钟楼、墩柱，立面上也作了不少凹进凸出的垂直向的体量划分。至于这些由虚假装饰所造成的空间浪费、材料浪费以及增加结构荷载和施工困难等似乎并不在意。

战后，由于大量建设的需要，对于住宅、学校等大量性建筑和工业厂房的工业化问题，如标准设计、定型构件等曾给予相当的重视，花了很大的力量去研究和编制体系。但在"建筑就是艺术"的思想指导和传统形象的束缚下，却出现了诸如研究怎样用机械化的手段来加工与仿制古典柱式和装饰构件，并使之标准化与定型化等等。于是战后初期的前苏联建筑处于既要解决实际的对大量性建筑的需求又要把建筑装饰起来的矛盾之中。当时一个简单化的解决办法是：必须把公共建筑与沿街或从街上看得到的建筑装饰起来；而住宅特别是街上看不到的则形式简单。从住宅单体来说，只重外貌处理而不重内部装修。由于当时住宅区的建筑布局提倡周边式，于是沿马路的建筑质量与街坊内部的差别很大。这

图 4-1-32　莫斯科古德林斯基广场(起义广场)上的高层建筑

种情况普遍存在于当时的苏联。乌克兰基辅的科列西亚季克大街(Kreshchatik Street, 1947~1954年，图4-1-33)是当时的实例，设计人是 A. 符拉索夫(A. Vlasov)等。

1953年斯大林逝世后，赫鲁晓夫提出要从实用出发，认为经济问题、社会问题是最基本的问题，建筑师必须重新认识自己的任务，要在大量性建筑中采用装配式混凝土工艺，在居住区建设方面重新推行自由布局与建筑形式应以简朴为美等等。60年代始，随着文学艺术创作方向先后得到一"解冻"，建筑创作的美学方向也趋于自由。不仅20年代的俄罗斯构成主义重新获得肯定，欧美的各种思潮也得到反映。但前苏联毕竟是一个文化根基很深的国家，不论是什么经验与影响都会在建筑师追求生活真实与艺术自由中附上了当时苏联的各民族特点，形成了多种方向并进的局面。

最先反映上述变化的是50年代下半期莫斯科西南区的新切廖姆什基9号街坊(The Nineth Block of New Cheremushki, 1956~1957年，图4-1-34)，设计人是奥斯捷尔曼(N. Osterman)、利亚

(a)沿大街的拱门

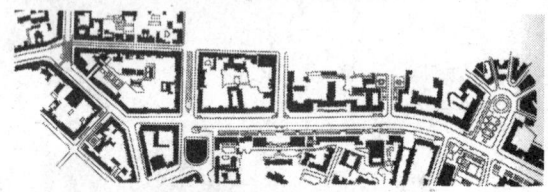

(b)总平面图

图4-1-33　在基辅的科列西亚季克大街

(a)外观

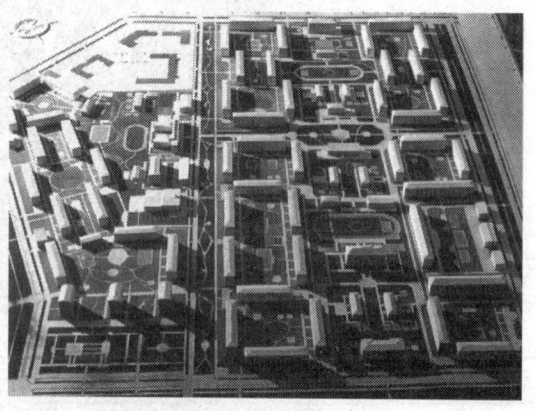

(b)居住区中央部分的模型

图4-1-34　莫斯科新切廖姆什基9号街坊

申科(S. Lyashenko)、巴甫洛夫(T. Pavlov)等。这是一个工厂预制现场装配的实验性住宅区。内有 14 种不同的类型,经过试验后把适合的类型向莫斯科与其他城市推广。反映了要在大量性住宅中把结构、功能、经济和艺术审美等方面结合起来的尝试。

苏联曾于 1934 年为它的"国家级标志性建筑"苏维埃宫举行过一次轰动国际建筑坛的国际设计竞赛,苏联建筑师伊奥凡(Iofan)获奖(图 5-1-4)。后来国内进行了多次重新设计,始终没有建成。1958 年鉴于原拟放置苏维埃宫的基地环境已具眉目,于是再次在国内举行设计竞赛,前苏联资深建筑师符拉索夫获奖。符拉索夫分析了基地的情况,鉴于它的后面就是这个地区(莫斯科西南区)的绝对制高点——高 26 层的莫斯科大学,符拉索夫不是用争高的手法,而是用低缓的形体,即通过两者对比的方法,既达到了建筑作为一个群体的艺术多样性,同时也突出了自己(图 4-1-35)。建筑风格采用没有装饰的框架结构、玻璃幕墙,四个立面均有柱廊,完整而简洁,表现了苏联当时的典型倾向。

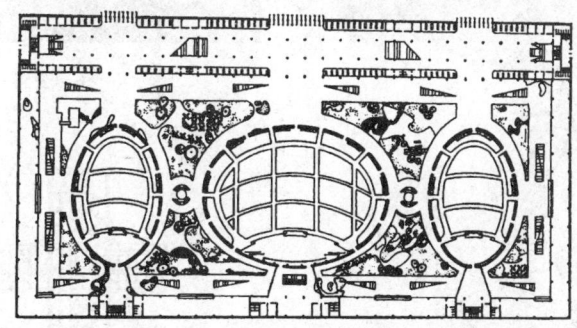

(a)基地平面图

(b)基地全景图

图 4-1-35　1959 年苏维埃宫设计竞赛方案之一

在建筑技术上,苏联也有很大的发展。最明显的是 1960~1967 年建成的莫斯科奥斯坦丁电视塔(Teletower in Ostankino 图 4-1-36)结构工程师是 H. 尼基金 N. Nikitin,建筑师是布尔金(D. Bwidin)等,高 533m,一度是世界最高的塔。塔身的下半部(385m 以下)是钢筋混凝土结构,上半部是钢结构。塔底固定在一个埋深仅为 3m 的环形基础上。

在格鲁吉亚共和国的第比利斯汽车公路局办公楼(1974 年,设计人恰哈娃 P. Chakava 等,图 4-1-37)是一座在形式与技术上均十分大胆的建筑。建筑建在一个落差达 33m 的陡峭山地上,位于两条城市干道之间;地形的复杂使建筑无法按常规来建造。结果,建筑由 3 座各距离 28m,高度分别为 7 层、13 层、17 层的塔楼以及架在它们之间的水平向楼层组成。在结构上采用了垂直向的塔楼加上水平向的悬挑体系,功能合理,并在造型上有效地把处于不同水平线上的形体交错层叠以产生强烈的运动感。它不仅吸引了行驶于两条干道上人们的注意,并一见难以忘怀。这个实例还说明了各加盟共和国也都在创新,有些共和国还在适应与表现他们的地域特色中做出不少成绩。

图 4-1-36　莫斯科奥斯坦丁电视塔

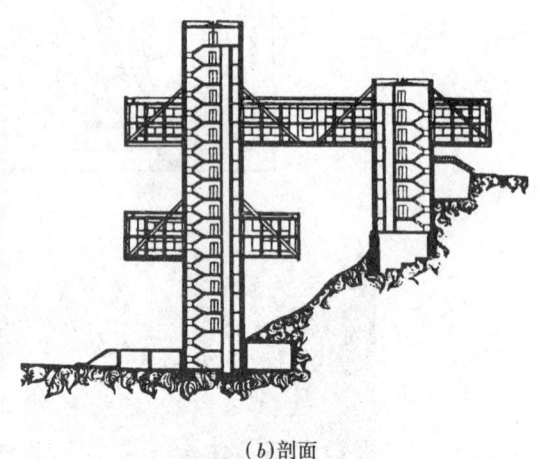

(a)公路一侧景观

(b)剖面

图 4-1-37　格鲁吉亚共和国第比利斯汽车公路局办公楼

## 第二节　战后的城市规划与实践

**一、20 世纪 40 年代后期的城市规划与建设**

第二次世界大战期间参战各国都遭受各种严重的损失。前苏联毁于战火的城市达 1700 座;波兰华沙与但泽 90% 的建筑物被毁;德国柏林建筑被毁有 70% 以上;日本东京毁坏达 55%;广岛长崎城市建筑被破坏 1/3;法国等欧洲城市也遭受到不同程度的破坏。

面对百孔千疮的现实,当时欧洲一些国家与日本迫切的任务是解决战后的房荒、进行若干重点建筑物的恢复和重建,并开始有步骤有计划地整治区域与城市的环境、建设新城以及对旧的城市规划结构进行改造。

早在 20 世纪前期,西方发达国家由于资本的进一步集中与垄断,使城市的分布和城市工业畸形发展,人口极度集中,生活的空间与时间、地上与地下的结构、土地的使用、城市环境等都面临日趋严重的困境。第二次世界大战期间,赖特发表了《不可救药的城市》,塞尔特(J. L. Sert,1902~1983 年)发表了《我们的城市能否存在》(Can Our Cities Survive? 1942 年),伊利·沙里宁(Eliel Saarinen,1873~1950 年)也在《城市:其生长、衰败与未来》(The City: Its Growth, Its Decay, Its Future. 1943 年)中以十分悲观的情调描述了现代资本主义城市的厄运。二次大战后,资本主义城市的固有矛盾显得更为突出,其中尤为严重的是土地和资源的不合理使用,人口的不合理密集,使人类各项活动超出了当时当地的环境容量。从根本上说,资本主义的土地私有、垄断投机以及人口分布与生产发展的无计划状态,是难以医治城市痼疾的。但战后人民群众为重建家园、改变环境、改善生活、愈合战争创伤献出了巨大的智慧和劳动,并为改善劳动条件和生活环境,向政府与垄断财团进行了坚持不懈的有力斗争。战后,资本主义国家充分发挥人力资源,开展技术革新,经济不断增长;更因垄断资本与国家机器日趋融合,大量财富集中到国家手中,于是国家采取政府资助等有效措施和制定适应时宜的城市规划综合政策,为有计划、有成效地进行战后恢复建设创造了有利条件。与此同时,集合性住宅(housing)和建筑工业化也有大规模的发展。

以下介绍英国、法国、前苏联、波兰与日本的战后重建工作。

(一) 英国的城市规划

英国早在第二次世界大战期间为了加强战争必胜的信心,便开始了重建伦敦的规划。大战结束后,英国的城市规划与建设处于领先地位。它对各国城市中出现的共同问题,如压缩特大城市人口和规模、探索特大城市的理想规划结构、完善现代化交通设施、改善城市绿化环境、美化城市景色等都提供了一系列新的理论与实践经验。在新城的建设与选址、利用地形、塑造建筑群空间造型等方面也有独特的成就。美国 20 世纪 20 年代末由佩里(C. Perry)首创的邻里单位(Neighbourhood Unit)理论在英国的哈洛新城(Harlow New Town)中得到了实现。斯蒂芬乃奇(Stephenage)、考文垂等城中的市中心商业步行区规划在当时也是一种创新。这种把机动交通挡在步行区之外的措施是 1942 年由英国警局交通专家特里普(Tripp)提出的。

**大伦敦规划**

自 19 世纪工业革命开始,伦敦市区不断向外蔓延,外围的小城镇和村庄不断被它吞并。至 20 世纪 30 年代,特别是 1939 年大伦敦人口已达 800 万,矛盾空前激化。为此,1940 年英国政府提出了疏散工业与人口的"巴洛报告"(Barlow Report)。从 1943~1947 年先后制订了伦敦市(City of London)、伦敦郡(County of London)与大伦敦(Greater London)三个规划。规划汲取了 19 世纪末霍华德和 20 世纪初格迪斯(P. Geddes)以城市外围地域作为城市规划范围的集聚城市(Conurbation)概念。当时纳入大伦敦地区的面积为 6731km$^2$,人口为 1250 万人。规划从伦敦密集地区迁出工业,同时也迁出人口 103.3 万人。

规划方案在半径约 48km 的范围内,由内向外划分为四层地域圈:内圈、近郊圈、绿带圈、外圈(图 4-2-1)。内圈是控制工业、改造旧街坊、降低人口密度的地区。近郊圈作为建设良好的居住区，圈内尽量绿化，以弥补内圈绿地之不足。绿带圈宽度约 16km，以农田和游憩地带为主，严格控制建设，作为制止城市向外扩展的屏障。外圈计划建设 8 个具有工作场所和居住区的新城。从中心地区疏散 40 万人到新城和疏散 60 万人到外围地区现有小城镇去。

大伦敦规划结构为单中心同心圆系统，其交通组织(图 4-2-2)由 5 条同心环路与 10 条放射路组成。其中 B 环路是主干路，位于伦敦郡中部，十条放射路由此向外延伸。D 环路是快速干路，与 10 条放射路相交处都作立体交叉，使过境交通不穿过市区而从 D 环路绕行通过。

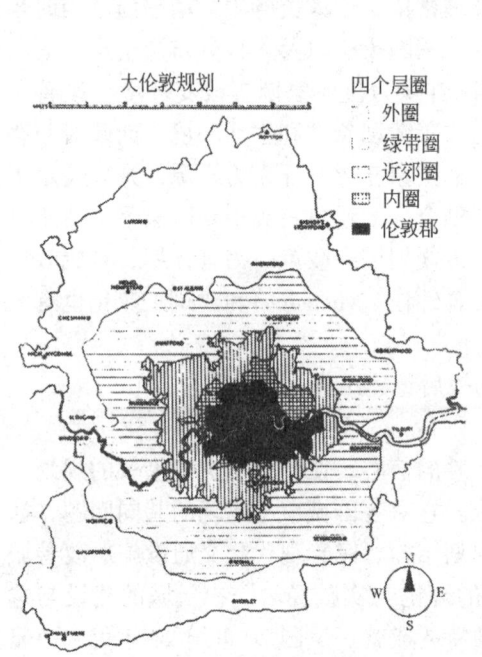

图 4-2-1　大伦敦的规划结构

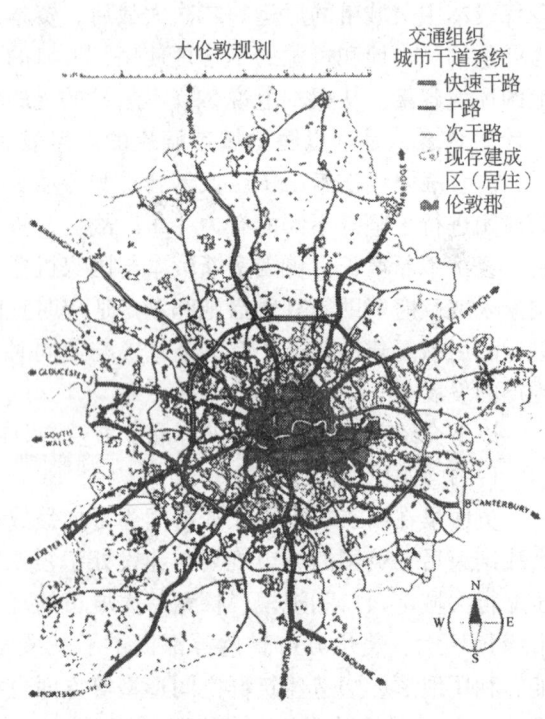

图 4-2-2　大伦敦规划的交通组织

伦敦郡规划绿地由每人 8m² 增至每人 28m²。建成区外绿地以楔状插入市内，并重点绿化泰晤士河岸。

大伦敦规划吸取了 20 世纪西方国家规划思想的精髓，对控制伦敦市区的自发性蔓延以及改善原有城市环境起了一定作用，对四五十年代各国的大城市总体规划有着深远的影响。

但在其后几十年的实践中，也出现不少问题。如中心区人口非但未减反而有所增长；如对其后第三产业的发展估计不足；如新城建设投资较大，对疏散人口的作用不够显著；如新城人口大都来自外地，反而使伦敦周围地区人口增加；如距市中心 3 至 10km 的环形地区内，交通负荷不断增长等等。

**哈洛新城**

战后欧洲国家所掀起的新城运动首先是由英国开始的。英国于 1946 年颁布了"新城法"，并组织了新城建设公司。

哈洛新城(图4-2-3)于1947年开始规划,是20世纪40年代伦敦附近8座新城之一,并被誉为第一代新城的代表。战后第一代新城的共同特点是规模较小、密度较低、按邻里单位进行建设、功能分区比较严格、道路网为环路加放射路组成。

哈洛新城距伦敦37km,占地2560hm², 择址于北有河谷、南有丘陵和林地的乡间用地。规划人口8万人。规划特点是充分利用自然景色、体现田园风貌、交通上人车分行、格调上精致典雅。工业区分成东西两部分,有干道与铁路车站连接。居住房屋分布在远离主要干道的高地上,划分成4个由邻里单位组成的居住区,其间以自然谷地隔开。城市中心(图4-2-4、4-2-5)在用地选择、功能划分和建筑艺术造型等方面都富有特色,组成一个有内部步行系统的、周围被车路和停车场所围合的市中心,这在当时也是一种新的尝试。市中心内部有市民广场、教堂广场、市场广场、影剧院广场和两条步行商业街。市中

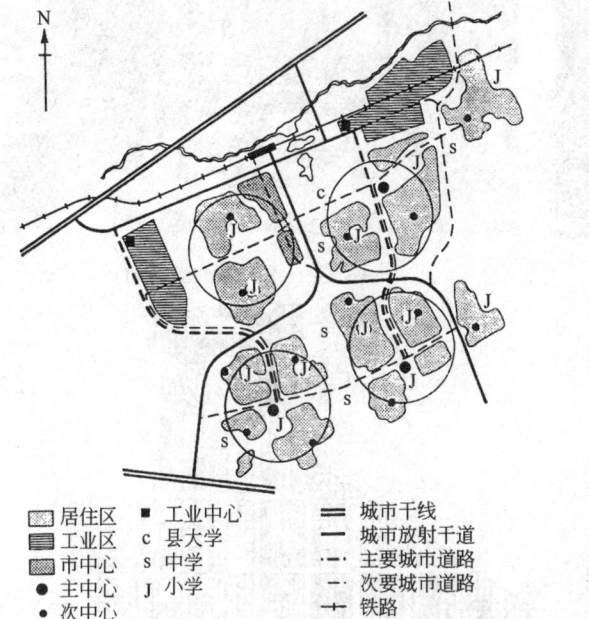

图4-2-3 哈洛新城规划

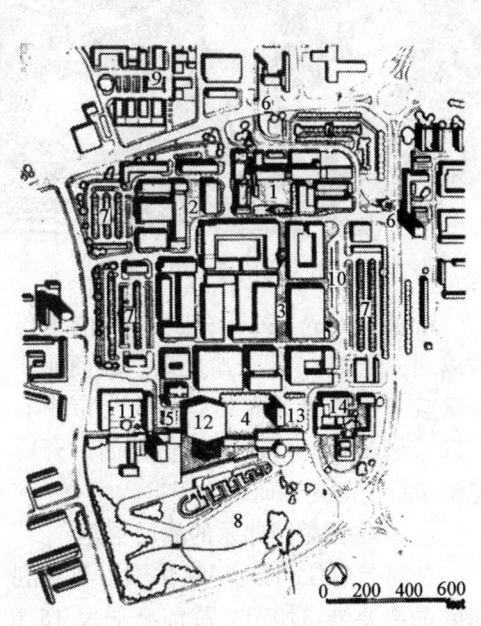

图4-2-4 哈洛市中心平面

图4-2-5 哈洛市中心设计

心南立面，面向其南的谷地、绿化空间和一个规则式花园。整个中心功能多样、关系紧凑。哈罗城的规划与建设在当时曾引起世界各国的关注。

**考文垂和斯蒂文乃奇市中心商业步行区**

考文垂(Coventry)位于伦敦西北，第二次世界大战时被毁，1947年开始进行规划。将城市中心部分约40hm² 范围划为步行区(图4-2-6、4-2-7)。周围设停车场、可容纳1700辆汽车。新的商业中心以狭长的对称式矩形布局，贯穿于步行区的中轴线上，以巨大的露天楼梯连接二层商场，再以横向露天连廊分隔成几个院落。这种平面布局被称为考文垂模式。

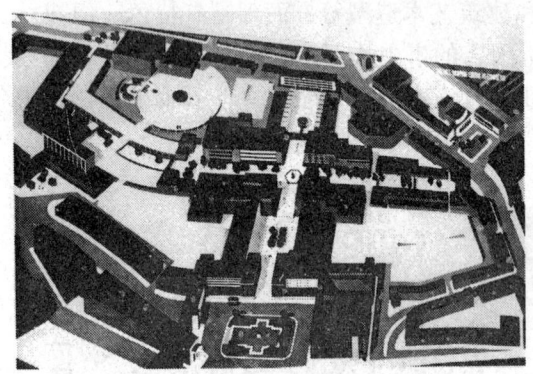

图4-2-6　考文垂市中心平面

图4-2-7　考文垂商业步行区

斯蒂芬乃奇(Stevenage)新城位于伦敦以北，于1946年开始规划，其商业步行区较考文垂更为完整，是整个市中心全部采用步行区的城市。它首创了开辟完整步行街的先例而闻名于世。

（二）法国勒阿弗尔的战后重建

勒阿弗尔(Le Havre)是法国沿英吉利海峡的主要港口城市。战前有居民15.6万人。市中心在战争中全部被炸毁，8万人无家可归。二战后，佩雷❶接受了重建任务。规划上受加尼埃"工业城市"❷的影响，最大限度地采用当时在建筑和交通运输方面的新技术新成就。城市总体规划、道路、街坊以及房屋设计都纳入统一的6.24m×6.24m 模数(图4-2-8)，为建筑、道路、管网工程的广泛工业化设计和施工创造了条件。预制构件在城市建设中第一次被大量应用，为迅速缓解战后严重房荒作出贡献。

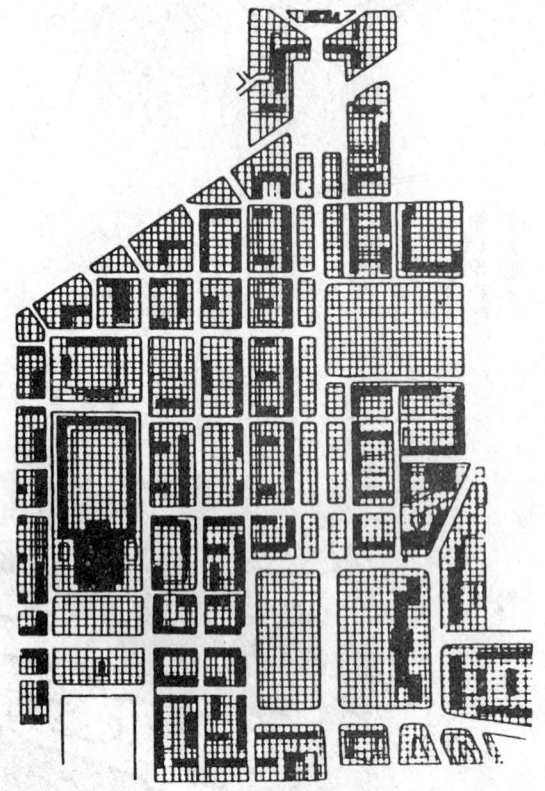

图4-2-8　勒阿弗尔模数系统

---

❶ 见本教材第二章第四节。
❷ 见本教材第一章第四节。

## (三) 波兰、前苏联、日本的战后重建

### 波兰华沙的战后重建

1945年,波兰对被战争破坏几成废墟的首都华沙制订了华沙重建规划(图4-2-9)。规划的主要内容是对这个传统文化古城的建设工作基本上按战前原样重建,被称为"华沙模式",以区别于另起炉灶进行重建的荷兰"鹿特丹模式"。战后英勇的波兰人民以惊人的毅力和建设速度,在短期内建成一个开放的、先进的、绿树成荫的现代化城市。为优化城市环境,新辟一条自北而南穿城而过的绿化走廊和扩展维斯杜拉河岸的绿色地带,修复了重要的历史性建筑,以及在中心区增添一些重要的科学文化设施。

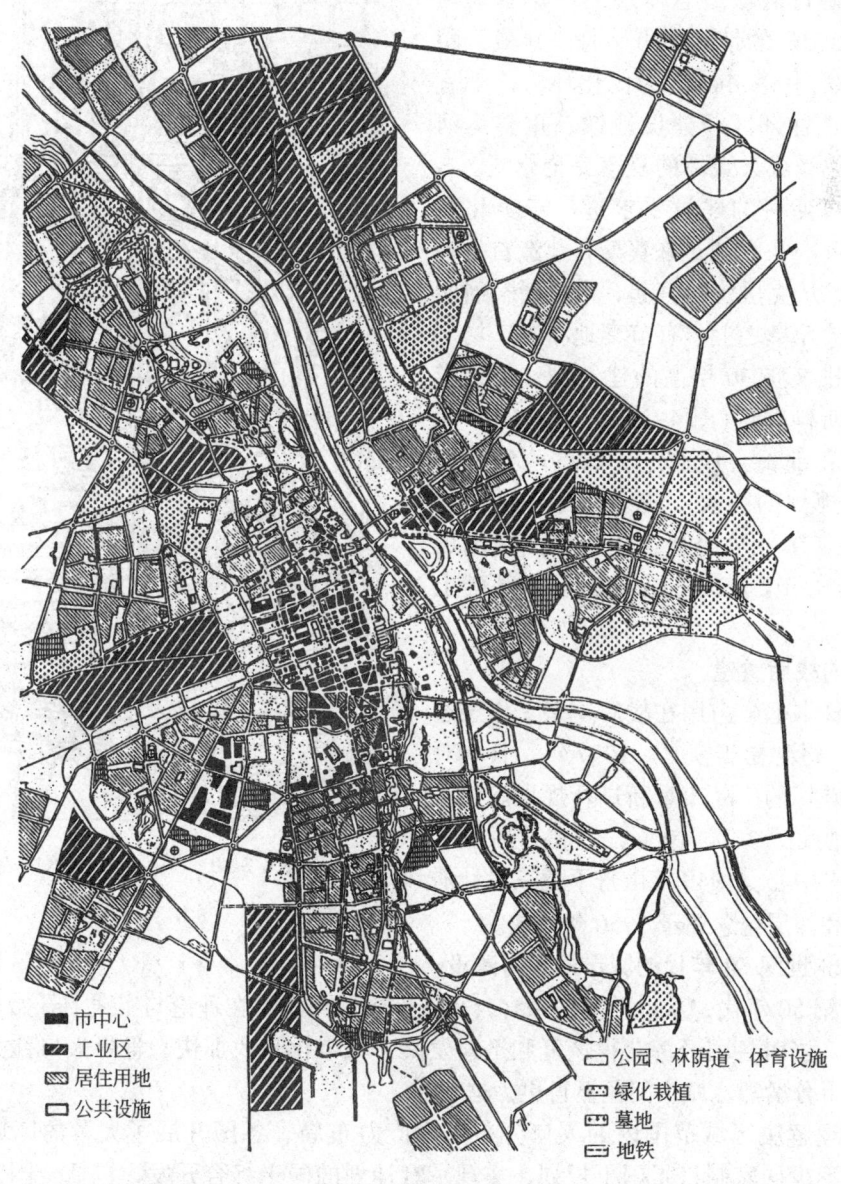

图 4-2-9　华沙重建规划

## 前苏联斯大林格勒与莫斯科的战后重建

战后前苏联配合 1945 年所订五年计划，制定了长远建设规划。由于大量建设的需要，对于住宅、学校等大量性建筑和工业厂房采用了工业化建造体系，推广了标准设计和定型构件的制作和装配。在重建斯大林格勒过程中，建设的速度与范围是惊人的。战后 3 年内，人口便大幅度增加。战后制订的城市总体规划沿伏尔加河建设长达 50km 的带形城市，每一建成区距河流均不超过 3~4km。为优化环境，把有害工业区迁往郊区、建设地铁、重整运河系统，并把受战火毁坏的夏宫完全修复。

战后莫斯科的建设要求进一步美化市容。1947 年，决议通过在莫斯科建造首批超高层建筑。从克里姆林宫起，沿莫斯科河两岸一些空旷丘阜之上，有节奏地布置广场、绿地，安排 8 座 30 层高的建筑物，如列宁山上的莫斯科大学（图 4-2-10）等。1949 年苏共中央和部长会议通过了新的改建莫斯科的总体规划的决议。决议指出，进一步改建首都应在科学地制定能反映苏联国民经济、科学和文化的新的发展规划基础上进行。

## 日本的战后重建

战后日本把全力用在战后复兴上，经过 5 年时间，得到初步恢复。1947 年，日本对被原子弹破坏的广岛市重新进行规划。建设"和平林荫道"，宽 100m，并在"原爆"地点辟和平中心。1949 年由丹下健三设计的纪念拱门和两层纪念馆于 1950 年建成。

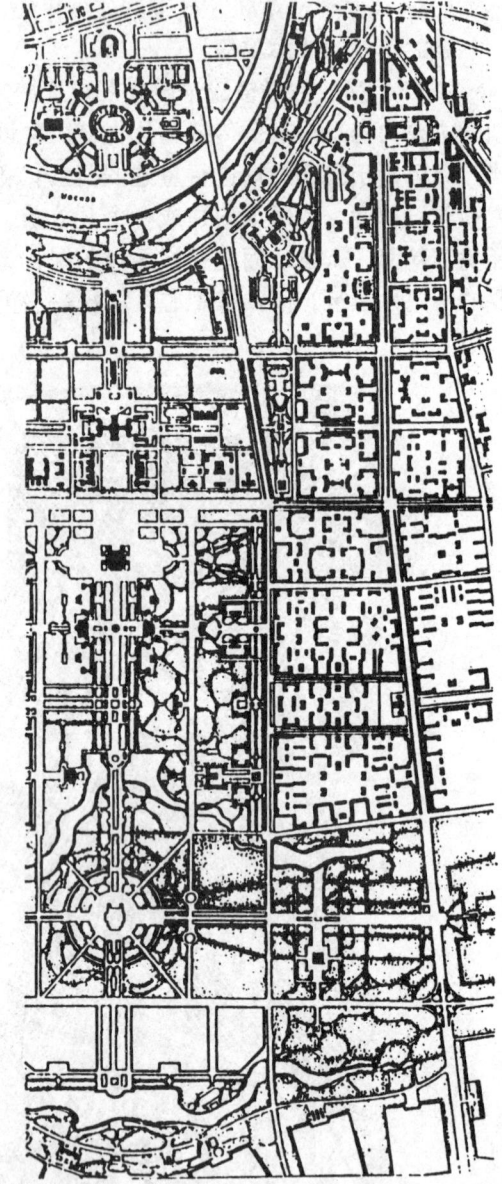

图 4-2-10　莫斯科西南区中心轴

## 二、20 世纪 50 年代的城市规划与建设

20 世纪 50 年代，从世界范围来看，是城市规划与建设在理论与实践上开始有较大突破的时期。当时各国经济获得恢复和迅速发展，城市化步伐加快，世界人口往大城市涌流的势头十分猛烈，城市问题显得更为迫切。

为合理解决区域范围内的人口分布与生产力布局，各国开展了大量的区域规划工作，并有不少国家制订了国土规划，实现了有计划的国土综合开发，包括全国人口的布局、资源的开发与保护、后进地域的发展、大城市的改造和重点产业的合理布局等等。

日本于50年代制定了"特定地域综合开发计划";波兰于50年代末制定了公元2000年的全国用地开发计划;德国制定了莱茵——鲁尔(Rhine-Ruhr)区域规划。后者将若干规模相仿、但城市职能各有所专的大中城市及其周围城镇组成多中心城市集聚区,其地域延伸在5个行政区内,容有8个大城市区域和20座主要城市,共1000万人口。其中最大的城市科隆人口控制在80万左右。这个过去布局混乱的国家煤炭钢铁大工业中心,已发展成为一个具有优美自然环境的多中心型城市区域。荷兰制定了兰斯塔德(Randstad)多核心城市集聚区。这是一个由大、中、小型不同职能的城镇集结而成的马蹄形环状城镇群、包括3个50~100万人口的大城市:阿姆斯特丹、鹿特丹和海牙,3个10~30万人口的中等城市以及许许多多小型城镇和滨海旅游胜地。环状城市地带的中心地区保留了面积约为1600km$^2$的开敞绿地及农田,从而形成"绿心城市带"。

20世纪50年代,在区域规划和国土规划的指引下,进行了大城市的建设和改造。为缓解人口容量和环境容量的超负荷,在大城市外围建设了许多新城,如瑞典的魏林比(Vallingby)与英国的第二代新城坎伯诺尔德(Cumbernauld)等。但均由于城市规模小,未能有效地疏散大城市人口和控制城市超负荷发展。50年代后期,英国等发达国家开始对伦敦那样的一元化体系——封闭式单中心规划结构模式提出了质疑,促使其后大城市多中心、开放式结构模式的采用和推广。

这段时期在城市重建中值得提起的是朝鲜。朝鲜首都平壤在抗美战争中被夷为平地,战后发扬了千里马精神,也以奇迹般的速度进行了大规模的重建。

20世纪50年代新建的大城市,以印度旁遮普邦首府昌迪加尔(Chandigarh)和巴西新都巴西利亚(Brasilia)最为典型。这个时期,科学园区和科学城的建设已开始启动,最具规模的是前苏联新西伯利亚科学城的建设。

各国对古城、古建筑保护进行了新的探索。意大利罗马避开古城、另建新城的保护规划是各国古城借鉴的榜样。各国的成片成区历史地段的保护亦各具特色,并注意对乡土建筑的保护。有的整个村落、整个集镇和整个自然风貌被完整地保存下来。

随着新城市的建设和旧城市的改造,各国对塑造城市中心和商业街区的空间形态作出了努力。商业街区的规划模式,从商业干道发展到全封闭或半封闭的步行街;从自发形成的商业街坊发展到多功能的岛式步行商业街;从单一平面的商业购物环境发展到地上、地下空间综合利用的立体化巨型商业综合体;从地面型步行区发展到与二层平面系统的步行天桥联通的商业街区等等。地下商业街、中庭式商业建筑空间和室内商业街创造了一种全天候的购物环境。

这个时期各国为解决房荒、提高人民居住水平和改善居住环境质量,采用了建筑工业化方法进行了大规模高速度的居住区规划建设。

20世纪50年代后期城市环境学科兴起,创设了环境社会学、环境心理学、社会生态学、生物气候学、生态循环学等学科。这些学科相互渗透结合,成为一门研究"人、自然、建筑、环境"的新学科。1958年,多加底斯(Doxiadis)在希腊成立"雅典技术组织"(Ekistics),开始对人类生活环境和居住开发等问题进行了大规模的基础研究。1959年,荷兰首先提出整体设计(Holistic design)和整体主义(Holism),把城市作为一个环境整体,全面地去解决人类生活的环境问题。

1955年召开的国际现代建筑协会(CIAM)中，由第十次小组(Team X)提出的新思想、新观念为20世纪50年代后期及其后的城市规划与设计的探新提供了重要的见解。第十次小组强调以人为核心的"人际结合"和开放式的人与环境的关系，提出了"变化的美学"、"空中街道"、"簇群城市"(Cluster City)等新的概念，并从流动、生长和变化出发，考虑易变性、居民生活环境的多变和多样，以及缩短城市更新的循环周期等等。

(一) 瑞典新城魏林比与英国新城坎伯诺尔德

**瑞典魏林比**

瑞典第一个新城魏林比(图 4-2-11)位于首都斯德哥尔摩以西 10~15km 的森林地带内，1950 年开始规划。以一条电气化铁路和一条高速干道与母城联系，用地 170hm²，人口 23000。与东、西两侧其他居民点邻接，形成 8 万人口的魏林比区。

城市中心(图 4-2-12)为岛式布局，占地 700m×800m，位于高出地面 7m 的丘陵顶部。铁路从中心区下面通过，设自动扶梯与地面联通。中心地段有火车站、商业设施和办公楼，地段外围有俱乐部、图书馆、影剧院、礼堂、邮电局、教堂等，并有地下车库与仓库。公共中心周围布置居住建筑群。高层塔式建筑安排在新城中心 500m 以内，较远处安排 1~2 层住宅，另有 3 至 4 层公寓区。为阻挡寒风，住宅区广泛采用周边式的封闭街坊布置，形成三面建筑、一面敞开的庭园式布局，并组织成不同形式的群体组合。还有一些建筑物布置在阶梯状地形上，高低错落，衬托自然景观。

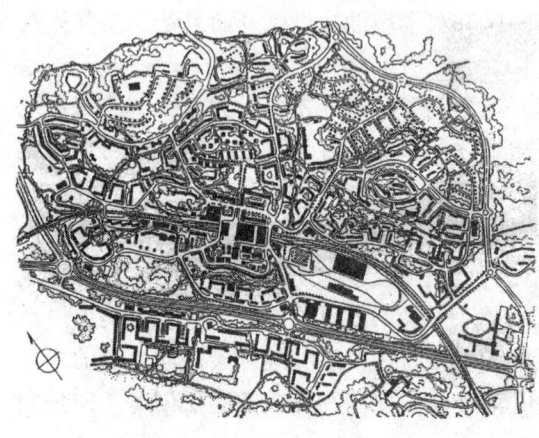 

图 4-2-11　魏林比规划　　　　图 4-2-12　魏林比市中心鸟瞰

**英国坎伯诺尔德**

坎伯诺尔德(图 4-2-13)位于格拉斯哥东北约 23km 的丘陵地带。1956 年完成规划总图，规划人口 7 万，被誉为第二代新城的代表。与第一代新城相比，布局上比较集中紧凑，有较高的人口密度，改变了以邻里单位组成的分散式结构形式。住宅建筑群环绕布置在市中心周围坡地上，与市中心保持尽可能短的距离。

市中心(图 4-2-14)布置在中间丘陵顶部。沿着丘陵之脊建了两排楼房。中间是一条双向车行道，两排多层楼房的底层是停车库、公共汽车站、货场等。二楼为商业服务、事务

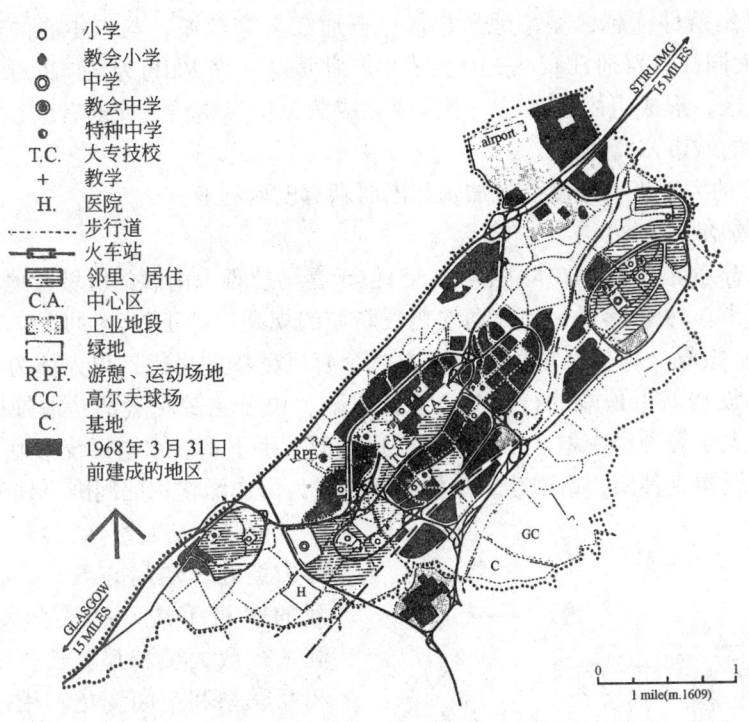

图 4-2-13 坎伯诺尔德新城平面

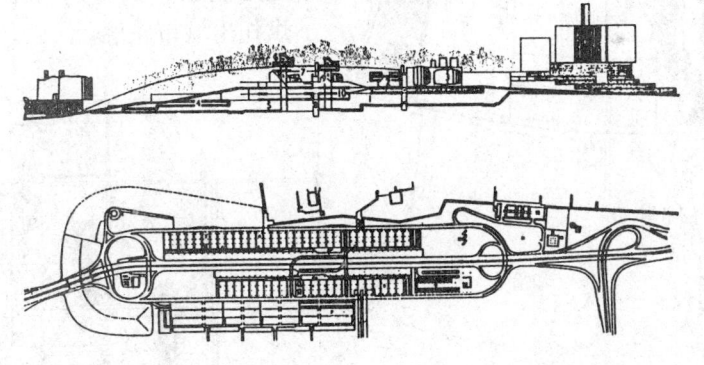

图 4-2-14 坎伯诺尔德新城中心平剖面

所、医疗、文化、旅馆等用房。2层楼上有许多过街人行桥，把两排楼房连成一体。楼房高8层，3层以上有公寓住房。

道路交通的特点是人车分离，一条主干道穿越市中心，一条环路围绕整个丘陵高地。住宅区建于丘陵坡地上。在平坡地建带有花园的2层住宅。在陡峭地建设锯齿形住宅，此外还修建4～5层和一些8～12层的公寓式建筑，以达到高密度要求。

(二) 朝鲜平壤的重建

朝鲜停战以后，经1年准备，3年恢复，以千里马速度进行了平壤市的重建。它的特点是平地起家、全部新建、速度快、规模大。城市规模控制在$100km^2$，不超过100万人口。距中心城市20～30km处设置一系列卫星城市。大部分工业设在市郊，市内无有害工业。

平壤市自然条件优越，城市地形起伏，普通江贯穿全城，与市中心的牡丹峰相互映照。以两江(大同江、普通江)、三山(大成山、牡丹峰、烽火山)为主体的绿化系统把城市分隔成几个地区，形成组团式布局。市区绿化成荫，市容整洁，交通有序、环境优美，被誉为"花园中的城市"。

(三) 新建的大城市：印度昌迪加尔和巴西新都巴西利亚

**印度昌迪加尔**

印度旁遮普邦首府昌迪加尔(图 4-2-15)位于喜马拉雅山南麓的缓坡台地上，是座从无到有的新建城市。1951 年勒·柯比西埃负责新城的规划设计工作。规划人口 50 万，规划用地约 40km²。按勒·柯比西埃关于城市是一个有机整体的思想，以人体为象征，构成总图的特征。如设在城市顶端的行政中心象征主脑，位于主脑附近的是地处风景区的博物馆、图书馆、大学等神经中枢。工业区在右边，似人手下垂。水电系统似血管神经，分布全身。道路系统构成骨架，市内建筑物像肌肉贴附，留作绿化用的间隙空地似肺部呼吸。

行政中心(图 4-2-16)设于城市的顶部山麓处，居高临下，控制全城。用强烈的映衬手法，把议会大厦、高等法院、行政大厦和邦首长官邸作了恰当的相互联系和空间变化。用水面倒影方法使放置较远的建筑在感觉上仍感贴近。远远望去，其背景衬托着起伏的山脉，烘托出城市轮廓。

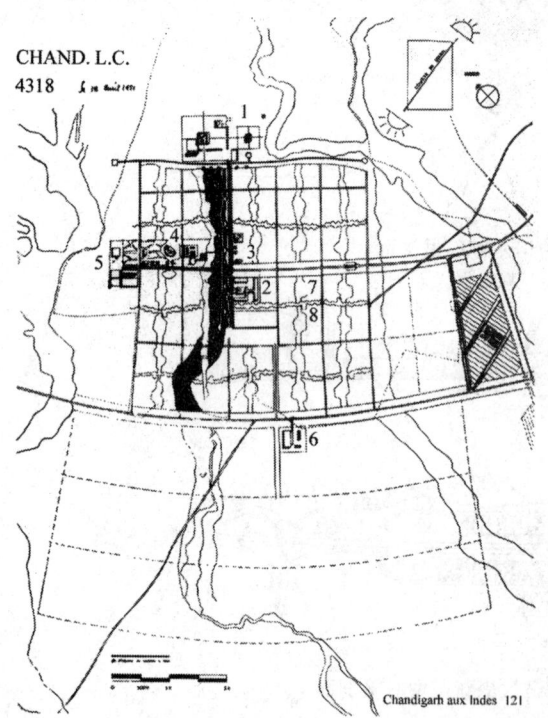

图 4-2-15　昌迪加尔 1951 年规划平面

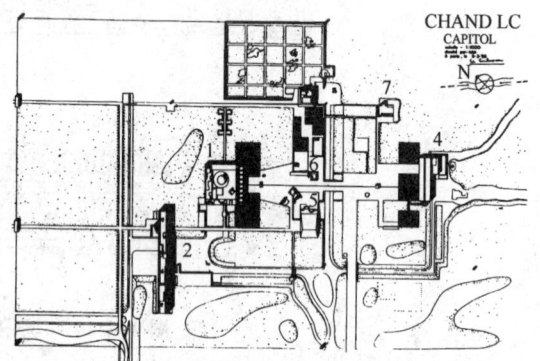

图 4-2-16　昌迪加尔 1956 年行政中心平面

道路网采用方格系统。在纵向平行道路之间，各设平行绿带贯穿全城。在绿带中组织完整的自行车与人行交通系统。城市有明确的功能分区。政府中心设在顶端，商业中心设于城市纵横轴线交叉处的核心地段，与文化设施靠近。城东为独立的工业区。居住区由一系列 100hm² 的邻里单位构成。

印度昌迪加尔规划在 20 世纪 50 年代初由于布局规整有序而得到称誉，从规划本身来说，不愧为一力作。但城市建成后问题不少，曾受到印度群众的批评。其缺陷是脱离印度国情，把外来西方文化强加在一个古老的东方民族身上。各国规划工作者亦认为，规划构思和布局过于生硬机械，形成的建筑空间和环境显得空旷、不够亲切。50 年代中期，CIAM 的"第十次小组"反对 CIAM 时，就曾针对昌迪加尔的规划作重点批评。

### 巴西新都

巴西利亚也是一个从平地建设起来的新城。1956 年巴西为启动内地不发达地区，决定在国家中部戈亚斯州(Goyaz)海拔 1100m 的高原上建设新都。总体规划采用了巴西建筑师科斯塔的竞赛获选方案(图 4-2-17)，于 1957 年开始建设。规划用地 152km²，人口 50 万。城市骨架由一条长约 8km、横贯东西的主轴线和另一条与之垂直、长约 13km 的弓形横轴所组成。平面形状犹如向后掠翼的飞机，以此象征国家在新技术时代的腾飞。昂向东方的机头为政府建筑群，象征其首脑地位，机翼为居住区，象征人民。

机头有国会、总统府和最高法院三足鼎立的三权广场(Plaza of the Three Powers, 见图 4-2-18、4-2-19)。其前部为宽 250m 的纪念大道，两旁配有政府各部大楼。横轴交叉处为商贸与文化娱乐中心，相交处设 4 层交通平台和大型立体交叉，以疏导来自各方面的交通。两翼弓形横轴有一条主干道贯穿其间，布置居住区、使馆区。机身尾部为旅馆区、电视塔、体育运动区、动植物园及铁路客运站等。

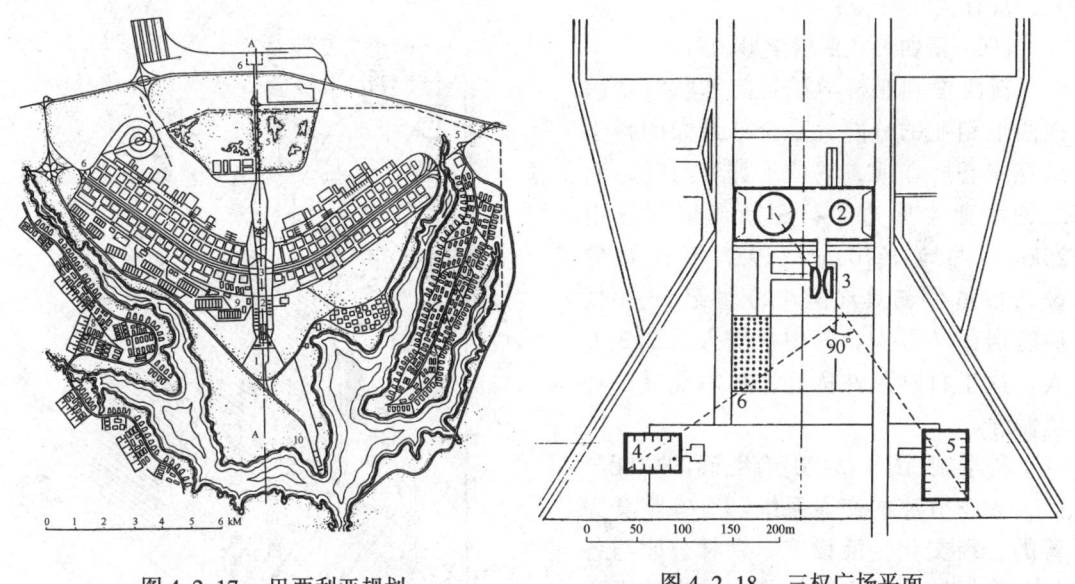

图 4-2-17　巴西利亚规划

图 4-2-18　三权广场平面
1—众议院大厦；2—参议院大厦；3—国会大厦；
4—总统府；5—高等法院

从三权广场开始，到主干道轴线交点、再到电视塔，处处呈现不同建筑景象。轴线的始端庄严肃穆，然后是宏伟壮观，而到大教堂和文化娱乐地区则比较亲切。三权广场上矗立着 3 座独立建筑物——立法、行政与司法建筑。它们在富有上古之风的等边三角形中确立了切合其内容的形式。三角形底边的两端是总统府和高等法院，顶部是国会。它们的几何形体和构图简洁、完整、统一，再加上位于大空间中富于雕塑感的巨大体量使其形象独特、十分醒目。有些建筑形象还寓含一定的意义，如国会大厦是两座并立的高 27 层的大厦，两楼中间有天桥相连，形成 H 形，示意维护人类尊严、保障人权；众议院大厦，形似一只朝天的巨碗，表示言论开放；参议院大厦却像一只倒扣的巨碗，表示它是决策机构。

巴西利亚有连片的草地、森林和人工湖。人工湖周长约80km，大半个城市傍水而立，沿湖设有大学、俱乐部、旅游点及大片独院式住宅区等，使环境更加美好。新首都无污染工业，城市环境质量可列世界名城之先。

这个城市是根据柯比西埃密集城市的模式，以宏伟的规模建设的，构思新颖，三权广场上的政府建筑群对形成首都的形象特征是成功的。但批评者反映，它的总规划布局是按规划师刻画的模子生搬硬套所塑造的人造纪念碑。它过分追求形式，对经济、社会和生活传统较少考虑，成为一个封闭的、僵硬的、机械的、不理解人的尺度和人在环境中生活的城市组合体。建筑之间距离过大，城市环境过于空旷，缺乏亲切宜人、富有生气的气氛。

图 4-2-19　三权广场鸟瞰

### （四）新西伯利亚科学城

新西伯利亚科学城是前苏联科学院在西伯利亚的分院，是全苏最大的科学研究中心所在地，它位于鄂毕河畔，新西伯利亚水库边上，距新西伯利亚市25km，占地1370hm²，1957年开始建设，1966年初具规模。20世纪80年代拥有居民7万人，其中科研人员2.3万人。这里自然条件良好，林木茂盛，环境僻静。

科学城（图4-2-20）有明确的功能分区，人车分离的交通系统。有一整套完善的分级文化生活设施。森林公园与各种公园绿地与卫生防护带占城市总面积的1/2。城市及建筑布局注意与自然地形结合。

### （五）意大利罗马的古城与古建筑保护

战后，一些国家对于有历史意义的城市往往成片、成区地进行保护。其中意大利的罗马最具代表性。它采取了避开古城另建新城的规划手法（图4-2-21）。对古罗马保护得十分完整，而新

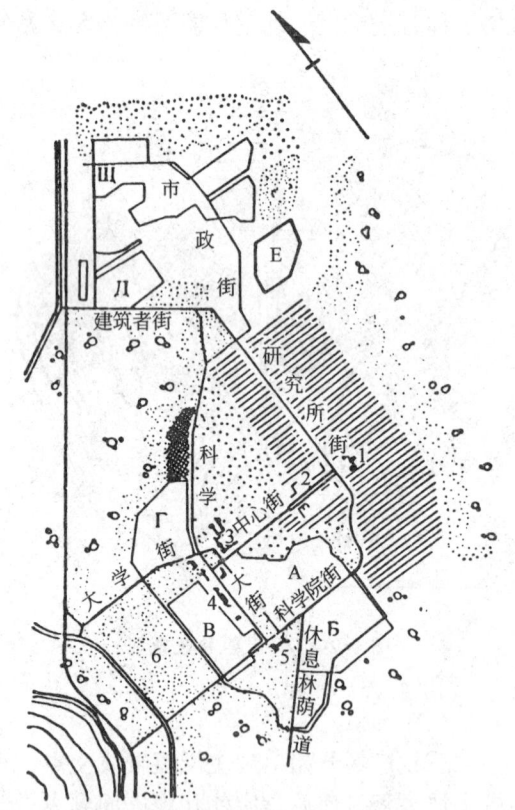

图 4-2-20　新西伯利亚科学城规划
1—核子物理研究所；2—科研区中心；3—大学；
4—市中心；5—科学家之家；6—中心公园

罗马又建设得非常现代化,被誉为"欧洲的花园"。在建设中曾发现地下有一条古罗马大道。为了保护这一古迹,重新修改了规划,让出了这条古罗马大道的遗迹。由于历史的变迁,很多古迹埋在地下 2～3m 深处,尤其是罗马市中心地下几乎都是古罗马时期以来的街道和建筑。罗马政府采取的办法是发掘一点,保护一点,不搞全面发掘。对地面上留下的古建筑所采取的保护办法是,在不恢复原状的前提下,保护现状;在不损坏现状的情况下,加固维修和制作复原模型。此外还将有一定遗迹的大片土地规划为考古公园。

古罗马古城划分为绝对保护区和外观保护区两部分。在古建筑群的四周临近或相互之间不准随意插建别的建筑,以免混淆古建筑的个性和特色,破坏古建筑群的环境。

(六) 50 年代新建的城市中心、步行商业街、郊区购物中心、室内步行街和地下商业街

**塔皮奥拉城市中心**

随着一些新城市的建设,20 世纪 50 年代出现了一批风格各异、设计水平较高的城市中心,其中以芬兰的塔皮奥拉(Tapiola)市中心最具田园特色。

塔皮奥拉位于芬兰湾海岸,离赫尔辛基 11km,占地 240hm²,人口 17000 人,于 1952 年开始建设。这是一个美丽如画的田园城市,被誉为当时世界上最诱人的小城市之一。人口密度低,建筑物与自然风景密切结合,保持原有植物和地形,没有过境交通,内部道路简短,依地形布置建筑。

城市中心(图 4-2-22)可为包括邻村在内的 8 万人服务。利用原砾石采石场辟作人工水池。水池四周布置行政机构、文化设施、公用建筑、商店、体育运动设施、公园、游泳池和停车场。建筑形象完整统一,丰丽多姿。

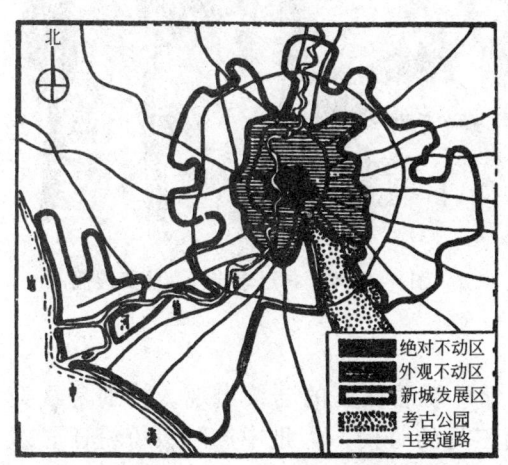

图 4-2-21 罗马古城保护规划

图 4-2-22 塔皮奥拉市中心

**林巴恩步行商业街**

20 世纪 50 年代,荷兰、西德、美国等继英国之后建设了步行商业街。欧洲第一个新建的步行商业街是 1952 年荷兰鹿特丹市在战争废墟上建立起来的林巴恩步行商业街(Lijnbaan,图 4-2-23、4-2-24)。街宽 18m 与 12m,由两排平行,每段长 100m 的 2、3 层商店组成。横跨街道的遮棚与沿街商店橱窗上面的顶盖连成整体。街道内

设有小卖亭、草坪、树木、花坛、喷泉、雕像、座椅、灯具、标志牌等,建筑造型亲切舒适。

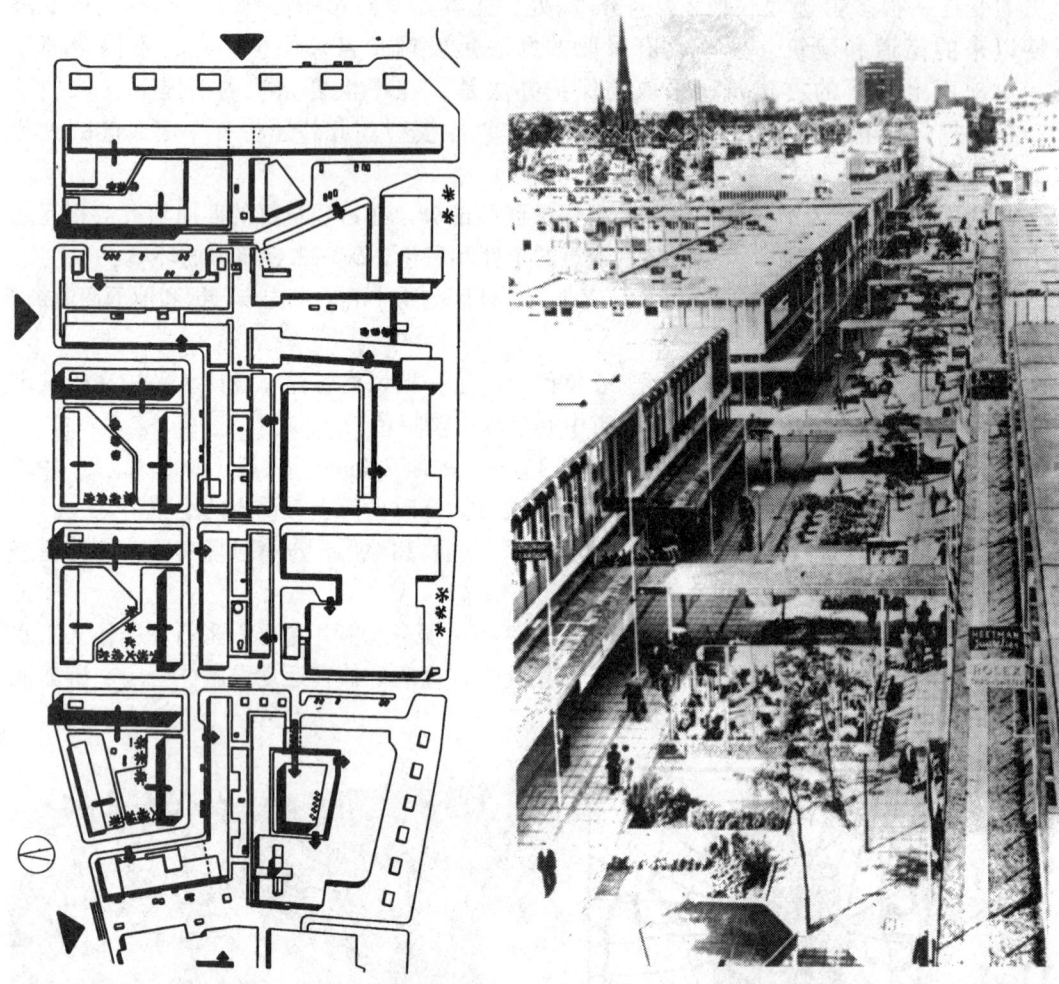

图 4-2-23　林巴恩步行商业街平面　　　　图 4-2-24　林巴恩步行商业街透视

**美国的郊区购物中心**

20 世纪 50 年代,随着城市的不断扩大,郊外新居住区的陆续出现,特别是欧美国家的城市相继进入以私人小汽车为主要交通工具的时代,大批中产阶级纷纷迁居郊外。50 年代中期以后,特别是在美国,出现了大批郊区购物中心。这个活动一直延续至今。

美国底特律的郊区购物中心(图 4-2-25)为解决顾客停车问题,占地 64hm²。购物中心位于基地中央,四周可停车 7764 辆。

**美国的室内商业街**

美国从 1956 年起,开始在明尼阿波利斯郊区名叫南谷(South-dale)的购物中心建设了一个有空调设备的封闭式室内商业街。其后得到推广,并为了破除内部空间的单调感和封闭感，把室外的环境设施如树木花草、街灯、座椅、喷泉、雕塑等布置在室内步行街中，使人有置身自然的感觉。

自此，郊区购物中心与室内商业街的建设在西方与日本等大城市中日益兴盛，其内容越来越丰富，常集购物、文娱与休闲活动于一身，规模也越来越大。

**日本地下商业街**

日本地下街至1955年已有面积3万㎡，其后发展速度甚快，规模亦甚大。地下街的兴起，促使城市向地下立体发展，增加了城市的土地利用率，疏导了城市地面的交通。有的地下商业街是地下铁道的连接通道；有的与大型商店、办公楼、快速电车站等相

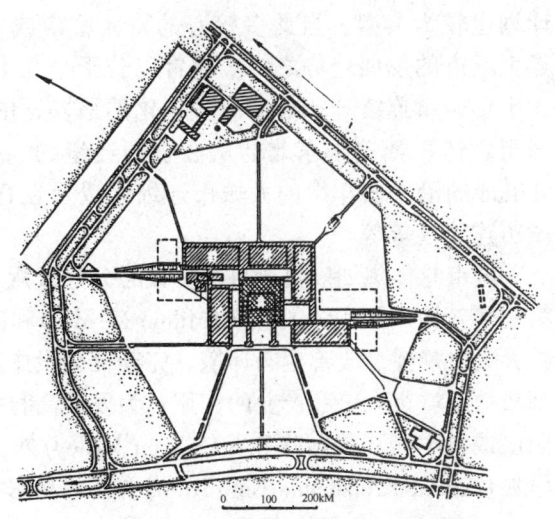

图4-2-25 底特律郊区购物中心

联系；有的是换乘车的联系道，以此组成一个高效的空间联系网络；有些地下商业街还设有各种游乐和休息设施，加之有良好的人工气候，成为人们乐意休息、逗留和购物的地方。

随着高层建筑中地下空间的越来越发达，地下商业街开始在世界的大城市中迅速发展。经过实测与调查，人们发现马路上的行人在同等的购物条件下，愿意下一层到地下街购物的比上一层到大楼二楼购物的多。

### 三、20世纪60年代以来的城市规划与建设

经过50年代在城市规划与建设中的多方面探索，60年代以来，城市规划向多学科发展，使城市规划成为一门高度综合性的学科。各学科相互结合，综合评价，以系统论的观点进行总体平衡。规划的范围从国土、从区域、从大城市圈、从合理分布城镇体系等多方面进行综合布局。在此发展过程中，规划理论与实践日益科学化、现代化。新的技术革命、现代科学方法论以及电子计算机、模型化方法、数学方法、遥感技术等对城市规划与建设将产生愈来愈益显著的影响。同时，市民对自己在城市中应有的地位与权利的政治觉醒，促使规划的编制除完成"效率规划"外，还要求做好"公平规划"，以维护广大人民群众社会性的合理化要求。几十年来，特别是战后50年代所提出的社会、经济、文化、游憩、环境、生态等要求不同程度地在60年代以来的区域规划、城市总体规划、新城建设、科学城和科学园区的建设、大城市内部的改造、古城和古建筑保护、城市中心、广场、步行商业街区、地下街市以及居住区规划等等方面体现出来。

一些较为先进的国家在编制城市规划中重视从国土、区域规划来进行区域城镇体系的合理分布，使全国与区域内的人口与生产力有一个大致的合理布局。以美国为例，全国已基本形成发达的城市网络体系，主要中心城市在全国范围内的分布也大体均衡有序。这些中心城市起着促进区域经济发展的重要作用，推动着整个区域和周围大小城镇的经济稳定、持续协调地发展。这些中心城市若以500km半径作为影响圈，就可覆盖美国全部领土的80%以上。其他发达国家如法国的国土整治和日本的四次全国综合开发

计划也较为典型。自此多核心的特大城市或大城市连绵区(megalopolis)逐渐成为当前世界大城市的发展趋势之一。它常以若干个几十万以至几百万人口以上的大城市为中心，大中小城镇连续分布，形成城镇化的最发达的带形地带，组成相互依赖和兴衰与共的经济组合体。如美国东北部从波士顿经纽约、费城、巴尔的摩、华盛顿至诺福尔克长达960km 的沿大西洋岸的大城市连绵区以及在日本东海岸，英格兰、西北欧等国家中的大城市连绵区等等。

城市总体规划以莫斯科的多核心分片式规划为世界一些学者所称誉。新城规划以英国第三代新城米尔顿·凯恩斯(Milton Keynes)和巴黎外围的 5 个第三代新城为典型，它们从扩大人口规模、改善生态环境、完善社会设施和增加就业等方面增进新城的吸引力，并起到疏散大城市人口和产业的作用。为发展高科技，以促进经济发展，各国均竞先建设科学园区或科学城。美国除硅谷(Silicon Valley)外，各个州都建有科技城。日本已建成筑波科学城(Tsukuba Academic New Town)并正在继续完善关西文化学术研究都市(Kansai Science City)的建设。为解决郊区化与逆城市化过程中所产生的市中心衰落，即"内城渗透现象"，东京建设了三个副中心(Sub-center)，巴黎建设了德方斯副中心，纽约罗斯福岛上建设了"城中之城"(New Town in Town)，伦敦于城市中心区建设了巴比坎中心(Barbican Center)。它们都获得了大城市内部改造的较好效果，尤其是 70 年代初，西方世界爆发能源危机以后，重返大城市和振兴内城已成为各国旧城改建的主要内容。古城与古建筑保护也逐步成为当今世界性的潮流与共识，各国法规都把历史遗产保护提高到重要高度，并已成为全民运动。

20 世纪 60 年代以来，城市设计有了新的发展和飞跃。对城市的空间进行再评价、再认识，并重新认识人在塑造城市空间中的地位、价值、所能起到的支配作用和丰富城市环境与文化的作用，成为促进进步不可缺少的步骤。它为城市中心、广场、步行商业街区、地下街市以及居住区的规划、设计与建设等方面均作出了大量的探新工作。

1977 年 12 月，在秘鲁利马召开了国际建协会议，总结了 1933 年《雅典宪章》——"城市计划大纲"——公布以来 40 多年的城市规划理论与实践，并提出了城市规划的新宪章——《马丘比丘宪章》。新宪章指出城市规划与设计在新的形势下应该有新的指导思想来适应时代的变化，不仅要看到经济、技术因素，还要看到人、社会、历史、文化、环境、生态等因素。宪章对区域规划、城市增长、分区概念、住房问题、城市运输、城市土地使用、自然资源与环境污染、文物和历史遗产的保存和保护、工业技术、设计和实践、城市与建筑设计等都提出了建设性的意见。

各国规划工作者提出了各种未来城市方案设想。它们的共同点是具有丰富想像力和大胆利用一些尚在探索中的先进科学技术手段，以求对人类自身的整个未来活动的规划作出一些超前性的解释。

虽然 20 世纪 60 年代以来，国外城市规划与建设取得了较突出的成就，如遵循规模经济的规律，于国土范围内建立发达的城市网络体系；如城市结构布局的调整适应高科技信息时代经济发展的需要；如依托先进的科学技术和管理，城市具有完善的联系和循环体系；如城市生态环境的研究已从保护环境战略发展为与环境共生战略，将人类生活的空间与自然界共存和共同发展；如创造城市特色，塑造城市优异文化环境，对地方民俗、乡土环境、民间文化的保护和发扬等都进行了大量有益的工作。但它们的城市仍面临着深刻复杂的对比和矛盾以及难以解决的规划与建设问题。例如在财富积累程度较高的大城市，同时出现更多的赤贫居民、贫民窟及犯罪、种族歧视、吸毒等社会问题，影响了大城市的稳定与发展。城市的兴衰敏感反映经济形势变化，时常大起大落，难以进行高效合理的规划建设。城市在迅速集中和无止境地扩展过程中，导致环境自然生态出现无以逆转的恶化。处于以上社会、经济、环境、生态等各方面的尖锐矛盾，城市功能、效率和优势日趋削弱。世界国际组织于1990年在里约热内卢召开的地球最高会议和1992年芝加哥国际城建会议提出了"可持续发展"（Sustainable development）的城市规划与建设战略和发展目标。

下面分别阐述20世纪60年代以来国外城市规划与建设发展概况：

(一) 法国的国土整治与日本的四次全国综合开发计划

**法国的国土整治与区域规划**

法国从第七个五年计划(1976～1980年)开始把国土整治的重点从发展产业转向环境质量和生活质量。它把22个国土整治区合并成8个国土整治地带，并制订了20个移民方案。

法国的区域规划着重关心落后地区的区域性增长。60年代，法国政府为了有效地控制巴黎地区的膨胀，制定了21个大区的区域规划，并在全国范围内均衡地发展8个平衡性大城市，以便对国民经济实行"平衡发展法"。如马赛区域规划就是作为巴黎的主要平衡区而进行规划的。里昂—圣艾蒂安平衡区则着重于复兴一个不景气的煤田地区和开辟荒僻的山地农业地区而进行规划的。

**日本的四次全国综合开发计划**

日本于1962年提出了"全国综合开发计划"，重点开发沿太平洋的带状地带。其中对工业特别整治地带重点建设鹿岛等6个地区。1969年，日本又提出了"新全国综合开发计划"，这是鉴于太平洋沿岸地带环境污染严重，于是从整治环境出发要求扩大国土开发，并调整经济的地区结构，把新的大型工业基地配置到日本的东北、西南地区去。1977年，日本公布了"第三次全国综合开发计划"，优先考虑公共福利，改善人民生活，保护自然环境，建设健康而文明的生活环境和开发落后地区，以确保国土平衡发展的目标，计划在全国建立800个"定居圈"，以完善中小城市的生态环境。其后，日本又制订了计划期为1986～2000年的"第四次全国综合开发计划"，其基本课题为：

(1) 适于高龄成熟社会，具有安全感和稳定感的国土建设。
(2) 连接城市和乡村，既美丽又舒适的国土环境。
(3) 建设向世界开放的有活力、稳定感的国土。

(二) 大城市总体规划——1971年实施的莫斯科总体规划

20世纪60年代以来，国外对大城市规划结构进行了有效的探索和调整，如大城市规划结构从单核心同心圆转变为多核心组群式布局，从单轴的不平衡发展转变为多轴平衡发展，并建立反磁力吸引体系，以疏解大城市人口与用地规模的过度集中。世界大城市如伦敦、巴黎、东京与莫斯科等都作了重大调整，其中以莫斯科的经验较为突出。

莫斯科总体规划于1961年公布，1971年批准（图4-2-26）。规划远景人口不超过800万，市区用地878km²，并保留100km²备用地。新规划有两个基本特点，一是城市规划结构从单中心演变成多中心，二是综合考虑社会、经济、环境生态诸方面问题。莫斯科的多中心结构把城市划分成8个规划片（图4-2-27），克里姆林宫、红场所在地区是核心片，其余7片环绕四周。每个规划片人口为70～130万。各片内部逐步做到劳动力和劳动场所的相对平衡，有发达的服务设施，并均设市级公共中心。周围7个中心，连同中间的"都市中心"，形成"星光放射"状的市级多中心体系。花园环内的中央核心片继续保持原有的历史、革命传统、文教和行政方面的核心作用，并在片内划出9个保护区。其他如东南片工厂比较集中，工业生产的性质比较突出。西南片地势较高、环境优美、重点布置科研、高校和设计机构。北片则偏重于文化体育功能。

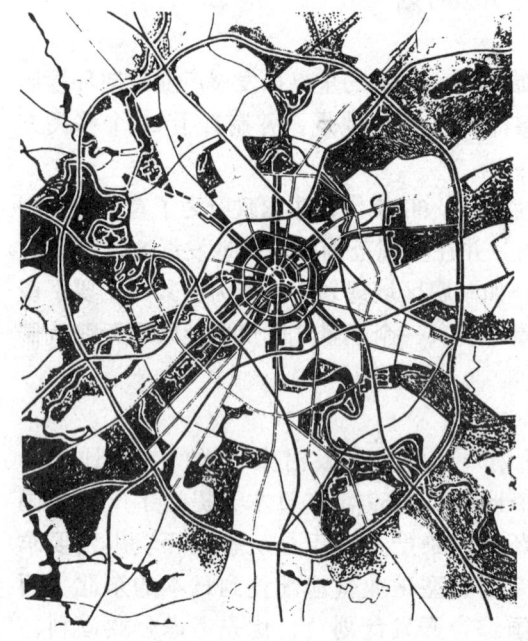 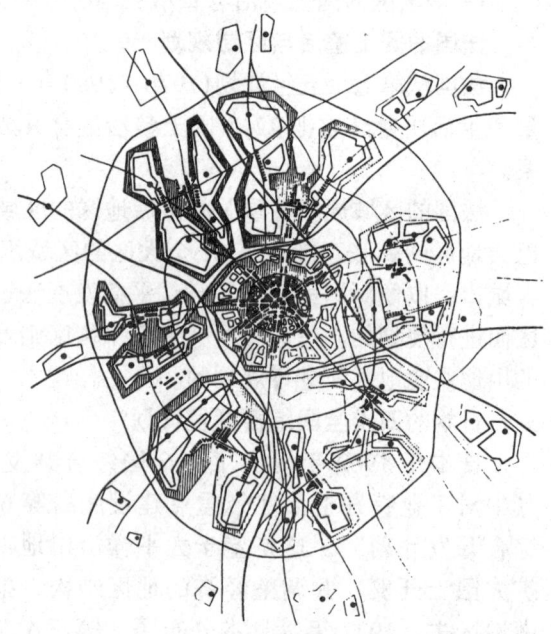

图4-2-26　1971年莫斯科总图　　　　　图4-2-27　莫斯科8个规划片平面

每个规划片又分成2～5个有25万至40万人口的规划区。规划区内又分成若干居住区、生产区、公共中心、公园绿地、体育综合体等。居住区规模为3～7万人。

城市干道由十几条放射路和6条环路组成。每一个规划片都以一条或两条主要放射路作成轴线，片内公共中心在布局上均与主要放射路有密切联系，并以其高大的体形同自然风景融为一体。规划公共绿地为每人平均26m²，有两条绿化环和6条楔形绿带——一头楔入城市中心，另一头与市郊森林连接。

为逐步解决规划片内居民就地工作问题，进行了全市工业调整规划。计划将900多个企业迁入新建立的66个工业片。

市界以外100～200km的范围是发展工业的主要地区。这个远离市界的地区与市区之间有一个特殊屏障，即首都森林保护带。

莫斯科总体规划实施效果较好，但在控制规模、调整工业布局以及在 8 大片内均欲求得生活、工作、游憩三方面的平衡中，还存在不少问题。1988 年底制定的到 2010 年的总体发展方案，拟着眼于莫斯科周围更广的地域进行详尽而科学的规划，并制订分散首都部分功能的长期综合规划，同时着手解决最大限度地提高城市与郊区土地利用效率。

(三) 20 世纪 60 年代以来的新城建设——英国米尔顿·凯恩斯与法国巴黎新城

60 年代以来，原有新城的规划模式已不适应新的要求，又鉴于新城对疏散大城市人口作用不大，英、法、日本等国着手建设一些规模较大，在生产、生活上有吸引力的"反磁力"城市，其中具有代表性的有英国第三代新城米尔顿·凯恩斯与法国巴黎新城。

**米尔顿·凯恩斯**

1967 年，英国开始规划第三代新城米尔顿·凯恩斯。此城在城市规模和规划设计观念上都有新的突破。首先是人口规模扩大到 25 万。其次在规划设计观念上提出了 6 个新的目标：使它成为一个有多种就业，而又能自由选择住房和城市服务设施的城市；使建立起一个平衡的社会，避免成为单一阶层的集居地；使它的社会生活、城市环境、城市景观能够吸引居民；使城市交通便捷；使群众参与制订规划，方案具有灵活性；使规划具有经济性，并有利于高效率的运行和管理。

米尔顿·凯恩斯位于伦敦西北 80km，规划用地 9000hm²。城市平面（图 4-2-28）大体上是一个不规则的四方形，纵横各约 8km，大部分地形起伏。

新城规划的主要特点是：(1) 土地使用与交通紧密结合。城市无严格功能分区。尽可能在交通负荷减低和环境无污染前提下，分散布置就业岗位，以便居民就近工作。即大的工厂较均匀地分布于全市，小的工厂安排在居住区内。非工业性的大的就业中心分散在城市边缘地带。(2) 购物中心布置在居住小区边缘。新城的棋盘式道路将城市分成面积约为 1km² 的环境区。每个区约有居民 5000 人。改变了过去把活动中心（如商店、学校等）安排在区的中心的做法，而是安排在环境区主要道路中段，并与公共汽车站、地下人行道结合在一起。每个环境区四周有 4 个活动中心，每个家庭可按不同需求自己选择活动场点。(3) 交通系统的高效率和经济性。市内结合现状铁路、道路和河湖走向、丘陵地形，修筑纵

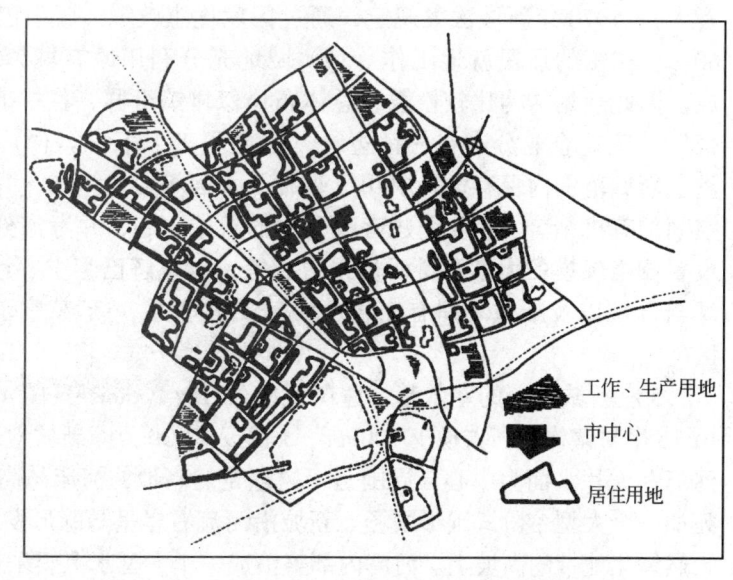

图 4-2-28　米尔顿·凯恩斯城市平面

横交错、斜曲起伏、宽度为 80m 的方格形干道网，并采用了最经济有效的 1km 路网间距。干道网还与原有河流、运河一起，组成了全城的绿化系统。城市对外交通也是高效能的。(4) 突出城市中心。城市中心（图 4-2-29）占地 200hm²，服务内容齐全，有市政厅、法院、图书馆等市级机关和文娱设施，还有占地 12hm²，建筑面积为 12 万 m² 的购物中心，其规模及设施水平当时居欧洲之冠。(5) 具有传统的田园城市特色。

城市河湖绿化成网，具有传统田园风貌。主要道路上的景观，虚实交替，并使每个路段各有特点，避免雷同。市内保留一些古建筑、古村舍。有的与新建筑结合，相映成趣。有的与大自然结成一体，交相辉映。

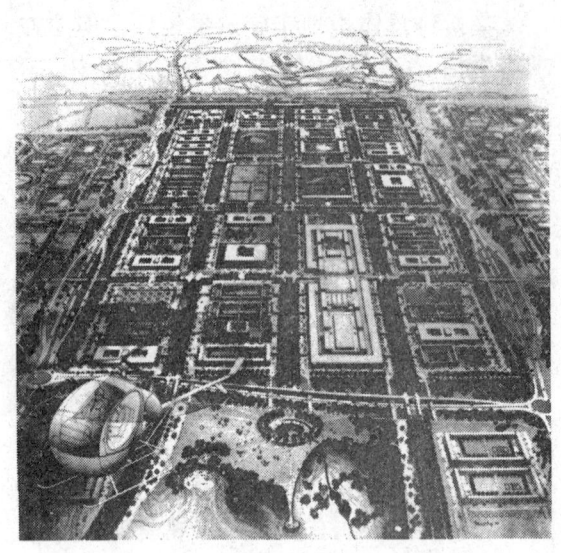

图4-2-29　米尔顿·凯恩斯城市中心

以上特点使米尔顿·凯恩斯成为一个较 20 世纪 40 年代末第一代新城的代表哈洛和 20 世纪 50 年代第二代的代表坎伯诺尔德更为成功与更具吸引力的新城。

**巴黎的新城**

1965 年法国通过的"大巴黎规划"确立建设 5 个新城。它们分布在沿塞纳河两岸从东南向西北，与城市发展轴相平行的两条切线上。5 个新城的规划总人口共计 150 万，开拓建设用地约 67000hm²。

巴黎新城规划的共同特点是：(1) 城市的性质都是综合性的，其规模较大(25～50 万人)。1970 年新城法案规定，通过国家优惠政策，吸引巴黎的工业及第三产业，并使 60%～80% 的居民就地工作。(2) 城址充分利用原有城镇基础，由现有小城镇组织而成。因此规划结构比较松散，总体布局似村镇组群，各村镇之间都有大片的"生态平衡带"。工业企业分布在村镇边缘，以便职工上下班。(3) 新城占地很广，乡村气息浓重。新城范围内保存大片农田、森林、水面等自然生态，并注意地形地貌与绿地、建筑空间的有机结合。(4) 创建有吸引力的新城中心，并考虑分期发展阶段的完整性。有的设置相当规模的大学和科研情报中心等，以疏解巴黎中心地区无限膨胀的矛盾。(5) 新城与母城以及新城之间有完善的快速交通联系，新城之间的快速交通不需穿越巴黎市区。

5 座新城之一的塞尔基·蓬图瓦兹(Cergy Pontoise)（图 4-2-30）位于巴黎西北 25km，由 15 个村镇构成，占地 10700hm²，规划人口 30 万。新城地理条件十分优越，它以优美的河湾和大片水面为中心，周围是绿树葱茏的高地，河床与高地的高差为 160m。整个地形宛如一个大型台阶式圆形剧场。新城沿河流右岸呈马蹄形发展。5 个居住区分布在河湾旁天然绿化地带的高坡上。河湾内部整治成一个大型水上娱乐基地，作为新城最吸引人的活动场地之一。

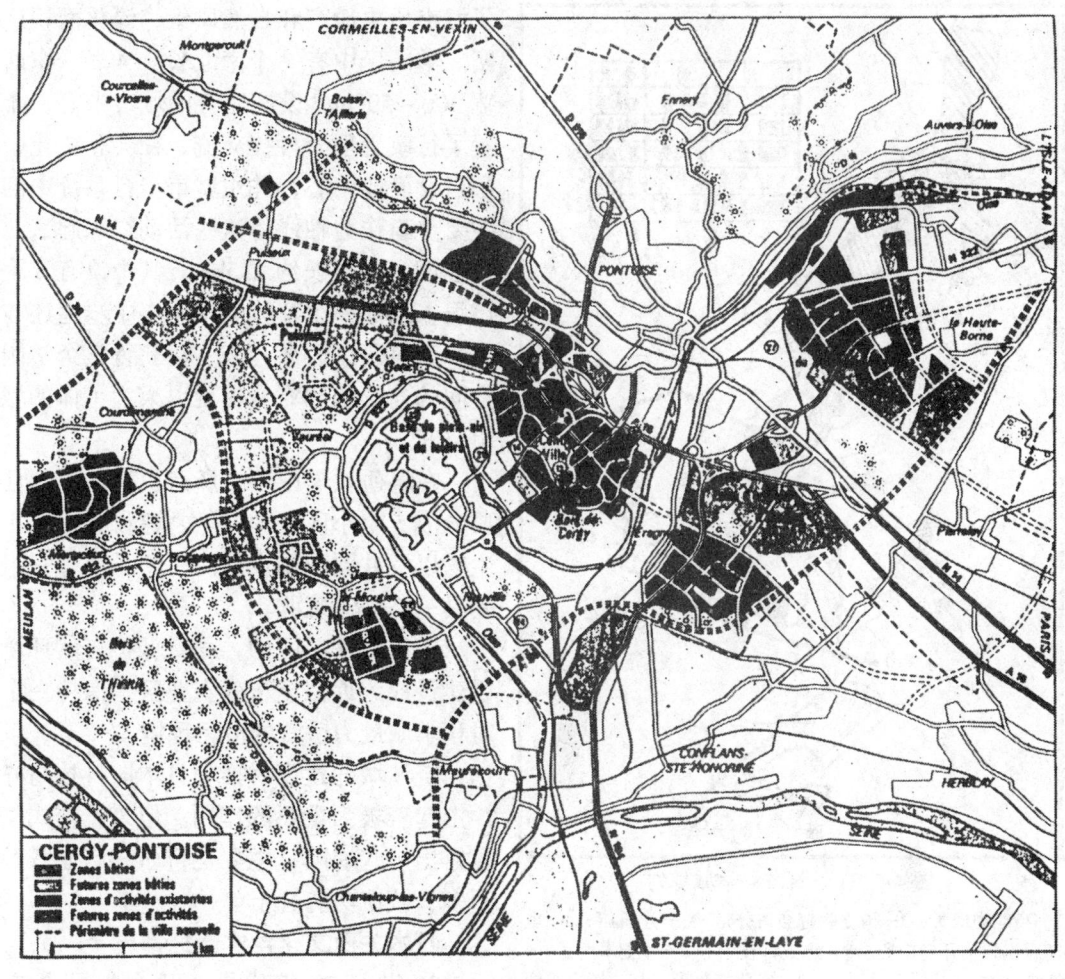

图 4-2-30　塞尔基·蓬图瓦兹规划

蓬图瓦兹新城在规划上有所创新。气氛热闹的市中心、广场和公共设施，富有魅力的娱乐基地和公园绿化，形式多样的住宅和步行道路等为居民创造了优越的生活环境。

（四）科学城与科学园区——日本筑波科学城、关西科学城、美国硅谷科学园区

20 世纪 60 年代以来各国都相继建设以教育、科研、高技术生产为中心的智力密集区，即科学城或科学园区。其中称誉于世的有日本筑波科学城、日本关西文化学术研究都市和美国硅谷科学园区等。

**筑波科学城**

筑波科学城（图 4-2-31）于 1968 年开始建设，距东京东北约 60km。城址北靠筑波山，东临霞浦湖，是一座被包围在松林中的田园城市。规划人口为 20 万，其中学园区 10 万，市郊发展区 10 万。城市无噪声、无环境污染，各项城市设施异常先进，被称为"原子城"、"电脑城"或"国际头脑城市"。

学园区位于科学城的中心位置，东西宽 6km，南北长 18km，面积为 2700hm²，保留

第四章 第二次世界大战后的城市建设与建筑活动

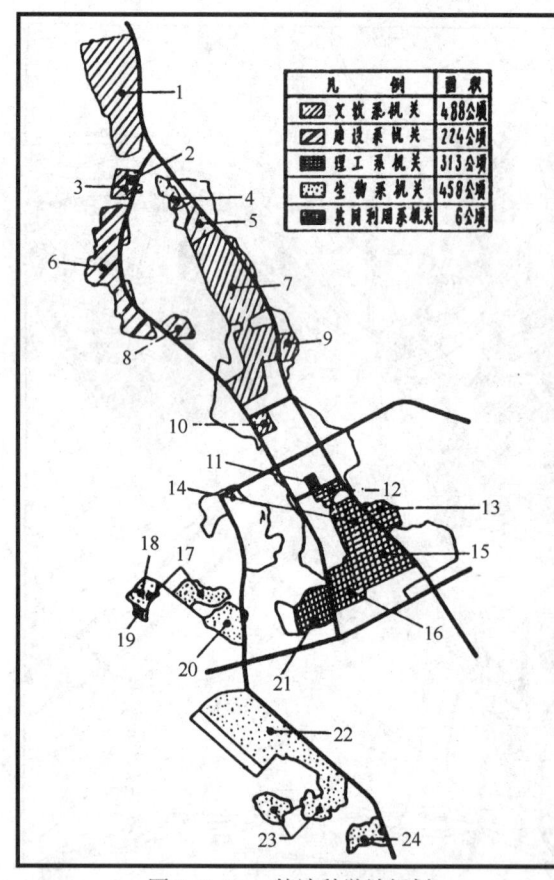

图4-2-31 筑波科学城规划

1—高能物理所；2—国立教育会馆分馆；3—建筑所；4—电气通讯技术开发中心；5—防灾科技中心；6—土木所；7—筑波大学；8—国土地理院；9—实验植物园；10—图书馆短期大学；11—共同利用设施；12—金属材料技术所分室；13—无机材料研究所；14—筑波宇宙中心；15—工业技术院本院一部、计量所、机械所、工业试验场、微生物技术所、纤维高分子材料所、地质所、电子技术所、制品科学所、公害资源所；16—气象所、气象台、气象仪器厂；17—蚕丝试验场；18—卫生研究所医用灵长类中心及药用植物研究设施；19—公害研究所围场；20—果树试验场；21—公害所；22—农业技术所、农事试验场一部、农业土木试验场、家畜卫生试验场、食品所、植物病毒所、热带农业中心、林业试验场、农村水产技术事务局一部；23—畜产试验场；24—林业试验场

了城市历史遗产和自然风景，绿化面积广阔。学园区中有一个南北长2.4km，东西宽300～500m、设施完善的城市中心，布置了行政管理、科技交流、社会和文化中心以及商业中心，并用城市步行系统中的主要步道作为轴线将这些活动组织起来。中心区主步道长约2.5km，其中设有6个广场，形成一个整体。市中心主步道还与大学和科研区联系起来，以获得整个学园空间的连续感和充分体现以人为主体的城市空间。

在科研教学区中，所有机构按不同性质分成5个小区，即文教、建设、理工、生物以及共同利用设施。每个系统有一组别具一格的建筑群。

在市郊发展区中，尽量保护自然环境以建设成为近似于市郊农业区，保持一个对科学城最为适宜的清新环境。

筑波城的建设对推动日本向科技高峰冲击起着极为重要的作用。但筑波模式也显露出一些缺陷，主要是科研和产业联系不多，城市功能过于单一。

**日本关西文化学术研究都市**

20世纪70年代末、日本为寻求21世纪的学科交叉的科学新体制和调整地域结构，于1978年提出在京都、大阪、奈良三个府县交界的"近畿地区"建设一座科学城，即"关西文化学术研究都市"。后1983年又明确提出，该城须建设成为一个具有浓厚文化气息的、有优美自然环境和生态平衡的、面向21世纪的实验型样板城市。

关西科学城于1985年开始动工建设。由占地约3300hm² 的文化学术研究区和占地约11700hm² 的周边地区构成。该地区位于日本文化发祥地的轴线上，靠近大阪湾，距京都、大阪各20～30km，有历史和文化方面的优势及进行文化学术研究的巨大潜力。该地森林密布、河网纵横、丘陵起伏，具有秀色宜人的东方情调和美丽动人的田园风光。

城市规划模式不再搞一个集中的大城市，而采用分散式布局，即分子型的多中心结构。整个科学城由9个组团(小城镇群)和2个准组团组成(图4-2-32)。每个组团由几十公顷到几百公顷不等,内部自成体系,有自己的研究区、住宅区和服务设施。9个组团在功能上各有分工,其中以第三组团祝园地区最为重要,总面积202.5hm²,规划人口9800人,位置居中,功能最多,作为城市的中心,担负主要的对外交流功能。最大的第四组团木津地区总面积740hm²,规划人口4万,将建成尖端产业的据点。采用组团式布局的优点是有利于保护生态环境,有利于分期发展和形成良好的生产、生活社区。

**美国硅谷科学园区**

硅谷(图4-2-33)位于加利福尼亚州北部,介于旧金山和圣何塞两城之间,是一个长48km、宽16km的狭长地带,因地处谷地,又为美国高技术电子工业的心脏而得名。硅谷是个自发形成的城市化地区,始于20世纪60年代,成熟于70年代。内有二三百万人口,牵连到从帕洛阿尔托(Palo Alto)到圣何塞(San Jose)的好几个城镇,集中了几千家主要为电子及部分生物技术的工业企业,以及与企业生产、科研密切结合的高等院校与科研机构。地带依托由著名的斯坦福大学于1951年创建的斯坦福科研园区,沿两条高速路由西北向东南延伸,道路两旁的一幢幢相貌平常的大型厂房。所有迁入者皆可按各自的意图设计和组织各自的环境。职工按不同层次分别相对集中居住在不同的地区。该地有宜人的气候条件、优美的自然生态风貌和舒适的生活工作环境。

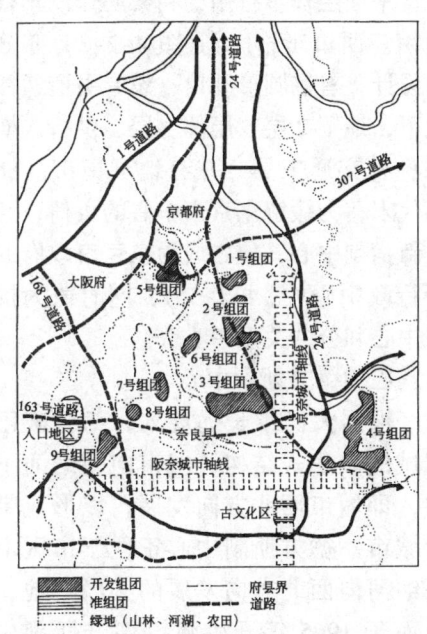
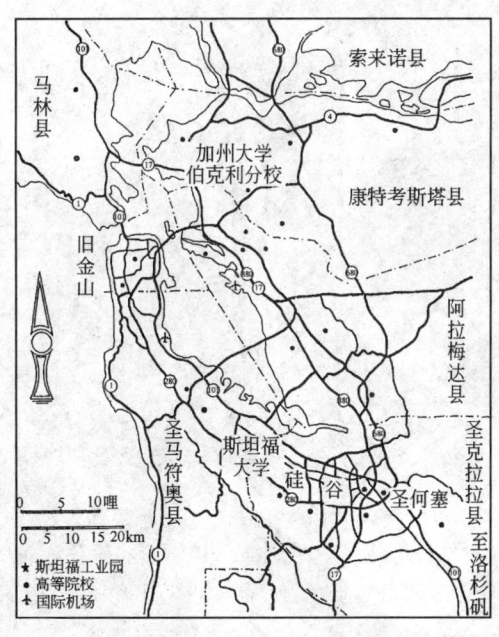

图4-2-32  关西科学城用地规划示意  图4-2-33  加利福尼亚州硅谷位置

(五)大城市内部的更新与改造——日本新宿副中心、巴黎德方斯、纽约罗斯福岛、英国巴比坎中心

20世纪60年代以来,一些发达国家大城市内部的主要问题是城市经济行政中心的容纳能力超过极限以及由于郊区化而引起的内城衰退。为疏解中心区的超负荷,各国采取建设副中心,使一中心变为多中心的规划方式。例如日本东京建设了新宿、池袋、涩谷三个

图 4-2-34　新宿车站广场

图 4-2-35　东京市政府新行政中心

副中心，法国巴黎在市区边缘建设拉·德方斯等9个综合性副中心，美国在纽约曼哈顿罗斯福岛上建设了"城中之城"，英国在伦敦建造了巴比坎文化中心等等。它们为阻止内城衰退、复兴内城活力和吸引居民返回内城起了很大的作用。

**日本新宿副中心**

新宿副中心位于东京市中心以西8km，面积96hm²，经大规模的拆迁改造后，共新建11个街坊，每个约1.5hm²。是一白天能容纳30万人口、城市设施完备的综合业务中心。主要规划建设工作包括三部分，一是超高层建筑区、二是西口广场及其地下部分、三是新宿中央公园。街道分层布置，平面层作步行用，高架层作汽车行驶用。西口车站广场(图4-2-34)亦分层设计，有椭圆形开口，设有引道通往地下，地下2层、局部3层，供行人换乘各种交通工具，并有地下街市。80年代末，为缓解东京市中心的负荷，开发新宿副中心，使之成为东京市政府的新行政中心(图4-2-35)，同时兼为抗灾中心和公共关系中心等。

**巴黎德方斯副中心**

根据大巴黎长远规划，为打破巴黎城的聚焦式结构，城市向塞纳河下游，即城市西北方向发展，以形成带形城市。德方斯副中心正位于市区沿塞纳河向西北方向发展的必经之地，因而于1965年开始建设德方斯副中心，以分散巴黎中心经济职能的过于聚集。

该地距雄师凯旋门5km，与凯旋门、罗浮宫在同一条东西对景的中轴线上，全部规划用地为760hm²，分A、B两区。A区(图4-2-36)东西长

1300m，用地 160hm²，是一个以贸易中心为主的商贸、办公和居住的综合区，可容居民 2 万人、工作人员 10 万人。布局方式是：高层办公楼、旅馆与 5～10 层住宅以及沿街低层商业建筑沿着该区中央广场及大道交错与毗邻布置。B 区范围很大，有大片公园，是一个行政、文教和居住三者结合的综合区，布局比较松散。

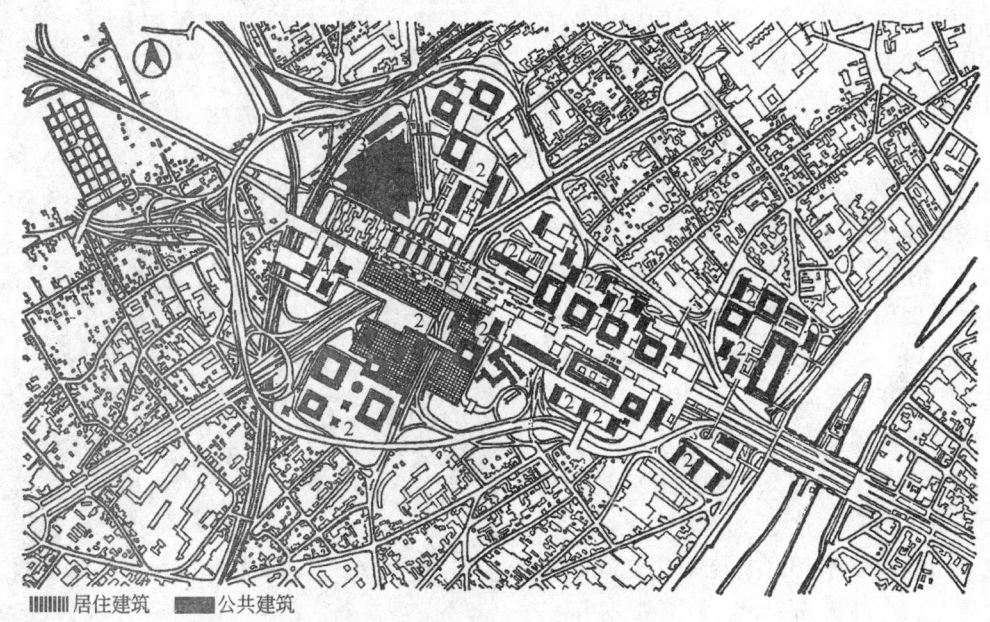

图 4-2-36　德方斯 A 区规划
1—学校；2—办公楼；3—展览馆；4—会场

A 区中央有一个巨大的步行广场（图 4-2-37），用一块长 900m、面积 48hm² 的钢筋混凝土板块将下面的交通全部覆盖起来。整个德方斯 A 区为全封闭步行区，机动车只能从街区周边驶入板块底下的地下停车场和地下车库，计可停车 32000 辆。地下空间以不同标高层次设置过境公路、铁路与地铁。

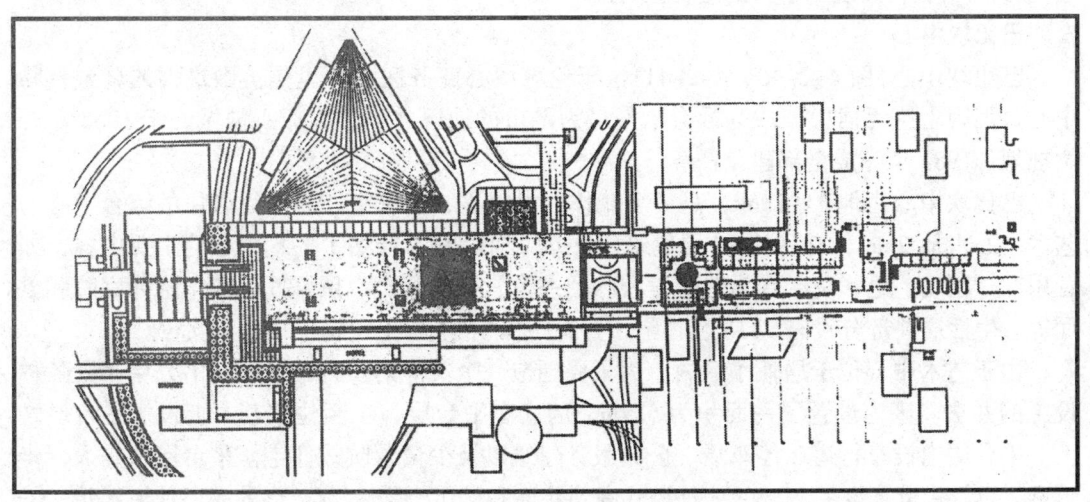

图 4-2-37　德方斯 A 区中心广场

1989年，在德方斯东西向主轴的西端即爱丽舍大街中轴线的底景部分建成了德方斯巨门(The Grand Arch of da Défence，图 4-2-38)。这是一座各边长 106m、高 110m、中间掏空、上面带天桥顶盖的立方体、其形状似门洞式的楼。其南的楼翼为法国政府的装备部、住宅部和运输海洋部所占，其北的楼翼是供出租的商务用房，大楼的天桥顶盖则供人权基金会使用。这座大楼的体量要比星形广场上的雄狮凯旋门大 20 倍，中间透空的大拱门被誉为"现代凯旋门"、"世界之窗"、"人类历史的洞口"。其形象象征"放眼未来、历史之门、开放无阻"。

### 纽约罗斯福岛

1969 年美国为复兴内城，开始规划和建设了罗斯福岛。这是个"城中之城"。它位于纽约市曼哈顿区与昆斯区之间的东河小岛上。小岛长 3.2km、最宽处 244m、面积 59.5hm²。1950 年以前这里人烟稀少，仅有监狱、感化院和传染病院等少数建筑。规划有岛北与岛南两个居住区，共

图 4-2-38　德方斯 A 区鸟瞰与德方斯巨门

设 5000 个住宅单元。岛上布置了学校、儿童机构社区运动场以及其他福利设施。来往于曼哈顿岛和罗斯福岛的交通采用了空中缆车。岛上仅有短程的无污染电动公共汽车和一条车行道装卸货物或护送病人。岛上居民的来往主要是步行和自行车交通。

1975 年后，又规划了新的居住区(图 4-2-39)。

### 巴比坎中心

巴比坎中心(图 4-2-40、4-2-41)位于伦敦中心商务区。这里是英国最大的金融贸易中心，因晚上空无居民，成为社会治安最为严重的地区之一。为振兴内城，于 1955 年开始规划，1981 年完成全部建设任务。

巴比坎中心占地 15.2hm²，是一个兼作艺术中心、会议中心和生活居住的综合中心。艺术中心占地 2hm²，有一栋 10 层建筑(其中 4 层在地下)容纳了艺术中心的主要内容，如音乐厅、剧场、电影院、音乐戏剧学校、图书馆、艺术画廊、展览厅、雕塑陈列庭院和餐厅等。生活居住部分设有 2113 套住宅，并有一栋 16 层学生、青年宿舍及女校。

由于艺术中心位于居住小区内，为了要创造一个安静的步行区，采用了分层布置各种设施的办法。区内设置了一面积为 5.2hm² 的底座平台层，小区住宅基本上设于平台层之上。平台层内设车行道、停车场、公共服务建筑以及少量台阶式住宅。平台层上是人行步道网，以及由此而联系起来的 3 栋塔式高层住宅和"U"形、"Z"形的多层住宅建筑。平

第二节 战后的城市规划与实践

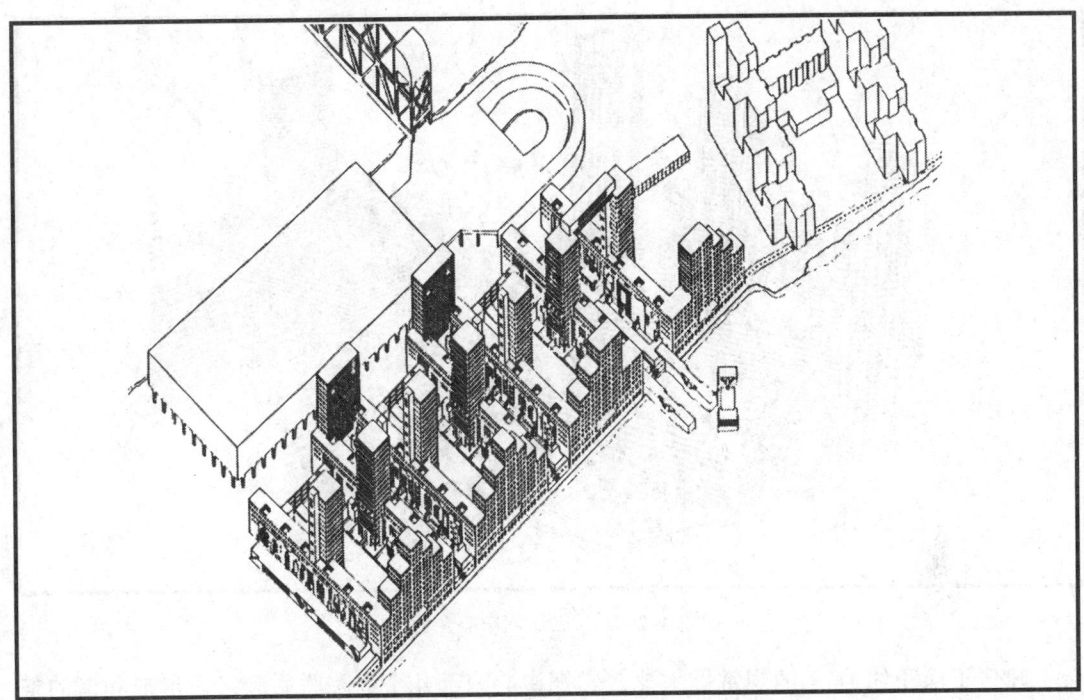

图 4-2-39 罗斯福岛居住区规划

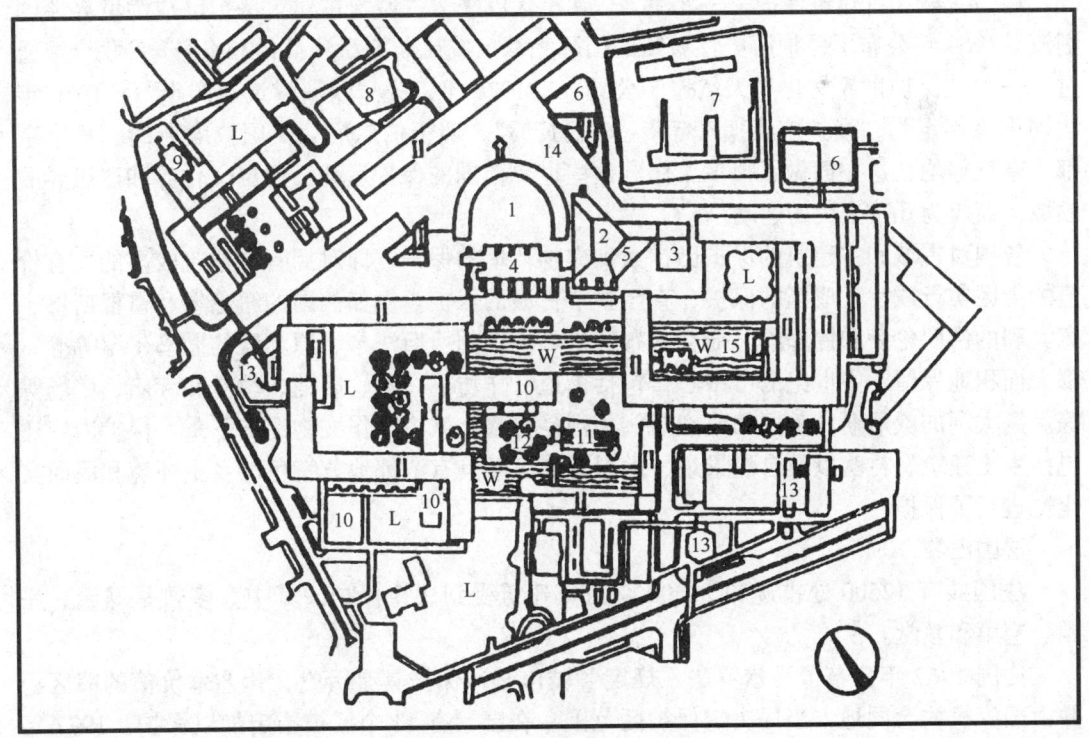

图 4-2-40 巴比坎中心平面

1—音乐厅；2—音乐、戏剧学校；3—剧院；4—图书馆和美术馆；5—温室，花房；6—公共服务处；7—酿酒厂；
8—残疾者学院；9—学生宿舍；10—伦敦女子学校；11—教堂；12—广场；13—商场；14—底层商店；
15—水上运动场；W—水池；L—草坪；Ⅰ—塔式住宅；Ⅱ—多层住宅；Ⅲ—庭院式公寓

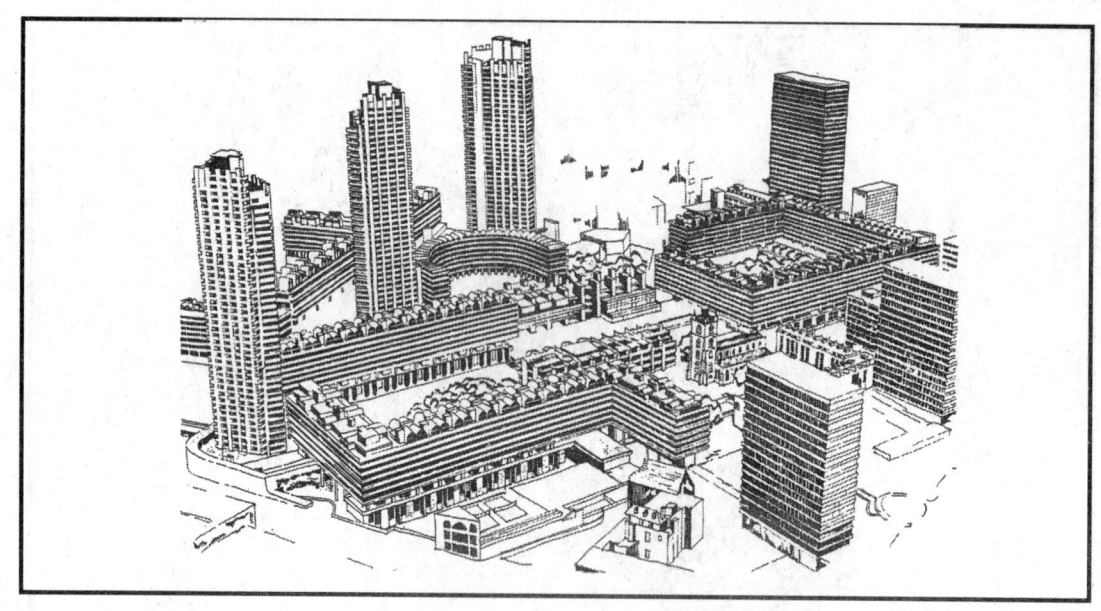

图 4-2-41　巴比坎中心全貌

台上建造了面积约 $1hm^2$ 的观赏性水池，它把中心南部几个庭院联系起来，形成和谐的整体。小区南部还保留了古罗马时期城墙的几处遗迹，并精心地把它们组织到周围景观中。

（六）古城和古建筑保护——20 世纪 60 年代以来，古城与古建筑保护已成为世界性的潮流。1964 年公布了保护历史性城镇的国际宪章《威尼斯宪章》；1972 年 11 月联合国通过了一项"保护世界文化与天然遗产公约"；1975 年定为"欧洲建筑遗产年"；1980 年法国把该年定为"爱护宝贵遗产年"。法国巴黎、瑞士伯尔尼、美国威廉斯堡、日本京都、奈良等均在这方面做了很多工作。这些世界范围的保护运动已超出文化界和建筑界的领域，而成为几乎全民的运动。

各国对古城和古建筑的保护已扩大到文物环境的保护，即对拥有古建筑较多的、有价值的街区实行成片、成区的保护，直至整个古城的保护。例如德国的纽伦堡和雷根斯堡、意大利的佛罗伦萨和锡耶纳、捷克的布拉格、伊朗的伊斯法罕、原苏联的撒马尔罕等等，都大面积地保留了中世纪的市中心，包括街道、作坊、住宅、店铺、教堂和寺庙、广场等等。意大利的威尼斯和美国的威廉斯堡，则是将整个城市当作文物保护下来。保护内容还包括乡土建筑、村落以及自然景观、山川树木。对具有浓郁地方特色的乡土环境和民间文化也进行了保护。

**法国巴黎**

法国共有 12600 处古迹和 21300 座历史建筑受到法律保护，其中大多数是城堡、庄园、宅第和教堂。

法国 1962 年公布了马尔罗法，规定各城市必须保护具有历史文化艺术价值的旧区，并由国家机构会同地方当局决定保护区范围。在巴黎有 11 个区被指定加以保护。1977 年通过的法令把巴黎分为三个部分。

（1）历史中心区，即 18 世纪形成的巴黎旧区，主要保护原有历史面貌，维持传统的职能活动。

（2）19 世纪形成的旧区，主要加强居住区的功能，限制办公楼的建造，保护 19 世纪统一和谐面貌。

（3）对周边的部分地区则适当放宽控制，允许建一些新住宅和大型设施。

巴黎被称为世界上最美丽的历史名城之一，除保存了像罗浮宫、巴黎圣母院、凯旋门那样的文物古迹外，还完整地保持了长期历史上形成的、而在 19 世纪中叶为奥斯曼改造了的城市格局（图 4-2-42）。历史上特有的巴黎式纵横轴线、广阔的古典园林、气势壮丽的宫殿、教堂、府邸，全城统一的石砌建筑，连绵不断的拱廊、带着窗户和烟囱的坡屋顶和划一的檐口线等，与塞纳河一起，组成了巴黎所特有的历史名城交响乐，予以认真保护。

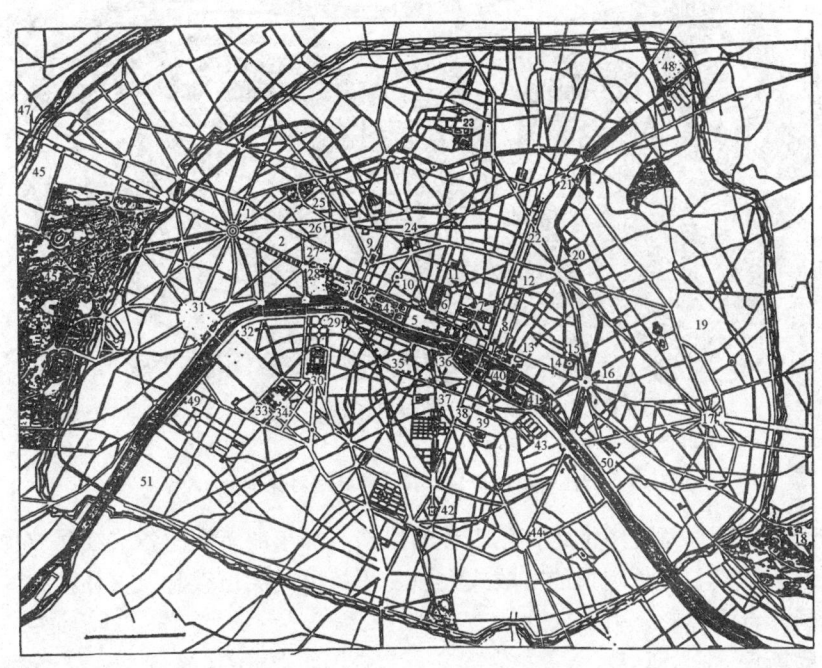

图 4-2-42　巴黎城市格局

1—凯旋门；2—香榭丽舍；3—调和广场；4—土勒里花园；5—卢浮宫；6—旧皇宫；7—中央商场；8—蓬皮杜中心；9—马德雷教堂；10—旺多姆广场；11—交易所；12—塞巴斯托波尔林荫路；13—市政厅；14—李沃斯大街；15—沃土日广场；16—巴士底广场；17—民族广场；18—梵桑斯森林公园；19—拉雪兹神父公墓；20—共和广场；21—圣马丹运河；22—斯特拉斯堡林荫路；23—圣心教堂；24—巴黎歌剧院；25—奥斯曼林荫路；26—圣欧诺诺瑞关厢路；27—爱丽舍宫；28—艺术宫；29—议院；30—残废军人收容所（军事博物馆）；31—夏依奥宫；32—埃菲尔塔；33—演兵场；3.4—联合国教科文组织总部；35—圣热曼大街；36—法兰西学院；37—卢森堡宫；38—圣米契尔林荫路；39—国家名流公墓；40—圣母院；41—圣路易岛；42—天文台；43—动物园；44—意大利广场；45—波罗涅森林公园；46—乃依桥；47—德方斯；48—拉维莱特区；49—弗隆德塞纳区；50—贝西区；51—雪铁龙区

**瑞士伯尔尼老城绝对保护区**

瑞士的伯尔尼老城是 13 世纪开始发展的，城市原主要为木构建筑。1405 年遭受一场大火，城市几乎全部被毁，后来用石灰石加以重建，至今 500 多年还是完整地保持原样。城市三面环水，有多座桥梁把西岸老城区与东岸新区连接在一起。

由于老城定为绝对保护区(图4-2-43),是在一个长条形的半岛上,所以城市成带形发展,4条平行的街道贯穿全岛。街的两旁是3、4层高的民居,首层是石拱骑楼,上部是住宅,一律红瓦坡顶,古雅、朴实而有强烈的地方性。城中耸立着建于1421年全部用灰绿色石料砌造的、后期哥特式的伯尔尼主教堂和议会大厦。大街上有古老的钟楼(1250年以前的城门)和狱塔(1250~1350年的城门)。街道中心有许多历史上遗留下来的雕像和中世纪井泉。井泉上耸立着穿甲胄的武士和建都时以熊命名的雕塑。

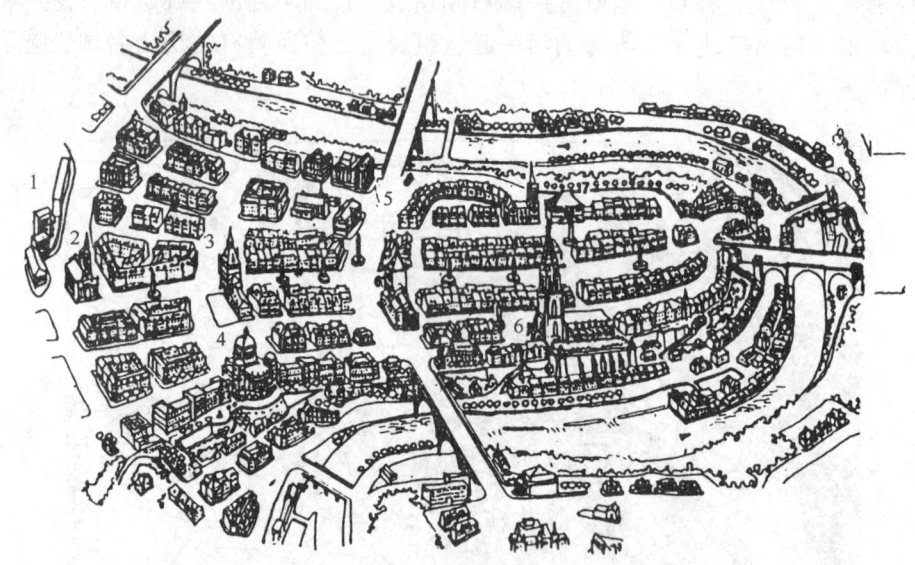

图4-2-43 伯尔尼老城绝对保护区

老城保护区一直保持着中世纪古色古香的风格。那丰丽多姿的各式红瓦坡顶,那尖形的塔顶、圆形的钟楼、绿色圆顶的宫殿式大厦、哥特色的尖顶教堂、古朴雅致的商店、古砖铺砌的广场,奇光异彩,引人入胜。

**美国威廉斯堡**

1776年美国独立以前,威廉斯堡原是英国殖民统治的中心。现整个旧城被划为绝对文物保护区,作为生动的美国历史博物馆。

旧城(图4-2-44)长约1500m,南北约六七百米,在旧城内一切保持18世纪时的原样。那里有殖民时期的议会大厦、英国总督的府邸、法院、贵族住宅以及街上旧时的商店、作坊等。城郊仍保留18世纪的风车、磨坊、农舍、麦仓和菜地、畜棚等。

旧城服务人员与导游等都穿着18世纪的服装。街上可看到

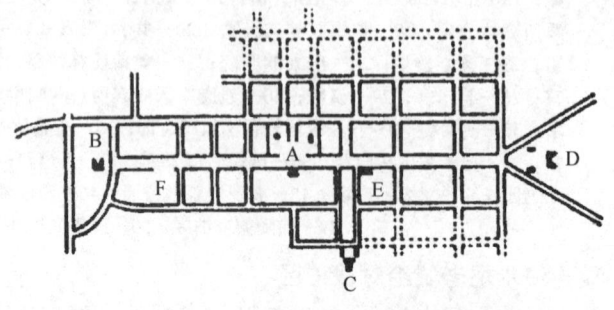

图4-2-44 美国威廉斯堡绝对保护区
A—市场广场;B—国会;C—地方长官署;D—威廉与玛丽学院;
E—布鲁顿教区教堂;F—格罗赛斯特公爵大街

作坊里的工人在打铁,用老式办法印刷等等。

**日本京都、奈良**

日本的京都、奈良,古称平安京、平城京都是仿照我国唐长安的模式建成的,它的棋盘式方格网道路系统仍保留至今。大量的寺院、宫殿经历了上千年的岁月,依然存在。

日本对历史古建筑的保护着眼于对其环境的保存。对有些古城,如京都、奈良,已扩大到对整个历史古城的保存。1966年日本颁布了《关于古都历史风土保存的特别措施法》,主要适用于京都、奈良、镰仓三个古都城市。其重点是保存历史风土,即"在历史上有意义的建筑物、遗迹等同周围自然环境形成一体,要重视古都的传统文化,以及已形成的土地状况"。

日本对没有条件复原重建的古建筑,根据不同情况做不同处理。如奈良平城宫遗迹已发掘 $1km^2$,将柱基础遗迹展示地面,可以看出当时的规模。对500年以上的建筑则全部定为文化财富加以保护,如京都的二条城、御所等。虽几经修复、改建、扩建,已不全是平安京时代的原状,但仍丝毫未动地保护着。

(七) 城市中心、广场、步行商业街区和地下街市

20世纪60年代以来,一些国家把改善城市中心环境质量放到非常突出的地位。其质量评价标准为"历史、文化、环境与生态"和以"场所"(Place)的概念来替代传统的空间概念,同时,在规划过程中采用社会目标的群众参与,也就是规划方向上、政策上和规划实施过程中的群众参与。这个时期各国在城市中心、广场、步行商业街区和地下街市的建设等方面均进行了有益的探索。

**城市中心商务区(CBD)的建设**

一些世界大城市如纽约、芝加哥、东京、巴黎、伦敦等都在中心商务区(CBD)的建设中发挥了特大城市的集聚作用。如美国芝加哥中心商务区位于市中心黄金地段,用地面积仅 $2.6km^2$,上班人口为100万。纽约有两个中心商务区,以华尔街为核心的下曼哈顿,面积仅 $0.8km^2$,上班人口55万,另一个是以42街第五大道为中心的中城区,其核心面积仅 $2.6km^2$,上班人口110万。

20世纪60年代以后,中心商务区的分散化趋势加速了中心商务区职能的升级。其职能向信息中心和指挥中心转化,使之专业化、信息化和智能化。巴黎与东京进行了中心商务区的分散化,美国洛杉矶把中心商务区的职能分散布局,都取得了成功。各国为疏解中心商务区的严重交通拥挤,采用了多样化的综合交通系统,包括电车、轻轨系统、公共汽车、地铁、辅助公交系统以及超现代化的快速公交的配合使用。

**城市中心的改建**

费拉德尔菲亚(费城)是美国始建于17世纪末的早期城市。1776年7月4日美国的独立宣言起草于此。第二次世界大战后,美国从60年代起,对东部的费城、波士顿、巴尔的摩等大城市的市中心进行了大规模的改建。费城在改建中基本保留了原有的格局,这无疑是当时城市改建的一个突出范例。中心区以东西向的市场大街为主轴线与南北向的百老汇大街相交,在交叉点上有18世纪遗存的市政厅和中心广场。中心区的改建规划基本上保留了18世纪的结构模式,仍采用原来集中紧凑的布局。市场大街在不拓宽并保留原历

史性建筑的前提下，对原有街道加以整治和美化（图4-2-45）。拆除沿街部分建筑，使停车库深入到市中心的内部，并在市中心地下开辟地下中心广场和建设地上散步林阴道，它的端部与地下电车停车场相连。在整治中使地面与地下空间结合，地上和地下交通形成一个完整的服务系统。建筑物的高度规定不得超过市政厅塔顶上雕像的基座。

波士顿、费城与巴尔的摩同为美国从20世纪60年代起对一些大城市的市中心区进行大规模改建的对象之一，其中波士顿的政府中心（图4-2-46、4-2-47）是较早地完成改建的一个例子。改建面积约24hm$^2$，于1962年完成总平面设计。这个地区的91%的房屋质量低

图4-2-45 费城市中心区改建

下，除保留了一些历史性建筑外，1969年对这个地区的85%的房屋进行了拆迁。原22条窄街与众多的交叉口，改造成为三条宽阔的主干道和三条次干道。新的道路网直捷通畅，与步行道路严格分开。区内有一个完善的步行交通系统，与周围地区以步道连通。原有的4个地铁车站也进行了现代化装备。

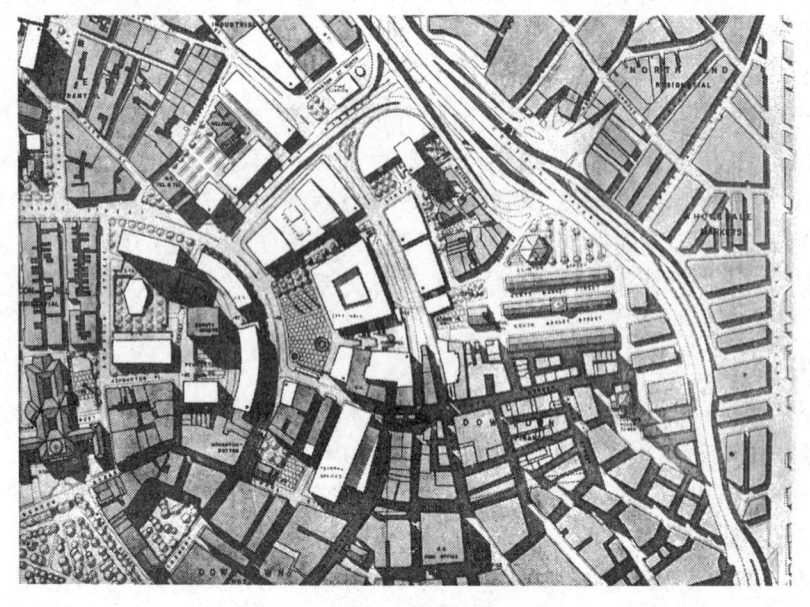

图4-2-46 波士顿政府中心平面

图 4-2-47　波士顿政府中心建筑群

政府中心主要建筑物有波士顿市政厅、联邦事务局、州办公楼、州服务中心等公共建筑以及车库与公共汽车枢纽站等，共可容纳 25000 位办公人员。

建筑群的总体布局有统一的规划。广场、绿化、建筑小品等处理都较好。公共建筑群的单体设计因各自争艳，建成后，有不甚协调感。

**城市广场**

20 世纪五六十年代以来，国外城市广场，为避免交通干扰和创造安谧谐和、丰富生动的城市环境景观，有从平面型广场向下沉式或上升式空间型广场发展的趋势。城市广场设计趋向于实现广场的步行化、多样化、小型化及个性化。如丹麦哥本哈根从研究步行空间体系入手研究广场的步行化，其市中心步行区包容了若干充满历史和文化意义的广场群。澳大利亚的墨尔本城市广场，为创造多种多样功能的掺和，把广场地坪划分成若干小型化空间，并采用植物、室外小品、地面升降及铺地等多种手段，形成各种领域化场所，以达到人在广场空间中活动的多样与多彩。有些国外城市广场，着意于广场特色和个性化风格的塑造，如美国新奥尔良的意大利广场和日本筑波科学城的市中心广场。

美国新奥尔良的意大利广场(Plazza d'ltalia)建于 1978 年，由穆尔(Charles Moore，1925~1994 年)设计，是当地意大利居民为了怀念祖国，借此激励自己的团结与信心而建设的广场，也是他们举行社区活动的地方。

广场(图 4-2-28、4-2-49)为圆形，场地上的同心圆弧由灰色与白色花岗石板组成。环绕广场中心，一圈套一圈相间布置。广场水池中的一角约 24.4m 长的一段，分成若干台阶，中有一幅以卵石、板岩、大理石和镜面瓷砖砌成的寓意于意大利半岛在地中海中的地图。在半岛的最高处有瀑布流出，水流被散为三股，象征意大利的三大河流。水流所注入的两个水池代表意大利的两个内海。在海的当中，接近广场的中心，砌成西西里岛。

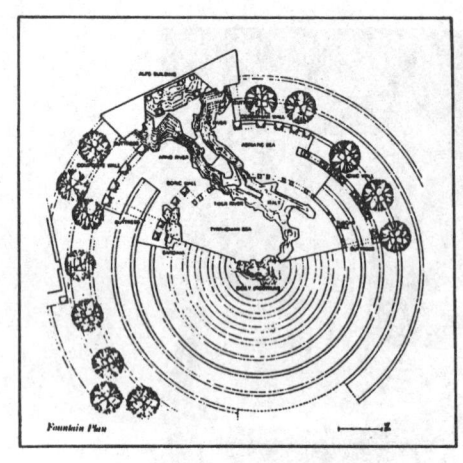 

图 4-2-48　新奥尔良意大利喷泉广场平面　　　　图 4-2-49　新奥尔良意大利喷泉广场全貌

在砌成意大利半岛的周围，由六段墙壁形成一个弧形的廊子，及六种不同的后现代古典柱式组成。墙、廊、柱全部漆成光彩夺目的赭色、黄色或橙色。在各柱式上面的喷泉水流，采取各种不同的流水方式和手法，沿着不锈钢柱流下，或从小孔中喷出，向周围上下各处喷射、流动、倾泻、泪泪作响。氖光灯将那些花纹丰富的建筑轮廓照射清晰。

这个广场的总体效果处理得十分生动而有特色。在广场的外部空间中创造了一些"内部"空间，使内外空间相融合，同时也创造出一种多空间的同时存在，用拼贴画方式以重叠和透明的手法，把形形色色的组成部分并列起来，以形成一种边界不清的空间含糊性和非限定性。这个广场可能是多年来美国所有城市中最花哨和最有特色的城市广场。它有一种新的人们称之为后现代形式主义的性格、充满热情、快慰然而又有些诙谐之感。

日本筑波中心广场于1983年建成，由矶崎新设计。用地为长方形，以筑波第一饭店、多功能服务楼和音乐堂组成的主体建筑的平面呈反"L"形，其东南侧布置其余部分，作成格网状铺地的散步平台，并在中部设置了一个平面为椭圆形的下沉式广场（图4-2-50、4-2-51）。广场的长轴同城市南北轴相重。椭圆形广场是这一群体的外部构图中心。它的设计受米开朗琪罗设计的罗马卡皮托广场和穆尔设计的新奥尔良意大利广场的影响，但又吸收了日本的空间构成和庭园布置的传统。广场铺地为放射形图案，其西北角设置了一处顺着平缓石坡而下流的落泉和一处从青铜铸的月桂树下溢出的小瀑布。这两处流泉汇聚成溪流后，流入广场中心，消失在一片泥土里。这种以下沉的、负的、洼陷的空无实体的虚处理，隐喻了日本城市中心的"消失"、"不存在"和"缺席"（absence）的主题思想。这个设计是外域异质文化与日本传统文化的融合，表达了作者强烈的个性和以内在素质价值取向的深层思想内涵。

20世纪70年代以后，具有个性的不同凡响的公共广场随着设计思想的日趋标新立异而越来越多样。

图 4-2-50　筑波中心广场西北向透视

图 4-2-51　筑波中心广场东向透视

**城市步行商业街区和地下街市**

20 世纪 60 年代以来，国外商业中心大多在 20 世纪 50 年代的经验基础上采用步行商业街的方式，在城市闹区建成一块安全、宁静、舒适和环境优越的购物或休闲的生活活动地带。它的功能，由单一化过渡到多样化，由专业化发展成综合性，成为集商贸、文娱、集会、休憩等多种功能综合的商业中心。同时，室内商业街的建设也有了新的发展。

城市中步行商业街区和购物中心常被称为节日市场，已成为重新振兴市区和城市中最有吸引力的地区。美国 1970～1990 年的 20 年间共建成 25000 座购物中心，其中最大的为艾伯塔的西埃德蒙顿购物中心总面积达 52 万 $m^2$。

"人行化"是改善城市环境的一项重要内容。在严寒地区，建设步行天桥(Skyway)系统，是增加市中心活力和吸引力的一项有效措施。美国明尼阿波利斯市在市中心区建筑物的第二层上采用密封式的玻璃步行天桥把数十个街坊联系起来，既活跃了市场也丰富了居民的冬季活动。

德国慕尼黑市中心的步行商业街区是一个别具特色的成功实例。慕尼黑是一座具有800多年历史的文化名城。1965年的建设实施方案(图 4-2-52)将市中心东西向的纽豪森大街、考芬格大街和南北向的凡恩大街改建为十字形的步行街区，并把玛利亚广场、双姊妹教堂、古市政厅、古城门等历史性建筑联在一起。

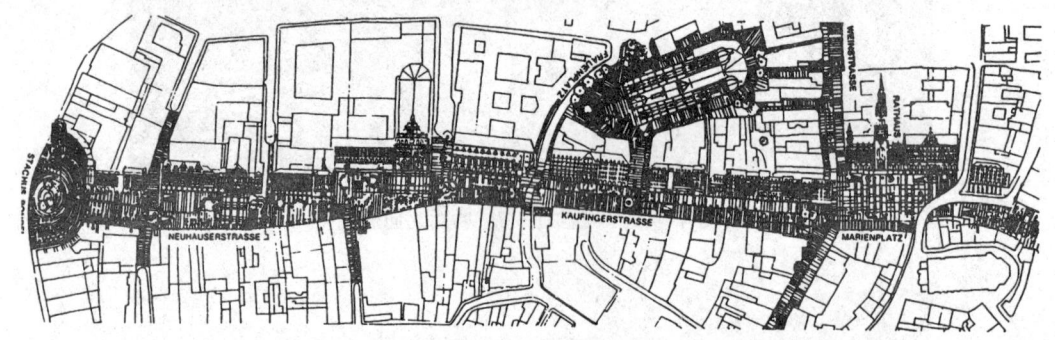

图 4-2-52　慕尼黑旧城十字步行区

步行商业街与地下商场、地下交通相结合(图 4-2-53)。例如卡尔斯广场，地下一层作为地下人行通道，布置了大小商场，并与一些大型商场的地下部分直接相通。地下二层为交通层和大型商场的仓库。地下三层为地铁层和地下停车库。

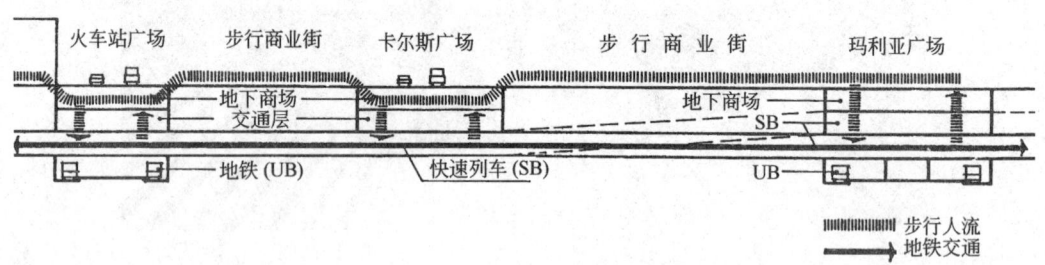

图 4-2-53　慕尼黑步行街与地下商场、地下交通的结合

步行街在布局上利用原有的传统街道，具有空间紧凑、尺度亲切、线形曲折变化、建筑错落有致等历史特色。在空间秩序上采用多种模式，使空间收放相济、大街小巷结合、室内室外交替。在步行街上还精心地设计了铺地、灯柱、花池、喷泉和街头小品等等，内容十分丰富。

美国旧金山的奇拉德利广场(Ghiradelli Square)购物中心(图 4-2-54)位于旧金山北部的滨水地带。地段由北向南升高，往北可远眺旧金山湾和金门大桥。这是一个举世公认的把可能被废弃的古旧建筑改为现代用途，使之具有特殊魅力的成功之作。它在 $1hm^2$ 坡地上把原有的一组砖木结构的巧克力可可工厂和毛纺厂等生产性建筑改成为商店和餐饮设施。通过在老建筑旁插建一些低层小商店，用由金属和玻璃组成的回廊、楼梯、竖井等把各幢建筑联系起来，再用台阶、踏步、栏杆、喷泉、路灯、枪木等同地段内的老建筑共同围合成两个大小不同、形态各异的小广场，即较为规整、开阔的喷泉广场与具有两个不规则空间的西广场。古旧的 2、3 层建筑的外部保持了红砖原样，内部保留了原木结构本色，但功能上则完全是新的。奇拉德利的成功改建使它附近的几个已废弃了多年的码头也先后被改建为新旧合璧的购物中心，从而使旧金山这段滨水地带成为市民节日的好去处。

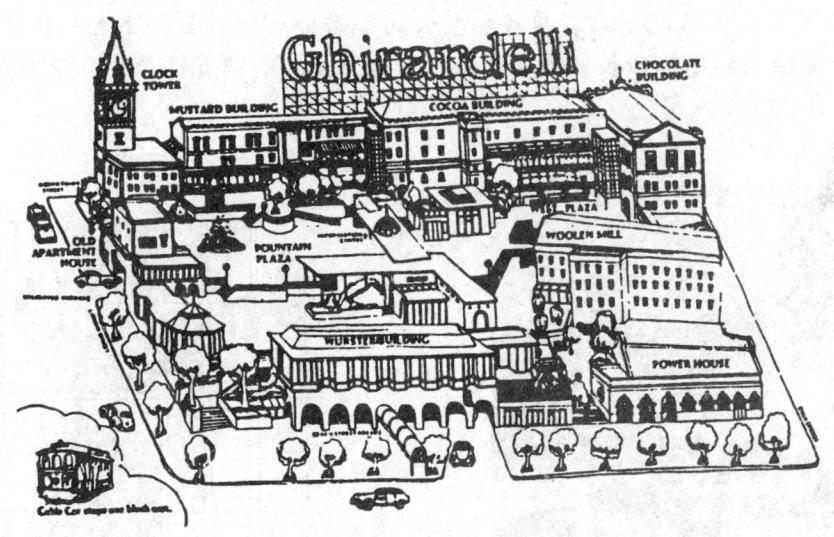

图 4-2-54　旧金山吉拉德力广场购物中心鸟瞰

20 世纪 80 年代以来，美国十分流行建筑造型丰富独特、富有节日气氛和情调的室外步行街购物中心，1985 年在圣迭戈开张的霍顿广场购物中心（Horton Plaza Shopping Center）就是其中一例（图 4-2-55）。它位于市中心闹区，造型丰富多彩，空间室内外、楼上下相互穿插，别具一格。这里几乎用上了各国各历史时期的各种建筑样式，如埃及、文艺复兴、北非伊斯兰、新艺术运动、维多利亚、地中海等，并把它们拼贴并置在一起，使人眼花缭乱。这是一个名符其实的节日市场，节日时吸引了许多游客，平时则较为冷清。

**地下街市**

20 世纪 60 年代以来，国外地下街市有较大的发展。城市向立体发展，构成一个地上与地下互成一体的网络体系，有利于中心地区的改建和繁荣。有些地下街市，还采用了几何光学幻景以及跟踪太阳的引光技术、人工模拟日光环境和地表自然环境等等。它们用光照、瀑布、雨丝、喷泉、溪涧、水池以及雕塑、小桥、绿叶、鲜花等来装点地下广场和地下绿化空间，使之有宜人的地上自然感。

日本在 20 世纪 50 年代便已开始发展地下街市，至 70 年代初，其地下街市的面积已增至

70万 m²，其后八九十年代又有新的发展。80年代大阪市中心梅田地下街每天有150万人穿过、游逛或购物。大阪的阪急地下中心是一个位于车站下的3层地下空间，面积达8万 m²。不仅是一个地下3层的商业购物中心，还开辟了富有吸引力的地下游乐中心，活跃了市民的游乐活动。仅仅大阪市几处主要地下中心的面积总和已超过20万 m²，每天吞吐人数达320万。

加拿大规模最大的地下街市在蒙特利尔，被称为蒙特利尔地下城（图4-2-56）。它有6个地下中心，总面积81万 m²，含6个地铁站，4个铁路站。人行道长约11km，有千余家大小商店、上百家饮食店、餐馆、酒吧，并直接通向各个旅馆、大剧场、电影院、银行、股票交易所和可容万辆汽车的地下停车场。此外蒙特利尔地下城还与中央火车站、长途汽车站以及各航空公司办事处相连。该地下城一次能容纳50万人活动。蒙特利尔冬季较长，气候严寒，但地下街市有鲜花绿草，和暖如春，故特别受欢迎。

图4-2-55　霍顿广场购物中心

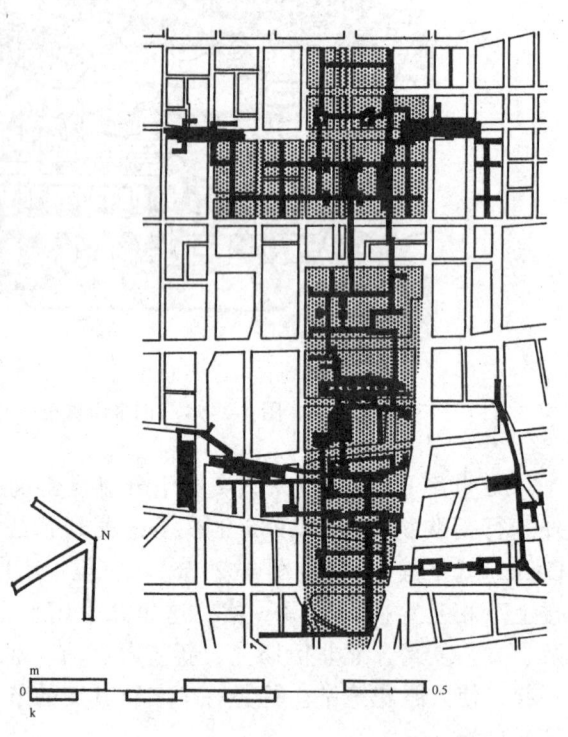

图4-2-56　加拿大蒙特利尔地下城

（八）居住环境与居住区建设

20世纪50年代初，欧洲各国在认真解决战后的房荒问题中相继采用两次世界大战之间提出的邻里单位或居住小区的居住组织形式。世界各地亦逐渐采用。50年代中期，前苏联和东欧各国在建筑工业化的基础上，亦开始搞居住小区。其规划理论基本上是因袭西方的邻里单位，但又结合各自的国情，在规划内容与手法上作了相应的补充。

西方国家于 50 年代中后期，为适应现代化快速交通的需要，开始以 3~5 万人口、面积为 100~150hm² 的社区(community)或居住区作为生活居住用地的基本单位。

前苏联与东欧各国在 50 年代后期亦开始建设 50~80hm² 的扩大小区，或称居住综合体(Жилой Комплекс)，并规划几个小区组成的，规模为 2.5~5 万人，用地为 100~200hm² 的居住区。

1. 居住环境

20 世纪 60 年代以来，围绕改善居住条件和优化人居环境，各国政府和国际组织都进行了大量的宣传和推动工作，并开展了大量的理论研究和建设试点工作。1976 年，联合国在加拿大温哥华召开了第一次人类住区国际会议，并在内罗毕成立"联合国人居中心"。1992 年，在巴西里约热内卢通过了"21 世纪行动议程"中的"人类住区"纲领性文件。在学科建设上，创建了一些新学科，如环境社会学、环境心理学、社会生态学、生态平衡和生态循环学等。

国外的居住环境设计，随着时代的发展越来越趋向科学化、完善化。有的研究自然环境与人工环境的融合，使居住环境接近自然，富有田园情趣；有的研究保护自然生态和改善小气候条件，通过对自然生态的严格保护，对城市噪声的治理，对风、日照和天然光的控制和利用来改善居住生态环境；有的研究住宅群体组织中各种空间的有机构成，处理好公共性和私密性、接触与隔离等人类活动与交往的使用特性；有的研究发挥建筑空间的协同作用，创造多功能空间综合住宅、多相形综合体和多功能综合区等等。

2. 工作居住综合区

20 世纪 60 年代以来，一些发达国家在工业生产和科研试制中采用封闭系统，工业污染已可基本得到控制。那种把大城市严格地划分为单一性质的功能分区，对人们的上下班、交通和就业带来较多不便，所以产生了一些工作与居住连在一起的综合体。其中有工业—居住综合区、科研—居住综合区、行政办公—居住综合区、市中心—居住综合区、副中心—居住综合区、文化中心—居住综合区等等。

离芬兰赫尔辛基市中心 8~12km 的哈格、凡塔镇由三个居住和工业综合的小区构成的。居民 2 万人，可提供 5000 个就业岗位。其中一个小区——马尔明卡塔诺小区(图 4-2-57)，规划人口 3300 人，有就业岗位 1600 个。小区以 4 个组群组成，西北角一组以轻工业用房为主，其东南、西南两组亦有少量就业岗位。

法国里莱城科研中心将科研区集中布置在中间，居住区设在科研区周围(图 4-2-58)，是一种科研—居住综合区。

美国华盛顿的西南改建区(图 4-2-59)位于国会大厦西南，面积约 200hm²，是一个行政办公—居住综合区。该综合区的北部基本上是行政办公区，内有少量公寓，南部基本上是居住建筑和为居民服务的公共设施。

日本筑波市中心的中心轴上，将市政办公、市级商业设施、文化设施与居住区建在一起，是市中心—居住综合区。

巴黎德方斯 A 区，在副中心公共建筑群内布置 30 多幢 25~30 层塔式办公楼和 10 层以下的口字形住宅和少量塔式住宅，是副中心—居住综合区。

英国伦敦巴比坎中心在 15.2hm² 的用地上，将居住 6500 人的 2113 套住宅集中在两幢 40 层和一幢 38 层塔楼及 4 幢多层建筑内，致使住宅区用地被压缩到 4.8hm²，而为文化中心的公共活动争取了大量空间。它是一种文化中心—居住综合区。

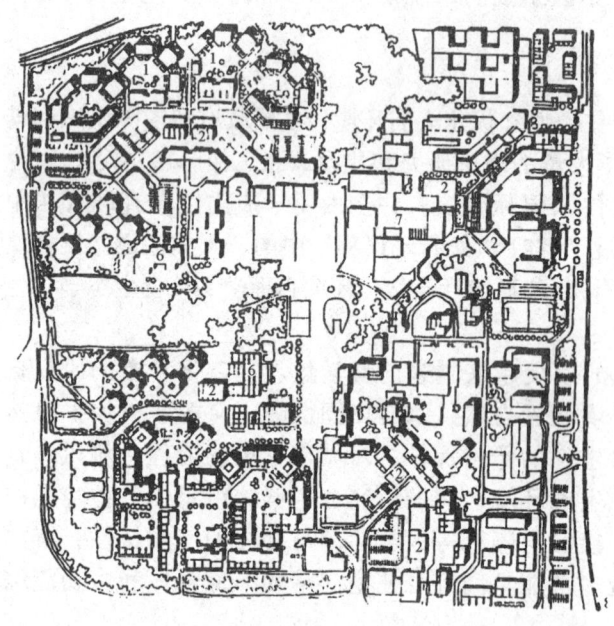

图 4-2-57　哈格·凡塔镇马尔明卡塔诺工业—居住综合区
1—住宅；2—轻工业；3—住宅、办公；4—商店；5—小学；
6—日托；7—综合楼；8—火车站；9—办公

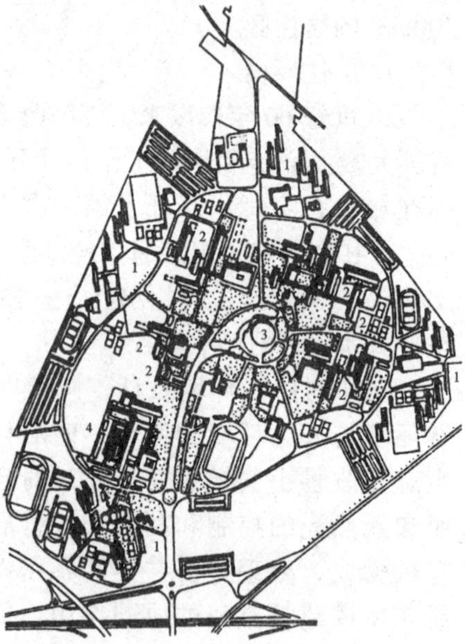

图 4-2-58　法国里莱科研—居住综合区
1—住宅组团；2—科研所；3—图书馆；
4—行政服务中心；5—体育和休息区

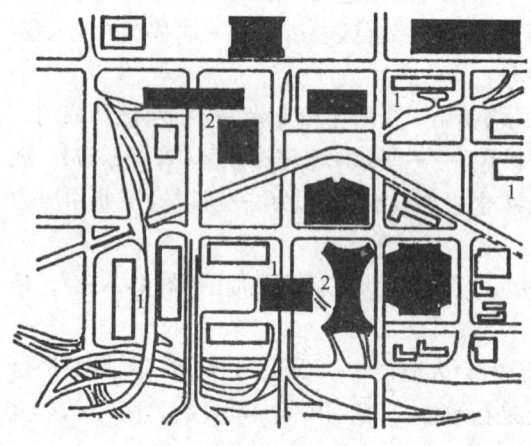

图 4-2-59　华盛顿国会大厦西南的行政办公—居住综合区
1—住宅建筑；2—办公楼及其他公共建筑

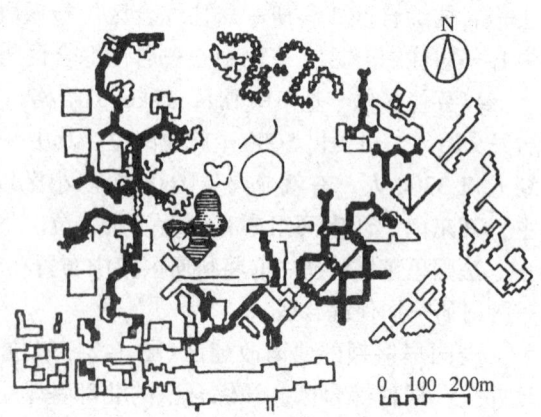

图 4-2-60　法国格勒诺布尔市奥勒坎整体式小区

3. 整体式居住小区

(1) 住宅连续布置，配以相应的公共设施，组成为整体

这类小区在法国、西班牙已很普遍。如法国格勒诺布尔市奥勒坎小区(图 4-2-60)建于 1973 年，用地 21hm²，可容 7500～9000 居民。连续布置的住宅组群像树枝一样构成了小区的骨架。住宅底层架空，开辟一条宽 15m、高 6m、长 1.5km 的小区步行街，贯通整个小区。分散的公共设施像树叶长在树枝上，布置在步行街的两侧，居民基本上不出室外便能到达所有公共设施。为解决部分居民就地工作，小区内还设有一些工场和小工业。

(2) 住宅坐落在公共设施上组成整体平台式小区

这类平台式小区是由单幢成群的住宅坐落在多层公共设施平台之上形成的。如纽约东河畔的 1199 广场小区(图 4-2-61)就属这种类型。作为基底的连成一片的公共设施有 3 层，都在地下。屋顶为有绿化和铺面的整体式平台。在这平台上的有 4 组整体式高层住宅组群和两幢公共建筑。

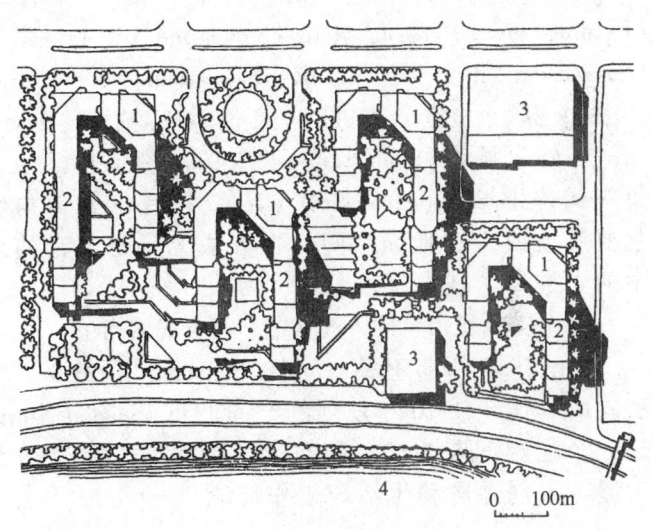

图 4-2-61　纽约 1199 广场整体平台式小区总平面
1—38 层塔式住宅；2—8～16 层错层住宅；3—公共建筑；4—东河

(3) 一栋楼组成一个整体式小区

20 世纪 60 年代初，前苏联建筑师切廖摩什卡设计了一座莫斯科新生活大楼居住综合体(图 4-2-62)。这是由两栋 16 层板式大楼和一幢 2 层服务楼联结而成的。两幢大楼内共有 812 套住宅，设有中心餐厅和小食堂。大楼内还有文化教育中心、图书馆、冬季花园厅、小组作业房间、艺术工作室、游戏室等。综合体还有自己的儿童中心、体育中心、地段门诊所和行政中心等，可以被认为

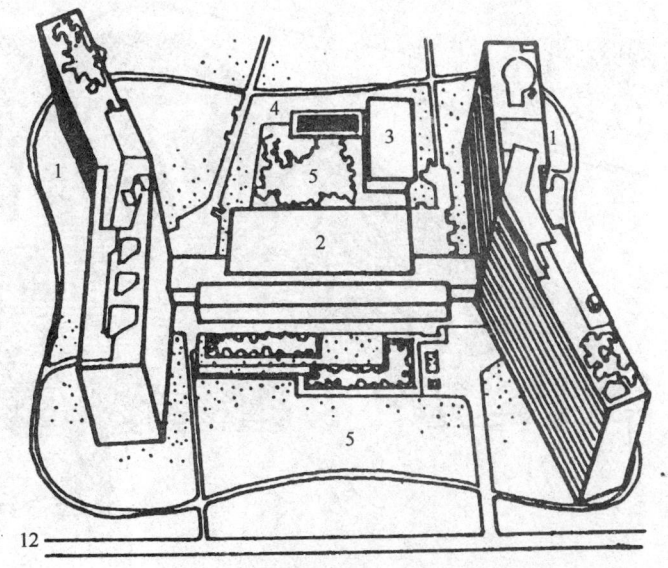

图 4-2-62　莫斯科新生活大楼居住综合体
1—可容 1000 居民的 16 层大楼；2—服务楼；3—体育馆；4—游泳池；5—公共绿地

是一个比较完善的整体式小区。

### 四、对未来城市的设想

20世纪60年代以来,各国规划工作者提出了各种未来城市的设想方案。有的设想从不破坏自然生态出发,以可移动的房屋与空间网架来构筑空间城市(Space city)、插入式城市(Plug-in city)与行走式城市(Walking city)。有的设想从土地资源有限,拟向海上、海底、高空、地下、山洞争取用地,以建设海上城市(Floating city)、海底城市(Submarine city)、摩天城(Upper air city)、悬挂城(Suspension city)、地下城市(Underground city)、山洞城市(Cave city)。有的设想从开发沙漠、太空、外星以建设沙漠城市(Desert city)、太空城市(Outer space city)、外星城市(Planet city)。有的从模拟自然生态出发,拟建以巨型结构组成的集中式仿生城市(Arcological city)。还有从其他角度提出的其他方案。它们的目的是要解放或少占地面空间,在方法上具有丰富的想像力和大胆利用一些尚在探索中的先进科学技术手段。

#### (一)空间城市、插入式城市、行走式城市

法国建筑师弗里德曼(Y. Friedman,1923~ )认为,未来建筑可以是活动安装式的。他于1970年规划的空间城市(Spacial Town,图4-2-63),是在大地上构筑起一个柱网间距为60m的空间结构网络。在这个网络上可装上活动安装式的各种房屋,可创造各种生活与工作环境。

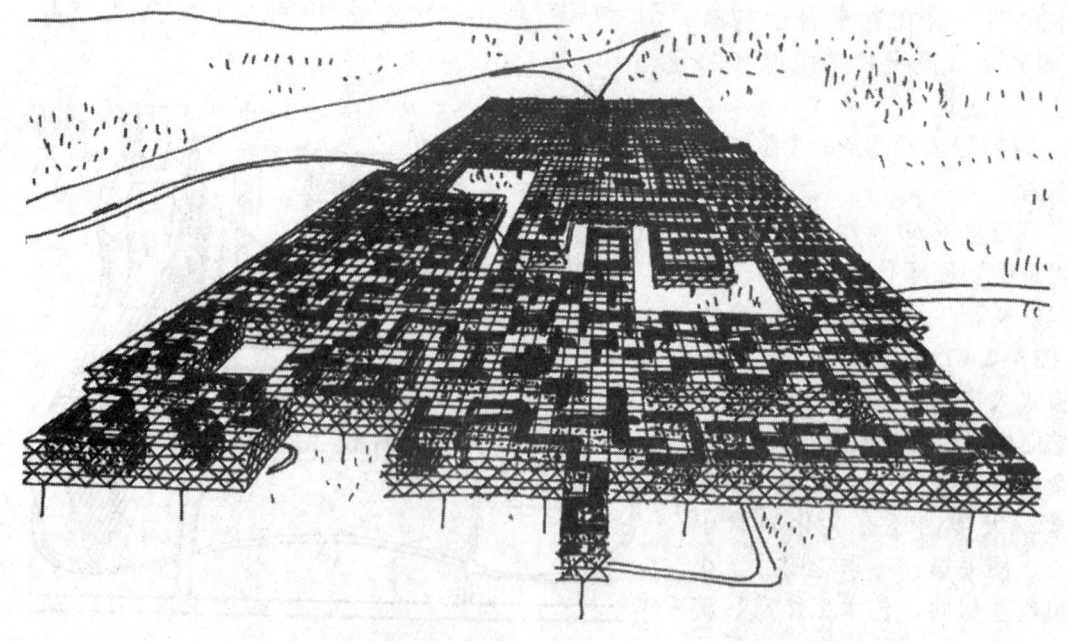

图4-2-63　弗里德曼设想的空间城市

矶崎新于 1960 年设计的另一空间城市方案（图 4-2-64）是一架空的可连续延伸的构架，它跨越在地面原有城市的上面。

阿基格拉姆派建筑师库克于 1964 年设计了一种插入式城市（图 4-2-65、4-2-66）。这是一幢建筑在已有交通设施和其他各种市政设施上面的网状构架，上可插入形似插座似的房屋或构筑物。它们的寿命一般为 40 年，可以轮流地每 20 年在构架插座上由起重设备拔掉一批和插上一批。这也是他们对未来的高科技与乌托邦时代城市的设想。

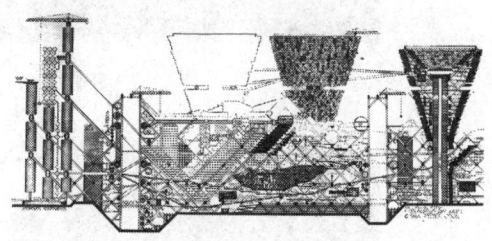

图 4-2-65　库克设想的插入式城市

图 4-2-64　矶崎新设想的空间城市

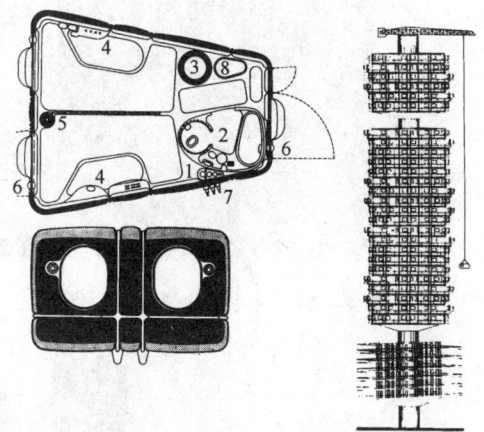

图 4-2-66　插入式高层住宅

1964 年赫隆（Ron Herron）设计了行走式城市。它是一种模拟生物形态的金属巨型构筑物（图 4-2-67）。下面有可伸缩的形似望远镜状的可步行的"腿"，可在汽垫上从一地移动至他地。

（二）海上城市、海底城市、摩天城、吊城、地下城市、山洞城市

1960 年丹下健三制定了东京海湾规划方案（图 4-2-68、4-2-69）。当时东京人口为 1000 万。城市发展已缺乏足够用地，因而将生活居住区与城市的业务部门伸向海湾建设成一个带形的横跨海湾的海上城市，即把东京湾两岸连接起来，并打破原来那个已经不胜负担的只有一个中心的城市压力。

70 年代初，美国建筑师富勒（B. Fuller）设想的海上城市（图 4-2-70）有 20 层高，可漂浮于 6~9m 深的港湾或海边，与陆上有桥连通，这是一个四面体，呈上小下大的锥形。海上城市人口 15000~30000 人。

图 4-2-67　赫隆设想的行走式城市

图 4-2-68　东京海湾规划方案平面　　图 4-2-69　东京海湾规划方案局部模型

图 4-2-70　富勒设想的海上城市方案

20世纪90年代，日本拟建设大阪湾海上城市，和在东京以南80~160km的海上建设一个面积为25km²的海洋城。美国也规划在洛杉矶、巴尔的摩、纽约等沿海地区进行大规模的海洋空间开发。拟到21世纪初，建立容纳10万人的海上城市。

日本于70年代初提出建立海底城市的设想。其方案之一是以许多圆柱体城市单元组成一个城市整体。每个圆柱体城市单元与其他单元的连接采用自动步行装置以及运输交通轨道。城市单元突出海面的大平台(图4-2-71)供直升飞机升降与轮船泊岸。医院与老人住宅设在上层近海岸处。学校与办公楼位于圆柱体中部。突出海面的部分拟布置少数能享受到阳光与自然空气的高级住宅。

图4-2-71　日本设想的海底城市突出海面的大平台

20世纪90年代，日本大林建筑公司规划了一个独特的水下工业城市。其居民区将建在位于东京和大阪太平洋沿岸工业发达区的大陆架水下。海底城市由505个海底隧道贯穿，并与海面、空中的船舶与飞机构成立体交通网络。

向高空争取用地的设想有建筑师弗里斯奇蒙构思的摩天城，高达3000m。可以居住25万人，占地面积只有0.5km²。居民可在这里工作和生活。

前苏联建筑师波利索夫斯基提出了吊城(图4-2-72)。他设想在城市用地上装置几百米高的垂直井筒，彼此间用空间网络联系起来。用以悬挂街道、房屋、花园、运动场地等等。网络可以是多层的，因而城市也可能成为多层。

图4-2-72　波利索夫斯基设想的吊城

也有人建议在两山之间的峡谷建造悬吊的复网城市。就是在两座山头上拉起超高强钢索网，然后把各种轻型楼房，一个个悬挂在网上。

城市向地下发展，已逐渐成为城市发展的方向，被誉为人类的"第二空间"。由保罗迈蒙提出的"地下新巴黎城"方案，利用塞纳河下的地下空间为巴黎增加 3000hm² 的使用面积。其地下空间与地上空间在使用功能上形成一个整体，为大城市改造和拓展开展了一条新的思路。

有些建筑师提出可以利用由于人工开采而形成的各种矿井或由自然形成的岩洞、溶洞、断层、地缝等开发成可供生活用的地下空间。现有些大型矿井延伸几百公里，开采面积达方圆几十公里，其范围不小于一个中等规模的地区。

山洞城市，古已有之。公元前 300 余年古人在今约旦境内的崇山峻岭中雕凿出辉煌的岩石要都——佩特拉城（Petra）——至今仍为中东文明的见证。现地球表面有许多地方被高山占据。与建筑上天、入地、下海的同时，人类亦将运用先进的科学技术成就来探索未来城市进山的新途径。

（三）沙漠城市、太空城市、外星城市

随着先进科学技术手段的运用，如太阳能的广泛利用以及绿化、水、资源等问题的解决，在渺无人迹的浩瀚沙漠中建设城市已可能成为事实。埃及已筹划在沙漠中规划建设一座城市——斋月十月城。

有些学者认为，太空城市可建在距地球和月球均为 40 万 km 的地方。因在这些点上两个星球的引力相互抵消，且不需要耗能来维持城市的运转。美国休斯敦大学正在设计可居住 100 人的宇宙村。美国普林斯顿大学的阿勒尔博士一直在主持一项太空居住区的研究计划，准备建立一万居民的自给空间体系。

关于外星城市，美国航天局预计，到 2060 年可以在火星上建立一个繁荣的、有人的基地。

（四）仿生城市

规划建筑师索拉里（P. Soleri）于 20 世纪 60 年代起以植物生态形象作为城市规划结构的模型，取名仿生城市（Arcological city）。这是一种城市的集中主义理论。它用一些巨型结构，把城市各组成要素如居住区、商业区、无害工业企业、街道、广场、公园绿地等里里外外，层层叠叠地密置于此庞然大物中。1968 年索拉里规划的仿生城市（图 4-2-73），其中间主干为公共与公用设施以及公园。从主干向周围悬挑出来的是 4 个层次的居住区。空气和光线通过气候调节器透入中间主干。居住区部分悬挂出来的平台花园可接触天然空气与阳光。

索拉里于 70 年代设计和开始动工的阿科桑底（Arcosanti，图 4-2-74）是索拉里的建筑生态学与仿生城市的实例。该工程位于美国亚利桑那州、凤凰城北 112km 处一块 344hm² 的土地上。整个城市为一座巨大的 25 层、高 75m 的建筑物，可居住 5000 人。楼内设有学校、商业中心、轻工业、剧院、博物馆和图书馆等。在建筑下面有 1.74hm² 的大片暖房。城市建筑和暖房用地仅占 5.6hm²，其余的 388.4hm² 土地则用来作为种植农作物和文化娱乐之用，成为环绕城市的绿带。

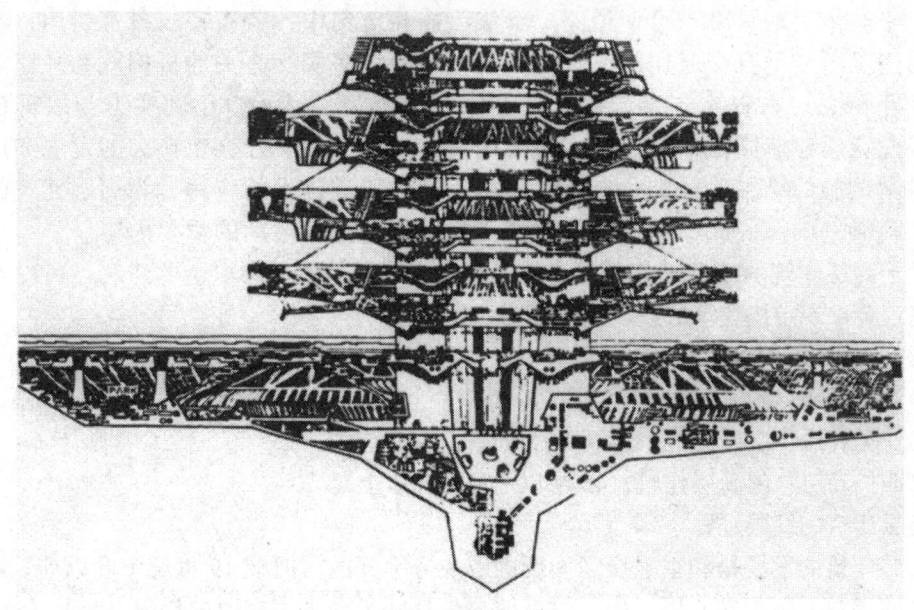

图 4-2-73　索拉里设想的仿生城市

图 4-2-74　索拉里阿科桑底仿生城市部分建成区

## 第三节　高层建筑、大跨度建筑与战后建筑工业化的发展

第二次大战后，国外随着工业生产的发展与科学技术的进步，建筑领域取得了一系列新的成就，在建筑类型方面，以高层建筑与大跨度建筑尤为突出，它充分体现了现代建筑的特征与新技术的威力，以往任何时代都望尘莫及。

### 一、高层建筑

高层建筑虽然在 19 世纪末就已出现，但是真正在世界上得到普遍的发展还是 20 世纪中叶的事，尤其是近几十年来，它犹如雨后春笋，已逐渐遍及到世界各国。高层建筑得到发展的原因：主要是由于先进工业国城市人口高度集中，市区用地紧张，地价昂贵，迫使建筑不得不向高空发展；其次是高层建筑相对来说占地面积较小，在既定的地段内能最大限度地增加建筑面积，留出市区空地，有利城市绿化，改善环境卫生；

同时由于城市用地紧凑，可使道路、管线设施相对集中，节省市政投资费用；在设备完善的情况下，垂直交通比水平交通方便，可使许多相互有关的机构放在一座建筑物内，便于联系；在资本主义国家，垄断资产阶级为了显示自己的实力与取得广告效果，彼此竞相建造高楼，也是一个重要因素；此外，由于社会生产力的发展和广泛地进行科学试验的结果，特别是电子计算机与现代先进技术的应用，为高层建筑的发展提供了科学基础。因此，高层建筑已成为目前城市建筑活动的重要内容。

关于高层建筑的概念，各国并不统一，过去一般是指7层以上的建筑，1972年国际高层建筑会议规定按建筑层数多少划分为四类：

第一类高层：9~16层(最高到50m)；
第二类高层：17~25层(最高到75m)；
第三类高层：26~40层(最高到100m)；
第四类高层：超高层建筑，40层以上(100m以上)。

**高层建筑的发展过程**

高层建筑的发展是和垂直交通问题的解决分不开的。回顾19世纪中叶以前，欧美城市建筑的层数一般都在6层以内，这就明显地反映了受垂直交通的局限。自从1853年奥蒂斯在美国发明了安全载客升降机以后[1]，高层建筑的实现才有了可能性。此后，高层建筑的发展过程大致可以分为两个阶段：

第一个阶段是从19世纪中叶到20世纪中叶，随着电梯系统的发明与新材料新技术的应用，城市高层建筑不断出现。19世纪末，美国的高层建筑已达到29层118m高。在20世纪初，美国高层建筑的高度继续大幅度上升，1911~1913年在纽约建造的伍尔沃斯大厦(Woolworth Building)，高度已达52层，241m。1931年在纽约建造号称102层的帝国州大厦[2]，高381m，在70年代前一直保持着世界最高的记录。20世纪30年代后期，高层建筑已开始从单体向群体发展。1931~1939年，在纽约建成了洛克菲勒中心，这是一组庞大的高层建筑群，占地8.9hm²(22英亩)，其中共有19座建筑，最高的一座是RCA大厦，高70层，成为整个高层建筑群的标志。在高层建筑的造型方面，20世纪上半叶多半采用"塔式"，自1937~1943年在巴西里约热内卢建成巴西教育卫生部大厦(设计人：勒·柯比西埃与尼迈耶尔 Le Corbusier & Oscar Niemeyer)之后，开创了"板式"高层建筑的先河，使高层建筑的大家庭中逐渐出现了两种同样重要的类型。

第二个阶段是在20世纪中叶以后，特别是60年代以后，随着资本主义经济的上升，以及发展了一系列新的结构体系，使高层建筑的建造又出现了新的高潮，并且在世界范围内逐步开始普及，从欧美到亚洲、非洲都有所发展。总的来看，最近几十年来，高层建筑发展的特点是：高度不断增加，数量不断增多，造型新颖，特别是办公楼、旅馆等公共建筑尤为显著。例如英国在第二次大战前高层建筑仅占城市新建房屋的7%，70年代已增到42%，不过仍以20层以下为多。美国一些大城市，高层建筑更是普遍，有些中小城市也开始兴建高层建筑。在居住建筑方面，各国建筑层数的发展则趋向不一。有的国家继续向高层发展，有的认为高层居

---

[1] 1853年美国发明蒸汽动力升降机，1887年发明电梯。详见第一章第三节。
[2] 见本教材第三章第二节。

## 第三节 高层建筑、大跨度建筑与战后建筑工业化的发展

住造价贵且不近人情而控制发展,逐年下降。这与各个国家的经济基础、技术条件、文化意识与人民生活水平是分不开的。因此各个国家在不同时期都有不同的层数标准。

**50年代以后的高层建筑活动**

美国在50年代以后,高层建筑大力发展"板式"风格,1950年在纽约建成的39层联合国秘书处大厦(设计人:哈里森W. K. Harrison等,图4-3-1)就是早期"板式"高层建筑的著名实例之一。1952年SOM❶建筑事务所在纽约建造的利华大厦(Lever House,图4-3-2),高

图4-3-1　纽约,联合国秘书处大厦

22层,又开创了全部玻璃幕墙"板式"高层建筑的新手法,成为当代风行一时的样板。如丹麦在1958～1960年建的哥本哈根SAS❷,就是仿利华大楼的造型。密斯·范·德·罗在1919～1921年设想的玻璃摩天楼方案到这时得到了实现。1956～1958年建成的纽约西格拉姆大厦(图4-3-3)即是他所作的玻璃摩天楼的代表。

图4-3-2　纽约,利华大厦

图4-3-3　纽约,西格拉姆大厦

---

❶ SOM 的全名为 Skidmore, Owings & Merrill。
❷ SAS 的正名为斯堪的纳维亚航空公司。

与此同时，由于在战后铝材过剩，被大量转移到建筑上，于是铝板幕墙在高层建筑上便广泛应用。其他如不锈钢板，混凝土板的外墙在本时期也有一定的发展。

近些年来，由于高层建筑越造越高，在结构上为了减少风荷载的影响，国外新建的高楼，越来越多地建造塔式建筑。如1964～1965年在芝加哥建造的双塔形的马利纳城(大厦)(Marina City, 设计人：戈德贝瑞 Bertrand Goldbery, 图4-3-4)，60层，高177m，两座并列的多瓣圆形平面的公寓，以及1976年在美国南部亚特兰大建造的桃树中心广场旅馆(Peach-tree Center Plaza Hotel, Atlanta, 设计人：波特曼 John Portman, 图4-3-5)，70层，圆形平面，和1978年又由波特曼设计的底特律广场旅馆主楼，高73层，都是塔式玻璃摩天楼的典型实例。

应用铝材或钢板作外墙的塔式高层建筑也很普遍，如1965～1970

图4-3-4　芝加哥，马利纳城大厦

年在芝加哥建成100层的汉考克大厦(John Hancock Center, SOM设计，图4-3-6)，高337m；1968～1971年在匹茨堡市建成64层的美国钢铁公司大厦(设计人：哈里森等，图4-3-7)；1969～1973年在纽约建成的世界贸易中心大厦(World Trade Center, 设计人：雅马萨奇 Minoru Yamasaki, 1912年生，图4-3-8)，两座并立的110层的塔式摩天楼(于2001.9.11遭恐怖主义分子袭击倒塌)，高411m；1970～1974年在芝加哥建成的西尔斯大厦(Sears Tower, SOM设计，图4-3-9)，110层，高443m，是当时世界最高的塔式摩天楼。

上述高层建筑各例大都采用钢结构体系。目前，钢筋混凝土结构在高层建筑中也得到很大的发展，如1974年建的美国休斯顿市贝壳广场大厦(Shell Plaza Building)，是52层钢筋混凝土套筒式结构，高217.6m。1976的在芝加哥落成的水塔广场大厦(Water Tower Place Building, 图4-3-10)，76层，另有地下室2层，高260m，是70年代世界上最高的钢筋混凝土楼房，结构亦采用套筒式。

高层建筑除美国以外，在加拿大也有较大的进展。典型的例子如多伦多在70年代初期建造的商业广场西楼(Commerce Court West)，57层，高239m；1974年在多伦多建的第一银行大厦(First Bank Tower)，72层方塔，高285m，当时它是除美国以外在世界上最高的建筑。此外，在 1963～1968 年建成的多伦多市政厅大厦(图 4-3-11)，是 2 座平面呈新月形的高层建筑，当中围合着一座 2 层高的圆形会堂。两幢高楼分别为 31 层，88.4m 与 25 层，68.6m 高，创造了曲面板型高层建筑的新手法。

图 4-3-5　亚特兰大，桃树中心广场旅馆

(a)外观

(b)内部

图 4-3-6　芝加哥，汉考克大厦

图 4-3-7 匹茨堡，美国钢铁公司大厦

图 4-3-8 纽约，世界贸易中心大厦（于 2001.9.11 被恐怖分子袭击坍塌）

图 4-3-10 芝加哥水塔广场大厦门厅内景

图 4-3-9 芝加哥，西尔斯大厦

图 4-3-11 多伦多市政厅大厦

在欧洲，高层建筑也得到发展，其中以意大利米兰城在 1955~1958 年建的皮雷利大厦 (Pirelli Tower，设计人：Gio Ponti and Pier Luigi Nervi 等，图 4-3-12) 可作早期欧洲代表，平面为梭形。这座建筑把 30 层楼板放在四排直立的钢筋混凝土墙上，而不采取传统的框架形式。1969~1973 年在法国巴黎也已建成 58 层（另有 6 层地下室）的曼恩·蒙帕纳斯大厦 (Maine-Montparnasse)，高 229m，办公用，是欧洲 20 世纪 70 年代最高的建筑，总面积为 116000m²。在英国，80 年代以前最高的建筑为 60 层。随着建筑材料的轻质高强，英国已有用砖砌体建成 11 层到 19 层的公寓。1966 年瑞士也已建成 18 层高砖墙承重的公寓，墙厚都不超过 38cm。

(a) 外观
图 4-3-12　米兰，皮雷利大厦

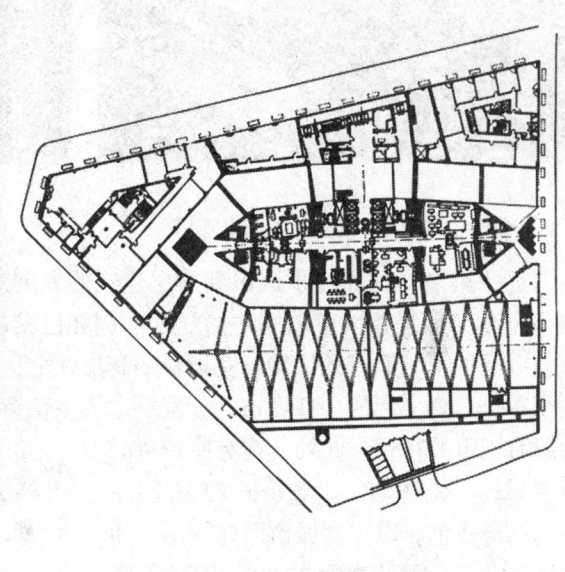
(b)
图 4-3-12　皮雷利大厦平面

在亚洲，日本已于 1974 年在东京建成新宿三井大厦，55 层，高 228m。1979 年建成东京池袋区副中心"阳光大楼"，高 240m，地上 60 层，地下 3 层，钢结构套筒体系。与此同时，新加坡也建成 52 层大楼。

近些年来，国外构筑物的高度也有了惊人的增长。继 1889 年在巴黎建造 328m 高的埃菲尔铁塔之后，到 1962 年在莫斯科建造的电视塔，钢筋混凝土结构，圆形平面，高度达 532m，是 60 年代世界最高的构筑物。1974 年在加拿大多伦多建造的国家电视塔 (CN Tower，图 4-3-13)，高度达 548m（1800 英尺），已取代莫斯科电视塔而成为 70 年代最高的构筑物，高度也超过了芝加哥的西尔斯大厦。这座塔的平面为 Y 形，钢筋混凝土结构，在顶部还设有一个 400 人的餐厅，并可容纳 1000 人参观。20 世纪 80 年代初，新建的华沙电视塔，高 645.33m，成为 80 年代世界最高的构筑物。

**高层建筑的规划与设计概况**

由于资本主义国家大城市畸形发展，高层建筑在城市中的布局多是自发形成。如纽约的高层建筑都集中于曼哈顿岛，芝加哥的高层建筑多分布在密歇根湖的沿岸（图 4-3-14），旧金山的高层建筑多分布在旧金山湾一带。在这些城市的市中心区内，人口高度集中，建筑密度很大，加上楼高路窄，阳光稀少，交通极为拥挤，造成了一系列不良的后果。

图 4-3-13　多伦多，国家电视塔

图 4-3-14　芝加哥，市中心区的高层建筑
（20 世纪 70 年代末面貌）

近些年来，国外逐步认识到高层建筑的发展对城市环境的影响，因此，许多国家已开始注意高层建筑在城市总体中的规划。例如巴黎就将高层住宅区分别集中于东北郊与东南郊，以保护古城原有的风貌。莫斯科的高层住宅区也都集中于西南郊，市中心区内则按规划适当布点。意大利的一些城市，如罗马、佛罗伦萨、米兰等也都对高层建筑严加控制，以保持原有城市的特色。此外，在有些新建的卫星城镇，则规划了少数塔式的 10 层左右的高层住宅，以丰富城市形体构图，如瑞典斯德哥尔摩市郊区的魏林比新城（图 4-3-15），美国华盛顿南郊的雷斯顿（Reston）卫星镇都是处理得较好的例子。

高层建筑的体形，归纳起来，大致可以分为两类：板式与塔式。板式高层建筑除了平面为一字形外，还有 T 形、H 形、弧形等等；塔式高层建筑的平面有三角形、方形、矩形、圆形、多瓣形、Y 形、十字形等。

国外高层建筑的进深一般较大，中间设有供垂直交通的电梯与楼梯竖井以此作结构核心，在建筑物的周围大多设有低层的裙楼之类的建筑。正方形平面的边长可大到 60~70m。因考虑结构受力的原因，高层建筑以平面对称，外形简单为原则，并尽可能做到平面体形方整。布置平面的方位除考虑日照朝向外，还注意避开主导风向，以利于抗

图 4-3-15　瑞典魏林比新城市中心 20 世纪 60 年代刚建成时面貌

风。显然低层建筑常用的复杂体形,在高层建筑中是不适宜的。

在高层建筑的平面布置上愈来愈朝向大空间发展,以适应多功能的需要。建筑造型简洁,减少外部装饰,便于工业化的施工。例如美国高层建筑中的办公楼,租用者都按其需要灵活隔断。故高层建筑设计,一是把柱距做得较大,一般为 12~15m,柱子截面通常用宽翼工字钢或闭口箱形。二是不论钢骨架或钢筋混凝土结构,所有楼板都采用现浇混凝土板(平板或带肋板),支承在钢桁架或空腹次梁上,有利于大量管线通过。

**高层建筑的结构体系**

高层建筑的结构体系在近些年来有很大的发展,主要表现在研究解决抗风力与地震力的影响方面获得了显著的成就。为了满足高层建筑基本刚度的要求,一般规定在其承受风荷载时位移不得超过允许限制 1/300~1/600 高度。因此,传统的以抗竖向荷载为主的框架体系对于高层建筑就不够理想,每增加一层,单位面积的用钢量就增加很多,越高越贵,这就形成了"高度消耗"(Premium for height),或称之为"高度加价"。例如国外一般 15 层建筑的用钢量为 $50kg/m^2$,50 层为 $100kg/m^2$。又如纽约世界贸易中心大厦,下部风力为 $225kg/m^2$,上部则为 $400kg/m^2$,产生的高度消耗就很明显。因为高层建筑就像屹立在地面上的悬臂结构,高度越大,悬臂越多,在水平风力作用下建筑物底部产生的弯矩以及为了克服它而需的高度消耗也就愈大,这就对房屋的刚度提出更高的要求。国外为了解决这个问题,曾进行长期的探索、研究,现在钢结构 100 层办公大楼用钢量可以不超过 $142kg/m^2$,它与 1931 年美国建造 102 层的帝国大厦用钢量 $206kg/m^2$ 相比减少了 31%,这就是由于抓住了水平荷载这个关键,找到了能有效地抗侧力的新结构体系。

从 20 世纪 60 年代以后,在钢结构方面的新体系有:

(1) 剪力桁架与框架相互作用的体系(Shear Truss Frame Interaction);

(2) 有刚性桁带的剪力桁架框架相互作用体系(Shear Truss Frame Interaction with Rigid Belt Trusses);

(3) 框架筒体系(Framed Tube);

(4) 对角桁架柱筒体系(Column Diagonal Truss Tube);

(5) 束筒体系(Bundled Tube System)。

钢筋混凝土结构的新体系有:

(1) 抗剪墙体系(Shear Wall);

(2) 抗剪墙框架互相作用体系(Shear Wall Frame Interaction);

(3) 框架筒体系(Framed Tube);

(4) 套筒体系(Tube in Tube System)。

此外,混合体系(指钢结构与混凝土结构混合使用)在国外也有应用,但尚不够普遍,这主要是因为钢结构施工快,在美国每层平均只需 3 天,而钢筋混凝土结构则需 7 天左右,这样结合在一起,影响工作效果,而且互相干扰。所以国外多半将主体结构与核心结构部分采用钢结构,而围护结构与内部隔墙采用钢筋混凝土,这样有利于施工。

为进一步了解现代高层建筑的具体情况,下面举两个有代表性的例子加以说明:

### 纽约世界贸易中心双塔[1]

纽约世界贸易中心双塔虽然在 2001 年被摧毁，但它在建筑历史上仍然值得记载。

它是由两座并立的塔式摩天楼及 4 幢 7 层建筑和一幢 22 层的旅馆组成，建于 1969~1973 年。两座塔式大厦均为 110 层，另加地下室 6 层，地面以上建筑高度为 411m (1350 英尺)。建设单位为纽约港务局，设计人是雅马萨奇。两座高塔的建筑面积达 120 万 $m^2$，内部除垂直交通、管道系统外均为办公面积与公共服务设施。建筑总造价为 7.5 亿美元。

塔楼平面为正方形，每层边长均为 63m，外观为方柱体。结构主要由外筒柱网承重，9 层以下外柱距为 3m，9 层以上外柱距为 1m，窗宽约 0.5m[2]，这一系列互相紧密排列的钢柱与窗过梁形成空腹桁架，即框架筒的结构体系。核心部分为电梯的位置，它仅承受重力荷载，楼板作为将风力传到平行风向的外柱上。由于这两座摩天楼体形过高，虽在结构上考虑了抗风措施，但仍不能完全克服风力的影响，设计顶部允许位移为 900mm，即为高度的 1/500，实测位移只有 280mm。两座建筑因全部采用钢结构，共用去 19.2 万 t 钢材。两座大厦的玻璃如以 20 英寸(50cm)宽计算，长度达 65 英里(104km)。建筑外表用铝板饰面，共计 2200000 平方英尺(204000$m^2$)，这些铝材足够供 9000 户住宅做外墙。在地下室部分设有地下铁道车站和商场，并有 4 层汽车库，可停车 2000 辆。每座大厦共设有电梯 108 部，其中快速分段电梯 23 部，每分钟速度达 486.5m，每部可载客 55 人，分层电梯 85 部。

设备层分别在第 7、8、41、42、75、76、108、109 层上。第 110 层为屋面桁架层。高空门厅(Sky Lobby)设在第 44 层及 78 层上，并有银行、邮局、公共食堂等服务设施。107 层是个营业餐厅。其中一座大厦的屋顶上装有电视塔，塔高 100.6m。另一座大厦屋顶开放，供人登高游览。

这两座建筑可供 5 万人办公，并可接待 8 万来客。经过几年使用后，发现很不方便，主要是人流拥挤，分段分层电梯关系复杂。由于这两座高塔大而无当，存在不少问题，如交通、空调、火警等等，故有"摩天地狱"之称。同时，由于窗户过窄，在视野上一般反映不够开阔。自去年大楼倒塌后专家们还发现，当时被认为先进的把楼板结构与外筒结构形成一个整体、相互支撑的结构方法，竟是大楼遭袭击后快速倒塌的原因。事实说明，这样的高楼并不是从解决实际功能出发，而只是起了商标广告作用而已。但是，从这里也可以看到材料、结构、设备对高层建筑造型的影响。尽管如此，这两座建筑仍进行了一些建筑艺术处理，底下 9 层开间加大，上部采用了哥特式连续尖券的造型，因此有人称它为 70 年代的"哥特复兴"。

### 西尔斯大厦[3]

1970~1974 年建于芝加哥，由 SOM 建筑事务所设计。建筑总面积为 450 万平方英尺 (418000$m^2$)，总高度 1450 英尺(443m)，达到了当时芝加哥航空事业管理局规定房屋高度的极限。建筑物地面上 110 层，另有地下室 3 层，它是 20 世纪 80 年代前世界上最高的建筑

---

[1] 详见 Architectural Forum 1973/4。

[2] 实际窗宽 1′~7 1/4″，柱面宽 1′~6 3/4″。

[3] 详见 Architectural Forum 1974/1~2。

物。这座塔式摩天楼的平面为束筒式结构，共有 9 个 75 英尺(22.9m)见方的管形平面拼在一个 225 英尺(68.7m)见方的大筒内。建筑物内有 2 个电梯转换厅(高空门厅)，分设于 33 层与 66 层，有五个机械设备层。全部建筑用钢 76000t，混凝土 73000 立方码($55700m^3$)，高速电梯 102 部，其中有直通与区间之分。这座建筑的外形特点是逐渐上收，1~50 层为 9 个筒组成的正方形平面，51~66 层截去对角的两个筒，67~90 层再截去二角后呈十字形平面，91~110 层由两个筒直升到顶。这样既在造型上有所变化，并可减少风力影响。实际上大楼顶部由于风力作用而产生的位移仍不可忽视，设计时顶部风压采用 $305kg/m^2$，设计允许位移为 1/500 建筑物的高度，即 900mm 左右，结果实测位移为 460mm。西尔斯大厦的出现，标志着现代建筑技术的新成就，也是西方垄断资本主义显示实力的反映。

**20 世纪 80 年代以后的高层建筑**

从 80 年代开始，西方国家的经济逐渐由 70 年代的衰退走向复苏，作为支柱产业的建筑业也相应有了新的发展。表现经济实力的高层建筑成为这方面明显的标志，尤其是超高层建筑的建造形成热点。这一时期，不仅欧美各国的高层建筑继续大力建设，而且第三世界，特别是亚洲一些国家和地区的高层建筑更是犹如雨后春笋，反映了经济的增长与强烈的竞争意识。高层建筑的性质主要以办公楼居多。在建筑的功能与技术方面已日益综合化与智能化，在高度方面虽然没有超出前阶段的最高点，但建筑造型却越来越多样化，建设的数量与建筑的平均高度也在逐年增加。从综观其造型特点来看，大致可分为下列几类：

1. 标志性

属这一类的高层建筑数量最多，也最普遍，它们的体形多采用超高层的塔式建筑，层数一般在 40 层以上，重点强调塔顶部位的高耸尖顶处理，以便形成为城市的主要标志。下面几座建筑就是比较著名的例子。

**美国 费城 自由之塔**(The Liberty Tower, Philadelphia, 1984~1991 年，图 4-3-16)

这是一座典型的城市标志性超高层建筑，它位于费城自由广场上，是该城高层建筑群中最高的一座塔楼。设计人是建筑师 H. 杨(Helmut Jahn)。自由广场建筑群由 3 幢新建的建筑和 1 幢旧有的 40 层建筑物组成，在方形的广场上各占一角。其中自由之塔高达 251m，是费城最高的建筑物，总建筑面积为 118,500$m^2$。为考虑风力的影响，塔楼采用了常用的核心筒结构，并沿建筑周边布置 8 根巨柱，通过 4 层高的桁架与核心筒相连。塔楼平面的角部是内凹的，这样可以增加每层的转角办公空间，也可使建筑体形显得轻巧。大厦底部 3 层裙房用花岗石贴面，上部塔楼全部为玻璃幕墙，并做成横条状，使其具有特殊的装饰效果。塔楼的顶部是这座建筑最有标志性的部位，它明显地受到纽约克莱斯勒大厦(Chrysler Tower)的影响，但却全以玻璃材料构成，能给人以新颖的印象。

**马来西亚 吉隆坡 双塔大厦**(The Petronas Towers, Kuala Lumper, Malaysia, 1995~1997 年，又称石油双塔大厦，图 4-3-17)

亦称云顶大厦，位于吉隆坡市中心区，设计人为美国建筑师西萨·佩利(Cesar Pelli)。双塔高 88 层，包括塔尖总高为 445m，在建成后已超过了芝加哥的西尔斯大厦[1]而获得了当时世界最高建筑的桂冠，这反映了第三世界国家不甘落后的思想。大厦底部有 2 个电梯厅，设 24 部

---

[1] 西尔斯大厦建筑高度 443m，加楼顶所立电视天线高度 77m，两者相加为 520m。但世界摩天楼委员会判定西尔斯大厦的电视天线为附属结构，高度不计在内。而吉隆坡的双塔大厦顶部塔尖为固定装饰性结构，故高度计算在内。

电梯，由 2 个低层区和 3 个高层区组成，分别解决高速直达与区间上下之用。塔的平面为多棱角的柱体，逐渐向上收缩。两塔总共建筑面积为 218,000m²。底部 4 层为裙房，用花岗石砌筑，裙房之上的塔身全为玻璃幕墙与不锈钢组成的带状外表。随着建筑高度的不同，立面大致可分为 5 段，逐渐收缩，最上形成尖顶，近似于古代佛塔的原型。在双塔第 41 层与 42 层之间有一座"空中天桥"连接两塔，"桥"长 58.4m，高 9m，宽 5m，桥的两端是双塔的"高空门厅"。这座天桥不仅能在结构上加强建筑的刚度，而且更主要的是象征着城市大门。双塔的外部色彩呈灰白色，造型与细部在设计中都明显吸收了伊斯兰建筑传统几何构图的手法。

图 4-3-16　费城，自由之塔

图 4-3-17　马来西亚，吉隆坡，双塔大厦

**巴黎　无止境大厦方案**（Tour Sans Fins, Paris, 1993 年开始设计，图 4-3-18）

无止境大厦虽然仍然是一个方案，但它说明了当今人们争取将高层建筑作为城市标志以至世界标志的野心。大厦位于巴黎西郊的德方斯新区，设计人是让·努维尔（Jean Neuvel，1945 年生）。大厦的标准层平面为圆形，直径 43m，整个塔高 460.6m。大厦的外形为圆柱体，在设计上采用了逐渐"消失"的处理手法，它借助立面上分段使用不同质感、不同颜色的材料，最后将塔的顶端消失在天空中。外墙面在基座部分是粗糙的花岗石，向上是磨光的花岗石，再上是银灰色压花玻璃，花纹逐渐变密，并有虚无感，塔顶几乎溶入天

空。塔的支柱布置在圆形周边,这样可以使内部有灵活布置的大空间,同时采用了一种"生长型"的结构体系,越向上是越轻巧的金属结构。塔楼在顶部的附属设施全用环形玻璃板外墙遮挡,为了减少风的阻力,在环形玻璃板外墙上穿有一系列孔洞。无止境大厦如能实现,将取代埃菲尔铁塔而成为巴黎最高的建筑,并成为巴黎的新标志。

与无止境大厦情况相仿的是**芝加哥　米格林·贝特勒大厦方案**(Miglin~Beitler Tower, Chicago,1988年开始设计,图4-3-19)。

设计人是设计吉隆坡双塔大厦的西萨·佩利。大厦共125层,总高1999.9英尺(600m),象征1999年,该大厦原计划在1999年完成,其目的是要使芝加哥的摩天楼高度重新登上世界之最的宝座。

图4-3-18　巴黎,无止境大厦方案　　　图4-3-19　芝加哥,米格林·贝特勒大厦方案

事实上像上面提过的已成功地成为城市标志的高层建筑还有不少,这里就不一一赘述,但有一座还是值得一提的,这便是贝聿铭为中国香港设计的中银大厦(1982~1990年)。由于这不在本书范围之内,就不作描述了。

2. 高技性

属这一类的高层建筑,虽数量不多,但在世界上的影响却很大,它主要在建筑内外表现了高科技的时代特点,使人们可以在传统艺术王国之外看到一个技术美的新世界。它那震惊人心的工程威力与技术成就,已使它的建筑价值超越了其自身的实用性而具有着某种精神的意义。

英国建筑师,N.福斯特设计的香港新汇丰银行大厦(1979~1985年)是世界上高技派高层建筑代表作之一,也是香港最引人注目的建筑之一,由于不在此书范围之内,这里就不特别作介绍了。

**伦敦　劳埃德大厦**(Lloyd's of London，1978~1986年，图4-3-20)

位于伦敦金融区的干道上，是一座保险公司的办公大楼，设计人为建筑师罗杰斯。大楼的北面是商业联盟广场，其余三面都是狭窄的街巷。主楼布置在靠北面，地面以上空间为12层，周围有6座附有楼梯和电梯的塔楼，加上设备层共有15层。另有地下室2层。总建筑面积约35,000m²。主楼中部是一个开敞的中庭，四周为跑马廊围绕，所有主要办公空间均沿跑马廊布置。中庭上部是一个拱形的玻璃天窗，从大厅地面到中庭顶部高达240英尺(72m)。大厅内有二部交叉上下的自动扶梯，四周均为金属装修。大厦内共安装有12部玻璃外壳的观景电梯，建筑外观由2层钢化玻璃幕墙与不锈钢外装修构架组成，表现了机器美学特征。大楼的整体造型自北向南逐渐降低，呈阶梯状。大厦内部楼板均支撑在10.8m×10m的钢筋混凝土井字形格架上，由巨大的圆柱支撑，柱内为钢筋混凝土结构，外部以不锈钢皮贴面。建筑内对照明、通风、空调和自动灭火喷水等设备均作了较细致的处理，建筑构件也遵循一定的模数设计，反映了建筑高技化的新特点。

图4-3-20　伦敦，劳埃德大厦

**大阪　新梅田空中大厦**(Umeda Sky Buiding, Osaka, Japan, 1989~1993年，图4-3-21)

这是日本建筑师、东京大学教授原广司(Hiroshi Hara)的著名作品。新梅田空中大厦由北面两幢超高层办公楼和西南面一幢高层旅馆组成，分布在长方形地段的三个角上。两座办公楼为40层，总高170m，在顶部用空中庭园相连，形成门形大厦。顶部空中庭园中央有一个巨大的圆形孔洞，内外装修主要

图4-3-21　大阪，新梅田空中大厦

用铝合金板，效果新颖奇特。办公楼外表主要是以玻璃幕墙组成，在门式空间内外的两边墙面也设计了部分面砖外表，起到了一定的装饰与过渡作用。同时在横跨门形空间中部，布置有悬空的巨形桁架通廊，并在前后还设计有垂直的钢架作为电梯竖井。更为奇特的是从左边办公楼颈部有两条斜置的钢构架直达顶部空中庭园的大圆洞上，使空中庭园的交通系统显得既复杂又具有神秘感。在门形空间的底部是一个方形的中央广场。在高层旅馆的对面是一些零散的低层商店，以满足游客的需要。在旅馆和商店之间是原广司特意设计的"城中自然之林"，这是一座下沉式的园林，在它的北面布置有九根不锈钢的喷泉柱，前面是弧形的水池，池内有散石点缀，它们与中央大片自然式园林相映成趣，成为观赏的焦点。原广司的这组建筑群造型在某种程度上有点类似于巴黎的新凯旋门，但它的构想之不同处是在于要建立空中城市，使将来的高层建筑都在空中相互联系起来，成为一种创造新都市的技术。

3. 纪念性

这一类的高层建筑常隐喻某一思想，或象征某一典范，以取得永恒的纪念形象。它们并不强调建筑的高度或形式的新颖，而是追求建筑比例的严谨，造型的宏伟，使人永记不忘。

**东京都厅舍**(The New Tokyo City Hall, Japan, 1986～1991年，图4-3-22)

位于东京新宿新区的东京都新厅舍，是属于纪念性高层建筑比较有代表性的例子。设

图4-3-22　东京都厅舍

计人为日本著名建筑师丹下健三。新厅舍由3座建筑组成：1号办公楼平面长度为108.8m，标准层面积3926m²，共48层，总高243m；2号办公楼平面长度为98m，标准层面积3762m²，高34层；另有一座7层高的市议会大楼。整个新厅舍占有新宿新区三个街坊，北面是新宿中心公园，南面有市民广场，设计方案是力图把这组建筑群创造为一种文化、自律的东京标志。其中1号楼最引人注意，它基本上是模拟巴黎圣母院的造型，不过

两侧的钟塔部位作了45°的旋转,使其具有新颖的变体,同时也不乏永恒的纪念形象。办公楼的设计大体上表现了三个特点:(1)办公楼内部采用大跨度灵活空间,以适应现代化、自动化的行政办公功能;(2)配合信息功能的完整系统;(3)大厦的结构以中部的竖井为核心,用作安装各种管线,电梯分布在两边。横梁作管状,跨度达到19.2m,是当今摩天大楼中柱距最大的一种;(4)立面的窗户分格有多种,既使人想起江户时代的传统样式,也具有高技形象。

**法兰克福 商品交易会主楼**(Exhibition and Office Complex, Frankfurt, Germany, 1980~1985年,图4-3-23)

位于德国法兰克福西南部的商品交易会主楼共30层,总高度130m。由于大厦的特殊造型,使其具有强烈的纪念性。大楼由建筑师昂格尔斯(O. M. Ungers,1926年生)设计。主楼分为低层部分与高层部分二段,低层部分高27m,平面是一边为直角的梯形,其顶部为步行平台。高层部分的平面大致为长方形,由玻璃幕墙建筑和前面石墙建筑组成。幕墙部分是用作办公空间,前面石墙部分主要为会议室。这种前后层高低错落与不同饰面材料的应用,形成一种与众不同的组合方式。特别是前面石墙建筑部分的中央凹入一门状空间,更隐喻着交易会是商业贸易之门,成为最引人注目的标志。由于在交易会场地的东西两侧均有铁道通过,使设计受到不利的影响,为了联系东西两面的交通,在铁道上方建造了悬空的跨线玻璃通廊,既方便了东西两面的联系,又为建筑艺术增色不少。

4. 生态性

这是在当今建筑设计思想中的一种新潮流。为了使城市建设能够适应生态要求,不致对环境造成不利影响,于是不少建筑师正在探讨着符合生态的设计,其中高层建筑也不例外,而且格外受到青睐。这类高层建筑的生态设计具有一些共同特点,它们都注重把绿化引入楼层,考虑日照、防晒、通风,以及与自然环境有机结合等因素,使建筑重新回到自然中去,成为大自然的一员,并努力做到相互共生,这也是人类的理想。

**达摩拉办公楼**(Dharmala Office Building, Jakarta, Indonesia, 1990年,图4-3-24)

位于地跨赤道的印度尼西亚首都雅加达,是美国著名建筑师P.鲁道夫(Paul Rudolph,1918~1997年)的成功作品之一。大楼在地面以上高25层。由于这里属热带雨林气候,为了解决高温高湿给人们生活带来的困扰,在设计中采用了一系列适应生态环境的手法。首先在建筑中应用了当地传统的倾斜屋顶作为设计要素,装点着交错布置的凸出阳台,加上在阳台内都有意布置了绿色藤蔓,使这座处于热带气候中的大楼显得生气盎然,且富有乡土气息。其次是楼层较高,这样可以便于建筑内部空气流通,以满足热带气候通风的需要。第三是办公楼每层都有装上玻璃的和不装玻璃的悬挑的三角形阳台,可以保护房间不受太阳直射,同时又可造成立面上形成虚实与明暗的光影变化,使人获得轻盈活泼的感受。第四是在大楼下部设置了一个有7层高的中庭,它在与附属裙楼的交接中,使楼板层层后退,产生一个漏斗形的开敞空间,可以从斜面直接获得自然光线,使室内外互相贯通,打破了许多高层建筑内部大厅封闭沉闷的气氛。在中庭内的每层露台上还布置有花草树木与流水、瀑布等等,同时还有楼梯可以直通室外,以便与周围绿化环境有机结合。这种设计方式已在周围地区引起共鸣。

第三节 高层建筑、大跨度建筑与战后建筑工业化的发展

图 4-3-23　法兰克福，商品交易会主楼

图 4-3-24　印尼，雅加达，达摩拉办公楼

**MBF 大厦**（MBF Tower, Penang, Malaysia, 1994 年，图 4-3-25）

这座大厦被称为生态大楼，建在马来西亚槟榔屿，是适应地方环境特点的高层建筑。设计人为建筑师哈姆扎和扬（T. R. Hamzah & Yeang）。整座建筑共 31 层，根据使用功能的需要，内部分为两个区：底下 6 层为办公、零售和银行，塔楼部分为豪华公寓。为了考虑热带气候的特点，大楼中部设计成露天庭院，并且在周围的屋顶平台上布置有绿化。建筑的外表很像是混凝土构架的重复组合，并且在立面上每隔 3 层都设有 2 层高的横向通风洞，使整座大厦的所有房间都能获得最佳的通风与采光条件，大大减少了闷热的程度。同时建筑立面上的虚实相间，开间大小对比，也表现出了热带地区生态建筑的特性。

**法兰克福　商业银行大厦**（Commerzbank, Frankfurt, 1994～1996 年，图 4-3-26）

德国法兰克福商业银行大厦是高层生态建筑最杰出的例子。设计人为英国建筑师诺曼·福斯特。新商业银行大楼位于城市内凯撒广场的北面，基地大致呈方形。南面有一条主要的步行道入口。在这块地段上组织了一个综合的建筑群，其中主楼为 60 层，作办公用，位置在东面；西面是一座 30 层的公寓；在周边还有一些 4～8 层的裙房作商业零售与多层汽车停车场之用。60 层高的主楼是商业银行的总部办公楼，它的底层中部是一个银行大厅，东侧有一个封闭式的公共广场，在那里可以进行一切文化与社会活动。银行大厅高达 3 层，主入口在西南面。主楼的标准层平面呈微微弧状的三角

形，基本上可分成3个区块。中间大厅之上是一个贯穿上下的三角形露天空洞。塔楼的结构是钢骨架与混凝土的混合系统，整个结构由6根长条巨柱支撑，每个角上2根，塔楼的进深柱距为16.5m，这样便可使办公大空间的布置不受柱子的影响。主楼中最出色的是进行了生态设计，它采用"绿色政策"，并主张创造一幢高效节能的建筑。大楼环境设计的中心是组织全楼的自然通风，尽可能地使每间办公室与附属用房都能对外开窗，以取得良好的天然采光与通风。正是为了绿化与通风的特殊要求，大楼在三个立面上各开了3个巨形空洞，每个洞有3层高，与侧面互相错开，在每边空洞的平台上都种植有花草树木，不仅使这座大楼采光通风效果极佳，而且层层绿化与蓝色玻璃幕墙结合，反映了典型的生态意识。加上建筑体形空透秀丽，虚实互补，又使其成为高层建筑中的一朵奇葩。

图 4-3-25　马来西亚，槟榔屿，MBF 大厦

 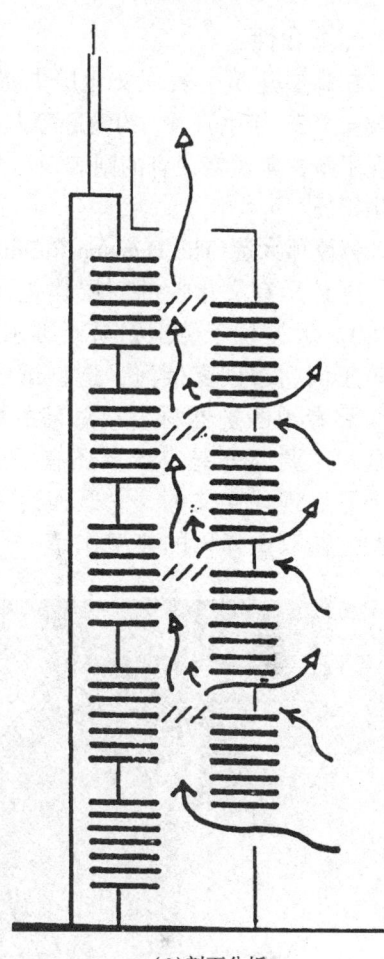

(a)外观　　　　　　　　　　　　(b)剖面分析

图 4-3-26　法兰克福，商业银行大厦

## 5. 装饰性

高层建筑在满足功能与技术之后，外表的装饰艺术已成为近期建筑师热衷的另一倾向。目前常见的是使建筑体形进行有规律的变化，或在建筑顶部进行与众不同的标志性处理，或在建筑基部进行大量丰富的装饰，以便使这座高层建筑给人有强烈的印象。

**DG 银行总部大楼**(DG Bank, Frankrurt, Germany, 1986~1993 年，图 4-3-27)

这是在顶部进行重点装饰的例子。该建筑位于德国，法兰克福，美茵茨街 58 号，由美国 KPF 建筑师事务所设计。整个基地包括西面的 DG 银行总部塔楼和东面的办公、公寓部分的附楼，以及两者之间的中央冬季花园。主楼 47 层，总高 208m，东面为半圆形平面，外部全为玻璃幕墙围护。为了表现建筑的特征，建筑师在主楼的顶部装饰了巨大弧形悬挑檐口，用放射形的肋架做成，它既象征着皇冠，以表达银行的雄厚实力，也是 KPF(Kohn, Pedetson and Fot) 建筑师事务所这段时期作品的标志。基地东面的公寓楼，造型为方柱体，顶上也做了一圈柱廊与挑檐，目的是为了与主楼取得协调。KPF 建筑师事务所的其他一些作品也都有类似的装饰手法。

### 6. 文化性

在高层建筑上表现文化历史特征是后现代主义惯用的手法，例如格雷夫斯（Michael Graves，1934年生）、P. 约翰逊等人的作品则尤为明显。其中有的表现了新哥特风格，有的表现了新古典风格，有的则表现后现代的混合风格，使高层建筑的艺术处理又增添了新的文化特征。

**休曼那大厦**（The Humana Building, Louisville, Kentucky, U. S. A. 1985年，图 4-3-28）

这是具有文化性的高层建筑代表作之一，设计人为格雷夫斯（Michael Graves，1934年生）。大厦位于美国路易斯维尔市，是一座 27 层的办公楼，另有 2 层地下停车场。建筑正面朝着俄亥俄河，造型试图与周围原有的低层住宅和高层办公楼协调。大厦是休曼那专用医护器材公司总部的办公楼，第 25 层为会议中心，下部 6 层是公用面积和公司主要办公室。25 层还有一个大的露天平台，从这里可以俯瞰全城景色。建筑的造型是后现代主义的，它既表达了古典艺术的抽象精神，又体现了现代技术的形象，因此它是双重译码的典型作品。

图 4-3-27　法兰克福，DG 银行总部大楼

图 4-3-28　路易斯维尔，休曼那大厦

**共和银行中心大厦**（Republic Bank Center, Houston, Texas, 1984年，图 4-3-29）

这是美国著名建筑师 P. 约翰逊的作品，他在高层建筑上表现了哥特风格。大厦位于美国得克萨斯州休斯敦市中心，基地为正方形，在方形平面内有一个十字形拱廊贯穿内外，地面全为红色磨光花岗石铺面。因为基地的方位与正北相差 45°，主入口设在东南边。方形基地内的西北一半为高层建筑，东南一半是低层建筑，二者紧邻，使低层部分形成为高层建筑的门厅与裙房。在低层部分的左面是银行的大厅，侧面有一组自动扶梯可以

上下，低层的入口便是拱廊的大门。高层办公楼部分塔高234m(780英尺)，由于使用功能的需要，逐渐跌落成三段，每段山墙又都形成为人字形的屋顶，并且有明显的哥特式小尖塔，这与低层部分的屋顶手法基本一致，给人不仅有新颖的感觉，而且也有历史文化的联想。

此外，如P.约翰逊在1984年所作的匹兹堡市PPG平板玻璃公司总部大厦(40层，新哥特风格)，1983~1985年所作的休斯敦市特兰斯科塔楼(64层，新古典风格)，以及1984年在纽约建成的美国电报电话公司总部大厦(37层，后现代建筑风格)等，也都是表现了具有文化性造型特点的例子。

综上所述，我们可以清楚地看到，随着城市人口高度的集中，高层建筑的发展是自然的结果，它也是社会发展的产物，特别是近几十年来，在技术上更取得了一系列显著的进展。

图4-3-29　休斯敦，共和银行中心大楼

但是，与此同时，国外高层建筑的发展，仍存在着不少矛盾，这是资本主义制度所决定的。由于土地私有与缺乏统一的城市总体规划，大量建造高层建筑不仅对城市交通、日照、城市艺术等方面造成令人厌恶的严重后果，而且就高层建筑本身也有不少非议。有些人指出，高层建筑的造价高，管理费用多，能量消耗大，使用不便等等。尽管如此，目前由于社会需要的因素仍占主导地位，所以高层建筑还是在继续发展着。

至于高层建筑发展的前景如何？以及高层建筑的层数标准怎样？那就需要根据各国具体条件进行分析研究了。

### 二、大跨度与空间结构建筑

近代大跨度建筑在19世纪末已有很大创新，1889年巴黎世界博览会上的机械馆就是一例，它采用了三铰拱的钢结构，使跨度达到115m。20世纪初随着金属材料的进步与钢筋混凝土的广泛应用，使大跨度建筑有了新的成就。1912~1913年在波兰布雷斯劳建成的百年大厅(Century Hall, Breslau, 设计人：贝格Max Berg)钢筋混凝土肋料穹窿顶结构，直径达65m，面积5300m²。

20世纪30年代以后，尤其是在第二次世界大战后的几十年中，大跨度建筑又有突出的进展。它主要用于展览馆、体育馆、飞机库，以及一些公共建筑。

大跨度建筑的发展，一方面是由于社会的需要，另一方面则是新材料与新技术的应用所促成的。在第二次世界大战后，不仅钢材与混凝土提高了强度，而且新建筑材料的种类也大大增加了，各种合金钢、特种玻璃、化学材料已开始广泛应用于建筑，为大跨与轻质高强的屋盖提供了有利条件。大跨度建筑的结构形式，除了传统的梁架或桁架屋盖外，比较突出的则是新创造的各种钢筋混凝土薄壳与折板，以及悬索结构、网架结构、钢管结构、张力结构、悬挂结构、充气结构等等空间结构。这些新结构形式的出现与推广，象征着科学技术的进步，也是社会生产力突飞猛进发展的一个标志。

为了适应工业生产与人们生活的需要，大跨度建筑的外貌已逐渐打破人们习见的框框，愈来愈紧密地与新材料、新结构、新的施工技术相结合，朝着现代化科学化的道路前进。大跨度建筑发展的另一趋势，则是覆盖空间越来越大，甚至设想要覆盖一块地段，或整个城镇，以便形成人造环境。

由于大跨度建筑多为公共建筑，人流多，占地面积大，因此一般均位于城市边缘地带或郊区。在国际奥林匹克运动会或某些大型体育馆的附近，还专门设有运动员村，在那里有宿舍、旅馆及必要的公共福利设施，俨然像一个小城镇。如1964年在东京举行的第十八届奥运会与1972年在慕尼黑举行的第二十届奥运会的总体规划都是作了这种考虑。

近半个世纪以来，大跨度建筑在试用各种新结构屋顶的过程中，已探索了不少经验。

**钢筋混凝土薄壳顶**

利用钢筋混凝土薄壳结构来覆盖大空间的做法已越来越多，屋顶形式也多种多样。由意大利工程师内尔维(P. L. Nervi，1891~1979年)设计，在1950年建造的意大利都灵展览馆是一波形装配式薄壳屋顶(图4-3-30)；1957年建造的罗马奥运会的小体育宫是网格穹窿形薄壳屋顶(图4-3-31)。1953~1955年美国圣路易斯的航空站候机楼(设计人：雅马萨奇，图4-3-32)则是用交叉拱形的薄壳顶。1960年完工的纽约肯尼迪机场环球航空公司候机楼(设计人：Eero Saarinen 1910~1961年)的屋顶则是用四瓣薄壳组成(见第五章第九节图5-9-8)，1963年在美国建成的伊利诺大学会堂，圆形平面，共有18000个座位，屋顶结构为预应力钢筋混凝土薄壳，直径为132m，重5000t，屋顶水平推力由后张应力圈梁承担。造型如同碗上加盖，具有新颖外观。工业厂房为了节约空间，倾向于坡度平缓的扁壳，典型的例子如英国南威尔士布林马尔橡胶厂(Bryn Mawr Rubber Factory，1945~1951年，图4-3-33)，它的扁壳厚度为9cm，柱网为27m×21m。世界上最大的壳体是1958~1959年在巴黎西郊建成的国家工业与技术中心陈列大厅(Centre Nationale des Industries et

图4-3-30　都灵展览馆内部

Techniques,设计人:R. Camelot, J. de Mailly and B. Zehrfuss,图 4-3-34)它是分段预制的双曲双层薄壳,两层混凝土壳体的总共厚度只有12cm。壳体平面为三角形,每边跨度达218m,高出地面 48m,总的建筑使用面积为90000m²❶。此外,应用钢丝网水泥结构,已可使薄壳厚度减小到1~1.5cm,1959 年建造的罗马奥运会的大体育宫(Palazzo dello Sport)的屋盖便是采用波形钢丝网水泥的圆顶薄壳。此外,最近各国还在试用双曲马鞍形薄壳,也取得了一定的技术经济效果。

(a)外景

(b)网格顶棚

图 4-3-31　罗马小体育宫

---

❶　见 Paris Aerien 第 30 页。

图 4-3-33　英国南威尔士布林马尔橡胶厂

图 4-3-32　美国圣路易斯航空站内景

图 4-3-34　巴黎国家工业与技术中心陈列大厅

**折板结构**

在大跨度建筑中的应用也有发展，比较著名的例子如 1953～1958 年在巴黎建造的联合国教科文总部（UNESCO）会议厅的屋盖（图 4-3-35），这是内尔维的又一杰作，他根据结构应力的变化将折板的截面由两端向跨度中央逐渐加大，使大厅顶棚获得了令人意外的装饰性韵律，并增加了大厅的深度感。

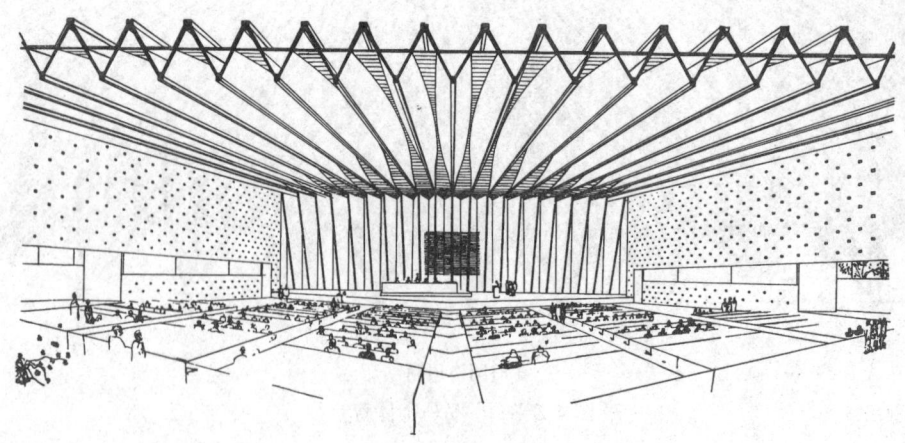

图 4-3-35　巴黎，联合国教科文总部会议厅

**悬索结构**

20世纪50年代以后,由于钢材强度不断提高,国外已开始试用高强钢丝悬索结构来覆盖大跨度空间。这种建筑原来是受悬索桥的启示。由于主要结构构件均承受拉力,以致外形常常与传统的建筑迥异,同时由于这种结构在强风引力下容易丧失稳定,因此应用时技术要求较高。1953~1954年美国罗利市的牲畜展赛馆(Arena, Raleigh, N.C. 设计人:Matthew Nowicki and Fred Severud, With William H. Deitrick,图4-3-36)就是这类建筑早期的著名实例之一,屋盖是一双曲马鞍形的悬索结构,造型简洁,新颖。它的试验成功,使这种新结构形式在大跨度建筑中得到了进一步的推广。1957年在西柏林世界博览会上美国建造了一牡蛎形的会堂(Conference Hall,设计人:斯塔宾斯 Hugh A. Stubbins 等,图4-3-37),便是这种马鞍形悬索结构的发展,其屋顶曾在一次意外事故中倒塌,后已修复。

图4-3-36 美国罗利市牲畜展赛馆

图4-3-37 柏林会堂

1958~1962年由小沙里宁在华盛顿郊区设计的杜勒斯国际机场候机厅(Dulles International Airport,图4-3-38),是悬索结构的又一著名实例。建筑物宽为150英尺(45.6m),长为600英尺(182.5m),分为上下两层。大厅屋顶为每隔10英尺(3m)有一对直径为1英寸(2.5cm)的钢索悬挂在前后两排柱顶上,悬索顶部再铺设预制钢筋混凝土板。建筑造型轻盈明快,能与空港环境有机结合。

悬索结构在1958年比利时布鲁塞尔世界博览会中得到了充分的表现,例如由斯通(E.D.Stone,1902~1978年)设计的美国馆的屋盖则是采用圆形双层悬索结构(图4-3-39),中间留有一空间,形如自行车轮。法国馆的屋盖则是两个拼接的菱形双曲抛物线面的悬索结构,平面形状如同飞蝶。

图4-3-38 华盛顿,杜勒斯国际机场候机厅

图4-3-39 布鲁塞尔世界博览会美国馆

1964年日本建筑师丹下健三在东京建造的代代木国立室内综合竞技场(包括有称为大体育馆的游泳馆与小体育馆的球类比赛馆)(图4-3-40),又使悬索结构技术与造型有所创新,不仅技术合理,造型新颖,而且平面适合于功能,内部空间经济,可以节省空调费

用,同时还带有鲜明的民族风格。大体育馆平面为蚌壳形,主要跨度126m,能容纳15000人。小体育馆平面呈圆形,并有喇叭形的入口,内部可容4000人。

 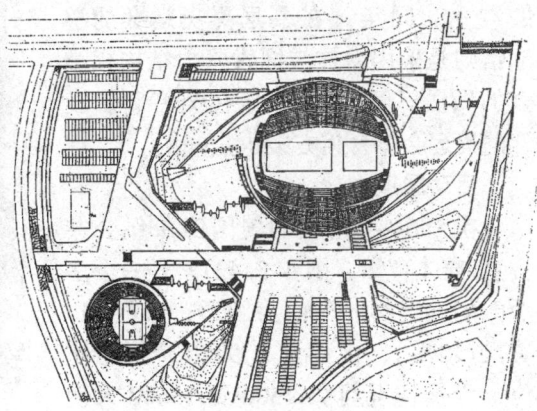

(a)鸟瞰　　　　　　　　　　　　　(b)总平面

图4-3-40　东京代代木国立室内综合竞技场的大体育馆与小体育馆

**张力结构**

在悬索结构基础上进一步发展了张力结构。它可以是钢索网状的张力结构,或玻璃纤维织品的张力结构,或二者混合的结构。这种结构轻巧自由,施工简易,速度快,比较适宜于急需的建筑。例如1967年蒙特利尔世界博览会上由古德伯罗(Rolf Gutbrod)和奥托(Frei Otto,1925年生)设计的西德馆就是采用钢索网状的张力结构(图4-3-41),屋面用特种柔性化学材料敷贴,呈半透明状。1972年慕尼黑奥运会比赛场的看台顶棚也是应用此法。它可以任意伸展与扩大,连绵不断。由于奥托善于应用这种网状张力结构,故人们也戏称他为蜘蛛人。这种张力结构后来还发展了帆布帐篷的张力体系。

图4-3-41　1967年蒙特利尔世界博览会西德馆

**悬挂结构**

20世纪70年代初起国外又试用悬挂结构来建造大跨度建筑,基本原理与悬索桥相同。如1972年在美国明尼苏达州明尼阿波利斯市建造的联邦储备银行(Federal Reserve

Bank of Minneapolis, Minnesota, 图 4-3-42) 就是采用悬索桥式的结构, 把 11 层的办公楼建筑悬挂在 84m (275 英尺) 跨度的空中。同年, 在慕尼黑奥运会的游泳馆则是采用悬挂与网索张力结构相结合的做法。又如 1976 年在蒙特利尔设计的奥运会体育馆方案也是一例。

**活动屋顶**

在 1961 年建成的美国匹茨堡公共会堂 (兼体育馆, 图 4-3-43), 是一个多功能的建筑物。平面为圆形, 直径 417 英尺 (127m), 内部具有 9280 个固定座位, 根据情况可供 7500 到 13600 人使用。它的特点是穹窿形的钢屋顶可以自由启闭, 屋顶下有凹槽与墙身上的圈梁

图 4-3-42　美国明尼苏达州明尼阿波利斯市联邦储备银行

相连结, 顶部中央有轴心固定在三足悬臂支架上。整个穹窿形屋顶由 8 个大小相似的叶片组成, 6 个活动的和两个固定的, 当按电钮之后, 6 个活动叶片会缩至 2 个固定叶片上面, 这样就可以变成露天体育场了。在圆形场地的一边设有活动舞台, 可供戏剧与音乐表演之用, 方法是将看台中有 2100 座位的部分升起, 使看台的底部形成舞台的顶部, 下面则是设备完善的舞台了。

图 4-3-43　匹茨堡公共会堂

图 4-3-44　休斯顿市体育馆

**钢空间网架结构**

这是大跨度建筑中应用得最普遍的一种形式。1966 年在美国得克萨斯州休斯顿市建造的一座圆形体育馆 (图 4-3-44), 它的直径达 642 英尺 (193m), 高度约 213 英尺 (64m)。这个体育馆在进行棒球比赛时可坐 45000 人, 足球赛时可坐 52000 人, 集会时可坐 65000 人, 它有 6 层观众席。屋顶正中有一个通气孔, 这样可以便于污浊空气的排除。1976 年在美国路易斯安那州新奥尔良市建造了当时世界上最大的体育馆, 圆形平面直径达 207.3m, 作篮球赛与摔跤比赛场时, 可容观众 91142 人; 供集会用时可容纳 95427 人。70 年代末, 世界上跨度最大的建筑是 1979 年建造的美国底特律的韦恩县体育馆 (Wayne Gymnasium, Detroit), 圆形平面, 钢网壳结构, 直径达 266m。其实, 规模如此巨大的体育

馆,已是体育场上覆盖屋顶的概念。至于使用效率与经济核算,维持费用等等,仍是值得探讨的重要问题。

**金属管空间网架结构**

国外还有利用短钢管或合金钢管拼接成的平面桁架、空间桁架或网状穹窿顶等。这种金属管结构的特点是结构、施工与装卸均方便。目前用来建造体育馆、展览馆、飞机库以及临时的大空间建筑的颇多。1967年在加拿大蒙特利尔世界博览会上的美国馆就是一个76.2m直径的球体空间网架结构(设计人:Richard Buckminster Fuller,1895~1983年),外表用透明塑料敷面,并可启闭,夜间内外灯火相映,整个球体透明,别具匠心。数年后在一次小修理中,电焊火花不慎触及外面的塑料敷面而燃烧起来。穹窿顶部在几分钟内便倒塌,后虽修理好,但没有再使用。

**充气结构**

随着化学工业的发展,近年来已开始用充气结构来构成建筑物的屋盖或外墙,多作为临时性工程或大跨度建筑之用。充气结构使用材料简单。一般用尼龙薄膜、人造纤维或金属薄片等,表面常涂有各种涂料,这种结构可以达到很大的跨度,安装、充气、拆卸、搬运均较方便。

充气结构最先由英国工程师兰卡斯特(F. W. Lancaster)试制,当时主要是使用充气构件作为结构的承重构件。后来又有利用室内与室外气压的差别把整座建筑的外壳利用气压支承起来的气承建筑。1946年在美国最先用作雷达站,可算第一个气承式建筑,外形为一圆穹体,直径15m,1956年,美国又建成第一座气承式仓库。此后,气承式结构便逐渐用于体育馆、展览馆、工厂或军事设施等。

在巴黎东部的充气体育馆长60m,宽40m,高19m(图4-3-45)。

图4-3-45　巴黎东部充气体育馆

1970年在日本大阪举行的世界博览会是充气建筑的一次大检阅。其中美国馆是一座椭圆形平面的充气建筑,它的充气屋面用32根钢索张拉及涂以 $\beta$ 粒子的玻璃纤维制成,每平方米的重量只有1.22kg,整个馆的覆盖面积为10000m²,超过两个足球场大。充气结构的屋顶用钢丝绳固定,设计时考虑它的使用寿命为10年,并能抵抗每小时200km的台风。总共造价290万美元,是当时最经济的做法。以后,美国常采用薄膜气承结构作大型体育馆的屋盖，典型的例子如 1975 年建的密执安州庞提亚克体育馆(Silver-dome in Pontiac, Michigan)，跨度达 168m(552 英尺)，可容观众 80000 人，薄膜气承屋面覆盖 35000m²，是当时世界上最大的气承建筑[1]。它备有电子报信系统，如遇漏气或损坏能自动反映，及时修理。1976 年在美国洛杉矶市圣克拉拉大学(University of Santa Clara)建造的学生活动中心，也是一座气承结构，它包括 2 个篮球场地和 1 个游泳池，并有看台，覆盖面积为 8100m²。1979～1981 年在美国塞拉克斯大学建造的充气体育馆(New Carrier Dome in Syracuse)可容纳观众 50000 人，前后建造时间为 17 个月。

**70 年代中期以后的大跨度建筑**

从 20 世纪 70 年代中期开始，随着工程技术的进步，在大跨度建筑领域内已取得了一系列新的成就，其中明显地表现在体育场馆与交通类建筑方面，空间开阔灵活、造型新颖别致、结构与使用功能先进，受到举世瞩目。在这些大跨度屋盖中，上面提过的悬索结构、预制钢筋混凝土空间结构、金属管网架结构、活动屋顶、木制网架结构、充气结构等等都有新的发展。

**蒙特利尔　奥运会体育中心**(Olympic Complex, Montreal, 1973～1976年，图 4-3-46)

这是 20 世纪 70 年代中期的一项伟大工程，它将体育场、游泳馆、室内赛车场及附属设施全部集中在一处，形成一个紧凑、高效的体育中心。这组建筑群可分为三部分，其中自行车赛车馆的屋盖特殊，形似盾牌状，最大跨度为 172m，高 32m。屋盖由三片预制钢筋混凝土壳体拼装组成，顶部在三条夹缝中用天窗采光。全部构件在现场预制。该馆可容观众 7000 人。主体育场为椭圆形，长轴 493m，短轴 280m，有 3 层看台，看台屋盖为悬臂钢筋混凝土结构，长度为 30.5～54.7m，悬臂高度 42.6～51.7m，体育场可容观众 7 万人。游泳馆在体育场的前面，可容观众 1 万人，屋顶采用预应力钢筋混凝土拱形结构，拱顶上有 2 排

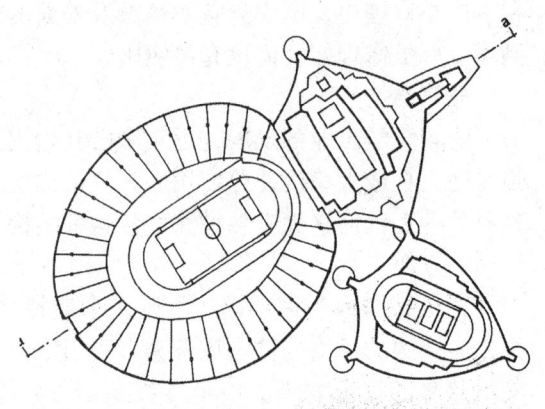

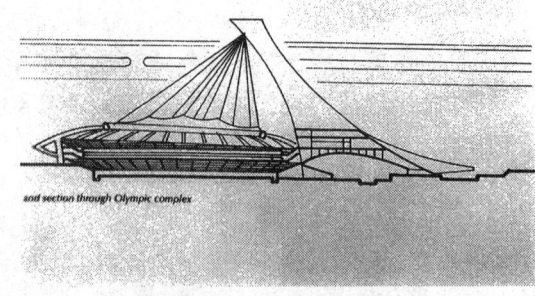

图 4-3-46　蒙特利尔，奥林匹克体育中心平面图

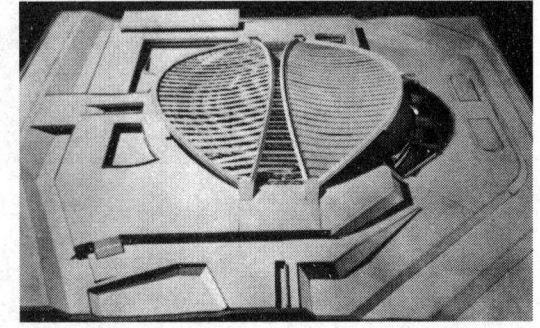

图 4-3-47　莫斯科，奥运会自行车赛车馆

---

[1] 见同济大学学报 1978 年建筑版。

玻璃天窗。在体育场前有167m高的巨形悬臂塔，用一周钢索与体育场悬挑屋盖相连，既可用悬挂网索结构覆盖中央场地，又能形成中心标志。

**莫斯科　奥运会体育馆**(Olympic Complex, Moscow, 1980年，图4-3-47、4-3-48)

在莫斯科奥运会场馆中有2座比较著名，1座是自行车赛车馆，另1座为主场馆。赛车馆建于克雷拉特斯克区的河边坡地上，设计人是德国建筑师赫尔伯特·沙曼恩(Herbert Sharmaun)，结构由俄国工程师完成。馆内可容纳观众6000人，平面呈椭圆形，跑道长333.3m，是世界上自行车赛车跑道中最长的一个馆。屋顶采用了反高斯曲线，由两个外拱和两个内拱组成，内拱作屋脊，外拱支在悬挑看台上，拱间为拉索，上铺4mm厚的钢板。拱本身亦由20mm与40mm厚的钢板焊成3m×2m的方筒组成，抛物线拱券的跨度达520英尺(156m)。整座建筑造型似蝴蝶状，颇有表现力。

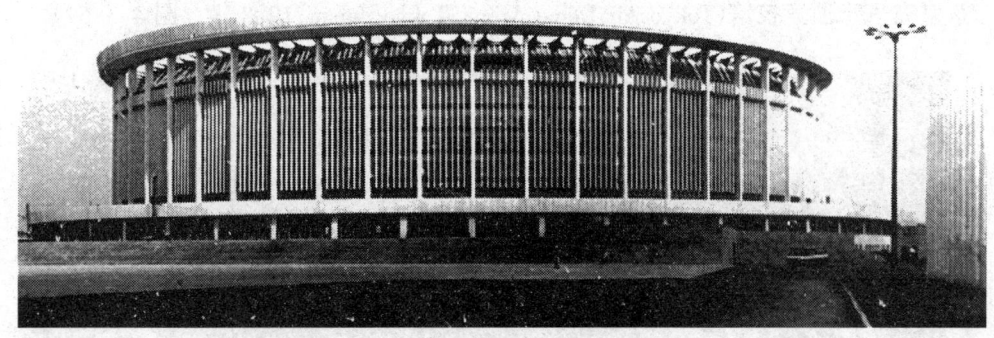

图4-3-48　莫斯科，奥运会主场馆

主场馆平面亦为椭圆形，长轴径700英尺(210m)，短轴径570英尺(171m)，内部高100英尺(30m)，可容观众45,000人。建筑外形呈圆柱体状，屋盖采用内凹式钢网架结构体系，使其在节约空间与节省空调能源方面具有明显效果。

**藤泽市　秋叶台市民体育馆**(Fujisawa Municipal Gymnasium, Japan, 1984年，图4-3-49)

这座日本体育馆的设计人是著名建筑师桢文彦(Fumihiko, Maki, 1928年生)。建筑造型新颖独特，具有与众不同的个性。体育馆用地64000m²，距东京约50km。建筑物由三部分组成：北部主馆为2000座的比赛场所，南部为练习馆、武术馆以及餐厅等服务设施，中间是2层桥式连接体，总建筑面积约12000m²。由于南面主馆是规整的几何造型，北边小馆是自由的几何体型，因此外观上产生了强烈的对比。这种不对称的处理给人以新颖感，并且在周围的环境中占主导地位。主馆的结构非常特

图4-3-49　日本藤泽，秋叶台，市民体育馆

殊，屋盖由2条弧形的钢网架拱肋支承，在顶部形成两条明显的肋骨，两侧各构成一条采光带，对于采光、通风都较有利。体育馆的屋盖为不锈钢面层，墙用混凝土与面砖饰面。整座建筑的体形具有一种隐喻效果，它似乎像一个甲壳虫，又像武士的头盔，或者是宇宙飞船，能给人无限的联想，以丰富建筑艺术的趣味。

**福冈体育馆**(Fukuoka Dome, Japan, 1991～1993年，图4-3-50)

亦称福冈穹窿，是日本第一座屋顶可启闭的大型多功能体育馆。设计单位为前田建设工业公司，建筑师是村松映一、平田哲、村上吉雄，体育馆用地面积为169160m²，主体建筑面积为69130m²，地面以上高7层，墙体由钢筋混凝土筑成。穹窿顶直径为212m，由三片总重达12000t的扇形钢结构球面屋盖组成，屋顶有厚0.3mm的钛合金皮铺于45000m²的表面上，以防止酸雨的腐蚀破坏，屋盖开敞时的形象可以让我们联想起犹如飞鸟展开双翼在空中翱翔，也使得"晴天在户外活动而雨天则在室内"这一人们的梦想成为现实。

**东京充气穹顶竞技馆**(Tokyo Air Dome Arena, Tokyo, Japan, 1988年，图4-3-51)

图4-3-50　日本福冈体育馆

由日建设计事务所和竹中工务店联合设计，是一座多功能的室内体育馆，主要用作棒球训练及竞赛场地，也可进行其他体育比赛或各种演出。这座大型的既是气承又是充气膜式穹顶的永久性体育设施位于东京市中心，建设耗资350亿日元。竞技馆内有观众席3层，可容纳观众50000多人，比赛场两侧还可根据需要临时增加13000个可移动的座位。充气穹顶的长边为180m，对角线为201m×201m，呈近似长方形的椭圆形，覆盖着16000m²的巨大空间，室内容积约为124万m³。充气穹顶由225块厚度为0.8mm的双层聚氟乙烯树脂涂层的玻璃纤维布组成(其内膜厚度为0.3mm)，每边各用14根直径为

80mm、间距 8.5m 的钢索交叉固定在屋顶上。每平方米屋顶的重量只有 12.5kg。竞技馆在气承的状态下，室内气压比室外气压大约高 0.3% 大气压，人们并不会有不适之感。由于穹顶薄膜有较好的透光性，故室内可以获得需要的自然采光。竞技馆的外观非常突出，洁白的椭圆形屋顶衬托在周围红、黄、蓝、绿等色彩缤纷的建筑群之中显得格外惹人注目。此外，顶上还装有避雷导体和融雪系统，考虑了许多先进的技术问题。

**挪威 哈默尔冬季奥运会滑冰馆**（Olympic Indoor Ice-skating Hall, Hamar, Norway, 1992 年，图 4-3-52、4-3-53）

图 4-3-51 东京充气体育馆

这是一座用木制网架结构组成的大型体育馆，主要建设目的是为 1992 年冬奥会冰上竞赛项目之用。在北欧一些国家，盛产木材，因此木结构技术比较先进。它具有重量轻，运输易，施工方便等优点；但亦存在着耐久性与强度等问题。目前由于采用了一系列先进的化学处理方法，使木结构进一步提高了其优越性，并使其在大跨度建筑中的试用成为可能。挪威的这座滑冰馆正是有力的证明。设计单位是挪威的两家建筑设计事务所（Biong & Biong A/S 和 Niel Torp）。滑冰馆总建筑面积达 22000m²，平面为适应比赛需要而设计成椭圆形。建筑师为了使这座庞大的建筑物获得轻快的感觉，采用轻型木制拱架结构。由于其杆件细巧，在室内光带的衬托下，能产生"在空中飘浮"的效果。从空中俯瞰，屋顶形式就像挪威传统海盗船的底部外壳。3 层叠落的屋面和中央屋脊不仅丰富了建筑的外观，而且可以构成一条条弧形的采光带，有效地解决了大空间内部的通风和采光问题。屋顶结构由 19 榀木拱架构成，共有 10 种跨度，最大跨度超过 100m，每榀拱底距地面高度亦不一样。每榀木拱架都经过特殊化学处理，其表面涂有防火和耐蚀性涂料，以提高结构的持久性。建筑体形新颖,富有动感,屋面还在合金板上涂有一层微妙的蓝色乙烯基涂料,与周围天空、湖水相映,显得格外和谐秀美。

**日本　关西国际航空港候机楼**(Kansai International Airport, Japan, 1988～1994年,图

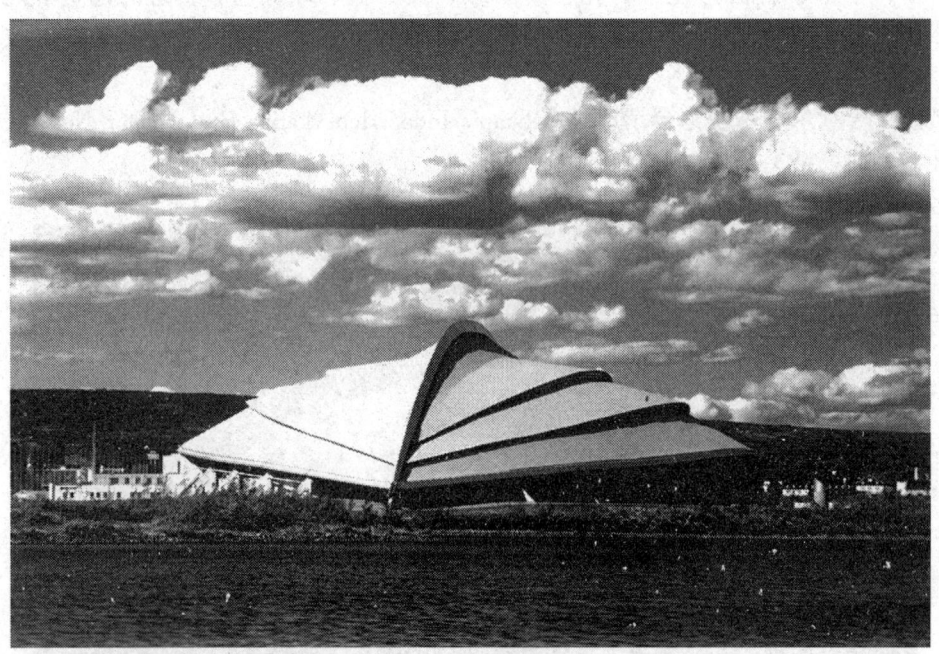

图 4-3-52　挪威哈默尔冬奥会滑冰馆外观

图 4-3-53　挪威哈默尔冬奥会滑冰馆内部

4-3-54)

空港建造在大阪海湾泉州海面上一个距陆地 5km，由 4km×1.25km 组成的矩形人工岛上。这是日本第一个 24 小时运营的，年吞吐量约 2500 万旅客的海上机场，总共投资约 1 万亿日元。由于机场的工程浩大，选址特殊而举世瞩目，被称为 20 世纪最大的工程。该项任务于 1988 年征集方案，在有福斯特、佩利、屈米、波菲尔及贝聿铭等著名建筑师参加的共 52 个方案的竞赛中，意大利建筑师 R·皮亚诺（Ranzo Piano，1937 年生）获得头奖。皮亚诺方案的特点是将建筑、技术、空气动力学和自然结合到一起，创造了一个生态平衡的整体。航空港的外部造型象是一架停放在小岛绿地边缘的"巨型飞机"，并有两条绿带从建筑内穿过，具有浓厚的表现主义特征。皮亚诺解释说，这是他出于对无形因素的考虑，即注重的是光、空气和声音的效果。在关西空港候机楼的设计中，其屋顶形式则是由"空气"这种无形因素决定的。因为它遵循了风在建筑中循环的自然路径、空气回转，如同在软管中的水流，而结构正是因循这条曲线而构成的。从有轨车站上面的玻璃顶，到候机楼入口的雨篷，然后到楼内的大跨度屋顶，呈波浪状地有韵律地多次起伏，最后与延伸到两翼的 1.5km 长的登机廊的屋顶曲线自然地连成一体。主要的候机楼屋顶跨度为 80m，轻质的钢管空间桁架由双杆支撑，并共同构成一个拱力作用的角度，从而获得了结构上的效率及侧向的抗震力。整座建筑的底层面积达 90000m²，共有 41 个进出口，并有 33 个登机门。皮亚诺设计的这座大跨度建筑力图让人们同他一样地相信："这座建筑或许将成为 20 世纪末最杰出的成就。"

**伦敦　滑铁卢国际铁路旅客枢纽站**（Waterloo International Channel Tunnel Passenger Rail

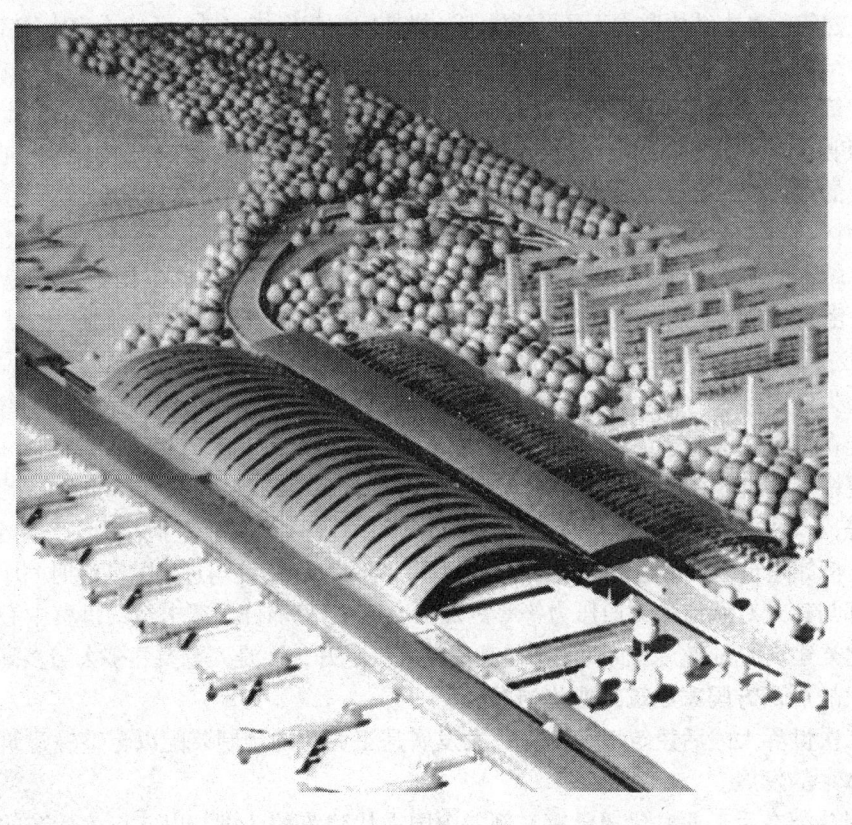

(a) 鸟瞰

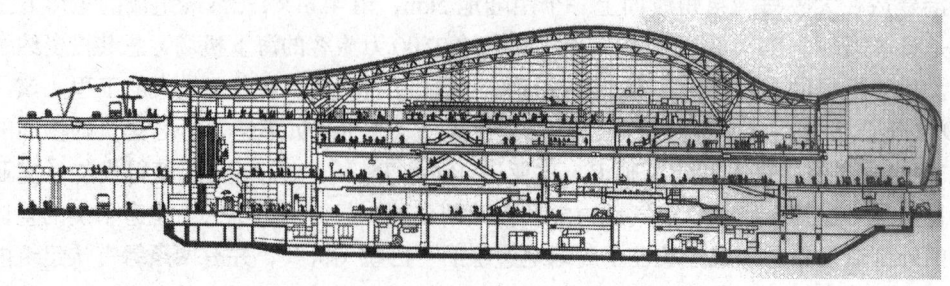

(b)剖面

图 4-3-54　日本关西机场航站楼

Terminal, London, 1993 年, 图 4-3-55)

设计人是英国建筑师格里姆肖(Nicholas Grimshaw)。该项工程由于设计新颖与结构精巧, 曾获欧洲 1994 年密斯·范·德·罗大空间奖。在滑铁卢国际铁路旅客站设计中所考虑的首要任务是通过建筑的可识别性来提高该建筑的质量以及与其他邻近设施的区分度。因此, 建筑师设计了一个现代化的封闭体, 有 400m 长, 跨度从 35～55m 不等。封闭体的屋顶和外表为亚光不锈钢和玻璃所构成, 运用这些材料可使整个建筑耐久且易于维修。建筑的屋顶构架是由一组三铰拱并列而成, 每个三铰拱中间的铰链偏向一侧, 非对称的跨度为室内高架铁轨的铺设提供了可能。建筑的基本结构形式为弓形的拱架, 拱架间拉索纵横交错, 无论在室内或室外, 皆可对建筑的结构形式一目了然。拱架由一根根锥形钢管连接而成, 钢管外表涂有鲜明的蓝色。这座大跨建筑的内部功能比较复杂, 建筑师首先想到的是解决旅客通行的便利, 因此进出站流线的设计简明通畅, 使去欧洲大陆的旅行快捷而高效。建筑物室内所有细部都经过精心处理, 以方便人流的移动和方便维修, 如室内地面处理成粗糙的质地, 防止大量人流通过时会滑倒; 同时建筑师特别为方便残疾人而专门设计了一系列设施, 从而为旅客创造一种舒适安全的环境。为了使车站各个部分的设计取得协调, 新型列车的流线型外表亦出现在室内装修上。该项工程完成后, 由于其功能流线合理通畅, 外形独特, 色彩明快而广泛受到好评。

近二三十年来, 在高层与大跨度建筑类型中所取得的各种成就, 已有力地说明了新技术革命为人们所带来的效益。它使人们的梦想成真, 并使这类原先受技术条件制约极大的建筑居然能在建筑技术与建筑艺术有机结合中产生多姿多彩的艺术风貌, 令人耳目一新。目前看来, 要增加建筑的高度与跨度在技术上并非是不可解决的事, 问题是造价不成比例的飙升是否值得, 以及由于建筑过大、人口在一个建筑某一段时间内的过于集中而产生的一系列其他问题, 例如建筑在日常运作中过分依靠能源, 与人们在交往与进出的高峰时间中所形成的建筑内部与建筑对城市的交通压力等等。2001 年 911 恐怖分子袭击纽约世贸中心事件中也暴露了此类建筑的弱点。因而问题不是越高越大就越好, 而是究竟要建多大与多高。

**三、战后西方国家建筑工业化的发展**

第二次世界大战后建筑工业的另一大发展是工业化的预制装配以至整幢建筑的工业化全装配体系的发展。

预制装配在手工业时代便已有, 例如中国古代建筑的斗栱与以斗口为标准的模数化和

图 4-3-55　伦敦滑铁卢国际隧道铁路旅客枢纽站

古罗马帝国时的石柱，都是预先把构件与部件按一定的模数与定型制好，再到现场装配的。工业化的预制装配最初出现在 19 世纪，20 世纪初虽曾受到重视，但真正的大规模发展是在第二次世界大战之后。

　　工业革命后的大机器生产方式和适合于预制的工业化建筑材料（诸如铸铁、玻璃、钢、钢筋混凝土以及经过工业化加工而成的各种胶合木和木质纤维板）的出现与产量的增加以及预制工艺、施工机械的发展等等为建筑工业化提供了条件。同时，工业城市急骤扩大、人口大量集中、新的生产和生活方式也要求大量和快速地兴建各类房屋。于是人们开始摆脱几千年来依靠传统的砖、石、木、手工建造的概念，在工厂大量预制构件，然后运到工地装配，以缩短工期，减少手工劳动。

　　**西方第一个建筑预制装配高潮**出现在 19 世纪中叶一些展览馆、火车站等大厅型建筑与多层厂房中，以后又在仓库、商店和办公楼中，主要用铸铁与玻璃预制件来建造。其中一个突出的例子是高度预制和模数化、标准化的"水晶宫"。水晶宫整个庞大的结构完全是由重量小于 1 吨的简单构件装配而成。其惊人的建造速度（包括预制件的生产和装配）、装配的简易性和轻巧透明的建筑形象受到当时社会各界人士高度的赞赏。它显示了工业化建造的威力，是建筑工业化体系的先驱作品和里程碑，对后来的现代建筑发展有深远的影响。❶设计人帕克斯顿把水晶宫布局在一模数网格上，以当时可能生产的最大玻璃尺寸 1.22m（4 英尺）×0.25m 为基数，结构模数（柱中距）则为基数的倍数，一般为 8 英尺、16 英尺或 24 英尺。标准化的空心铸铁柱外径为统一尺寸，内壁厚度根据荷载不同而异；从而使梁和桁架也能像柱子一样标准化而大量

---

❶ 参见本教材第一章第 18 页。

生产。桁架和柱的联结也是标准化的（图 4-3-56）。水晶宫的所有围护构件，包括折式屋面和全部外墙面均用同一尺寸的平板玻璃构成。因而预制构件规格很少，保证了快建快拆，并能重新组装，造价最终仅为最经济的其他竞赛方案的一半。

19 世纪由于各地的移民需要，也是大量性的预制木屋与铁屋生产和出口的繁荣时代。在西方，预制木屋构件可追溯到 17 世纪。当时英国为便利迁移美洲的移民能在抵达新大陆后尽快地以最少的劳力建成住屋，采用了一种便于船舱装载的轻质预制木框架与板墙构件。18 世纪，生产木屋部件成为北美殖民地的主要生产之一，并由北美出口至西印度；19 世纪，加州的淘金热又使大量预制木屋部件从美国东部向西运。19 世纪 30 年代创建于芝加哥，并一直沿用至今的美国民间著名的 Balloon❶木构架（图 4-3-57）就是在这个基础上形成的。这是一片片长度相当于整个房屋高度的密肋式木骨架，其外壁张以复合木板的部件。它充分利用了美国丰富的木材资源和当时的机械化水平，并克服技工劳力不足的困难。Balloon 木构架没有古老而复杂的需要高级技艺来加工的榫卯节点；只要用锯子、锤子、钉子便可把这些密肋而薄壁的部件装配成房子。于是大量被采用，曾占当时美国住宅总量的 60%～80%。有人认为如没有 Balloon 木构架，芝加哥和旧金山就不可能从小村庄发展为大城市。由于它出色地适应了当时社会的要求和条件，其经济价值极大。

当时英国为满足移民需要还大量生产与出口了小型的预制铸铁、熟铁部件与构件。瓦楞铁板加工技术和电镀技术的出现，促进了铁屋的生产。维多利亚时代（19 世纪 40～50 年代），英国曾向美国和澳大利亚出口整条街的预制铁屋，包括商店，旅馆和住宅。但是这股应急的生产热潮很快就消失了，因为铁屋太重，价昂，在正常情况下，没有普遍采用的意义。

**第二个预制装配建筑高潮**是在 20 世纪初。第一次大战后欧洲城市住房矛盾尖锐化，迫切要求大量兴建住宅，工业化的预制受到重视。另一方面，大

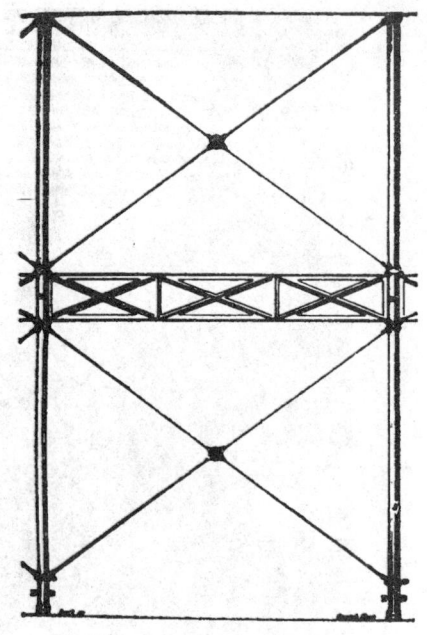

图 4-3-56　水晶宫结构体系

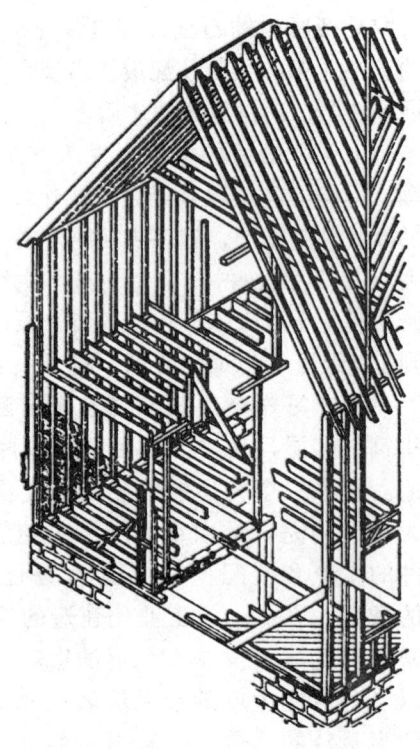

图 4-3-57　Balloon 木构架体系

---

❶　"Balloon"词意气球，以示构架之轻。

量廉价的混凝土用于房屋建筑后，人们认识到这是解决大量性住宅的有效途径。然而现浇混凝土要受季节影响，模板养护费工、费时又费料，限于当时结构理论和计算的水平，其强度也难于精确预测。而预制混凝土构件不但能免去这些缺点，且工厂的大批量生产又特别适合于需要大量重复建造住宅的目的，因而预制混凝土空心板，槽形板等装配式住宅相继出现。1910年美国一个营造公司曾搞了一套钢筋混凝土骨架、板材的全装配建筑体系，并建造了300幢住宅。但在当时的经济技术条件下，装配式混凝土建筑不适合于分散建造的小型住宅，造价也高，无法和传统建造的住宅竞争而没有推广[1]。

法国吸取了上述失败的教训，在20世纪30年代发展了几个多层预制混凝土构件体系。其中Mopin多层公寓体系(以设计人巴黎工程师E. Mopin之名命名)建在巴黎附近地区，以后又在英国Leed城Quarry Hill贫民窟改建中(1936~1940)得到应用，用以建造4~6层公寓。后者是二次大战前最大的预制装配住宅实践，建造规模大(938套)，层数较高，取得了低于低层住宅的经济价值。这个体系采用轻钢构架结构，部分现浇震荡混凝土，以预制混凝土面板作永久性模板，这为以后的混凝土装配体系提供了有益的经验。

20世纪初在美国和北欧一些国家中的胶合木预制独立住宅是比较成功的。它把部分胶合木预制构件的生产和局部装配先在工厂中进行，其他部件则开好料后再运至现场进行，这样既可适应住户多样化的需要。并能充分发挥其自动化生产程序的潜力，价格较为低廉。但是这种低层独立式住宅在使用上有局限性，建造数量毕竟是有限的，不能解决普遍存在的住宅缺乏问题。

上述进展引起了建筑师的注意。德、法、荷等国一些现代建筑倡导者也搞了一些试验，并在文章上正式提出了建筑工业化概念，举办展览会等以扩大其影响。1927年在斯图加德举办的住宅展览会显示了建筑工业化的方向但没有作实际的推广。其中只有格罗皮厄斯设计的钢骨架、软木芯石棉预制墙板住宅和帕尔齐格设计的木骨架外复胶合板住宅是预制装配的。

1941~1948年格罗皮厄斯和瓦克斯曼(Wachsmann)在美国和通用电器公司一起合作设计了第一个半自动化工厂生产的木制嵌入式墙板单元住宅体系，充分体现了体系设计的思想[2]。这种独户小住宅的全部构件，包括厨房、浴室的固定装置可由一辆特殊的卡车运载到现场，不需技工，只用锤子就能把房屋连同电气、卫生设备安装好待用。然而由于它不能适应社会的需要，一段时间后就停产了。

如上所述，直到二次大战前，在工业化预制装配建筑方面，除了应急状态下的短暂发展和个别先驱者的探索和试验外进展不大，成效很少。除了在公寓、办公楼等单个建筑物中由于采用了钢构架，在一定程度上提高了建筑工业化程度外，建筑业基本上仍然是传统的手工业方式，大规模的发展是在第二次大战后。

**现代工业化预制装配的发展**

第二次世界大战后建筑工业化中最先受到欢迎的是轻质薄壁幕墙，特别是玻璃幕墙。须知直至第二次大战前后，建筑物外墙材料一般还是石和砖，不论是以其自然形式或经过加工的形式出现，在绝大多数条件下，均用人力和简易起重机械在外脚手架上进行施工。

40年代末至50年代，在美国，由于兴建高层建筑的需要和塔式起重机的出现，为了减

---

[1] 二次大战后成功的装配式混凝土大板体系主要是供大量建造的低薪阶层的高层公寓。
[2] 该体系从制作到施工资料齐全，能具体表达体系设计思想。

轻围护墙体的重量，开始了把经过高度工业化与模数化预制成的轻质幕墙单元镶嵌或悬挂在框架结构外面作为围护墙。由于幕墙单元不承受荷载，质轻如幕，故称幕墙❶。幕墙促使传统的骨架承重结构变得小了，而自身的面积则相应扩大以至有可能成为整幢结构的覆盖。

在高层建筑中，各种较质薄壁幕墙，特别是玻璃幕墙是以采用空调系统为前提的。过去由厚实的砖石墙承担的保温、隔热、抗风要求，在薄壁的高层建筑中复杂化了，只有靠复杂的机械和电力设备来取得平衡。战后美国经济和工业化水平的提高使过去被视为奢侈设施的空调系统能广泛用于办公楼建筑中，而在其他国家则要迟至50年代到60年代才开始采用。

幕墙单元是由它的薄壁部分与支撑薄壁的轻金属框格构成的。在框架方面，由于硬铝轻质高强，便于装配而采用颇多，此外也有采用不锈钢或铜质的；在壁材方面，最普通的是玻璃，但也有用铝板、不锈钢板和搪瓷、塑料、轻混凝土板（如图4-3-60）等材料。幕墙大大减轻了高层建筑自重，并具有装配速度快，维修费用低（可调换幕墙单元）的优点；又能选用色彩与质感多样、抗风雨日晒的面层处理❷，富有表现力；同时又是推销战后铝、钢等军用过剩物资的市场。因而在50年代迅速传播，广泛采用。至60年代成为高层建筑外形的主要特征。

采用幕墙带来的新课题之一，是如何保持一定的绝缘程度以节省空调费用和避免过多的阳光进入室内。蓝绿、古铜、金黄、银白、蓝灰等色的吸热玻璃❸和热线反射玻璃❹以及各种玻璃复合制品的采用提高了幕墙保暖隔热性能，相应降低了空调的负荷，增强了建筑表现力。热线反射玻璃幕墙在白天时室内景象不外露，但能反映出周围的街景❺和动态的天空云彩，形成一种特有的建筑形象；夜晚在室内灯光照明下则景象毕露，点缀着城市的夜景，但价格较高。如西格伦姆大厦为追求反射效果，全楼有75%外墙为玻璃幕墙（图4-3-3），幕墙采用粉红灰色的吸热玻璃，又选用紫铜框格致使该大楼造价高出一般大楼一倍左右。

联合国大厦的秘书处大楼（纽约曼哈顿，1949），高39层，是最早的幕墙实例。它在房屋的正、背两个立面上采用铝框格暗绿色吸热玻璃而房屋两侧则为整片光滑的白大理石墙，两者在色彩质感上形成强烈对比。正、背两面幕墙各由2730个尺寸很小的模数化单元构成，由于明亮的玻璃在视觉上掩盖了纤细的铝框格，使人失去了衡量幕墙构图的尺度感（图4-3-1, 4-3-58）。

被认为是大面积玻璃幕墙代表作的是利华大厦（纽约，1952年，图4-3-2），幕墙采用不锈钢框格，由于深绿色不透明的钢丝网玻璃窗裙和淡蓝色吸热玻璃带形窗水平相间，尺度适宜，效果较好，成为当时宣传玻璃幕墙的有力实例。

---

❶ 有将幕墙广义理解为由任何材料构成的、不承受荷载的围护墙，但现代化的幕墙通常指建筑中不承重的轻质薄壁，例如玻璃的围护墙。

❷ 铝板可以电化处理，钢板可用人造合成树脂饰面。

❸ 吸热玻璃又称有色玻璃（tinted glass）是第二代玻璃（第一代为净白玻璃 clear glass），是在普通玻璃中加入微量金属氧化物，如铁、钴、硒、镍等制成，能过滤某些色光谱而吸热，呈蓝绿、古铜或灰色。6mm的吸热玻璃可吸收太阳辐射热45%左右，可减少对室内的直接辐射；使光线柔和。其传热系同净白玻璃也可相等，遮荫系数较低，为净白玻璃的50%左右。

❹ 热线反射玻璃（Heat-reflecting glass）被称作第三代玻璃，是在平板玻璃表面涂一金属薄层。可呈金黄、银白、蓝灰和古铜等各种颜色，能反射太阳辐射热的30%，反射可见光的40%，有遮断太阳辐射热的作用；较新的产品在夏季能隔断86%太阳热，而透入室内的可见光线也仅17%。但由于反射，对附近建筑会有所谓光污染的影响，在国外常会因此而引起诉讼。

❺ 但在某些情况下，对街道景色的反映会造成汽车驾驶员在视觉上的错觉，甚至引起车祸。

第三节 高层建筑、大跨度建筑与战后建筑工业化的发展

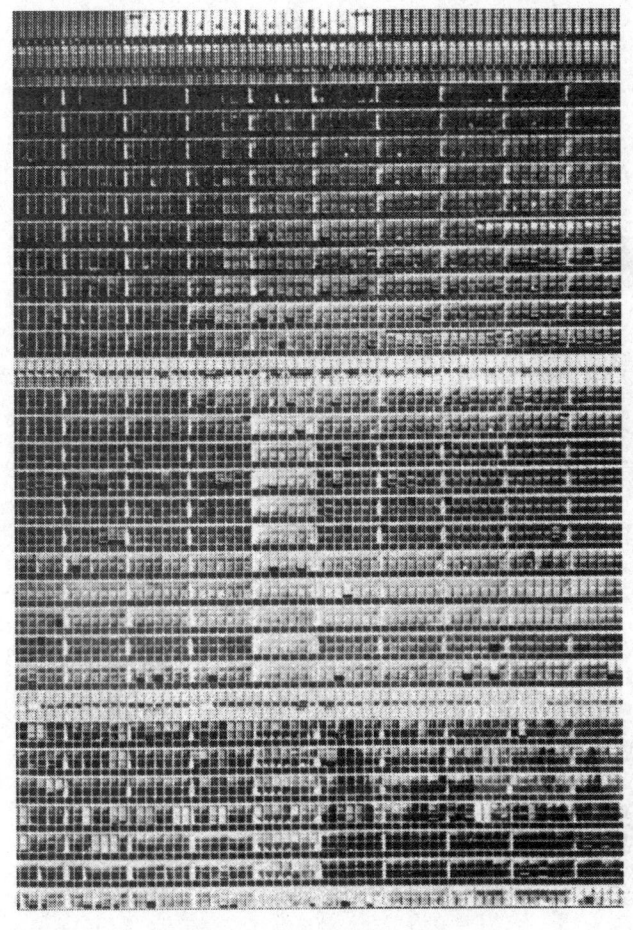

图4-3-58 联合国秘书处大楼的幕墙

美国铝业公司自用的办公楼阿尔科亚大厦（Alcoa，匹兹堡，1953年，图4-3-59）以使用大片的铝制幕墙为自己作广告。幕墙以厚仅3.18mm的预制铝板（带窗或不带窗）构成。为提高墙板的刚度，将其冲压成钻石形。为了防火隔热（铝的传热系数比玻璃大100倍），在铝板背后安装喷有两层泡沫混凝土的多孔铝板，两板之间并留有空气层。整个建筑由钻石形铝板单元构成的墙面在阳光映照下形成一片明暗相间的抽象图案，效果甚佳。

幕墙在保温隔热性能和其他方面，如渗漏、结露、扭曲、嵌缝脱落，或因温度应力引起裂缝或玻璃破碎等等，尚存在着不少问题。因而每当资本主义世界出现经济危机、能源危机时，它都会由于能源消耗大而成为众矢之的。为此，要将幕墙作为一种有效的工业化新技术广泛应用还需要解决大量复杂的技术问题。

20世纪60年代中期，另一种建筑围护单元——**预制混凝土外墙板**（precast concrete cladding）——被广泛采用。其影响之大比50年代的玻璃幕墙有过之而无不及。由于预制混凝土外墙板，取材于价廉的混凝土，生产制作较简单，保温隔热性能较好，能适用于不同地区和国家的自然与经济条件，对第三世界国家更为适宜。但另一方面墙板构件笨重，不利于结构与基础的负荷，且工业化程度不高，需要较多的人力和较大的场地，运输也不方便。

第一个几乎全部以预制混凝土外墙板覆面的大型建筑物（主体结构为现浇混凝土）是勒·柯比西埃设计的建于20世纪50年代初的马赛公寓（图5-3-1）。其尺寸系统是根据勒·柯比西埃的"模数理论"❶（Modulor）制定的，试图使公寓的整体和细部均符合人的尺度，又要便于标准化、装配化。

---

❶ 勒·柯比西埃从人体尺度出发，选定下垂手臂、脐、头顶、上伸手臂四个部位作为控制点，与地面距离分别为86、113、183、226cm。这些数值之间存在着两种关系，一是黄金值比率关系；另一是上伸手臂高恰为脐高2倍，即226和113cm。利用这两个数值为基准，插入其他相应数值，形成两套级数，前者称"红尺"，后者称"蓝尺"。将红、蓝尺重合，作为横纵向座标，其相交成的许多大小不同的正方形和长方形是为"模数"。

但有人认为柯比西埃的"模数"系列不能成为工业化生产的简便工具，因为其数值系列不能以有理数来表达。

221

(a) 外观　　　　　　　　　　　　　　　(b) 幕墙装吊时情况

图 4-3-59　阿尔科亚大厦

马赛公寓采用了两种预制混凝土外墙板部件：(1) 构成公寓单元正立面阳台的格子板；(2) 安装在框格架外的所有实体墙的覆面板。预制件的组合原则是所有水平向构件的端部均终止在垂直构件的中心线上，清晰地表现了它的构造和结构系统。构件间的接缝较宽，形成一个富有表现力的构图。

马赛公寓的外形纯真、朴素地表现了混凝土预制件的组合，没有丝毫传统建筑外貌或建造技术的痕迹，显示了预制混凝土墙板的经济价值和美学效果。受到了战后年轻一代建筑师的推崇。

然而，直至20世纪60年代初，马赛公寓等少数几个成功实例，并没有推动多数建筑师去应用预制混凝土墙板。只有一些年轻建筑师，从社会上需要价廉物美的公寓建筑出发，继续对预制混凝土建造工艺及其可能形成的建筑艺术表现手法作探索。例如。在英国伦敦的罗切姆顿(Rochampton)街公寓群(1953～1958年)和海得高层公寓(Hide Tower，伦敦，1961年)。后者首次采用了价值较高的大型预制外墙板(最大的宽12英尺，高10英尺3英寸)❶，这样不仅简化了装配和连接，并以其简洁、有效的接缝著称。墙板覆盖整个柱

---

❶　1英尺＝0.3048m。

## 第三节 高层建筑、大跨度建筑与战后建筑工业化的发展

距,使墙板的垂直接缝紧贴柱面而有效地抵御了室外冷空气侵入(图4-3-61)。这是战后英国对预制混凝土技术的贡献,并在一定程度内被推广应用。

促使预制混凝土外墙板被普遍接受的因素之一是它在美学上的表现力。长期以来,混凝土这一材料给人的印象是粗糙并有污斑,色彩晦暗;除加用粉刷或贴面材料把它遮盖起来,否则很不美观。直到20世纪50年代初人们企图以预制混凝土取代现浇混凝土时,才意识到利用混凝土的可塑性可以浇铸出非常多样、丰富,有装饰效果和表现力的面层来。特别是在预制外墙板构件时,由于可以平躺着浇捣,既能把经过选择的骨料(从大小、颜色到形体的搭配)和以白水泥或有色水泥做面层,也可采用特制的模具做成各种纹理和图案的面层(如勒·柯比西埃在马赛公寓中)。如果把面层做得薄些,基层用普通混凝土做,这样既可收到方便施工、节约劳动力,少耗面层材料的效果,又获得精致、美观,丰富多样的饰面。为此,建筑师,特别是第三世界国家的建筑师,终于在60年代中期接受了预制混凝土外墙板并推广应用,从而进一步丰富了现代建筑的造型效果。

偏爱玻璃幕墙的美国,自60年代也开始大力发展预制混凝土外墙板。其特点是从个别建筑的结构需要出发,挖掘其结构潜在能力。其中著名的实例是费城的警察行政大楼(1962年,图4-3-62),它对60年代预制混凝土外墙板的影响,犹如十年前的马赛公寓一样。预制混凝土作为一种外墙板的最大缺点是太重,警察大楼的解决办法是把预制外墙板设计成既是围护又是房屋外围的结构。警察大楼底层上部的三层高的办公楼就是采用一片片高达3层高的构架式外

图4-3-60 美国一座轻质混凝土幕墙的高层建筑

图4-3-61 英国伦敦采用预制混凝土外墙板的海得高层公寓

墙板(35英尺×5英尺×2.5英尺)联系而成的。此外它还设计了一种双T截面的楔形楼板单元，它搁置在中央竖芯和3层高的外墙板上。这样既将楼板与墙板有效地建造成为一个整体，并为所有水平向、垂直向管道的敷设提供空间。这是一个成功地把结构，外墙、设备、机械设施相结合起来的预制装配建筑实例。它的价值不仅在结构上，并且有高度的建筑质量。因为预制混凝土这种建造方式，可使建筑物的平面形体和总体造型达到一致。

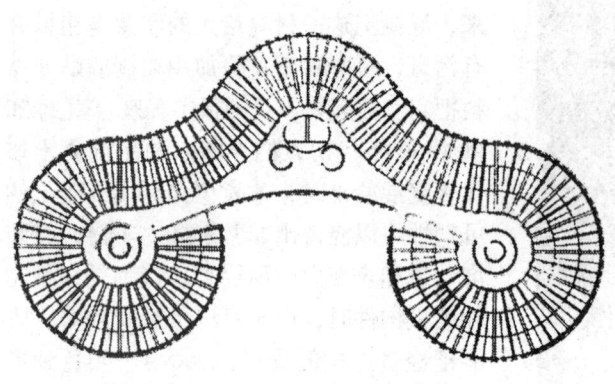

(a) 平面

(b) 装配施工

图 4-3-62　美国费城警察行政大楼

50年代末很多国家还开始了宜于建造大量性建筑的**工业化全装配建造体系**。当时许多国家均面临严重的房荒和市民一般生活所需的诸如学校、医院、小商店等建筑的严重缺乏。经过努力，各种不同程度、不同方式的预制装配，例如采用部分标准化预制构件(如梁柱构件，楼板、墙板构件、砌块等)，运用先进的施工机械或使某些操作程序加以现代化和流水化等等方法，但问题仍然没有解决。于是人们渴望建造全过程的工业化，即把整个房屋的建造就像生产其他工业品那样能大批量与成套地生产，运到现场装配即成。这个愿望在60年代上半期得以实现。许多用以建造住宅、学校、办公楼等大量性建筑的全装配建造体系在英、法、北欧、苏联等国家先后涌现，一定程度上解决了工业先进国家自工业革命以来长期存在的住宅问题。这是建造史上一场深刻的革命。

工业化全装配建造体系所以在60年代突然发展起来是以战后多年来经济稳定上升和科技迅猛发展为基础的。而城市人口的激增和人们生活水平的提高对住宅和其他大量性建筑不但在数量上，而且在建筑空间和设备质量上也有了更高的要求。另一方面，大大落后于其他工业部门像建筑业那种室外体力劳动工作逐渐乏人问津，熟练技工日益减少，如把建筑工人工资提高到产业工人水平，则由于产值低而难以维持。再者传统建造方法施工期长，利息高，还要加上施工机械的租费和折旧率使建筑成本更高。这一系列因素迫使营造商接受整个建造过程的工业化，而最后的促成则是政府和地方当局的支持和组织。

工业化全装配建造体系首先要树立一种科学的思考方法，即把过去相互分离割裂的设计、生产、建造程序看成一个统一整体，也就是把房屋看作一种工业产品，对房屋的设计（包括建筑空间、结构、设备的设计），构配件生产和运输，现场施工组织和装配，技术经济分析，市场需要与销售等各个环节都要进行综合配套的研究，从而建立房屋生产全过程的完整体系。

用工业化建造体系来建造房屋，能最大限度地利用人力、物力、财力资源和加快建造速度；还能在建筑中充分应用现代科学技术成就开拓广阔的前景。

虽然从理论上来说，建筑工业化建造体系是历史发展的必然，但是，它是在充满着各种矛盾的实践中实现的。建筑物不同于其他工业品，它是一项庞大的综合性很强的、特殊的物质产品，涉及到共同承担建筑生产过程的许多部门和多种专业的分工、协作，而其关键又在于强有力的组织和管理。实现工业化全装配体系的主要障碍不是技术问题而是经济、组织和政治因素，因为成功的建筑工业化必须是大规模的建造活动，它要求建造的连续性、高效率和统一性，并要求降低设计与生产上的个性与多样性。为此特别需要政府的支持与作用。

上述种种因素，使建筑工业化全装配建造体系的发展惊人地缓慢，往往是阶段性的，并且充满了挫折、失败和经济损失。

60年代欧洲发展了不少各具特色的全装配钢筋混凝土大板住宅建造体系。其中法国先行，北欧体系质量较高，而数量最大的是前苏联和东欧国家。英国的轻钢构架 CLASP 学校建造体系(The Consortium of Local Authorities Special Programme)则是世界范围内第一个成功的建造体系；60年代美国的 SCSD 学校建造体系是 CLASP 的发展，工业化程度很高。

当时的建造体系分预制大板、骨架轻板，匣子三大类。又按所有材料的比重分重体系（材料比重>1000kg/m³，如混凝土、砖）和轻体系（材料比重<1000kg/m³，如木制品、石膏、石棉水泥、铝、塑料等，骨架材料则为钢和木）。

1851年国际博览会上的水晶宫[1]是因为当时所有竞赛方案中没有一个能满足要求——快建和在一定造价以内——的条件下被采纳的。当时它的造价比竞赛方案中最经济者还低一半；所提供的生产、装配程序也切实可行。其设计构思来自帕克斯顿；但标准化细部的设计，连同确切的造价预算则由福克斯(Charles Fox)和亨德逊(Henderson)营造商负责。当时所有的部件与构件被分包到不同的工厂中去同时生产，产品集中后在基地上使用了动力机械，对铸铁梁柱作了水力试验，再由各工种在现场协同装配。帕克斯顿方案的所以成功，在于他充分利用了当时工业生产的技术和水平（图4-3-63）。他并没有想到要创造一种建筑形式，然而水晶宫的造型却标志着建筑史上一个崭新时期的开始。但是大多数建筑师从那时起直至第一次大战，仍然拒绝接受那必然支配着建筑发展的工业技术和承认它是新时代建筑赖以产生的物质技术基础。

当代第一个成功的工业化体系是英国的 CLASP 学校建筑体系。这是一个轻钢构架、钢筋混凝土楼板和墙板的装配体系。它是在战后传统建筑材料和技工劳动特别短缺、又急

---

[1] 这个占地面积71800m²和回廊面积为20200m²的庞大建筑物，从构件制作到建造共花了9个月时间。除了33m高的中央通廊，由于采用了曲线型屋顶而不能用标准大梁外，整个建筑物采用的3300根柱子，2224根大梁，330m长的窗，30万块玻璃板(约为当时英国全年产量的1/3)均分散在英国各个工厂中制作。

需大量兴建学校的条件下诞生的。它最初是在一种装配式玩具的启发下，用轻钢材料制成。以后赫特福德郡(Hertfordshire)地方当局为了充分利用在战时建立起来的轻钢工业生产力，组织了设计小组，使之发展为能够大量生产、价廉配套和只需用少量手工劳动就能快速建成的轻钢模数化预制构件系统。1948年建立了CLASP建筑联合企业，1957年后正式供应，在英国12个州的学校采用。CLASP体系在外墙板、窗型、内隔墙方面组装的灵活性大。如在一个能熟练地运用它的设计人手中，能根据各个学校的具体情况组合成多种多样，具有相当建筑特色的学校建筑。1960年在米兰每3年一次的建筑和设计展览会上得了奖，后被德、法、意等国采用。由于各国气候、建造规范以及当地材料、技术、价格等方面的差异，在细部上需作一些修改和发展，但主体结构和基本构件则各地相同（图4-3-64、4-3-65、4-3-66）。

法国20世纪50年代初，在建造供低薪阶层居住的**混凝土大板高层公寓建造体系**方面最先取得较大进展。大板体系装配化程度高，构件种类少，能适应当时以数量为主而对布

图4-3-63 水晶宫的装配

图4-3-64 CLASP体系的轻钢框架

图4-3-65 CLASP体系学校的立面与细部处理

局灵活性尚未有强烈要求的情况。当时在政府的大力支持下建立起了一个大规模混凝土预制板工业系统，以后随着经济的发展和适应城市关于要成片地、有组织地建设居住小区的要求，一度取代过去小块街坊和邻里单位的建造。继而一位名叫加缪（R. Camus）的营造工程师，精心设计了一个混凝土重板体系。这个体系具有较大的灵活性，能用于高层塔式和板式公寓，最高可达23层。1954年在法国住房部长小克劳狄（Claudius Petit）❶资助下，用 Camus 体系搞了一个有名的400住宅单元的大规模试验，大大推动了该体系的发展，为建筑工业化提供了巨大而有保证的市场，后来经销世界各地（图4-3-67）。

北欧国家一开始时主要侧重于发展钢筋混凝土预制外墙板。20世纪50年代丹麦哥本哈根的拉森和尼尔逊营建公司（Larson & Nielsen）发展了一个同名的十字墙体系，由横向墙和建筑物中部纵向墙承重，呈十字交叉状，非承重外墙板悬挂在横墙末端（图4-3-69）。该公司在北欧有较大的影响，十字墙体系又给建筑师以较多自由，使建筑造型

图4-3-66　英国用CLASP体系建造的约克大学

较丰富。此外，瑞典的由楼板和墙板组合在一起的T形墙全混凝土（All Beton）体系和重型骨架奥尔森和斯卡纳（Olson & Skarne）体系（图4-3-70）都是经年屡月发展起来的良好而严密的体系。

前苏联和东欧建筑工业化体系的发展中最引人注目的是前苏联。计划经济为建筑工业化创造了良好条件。自1954年全苏建筑工作者会议以后，即强调建筑工业化，重点发展重型混凝土大板体系，它使前苏联在短短的几年中有一半住户迁进了新居。但由于发展过快，由传统向工业化过渡显得很突然，建筑物往往造型单调，细部枯燥乏味。随着尺寸的标准化和大规模试验性建造，促进了体系的系列化。以住宅为例，大板建筑共有42个系列，大板框架有9个，使建筑群组合的多样化有了可能。此外前苏联还实现了匣式体系。

其他波兰、罗马尼亚、朝鲜等国在建筑工业化方面也都取得了较大的成就。

美国在建筑体系方面起步最晚，学习西欧后，开始引起重视，有著名的SCSD（Schoool Construction Systems Development）学校建造体系、Techcrete住宅体系等等。美国有一个"突破行动"计划，要在1968～1978年间建2600万套新住宅，是个大规模的示范性计划。它在全国范围内组织大量生产，订立了9个示范性基地，有些取得了初步成效，有些却流产了。

---

❶ 马赛公寓主持人。

图 4-3-67　早期加缪体系住宅　　　　　图 4-3-68　巴黎附近的加缪体系高层公寓

美国的 SCSD 学校建造体系是 20 世纪 50 年代英国 CLASP 体系的后代，它是在 60 年代美国建筑工业高度发展，竞争剧烈的条件下诞生的。体系由加利福尼亚大学建筑系和斯坦福(Stanford)大学教育系的学校设计试验所，结合学校行政、营造商和生产商共同研究设计。主建筑师依兹拉·埃伦克兰茨(Ezra Ehren-Krantz)对设计程序合理性颇有研究，在设计前曾去英国学习。

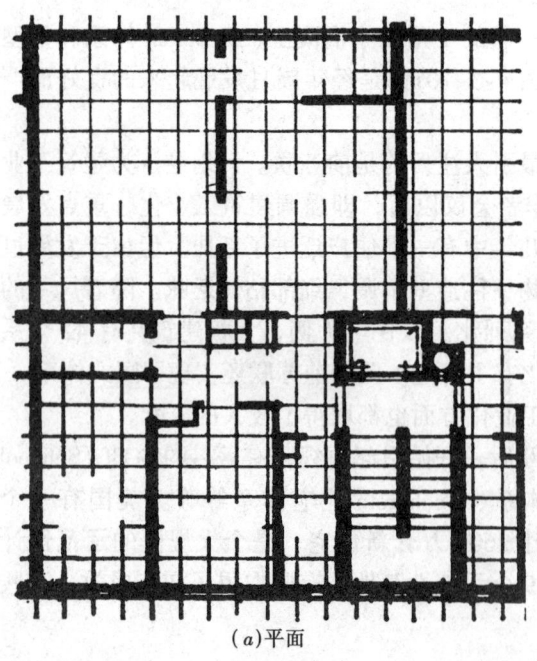 

(a)平面　　　　　　　　　　　　　(b)外观

图 4-3-69　丹麦"拉森和尼尔逊"体系住宅

图 4-3-70　瑞典"奥尔森和斯卡纳"体系住宅

为适应当时英美等国提倡的"不分年级"、"小组教育"等教学方法需要，要求建筑空间具有较大的灵活性，能组合成各种大小不同的"教育空间"，因而空间之间不设可关断的墙和门，而是采用了具有良好隔声效能的多种多样活动隔断和折叠门。在为检验构件及其组装而建造的足尺模型中，除了厕所盥洗室部分是固定的外，其他内隔断和外墙都是可根据活动需要而进行拆卸和组装的，具有很大的适应性。

SCSD 是一个高度工业化体系。除了轻钢结构主体系外，还有五个次体系：(1)采暖、通风和冷气体系(设备、管道和控制装置)；(2)照明、天花包括空调扩音器体系；(3)室内隔断体系；(4)家具体系(包括贮藏柜、课堂实验台)；(5)学生橱柜(图 4-3-71)。

到 1967 年美国采用该体系建造的建筑物已达 400 多幢，其中伦诺克斯(Lennox)空调单元、豪斯曼(Hauseman)可拆装隔断、内地钢铁公司的结构系统、照明顶棚系统等畅销于建筑市场。

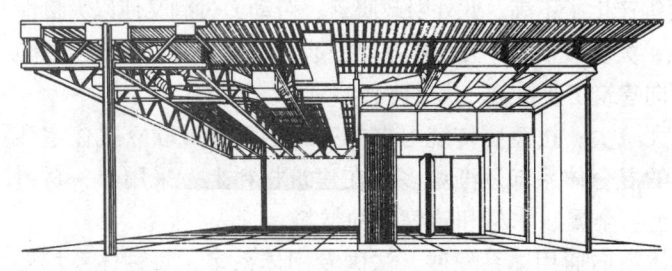

(a)体系全貌　　　　　　　　　　(b)体系建造的学校内景

图 4-3-71　美国 SCSD 学校体系

70 年代，国外建筑工业化进入了一个新阶段。

其中一个特点是**现浇和预制相结合的体系**取得了优势。现浇与预制结合最先出现在高层住宅的建造体系中，为了适应抗震要求而采取的权宜之计。但一经采用之后发现不同工艺的混合使建造体系具有了不同于以往的在理论与实践上的优势。以法国为例，在 50 至

60年代，其大型企业以发展预制大板建筑为主，少量中小企业由于投资力较弱，则发展了以大模板为主的现浇工艺。但自60年代末起，由于出现了专用的混凝土运输卡车、混凝土泵等机械设备以及大型的混凝土搅拌中心的建立，使预拌混凝土得以发展。于是各种减少模板用量的滑模、大模板和隧道模等工具式模板现浇施工也得到了推广应用。特别是大模板广泛用于兴建多层住宅中，如1975年巴黎地区82%的新建住宅均采用大模板。现浇大模板的模板投资仅为预制大板厂的1/8，适应性大，对起重设备要求低（大板构件重达10t，大模板不大于1.5t)，又无笨重构件的运输与堆放问题，而且结构整体性好，对高层建筑和地震区建筑尤为有利。这些特点恰好适应70年代资本主义经济危机时期住宅建设规模趋向小而分散的情况。其缺点是现场用工较多。于是，主体承重结构现浇；外墙预制（由于装修、隔热、保温和门窗安装等施工较复杂）的现浇和预制相结合的体系就广泛采用。

另一特点是全装配体系从**专用体系向通用体系发展**。大板为主的专用体系向通用体系发展，初步解决了工业化住宅外型单调呆板，平面布局缺乏灵活性等缺陷。但以轻质高强的建筑材料如钢、铝合金、石棉水泥、石膏、声热绝缘材料、木制品、结构塑料等构成的轻型体系，是当时工业化建造体系的先进形式；由于它比重型的混凝土大板体系更适宜于工业生产，节点制作较为多样化与精确度较高等因素，有利于搞通用体系而成为发展方向。

工业化建造体系是预制、装配的发展。它犹如一套建筑积木，和与这套积木相配的构配件。每个建造体系可以从组织机构、技术构成、设计等三个不同角度来反映它的性质和内容。运用某个体系的构件应能在一定程度上组合成多样化的房屋以适应具体建筑物的要求。专用体系和通用体系（或称封闭体系和开放体系）就是按其适应的程度而形成的两个相对概念。最先发展的体系，如英国的CLASP，丹麦的拉森·尼尔逊和法国的加缪（Camus）体系是专用体系。它们是由一个组织机构发展和生产的。其构配件不能和其他体系的构配件组合装配。随后在发展过程中，建筑师要求设计时可有较多选择的自由，设计方案可以比较更多样化一些，要求构件在一定范围内可以跨体系通用，即成为通用体系。事实上一个体系的通用性愈强，就愈不成为体系。只有使不同体系的部件、构件采用同一模数，其连接和密封技术也标准化的条件下，不同体系的部件与构件才能通用。60年代末，预制专用体系在50、60年代中对加快建设速度、解决住宅问题起了重要作用。但随着生活水平的提高，人们对一般工业化住宅的单调呆板、灵活性差和不适应家庭组成变化的需要等产生了不满。此外财政匮乏、劳动力过剩又使以大量性建造为前提的全装配体系丧失了优点，大多数预制厂开工不足。引起了不论是英、法等西欧国家还是北欧和日、美等都在酝酿如何向建筑工业化第二代过渡。

在英国，高层住宅建设量已大大减少；按英国传统习惯的一二层独立或联立式住宅和采用工业化方法和传统方法相结合的混合体系却逐渐增多。在建筑材料上，采用单一材料的也日趋于少，一般喜欢含有混凝土、金属、木材和砖等各种材料。

法国建筑业正式提出要从专用体系向通用体系发展。法国专用体系多，每种体系均要生产整幢房屋的全部构件。通用体系则是各个厂商根据全国或地区通用的标准、尺寸、构造等生产的构配件。用户可根据需要选购，以装配成多种形式的房屋，更适应当时建设趋向规模小与分散的要求。但推行通用体系则要求各厂商产品遵守统一标准化规定，改变原有的生产线和建筑业机构，这并不是一件容易的事。

日本为发展通用体系，提出了"住宅部件化"，有计划地将门窗、小五金、卫生间、厨房、采暖、通风等设备，装修材料及制品、结构构件和钢筋、模板、脚手、扣件等，甚至公用信箱、公用电视天线等都进行标准化、专业化生产和实行商品化供应；1975年并进行了通用体系住宅实验。

美国**活动住宅**的生产与销售已经成为美国独立式住宅工业化的一个方面。它从原材料到最后装配成一幢幢房屋，包括设备系统，整个生产过程完全是工业化的，全部在工厂中进行。

早在20世纪20年代，为适应旅游需要，人们开始制造假日篷车、旅行拖车，以免因找不到旅馆而露宿于外。30年代，由于经济衰退，住宅建设量缩减，这些拖车的车身虽然窄小，达不到一般的居住生活水平，但还能作长期居住之用，于是出现了永久性篷车、汽车拖车停车场等等。

1933年第一幢活动住宅由汽车制造商生产，一开始只是为了流动工人、巡回的钻探工、军事和土木工程人员之用。二次大战期间和战后恢复建设时期，人口流动很大，很多人没有固定的居所，这加速了美国采用拖车的进程。到1950年，已销售出的拖车中的45%已用作住宅。针对这种趋向，第一辆带有浴室的拖车于1950年进入市场；1951年加置了抽水马桶；1955年美国制造商开始生产3m宽的拖车单元；1961年后不顾一些州际公路部门的反对，单元达到3.6m宽20m长。如今美国许多州已允许采用4.3m宽的单元。这种大型单元(4.3m×25.9m)基本上等于预制房屋。它不像过去的拖车可用家庭汽车来拖拉，而是需用特殊的拖拉工具。运至现场后，只要用起重机把它吊装放在地面垫块上，接通基地上的上下水、电、和电话系统后就能使用。单元内有煤气供应，也有浴室、厨房连餐室、起居室、卧室等等，虽然均为最小尺寸，但需要时可购买2~3个单元联结起来使用。

随着活动住宅在美国的扩大采用，产量正在不断提高，价格有所下降，质量也在改进。因此社会上有些人提出了一个疑问：一个价格较低的，可以任意迁移的住宅是否将会取代价格较高的永久性住宅呢？其实这是一个非常复杂的什么是住与什么是住宅的问题。

美国另外一个建筑工业化建造体系Techcrete的创始人，建筑师卡尔·科奇(Carl Koch)从欧洲的体系建筑经验教训出发认为由建筑师指导并参与设计，有可能使建造体系引向新的前景。于是他和工程师赛普·费恩卡斯(Sepp Firnkas)合作，在熟悉和掌握了欧洲的体系后，考虑到美国严格的防火标准，采用了法国重混凝土的构造方法，又吸取了北欧具有较强结构稳定性的"十字墙"平面布局，创造了混凝土的Techcrete体系。为解决墙板在承受最大应力处可能会出现折断的缺陷，他在混凝土构件装配后用后张法来提高应力，使构件在力学上联成一个刚性整体，提高了混凝土的承载能力，从而减小了构件尺寸。该体系的工业化程度较高，并发展了5个次体系：厨房、浴室卫生体系；楼梯和电梯体系；立面幕墙体系；内隔墙体系和电器设备体系。在建筑总体造型上，他以模数系统，层数和系列化配套为基础，以独特的设计构思，运用体系构件作了巧妙的组合，打破了工业化建造体系中常有的单调划一局面，塑造了一个新的建筑景色。

工业化建筑体系中孕育着种种设计可能性，它能为建筑开拓一个前所未有的广阔天地。假如建筑师能摆脱传统观念束缚，真正进入这一新领域，在深入了解工业化建造技术和急剧变化中的使用功能要求后，能给自己的工作以新的内容，发挥设计才能，创造出具有较大适应性、多样化的工业化建筑体系。那么，这样便能使建筑成为人类改造自己物质环境的有力手段。

# 第五章 战后40~70年代的建筑思潮
## ——现代建筑派的普及与发展

### 第一节 进程中的反复与建筑既有物质需要又有情感需要的提出

形成于两次世界大战之间的现代建筑派经过两次世界大战之间、战争时期与战后恢复时期的考验被证明是符合时宜的，于是逐步取代原来在西方驰骋了数百年的学院派而成为社会上占主导地位的建筑思潮。

现代建筑派在历史上曾被称为欧洲的先锋派、现代运动、功能主义派、理性主义派、现代主义派、国际式等等。从它诸多的名称可以看到它不是一时或一家之言，而是继承了从19世纪至20世纪初各种探索新时代建筑的理念与实践，结合两次世界大战之间各国的具体情况综合而成的。它的主要内容包括以德国包豪斯的格罗皮厄斯、密斯·范·德·罗和定居法国的瑞士建筑师勒·柯比西埃为代表的理性主义建筑，以美国的赖特和德国的沙龙(Hans Scharoun)为代表的有机建筑和以后起之秀芬兰建筑师阿尔托为代表的建筑人情化与地域性[1]。尽管从表面上看赖特的建筑与勒·柯比西埃的建筑很不相同，但从建筑文化发展的长河来看它们有明显的现代派特点。这就是：

(1) 坚决反对复古，要创时代之新，新的建筑必须有新功能、新技术，其形式应符合抽象的几何形美学原则[2]；

(2) 承认建筑具有艺术与技术的双重性，提倡两者结合；

(3) 认为建筑空间是建筑的主角，建筑设计是空间的设计及其表现，建筑的美在于空间的容量、体量在形体组合中的均衡、比例及表现。此外，还提出了所谓四向度的时间——空间构图手法；

(4) 提倡建筑的表里一致，在美学上反对外加装饰，认为建筑形象应与适用、建造手段(材料、结构、构造)和建造过程一致；其中欧洲的理性主义在形式上主张采用方便建造的直角相交、格子形柱网等等；有机建筑与建筑人情化在这方面基本上是这样做的，但不坚持。

以上便是现代派的共同特点。

然而，由于各方面所处的社会现实不同，即使理念相仿，在掌握的分寸上也会有差异，更不用说那些牵涉到社会现实的问题了。例如在对待建筑经济与建筑师的社会责任上，理性主义派同有机建筑派就有很大的不同。欧洲的现代派早在1928年CIAM在拉萨拉兹的第一次会议中便指出建筑同社会的政治与经济是不可分的。他们说："经济效益不是指最大的来自生产的商业利润，而是在生产中最少的工作付出……为此，建筑要有合理

---

[1] 参见本教材第三章第四节。

[2] CIAM 的拉萨拉兹会议中(1928)指出，现代建筑的风格特征取决于现代化的生产技术与生产方式。见《Modern Architecture—A Critical History》K. Frampton, London, 1980, 第269页。

性和标准化"[1]；又说：建筑师"应使社会上最多数人的需要得到最大的满足……"[2]。

显然，这些提法是同第一次世界大战后西欧所处的政治经济动荡与人民生活困苦有关。以后 CIAM 几次会议的议题同样反映了这个特点。如在第二次会议（1929 年在法兰克福）中讨论了由德国建筑师提出的低收入家庭的"最少生存空间"。第三次会议（1930 年在布鲁塞尔）中讨论了也是由德国建筑师提出的房屋高度、间距与有效用地和节约建材等"合理建造"问题。这些课题反映了他们把建筑必须满足人的生理与物理要求看得十分重要的特点，而这些内容是过去的建筑学所忽略了的。在讨论过程中还反映了他们时而把调查研究与科学分析的方法掺进到过去只被看作是艺术的建筑学中。对此，特别值得提起的是 1933 年 CIAM 在雅典的以"功能城市"为主题的第四次会议。与会者在分析了 34 个欧洲城市之后，勒·柯比西埃提出现代城市应解决好居住、游憩、工作与交通四大功能，并介绍了他原来就有的关于功能城市的设想（图 5-1-1）。在这里，一幢幢按新功能、新技术并标准化了的建筑按功能分区而屹立于阳光、空气与绿化之中；建筑有高低大小之分，而没有社会等级之别；头上是飞机与飞船，脚下是分层的机动车道……。这次会议的内容后来在第二次世界大战期间以《雅典宪章》的名称公布于世。尽管其内容是片面的，但它说明了建筑师对城市问题的关心，大大地吸引了战后渴望和平、秩序与时代进步的年轻人。虽然 CIAM 因内部意见不合于 1959 年自行休会，但其思想却深刻地影响了后面的几代人。

而美国的以赖特为代表的有机建筑走的却是另外一条路线。美国大陆在两次世界大战期间虽是参战国，但远离战场，政治经济稳定，工业生产由于是战场的后方反而骤增，市场比较活跃。赖特本来就以能为中小资产阶级建造富有生活情趣和具有诗意环境的住宅而杰出于众。20 世纪 30 年代，随着现代建筑的崛起，受过土木工程训练的他也积极主动地采用新技术来为他的创作目标服务，例如，他曾尝试用预制的上刻有图案的混凝土砌块来

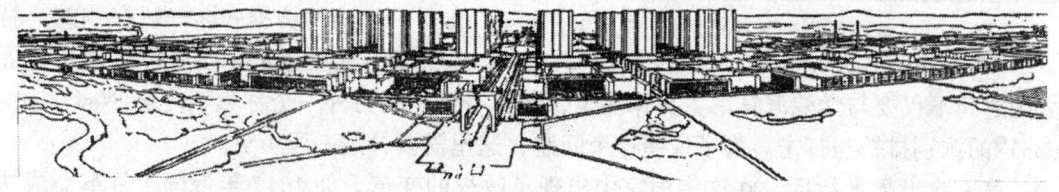

图 5-1-1　勒·柯比西埃的"现代城市"方案——"300 万人口的城市"

使现代的方体形建筑具有装饰性（图 5-1-2）。然而，1936 年他为富豪考夫曼设计的流水别墅却惊动了建筑界。他向人们展示了当时尚是很新颖的结构——钢筋混凝土悬挑结构——在使建筑与自然环境相得益彰的艺术魅力中起着关键的作用。尽管这幢建筑的造价十分昂贵，它的结构在最近十余年的维修过程中发现是很不合理的，但仍不愧是一创世之作。以后赖特的新建筑，例如约翰逊公司总部、古根海姆博物馆等等，无一不是与新技术并进，并使新技术成为建筑艺术成果的重要因素。

再看，以芬兰的阿尔托为代表的人情化与地域性，从表面上看似乎是一条介于欧洲的现代建筑与美国的有机建筑之间的中间路线，但是他把建筑与人的心理反应联系起来，特别是

---

[1][2]　CIAM 的拉萨拉兹会议中（1928）指出，现代建筑的风格特征取决于现代化的生产技术与生产方式。见《Modern Architecture—A Critical History》K. Frampton, London, 1980, 第 269 页。

图 5-1-2 赖特用刻有图案的混凝土砌块来装饰建筑

对人在体验建筑时由视感、触摸感、听觉等引起的心理反应的重视,为建筑学开辟了一个新的研究与实践领域。

第二次世界大战后,欧洲的现代建筑派由于比较讲求实效,对战后恢复时期的建设较为适宜;同时,一批曾接受30年代从欧洲移民到英国与美国的学术权威教育与影响的青年已经成长。因此,理性主义在战后不仅普及欧洲并"深入到美国的生活现实中去"❶。此外,美国的有机建筑也因它的浪漫主义情调与丰富的能为业主增加生活情趣与"威望"的超凡出众的形式,而受到了广泛注意。于是在战后一段时期的建筑学坛中几乎形成了完全被上述"五大师"所把持的局面。

然而,现代建筑派走向成功的历程并非一帆风顺的。特别是欧洲的现代派在两次世界大战之间不仅要与学院派复古主义作斗争,还要受到当时另外一个称为新传统(New Tradition)❷的派别排挤与打击。为了说明这个问题,这里需要补述一段历史。

第一次世界大战后,在许多国家中出现了政权的变革。如1917年俄国十月革命成功建立了苏维埃政权;1922年意大利墨索里尼政变后实行法西斯统治;1931年英国殖民主义者为了加强对印度的统治,把印度首都从加尔各答迁到新德里;1934年德国希特勒自封元首后实行严格的法西斯统治以及一些原来被统治的殖民地获得自治权等等。它们在建设中希望自己的建筑能具有象征国家新政权的新面貌时感到,原来学院派复古主义的一套由于在形象上与旧政权、旧社会的联系而显得不合时宜,而具有时代进步感的现代派又在表现国家权力与意识形态方面显得格格不入,于是一种新的设计思潮——既要能表现国家权力与民族优势,又要具有新意的所谓新传统派应运而生。新传统派事实上是一个政治美学感甚强,但在手法上又相当保守的学派。

新传统派继承了学院派的全部构图手法。例如讲究轴线、对称、主次、古典比例、和

---

❶ 《History of Modern Architecture》——L. Benevolo,1971年版,第651页。

❷ 这个名称是由历史学家 Henry-Russell Hitchcock 于 1929 年针对当时的情况提出的,后受到弗兰普顿的沿用。见《Modern Architcture》K. Frampton,第210页。

第一节　进程中的反复与建筑既有物质需要又有情感需要的提出

谐、韵律等等；但在形式上则剥掉原来明显的古典主义、折衷主义装饰，代之以简化了的具有该国家传统特色的符号；在形体上也进行简化，使之接近现代式。由英国一手操办的新德里的规划设计(图5-1-3)，既歌颂了英国的权力，又显示了莫卧儿皇朝的辉煌；此外，1934年前苏联在莫斯科的苏维埃宫方案(图5-1-4)和1937年巴黎世界博览会的德国馆和前苏联馆(图5-1-5)都是新传统的典型实例(后三者又具有装饰艺术派特征)。它们给人的印象是雄伟而壮观，像纪念碑一样，具有明显而强烈的宣传政治意识形态的作用。这种风格不仅受到官方的赏识，并对群众起着一定的振奋作用。当时有些方案还是经过公开的国际竞赛的，例如在前苏维埃宫的设计竞赛中，勒·柯比西埃、佩雷、格罗皮厄斯、帕尔齐格等人参加了，他们的方案由于缺乏使人一目了然的图像性效果而输给了受前苏联官方支持的所谓社会主义现实主义的创作路线。在此之前，也有一次输得很惨，这便是1927年的国联大厦设计竞赛。当时参赛的共有27个方案，被认为是学院派的有9个，被认为是现代建筑派的有8个，被认为是新传统派的有10个。8个现代派方案中有当时已受到了注意的勒·柯比西埃(图5-1-6)和H·迈尔的方案。由于争论激烈，评委最后只好授权给

图5-1-3　新德里总督府

名列前茅的4位参赛者(3人为学院派，1人为新传统派)去做一个综合方案。结果最终方案竟是一个后来成为笑柄的"剥光了的古典主义[1]"！

在此段时期，美国也不甘寂寞。美国在设计思潮中本来就没有欧洲那么激进，在通常的建筑中，学院派的残余与新传统并存。但在高层建筑中新传统派却获得了它的市场。须知，高层建筑由于功能与结构的关系，本身便具有先天性的、不同于历史建筑的现代形象。但在纽约，商业竞争要求产品个性化，业主也要利用建筑形象来炫耀自己的资本实力，于是喜欢在现代形象的高层顶上加上一个高耸的塔楼，和在墙面上放上丰富的装饰。例如纽约第一幢号称为摩天楼的伍尔沃斯大厦的塔楼，采用的便是有利于增加建筑挺拔感的哥特式风格(图2-18)。此外，为了强调建筑的垂直向上感，便在窗间墙上面加上利于强化这种感觉的几何

---

[1] 《Modern Architecture— A Critical History》K. Frampton，第212页。

形装饰,以及对塔楼进行几何形的层层收分,以突出向上感等则比比皆是(图5-1-7),其中有的表现一般,但也有杰出的,如克莱斯勒大厦(Chrysler Building,1928~1930年,图5-1-8)。关于后面那种善于运用几何形形体与装饰者,由于同20世纪20与30年代流行于巴黎的装饰艺术派风格相仿,也被称为装饰艺术派。

然而,现代建筑派同新传统派斗争得最激烈的地方却在那些曾经孕育过现代运动的国家。在前苏联,曾于20年代十分活跃的现代主义先锋——构成主义和当代建筑师联合会(Association of Contemporary Architects,简称OSA,领导人为M. Ginzberg,内有建筑师韦斯宁弟兄❶等)——在30年代初便受到社会主义现实主义的公开指责,并于1932年被解散。在意大利,始于1926年以特拉尼为代表的坚持抽象几何形美学的"七人组"("gruppo 7")的作品曾受到许多人(包

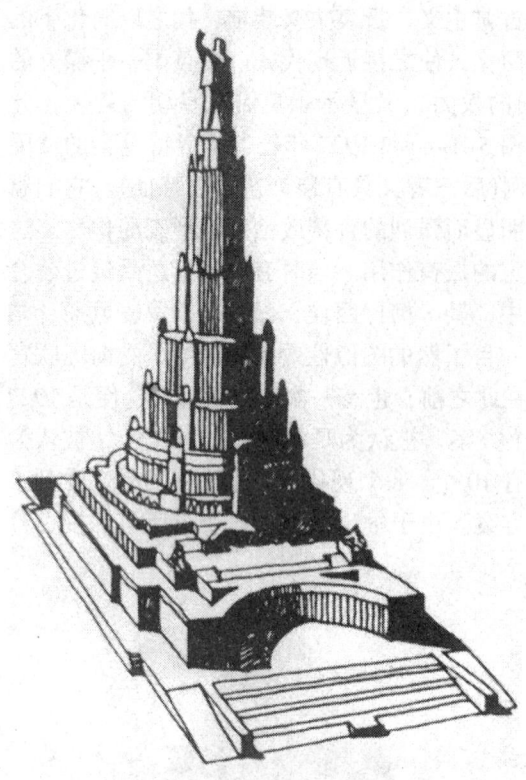

图5-1-4 苏联的莫斯科苏维埃宫获奖方案,1934年,设计人Iofan

图5-1-5 1937年巴黎世博会的德国馆(左、设计人Speer)和苏联馆(右、设计人Iofan)

括墨索里尼)的重视。但1931年,在他们正式成立意大利理性建筑运动(Moviment Italiano per l'Architettura Razionale,简称MIAR)后没有几个星期,便被受官方支持的、信奉古典法则

---

❶ 韦斯宁弟兄是Aleksandr Vesnin(1883~1959年),Leonid Vesnin(1880~1933年)和Viktor Vesnin(1882~1950年)。

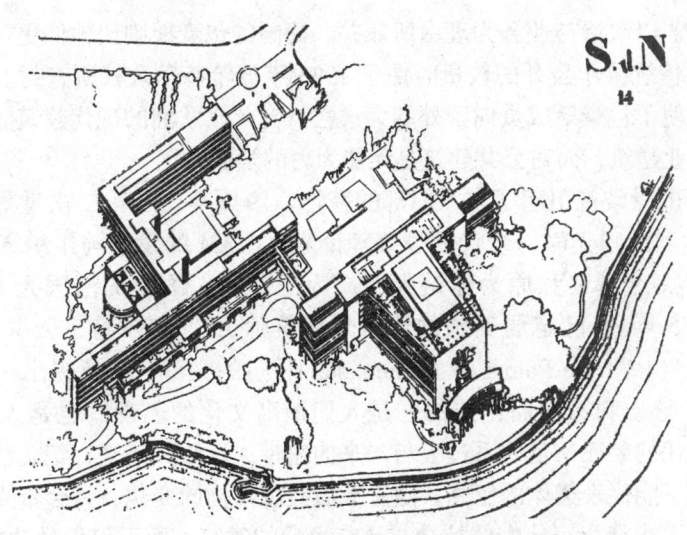

图 5-1-6　勒·柯比西埃的国联大厦参赛方案

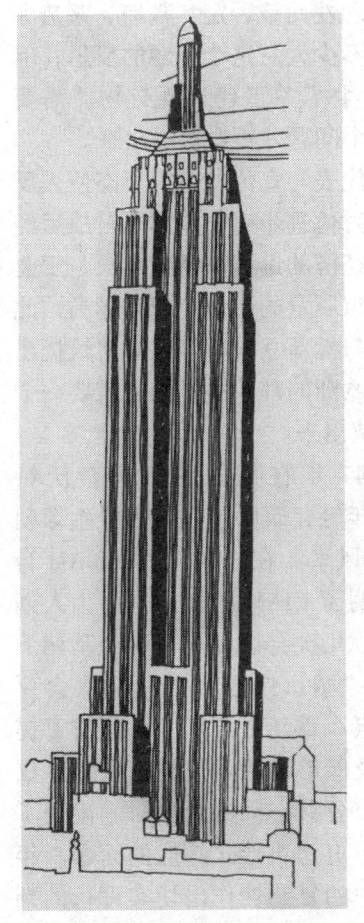

图 5-1-7　纽约帝国州大厦

图 5-1-8　纽约克莱斯勒大厦

的全国建筑师联盟以政治与业务为理由所兼并。德国的包豪斯则比他们更不幸,在它尚未来得及与德国的新传统派作公开的较量时便于 1933 年被希特勒政权所查封。由于里面还牵涉到政治因素,促使了包豪斯成员向国外的大逃亡。自此,欧洲的现代建筑派被认为是只会做大量性住宅与工业建筑,而对公共建筑是无能为力的学派。

  现代建筑派的受歧视引起了本派内部的警觉。1943 年,当第二次世界大战中的反法西斯阵营看到了胜利的曙光时,现代派建筑理论家、CIAM 的发起与组织者之一、并经常赴美讲学的瑞士人 S·基甸和原为建筑师后成为立体主义画家的法国人 F·莱热(Fernand Legér 1881~1955 年)及已定居美国的西班牙建筑师 J. L. 塞尔特三人共同写了一篇称为"纪念性九要点"("Nine Points on Monumentality")的文章。文章提出:纪念性是按着人们自己的思想、意志和行动而创造的,是人们最高文化的表现,也是人们集体意志的象征,因而也是时代的象征,是联系过去与未来的纽带;近几百年来,纪念性已沦为空洞的既不能代表时代也不能代表集体的躯壳;随着战后经济结构的变化,将会带来城市社交生活的组织化,人们会要求能代表他们的社会与社交生活的建筑,而不仅仅是功能上的满足❶。须知"纪念性"这个词对当时很多理性主义者来说是一个很敏感的、既蔑视又怕正视的词。因为理性主义作品在同新传统作品较量中常会因所谓缺乏纪念性而被否定。基甸、莱热和塞尔特的"九要点"虽是他们自己的见解,但提出后却引起不少人对这个问题的反思;但另一方面,也有人认为这是投降。直到战后 CIAM 内部发生了关于建筑既有物质需要(material needs)又有情感需要(emotional needs)的讨论时,这个问题才再次被提出来。

  第二次世界大战后,新传统派在西欧国家中,由于它所代表与宣传的意识形态使人反感而受到谴责;而现代建筑派却因它的经济效率、灵活性与时代进步感,特别是对战后经济恢复时期的适应而受到欢迎,并逐渐成为主流。随着社会经济的迅速恢复与增长、工业技术的日新月异、物质生产的越来越丰富,社会对建筑内容与质量的要求也越来越高;此外,垄断资本为了自身的利益鼓励消费,在产品上鼓吹个性与标新立异等等也对建筑提出了新的要求。对于这些方面,有机建筑比较容易适应,但对欧洲的理性主义则还需要一个自我反思的过程。这个过程可在战后 CIAM 的五次会议中反映出来。

  战后的第一次会议,即 CIAM 的第六次大会于 1947 年在英国的布里奇沃特(Bridgewater)召开。这是一次振奋人心的大会,数以千计的年轻建筑师与建筑大学生像朝圣似的涌到布里奇沃特,为的是一睹现代建筑第一代大师的风采。在这次会中,CIAM 自己超越了原来关于"功能城市"的抽象与片面的见解,申明了 CIAM 的目的是要为人创造既能满足情感需要,又能满足物质需要的具体环境。以后几次会议都是在这个基调下进行的,特别是 1951 年在英国 Hoddesdon 召开的议题为"城市中心"的第八次会议中,有人将 8 年前由基甸、莱热和塞尔特写的"纪念性九点"重新提了出来。原文章提到的市民要求能够代表他们的社会与社区生活的建筑,以及能够表达他们的抱负、幸福与骄傲的纪念性等等,引起了与会者的重视。在讨论到城市公共空间的形象时,出现了在实践中,新建的建筑是否要与原先围合这个空间周围的历史建筑形式呼应的问题。年轻一代的与会者希望会中的老前辈能对战后城市这种局面中的复杂性作出切实可行的判

---

❶ 《Modern Architecture—A Critieal History》K. Frampton,第 233 页。

## 第一节 进程中的反复与建筑既有物质需要又有情感需要的提出

断。但老一辈的大师们对此没有表态，这使年轻人感到失望与不安。这个隔阂在 CIAM 第九次会议（1953 年在法国埃克斯昂普罗旺斯（Aix-en-Provence））上被公开了。会中由 A·和 P·史密森夫妇和 A·范艾克为首的一批中青年建筑师，其中有 J·巴克马，G·坎迪利斯（Georges Candilis，1913 年生，法籍俄裔）和 S·伍兹（Sadrach Woods, 1923~1973 年，美国）等人，公开批评了雅典宪章中把城市简单化为居住、工作、游憩与交通四大功能分区，并认为老一辈大师们在第八次会议中的态度仍未脱离功能主义的状态。虽然他们没有提出一套新的关于城市功能的分区法，但介绍了他们正在研究的关于城市设计的结构原则以及居住区除了家庭细胞之外的需要，诸如对城市环境的可识别性——社区感、归属感、邻里感与场所感等等。显然，年轻一代更为关心的是城市的具体形态同社会心理学之间的关系。于是大会决定了在下一次会议，即在 CIAM 的第十次会议中，将重点讨论这个问题，并成立了一个以第九次会议的积极分子组成的小组为下次会议作准备。这个小组后来被大家称之为 TEAM X（我国译之为"小组十"或第十次小组）。1956 年 CIAM 第十次会议在南斯拉夫的杜布罗夫尼克（Dubrovnik）如期召开，但老一代的建筑师没有出席。勒·柯比西埃在给大会的信中说：那些出生于第一次世界大战期间与第二次世界大战期间的中青年建筑师"发现自己正处于当今时代的中心与当前形势的沉重压力之下，认为只有他们才能切身与深刻地感觉到现实的问题、工作目标与工作方法。他们是知者，可被列入；而他们的前辈由于不再直接受到形势的冲击已不再如此，可以出局"❶。会议由小组 X 按议程作了汇报后宣布 CIAM 长期休会。

由此可见，建筑思潮正如世界上任何事物一样，不可能是原封不动、永恒不变的。任何思潮都是批判的历史与现实创造的结晶，都是在努力使自身适应现实的发展过程中不断地受到时光大海的冲刷与磨炼、不断地在客观压力与自身反省中进行批判地继承与革新的结果。有时无情的时光大海会把部分精华也冲掉了，但不久之后、或很久以后，只要是精华，随着客观世界的需要又会以新的形式重新涌入，并投身于新的磨炼中。研究思潮就是要回顾它们在成长历程中主观与客观的互动，并发现不同思潮之间的内在联系。

现代建筑派几十年来的形成与发展历程是艰巨的。第二次世界大战后，正当它在庆祝自己好不容易地成为社会上的主流思潮时又发现了自己的不足。既是主流就要适应社会上各种不同人们在生活与活动中各种不同的物质与感情需要。这个问题不仅首当其冲的中青年建筑师要积极面对，对于一些手执牛耳的大师级人物也是不容忽视的。于是自20 世纪 50 年代便先后出现了各种不同的把满足人们的物质要求与感情需要结合起来的设计倾向。主要的可以归纳为八种：（1）对理性主义进行充实与提高的倾向；（2）粗野主义倾向；（3）讲求技术精美的倾向；（4）典雅主义倾向；（5）注重高度工业技术的倾向；（6）人情化与地域性倾向；（7）第三世界国家的地域性与现代性结合；（8）讲求个性与象征的倾向。其中讲求个性与象征的倾向又包含三个方面：以几何图形为特征、抽象的象征与具体的象征等方面。上述八种倾向虽然表现各异，但事实上是战前的现代建筑派在新形势下的发展。他们在既要满足人们的物质需要又要满足情感需要的推动下，一方面

---

❶ 《Modern Architecture—A Critical History》K. Frampton，第 271~272 页。

第五章 战后40~70年代的建筑思潮——现代建筑派的普及与发展

坚持建筑功能与技术的合理性及其表现,同时重视建筑形式的艺术感受、室内外环境的舒适与生活情趣以及建筑创作中的个性表现。这种局面一直维持到20世纪70年代,现代主义受到批判与后现代主义的兴起后才改变。

## 第二节 对理性主义进行充实与提高的倾向

对理性主义进行充实与提高的倾向是战后现代派建筑中最普遍与最多数的一种。它在使建筑既要满足人们的物质需要又要满足情感需要中,在方法上比较偏重理性。它言不惊人,貌不出众,故常被忽视,甚至还不被列入史册。然而,它有不少作品却毫无异议地被认为是创造性地综合解决并推进了建筑功能、技术、环境、建造经济与用地效率等方面的发展;在形式上也不再是简单的方盒子、平屋顶、白粉墙、直角相交,而是悦目、动人、活泼与多样化。格罗皮厄斯在两次世界大战之间,便提出过一个设想:"新建筑正在从消极阶段过渡到积极阶段,正在寻求不仅通过摒弃什么、排除什么,而是更要通过孕育什么、发明什么来展开活动。要有独创的想像和幻想,要日益完善地运用新技术的手段、运用空间效果的协调性和运用功能上的合理性。以此为基础,或更恰当地说,以此作为骨骼来创造一种新的美,以便给众所期待的艺术复兴增添光彩"❶。对理性主义进行充实与提高的倾向可以说是格罗皮厄斯上述设想在第二次世界大战后的实现。美国由于早在20世纪30年代便引进了欧洲现代派的主力,故理性主义的充实与提高倾向最先在美国得到开花与结果。

**哈佛大学研究生中心**(Harvard Graduate Center, Cambridge, Mass. U. S., 1949~1950年,图5-2-1)是这个倾向的一个早期例子。设计人是简称为TAC的协和建筑师事务所(The Architects Colaborative)。TAC是由格罗皮厄斯和他在美国的7个得意门生组成的。他们在该事务所的既要个人分工负责又要相互讨论协作的制度下共同设计了许多房屋。

哈佛大学研究生中心内的七幢宿舍用房和一座公共活动楼按功能分区与结合地形而布局。房屋高低结合,其间用长廊和天桥联系,形成了几个既开放又分隔的院子。它们与所处的自然空间前后参差、虚实相映、高低结合、尺度得当,形成了能够把室内与室外联系起来的宜人环境。公共活动楼呈弧形,底层部分透空,二层是大玻璃窗,面向院子的凹弧形墙面既使它显得有些欢迎感,同时也与受地形限制的梯形大院在形式上更加相宜。楼上的餐厅当时每次用膳约有1200人,由于当中有一斜坡通道把餐厅无形中划分为4部分,故用膳人并不感到自己是在一个大食堂里。楼下的休息室与会议室在需要的时候可以打通成为会堂。建筑造型简洁、优雅,毫无夸张之处;宿舍用格罗皮厄斯自法古斯厂时便喜用的淡黄色面砖,公共活动楼用石灰石板贴面;处处表现出精确与细致的匠心,而造价却一般。

1957年,当时的西德结合西柏林汉莎区(Hansa-Viertel)的改建举行了一个称为Interbau的**国际住宅展览会**(图5-2-2)。展览会的设计主持人巴特宁早在20年代时便已是德国现代派中一位知名建筑师。在他的主持下,这次展览会办成像30年前的魏森霍夫住宅展览会一样,邀请了国际上的知名建筑师如:格罗皮厄斯、勒·柯比西埃、阿尔托、雅各布森、尼迈耶尔、巴克马等和西德自己的建筑师共20余人参加设计,使展览会成为战后现代住宅设计的一次普遍巡

---

❶《The New Architecture and the Bauhaus》—W. Gropius,1936年版,第66页。

## 第二节 对理性主义进行充实与提高的倾向

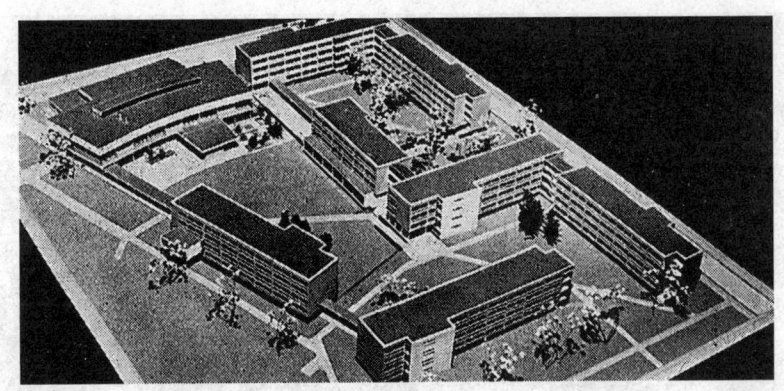

(a)总体布局

(b)研究生宿舍楼

(c)研究生公共活动中心

(d)研究生中心的联系廊

图 5-2-1 哈佛大学研究生中心

阅。

展览会的规划有受包豪斯影响的行列式,也有受勒·柯比西埃影响的四面凌空的独立式。有高层、低层、多层,有板式、塔式、庭院式等等,但总的来说比较分散,没有形成一个统一体。单体的户室布局也是十分多样,有分层分户的、有复式的、错层的、跃层的等等,各显神通。

格罗皮厄斯与 TAC 为 Interbau 设计的是一幢高层公寓楼(图 5-2-2b),上面 8 层为公寓,底下 1 层是公共活动与服务设施。公寓楼形状像哈佛大学研究生中心中的公共活动楼一样呈弧形。为了施工方便,这个弧形是由一段一段的折线组成的。它对功能、技术与经济上的注意即如他过去所设计的住宅一样,但在外形上却作了不少处理,如把各层阳台错

(a)1957年西德国际住宅展览会局部

(b)格罗皮厄斯为国际住宅展览会设计的公寓

图 5-2-2　国际住宅展览会

开使立面有些变化,在两个尽端上也不是平均主义地处理,而是有些单元有前窗,有些单元有边阳台等等,使公寓的造型既简洁而又活泼。这些变化在现在看来是微不足道的,但在当时却算是迈出了一大步了。

**皮博迪公寓**(Peabody Terrace, Cambridge, Mass, U.S, 1963~1965 年,图 5-2-3)设计人是塞尔特。塞尔特出身于巴塞罗那,是 CIAM 西班牙支部的领导人之一,1929~1932 年到巴黎勒·柯比西埃处工作,1939 移居美国,1953~1969 年继格罗皮厄斯任哈佛大学设计研究院院长,后一直是哈佛的资深教授。塞尔特自大学毕业后便没有停止过设计实践,作品很多。

(a)公寓群远眺

(b)公寓群中的多层住宅楼

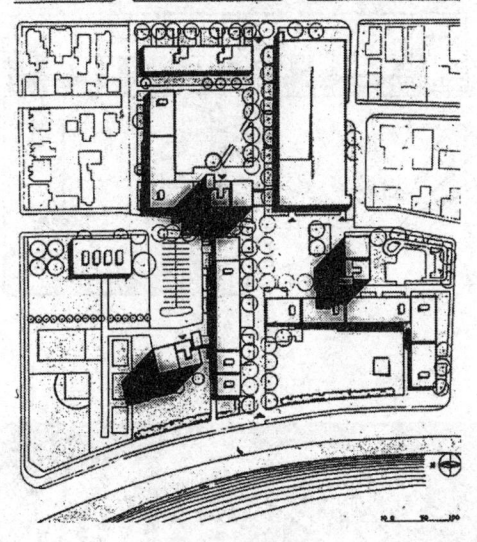
(c)公寓总平面图

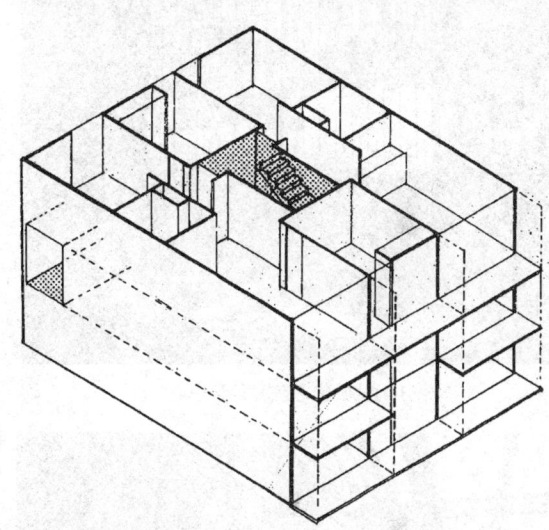
(d)高层公寓户室组合的3层3开间基本单元

图 5-2-3　皮博迪公寓

在他荣获美国建筑师学会(AIA)金质奖章答记者问时说:"我认为建筑主要是为居住和使用它的人创造各种供他们使用,并使他们赏心悦目的空间。所谓"赏心悦目",我指的是建筑的精神质量,这是满足生理或物质要求以外的东西;在我心目中,这对建筑质量是真正重要的"[1]。

这是哈佛大学为已婚学生建造的公寓建筑群,由 3 幢 22 层的大楼和十余幢 3 至 7 层的低层与多层公寓单元组成。这里共有 500 套公寓和可供 362 辆汽车停放的停车库。总体布局呈半开敞的院落式,一系列的低、多层与高层联系在一起,部分有廊相通,使共同使用高层中的电梯。

建筑群从远处看只见 3 幢独立的高层,走近了无论从哪个入口进去,先看见的却是低层与多层。这是因为塞尔特认为,在居住建筑中,低层与多层的尺度比高层更为宜人。

高层内部采用跃层式布局,即每隔两层设置电梯厅与贯通全层的走廊。这样可以节约

---

[1] 张似赞译自"美国建筑师学会 1981 年金质奖获得者,J. L. 塞尔特"。原文载(美)《建筑实录》1981 年 5 月号,第 96～101 页。

第五章 战后40~70年代的建筑思潮——现代建筑派的普及与发展

(a) 从哈佛老院看科学中心

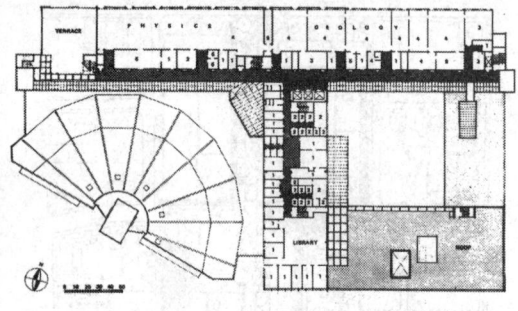

(b) 科学中心鸟瞰

(c) 三层平面图

(d) 上有天窗照明的内部街

(e) 科学中心在阳光下特别动人

图 5-2-4　哈佛大学本科生科学中心

交通面积和更充分地利用建筑空间。在户室组合中，每3层与3个开间共同组成为一基本单元（图5-2-3d），每个基本单元又可按层划分为几种大小不同的户室，以适应不同家庭大小的需要。在建筑外形上，米灰色的墙板，白色的与结构和构造一致的线条划分，阳台与窗户的灵活布置，栏杆和遮阳板不同的长度、角度与色彩的变化使之不仅十分悦目与活泼，而且具有浓厚的生活气息。

皮博迪公寓直至如今仍被认为是此类型建筑的设计精品之一。

**哈佛大学本科生科学中心**（Undergraduate Science Center, Harvard University 1970~1973年，图5-2-4）是塞尔特另一成功之作。其特点是把非常复杂的内容与空间要求布置得十分妥帖；使科学中心成为哈佛老院(Harvard Yard)和在它北面的新校园在视感与交通上的有效过渡与连接点；其形象不仅悦目，并十分感人。这是一个目光远大而设计精细的成果。

科学中心在哈佛老院北门外。这里原是一条东西走向的城市道路同从老院到北面新校园的南北人行道的交叉口，人车交叉繁忙。塞尔特从建筑与城市环境的关系出发在规划时便与市政当局联系，将东西大道过此的一段下沉至地下，在上面架了3座平桥作为南北向的城市人行道，保证了日以千计学生的交通安全。

科学中心是一多功能的综合体。建筑面积27000m$^2$，内有几十个数、理、化、天文、地质、生物、统计学等学科的实验室、教室、讨论室、图书馆、教师办公及研究室、大型阶梯讲堂、咖啡厅等等，另有一个5400m$^2$的供应此建筑与周围建筑用的制冷站。设计人按空间性质要求，在内布置了一组上有天窗照明的"T"形走廊——"内部街"——把复杂的内容统一起来。"内部街"的南端即科学中心的主入口，直接面临城市的人行道；其他两端与新校园衔接。建筑的空间布局与主体形状呈"T"形。所有需要特殊设备与大空间的实验室与教室沿"内部街"的北侧布置，大量的排气管与竖向管道也集中在此。南北"内部街"主要联系教师办公室、研究室与图书馆。"T"形主体的西侧：东面是由实验室、讨论室与图书馆围合的内院，西面是大讲堂。制冷的机械室在内院下面，故内院除了下面机械室所需的天窗外，其余配置绿化，供学生课间休息用；咖啡厅就在内院西南，其墙与顶均是玻璃的。大阶梯讲堂呈扇形，承重的屋架翻到屋顶上面，内部无柱，可按不同需要把它分为几个小间或打通为一大间，当中是灵活隔墙。结构除了大阶梯教室部分采用钢结构，屋顶上冷却塔和水池等用现浇混凝土外，其余全部是用钢筋混凝土预制、现场装配的梁、柱、板与竖井。上述一切均反映了深思熟虑与十分严谨的设计逻辑。

在外形上尽管实验室部分的体量最大，但教师办公及研究室部分由于略高于它们而显得更像主体。主体的北端高9层，然后阶梯状地向南跌落，到南端入口处是3层。它同东面高两层的图书馆与西面高1层多的大讲堂形成一个低平的立面。按塞尔特的说法是，要使科学中心在视感上成为哈佛老院(一般3层)向北面新校园(已有不少高层)的自然过渡。跌落式的平台上常有教师与学生在上面休息或三五成群地在座谈，结合东面的内院活动来看，科学中心并不是一个冷冰冰的、严肃的建筑物，而是充满生活气息的。建筑的外墙是像哈佛老院砖墙颜色一样的预制墙板，它们同灰白色的构件，特别是同打有圆洞的遮阳板结合，在阳光下闪烁着动人的光辉。这是塞尔特特别关心建筑与人在情感与心理上的交流之故。

**何塞·昆西社区学校**(Josiah Quincy Community School, South Cove, Boston, Ma, 1977年，图5-2-5——设计人TAC)是一通过认真调查研究、深入分析和共同协作的方法，把一个长期得不到解决的存在于学校要求与基地缺陷之间的矛盾，转化为一座能充分满足学生学习与活动要求的别开生面的学校建筑实例。

该校原是一所成立于19世纪中叶的学校，历史悠久，房屋陈旧，尤其缺少学生的户外活动场地。校方自60年代起便想要重建，但因基地太小(1.32hm$^2$)，内容过多(要求能容820名从幼儿园到五年级的学生)，地下西北角又有地铁通过，不宜建造，还要求与北角的高层公寓有些距离等等，虽做了不少方案，而未能得到满意的解决。

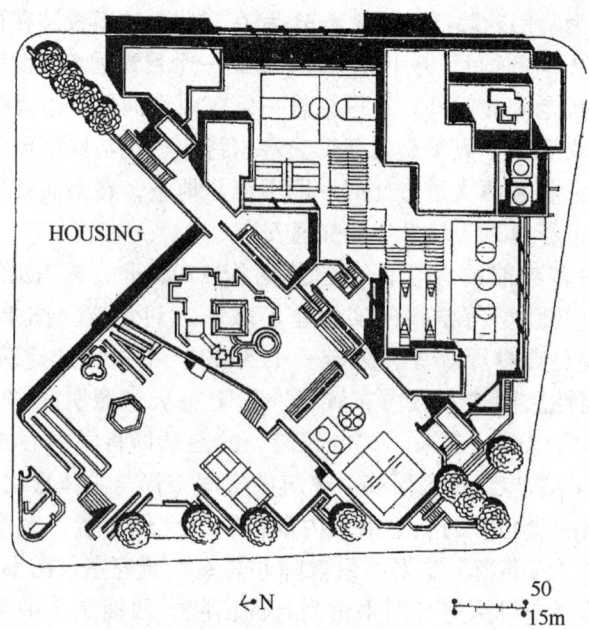

(a) 基地上的屋顶平面图

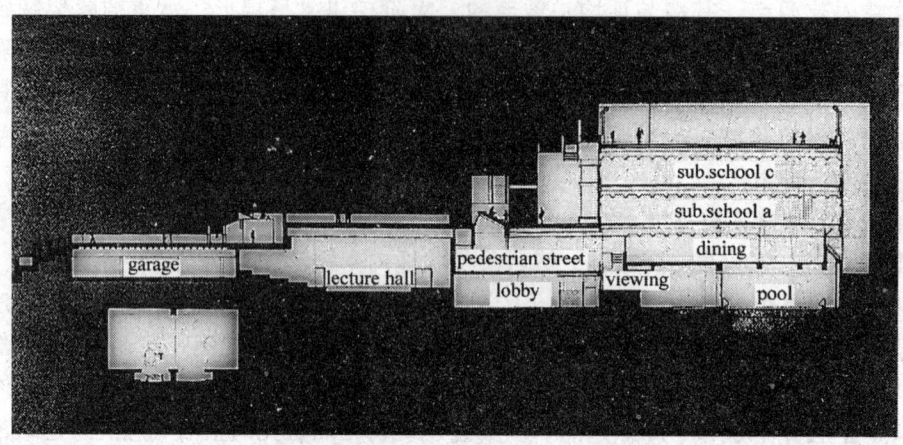

(b) 学校剖面图

(c) 利用屋顶为学生提供许多户外活动场地，图右上部为篮球场

(d) 沿南面马路外观，沿路底层为社区诊疗所和办公用房

图 5-2-5　何塞·昆西社区学校

第二节 对理性主义进行充实与提高的倾向

1965年，TAC接受任务之后开始调查研究，组成了由设计事务所、当地三个邻里单位和原占用了校舍一角的诊疗所、社区用房等几方面组成的委员会，共同协作，产生了这个皆大欢喜的方案。

这个方案不仅保留了原基地上的所有内容，连本来居民从东北到西南经常穿越校园的一条捷径也没漏掉，并为学生创造了许多必不可少的户外活动场地。其解决办法是：将向居民开放的室内运动场和游泳池放在西南角地下，避开地铁；地面层是车库、大讲堂、对角通道、学生饭厅与诊疗所。车库、大讲堂与室内运动场的屋面巧妙地做成屋顶花园，供学生游戏活动。这些屋顶平台按着下面空间的高低而上下参差，造成地形变化、饶有趣味的环境。学生活动基本上从2层开始，与居民互不干扰。教学楼设在东南角，避开了高层公寓，虽为4层，但层层次次的屋顶平台使它看去好像只有两层，尺度宜人。篮球场设在教学楼顶上，以便留出更多的可供学生自由活动的下层地面。整个设计充分反映了设计人心中处处有为活跃的儿童着想的匠心。使人们感到在此小小的基地里，房屋似乎不多，但

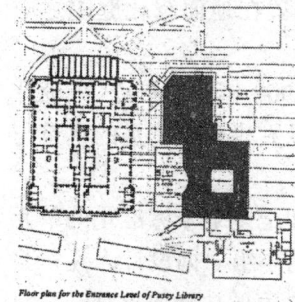
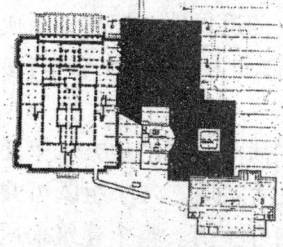

(a) 普西图书馆平面，上：顶层平面，下：底层平面

(b) 图书馆入口

(c) 地下室内光线与色彩宜人

(d) 东南部的下沉式内院

图 5-2-6　普西图书馆

可供学生蹦蹦跳跳的室外场地却很多。

**普西图书馆**(Pusey Library, Harvard University, Cambridgc, Mass, U.S，1976 年，图 5-2-6)设计人美国建筑师斯塔宾斯。

哈佛大学图书馆是美国最大的图书馆之一，由中心图书馆与邻近的好几个学科图书馆组成。70 年代中，为了加强各图书馆之间的联系，使之能共用现代化的电子与机械设施，于是建造了普西图书馆。馆址选在位于各馆之间的空地上。但这块空地本来就很小，同时为了保护环境，乃将两层高的普西图书馆中的一层半下沉于地下，屋顶上照样种植草皮树木，保留了此地原有的一个较大的开放性室外空间。在新馆与周围绿地之间置有一圈浅沟，入口低于地面，以门旁的一座雕塑为标志。由于建筑大部分都在地下，室内设计显得尤为重要。色彩以暖色为主，灯光大多置于墙与顶棚之间，从远处看上去就如来自自然的天顶光那样。沟边斜坡上的垂直绿化以及室内的人工光线均使得在此工作的人员和读者仿佛置身于地面上的自然环境与自然光线之中。特别是东南部分有一贯穿两层的下沉式内院，更为周围的阅览室创造了一种虽在地下却犹在地面绿化庭院之中的宜人气氛。

**阿姆斯特丹的儿童之家**(Children's Home, Amsterdam, 1958～1960 年，图 5-2-7)设计人荷兰建筑师凡·艾克。凡·艾克是 TEAM X 的成员，第二次世界大战后对荷兰的建筑与城市规划影响甚大。

儿童之家的空间形式与组合形态属"多簇式"(cluster form)，即把一个个标准化的单元按功能要求，结构、设备与施工的可能性组成为一簇簇形式近似的小组。据设计人凡·艾克说这种布局采自非洲民居，并认为它反映了人居的本质❶。儿童之家的功能要求复杂、空间性质多样且大小不一，凡·艾克以严谨的、在空间组织与层次上的逻辑性，把它们组成为一个具有"迷宫似的清晰❷"的既分又合的统一体，奠定了后来被称为结构主义哲学(参见第六章第五节第 370 页)的设计观念与方法。

阿姆斯特丹儿童之家是一个可供 125 名战后无家可归的儿童生活与学习的地方。里面成立了 8 个小组，分别供从婴儿到 20 岁的儿童乃至青年学习与生活之用。各小组既可共同享用院内的公共设施，又可在自己的单元里过着互不干扰的室内外生活。整个建筑采用统一模数，小房间为 3.3m×3.3m，活动室为它的 3 倍，10m×10m，房间的屋顶是大小两种预应力轻质混凝土的方形薄壳穹窿。靠近北面入口的一幢长条形的 2 层高的建筑是行政管理用房，8 组儿童用房左右各 4 组按"Y"形布局。西边的为大孩子用，局部 2 层；东边的为小孩子用，是平房；当中是一个各组共用的大内院，然而各组内部又有自己的小内院。此外，各组又向自己旁边的室外大绿地开放，儿童完全可以按自己的需要自由选择合适的活动场地。这的确是一个十分成功与影响极大的建筑。

**中央贝赫保险公司总部大楼**(Central Beheer Headquarters, Apeldoorn Netherlands, 1970～1972 年，图 5-2-8)被认为是表现结构主义哲学最成功的实例。设计人是当代荷兰著名建筑师赫茨贝格。

---

❶ 参见《建筑学报》2000 第五期，"非洲建筑的神秘魅力"，张钦楠。

❷ 凡·艾克语。见《20 世纪建筑精品集》第三卷，第 167 页。

(a)儿童之家鸟瞰图

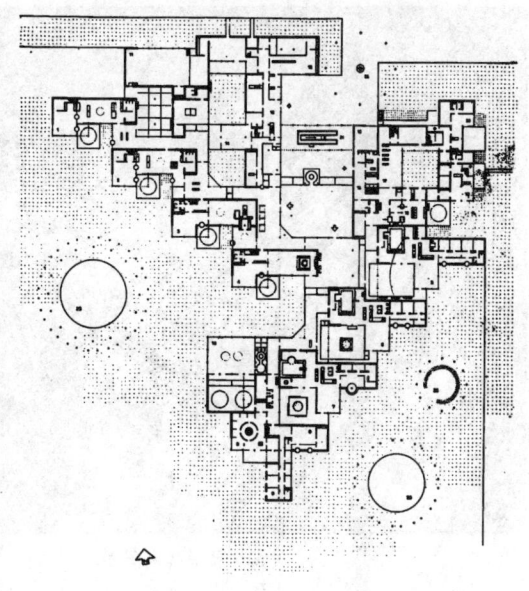

(b)底层平面

(c)儿童之家的大内院

图5-2-7　阿姆斯特丹的儿童之家

作为一个大型保险公司的总部大楼，赫茨贝格认为这座建筑应能有最大限度的易于抵达与通过。因而它除了一边沿铁路之外，其他各面均有出入口和较为宽畅的广场、绿地、停车场与临时停车场。整个建筑形似一个小城镇那样，由无数个3至5层的、平面呈正方形、结构构件标准化了的单元组合而成。在它们之间有小街(露天或上面覆盖玻璃)、小广场或小庭院。结构体系是钢筋混凝土框架填以混凝土砌块，楼板与屋面是预制的，构件中有些是现浇的；空调系统与结构系统结合。结构的支撑点不像一般的建筑那样置放在单元的四个角上，而是置放在四个边长的当中，因此各个单元的转角处可以自由地向外开敞。赫茨贝格用此建立了一种与众不同的具有向社会开放意识的办公空间。在装修中，他有意留下余地，让使用者放置自己所喜欢的花台、植物与家具，使之其有个性化。当自然光从各单元之间的天窗射入时，室内充满人情味的气氛。

上述实例充分说明了第二次世界大战后对理性主义进行充实与提高的倾向即力图在新的要求与条件下，把同房屋有关的各种形式上、技术上、社会上和经济上的问题统一起来，特别是同使用人的物质与精神要求统一起来的各种尝试。这些思想与方法使建筑功能、技术、环境与形式有了不同于以往的概念，并在实践上把它们推进了一步，创造了不少经验。

(a) 大楼总体鸟瞰图　　　　　　　　　　　　　　　　　(b) 大楼室内

图 5-2-8　中央贝赫保险公司总部大楼

## 第三节　粗野主义倾向与勒·柯比西埃的广泛影响

"粗野主义"（Brutalism，又译野性主义）是 20 世纪 50 年代中期到 60 年代中期喧嚣一时的建筑设计倾向。它的含义并不清楚，有时被理解为一种艺术形式，有时被理解为一种有理论有方法的设计倾向。对它的代表人物与典型作品也有不完全一致的看法。

英国 1991 年第四次再版的一本建筑词典（编者 N. Pevsner, J. Fleming 和 H. Honour）对这个名词的解释是："这是 1954 年撰自英国的名词，用来识别象勒·柯比西埃的马赛公寓大楼和昌迪加尔行政中心那样的建筑形式，或那些受他启发而作出的此类形式。在英国有斯特林和戈文（J. Stirling 和 J. Gowan）；在意大利有维加诺（V. Vigano，如他的 Marchiondi 学院，1957）；在美国有鲁道夫（P. Rudolph，如耶鲁大学的艺术与建筑学楼，1961～1963 年）；在日本有前川国男和丹下健三等人。粗野主义经常采用混凝土，把它最毛糙的方面暴露出来，夸大那些沉重的构件，并把它们冷酷地碰撞在一起"。从上面看来，粗野主义的名称来自英国，代表人物是法国的勒·柯比西埃和英国、意大利、美国与日本一些现代建筑的第二代与第三代建筑师。典型作品很多，其特点是毛糙的混凝土、沉重的构件和它们的粗鲁组合。

粗野主义这个名称最初是由英国一对现代派第三代建筑师，史密森夫妇（CIAM TeamⅩ成员）于 1954 年提出的。那时，马赛公寓大楼已经建成，昌迪加尔行政中心建筑群已经动工。史密森夫妇原是密斯·范·德·罗的追随者，他们羡慕密斯·范·德·罗和勒·柯比西埃等可以随心所欲地把他们所偏爱的材料特性尽情地表现出来。相形之下，他们认为当时英国的主要业主，政府机关对年轻的建筑师限制太多。于是他们把自己的比较粗犷的建筑风格同当时政府机关所支持的四平八稳的风格相比，把自己称为"新粗野主义"。可能这个名称使人联想到勒·柯比西埃的马赛公寓大楼和昌迪加尔行政中心的毛糙、沉重与粗鲁感，于是粗野主义这顶帽子被戴到马赛公寓大楼与昌迪加尔行政中心建筑群和勒·柯比西埃的头上去了。

马赛公寓大楼（Unité d'Habitation at Marseille，1947～1952 年，图 5-3-1）和昌迪加尔

### 第三节 粗野主义倾向与勒·柯比西埃的广泛影响

(a) 侧外观

(b) 大楼墙面与细部

(c) 大楼正外观

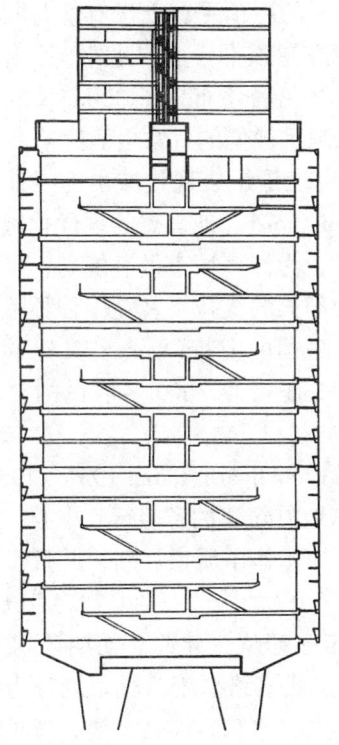

(d) 标准户的剖面

(e) 大楼屋顶平台

图 5-3-1　马赛公寓大楼

行政中心的建筑风格完全是勒·柯比西埃在20年代时提倡的纯粹主义的对立面,也是密斯·范·德·罗战后提倡的讲求技术精美倾向的对立面。在纯粹主义的萨伏依别墅中,房屋像是一个没有分量的盒子似的搁在细细的钢筋混凝土立柱上,墙面抹得很平整,柱子像是踮着脚尖似的轻轻地站在地面上。在方盒子的薄薄的墙里面包着的好像就是空气。而马赛公寓大楼与昌迪加尔行政中心建筑群给人的感觉是一个颇具震撼力的巨大而雄厚的雕塑品。在这里,内部空间与它的墙体相互交织,就像是一次浇筑出来的,或是从一个实体中镂空出来那样,也就是说,是塑性造型(Plastic Form)的。马赛公寓大楼粗大沉重的柱墩、昌迪加尔最高法院同样粗重的雨篷与遮阳板都超乎结构与功能的需要,是对钢筋混凝土这种材料的构成、重量与可塑性的夸张表现。在这里,混凝土的粒子大,反差强,连浇注时的模板印子还留着,各种预制构件相互接头的地方也处理得很粗鲁。无怪粗野主义这个名称很容易地就落到了它们身上。当然,这个名称只不过说明了它们的建筑风格,至于它们在功能上的特点,特别是马赛公寓大楼在居住建筑中的意义——一个竖向的居住小区——值得讨论。

马赛公寓是一座容337户共1600人的大型公寓住宅,钢筋混凝土结构,长165m,宽24m,高56m。地面层是敞开的柱墩,上面有17层,其中1~6层和9~17层是居住层。户型变化很多,从供单身者住的到有8个孩子的家庭住的都有,共23种。大楼按住户大小采用复式布局,各户有独用的小楼梯和两层高的起居室。采用这种布置方式,每3层设一条公共走道,减省了交通面积。

大楼的第七、第八两层为商店和公用设施,包括面包房、副食品店、餐馆、酒店、药房、洗衣房、理发室、邮电所和旅馆。在第17层和上面的屋顶平台上设有幼儿园和托儿所,二者之间有坡道相通。儿童游戏场和小游泳池也设在屋顶平台上。此外,平台上还有成人的健身房,供居民休息和观看电影的设备,沿着女儿墙还布置了300m长的一圈跑道。这座公寓大楼解决300多户人家的住房外,同时还满足他们的日常生活的基本需要。

勒·柯比西埃认为这种带有服务设施的居住大楼应该是组成现代城市的一种基本单位,于是把这样的大楼叫做"居住单位"(L'unite d'Habitation)。他理想的现代化城市就是由"居住单位"和公共建筑所构成。他从这种设想出发,为许多城市做过规划,可是一直没有被采纳。直到第二次大战结束,才在一位法国建设部长的支持下,克服种种阻力,在马赛建成了这座作为城市基本单位的建筑。1955年在法国的南特(Nantes)又建了一座,1956年,在当时西柏林汉莎区的Interbau中也建造了一座可容3000名居民的"居住单位"。但总的看来,这种居住建筑模式没有得到推广。

**印度昌迪加尔行政中心建筑群**(Government Center, Chandigarh, India, 1951~1957年,图5-3-2)是20世纪50年代初印度旁遮普省在昌迪加尔地方新建的省会行政中心。勒·柯比西埃受尼赫鲁之聘担任新省会的设计顾问,他为昌迪加尔作了城市规划,并且设计了行政中心内的几座政府建筑。

昌迪加尔位于喜玛拉雅山下的干旱平原上,新城市一切从头建起。初期计划人口15万,以后50万。勒·柯比西埃的城市规划方案采用棋盘式道路系统,城市划分为整齐的矩形街区。政府建筑群布置在城市的一侧,自成一区,主要建筑有议会大厦、省长官邸、高等法院和行政大楼等等。前3座建筑大体成品字形布局。行政大楼在议会大厦的后面,是一个长254m,高42m的8层办公建筑。广场上车行道和人行道放在不同的标高上,建

第三节　粗野主义倾向与勒·柯比西埃的广泛影响

(a)最高法院

(b)议会大厦

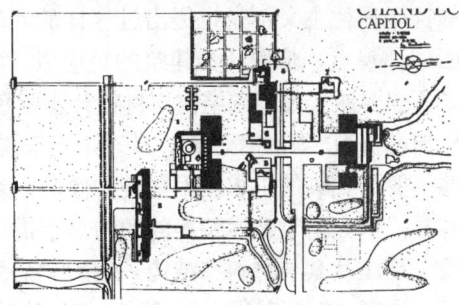

(c)总体规划

图 5-3-2　昌迪加尔行政中心

筑的主要入口面向广场，在背面或侧面有日常使用的停车场和次要入口。为了降温，议会大厦、省长官邸和法院前面布置了大片的水池，建筑的方位都考虑到夏季的主导风向，使大部分房间能获得穿堂风。可是这些房屋之间的距离过大了。从一幢房屋走到另外一幢通常为 20 分钟。建筑物如此分散，无法形成亲切的环境；外加热带炎热的太阳更使人不愿在广场上逗留，更不用说在上面与人招呼、闲谈或会晤了。

在昌迪加尔的政府建筑群中，最先建成的是最高法院(1956 年，图 5-3-2 (a))。其外形为一巨大的长方盒子，但其内部空间、结构与处理手法却十分独特。为了隔热，整幢建筑的外表是一个前后从底到顶为镂空格子形墙板的钢筋混凝土屋罩。罩顶长一百多米，由 11 个连续的拱壳组成。拱壳横断面呈 V 字形，前后略向上翘起，既可遮阳，又不妨碍穿堂风畅通。室内空间宽敞，共有 14 层，各层的外廊与联系他们的斜坡道同置于这个大屋罩之下，并向室内的大空间开放。这种把室内空间处理得像室外一样的手法对后来的设计影响很大。

法院入口没有门，由 3 个高大的柱墩从地面直升到顶，形成一个敞开的大门廊，气势恢宏。正、背立面粗重的格子形遮阳板上部略为向前探出，似乎是要同上面向上翘起的屋顶呼应。里面纵横交错的斜坡道的钢筋混凝土护栏上开着一些没有规律的孔洞，并涂上鲜艳的红、黄、白、蓝之类的颜色，更给建筑带来出乎意料的粗野情调。无怪粗野主义这个名称很容易被人套到它的头上，也很快便被广泛认同。

须知，自从第二次世界大战结束后，日益成为主流的现代建筑派便一直在探索如何在公共建筑中产生公共建筑所应具有的能在视感上影响人的力量。勒·柯比西埃的昌迪加尔

253

第五章 战后40~70年代的建筑思潮——现代建筑派的普及与发展

政府建筑群以功能(降温)、材料(钢筋混凝土)为依据而演化出来的雄浑、恢宏以至权力感,确实具有很强的视觉冲击力,吸引了不少人的注意。

至于史密森夫妇的粗野主义,这在本质上是与勒·柯比西埃不同的另一回事。史密森说:"假如不把粗野主义试图客观地对待现实这回事考虑进去——社会文化的种种目的,其迫切性、技术等等——任何关于粗野主义的讨论都是不中要害的。粗野主义者想要面对一个大量生产的社会,并想从目前存在着的混乱的强大力量中,牵引出一阵粗鲁的诗意来"❶。这说明他们的粗野主义不单是一个风格与方法问题,而是同当时社会的现实要求与条件有关的。当时,英国正处于战后的恢复时期,急需大量的居住用房、中小学校与其他可快速建造起来的能与大量性住宅配套的中小型公共建筑。在此急需大量建设的时刻,是按一般的习惯尽可能地追求形式上的美满,还是从改变人们的审美习惯出发而提出一种能同大量、廉价和快速的工业化施工一致的新的美学观?历史总是在重演,第一次世界大战后以包豪斯为代表的德国现代主义不是也提出过这样的问题吗?以史密森夫妇为代表的英国年轻建筑师主张后面一种观点。他们认为建筑的美应以"结构与材料的真实表现作为准则"❷。并进一步说,"不仅要诚实地表现结构与材料,还要暴露它(房屋)的服务性设施"❸。这种以表现材料、结构与设备为准则的美学观,从理论上来说,是同勒·柯比西埃的粗野主义和当时以密斯·范·德·罗为代表的讲求技术精美的倾向一致的。但由于经济地位与美学标准取向不同,成果也各异。例如讲求技术精美的倾向是不惜重金地极力表现优质钢和玻璃结构的轻盈、光滑、晶莹、端庄及其与材料和结构一致的"全面空间";而史密森夫妇的粗野主义则要经济地,从不修边幅的钢筋混凝土(或其他材料)的毛糙、沉重与粗野感中寻求形式上的出路。

**亨斯特顿学校**(Hunstanton School, Hunstanton, Norfolk, 1949~1954年,图5-3-3)是史密森夫妇在提出他们的粗野主义前夕的作品。它是钢结构的,在设计上功能合理,造价不高,采用了简单的预制构件。其形式显然是受到密斯·凡·德·罗影响的,但毫无讲求技术精美之意,而是直截了当地在老老实实地表现钢、玻璃和砖之外,把落水管与电线也暴露了出来。

**谢菲尔德大学设计方案**(Scheme for Sheffield University, 1954年,图5-3-4)再次明确地表示了史密森夫妇要表现服务设施的决心。在这里,由学生人流形成的交通系统是它的要点,于是处于不同水平面上的汽车道,专为人行的天桥,连系上下的电梯不仅得到充分的表现,而且是整个设计的重要因素。因为他们认为:"什么直角、几何形图案都可以抛在一边,要研究的是以基地地形和内部交通的高

图5-3-3 亨斯特登学校

---

❶ 转摘自《Modern Movements in Architecture》—C. Jencks, 1973,第257页。
❷❸ 见《Encyclopedia of Modern Architecture》1963,编者G. Halje,见"Brutalism"条。

低错落为基础的构图方式"[1]。这个方案没有实现，但在谢菲尔德的另一组由别人设计的住宅中却体现了它的意图。

**公园山公寓**(Park Hill, Sheffield, 1961 年，设计人，J. L. Womersley and Lynn, Smith, Nicklin 等，图 5-3-5)是一组大型的工人住宅，其规模相当于马赛公寓大楼的 3 倍，像一条巨蛇那样按着地形的起伏蜿蜒在基地上。它的基本构思是每 3 层才有一条交通性的走廊(和马赛公寓大楼一样)，但这条走廊是外廊式的，并被拓宽成为一条又宽又长的"街道平台"(Street Deck)。这条"街道平台"(其概念最先由史密森夫妇提出)像一条龙骨似的贯通整幢公寓，居民不必下楼就可以从公寓的一端达到其他的几个末端。在此"街道平台"上，孩子们可以安全地玩耍，主妇与老年人可以在此

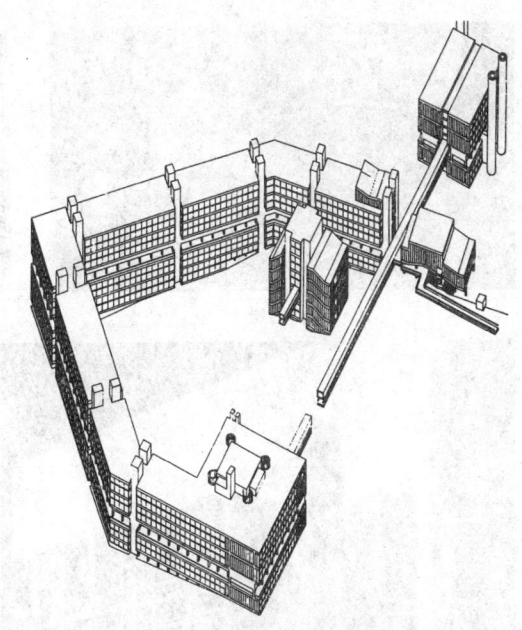

图 5-3-4　谢菲尔德大学设计方案

散步和与邻居话家常，甚至货郎也可以在此送货上门。公寓的外形简朴而粗犷，是它的内容的直率反映。建筑材料是当时最容易"找到的"混凝土。这里毛糙的混凝土墙板与钢筋混凝土骨架如实地暴露无遗。这是对一个贫民窟进行改建的庞大工程的一个部分，本来就没有什么宽裕的投资可供花费。在设计中做具体工作的是两位刚从大学毕业出来的建筑师，这是他们对英国的"粗野主义"的响应。

粗野主义由于勒·柯比西埃的影响，50 年代开始流行，其形式表现多种多样。英国斯特林和戈文设计的**兰根姆住宅**(Langham House, Ham Common, London, 1958 年)，美国鲁道夫设计的**耶鲁大学建筑与艺术系大楼**(1959～1963 年，图 5-3-6)和丹下健三设计的**仓敷市厅舍**(图 5-3-7)都是强调粗大的混凝土横梁的，在两根横梁接头的地方还故意把梁头撞了出来。但像伦敦的**南岸艺术中心**(South Bank Art Center, London, 1961～1967 年，设计人 H. Bennett，图 5-3-8)和**伦敦的国家剧院**(National Theatre, South Bank, London, 1967～1976 年，设计人 Denys Lasdun & Partners，图 5-3-9)则强调把巨大与沉重的房屋部件大块大块地、粗鲁地碰撞在一起。强调粗大的混凝土横梁的风格可以追溯到马赛公寓与勒·柯比西埃于 1954～1956 年设计的**尧奥住宅**(Immeubles Jaoul, Neuilly，图 5-3-10)；强调把巨大的房屋部件大块大块地碰撞在一起，显然是受到昌迪加尔政府建筑群的启示。此外耶鲁大学的建筑与艺术系大楼的"灯心绒"式的混凝土墙面给人以粗而不野之感；仓敷市厅舍的既强调横梁又有直柱的构图及其扁平的比例却颇具日本的民族风味。

粗野主义这个词还被用来形容英国建筑师斯特林在 20 世纪 60 年代的作品。斯特林是一个很有独创性的第三代建筑师(1926 年生)。他在 50 年代曾是英国粗野主义的支持者，设计了上面提过的兰根姆住宅。50 年代末，他开始在建筑风格上摸索自己的道路。总的来说，他的设计大都比较讲求功能、技术与经济，在形式上没有框框，自由与大胆，可谓野而不粗。

---

[1]　R. Banham 语，摘自《Encyclopedia of Modern Architecture》，Brutalism 条。

(a) 鸟瞰

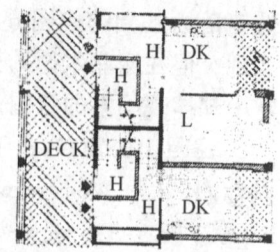

(c) 单元平面

(b) 外观

(d) 街道平台

图 5-3-5　公园山公寓

(a) 外观

(b) "灯心绒"混凝土墙面

图 5-3-6　耶鲁大学建筑与艺术系大楼

第三节 粗野主义倾向与勒·柯比西埃的广泛影响

图 5-3-7　仓敷市厅舍

图 5-3-9　伦敦国家剧院。（与南岸艺术中心一样贯彻了勒·柯比西埃主张的人车分流）

图 5-3-8　伦敦南岸艺术中心

图 5-3-10　尧奥住宅

**莱斯特大学的工程馆**(Leicester University, Engineering Building, 莱斯特, 英国, 1959～1963 年, 图 5-3-11)是由斯特林与戈文合作设计的。这是一座包括有讲堂、工作室与实验车间的大楼。在这里，功能、结构、材料、设备与交通系统都清楚地暴露了。形式很直率但并没有把形体构图与虚实比例置之不顾。特别是办公楼后面车间上面的玻璃屋顶，既要采光，又要使光线不耀眼，同时还要便于泄水，结果形式独特，使斯特林被誉为善于同玻璃打交道的能手。此外，他为剑桥大学设计的**历史系图书馆**(1964～1968 年, 图 5-3-12)，更是异曲同工。人们对这两座房屋的评价是："那里没有像机器那样严肃的、令人生畏的吓唬人的态度"，"而是对刺人的机器形象进行反复加工，使之柔和起来"❶，也有人把这两幢建筑称为高技派❷。这说明斯特林事实上已脱离了粗野主义的牵制了。他在 60 年代为意大利奥利韦蒂公司设在英国的奥利韦蒂专科学校所设计的校舍(Olivetti Training School, Haslemere, England, 1969～1972 年)则完全超出了粗野主义的范围。70 年代末他走

---

❶ 《Progressive Architecture》1978, 1 月刊。
❷ 见《Dictionary of Architecture》, Fleming, Honour, Pevsner, 1991, 第 424 页。

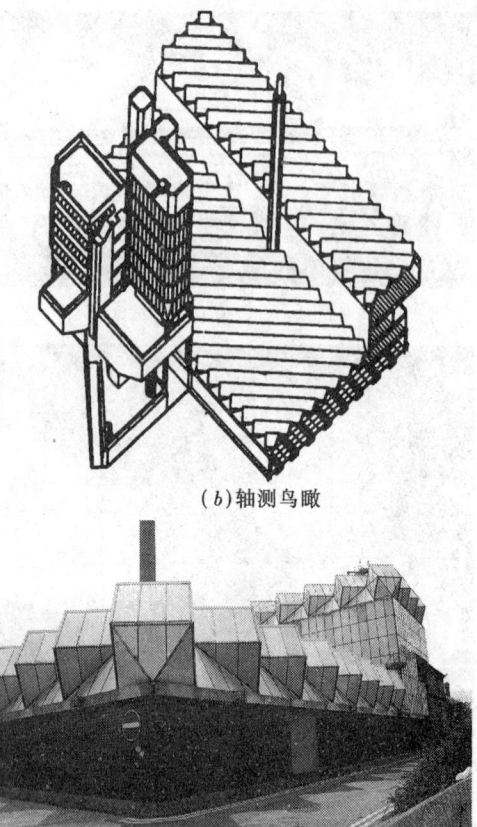

(a)外观　　　　　　　　　　　　　(c)车间外观

图 5-3-11　莱斯特大学工程馆

向了把历史传统和现代技术混合起来的创作道路。

粗野主义在战后的公共建筑中找到了它的用武之地，在欧洲比较流行，在日本也相当活跃，到 60 年代下半期以后逐渐销声匿迹。

(a)外观

图 5-3-12　剑桥大学历史系图书馆(一)

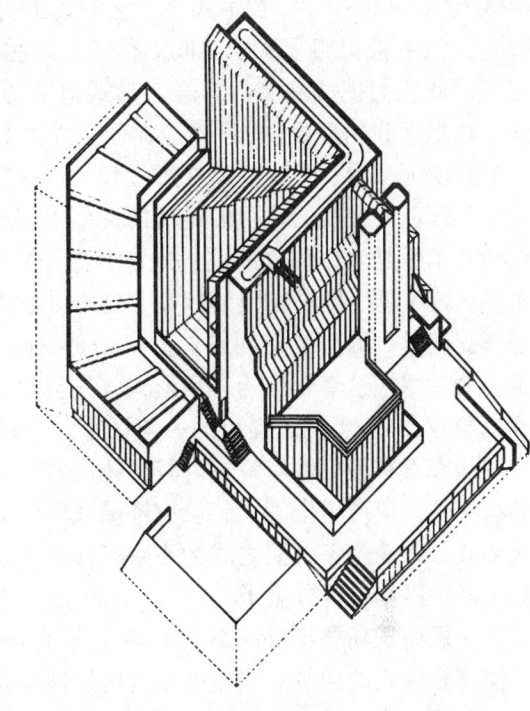

(b) 玻璃顶阅览大厅　　　　　　　　　(c) 轴测鸟瞰

图 5-3-12　剑桥大学历史系图书馆（二）

## 第四节　讲求技术精美的倾向

讲求技术精美的倾向（Perfection of Technigue）是战后初期（20世纪40年代末至60年代）占主导地位的设计倾向。它最先流行于美国，在设计方法上属于比较"重理"的，人们常把以密斯·范·德·罗为代表的纯净、透明与施工精确的钢和玻璃方盒子作为这一倾向的代表。密斯·范·德·罗也因此在战后的十余年中成为建筑界中最显赫的人物。

早在两次世界大战之间，密斯·范·德·罗便在他的作品中——1929年巴塞罗那世界博览会中的德国馆和1930年布尔诺的图根德哈特住宅中——探讨了他特感兴趣的所谓结构逻辑性（结构的合理运用及其忠实表现）和自由分隔空间在建筑造型中的体现。这种从结构—空间—形式的见解，自他到达美国以后，逐渐洗练，发展成为专心讲求技术上的精美的倾向。这种倾向的特点是建筑全部用钢和玻璃来建造，构造与施工均非常精确，内部没有或很少柱子，外形纯净与透明，清澈地反映着建筑的材料、结构与它的内部空间。法恩斯沃思住宅、湖滨公寓、纽约的西格拉姆大厦，伊利诺工学院的克朗楼和柏林国家美术馆新馆是他在战后讲求技术精美的主要代表作[1]。

密斯·范·德·罗在战后坚持并专一地发展了他过去认为的结构就是一切的观点。他说："结构体系是建筑的基本要素，它的工艺比个人天才、比房屋的功能更能决定建筑的

---

[1] 见本教材第三章第七节。

形式"❶。又说:"当技术实现了它的真正使命,这就升华为建筑艺术"❷。在建筑功能问题上,他主张功能服从于空间。他说:"房屋的用途一直在变,但把它拆掉我们负担不起,因此我们把沙利文的口号'形式追随功能'颠倒过来,即建造一个实用和经济的空间,在里面我们配置功能"❸。在创作方法上他坚持"条理性"(order),并把它提到社会观的高度上来看。他说:"在那漫长的用材料通过功能以致达到创作成果的道路上,只有一个目标:要在我们时代的绝望的混乱中创造条理性。我们对每样事物都要给以条理性,要按其本性把它归属到所属的地方并给予其应得的东西"❹。至于创作成果的形式问题,密斯·范·德·罗早在他的《关于建筑对形式的箴言》(1923年)中便果说了:"我们不考虑形式问题,只管建造问题。形式不是我们工作的目的,它只是结果"❺。最后,密斯·范·德·罗把这套先结构、后形式,先空间、后功能和讲究"条理"的设计思想方法归结到他早在1928年就已提出的一句话中:"少就是多"。对于"少就是多",密斯·范·德·罗从来没有很好地解释过。其具体内容主要寓意于两个方面:一是简化结构体系,精简结构构件,使产生偌大的、没有屏障或屏障极少的可作任何用途的建筑空间;二是净化建筑形式,精确施工,使之成为不附有任何多余东西的只是由直线、直角组成的规整、精确和纯净的钢和玻璃方盒子。

**法恩斯沃斯住宅**(Farnsworth House, Plano, Illinois, 1945~1951年,图5-4-1)是一坐四面都是绿化的建筑。住宅的结构构件被精简到了极限,以至成为一个名符其实的玻璃盒子。它除了地面平台(架空于地面之上)、屋面、八根钢柱和室内当中一段服务性房间是实

(a)住宅平面　　　　　　　　　　(b)住宅外观

图5-4-1　法恩斯沃斯住宅

---

❶ 转摘自《Architecture Today & Tomorrow》——Cranston Jones 1961,第24页。
❷ "在伊利诺工学院的讲话"转引自《Mies Van der Rohe》——P. Johnson, 1953,第203页。
❸ 转摘自《Meaning in Western Architecture》——C. Norberg Schulz, 1974,第396页。
❹ 同❸
❺ 见本教材第三章第七节。

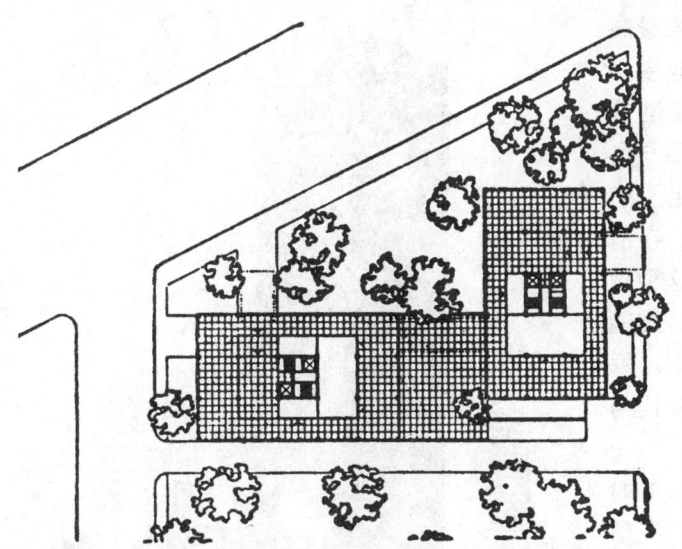 

(a)湖滨公寓平面　　　　　　　　　(b)湖滨公寓外观

图 5-4-2　芝加哥湖滨公寓

的之外,其余都是虚的。柱子有意贴在屋檐的外面,以表示它的工艺是焊接的,花园通过两道平台(一道在房子旁边,是没有顶的;另一道在房子的一端,是有顶的)而过渡到室内。室内与室外通过玻璃外墙打成一片。房子的形状端庄典雅,虽然什么都很简单,造价却超出预算 85%,引起业主很大的不满。80 年代,由于市政建设,房子被拆除。

**芝加哥的湖滨公寓**(Lake Shore Building, Chicago, 1951~1953 年, 图 5-4-2)是两幢 26 层高的高层公寓,也是密斯·范·德·罗以结构的不变来应功能的万变的另一次体现。居住单元除了当中集中的服务设施外,从进门到卧室是一个只用片断的矮墙或家具来划分、隔而不断的一体大空间。密斯·范·德·罗称之为"全面空间"(Total Space)。这种能适应功能变化的空间对于某些公共建筑与工业建筑是有其优越性的。但住宅的功能,从来都不是那么千变万化的,隔而不断却使声音、视线、气味成为了干扰。公寓的外墙全部是钢和玻璃,标准化的幕墙构件使它具有像鸽子笼似的模数构图(Modular Composition);大片的玻璃和笔挺的钢结构又使它具有强烈的工业时代的现代感。它为高层建筑造型开了一条路,影响甚大。

**西格拉姆大厦**(Seagram Building, New york, 1954~1958 年, 图 5-4-3)的紫铜窗框、粉红灰色的玻璃幕墙以及施工上的精工细琢使它在建成后的十多年中,一直被誉为纽约最考究的大楼。它的造型体现了密斯·范·德·罗在 1919 年就预言的:"我发现……玻璃建筑最重要的在于反射,不像普通建筑那样在于光和影"[1]。的确,玻璃幕墙不仅把周围的环境反射了,并把天上的云朵,一天的变化也反射了。密斯·范·德·罗的形式规整和晶莹的玻璃幕墙摩天楼在此达到了顶点,有人夸张地说:"他的影响可以在世界上任何市中心区的每幢方形玻璃办公楼中看到"[2]。大楼高 38 层,内柱距一律为 8.4m(28 英尺),正面

---

[1] 1919 年,密斯·范·德·罗在研究他的钢骨架、玻璃外墙的高层办公楼设想时,把他做好的模型放在窗外时说的。

[2] 《Age of the Masters》—R. Banhnam 1975, 第 2 页。

5开间。侧面3开间，坐落在纽约最高级的大道之一——花园大道上。业主西格伦姆公司，是美国一有名的酿酒公司，它希望自己的办公楼具有高雅与名贵的形像。密斯·范·德·罗满足了它的要求，并把大楼退离马路红线，在前面建有一个带有水池的小广场，这种做法在寸土寸金的纽约市中心区，是难能可贵的。其造价正如密斯·范·德·罗其他作品一样特别昂贵，房租也要比与它同级别的办公楼高1/3。

    **伊利诺工学院的校园规划**(图5-4-4)是密斯·范·德·罗的"条理性"在建筑群体规划上的体现。基地为一面积110英亩($41.8hm^2$)的长方形地段，设置有行政管理楼、图书馆、各系馆、校友楼、小教堂等十多幢低层的建筑，并按着24英尺×24英尺的模数划成网格。房屋的模数与基地的模数相关，严格地按着基地上的网格纵横布置，屋高为3.6m(12英尺)。在形式上，黑色的钢框架显露在外，框架之间是透明的玻璃或米色的清

图5-4-3　西格拉姆大厦

水砖墙，施工十分精确与细致，一切都显得那么有条理和现代化。事实上，这里却存在着密斯·范·德·罗关于建筑与形式的理论——结构体系及其工艺决定建筑的形式和形式只是建造的结果——在实践中的矛盾。这就是钢结构因为防火的关系不能赤裸地暴露在外面，必须包上防火层。因而这些显露在外的钢框架事实上是在结构钢外面包上防火层之后再包上一层钢皮形成的。这种做法从理论上说是有悖于密斯·范·德·罗的理论的。

    **工学院的克朗楼**(Crown Hall，1955年，图5-4-5)是学院的建筑系教学楼。它把教室放在地下，地面上是一个没有柱子、四面为玻璃墙的"全面空间"的大工作室。密斯·范·德·罗为了获得空间的一体性，连顶棚上面常有的横梁也要取消，于是他在层顶上面架有4根大梁，用以悬吊屋面。学生对于要在这么一个毫无阻拦的偌大空间里工作很不满意，情愿躲到地下室里去。但密斯·范·德·罗却认为，比视线与音响的隔绝更为重要的是阳光与空气，他以阳光与空气为借口来为随心所欲的玻璃盒子和"全面空间"辩护。

    **西柏林的新国家美术馆新馆**(National Gallery Berlin，1962~1968年，图5-4-6)是密斯·范·德·罗生前最后的作品。它的设计离克朗楼约七八年，但构思与手法都没有变，只不过是造型上更具有类似古典主义的端庄感而已。密斯·范·德·罗为了要给这个玻璃盒子以明显的结构特征，屋顶上的井字形屋架由8根不是放在房屋角上而是放在四个边上

图 5-4-4　伊利诺工学院规划

(a)克郎楼外观　　　　　　　　　(b)克郎楼的大工作室

图 5-4-5　伊利诺工学院克郎楼

的柱子所支承，柱子与梁枋接头的地方完全按力学分析那样被精简到只是一个小圆球。在这里，讲求技术上的精美可谓达到了顶点。

　　这种以"少就是多"为理论根据，以"全面空间"、"纯净形式"和"模数构图"为特征的设计方法与手法被密斯·范·德·罗广泛应用到各种不同类型的建筑中去。住宅是这样，办公楼也是这样，博物馆是这样，剧院也是这样。它们成为了密斯·范·德·罗的标志，曾于 50 年代至 60 年代极为流行而被称为密斯风格(Miesian Style)。

　　密斯风格由于全面采用了当时尚属先进新材料的钢和玻璃，在形像构图中又运用了古典主义的尺度与比例，使之具有端庄、典雅与超凡脱俗的效果而广受欢迎。这种兼备时代进步感与一定的纪念性气质被广泛用来表达国家、大企业、大公司与大文化机构的先进性与权威性；甚至它在结构、构造与构图的严谨与精确被看作是现代工业与现代科学精密度的表现，它在造价上的昂贵被说成是资本雄厚的表现。这种风格虽以密斯·范·德·罗为先导，但拥护者甚众以至波及整个西方。事实上密斯风格在美国的流行是同美国在 50 至 60 年代为了要在空间技术上同前苏联竞争、积极鼓吹发展高度工业技术的社会舆论分不开

第五章 战后40～70年代的建筑思潮——现代建筑派的普及与发展

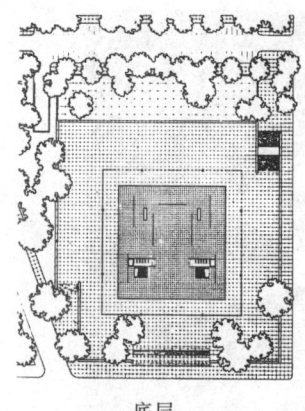
底层

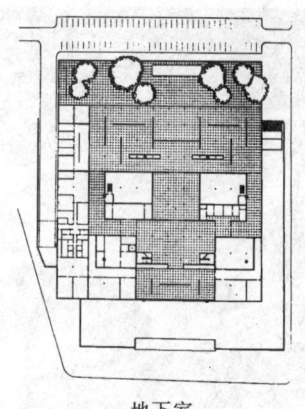
地下室

（a）平面图

（b）柱子与梁枋接头处是一个小圆球

（c）入口外观

图 5-4-6　西柏林新国家美术馆

的。当时不少建筑设计权威，如 SOM 建筑设计事务所、哈里森和阿布拉莫维茨建筑设计事务所也在提倡与推行这样的风格。不过，他们不像密斯·范·德·罗那么典型，那么彻底而已。对于密斯·范·德·罗的个人作品，美国一位知名社会学家兼建筑评论家芒福德（L. Mumford）说："密斯·范·德·罗利用钢和玻璃的条件创造了优美而虚无的纪念碑。……他个人的高雅癖好给这些中空的玻璃盒子以水晶似的纯净的形式……，但同基地、气候、保温、功能或内部活动毫无关系"❶。这可以说是评得相当恰切的。

在追随密斯风格的倾向中，小沙里宁设计的**通用汽车技术中心**（Technical Center for General Motors, Detroit, 1951～1956 年，图 5-4-7）做得似乎比较得体，即把先进技术与人们习惯的审美标准结合起来。

小沙里宁是一位很有才华的现代建筑第二代建筑师。他的设计路子较宽，曾做过多种倾向的设计。20 世纪 50 年代时，他是密斯·范·德·罗的追随者。通用汽车技术中心的设计始于 1945 年，这个任务原来是委托给他的父亲老沙里宁的，父子合作，并以儿子为主，小沙里宁就按着当时十分新颖的密斯风格来设计。

通用汽车技术中心的基地约 1 英里（1.61km）见方，共有 25 幢楼，环绕着中央一个长方形的人工湖自由但又富于条理地进行布局。它的建筑风格、钢和玻璃的"纯净形式"、"全面空间"、"模数构图"和到处闪烁着在技术上的精益求精，使人联想到密

---

❶ 转摘自《Modern Movements in Architecture》—C. Jencks，1973，第 108 页。

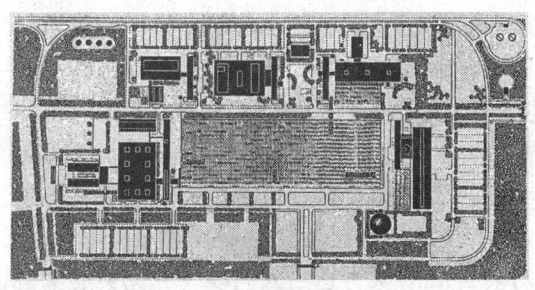
(a) 总平面

(b) 工程馆与汽车展示厅

(c) 中央水池与水塔

图 5-4-7 通用汽车技术中心

斯·范·德·罗。但是小沙里宁在尺度的掌握，形体界面的处理上较密斯·凡·德·罗为活泼、丰富、即讲究技巧又接近人情。例如把水塔造成为一个由 3 根钢柱顶着的闪闪发亮的金属盒子，并把水塔置于水池中；把汽车展示厅造成为一个扁平的没有墙与顶之分的金属穹隆。这些处理在整体上软化了周围严谨的密斯式办公楼与厂房。其中有两幢楼：工程馆与展示厅的效果甚佳，荣获 1955 年的 AIA 奖。工程馆包括有车间、制图室、办公室等，位于人工湖的一端，它功能合理，外形简洁，一望而知是最新的一件工业产品。事实上，它在厂方的支持下的确是第一次大规模地试用了当时的新产品——隔热玻璃，然而尺度宜人、构图清新、细部处理细致，在人工湖水和绿化的交相映辉之下却别有特色。这种试图使简单的形体与房屋的内容结合，使机器大工业产品与人们对形式与环境的心理要求协调起来的尝试，是沙里宁的成功所在。讲求技术精美的倾向所以会一度广受欢迎是同有这样一类作品的出现分不开的。

以钢和玻璃的"纯净形式"为特征的讲求技术精美的密斯风格到 60 年代末开始降温。自 70 年代资本主义世界经济危机与能源危机起，时而被作为浪费能源的典型而受到指责。但真正使密斯式退出舞台的还是因为镜面玻璃，特别是无边框镜面玻璃幕墙的流行。

## 第五节 典雅主义倾向

"典雅主义"（Formalism 又译形式美主义）是同粗野主义同时并进然而在审美取向上

却完全相反的一种倾向。粗野主义主要流行于欧洲；典雅主义主要在美国。前者的美学根源是战前现代建筑中功能、材料与结构在战后的夸张表现，后者则致力于运用传统的美学法则来使现代的材料与结构产生规整、端庄与典雅的庄严感。它的代表人物主要为美国的P. 约翰逊，斯通和雅马萨奇等一些现代派的第二代建筑师。可能他们的作品使人联想到古典主义或古典建筑，因而，典雅主义又被称为新古典主义、新帕拉第奥主义或新复古主义。

对于这种倾向有人热烈赞成也有人坚决反对。赞成的认为它给人们以一种优美的像古典建筑似的有条理、有计划的安定感，并且它的形式有利于产生能使人联想到业主的权力与财富。无怪当时美国许多官方建筑（如在国外的大使馆与世界博览会中的美国馆等）、银行或企业的办公楼均喜欢采用这样的形式。反对的认为它在美学上缺乏时代感和创造性，是思想简单、手法贫乏的无奈表现。他们还对那些用以象征权力与财富的做法反感，认为这使人联想到30年代法西斯的新传统建筑或者是资本家为了商业与政治利益用以装点门面的权宜之计。事实上，作为一种风格，典雅主义即如其他风格一样，的确有许多肤浅的粗制滥造的作品，但是，在具有典雅主义风格的作品中，却也有不少是功能、技术与艺术上均能兼顾，并有一定的创造性。

约翰逊为内布拉斯加州立大学设计的**谢尔登艺术纪念馆**(Sheldon Memorial Art Gallery，1958～1966年，图5-5-1)前面的中央门廊有高大的钢筋混凝土立柱，门廊里面是大面积的玻璃窗，它使室内顶棚上一个个圆形图案同外面柱廊上的券通过玻璃而内外呼应。柱的形式呈棱形，显然是经过精心塑造与精确施工的，既古典又新颖，是约翰逊为典雅主义风格而创造的好几种柱子形式之一。

由斯通设计的美国在新德里的大使馆和1958年在布鲁塞尔世界博览会的美国馆则除了庄严、典雅之外，还相当豪华与辉煌，同时还采用了新材料和新技术。它们体现了斯通所意欲的"需要创造一种华丽、茂盛而又非常纯洁与新颖的建筑❶。"

**美国在新德里的大使馆**(1955年，图5-5-2)位于两条道路交叉处的一块长方形基地上。使馆建筑群包括办公用的主楼、大使住宅、两幢随员住宅与服务用房。据说斯通在设计主楼前曾研究过印度的名古迹泰吉·马哈尔陵(Tāj Mahal)，从中获得了启发。进入大门是一条林荫大道，主楼呈长方形建在一个大平台上，平台前面是一个圆形水池，平台下面是车库。房屋四周是一圈两层高的，布有镀金钢柱的柱廊。柱廊后面是白色的漏窗式幕墙，幕墙是用预制陶土块拼制成的，在节点处盖以光辉夺目的金色圆钉装饰。办公部分高2层，环绕着一个内院而布局，院中有水池并植以树木，水池上方悬挂着铝制的网片用以遮阳。屋顶是中空的双层屋顶，用以隔热；外墙也是双层的，即在漏窗式幕墙后面还有玻璃墙。建筑外观端庄典雅、金碧辉煌，成功地体现了当时美国想在国际上造成既富有又技术先进的形像。新德里的美国大使馆于1961年获得了美国的AIA奖。

**1958年布鲁塞尔世界博览会中的美国馆**(图5-5-3)再现了像新德里大使馆那样的艺术效果。由于尺度较大(直径104m，柱廊钢柱高22m)，又采用了当时最先进的悬索结构，效果更为显著。它同当时在它附近的属"粗野主义"的法国馆与意大利馆在审美上形成强烈的对比。至于在此之后斯通一度把镀金柱廊、白色漏窗幕墙作为自己的商标似的到处滥用，那就是另一回事了。

---

❶ 转摘自《Encyclopedia of Modern Architecture》，G. Halje，前言。

第五节 典雅主义倾向

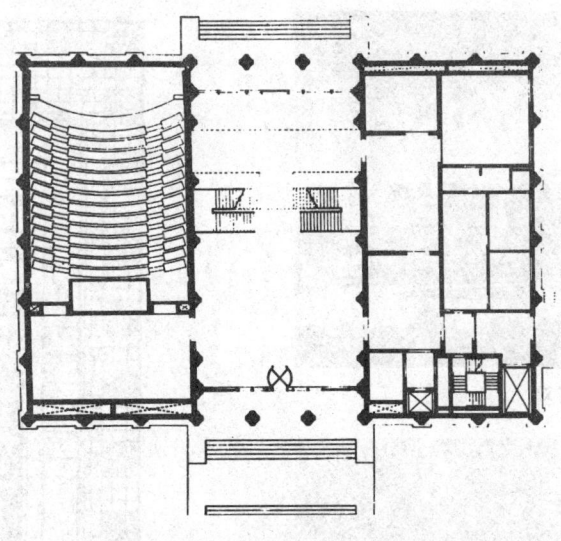

(a)平面图

(b)柱廊

(c)从室外看室内

图 5-5-1　谢尔登艺术纪念馆

**纽约的林肯文化中心**(Lincoln Cultural Center，1957～1966年，设计人约翰逊，哈里森和阿布拉莫维兹，图5-5-4)是一个规模宏大的工程。它包括：舞蹈与轻歌剧剧院(约翰逊设计)，大都会歌剧院(哈里森设计，位于广场中央)，爱乐音乐厅(阿布拉莫维兹设计)和另一个有围墙的包含有图书馆、展览馆和实验剧院(小沙里宁和其他几位建筑师设计)。3幢主要建筑环绕着中央广场而布局，其布局方式与建筑形式使人联想到19世纪的剧院。

**267**

(a)外观

(c)柱廊

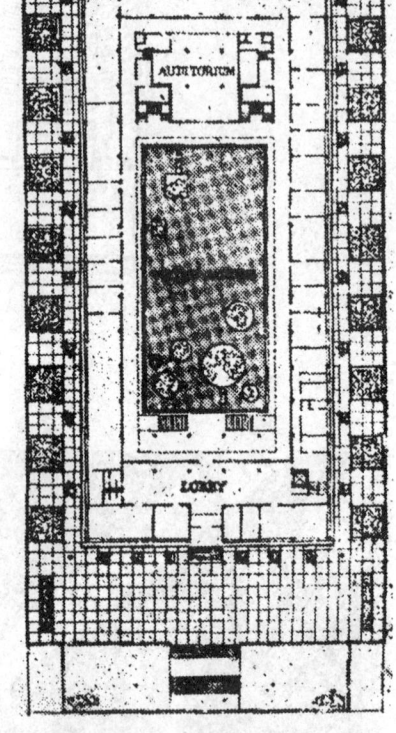

(b)平面图

图 5-5-2　美国在新德里的大使馆

图 5-5-3　1985 年布鲁塞尔世界博览会中的美国馆

由于房屋的形体都是简单的立方体，各个建筑师都在它的立面柱廊上大费心思，图 5-5-5 是爱乐音乐厅的柱廊。

图 5-5-4　纽约林肯文化中心鸟瞰　　　图 5-5-5　纽约林肯文化中心爱乐音乐厅

美籍日裔建筑师雅马萨奇主张创造"亲切与文雅"❶的建筑。他为美国韦恩州立大学设计的**麦格拉格纪念会议中心**(Mcgregor Memorial Conference Center, Wayne State University, Detroit, 1959 年，图 5-5-6)曾获 AIA 奖。这是一座两层的房屋，当中是一个有玻璃顶棚，贯通两层的中庭。屋面是折板结构，外廊采用了与折板结构一致的尖券，形式典雅，尺度宜人。据雅马萨奇说，这座建筑是他访问日本后，受到日本建筑的启发再结合美国的现实情况后设计的。

(a)外观　　　　　　　　　　　　(b)中庭

图 5-5-6　麦格拉格纪念会议中心

---

❶ 转摘自《Encyclopedia of Modern Architecture》，G. Halje，前言。

图 5-5-7　1964 年西雅图世界博览会中的科学馆

图 5-5-8　纽约世界贸易中心底部尖券

图 5-5-9　西北国家人寿保险公司大楼

自此之后，雅马萨奇在创造典雅主义风格中特别倾向于尖券。**1964 年在西雅图世界博览会中的科学馆**是尖券(图 5-5-7)，1973 年纽约**世界贸易中心的底层处理**也是尖券(图5-5-8)。虽然有人把这样的处理称为新复古主义，然而，它们却在一定程度上与新结构相结合。不过雅马萨奇也做了一些形式主义的作品，例如西北国家人寿保险公司大楼(Northwest National Life Insurance Co、Minneapolis, 1961～1964 年，图 5-5-9)。这是一座6层楼的办公楼，据说为了要使它为其所处在的公园增色，故用精致的柱廊把它包围起来。虽然柱廊的形式做得相当别致，但不仅不适用，而且尺度过高，比例失调。看上去很别扭。

典雅主义倾向在某些方面很像讲求技术精美的倾向。一个是讲求钢和玻璃结构在形式上的精美，而典雅主义则是讲求钢筋混凝土梁柱在形式上的精美。

60年代下半期以后，典雅主义倾向开始降温，但它比较容易被一般群众接受，至今仍时有出现。

## 第六节　注重高度工业技术的倾向

注重"高度工业技术"的倾向（High-Tech）是指那些不仅在建筑中坚持采用新技术，并且在美学上极力鼓吹表现新技术的倾向。广义来说，它包括战后现代建筑派在设计方法中以材料、结构和施工特点作为建筑美学依据的方面，例如以密斯·范·德·罗为代表的讲求技术精美的倾向和以勒·柯比西埃为代表的粗野主义倾向；确切地是指那些在20世纪50年代末随着新材料、新结构与新施工方法的进一步发展而出现与活跃起来的超高层建筑、空间结构、幕墙和创新地采用与表现预制装配标准化构件方面的倾向。

从历史上看，自从进入现代化机器大生产时代起就一直有各种出于经济或适用的目的，试图把最新的工业技术应用到建筑中去的尝试；而妨碍采用新技术的则往往是人们已习惯了的美学观。因而要推广新技术就必须同时树立新的美学标准和鼓吹新的美学观。然而建基于技术进步上的美学观是多样的，它的表现与标准还会随着时代的变化而变化。例如两次世界大战之间，人们曾把不加掩饰地采用与表现钢筋混凝土、钢和玻璃的，像萨沃依别墅和巴塞罗那展览会中的德国馆那样的建筑称为"机器美"，并附加以"时代美"，"精确美"，"轻盈美"，"透明美"，"纯净美"等标签。第二次世界大战后，这些名词依然存在，但标准则转到表现得更为彻底的像密斯·范·德·罗的法恩斯沃恩住宅和克朗楼那样的建筑中去了；此外，还增加了像马赛公寓大楼那样的沉重的"粗野美"。50年代以后，注重高度工业技术倾向的兴起又为上述各种美——姑且统称之为20世纪的"时代美"——注入了新的标准与新的内容。这说明"时代美"总是随着时代技术的进步而变化的。

注重高度工业技术的倾向是同当时社会上正在发展起来的以高分子化学工业与电子工业为代表的高度技术（high technology）分不开的。当时的新材料，如高强钢、硬铝、高标号水泥、钢化玻璃、各种涂层的彩色与镜面玻璃、塑料和各种粘合剂，不仅使建筑有可能向更高、更大跨度发展，并且，宜于制造体量轻、用料少，能够快速与灵活地装配、拆卸与改扩建的结构与房屋。在设计上它们强调系统设计（Systematic Planning）和参数设计（Parametric Planning）。其理论可以借用内尔维的一句话来说明："以谦虚的抱负来接近神秘的自然规律，顺从它们并利用与支配它们，只有这样才可以把它们的崇高与永恒的真理引导到为我们有限的条件与目的服务"[1]。其具体表现是多种多样的。有的努力使高度工业技术接近于人们所习惯的生活方式与美学观，尽管在初看时不一定习惯，但它还是尽量想在适用与美观上取悦于人。下面将要提到的埃姆斯夫妇（C. and R. Eames，前者1907～1978年）的"专题研究住宅"和E·艾尔曼（Egon Eiermann，1904～1970年）在钢结构外墙构件标准化方面的尝试、玻璃幕墙和像美国在科罗拉多州的空军士官学院内的教堂等等均属此类。也有的比较激进地站在未来主义的立场上，认为技术越来越向高科技发展是当今

---

[1] 转摘自《Modern Movements in Architecture》—C. Jencks，1973，第73页。

社会的必然性，人们的生活方式与美学观都会随之而发生变化，因此人们应该有远见地去领会它、接受它和适应它。前面将要提到的像英国阿基格拉姆小组所提出的巨型结构（见本章第二节）、日本1970年大阪世界博览会中的只用一种构件建成的试验性房屋、丹下健三设计的山梨文化会馆和法国的蓬皮杜国家艺术与文化中心等等均属此类。

须知50年代末是西方各先进工业国经济与工业生产开始进入战后的非常繁荣时期。科技迅速发展，生产大大提高；其中，迅速地把先进的科技利用到生产上去、带动生产，然后生产上的进步又反过来影响科技发展，是这一时期的特征。为此注重高度工业技术的倾向经常要受到大企业的支持、鼓励与配合。此外，电子计算机的推广应用与其自身的迅速进步不仅影响了社会生产与科技发展，还强烈地影响了人们的思想，在社会上形成了对技术的乐观主义。建筑中的注重高度工业技术的倾向就是在这样的社会背景下产生的。这个倾向持续繁荣了20多年，到70年代逐渐向新一代的注重高度工业技术的倾向转型。

由于高层与大跨已在本章第三节中介绍过了，本节集中于对预制装配与灵活装卸方面的介绍。

(a) 外观　　　　　　　　　　　　　　(b) 内景

图 5-6-1　埃姆斯的"专题研究住宅"

1949年，埃姆斯夫妇在加利福尼亚州为自己设计的住宅，（又称"专题研究住宅"Case-study House，图5-6-1）是最早应用预制钢构架的居住建筑之一。这幢住宅是在当时的《Art & Architecture》杂志的支持下，按着一定的工业生产系统来设计的。外墙由透明的玻璃与不透明的颜色鲜艳的石膏板制成，所有门窗都是工厂的现成产品，它们说明了战后要把工业技术推广到家庭生活与独立式住宅中去的倾向。埃姆斯说："研究如何使这个体系的固有性适应空间的使用要求，和研究如何使这种结构的必然性产生图案和质感是有趣的"❶。他指出采用以标准化构件为体系的建筑必须解决体系的固有性、必然性

---

❶ 转引自 "Charles Eames"《Architectural Review》, Oct. 1978。

同房屋使用中的灵活性和美观之间的矛盾。

50年代西德的E.艾尔曼也在这方面做出了出色的成绩。他一直在探求把轻质高强的预制装配式钢构架能坦率而悦目地暴露于外的结构系统。他在构造上的细部处理常使那些本来没有什么修饰的房屋显得纤巧。**布伦堡麻纺厂的锅炉间**(Linen Mill, Blumberg, 1951年，图5-6-2)中，建筑外观与内容一

图5-6-2　布伦堡麻纺厂的锅炉间

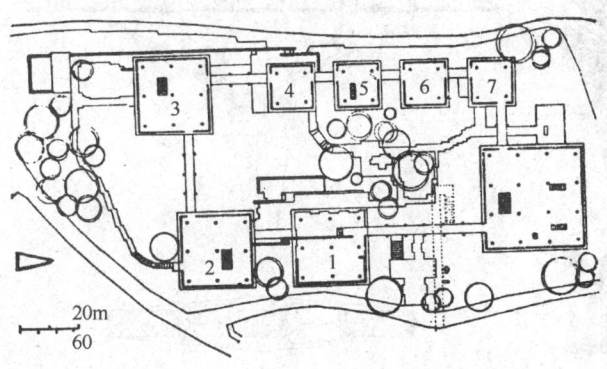

(a)总体　　　　　　　　　　(b)局部外观

图5-6-3　1958年布鲁塞尔世界博览会的德国馆

致，立面构图清晰，细部精致，使一座普通的厂房显得并不平凡。在1958年布鲁塞尔世界博览会的德国馆(图5-6-3)中，在纤细的白色钢杆后面是连续不断的玻璃墙。细部上的精美使人联想到密斯·范·德·罗的建筑。但后者造价昂贵，前者造价一般；后者造型冷漠，前者尺度宜人；后者是永久性的纪念碑，前者是可装可卸的。

**国际商业机器公司研究中心**(IBM在法国La Gaude的研究中心，1960~1961年，图5-6-4)是布罗伊尔(M. Breuer)在战后设计的许多大型建筑之一。

布罗伊尔曾是包豪斯的学生和教师，是建筑师也是家具与工业品设计师。他于1937~1941年与格罗皮厄斯在美国合作期间设计了不少住宅。这些住宅配合环境，布局自由，有些采用了当地的材料，如木材和虎皮石等，然而不失包豪斯原有的现代化与工业化气息。其中有颇受注意的在新肯辛顿的工人新村(Workers Village at New Kensington, Pennsylvania, 1940年)。战后，自从他与内尔维和策尔福斯(B. Zehrfuss)合作设计了巴黎联合国教科文总部的会议厅后[1]，成为了一个深受新型大机关所欢迎的建筑师。自此，他设计了许多预制装配形式新颖的大型办公楼与科研大楼。

国际商业机器公司研究中心和他设计的其他大型办公楼一样，层楼不多，布局合理。把两个Y字连接起来的平面布局体态独特，同时又合乎采光、通风与交通联系等功能要

---

❶　见第四章第三节第204页。

(a) 总体鸟瞰

(b) 局部外观

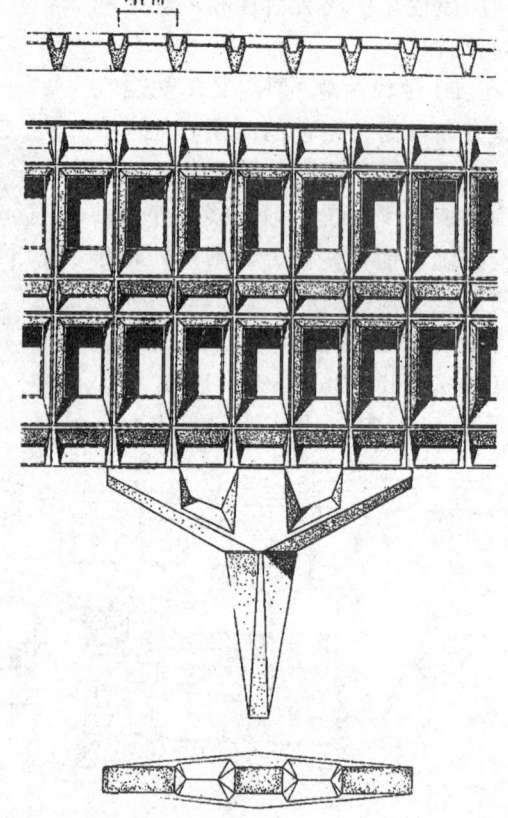

(c) 外墙构造

图 5-6-4　国际商业机器公司(IBM)在 LaGaude 的研究中心

求。它的形式是功能、材料、结构以及建造方法——采用标准化的预制外墙承重构件——的反映。但形体比例的细致推敲，施工的精确，使那些既是结构构件又是装饰部件的"树枝形柱"(Tree Column)显得很有特色。正是这些预制的结构构件使得一座简单的房屋显得不平凡。1978 年，法国建筑学院(French Academie d'Architecture)向布罗伊尔授予金质奖时说："他的建筑逻辑性、有力效果和结构真挚性所表现出来的各种材料之间恰到好处的关系，和他每个杰作的崇高性把布罗依尔置于我们最伟大的灵感泉源之中"[❶]。IBM 研究中心可谓是这句话的一个实物说明。

在布鲁塞尔的**兰伯特银行大楼**(Banque Lambert，设计人 SOM 事务所。1957～1965 年，图 5-6-5)是 50 与 60 年代美国和西欧尝试用标准化的预制混凝土构件来建造承重外墙的另一成功实例。构件呈十字形，上、下接头处是两个不锈钢的帽状节点，结构合理，形式新颖，虽然承重但不显得笨重；统一的构件使它的立面呈规则的几何形图案。类似这样的例子不少，构件的不同形式使它们的立面构图各异。**美国在英国伦敦的大使馆**(设计人小沙里宁，图 5-6-6)的构件是方框形的；**美国在爱尔兰首都都柏林的大使馆**(设计人 J. M. Johansen，1916 年生图 5-6-7)的外墙由两种构件组成，立面形式独特。

---

❶ 《Architectural Review》1978、8 月刊 第 33 页。

第六节 注重高度工业技术的倾向

(a)外观

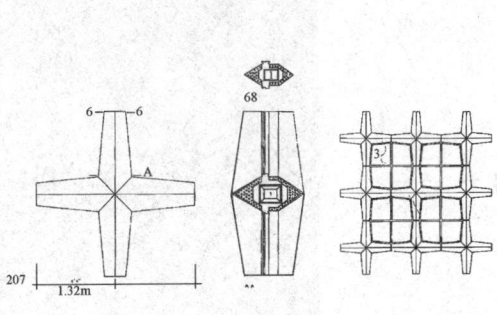
(b)外墙构造

图 5-6-5 布鲁塞尔兰伯特银行大楼

图 5-6-6 英国伦敦的美国大使馆

(a)外观

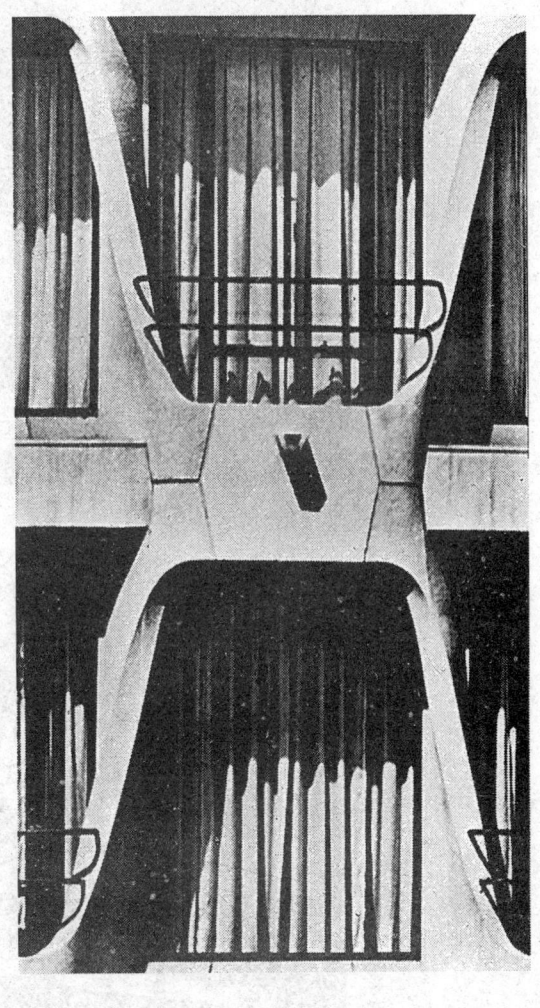
(b)细部

图 5-6-7 美国在爱尔兰首都都柏林的大使馆

第五章 战后40~70年代的建筑思潮——现代建筑派的普及与发展

图 5-6-8　美国波士顿汉考克大楼

图 5-6-9　美国纽约所罗门大厦

注重高度工业技术的倾向中最引人注意和最流行的是采用**玻璃幕墙**(图5-6-8，5-6-9)。玻璃幕墙的采用是同战后玻璃工业的发展(吸热玻璃与反射玻璃的发明与发展)、化学工业的发展(各种胶料与垫圈材料的发明与发展)、空调工业的发展(由于玻璃幕墙是薄壁与封闭的必须依赖空调)和机械化施工工业的进步和发展分不开的。玻璃幕墙既然同那么多的现代工业有关，无怪它的形像能使人联想到现代的尖端科学。此外，它的色彩多样，光泽晶莹，如注意洗刷能保持经常清新；它的反射，即对周围动、静环境的反射等等，具有很大的魅力并向人们展示了新的视感。于是玻璃幕墙大受欢迎，在60年代时甚为流行。由于它的造价并不便宜，更被那些设法"要为业主增加威望"的高级建筑所喜欢采用。玻璃幕墙的造价虽然比较昂贵，但它的轻质可减少房屋的自重，薄壁可为房屋增加约30cm厚度的外围面积，预制装配可以缩短工时，这些可谓补偿。但尽管各种新型的保温玻璃不断出现，玻璃幕墙在空调上的开支

图5-6-10 用不同色彩与质感的玻璃和薄壁材料组成的幕墙

至今仍比一般墙体大得多。而这些开支，自1973年石油价格调整后，显得非常尖锐；此外，它对光的反射屡屡成为诉讼事故的根源。故自80年代以来，人们对于玻璃幕墙的热忱已经大不如前了。人们不禁回顾说，玻璃幕墙的流行是同玻璃厂商、化工厂、幕墙加工商的大做广告与施加影响分不开的，他们指出："这是美学同工业勾结起来反对房屋的使用者，因为他们的需要与要求全被忽视了……，其战略是要为产品市场发掘在流行样式中的潜力"❶。这句话可谓揭露了玻璃幕墙——一种预制构件——居然会成为一种十分流行的建筑思潮的社会根源，这样的问题在研究建筑思潮时是不容忽视的。

除了玻璃幕墙还有铝板幕墙、石板与混凝土板幕墙，还有用玻璃或彩色玻璃同上述**各种薄壁材料组合起来的幕墙**。C. 佩利(Cesar Pelli，1926年生)曾提倡用不同色彩的玻璃与其他薄壁材料在建筑立面上组成图案(图5-6-10)。

**美国在科罗拉多州空军士官学院中的教堂**(Chapel, U.S Airforce Academy, Colorado Springs, Colorado, 1954年开始设计，1956~1962年建成，SOM事务所设计，图5-6-11)成功地利用最新技术来创造能够象征教堂的新形象。

---

❶ "Mirror Building"见《Architectural design》1977，2月刊。

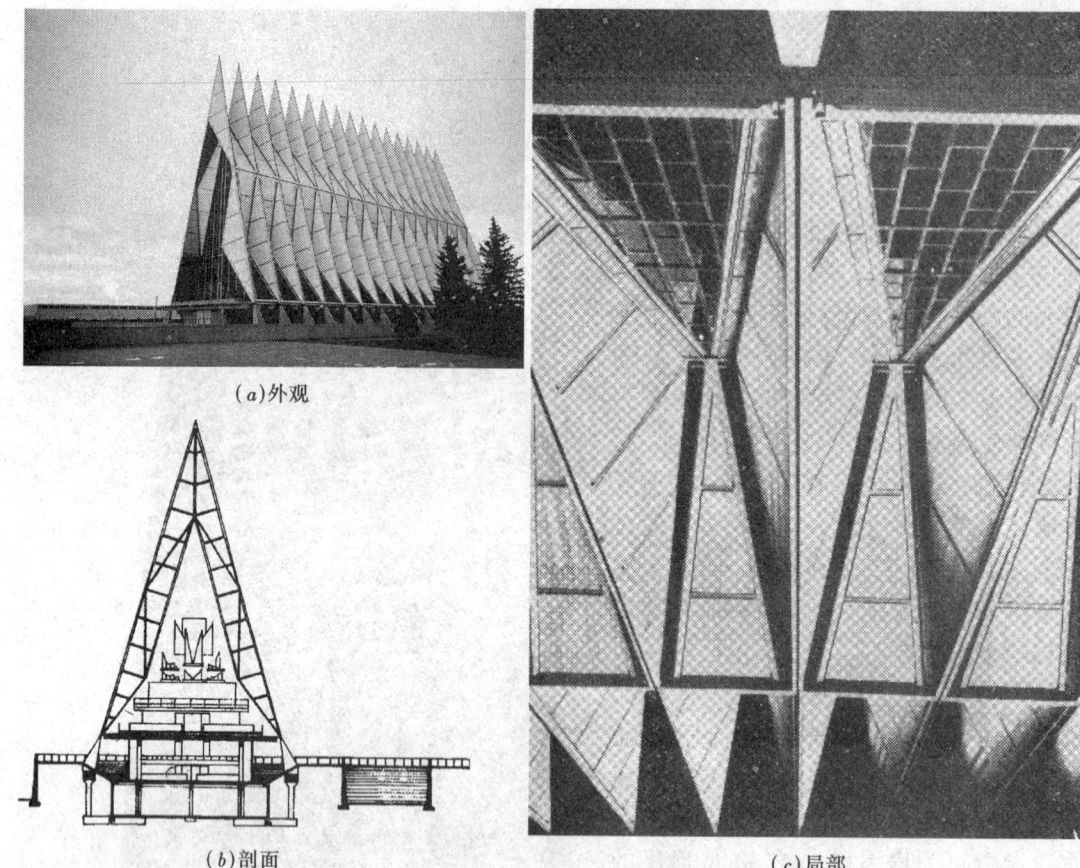

图 5-6-11　美国科罗拉多州空军士官学院中的教堂

教堂的平面呈简单的长方形，其中包含有 3 个教堂，一个 900 座的基督教堂在楼上，一个 100 座的犹太教堂和一个 500 座的天主教堂在楼下（两者背对背地连接在同一层内，各有自己对外的出入口），底下为服务性的地下室。该教堂的造型特点在于其形式既具有强烈的与当时时代一致的"机器美"，同时在视感上又同中世纪哥特教堂一样企图把人们的目光引向上天的上升感。教堂的形式同结构一致，由一个个重复的、用钢管（外贴铝皮）与玻璃组成的四面体单元所组成。每个层次一种类型，共有三种类型。在每个四面体单元的几个面的接头处还镶以一条彩色玻璃带，以增加宗教气氛。无疑地，这个教堂在使技术创新同艺术效果相结合的尝试中是成功的。

另一座比科罗拉多空军士官学院教堂更享盛名，同样具有高度工业技术特征的是**旧金山的圣玛丽主教堂**(St. Mary's Cathedral, San francisco, U.S. 1971 年，图 5-6-12)。设计人是 P. 贝卢斯奇(P. Belluschi 1899~ )，内尔维(P. Nervi, 1891~1979)和麦斯威尼(Mcsweeney)，瑞安(Ryan)和李(Lee)等。

教堂原位于另一条街上，1960 年被火烧毁，通过等价与当地一超市交换，乃建于此。贝卢斯奇长于设计教堂，他所设计的教堂从来没有两个是相同的。圣玛丽主教堂的基地位于一座小山巅上，这本来就具有先天条件，但建成后使教堂更引人注意的是它独特的内部空间与建筑造型。在这里结构与光线的相互作用和互为因果，使教堂建筑完全超越了

第六节 注重高度工业技术的倾向

(a)外观

(c)从屋顶的十字沟连到边上的垂直沟

(b)外观

(d)圣坛

图 5-6-12　旧金山的圣玛丽主教堂

传统的概念而达到了一个新的境界。贝卢斯奇认为，宗教建筑的艺术本质在于空间，空间的设计在教堂设计中具有至高无上的重要性。为此他在设计前，一方面回到他出生的意大利去重新体验天主教堂的艺术实质，同时还请了兼为建筑结构与美学专家的内尔维与他一同设计。

主教堂平面呈正方形，可容2,500座位。上面的屋顶由四片高度近60m的双曲抛物线形壳体组成(图5-6-12a，b)，地底下为交谊室与会议室。教堂内圣坛居中，人们环绕圣坛而坐。四片向上的双曲抛物线形薄壳从正方形底座的四角升起，并随着高度的上升逐渐变成为四片直角相交的平板。(图5-6-12b)。它们既为室外创造了高峻的具有崇神气氛的体形；同时四块薄板在顶上形成的十字沟与在四边形成的垂直沟不仅照亮了教堂的室内，并通过沟上的彩色玻璃加强了教堂的宗教气氛，(图5-6-12c)。教堂的尺度很大，但并不显得笨重，也没有破坏旧金山的天际线。贝卢斯奇一向认为，建筑创作的秘诀在于整体性、比例恰当与简洁性，美由此而发出光泽；并认为，当代的人应充分挖掘当代技术的可能性。圣玛丽主教堂可谓验证了他的观点。

科罗拉多空军士官学院教堂与旧金山的圣玛利丽主教堂无疑地属于注重高度工业技术倾向，但其艺术形像却十分感人，因而有人称这样的建筑为"高度技术与高度感人"("high tech and high touch")。

60年代出现了许多企图以"高度工业技术"来挽救城市危机和改造城市与建筑的设想。其在建筑中的表现之一为建造大型的、多层或高层的、用预制标准构件装配成的"巨型结构"(mega-structure)。例如英国由库克的阿基格拉姆小组提出的插入式城市、法国弗里德曼提出的空间城市(均见本教材第四章第二节)，便属此类。这些"巨型结构"大多是一个庞大的结构构架，内有明确的交通系统与周全的服务性管网设施。在设计中他们强调建造的高度工业化和快速施工，强调结构的轻质高强与可装可卸和强调内部空间可以随时变换的灵活性。例如在插入式城市和空间城市的设想方案中，居住单元就像是一个个预制好的插头一样，只要插入构架、接通管网，便马上可用；不用时也只要把它拉掉便可。在美学上，他们站在未来主义的立场上，认为既然这是发展方向，人们就应该适应它并从中体会其美。他们对此的理论根据是，一百多年前的英国水晶宫、巴黎铁塔与机械馆最初也是不被人接受的，但是随着时代的演变，现代的人不仅能够接受它们并公认其为美。因

(a)结构　　　　　　　　　　　　(b)室内

图5-6-13　大阪世界博览会里展出的Takara Beautilion实验性住宅

而，直率地反映当前最新的高度工业技术的"机器美"是美的。

在这方面还有不少力求"以少做多"(to do more with less)的尝试。1970年在大阪世界博览会里展出的一幢称为 **Takara Beautilion 的实验性房屋**(设计人黑川纪章，图 5-6-13)中，整幢房屋的结构是由同一种构件重复地使用了 200 次构成的。其构件是一根按统一弧度弯成的钢管，每 12 根组成一个单元，它的末端还可以继续接新的构件与新的单元，因而，这个结构事实上是可以无限延伸的。在单元中可以插入由工厂预制的适应不同功能的设施，可供居住、生产或工作用的座舱，或插入交通系统、机械设备等等。这幢房屋的装配只用了一个星期，把它拆除也只需那么多的时间。

黑川纪章和丹下健三同为当时日本的一个称为新陈代谢派(Metabolism)的成员。新陈代谢派强调事物的生长、变化与衰亡，极力主张采用最新的技术来解决问题。丹下键三在 1959 年时讲的一句话是很有代表性的。他说："在向现实的挑战中，我们必须准备要为一个正在来临中的时代而斗争，这个时代必须以新型的工业革命为特征……，在不远的将来，第二次工业技术革命的冲击将会改变整个社会的根本特性[1]"。这句话不仅说明了新陈代谢派的基本立场，也说明了注重高度工业技术倾向中比较激进方面的立场。

丹下健三设计的**山梨文化会馆**(Yamanashi Press Center，1967 年，图 5-6-14)可谓是一座体现了他上述观点的、以新型的工业技术革命为特征的建筑。它的基本结构是一个个垂直向的圆形交通塔，内为电梯、楼梯和各种服务性设施。活动窗户和办公室像是一座座桥似的、或像是抽屉那样地架在相距 25m 的、从圆塔挑出来的大托架上。原来的设计意图是圆塔在建成后还可以按需要在高度上再添高或改矮而不至于影响房屋的整体结构；那些像抽屉似的室内空间也是随意疏密安排，甚至建成后还可以增加或抽掉。不过事实上房屋自建成至今并没有改变过。

图 5-6-14　山梨文化会馆。丹下健三设计

---

[1] 转摘自《Modern Movements in Architecture》C. Jencks，第 71 页。

注重高度工业技术的倾向中最轰动的作品莫如 1976 年在巴黎建成的**蓬皮杜国家艺术与文化中心**（Le Centre Nationale d'art et de Culture Georges Pompidou，1972～1977 年，图 5-6-15），设计人是第三代的现代建筑师皮亚诺和罗杰斯。他们对自己设计的解释是："这幢房屋既是一个灵活的容器，又是一个动态的交流机器。它是由预制构件高质量地提供与制成的。它的目标是要直截了当地贯穿传统文化惯例的极限而尽可能地吸引最多的群众"❶。

(a) 现代艺术博物馆与前面的广场

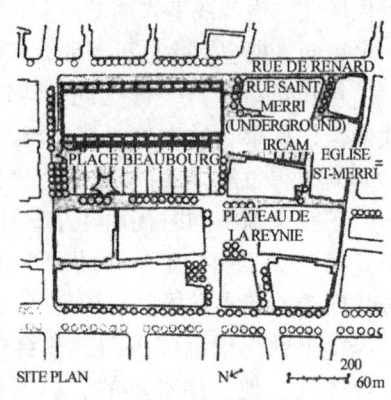
(b) 基地平面图

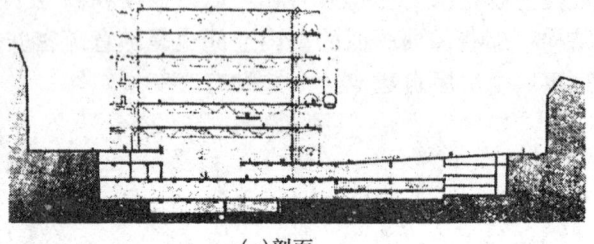
(c) 剖面

(d) 暴露在外墙上的各种管道　　(e) 桁架梁与柱子的套筒式接头

图 5-6-15　蓬皮杜国家艺术与文化中心

---

❶ 见皮亚诺和罗杰斯设计事务所当时出版的以此建筑为名的宣传小册子。

蓬皮杜国家艺术与文化中心包括有现代艺术博物馆、公共情报图书馆、工业设计中心和音乐与声乐研究所四个内容。前面三个内容集中安排在一幢长168m，宽60m，高42m的6层大楼中；音乐与声乐研究所则布置在南面小广场地底下(图5-6-15 b, c)。大楼不仅暴露了它的结构，连设备也全部暴露了。在沿主要街道的立面(图5-6-15 d)上挂满了五颜六色的各种管道，红色的代表交通设备，绿色的代表供水系统，蓝色的代表空调系统，供电系统用黄色来说明。西面面向广场的立面(图5-6-15 a)，是几条有机玻璃的巨龙，一条由底层蜿蜒而上的是自动楼梯，几条水平向的是各层的外走廊。

蓬皮杜国家艺术与文化中心打破了一般所认为的，凡是文化建筑就应该有典雅的外貌、安静的环境和使人肃然起敬的气氛等等习惯概念。它从广场以至内部的展品全部是开放的。广场就像一个平常的街边广场一样，在上面有闲坐的、游荡的、话家常的、做游戏的以至玩杂耍的，什么都有。展品也没有一定的布置方式，它使参观者有时会出其不意地忽然发现自己竟同一个著名雕像面对面地对望着。

值得注意的是它的房屋。平面长方形，在168m×60m的面积中，只有两排共28根钢管柱。柱子把空间纵分为三部分，当中48m，两旁6m。各层结构是由14榀跨度48m并向两边各悬臂挑出6m的桁架梁组成的。桁架梁同柱子的相接不是一般的铆接或焊接，而是用一特殊制作的套筒(图5-6-15 e)套到柱子上，再用销钉把它销住。采用这样的套筒为的是要使各层楼板有自由升高或降低的可能性。至于各层的门窗与隔墙，由于都不是承重的，就更有任意取舍或移动的可能了。因而房屋的内部空间是极端灵活的。正是为了保证它的灵活性，故把电梯、楼梯与设备全部放在房屋外面或放在48m跨度之外。

蓬皮杜国家艺术与文化中心在建造过程中与建成之后一直是人们议论的中心。人们除了议论它的体量过大，风格同周围环境不相称，空间有没有必要这么灵活之外，最激烈的是艺术馆能否采用这种"没有艺术性"的形式，以及其设备暴露和鲜艳颜色是否太过分了等等。

新技术与艺术性能否很好地结合，几十年来一直是一个费人思考的问题。现在还有不少人，有些由于保守，有些由于"激进"(如70年代后自称为是最先进的后现代主义派)就是以注重高度工业技术倾向中的"缺乏人情"和"没有艺术性"而反对它。此外，社会上也有些人因为憎恨环境污染而转怒于工业技术的发展，进而责怪建筑中采用与象征高度工业技术的倾向。诚然，这个倾向同其他倾向一样，有其合理的也有其不合理的方面；并且，这个倾向由于它同材料工业与设备工业的关系，的确是经常会受到垄断企业的左右、误导与控制的。然而，注意工业技术的最新发展，及时地把最新的工业技术应用到建筑中去，将永远是建筑师应有的职责。问题在于是为新而新，还是为了有利于合理改进建筑而新。

## 第七节 讲究人情化与地域性的倾向

战后的讲究人情化与地域性倾向同下面将要谈到的各种追求个性与象征的尝试，常被称为"有机的"或"多元论"的建筑。其设计意识是战后现代建筑中比较"偏情"的方面。"多元论"按挪威建筑师与历史学家诺伯—舒尔茨(C. Norberg-Schulz)的解释是"以技术为基础的形式主义"❶,"其对形式的基本目的是要使房屋与场所获得独特的个性"❷。可见他们是一些既要讲技术又要讲形式,而在形式上又要强调自己特点的倾向。这些倾向的动机主要是对两次世界大战之间理性主义所鼓吹的要建筑形式无条件地表现新功能、新技术以及建筑形式上相互雷同的反抗。

讲究人情化与地域性在建筑历史上并不是一种新东西。但是它作为一种自觉的倾向,并以此来命名之,却是现代的事。它们在战后的表现多样。此外,人情化与地域性也不总是孪生的,而是各有偏向的。在西方国家,讲究人情化与地域性的倾向最先活跃于北欧。它是 20 年代的理性主义设计原则结合北欧一向重视地域性与民族习惯的发展。北欧的工业化程度与速度不及产生 20 年代现代建筑的德国和后来推广它的美国那么高与快。北欧的政治与经济也不像它们那么动荡,对建筑设计思想的影响与干扰也不那么大。此外,北欧的建筑一向都是比较朴实的,即使在学院派统治时期,也不怎么夸张与做作。因而,他们能够平心静气地使外来经验结合自己的具体实际形成了现代化并具有北欧特点的人情化与地域性建筑。50 年代中叶以后,日本在探求自己的地域性方面也作了许多尝试,其中不少把现代与一定程度的民族传统意味结合得颇有特色。60 年代起,随着第三世界在政治与经济上的独立与兴起,它们的建筑,无论是自己设计的,或外国人为它们设计的,也都在现代化的地域性与民族性中作出不少成绩。

建筑创作中的地域性(regionalism)是指对当地的自然条件(如气候、材料)和文化特点(如工艺、生活方式与习惯、审美等等)的适应、运用与表现。地域性亦称当地性(locality),广义地还含有乡土性(vernacular);由于乡土性的意义偏于狭隘,故人们在创作中更多追求的是地域性。近十余年来,由于全球文明与地域文化的冲突日益尖锐,有些理论家,如 K. 弗兰姆普顿主张把地方的自然与文化特点同当代技术有选择地结合起来,并称之为"批判的地域性"(critical regionalism 见第六章)。

芬兰的阿尔托被认为是北欧人情化、地域性的代表。阿尔托原是欧洲现代建筑派中一位年轻成员。他在两次世界大战之间的代表作,维堡市立图书馆❸与帕米欧结核病疗养院❹已被列入现代建筑经典作品之中。但如细致观察,可以看出他在处理手法上,已经表现出他对芬兰的地域性与民族情感的注意。以后,他在这方面的倾向越来越明显,到四十年代初,成为较早的公开批判欧洲现代主义的人。他在美国的一次称为"建筑人情化"的讲座中说:"在过去十年中,现代建筑的所谓功能主要是从技术的角度来考虑的,它所强调的主要是建造的经济性。这种强调当然是合乎需要的,因为要为人类建造好的房舍同满足人类其他需要相比一直是昂贵的。……假如建筑可以按步就班地进行,即先从经济和技术开始,然后再满足其他较为复杂的人情要求的话,那么纯粹是技术的功能主义是可以被接受的;但这种可能性并不存在。建筑不仅要满足人们的一切活动,它的形成也必须是各方面同时并进的。……错误不在于现代建筑的最初或上一阶段的合理化,而在于合理化得不够深入。……现代建筑的最新课题是要使合理的方法突破技术范畴而进入人情与心理领域"❺。在这里,阿尔托肯定了

---

❶❷ 《Meaning in Western Architecture》—C. Norberg-Schulz, 1977 版,第 391 而。

❸❹ 见第三章第四节。

❺ 转摘自《Towards an Organic Architecture》B. Zevi, 第 63~64 页。

建筑必须讲究功能、技术与经济，但批评了两次世界大战之间的现代建筑，说它是只讲经济而不讲人情的"技术的功能主义"；提倡建筑应该同时并进地综合解决人们的生活功能和心理感情需要。

以阿尔托为代表的人情化和地域性倾向的设计路子相当宽，其具体表现为：有时用砖、木等传统建筑材料，有时用新材料与新结构；在采用新材料、新结构与机械化施工时，总是尽量把它们处理得"柔和些"或"多样些"。就像阿尔托在战前的玛丽亚别墅中（见本教材第三章第九节）为了消除钢筋混凝土的冰冷感，在钢筋混凝土柱身上缠上几圈藤条；或为了使机器生产的门把手不至于有生硬感，而把门把手造成像人手捏出来的样子那样。在建筑造型上，阿尔托不局限于直线和直角，还喜欢用曲线和波浪形。据他说，这是芬兰的特色，因为芬兰有很多天然湖泊，这些湖泊的形状都是自然的曲线。在空间布局上，阿尔托主张不要一目了然，而是有层次，有变化，要使人在进入的过程中逐步发现。在房屋体量上，阿尔托强调人体尺度，反对"不合人情的庞大体积"，对于那些不得不造得大的房屋，主张在造型上化整为零。由于阿尔托不赞成严格地从经济出发，他的作品虽然形似朴素，但是设计的精致与施工上的颇费心机使它们的造价虽不太昂贵，但并不低廉。

**珊纳特赛罗镇中心的主楼**(Town Hall of Säynatsalo, 1950~1955年，图5-7-1)是阿尔托在第二次大战后的代表作。珊纳特赛罗是一个约有3000居民的半岛。镇中心由几幢商店楼与宿舍，一座包含有镇长办公室、会议室、各部门办公室、图书馆、商店与部分职工宿舍的主楼，和它们附近的一座剧院、一座体育场组成。主楼的体量与形式同前面的商店与宿舍相仿，都是红砖墙、单坡顶的，环绕着一个内院而布局。阿尔托在此巧妙利用地形，做到了两个突出：一是把主楼放在一个坡地的近高处，使它由于基地的原因而突出于其他房屋(图5-7-1a)；二是把镇长办公室与会议室这个主要的单元放在主楼基地的最高处使它们再突出于主楼的其他部分(图5-7-1b)。

在设计手法上，阿尔托的不要一目了然、要逐步发现在此得到了充分说明：人们沿着坡道直上时先看到的是处于白桦树丛中的主楼的一个侧面，一座两层高的，上为图书馆下为商店的单元。走近了才能看到那铺了草皮的，可达到主楼的台阶。当人们转身走到了台阶口，首先吸引他目光的是内有镇长办公室与镇会议室的主要单元与这个单元入口的花架(图5-7-1b，c)。于是人们拾级而上，到了上面，豁然开朗(图5-7-1d)：左面是一优雅地绿化了的内院，环绕内院的是只有一层高的各部门的办公室，右面是两层高的图书馆，面对台阶口的是含镇长办公室与镇会议室的主要单元。人们可以按着他的需要而选择他所要去的地方。这里还值得提起的是，进入主要单元的大门面对图书馆，它上面的花架使人感到它的存在而没有明显地正面看到。要进去还得转一个弯(图5-7-1d的右端)。镇会议室(图5-7-1e)的内墙也是红砖的，上面形式独特的木屋架既是结构也是装饰。

珊纳特赛罗镇中心的巧妙利用地形，布局上的使人逐步发现、尺度上的与人体配合、对传统材料砖和木的创造性运用以及它同周围自然环境的密切配合——不像欧洲一般现代建筑派经验那样，在对比中寻求相补，而是在同一中寻求融合——说明了北欧的人情化与地域性的特点。

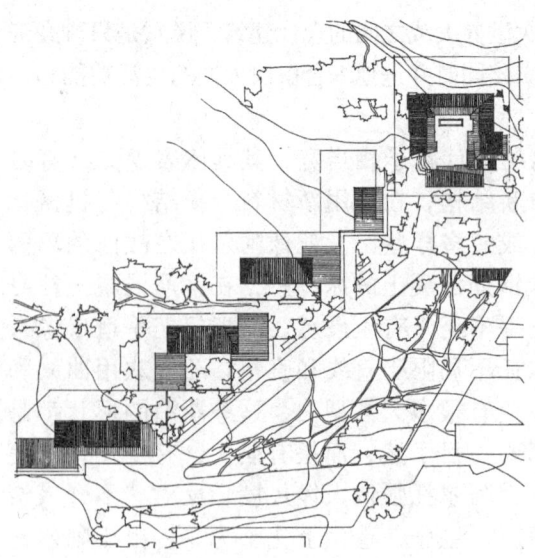

(a)镇中心总平面，图右上角为主楼

(b)引入主楼的台阶

(d)环绕主楼内院的各部办公室

(c)进入主要单元(镇长办公室与镇会议室)的入口

(e)会议室内支撑屋顶的木构架

图 5-7-1　珊纳特赛罗镇中心主楼

**卡雷住宅**(Maison Carre，巴黎近郊，1956~1959年，图 5-7-2)的设计原则同珊纳特赛罗的镇中心相仿，只是没有采用红色砖墙，而是又回到他早期所倾向的白粉墙上。它的内部空间组合复杂，使人莫测；给人以层层次次的好像在不断增生着的感觉。入口门廊上的木柱（图 $b$）是阿尔托长期以来要使构件形式因其结构与构造的不同而显得多样化的尝试之一。

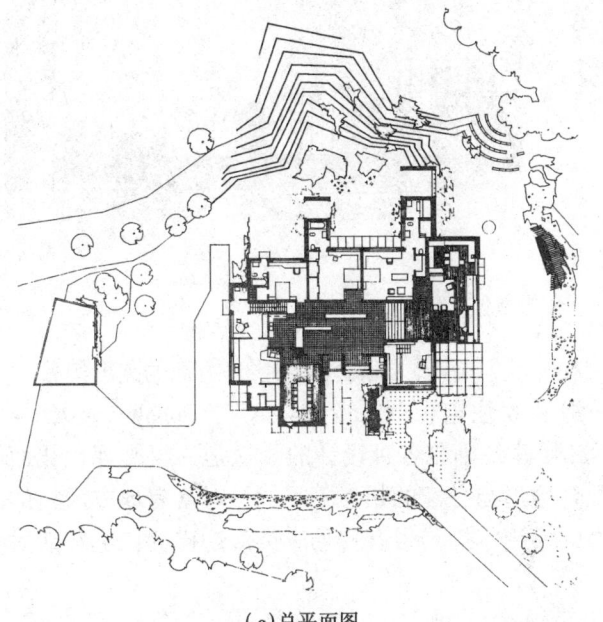

($a$)总平面图

($b$)入口门廊上的木柱

($c$)外观

图 5-7-2　卡雷住宅

**沃尔夫斯堡文化中心**（Wolfsburg Cultural Center，1959~1962 年，奥地利，图 5-7-3）的基地不大而内容丰富。对于这样的任务可以有不同的解决办法；阿尔托的处理是情愿建筑铺满基地而屋高却只有两层。为了使这个不得不连成一片的房屋不致有庞然大物之感，阿尔托采用了化整为零的方法，把会堂与几个讲堂一个个直截了当地暴露了出来，其形式不仅反映着其内容，并富于节奏感。

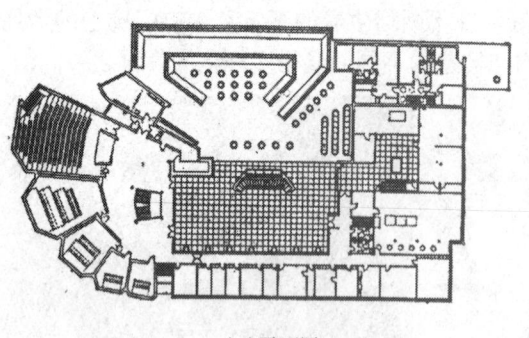
(a)平面图

(b)外观

图 5-7-3 沃尔夫斯堡文化中心

阿尔托不过是北欧的主要代表,事实上在丹麦、瑞典、挪威均有不少这方面的杰出作品。

丹麦建于哥本哈根附近**苏赫姆的一组联立住宅**("Chain House", Soholm, 1950~1955年,图 5-7-4),是由丹麦杰出的第二代建筑师雅各森设计的。这是一组既现代化而又乡土风味浓厚的住宅。其布局上的配合地形与各家的相互不干扰,对富有地方风格的黄砖墙与单坡屋顶的细致处理和在尺度上的恰当掌握均很有特色。类似这样的住宅在战后的北欧与英国的新卫星城镇中常有出现。

瑞典在**拉普兰的体育旅馆**(Sports Hotel, Borgafjall, Lappland, 1948~1950年,图 5-7-5)是一座宛如天生地偎依在它的自然环境中的建筑。它的大胆和独特的轮廓,道地的乡土风味和对地方材料与结构的巧妙运用使它一直被认为是北欧有机建筑中的典范。这座旅馆在冬天的时候是拉普兰南部的

(a)沿街外观

(b)面对花园的外观

图 5-7-4 苏赫姆的联立住宅

滑雪中心。在这里每年有 8 个月是积雪的;在夏天的时候是钓鱼与徒步远足的基地。建筑师厄斯金是一位有才华的现代建筑派的第二代建筑师。他具有北欧建筑师一般所共有的特点:明确社会对他的要求,善于处理建筑中的技术和经济问题,能够适时适地地采取适当的方法。在这里,设计的特点是努力使房屋同自然融合。

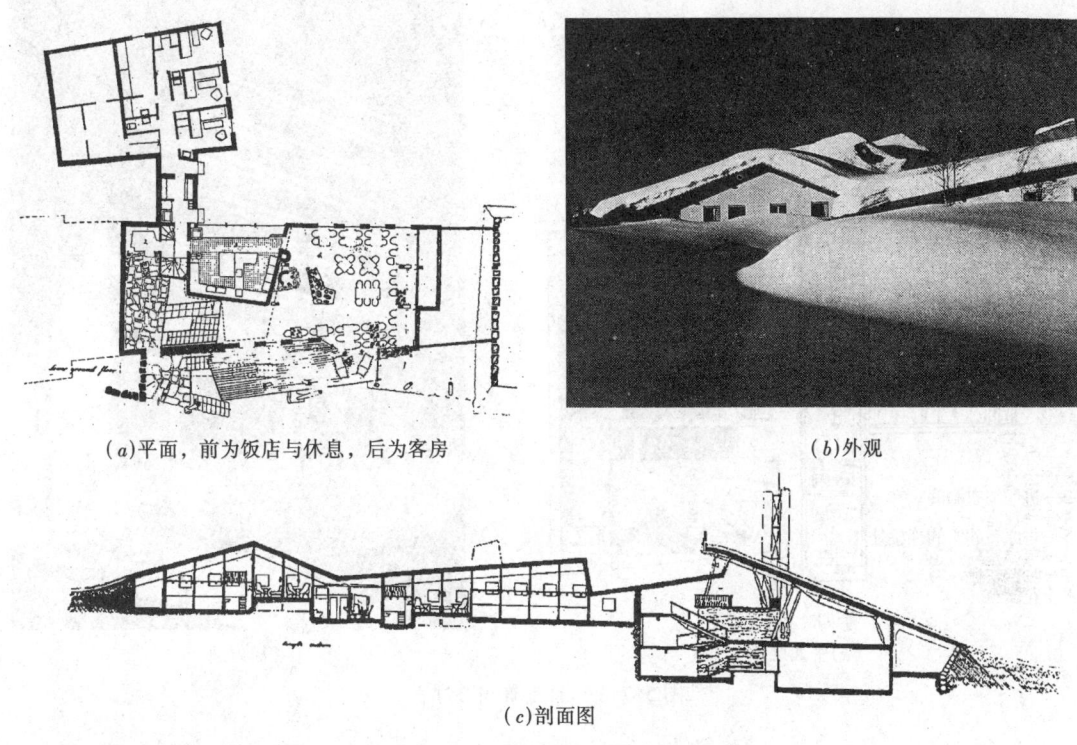

(a)平面，前为饭店与休息，后为客房　　(b)外观

(c)剖面图

图 5-7-5　瑞典拉普兰体育旅馆

旅馆主要分为两大部分，前面是对外营业的饭店与休息厅，后面是可供 70~80 位旅客住宿的客房。基本材料是木，因为木对于保温和这座旅馆所需要产生的形式是一致的，而且还是当地最方便易取的材料。厨房部分为了防火用的是砖石。室内的家具与陈设都是厄斯金自己设计的，虽然显得比较复杂与琐碎，却使人联想到山区的农居。

地域性自 20 世纪 50 年代末在日本也很流行。当时日本的经济已经恢复并正在赶超西方而大有起色，建筑活动十分频繁。以丹下健三为代表的一些年轻建筑师对于创造具有日本特色的现代建筑很感兴趣。丹下健三本人也在他设计的县政府新办公楼中进行了不少尝试。对于地域性，丹下说："现在所谓的地域性往往不过是装饰地运用一些传统构件而已，这样的地域性是向后看的……，同样地传统性亦然。据我想来，传统是可以通过对自身的缺点进行挑战和对其内在的连续统一性进行追踪而发展起来的"。❶这说明丹下认为地域性包括传统性，而传统性是既有传统又有发展的。

**日本的香川县厅舍**(1958 年，图 5-7-6)和仓敷县厅舍(图 5-3-7)可谓他在这方面的代表；虽然有人因他把钢筋混凝土墙面与构件处理得比较粗重而把它们称为粗野主义，但这种说法是可以理解的，因为勒·柯比西埃当时对日本中青年建筑师的影响很大。但如仔细观察，从厅舍外廊露明的钢筋混凝土梁头、各层阳台栏板的形式与比例等等，可以看到这两幢房屋从规划以至细部处理都散发着日本传统建筑的气息。

---

❶ 转摘自《Modern Movements in Architecture》—J. Jencks, 1973, 第 322 页。

第五章 战后40~70年代的建筑思潮——现代建筑派的普及与发展

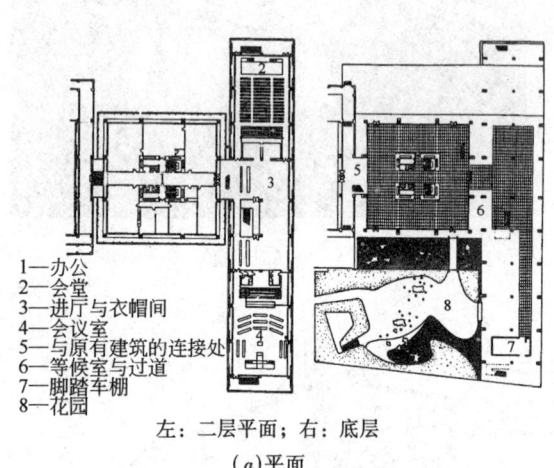

1—办公
2—会堂
3—进厅与衣帽间
4—会议室
5—与原有建筑的连接处
6—等候室与过道
7—脚踏车棚
8—花园

左：二层平面；右：底层

(a)平面  (b)外观

图 5-7-6 日本香川县厅舍

## 第八节 第三世界国家对地域性与现代性结合的探索

战后不少第三世界国家在将现代性与地域性结合起来方面做出了不少成绩。这同这些曾经长期处于帝国主义或外族统治之下的国家在争取到了独立之后，民族意识高涨与经济上升有关。例如东南亚的菲律宾、泰国（原本就是独立国，但战后经济有了长足的进步）、马来西亚、新加坡等；南亚的印度、斯里兰卡、孟加拉、巴基斯坦等；非洲北部的埃及与中部、南部的尼日利亚、莫桑比克、南非等和中东的以色列、土耳其、伊朗、伊拉克等。这些国家覆盖面很广，各国的政治、民族、宗教、文化、社会生活与经济发展差异很大，建筑发展的背景又迥然不同，很难予以全面叙述。现在只能把它们在现代性与地域性结合的尝试方面作简单的介绍。

这些国家除了少数中东国家早在第一次世界大战后便争取到了独立之外，多数国家都是第二次世界大战后才建立起来的。由于西方的政治与文化统治，它们大多经历过19世纪至20世纪初的西方复古主义与折衷主义，有些还经历了20世纪30年代所谓的新传统主义。例如英国人在印度新都新德里的政府建筑群就是在西方折衷主义构图中掺杂有印度民族主义词汇。当时的建筑师几乎全部为西方人，建筑类型以官方建筑为主，然而大量的民居与部分宗教建筑，如寺庙、清真寺等则保留了明显的乡土特色。

对现代性与地域性结合的探索始于20世纪50年代中期。这固然同这些国家在建国后民族意识高涨与经济上升有关；同时一批在西方先进工业国学成回国的本国建筑师，面对国家大量出现的，需要适应现代生活要求的诸如体育场、学校、医院、商业建筑、剧场、办公楼等任务，也迫切需要寻求一条既要符合生活实际又要在建筑形式上具有不同于以往、不同于他人的可识别性道路。当时在建筑风格上存在着是走西方的现代化还是走民族主义道路的争论。这些

290

## 第八节　第三世界国家对地域性与现代性结合的探索

建筑师经过对过去与现代、外国与本国的比较后认定了要走现代性与地域性结合的道路。勒·柯比西埃在印度昌迪加尔的行政中心建筑群对那些年轻建筑师启发很大，并坚定了他们要走自己道路的信心。何况当时不少国家的领导人也倾向于建筑现代化。例如勒·柯比西埃就是应尼赫鲁本人之邀到昌迪加尔主持该城的规划与设计工作的。尼赫鲁认为勒·柯比西埃的带有世界大同意识的社会观念和理性的建筑思想符合他对印度所抱有的雄心壮志和所设想的印度形象[1]。在印度尼西亚的苏加诺时期(1957~1965年)，现代建筑被看作是力量和现代性的象征而毫无异议地被引入；现代运动内在的排斥旧秩序的意识也被认为是适合民族独立潮流的；许多现代化的大型建筑、重要的国家级纪念性建筑同高速公路并肩地进行。这种情况在苏加诺下台后仍然继续着[2]。此外，60年代，当许多中东国家忽然由穷国跃至举世瞩目的石油输出富国后，大量先进工业国的著名建筑师云集中东，且不说大师级的勒·柯比西埃和格罗皮厄斯(图5-8-1)等人，更多的是第二代与第三代的现代建筑师，他们的作品有的直接搬用西方经验，也有的自觉地参加到探索现代性与当地地域性结合的行列中。在当时的探索中，一些本国的青年与中青年建筑师显得最为积极。他们努力发掘与接受以当地为基础的本土文化，并且认为：这些土生土长的文化不会在几百年来的比它强大与富于侵略性的外来文化之下被作为自然屈从者而被抛弃；事实上，这种文化已经证明了自己在长期的对立和压迫下的灵活性和生存能力[3]。

(a)勒·柯比西埃在巴格达设计的萨达姆·侯赛因体育馆(1956~1980年)是该市当时计划要建的一个庞大的体育建筑群中之一

(b)格罗皮厄斯与TAC在巴格达设计的巴格达大学(1958~1970年)。图为20世纪60年代中期提出的总体模型

(c)Candilis, Woods 和 Bodinsky 在卡萨布兰卡设计的一座适应北非气候与当地生活方式的公寓(1952~1954年)

图5-8-1　勒·柯比西埃和格罗皮厄斯等人为第三世界国家设计的作品

---

[1]　见"南亚建筑文化的多元化特征"，《建筑学报》2000/5，P.64，张祖刚。
[2]　见《20世纪世界建筑精品集锦》第10卷，"从无处到有处到更远"第9页，林少伟著，张钦楠译。
[3]　见《20世纪世界建筑精品集锦》第10卷，"从无处到有处到更远"第7页，林少伟著，张钦楠译。

他们以自身的条件来审视现实,从本国的角度来重新阐释本土文化的内在力量、复杂性与个性,同时要分享当代世界的现代性。下面将举例以说明之。应该注意到的是,下面所提到的建筑师大多有很多其他的作品,这里提及的只是他们与地域性有关的方面。

探索首先从充分利用地域文化来满足现代生活要求开始。

埃及建筑师法赛(Hassan Fathy 1900~1989年)为了要为穷人解决住宅问题,长期献身于运用本土最廉价的材料与最简便的结构方法(日晒砖筒形栱)来建筑大量性住宅的实践与研究。他为此制定了既适合生活同时也是最经济的尺度,改良其结构与施工方法,对之进行标准化,并在组合中对隔热、通风、遮阳等等作了周密的考虑与妥善的安排。早在20世纪40年代他便成功地在埃及卢克苏尔附近建造了**新古尔那村**(Village of New Gournia, 1945~1948年)。60年代他又在政府的支持下在哈尔加绿洲处建了**新巴里斯城**(New Bariz, Oasi di kharga, 1964年始,图5-8-2)。新巴里斯城规模很大,由6座卫星城组成,是埃及大规模治沙定居计划的重要项目之一。居民住宅布局为了适应当地的恶劣气候条件,通过狭小的内院来组织居住空间,住宅之间以迂回曲折的弄堂相联系(图5-8-2b)。此外,在市场处还建了土法的垂直通风塔,以利通风与降温。新巴里斯城1967年因中东战争而停工,工地至今仍是原来的样子(图5-8-2a)。

 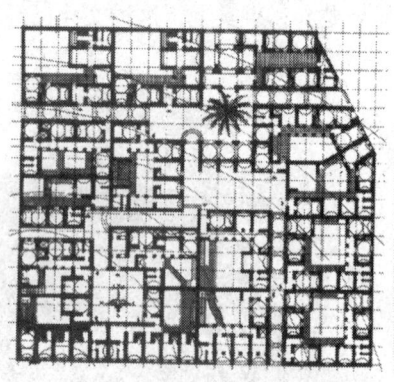

(a)城市市场工地　　　　　　　　　　　(b)居民住宅底层平面

图 5-8-2　新巴里斯城

法赛的建筑显然具有强烈的乡土性。但这里的乡土性并非出于浪漫的怀旧或别致的形象。而是由于社会现实的需要而明智地将传统与乡土性向现代延伸。图5-8-3是法赛在沙特阿拉伯的学生A. 瓦赫德—厄—瓦基尔(Abdel Wahed-El-Wakil)在吉达设计的**苏里曼王宫**。

图 5-8-3　在沙特阿拉伯吉达的苏里曼王宫

第八节 第三世界国家对地域性与现代性结合的探索

(a) 从庭院看起居室

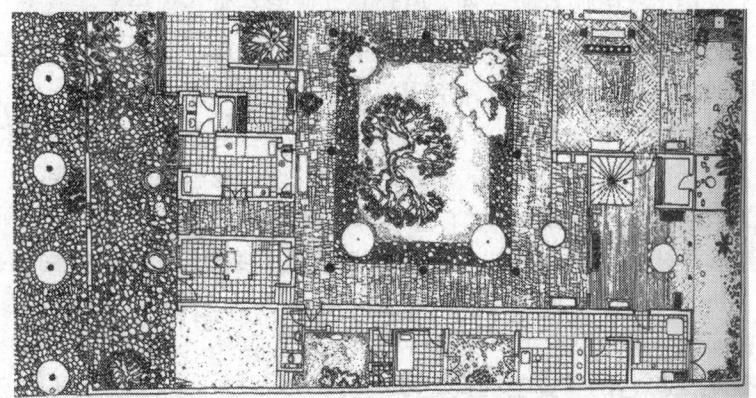
(b) 底层平面

(c) 屋顶

图 5-8-4 依那地席尔瓦住宅

泰国建筑师、理论家朱姆赛依(S. Jumsai, 1939年生)在西方学成回国后才强烈地感到了东西方文化的对比,并重新体会到泰国本土文化的魅力。他把这些区别总结为:"广义地说,地球上只有两种文明,一种本能地以受拉材料为基础,另一种则以受压材料为基础。前者产生于与水有关的技能和求生本能,在需要时可在最少的辎重下流动"❶。他并且感慨地把东南亚的文明称为水生文明(Water based Civilization)。的确,东南亚与南亚的早期居民均沿水而居。建筑大多为木或其他植物杆结构。结构构件轻而小,长期的改进不仅使材料性能得到充分发挥并且结构合理,构造逻辑性强并富有韵律感。由于当地气候炎热潮湿,遮阳与通风成为了建筑的关键因素。窗户大多为成片的漏窗,有时在墙与屋顶挑檐之间还要留出可供通风的间隙;屋顶上面还设有利于热空气上升外逸的气窗。这种凸出于屋面的气窗使光线从侧面进入,既有利于散热与通风又不至于阳光直接射入。

斯里兰卡建筑师G. 巴瓦(Geoffrey Bawa, 1919年生)设计的**依那地席尔瓦住宅**(Ena De Silva House, Golombo, Sri Lanka, 1962年建成, 图5-8-4)是其中一个优秀而典型的实例。它引伸了几乎上述传统住宅所有的特点,但却是一座完全符合现代生活要求与生活情趣的住宅。特别是他一方面使居室环绕一个较大的中央内院布局,同时又在有些居室旁设置了自用的较为私密的小内院,室内与室外空间相互穿插,并时而打成一片。此外,他在室内外环境的铺地上也考虑得十分细致,有些地方粗犷、有些地方精致、有些显得古朴、有些则自然得宛若天生。这种以现代的方式来表达传统的设计意志和态度体现了巴瓦所说的:"虽然历史给了很多教导,但对于现在该做些什么却没有作出全部回答"❷。

马来西亚建筑师林倬生(Jimmy Cheok Siang Lim)的**瓦联住宅**(Walian House, 又音译华联住宅, 吉隆坡, 1982年设计, 1983~1984年建成, 图5-8-5)与依那地席尔瓦住宅异曲同工。但它除了在通风与遮阳上充分引用了传统民居的特色外, 还在水的方面用功夫, 故又被称为"风水住宅"。它的中庭空间高达50英尺(15m), 上有屋顶3层外还有上凸的气窗, 不仅前后通风, 并能左右通风。深深的挑檐使人生活在通风良好、没有日晒的宜人环

(a)鸟瞰图　　　　　　　　　　(b)中庭剖面

图5-8-5　瓦联住宅

---

❶ 见《20世纪世界建筑精品集锦》第10卷,"从无处到有处到更远",第7页,林少伟著,张钦楠译。

❷ 转摘自《Contemporary Vernacular》—William Lim, Tan Hock Beng, 1998, 第87页。

第八节 第三世界国家对地域性与现代性结合的探索

境中。部分中庭筑在水池上面。水池分为两部,水面略高的是游泳池,池水经过一片斜墙像瀑布似地泻到下面的水池中。房屋的木结构不用说,十分精巧。瓦联住宅代表了当时已开始流行的极有乡土情趣的现代建筑。这种风格特别受到旅游饭店所欢迎。例如印度尼西亚的旅游胜地巴厘岛的高级旅馆大多是上有风、下有水的木结构,它们为了吸引顾客从建筑细部以至环境都做得十分精致(图5-8-6)。

受世界公认、并曾获得多个国家建筑金奖的印度建筑师柯里亚(Charles Mark Correa, 1930年生)设计了许多具有深刻地域文化内涵的现代建筑。**国家工艺美术馆**(National Crafts Museum, Delhi, India, 1975～1990年,图5-8-7)是他较为早期的作品之一。这里系统地展出了印度历史上各个方面的约2万5千余项从乡村工艺、庙宇工艺以至杜尔巴(durbar—宫廷)工艺的展品。展馆造得十分原真,从地坪、梁柱,檐口以至墙体、门窗、漏窗无一不是按照当时、当地及特定的类型与级别来制作的。在规划与设计上特别值得提起的是整个建筑群不是以一幢幢展馆为中心,而是以一系列的由房屋所包围着的"露天空间"(open-to-sky spaces—内院)为中心的。围合于内院周围的建筑立面本身也是展品,其艺术形象与该内院要求展出的内容完全一致。至于其内部设计与规模则视展出要求而定,比较自由。这是柯里亚从自己身历那些处于印度庙宇之间的内院或通道时得到的灵感:一个从神圣的露天空间走向另一个神圣的中心的移动,这个移动的本身就是一段重要的礼仪性历程❶。无疑地,国家工艺美术馆是一感染力很强的作品。近年来美术馆在展出内容的不断增加中,发现这样的布局还有利于美术馆在建筑上的扩建。应该注意的是,柯里亚在处理传统与现代化中有一个十分明确的理念,这就是他尊重历史文化,但坚决反对抄袭

(a)泰国建筑师布纳格(Duangrit Bunnag)为巴厘岛一个高级旅馆设计的中庭

(b)新加坡建筑师K.希尔(Kerry Hill)为巴厘岛设计的一个高级旅馆的客房区。图左边远处是大海

图5-8-6 巴厘岛高级旅游旅馆的地域性表现

---

❶ 转摘自《Contemporary Vernacular》—William Lim, Tan Hock Beug, 1998,第46页。

295

(a) 在这里建筑与工艺产品天衣无缝地结合在一起

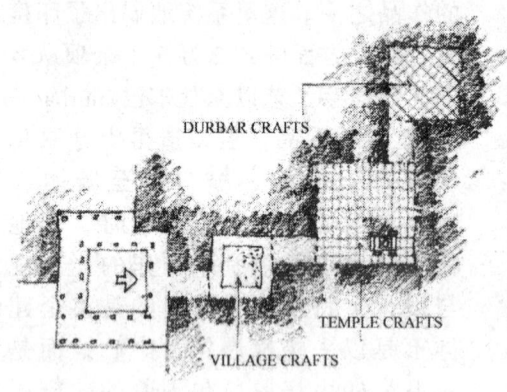

(b) 以一系列的"露天空间"形成不同性质展区的概念性草图

(c) 美术馆的展品成为全印度工艺美术工作者的参考对象

图 5-8-7　国家工艺美术馆

与"转移"(transfer)。他认为应该发掘历史上深层的、神话似的价值(mythic values)，使之"转化"(transform)为今日之用；就是说只有在充分理解古代图像中的含义与原理后，按当代的需要对它进行重新阐释才能获得受人尊重的作品。柯里亚这种对印度古代文化的转化在他后来的许多作品中得到更为充分的体现。

日晒砖与木结构固然在阐述地域文化上有它的优势与独特效果。但当代城市生活对建筑在数量与规模上的需求却是它们所难以承担的。因而人们不得不寻求新的材料与结构方法来适应新的要求。

S. H. 埃尔旦(Sedad Hakki Elden，1908~1987年)是土耳其在探求民族传统与现代结合中最有影响的建筑师。他从50年代初创造带有现代特色、然而富于乡土性的住宅中崛起，以至成为60年代土耳其的第二次民族建筑运动——追求"现代阿拉伯性"——的带头人之一。埃尔旦主张继承的不是王宫与清真寺特色，而是土耳其民居中有深挑檐的屋顶、厚实的底层直条形窗与模数化了的木结构特征；但是，要用现代的方法——钢筋混凝土框架结构与填充墙——表现出来。须知，中东地区的气候干热，在这里遮阳与隔热成为关键因素。因而埃尔旦的建议既符合了当地建筑的形式特点，也符合气候的要求。他的代表性作品很多，在伊斯坦布尔的社会保障大楼(Social Security Complex, Zeyrek, Istanbul,

第八节 第三世界国家对地域性与现代性结合的探索

(a)从东面看建筑群全貌

(b)挑檐和窗的细部

图 5-8-8　社会保障大楼

Turkey, 1963~1968 年，图 5-8-8)被认为是土耳其"具有文脉的建筑中最优秀的先例之一。它那富于变化的形式，它的尺度，节奏以及它的比例都得自它的外观，也来自于功能和内部空间的布局"❶。

在探索土耳其的新地域性建筑中，有与埃尔旦齐名的 T. 坎塞浮(Turgut Cansever 1921 年生)。他的作品虽然不多，但富于哲理性。他与 E. 叶纳(Ertur Yener)共同设计了在安卡拉的**土耳其历史学会大楼**(Turkish Historical Society, Ankara, Turkey, 1959~1966 年，图 5-8-9)。坎塞浮的设计目的是"使其与这一地区的文化和技术相匹配，同时与当时盛行的国际式建筑倾向相抗衡……要实现用当代的语言来表现伊斯兰的内向性和统一性的理想"❷。房屋采用钢筋混凝土框架结构，在填充砖墙的外表贴以安卡拉红石面饰。屋内有一个三层楼高的中庭，上覆以玻璃窗。房间环绕中庭而布置，交通也在中庭四周。在太阳晒得到的中庭墙面上装有可以启闭的土耳其传统构图的橡木透风花屏，以便通风与遮阳。须知玻璃顶中庭在当时尚是新鲜事物，而木制的透风花屏又富于地域性，故此建筑深受业主与其他建筑师赞扬。

伊拉克是 20 世纪 50 年代中东地区以石油而致富中最为突出的国家。当时西方建筑师云集中东，其中有不少就在伊拉克；因此现代建筑比较活跃。1958 年七月革命之后，民族主义情绪高涨，要求复兴地域文化的热情大大地影响了建筑。当时有两位建筑师被认为是最杰出的，这就是 M. 马基亚(Mohamed Makiy, 1917 年生)和 R. 查迪吉(Rifat Chadirji,

---

❶ 《20 世纪世界建筑精品集锦》第 5 卷，H-U·汗主编，李德华译，第 117 页。
❷ 《20 世纪世界建筑精品集锦》第 5 卷，H-U·汗主编，李德华译，第 99 页。

(a) 建筑外观　　　　　　　　　　　　　　　(b) 中庭与朝阳墙面上的透风花屏

图 5-8-9　土耳其历史学会大楼

(a) 从西面看胡拉法清真寺全貌　　　　　　(b) 对传统的拱券与拱廊作现代的阐释

图 5-8-10　胡拉法清真寺

1926 年生）。稍后又有第三位 H. 莫尼尔（Hisham Munir，1930 年生）。他们的作品与设计思想被认为反映了现代阿拉伯的品质。马基亚以设计和建造大型清真寺而闻名。他所负责的项目大多规模很大，为了使清真寺在继承文脉和新的建造方法中取得一致而费了很多心思。其中包括对传统的拱、券与拱廊在尺度与构图上作重新的阐释，并且在材料与结构中，既用了砖、石、钢筋混凝土，还局部地采用了钢结构等等。图 5-8-10 是建于巴格达一个源于 9 世纪的历史场址上、并有一座 13 世纪遗留下来的密那楼（又称邦克楼）旁的**胡拉法清真寺**（Al Khulafa Mosque, Baghdad, Iraq, 1961～1963 年）。由 R. 查迪吉与伊拉克咨询公司共同设计的**烟草专卖公司总部**（Tobacco Monopoly Headquarters, Baghdad, lraq, 1965～1967 年，图 5-8-11）标志着伊拉克建筑"进入一个新的表现主义时期"[1]。查迪吉提倡地域的国际主义建筑，认为建筑必须表现材料特

---

[1]《20 世纪世界建筑精品集锦》第 5 卷，H-U·汗主编，李德华译，第 121 页。

性，体现社会需要和现代技术。该建筑形象受伊拉克建于 8 世纪的乌海迪尔宫（Palace of Ukhaider）启发，外形为一个个垂直的砖砌圆柱体，其间点缀着垂直与狭长的券形窗。这座建筑对中东 60 至 70 年代的建筑创作很有影响。H. 莫尼尔的**巴格达市市长办公楼**（Mayor's Office, Baghdad, Iraq, 1975～1983 年，图 5-8-12）是一座位于城市中心区、前有广场和十分气派的 8 层高大楼。它从细部乃至环境都经过精心设计：钢筋混凝土结构，但同时采用当地的传统材料——砖与彩色釉面砖——做局部的结构与装饰；在设计中充分采用当地的各种建筑元素，如中央庭院大片的伊拉克式透风花屏、砖砌尖拱与几何图案的木装修等等。顶部向外挑出的是市长办公室与专用的庭院，院内有传统式的喷泉，此外还有餐厅与饭堂等等。市长办公楼与莫尼尔其他的作品一样，到处闪烁着设计人对融合传统要素与现代要求的关注。

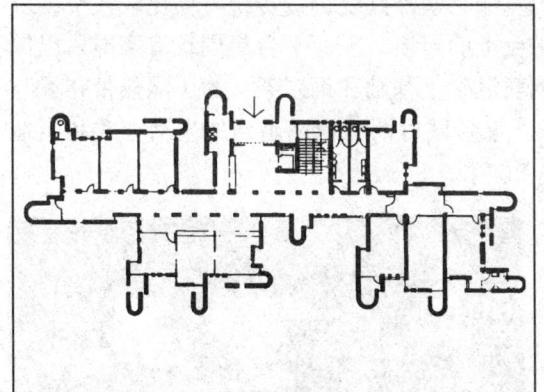
(a) 建筑平面图

(b) 局部外观

图 5-8-11　烟草专卖公司总部大楼

图 5-8-12　巴格达市市长办公楼

在伊朗可以看到同样的受地域性启发的现代建筑。石油的收益使国家启动了一系列的建设新城和建造住房的计划。从20世纪50年代至80年代,由营造商经营的"建造——出售"事业十分兴旺,成果良莠不齐。

伊朗在此期间最杰出的建筑师是迪巴(Kamran Diba, 1937年生)和阿达兰(Nadar Ardalan, 1939年生)。迪巴以住房与社区建筑为主,值得提起的是由他主持的、在胡齐斯坦省的**舒什塔尔新城**(Shushtar New Town, Khuzestan, Iran, 1974~1980年,图5-8-13)。这是一个规模很大的、由附近一个蔗糖厂为了安置它的雇员而建的新城,规划居民4万人。其内除了有大量住房外,还有公园、广场、林荫道、柱廊、清真寺、学校等等,但原计划要建的供市民文化生活与交往用的公共建筑则因70年代末的政治变革而没有建。布局采用了传统的内向形式,并特别注意到中东干热地带不同季节的风向与避免烈日直射等等自然因素。其中公共空间比较宽敞;住宅则室内宽舒、室外庭院仍按传统习惯比较狭窄,以形成阴影。当地人晚上有睡在内院中或屋顶平台上的习惯,因而平台周围筑有矮屏风以保证私密性。住宅采用当地生产的砖墙承重,钢筋混凝土基础和钢屋架,为了隔热带在梁与梁之间架设浅弧形的砖砌筒形拱,跨度为4m。该新城可谓"把满足当地生活方式和当地建筑与工业发展的现代需要完美地结合起来"❶。

(a)标准街道

(b)住宅:庭院与屋顶

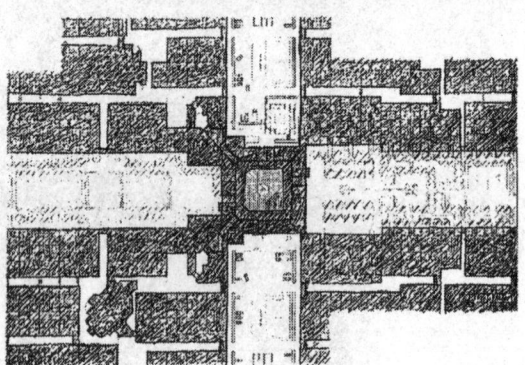

(c)小区部分总平面

图5-8-13 伊朗舒什塔尔新城

---

❶ 《20世纪世界建筑精品集锦》第5卷,H-U·汗主编,李德华译,第153页。

第八节 第三世界国家对地域性与现代性结合的探索

(a)从街上看美术馆的采光塔

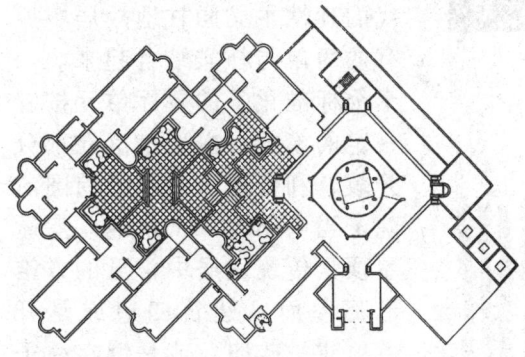

(b)总平面

(c)全景

图 5-8-14　德黑兰当代美术馆

**当代美术馆**(Museum of Contemporary Art, Tehran, 1967~1977年，图 5-8-14)是迪巴与阿达兰在伊朗深受西方建筑影响的时代(20世纪60与70年代巴列维王朝后期)共同设计的一座被认为是该时代标志的建筑。美术馆共有7个展廊，设计人巧妙和充分地利用基地，按着地形的坡度将房屋斜向地环绕着一个不规则的内院——雕塑庭院——而布局。建筑全部顶上采光，其形象由于有一个个水平与竖向的半筒拱状的采光筒而使人联想到L. 卡恩和塞特与此相仿时期的作品。其实这种半筒拱在伊朗并不陌生，因为伊朗传统建筑中用以捕捉风流的迎风塔有的也是这个样子的。自从80年代，伊朗由于政治变革而引起了文化变革，使美术馆在收藏与展出内容上有了很大的改变。

南亚与东南亚在探求以新的工业材料与结构方法来适应现代生活对建筑数量与质量要求的同时，还在保留其地域特色中做了许多工作。

这里要再提及印度建筑师 C. 柯里亚。上面提到过他的印度国家工艺美术馆。该馆的目的是要展出印度历史文化中的传统工艺，因而柯里亚一方面在规划与设计中表现了他的创造性，同时在选材与施工中则力求接近传统，以使展馆也成为一件杰出的工艺品。但柯里亚在他其他的作品中却一直在探求如何使新材料与新技术适应印度的现实生活需要与如何在风格上反映印度性。这是他自1956年在国外学习与工作了10年后，一方面带着明显的西方现代建筑倾向回国，另一方面却在东西方文化的强烈对比中，对印度本土建筑比较灵活的空间布局、不同材料的敏感运用和低造价越来越感兴趣的结果。于是在不断探索中逐渐形成了他以印度本土建筑经验为依据的既现代又地域的风格。

**甘地纪念馆**(Gandi Smarak Sangrahalaya,

第五章 战后40~70年代的建筑思潮——现代建筑派的普及与发展

(a) 给炎热的艾哈万达巴德带来清凉的水池

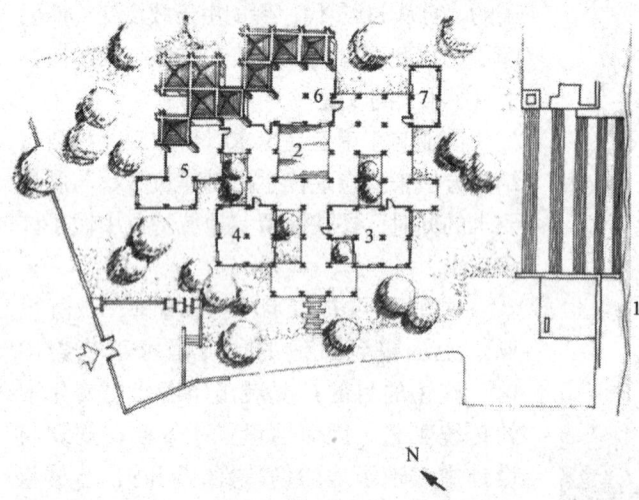

(b) 总平面
1—河流；2—水池；3—办公；4~6—展馆；7—会议室

(c) 从室内通过院子看到对面。有的展馆在柱子之间镶有大片木制百叶墙

图5-8-15 甘地纪念馆

Ahmedabad, India, 1958~1963年，图5-8-15)是他最早引起人们注意的作品，也是印度本土建筑师最先在公共建筑中体现现代地域性的作品。展览馆是甘地故居的引伸，由于圣雄甘地是在这里开始他的历史性光辉历程的，这里以展出甘地的信件、照片、反映自由运动历史的文件和宣传甘地的思想为主。建筑设计巧妙地把西方现代的理性主义同甘地故居中原有的简单与朴实结合起来。一个个标准化了的展厅单元按着一定的模数自由地坐落在部分开敞、利于通风的院子周围。院子当中还有一个水池。房屋屋顶是传统民居中常见的方锥形瓦屋面，建筑四边或是开敞，或是砖墙，或是镶在柱子之间的可拉动的大片木制百叶墙。建筑为混凝土梁柱结构，处于单元之间的混凝土槽形梁既是屋梁也是雨水槽。这样的布局与结构均有利于纪念馆日后的扩建。事实上纪念馆设计的时候是同西方后来受到尊重的阿姆斯特丹的儿童之家同时期的。只是儿童之家比甘地纪念馆较早建成而已。可见柯里亚在创作中的创造性，何况这里还充分反映了印度地域的自然要求与历史文化特点。建筑评论家的评语是"通过对历史精华的抽象应用，纪念馆体现出一种与历史相联系的当代建筑的力量。建筑中隐含的逻辑性、合理性表达出清晰、简洁

第八节　第三世界国家对地域性与现代性结合的探索

(a) 房屋转角的空中平台花园使建筑外观不寻常

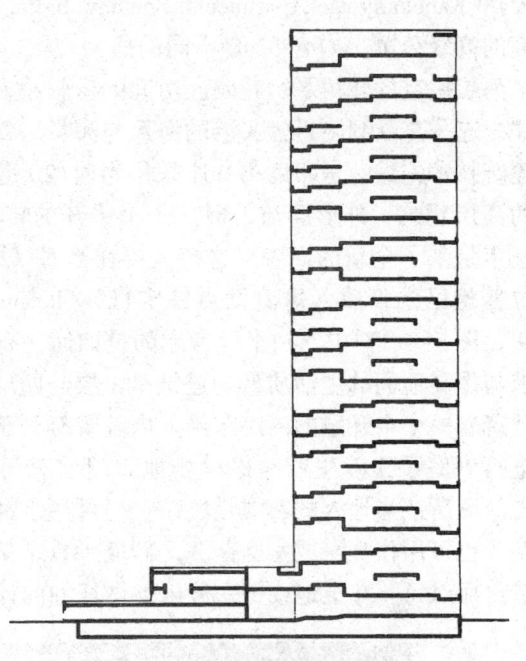
(b) 剖面设计显然受到勒·柯比西埃影响

(c) 在平台花园里

图 5-8-16　干城章嘉公寓

和优雅的气质——这正呼应着与其相邻的甘地故居的精神"[1]。

　　柯里亚认为对历史传统的运用应该是转化（transform）而不是转移（transfer），这一点不仅体现在这里，还以不同的着眼点与方式体现在他后来许多作品中。如在孟买的**干城章嘉**

---

[1] 《20世纪世界建筑精品集锦》第8卷，P.25，R. Mehrotra 著，申祖烈、刘铁毅译。

公寓(Kanchanjunga Apartments, Bombay, India, 1970~1983年，图5-8-16)。这是一座28层高的高级公寓，内含32套不同的房型(从3卧至6卧)。每户占两层或局部两层，并有一个两层挑空的转角平台花园。房间的窗较小，可免受日晒和季风雨的侵袭，但挑空平台使住户充分享受到附近孟买港的海风与海景。每户上层的房间还有小阳台向平台花园开敞。建筑技术先进，是印度第一座采用当时(20世纪70年代)属于先进的钢筋混凝土滑模技术的高层建筑。外形简洁，但一个个错开的转角平台打破了高层公寓常有的千篇一律，给城市带来了全新的面貌。这幢大楼在当时"既新潮，又有印度风格"❶。又如在**新孟买贝拉普地区的低收入家庭试点住宅**(Low Income Housing Scheme, Belapur, New Bombay, 1986年，图5-8-17)中，柯里亚考虑的是如何在有限的土地与最低的造价中适应他们的生活要求与提高他们的生活质量。建筑有1层与两层的，独门独户，每三四或四五户成为一组，环绕着一个半开敞的内院布局。内院既有利于周围住宅的通风，同时也为这些住户在门前进行家庭手工业生产时提供场地。门前有门廊，后面有阳台，以躲避烈日与季风雨的袭击。厕所按当地人的习惯是坑位，但可用水冲洗，并兼作洗澡间之用。旁边是有围墙的内院，也可用作洗澡或家庭杂务。砖墙承重，梁柱均为预制。设计与建造过程中常为了节约造价而对每一寸土地或每一分出檐做仔细的计算与推敲。

图5-8-17　新孟买贝拉普地区的低收入家庭试点住宅

B. 多西(Balkrishna Doshi, 1927年生)和R. 里瓦尔(Raj Rewal)是印度另外两位杰出的建筑师。多西是印度本国培养但深受西方影响的建筑师、城市规划师与建筑教育家。20世纪50年代初，当勒·柯比西埃在印度艾哈迈达巴德工作时他开始师从勒·柯比西埃，到50年代中期，成为勒·柯比西埃在昌迪加尔的高级助手。当时他还经常在勒·柯比西埃的巴黎事务所

---

❶　《20世纪世界建筑精品集锦》第8卷，P173，R. Mehrotra 著，申祖烈、刘铁毅译。

第八节 第三世界国家对地域性与现代性结合的探索

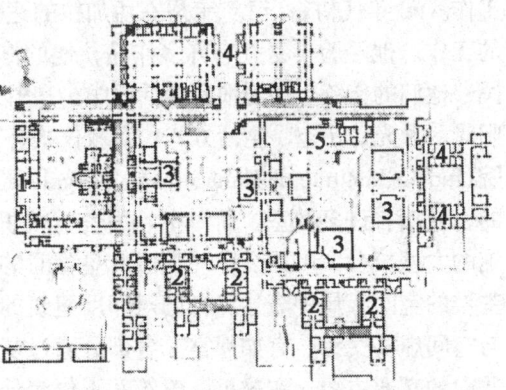

(b)学院主楼平面
1—行政办公；2—教员办公；3—教室；4—图书馆；
5—计算机中心

(a)校园一角。高高的石墙既具标志性又可使这里成为阴凉之处

(c)光线通过上面的遮阳板而落下，使廊具有戏剧性的效果

图 5-8-18　印度管理学院

(a)鸟瞰图

(b)环绕着一个小广场的一组住宅

图 5-8-19　第九届亚运会的亚运村

305

工作。60年代初，当 L. 卡恩在孟加拉的达卡主持首都建筑群时，他又协助 L. 卡恩在孟加拉的工作。他经验丰富并有许多作品，他的作品大多反映了他所说的："我试图去了解我的人民，他们的传统生活习惯和生活哲学……[1]以及那些把他们同环境联系起来的冷、热、风向、阳光、月光、星空、生活方式、宗教仪式、艺术、工艺……等等"[2]。**班加罗尔的印度管理学院**(Indian Institute of Management, Bangalore, India, 1977～1985年，图5-8-18)是一个国家级的、包括有许多教室、研讨室、宿舍、教职员住宅、图书馆、咖啡厅、休息厅和其他附属设施的大型校舍。多西受印北莫卧儿皇朝时的大清真寺与印南印度教的大寺庙的影响，在学院主楼的空间布局中表达出自己对印度建筑的理解。在这个复杂的相互连接的大建筑中，体积与空间虚实交错，有如迷宫。各部分通过复杂的走廊系统联系在一起，贯穿其中的是一条南北向的交通主线。在这里，建筑并不作为处于空间中的一个实体被欣赏，只有当人们行走于其中时，才能体会到空间的丰富以及各空间层叠交融的妙处。"这无论在建筑师自己的心目中，或是在次大陆地区，都被视为一个典范"[3]。

R. 里瓦尔与他的上述前辈一样，多年来一直在刻意寻找适宜于印度的建筑语言。他的探索主要是三个方面，一是关于地方材料，石、砖和混凝土的表现；二是莫卧儿王朝建筑风格形态与形式的形成；三是如何把自己从欧洲学到的经验融合到印度的建筑文脉中。他的创作基地是新德里，作品以文教建筑与居住建筑为主。他为1982年第九届亚运会设计的**亚运村**(Asian Game Village, New Delhi 1982年，图5-8-19)是他多个名作之一。亚运村是供大会运动员与来宾居住的小区，占地 14hm²，在设计时便考虑到大会之后可以作为面向社会高收入阶层的商品房。这里有 200 套独立住宅、500 套 2～4 层高的公寓，各套均有内院或露台。建筑形态以印度北部城市典型的称为 mohalla 的街坊为基本单元——既是组团式又相互连接成片，其中有街道、广场、公共活动场地等。区内除了中心广场外以步行为主，在小区周围设有停车场。住宅外墙采用水泥灰浆和砂石颗粒饰面，通过线条划分，看上去像天然砂石的石板墙，尺度与视感效果良好。大会之后，各组团之间装上门，调整了道路与内院，使之成为宜人的邻里单位。

孟加拉国的 M. 伊斯兰姆(Muzharul Islam)在20世纪50年代便已着手西方现代建筑同孟加拉地域特点结合的尝试。伊斯兰姆是该国一位资深建筑师，在达卡建有许多建筑。60年代初，由他出面邀请 L. 卡恩到达卡主持首都建筑群的设计时，他便表达了不仅要有地域的自然特征，还要有文化特征的愿望。他的代表作品之一，**达卡大学国家公共管理学院**(National Institute of Public Administration (NIPA) Builduig, University of Dhaka, Bangladesh, 1969年，图5-8-20)表明了他从适应气候特点出发同时也获得了传统特征的设计方法。学院建筑高3层，钢筋混凝土框架结构，砖填充墙，结构布局与构件清晰、整齐、施工精确。3层中，上面两层较下面两层向外突出，到顶部是悬挑很深的平顶。房屋周边留有较宽的回廊，有些公共的房间干脆没有墙，与回廊打成一片。这种像亭子似的，重视遮阳、通风与尽可能产生荫凉的建筑，从手法上说，源于南亚与东南亚的民居。当时在东南亚有与达卡大学国家公共管理学院异曲同工的**马来亚大学地质馆**(Geology Building, University of

---

[1][2]《Crntemporary Architects》Muriel Emanuel 主编，1980，第 211 页。
[3]《20世纪世界建筑精品集锦》第8卷，第8页，R. Mehrotra 著，申祖烈、刘铁毅译。

Malaya, Kuala Lumpur, 1964 年开始设计, 1968 年建成, 图 5-8-21)设计人是当时的马来亚建筑师事务所。该所由三位曾留学英国、后来活跃于新加坡的林苍吉、曾文辉、林少伟建筑师组成。地质馆除逐层挑出之外, 在屋顶上还装有利于下面通风的迎风管。

图 5-8-20　达卡大学国家公共管理学院

(a)外观

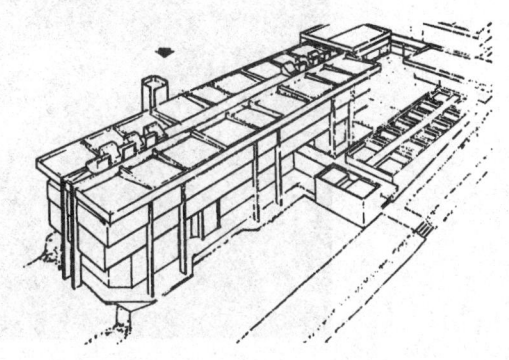

(b)鸟瞰

图 5-8-21　马来亚大学地质馆

东南亚传统住宅的屋顶总是深挑檐的四坡或两坡顶, 上铺草或木片瓦, 顶上常有侧窗或上凸的气窗通风。结构是地方的竹、木或其他植物杆。墙体常用席子或漏空的栅栏, 或局部开敞。在形象上, 由于柱子较细, 常给人以上重下轻的感觉。这种房屋在菲律宾称为 nipa, 在马来亚地区称为 Kampong。随着东南亚建筑方法的现代化, 钢筋混凝土与粘土砖、瓦代替了地方的原始材料, 但有些与生活有关的特色, 如墙体像屏风一样与在墙与屋檐之间留有空隙, 或墙面也要能透风等等被保留下来了。这使东南亚的民居建筑仍具有浓重的地域特色。在菲律宾曾多次获奖与被命名为国家艺术家的建筑师洛克辛(L. V. Locsin, 1928~1994 年)在努力寻找一种真正属于菲律宾的建筑表现时, 大胆并成功地把来自 nipa

图 5-8-22　菲律宾文化中心

(a) 鸟瞰

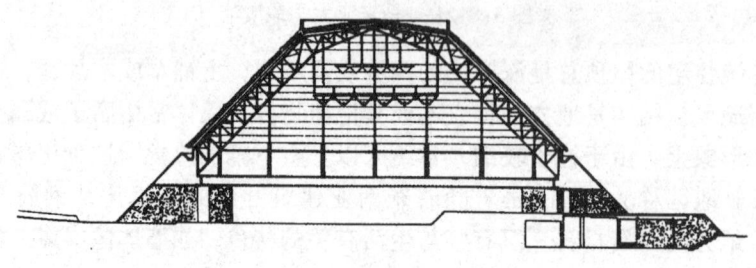

(b) 剖面

图 5-8-23　菲律宾国家艺术中心

的经验转化到大型的公共建筑中。1969年的**菲律宾文化中心**(图 5-8-22)与1976年的**菲律宾国家艺术中心**是菲律宾不到10年中两座引起国际瞩目的纪念碑。前者成为马尼拉市的一道城市景观;后者比前者更具现代地域性。菲律宾国家艺术中心(National Arts Center of the Philippines, Los Banos, Laguna, 1976年,图 5-8-23)是一个为了培育年轻有为艺术家而建的,包括剧场、村舍、俱乐部、小演出厅、交谊厅、餐厅以及一切与之有关的服务设施的建筑群。主体建筑是剧场,内最多时可设5000座位,位于风光景色十分美丽的拉古那湖畔。深挑檐的钢结构大屋顶,底层基本透空,由8个三角形的钢筋混凝土墩柱支撑着的上重下轻的建筑形象,使人一看便会联想到当地的nipa与在菲律宾山区中一种屋顶是方锥形的,下面的支撑是三角形的Hugao。建筑内部功能十分到位,装饰属于有传统特色的地域风格,且使用了地方材料。评论家认为,洛克辛的"卓越才能在于能用菲律宾的观点来继承国际风格,使他的作品发展了一种强有力的菲律宾认同性"❶。

新加坡郑庆顺(Tay Kheng Soon, Akitekt Tenggara Ⅱ设计事务所负责人,1940年生)设计的 **Chee Tong 道观**(Chee Tong Temple, 1987年,图 5-8-24)也有一个方锥形的大屋顶。但这个顶不仅上有凸出的通风塔,并且塔的比例造得有点像中国的密檐塔。塔是用镜子做的,为的是要把室外的日光折射到下面正殿的神坛上。Chee Tong 道观是新加坡华侨所建,设计人要它既有东南亚的地域特色,也要能使人联想到中国建筑。他保留了东南亚建筑底层透空的特色,但支撑的柱子比较粗,柱头逐步放大,以至有点像斗栱;此外,整个低层显得比较结实,尺寸也比上面大,因而它不像当地的 Kampong 那样头重脚轻,而是像中国传统建筑中的台基。郑庆顺的作品很多,从低收入家庭住宅至商业、文教、娱乐、旅游建筑等等。他认为亚洲国家一般来说比较穷,人们的生活大多在应有水平之下,为此,建筑设计必须具有经济意识,运用机智可以超越各种限制使之完善地结合,并产生意想不到的效果❷。从20世纪60年代始他就特别关心地域特点、气候与文化,他的作品语言从传统到高技均有。**新加坡技术教育学院**(Iustitute of Technical Education, Bisham, Singapore, 1993年,图 5-8-25)的教学楼是两座浅弧线形的4层大楼。建筑十分简单,朝内院方向的教室像

(a)外观　　　　　　　　　　(b)剖面

图 5-8-24　Chee Tong 寺

---

❶ 《20世纪世界建筑精品集》第10卷,P.89,Francisco Bobby Manosa 语。
❷ 《Contemporary Asian Architects》Hassan-Uddin khan 著,Taschen,1995,第6、57页。

传统教室那样，向着一出挑很深的外走廊开敞，教室另一外墙的外面则筑有一避免阳光与雨水入侵然而又诱风的长廊。这样的处理使传统的地域性具有了十分现代与功能的特点。

再有一位建筑师也是十分值得提起的，这便是马来西亚的杨经文(Ken Yeang, T. R. Hamzah and Yeang 事务所的两位负责人之一)。他对东南亚地域的"生物气候因素"(Bioclimatics)的研究与已建成的具有高技特点的实验性建筑已经引起了世界建筑界的重视。由于他比较年轻，他的作品大多是20世纪70年代至80年代初才问世的，故在第五章中介绍。

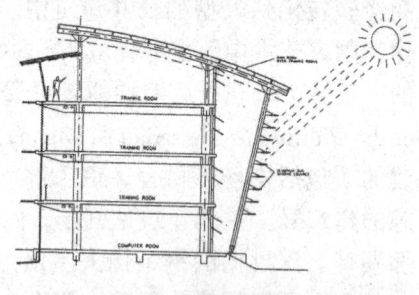

(a)教学楼剖面

## 第九节 讲求个性与象征的倾向

同讲求人情化与地域性接近而又不相同的是各种讲求个性与象征的倾向。它们开始活跃于20世纪50年代末，到60年代很盛行。其动机和上述倾向一样，是对两次世界大战之间的现代建筑在建筑风格上只允许抽象的、客观的共性的反抗，故常被称为多元论。

讲求个性与象征的倾向是要使房屋与场所都要具有不同于他人的个性和特征，其标准是要使人一见之后难以忘怀。为什么建筑必须具有个性呢？赖特说："既然有各种各样的人就应有与之相应的种种不同的房屋。这些房屋的区别就应该像人们之间的区别一

(b)教学楼外观

图5-8-25 新加坡技术教育学院

样"❶。这句话在处处要突出人与人之间的差别的商品社会中是很中听的。挪威的建筑历史与建筑评论家诺伯格·舒尔茨说，这是为了人们的精神需要，因为"建筑首先是精神上的蔽所，其次才是身躯的蔽所"❷。而英国的建筑历史与建筑评论家詹克斯(Charles Jencks)则似乎说到了它的本质：资本家为了推销他们的产品就要不断地改变其形式，即使内容基本一样的收音机与电视机亦然。可见讲求个性与象征的倾向是同偏重形式的建筑观、同突出个人的人生观、同商品推销与广告的经济效益(即把建筑作为商品、商业、业主与设计人的广告)有关的。不过虽然如此，由于人们对建筑的要求本来就是多种多样的，各个建筑又都附有自己的特殊任务与条件，而人们又从来都是不能满足于风格上的千篇一律与毫无特色的。因此，讲求个性与象征在我们现实生活中还是需要的，它可以使人们的生活更具情趣，更为丰富；问题在于具体问题具体分析。

---

❶ 《F. L. Wright on Architecture》第5页。
❷ 转摘自《Architectural Record》1976年3月刊第43页。

## 第九节 讲求个性与象征的倾向

讲求个性与象征的倾向常把建筑设计看作为是建筑师个人的一次精彩表演。战前曾认为建筑师应有改造社会任务的勒·柯比西埃，战后变为一个讲求个性与象征的先锋。他有一段话，很能说明问题："……一个生气勃勃的人，由于受到他人在各方面的探索与发明的鞭策，正在进行一场其技艺无论在均衡、机能、准确与功效上均是无与伦比和毫不松懈的杂技演出。在紧要关头时，每人都屏静气息地等待着，看他能否在一次惊险的跳跃后抓住悬挂着的绳梢。别人不晓得他每天为此而锻炼，也不晓得他宁可为此而抛弃了千万个无所事事的悠闲日子。最为重要的是，他能否达到他的目标——系在高架上的绳梢"❶。讲求个性与象征的倾向认为设计首先来自"灵感"，来自形式上的与众不同。被誉为"为后代人而开花"的，积极主张建筑要有强烈个性和能够明确象征的 L. 卡恩说："建筑师可以接受一个有所要求的关于空间的任务前，先要考虑灵感。他应自问：一样东西能使自己杰出于其他东西的关键在于什么？当他感到其中的区别时，他就同形式联系上了，形式启发了设计"❷。既然要与众不同，就必然会反对集体创作。小沙里宁说："伟大的建筑从来就是一个人的单独构思"❸，鲁道夫也说："建筑是不能共同设计的，要就是他的作品，要就是我的作品"❹。在设计方法上，赖特的一句话很有代表性，他说："我喜欢抓住一个想法，戏弄之，直至最后成为一个诗意的环境"❺。

讲求个性与象征的倾向在建筑形式上变化多端。究其手段，大致有三：运用几何形构图的；运用抽象的象征和运用具体的象征的。主张这种倾向的人并不把自己固定在某一种手段上，也不与他人结成派，只是各显神通地努力达到自己预期的效果。

在**运用几何形构图**中，战后的赖特可谓是一个代表。

赖特在战前的作品——流水别墅——曾巧妙地运用垂直向与水平向的参差使房屋同环境配合得很好。战后，他倾向于"抓住"某一种几何形体作为构图的母题，然后整幢房屋环绕着它发展。由于他的任务大多比较特殊，不少作品表现为对于形式十分讲究，对于功能与经济则很不在乎。因而不少人认为他已经步入形式主义了。英国建筑史与建筑评论家班纳姆（R. Banham）对于赖特自三十年代创造他所谓的有机建筑起，至 1959 年他逝世前的作品的评价是："最初的 20 年他做出了他整个业务生命中最好的作品，最后的 5 年则是一些任何老年人都能想象出来的最无稽的方案"❻。这个评语虽然比较苛刻但不是凭空而立的。

**古根海姆美术馆**（1941 年设计，1959 建成，见第三章第八节）是赖特所谓的抓住与戏弄某个想法的一个代表。在这里反复出现的是圆形与圆体。虽然它在功能上的一个方面——把观赏展品的通道从底层以至顶层造成一条蜿蜒连贯的斜坡道，以便这个多层展览馆的展览不致被各层的交通厅所隔断——是颇有创造性的。然而，这个创意却对另外一个更为重要的功能造成了致命伤，即地面的倾斜使挂在墙上的展品看上去很别扭（图 5-9-1）。

---

❶ 转摘自《History of Modern Architecture》——L. Benevolo, 1977, 第 717 页。
❷ 转摘自《Modern Movements in Architecture》——C. Jencks, 1973, 第 229 页。
❸ 转摘自《Architecture, Today and Tomorrow》——Cranston Jones, 1961。
❹ 同上　第 175 页。
❺ 同上　第 23 页。
❻ 《Age of the Masters》——R. Banham, 1975, 第 2 页。

**普赖斯塔楼**(Price Tower, Barlesrille, Oklahoma, 1953~1955年,图5-9-2)是赖特利用水平线、垂直线与凸出的棱角形相互穿插与交错来体现他早就设想过的"千层摩天楼"。虽然这座大楼在结构布置上有它独到之处,即把结构负荷集中在塔楼当中的4个竖井以及从此引伸的4片厚墙上。但赖特以水平向来象征居住单元,以垂直向来象征办公单元的根据,与其说是联系内容还不如说出自构图的图形效果。

20世纪70年代末一座轰动整个建筑学坛的建筑——美国在华盛顿的**国家美术馆东馆**(The East Building of the National Gallery of Art, 1978年完成,图5-9-3)是一座非常有个性的成功地运用几何形体的建筑。

华裔美籍的贝聿铭(Leoh Ming Pei, 1917年生)是一位杰出的第二代建筑师,擅长于设计高层办公楼、高层公寓、研究中心与文化中心之类的建筑,并在建筑设计与建筑技术上均很有独创性。他在学生时期曾在哈佛大学受到格罗皮厄斯的亲授,并在格罗皮厄斯与布劳伊尔的影响下形成了自己的建筑观。工作后他倾向于密斯·范·德·罗,并设计

图 5-9-1　古根海姆美术馆内景

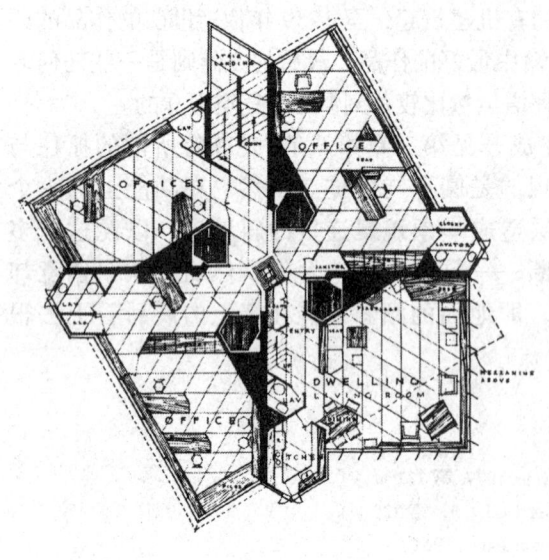

(a)平面图

(b)外观

图 5-9-2　普赖斯大楼

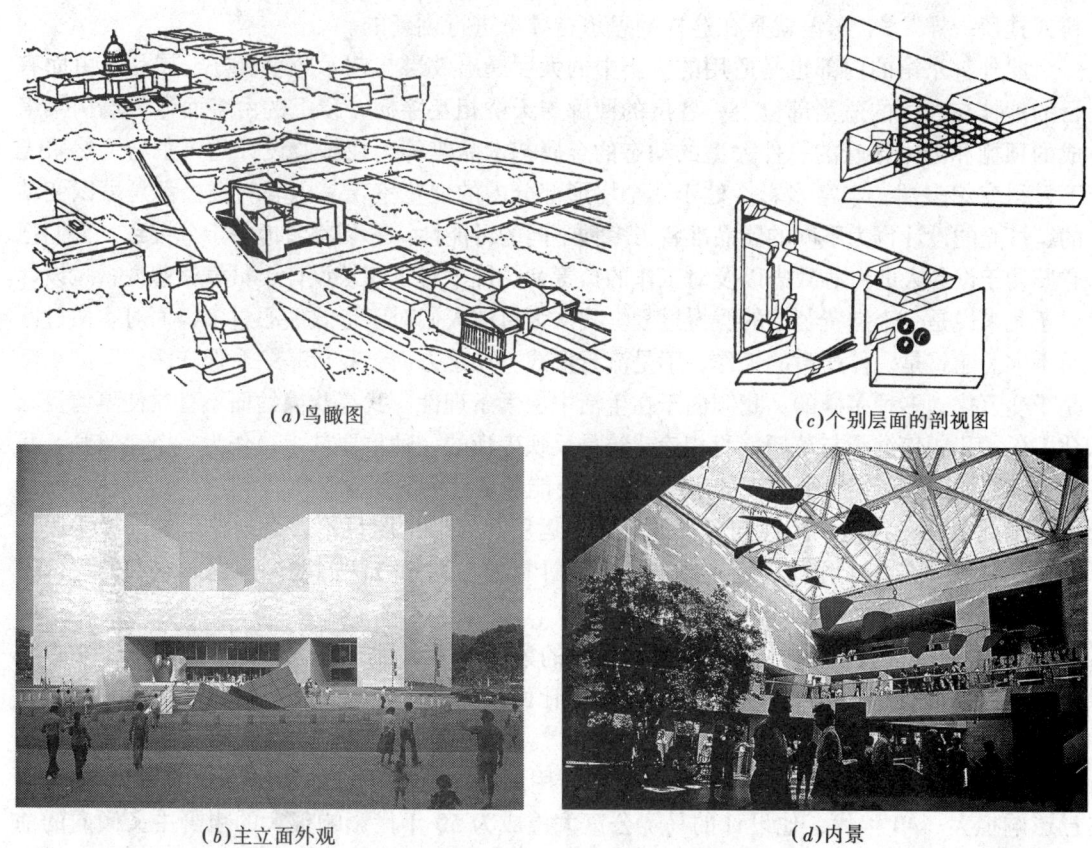

(a)鸟瞰图　　(c)个别层面的剖视图

(b)主立面外观　　(d)内景

图 5-9-3　华盛顿国家美术馆东馆

了不少具有"密斯风格"的大楼，然而他并不限于钢和玻璃，而是在处理钢筋混凝土中显露了他的才能，其设计也比密斯·范·德·罗自由与实在。以后他感到密斯·范·德·罗的纯粹是"皮与骨"的风格有点僵化，不能表达建筑所特有的容量与空间，于是他转而参考勒·柯比西埃，并对阿尔托、赖特与 L·卡恩兼收并蓄，形成了自己的善于运用钢筋混凝土，独特地表现房屋的容量与空间的风格。东馆不过是他在这方面的好几个尝试之一。

东馆的造型醒目而清新，其平面主要是由两个三角形——一个等边三角形(美术展览馆部分)和一个直角三角形(视感艺术高级研究中心)——组成的。而这两个三角形并不来自灵感或随心所欲，而是来自精心地解决房屋同城市规划、同原有的邻近建筑与周围环境、特别是同建于 20 世纪 30 年代的主馆的关系中产生的。结果其形式极其新颖和大胆，而同原有的规划、建筑、环境又十分协调，可谓既突出于环境而又与之相辅相成，甚至还为之增色。无怪东馆被认为是一个成功与杰出的作品，贝聿铭也由此而得到1979年美国 AIA 的金质奖。须知美国对于位于首都华盛顿国会大厦周围的建筑是极其谨慎的，不轻易建造。这个方案是在 1969 年经过长达 2 年的方案比较后评选出来的。建筑师贝聿铭对于在旧城市中建造新房屋有他的理论，他说："要是你在一个原有城市中建造，特别是在城市中的古老部分中建造，你必须尊重城市的原有结构，正如织补一块衣料或挂毯一样"❶。东馆就是在这样的思想指导下进行创新的。

此外，东馆的内部也是适用的。当中的大厅展出效果与艺术效果良好，展品自由而有目的地挂在大厅的适当部位上，各层的回廊与天桥相互穿插，顶上的由多面体玻璃构架组成的顶棚和当中挂着的一件大型的动态的金属艺术品等等，在精心设计的人工与天然采光下显得变幻多端，丰富多彩。处于几个塔形部分内的展览室，其内墙与楼板都是可以变动的，灯光的设计也为不同展品准备了多种不同的可能性。一切都考虑得十分细致，人们把它归功于设计人的专心致志以及对工作的负责和热忱。对于建筑设计，贝聿铭曾说："设计对我来说是一个煞费苦心的缓慢过程。我认为目前人们对于形式关心过多，而对本质过问得不够。建筑是一件严肃的工作，不是流行形式。在这方面，我可是一个保守派。""生活是千变万化、多种多样的。我倾向于在生活中探索条理性，我喜欢简约而不喜欢使事情复杂化"。"我相信继承与革新。我相信建筑是反映生活的一种重要艺术。作为一个建筑师，我想要建造能与环境结合的美观的房屋，同时要能满足社会的要求"❷。

由此可见，在追求个性与象征的倾向中运用几何形构图只不过是创作中的一种手段。在各个建筑师与各个作品中还存在着一个设计目的与思想方法问题。因此对它们的评价不能因其手段而一概而论。

在追求个性与象征中也有人是**运用抽象的象征**来达到目的的。

在这方面战后首开第一炮的可谓勒·柯比西埃的朗香教堂。勒·柯比西埃思想活跃，手法灵活，是一个"经常处于动态中的人"❸。他曾是 20 世纪 20 年代的功能主义者，欧洲现代建筑的先驱；他所提倡的底层透空，用细细的立柱顶着的水泥方盒子在 30 年代便已影响很大；40 年代，他设计的马赛公寓大楼成为 50 年代影响很大的粗野主义倾向的前锋；50 年代，他提出了一个既非功能主义，又非粗野主义的朗香教堂。无怪 P. 史密森说："……你会发现他有着你所有的最好的构思，你打算下一步要做的他已经做了"❹。

**朗香教堂**(Notre-Dame-du-Haut, Ronchamp, 1950~1953 年。图 5-9-4)坐落在孚日(Vosges)山区的一座小山顶上，周围是河谷和山脉。基地上原来的教堂传说曾显过圣，故这里向来是附近天主教徒进香祈祷的场所。原来教堂在第二次世界大战中毁掉了。勒·柯比西埃设计的这个教堂规模很小，内部的主要空间长约 25m，宽约 13m，连站带坐只能容纳 200 来人。在宗教节日大批香客来到的时候，就在教堂外边举行宗教仪式。勒·柯比西埃曾为教堂的设计费了许多心思。据说他多次在清晨与傍晚站在废墟上吸着烟斗，久久地凝视着周围的环境与自然景色，然后构思了这么一座形体独特的建筑。这里没有十字架，也没有钟楼，平面很特殊，墙体几乎全是弯曲的。入口的一面墙还是倾斜的，上面有一些大大小小，如同堡垒上的射击孔似的窗洞。教堂上面有一个突出的大屋顶，用两层钢筋混凝土薄板构成，两层之间最大的距离达 2.26m，在边缘处两层薄板会合起来，向上翻起。整个屋面自东向西倾斜，最西头有一根伸出的混凝土管子，让雨水泄落到下面一个蓄水池里。教堂内部，在主要空间的周围有 3 个小龛，每个的上部向上拔起呈塔状。塔身像

---

❶❷ 《AIA Journal》1979 年 6 月刊中 Andrea, O. Dean 同贝聿铭的谈话。
❸ 荷兰第三代建筑师巴克马(J. Bakema)语，见《Architecture D'Aujourd'hui》1975, 180 卷第 VII。
❹ 转摘自《Modern Movements in Architecture》——C. Jencks 1973，第 259 页。

(a)外观。教堂入口在图左侧的夹缝处

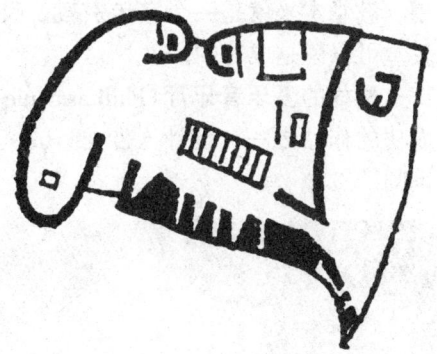

(b)平面

(c)教堂室内

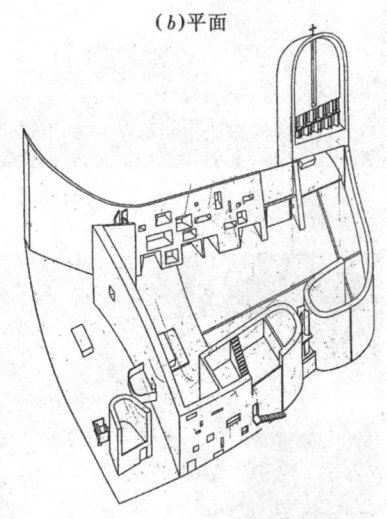

(d)从东北面看的轴测剖面图

图 5-9-4　朗香教堂

半根从中剖开的圆柱,伸出于屋顶之上。教堂的墙是用原来建筑的石块砌成的承重墙,外表白色粗糙。屋顶部分保持混凝土的原色,在东面和南面,屋顶和墙的交接处留着一道可进光线的窄缝。朗香教堂的各个立面形象差别很大,如果只看到它的某个立面,很难料想其他各面的模样。教堂的主要入口缩在那面倾斜的南墙和一个塔体的折缝之间,门是金属板做的,只有一扇,门轴居中,旋转 90°时,人可从两旁进出。门扇的正面画着勒·柯比西埃的一幅抽象画。总之,整个设计是超乎常人所料想的。尽管设计人为它的形式提出了许多功能依据,但是人们大多把它当作一件雕塑品、一件"塑性造型"的艺术品来看待。人们初次看到它时可能会说不出它究竟是一幢什么房屋,但是随着对它的了解,晓得它是一座处于一个偏僻山区中的、带有宗教传说的小教堂后,或亲临其境参观过其中的宗教活动的人,就会越来越领会到这的确是一座宗教气氛极其浓厚,能同其中的宗教活动融为一体的教堂。勒·柯比西埃在此运用了许多不寻常的象征性手法:卷曲的南墙东端挺拔上升,有如指向上天;房屋沉重而封闭,暗示它是一个安全的庇护所;东面长廊开敞,意味着对广大朝圣者的欢迎;墙体的倾斜、窗户的大小不一、室内光源的神秘感与光线的暗淡、墙面的弯曲与棚顶的下坠等等,都容易使人失去衡量大小、方向、水平与垂直的判断。这对于那些精神上本来就浮游于世外的信徒来说，起着加强他们的"唯神忘我"的作用。教堂本来就是一个宣传宗教、吸引信徒与加强他们信仰的场所。从这方面来说，朗香教堂可以说是成功的。

**柏林的爱乐音乐厅**(Philharmonie Hall, Berlin, 1956~1963年，图5-9-5)被评为战后最成功的作品之一。设计人沙龙(Hans Scharoun, 1893~1972年)是一位资格很老的第一代建筑师。

 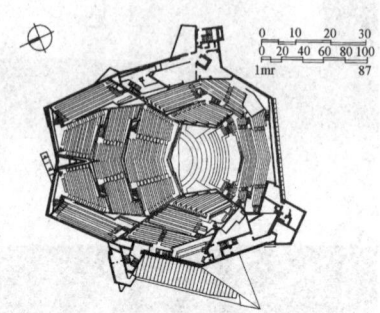

(a)外观　　　　　　　　　　　　　　(b)平面图

(c)观众厅　　　　　　　　　　　　　　(d)休息厅

图5-9-5　柏林的爱乐音乐厅

爱乐音乐厅的形式独特。沙龙的意图是要把它设计成为一座"里面充满音乐"的"音乐的容器"。其设计方法是紧扣"音乐在其中"的基本思想，处处尝试"把音乐与空间凝结于三向度的形体之中"❶。为了"音乐在其中"，它的外墙象张在共鸣箱外的薄壁一样，使房屋看上去像一件大乐器；为了"音乐在其中"，观众环绕着乐池而坐，观众与奏乐者位置的接近加强了观众与奏乐者的思想交流；为了"音乐在其中"，休息厅环绕着观众厅——演奏厅——而布局，不仅使用方便还有利于维持演出与休息之间的感情联系。总而言之，爱乐音乐厅在造型上的所谓象征不仅仅是形式上的，而是有具体内容的。此外，它的休息厅布局自由，空间变幻多端，使人一眼之下难以捉摸，并经常能有所发现。观众

---

❶ 《Meaning in Western Architecture》——Norberg-Schulz, 1977, 第412、第413页。

厅在音响与灯光等技术处理上也是成功的。它把演出放在中间的总体布局，以及把听众席划分为几个区，可按演出时音质的要求与观众数量多少来分区开放等等，使它成为此种类型的典型例子。

沙龙原是20世纪20年代欧洲现代建筑派的主要成员。曾同格罗皮厄斯合作过，又是哈林提出的讲究功能、技术、经济，然而形式上具有表现主义特征的德国有机建筑的信徒。柏林爱乐音乐厅的构思可谓这种思想长期酝酿的结果。沙龙是一个民族主义者。希特勒白色恐怖时，他虽然很不得志，却坚持留在祖国。战后成为西德最享盛名的建筑师。他把人们对他的赞扬归功于德意志的民族性与现代化，提倡创造具有德国民族特征的现代建筑。他说："我们的作品是我们的热血的美梦，是由千百万的人类伙伴的血复合而成的。我们的血是我们时代的血，具有表现我们时代的可能性"❶。

**理查德医学研究楼**(Richard Medical Research Building, 费城，1958~1960年，图5-9-6)是另外一幢成功地运用了抽象的象征手法的建筑。

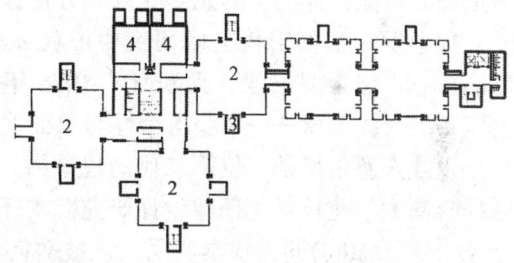

(a)外观　　　　　　　　　　　　　(b)平面图

图5-9-6　理查德医学研究楼

设计人 L. 卡恩从年龄(1901~1974年)来说可属于第一代建筑师，但他的第一个成名作——耶鲁大学美术馆问世时，他年已50有余了。因而他的学生称他是"为后人而开花的橄榄树"❷。但他真正被广泛加以注意的作品是宾夕法尼亚大学里的理查德医学研究楼。

研究楼的布局很别致，由一幢幢体量不大的塔式房屋组成。由于这里的研究主要是生物学上的，时而会放出一些有气味的气体，L. 卡恩在此采用了既要分组，又要联系方便，并要使气体便于排出的按小组分层与分楼的方法。塔楼的布局采用了"可发展图型"，即要为日后的扩建准备条件。事实上，1958年初建时只建了3幢，后来才发展到现

---

❶ 转摘自《Modern Movements in Architecture》——C. Jencks, 1973, 第64页。
❷ 《Louis Kahn》——Vincent Scally。

今 7 幢。

关于理查德医学研究楼的建筑风格，有人因其外形特征来自对服务性设施(交通与排气管道)的暴露，把它称为粗野主义。也有人认为，虽然它的形式直率地反映了它的服务性功能，但是造型上的推敲，使一组组平地而起的塔楼显得刚劲而挺拔，不仅毫无粗野之感，反而具有古典建筑似的典雅之风，于是把它称为"多元论"(指能综合考虑到多方面建筑要素)建筑。美国的建筑史与建筑评论家斯卡利(Vincent Scully)还特别指出："房屋的实体同阳光的明暗交织在一起，给人以不可磨灭的印象"❶。可见，研究楼的造型效果是成功的。

卡恩认为设计的关键在于灵感，灵感产生形式，形式启发设计。但是卡恩所谓的灵感不是凭空而来的，而是通过对任务的了解，即只有了解了这个任务不同于其他任务的区别时，才会有灵感，才会联系到形式，才会启发设计(见第 311 页)。卡恩所以重视对任务的了解，因为他认为"设计总是有条件的"❷，不是随心所欲的。所谓了解，他说："建筑在其表面化之前就已被其所处的场所和当时的技术所限定了。建筑师的工作便是捕捉这种灵感。""我想，就是把思维与感情联在一起"❸。L. 卡恩还十分善于利用条件，譬如说，在建筑造型上，他提倡注意利用阳光。他说："应该重新使阳光成为建筑造型中的一个重要因素，因为它是'万物的赋予者'"❹，又说："要做一个方形的房间就应给它以无论在什么情况下均能揭露它本来是方形的亮光"❺。理查德医学研究楼的造型效果，说明 L. 卡恩既在设计前抓定了这所房屋的内容特点，把它成功地反映在造型上，并在设计时把阳光可能在此产生的光影效果充分估计进去。

加泰罗尼亚的**当代艺术研究中心**(Center for the Study of Contemporary Art, Joan Miro's Foundation, 加泰罗尼亚，西班牙，1976 年，图 5-9-7)是另一座以暴露服务性设施——展览室上面的天窗——来获得个性与象征性的建筑。

设计人塞尔特是一位第二代的建筑师。他曾在勒·柯比西埃处工作过，后继格罗皮厄斯任哈佛大学建筑系主任与设计研究院主任。他同当代艺术研究中心的建立人，画家兼雕刻家米罗(J. Miro)同为加泰罗尼人，**被邀负责此设计**。

当代艺术研究中心包括有各种展览室，一个大会堂、书店、办公室和几个既可展览也是休息用的院子。院子使室内外空间相间，并在展览中起着陪衬展品的作用。艺术研究中心造型简单，除了纵横布置的富有象征性的天窗外，在朴素的粉墙上重点地点缀了一些小券，颇富西班牙的地方特色。

在讲求个性与象征中**运用具体的象征**手段的可举小沙里宁在纽约肯尼迪航空港设计的环球航空公司候机楼和乌特松在澳大利亚设计的悉尼歌剧院。

小沙里宁是一位手法高妙的建筑师，善于设计各种各样风格的建筑。但象**环球航空公**

---

❶ 《Louis Kahn》—Vicent Scally, 第 44 页。
❷❸ L. 卡恩在 CIAM 1959 年的奥特洛(Otterlo)会议中的讲话。
❹ 《Architecture D'Aujourd'hui》152 卷, 第 13 页。
❺ 《Architecture D'Aujourd'hui》152 卷, 第 13 页。

(a) 外观

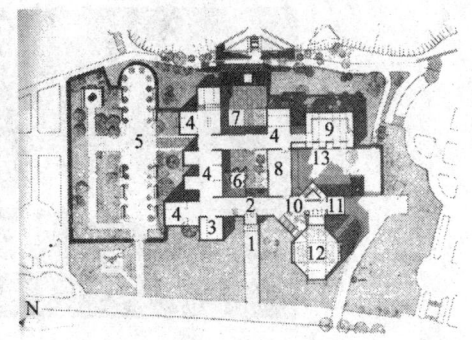
(b) 平面
1—入口；2—进厅与短期展览；3—专题展览；4—展览廊；5、7—外院；6—内院；8、9—专题展览；11—书店；12—会堂

(c) 内院

(d) 展览廊室内

图 5-9-7　当代艺术研究中心

司候机楼(TWA Terminal, Kennedy Airport, 1956～1962 年，图 5-9-8)那样的具体象征——像一只展翅欲飞的大鸟——不论是他本人或是在现代建筑中均是罕见的。由于它的设计与施工都极其精心，故既为业主也为他本人做了一次有效的广告。但是这里虽然采用了新技术(四片薄壳)，却需要大量的手工劳动，因为技术在这里主要是为形式服务的。它具体地体现了小沙里宁的一句话："惟一使我感兴趣的就是作为艺术的建筑。这是我所追求的。我希望我的有些房屋会具有不朽的真理。我坦白地承认，我希望在建筑历史中会有我的一个地位"❶。不过，尽管是这样，小沙里宁不喜欢别人说 TWA 候机楼像鸟，他总说这是合乎最新的功能与技术要求的结果。可见小沙里宁在设计理念上仍然要把自己归在现代建筑派的体系内。

事实上小沙里宁这段时期的作品都在尝试运用新技术来达到他所追求的个性与象征。从小深受家庭——建筑师父亲、雕刻家母亲——影响的他对建筑造型特别敏感，不仅重视而且精心追求。1958 年他为耶鲁大学设计的**冰球馆**(David lngalls Hockey Rink in Yale Univtrsity 图 5-9-9)的屋顶与馆身的曲线便是受冰球在冰上滑行所启发的。1959 年他为圣路易

---

❶ 转摘自《Modern Movements in Architecture》—C. Jencks, 1973, 第 197 页。

(a)外观

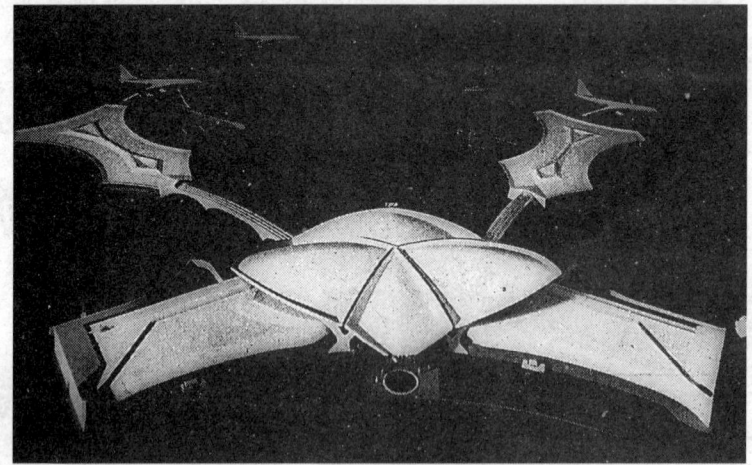

(b)鸟瞰

(c)候机楼大厅

图 5-9-8　肯尼迪机场环球航空公司候机楼

第九节 讲求个性与象征的倾向

图 5-9-9 耶鲁大学冰球馆

图 5-9-10 圣路易斯大券门

斯的杰斐逊公园设计的国土扩展纪念碑(Jefferson National Expansion Memorial,图 5-9-10)是一巨型的高约 200m 的抛物线形券——**大券门**(Gateway Arch)——以此来象征圣路易斯是美国国土从东向西、向南与向北发展的门户❶。小沙里宁的作品当时虽未受到建筑学术界的普遍认可,却广受社会的欢迎。可惜他英年早逝,去世时只 51 岁。十余年后,当后现代主义兴起时,建筑历史与评论家詹克斯把他列为后现代主义的先驱之一,同时,他对建筑文化多元论的贡献也受到了公议。

(a)远眺

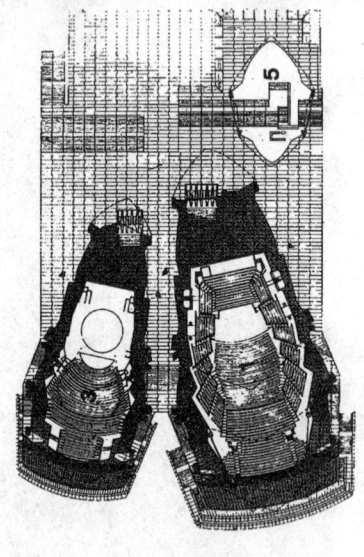

(b)平面图

(c)屋顶平面图

图 5-9-11　悉尼歌剧院

---

❶ 美国独立后的国土最初 20 余年只拥有东部的几个州。直至 1803 年,杰斐逊总统下决心从法国人手中买下路易斯安娜地区后,以密西西比河畔的圣路易斯为根据地向西、北、南扩展。

悉尼歌剧院(Sydney Opera，1957年设计，1973建成，图5-9-11)是一幢"是非诸多"的建筑。当时，悉尼的市民一直希望能有一幢其建筑水平可与澳大利亚音乐的国际水平相匹配的音乐厅与歌剧院。1956年，年轻的丹麦建筑师乌特松以他丰富的想像力把选址于贝尼朗岛(Bennelong)上的歌剧院设计得像一艘迎风而驰的帆船一样，赢得了国际方案竞赛的头奖。此后由于澳大利亚的政客一直把歌剧院作为他们政治竞选的资本，不等设计完成便破土动工，于是以后问题层出不穷，以至建造了十多年，造价也超出了预算的十多倍(最后结算为10亿零200万美元)。这些问题其实不应责怪到建筑师头上，因为这本来就是一个竞赛上的方案，是概念性的并不成熟。

悉尼歌剧院名为歌剧院，其实是以两个演出大厅为中心的多功能综合体(图5-9-11b)。一个最大的演出厅是音乐厅，其次是歌剧院，另外还有两个大排演厅以及许多小排演厅，一个多功能的接待大厅，一个展览馆，两个餐厅和一个出售纪念品的小商店，外面是濒临海湾的公园。现在这里已成为悉尼市民的文娱中心。

歌剧院由钢筋混凝土结构把各部门组织在一起。它的外形是一个上有3组尖拱形屋面系统的大平台：一组覆盖着音乐厅，一组覆盖着歌剧院，另一组覆盖着贝尼朗餐厅。这些屋顶看起来像是壳体结构，实质不是，而是由许多钢筋混凝土的券肋组成的。乌特松原意是用薄壳，但由于结构复杂，且壳体结构在应付外来冲击时，安全性相对来说较差，故未能实现。虽然现在的屋面看上去比原设计厚重，但已够吸引人了。人们把它比作为鼓了风的帆，把歌剧院比作一艘乘风破浪的大帆船。对于这样的比喻，乌特松是高兴的。大平台占地1.82hm²，除了上述三个部分外，其他内容都组织在大平台下面。平台前面的宽度达90m多，是当今世界上最宽的台阶之一。在歌剧院落成的开幕典礼中，英国女皇在此剪彩。

现在悉尼歌剧院无论从哪个角度来看都很有特点，已成为悉尼市的标志。对于它的评价，各种看法都有。有人认为它的结构不合理、造价浪费，形式与内容表里不一，是一个失败的标本；有人则认为从现在的效果来说，在这么一个环境与地形中，似乎什么形式都没有现在的那么成功与富于吸引力。讲求个性与象征的倾向是经常会引起不同意见的争论的。但自70年代末，当反对现代主义千篇一律的蜚语四起时，这些建筑不仅得到平反，并被认为是后现代的先声。

从上述可见，多元论倾向主要是一种设计方法而不是一种格式。其基本精神是建筑可以有多种目的和多种方法而不是一种目的或一种方法，设计人不是预先把自己的思想固定在某些原则或某种格式上，而是按着对任务性质与环境特性的理解来产生能适应多种要求而又内在统一的建筑。当然，理论是这样说，实例也有，不过正如任何倾向均有名实相符与名实不一的作品一样，不是所有自称多元论的建筑都是这样的，也不能说不称为多元论的建筑就只管物质不管精神或只管精神不管物质。建筑是复杂的，不同的人对于建筑有不同的要求，相同的人也会因条件的不同而改变方法。此外，人们对于不同的类型在标准掌握上也会有所不同。例如在战后恢复时期的住房建设中，不少人认为两次世界大战之间的理性主义经验很适用；但随着社会生产与生活水平的提高，就会感到它过于单调与枯燥，就会产生各种改良的或另觅途径的方法。因而，各种倾向均有它产生的原因，也有它存在的理由，否则就不会汇合而成流了。

# 第六章 现代主义之后的建筑思潮

## 第一节 从现代到后现代

20世纪60年代后期，在欧美一些发达国家中，建筑的发展进入了一个新的历史时期，出现了明显不同于在二次世界大战之间形成的、并在战后得到广泛传播的现代建筑的思想和实践。在开始的十余年里，西方有学者将建筑领域这种新的思潮叫做后现代主义（Post-Modernism）❶。进入20世纪80年代，建筑界又不断涌现出形形色色的思潮、流派与新的探索，以至很难用某个统一名称来包容了。一般来说，学术界仍将它们作为后现代（Postmodern）时期的建筑现象进行考察与认识，也有将这些纷繁复杂的建筑现象统称作"现代主义之后的建筑"（architecture after Modernism）❷。

显然，建筑界中后现代概念的提出是与西方资本主义世界进入后工业时代关于社会文化问题的讨论密不可分的。后现代并不是建筑领域的专有名词，在这之前它已被用在文学评论、艺术、电影和戏剧等方面，它还涉及哲学与政治学领域，关系到政治经济与社会状况的新的特性与思维模式，它甚至被用来定义新的战争形式。虽然，后现代在不同的领域内涵不尽相同，但一个重要的事实是，这个名词已被用来描述20世纪后半叶涉及人类政治、经济、社会、艺术以及思想与知识领域观念转变的共同特性。还有学者认为，1973年爆发的西方资本主义世界危机是真正进入这一新的历史时期的标志。

确切地说，后现代思考开始于西方世界对自身建立的工业文明与现代化模式的全面反思。20世纪60年代，西方国家经济发展进入了一个高度增长期。由工业化进程带来的是生产技术水平迅疾提高，物质生活极大丰富，社会呈现出一派繁荣乐观的景象。然而，过于信赖工业化时代的技术力量及其对于推进社会发展的作用，却使西方国家开始面临从未意象到的种种问题与困境。70年代起逐渐突显的城市问题、环境破坏问题、能源危机问题以及第三世界问题等等，共同引发了关于科学技术的作用、进步的概念、文化与技术的相互关系以及生态问题等人类重大问题的重新认识。著名的罗马俱乐部当时就提出了"增长的极限"理论，为人类生存敲响了资源有限的警钟。人们还认识到，20世纪西方现代化力量的扩展实际上也削弱了众多国家、地域和种族间的差异性，导致了文化传统的破坏；而对科学和理性的一味推崇，也造成了对人性、自然与个性的忽

---

❶ C. Jencks, The Language of Post-Modern Architecture, 1977。中译本，《后现代建筑语言》，李大夏译，1984，中国建筑工业出版社。

❷ Diane Ghirardo, Architecture after Modernism, Thames and Hudson, 1996，第96页。

视。后现代开始重新关注这种个性与差异性,并试图将西方当时被主流文化所淹没的、或在传统中从未发出的声音都能传达出来,如对种族问题、女性问题等。尽管作为一个时代整体社会文化特征的后现代包含的概念既宽泛又往往缺乏稳定性,但它至少呈现了这样一个时代的共同特征,那就是对现代主义所建立的形式与思想的统一性开始提出质疑与批判。

诚然,建筑思想的转变总是折射出一个时代政治经济、社会文化领域的变迁,但就20世纪60年代末以来的种种现象看,建筑的发展也表现出了自身的特有形式。建筑中的后现代在开始时往往被理解为一种新的建筑风格现象,而在以后的几十年里,随着新的建筑思潮与建筑实践的不断涌现,其内涵也不断变化。随着K. 弗兰普敦、A. 柯尔弘(Alan Colquhoun)等人为代表的西方学者的一系列著作的发表,一些在整体上对这一时期建筑转变的学术研究开始形成。建筑的多元化是这个时期的最大特征。如果说后现代时期所包含的纷繁复杂的建筑思潮与倾向还存在共同性的话,那就是它们都始于对现代建筑运动的质疑与批判。因此,在这一章节的开始,了解并讨论自60年代后期起首先始于西方的、对现代主义思想以及现代建筑发展状况的种种批判是必需的。

如本书的前几章所述,西方的现代建筑运动在二次大战之间达到高潮,结出累累硕果。以现代派建筑大师的思想与实践为代表所推动发展的现代建筑派,在相当一段时期里被认为是抛弃旧世界、建立新秩序的发展必然,因为它不仅回应了时代的技术变革,也建构了时代的社会文化理想。当时先锋派建筑师们关注大量住宅需求的设计实验、强调建筑的功能作用以及对建筑中新技术、新材料的创造性运用,都是19世纪以来持续探索的工业化时代建筑发展方式的决定性成果。与此同时,这种历史性的胜利也使先锋派们所创造的新的建筑美学获得广泛认同。当然,这个时期现代派建筑师真正实现的作品还为数不多,而且在20世纪30、40年代中叶,由于一些政治因素和官方的介入与支持,如在当时的苏维埃、纳粹德国、法西斯意大利甚至美国,先锋派们倡导的现代性被变异成一种特殊的、被称作"新传统"的纪念性风格。更因为德国现代主义阵营中几位最强有力的人物格罗皮厄斯、密斯·范·德·罗和门德尔松等纷纷流亡国外,现代建筑并未很快在欧洲建立主导地位。而到了战后,现代建筑派获得了新的生命,而且,在全新的政治、经济和社会文化态势下,它比战前获得了更加神奇的社会和历史意义。

不仅如此,由于一批重要的历史学家对现代建筑运动的热情扶持,先锋派们的探索在理论上和观念上都在战后建立了真正的历史地位。基甸、N. 佩夫斯纳(Nicolas Pevsner)和希契科克等理论家的书已被公认为最重要的现代建筑的历史与理论著作。战后的西方世界,原本与二战之间先锋派们对抗的政治力量已经消失,现代建筑也在新时代的需要和发展中改变先锋派的角色走向极为广阔的实践领域。在欧洲,能够低造价快速建造的现代建筑是十分适合战后大量住宅与城市重建需要的,而这种讲求合理与效率的建造方式以后受到许多政府部门、城市管理者或开发商的青睐,并成为西方世界20世纪50、60年代众多城市更新与振兴的重要策略。同时,这种顺应时代发展与技术进步而形成的现代化模式,又继续向西方以外的几乎所有发展中国家延伸,并且,不可否认的是，现代建筑在获得广泛的历史性认可后，现代派所创建的美学形式也同时从边缘走向主流。可以说，1932年由P. 约翰逊和希契科克在纽约现代艺术博物馆中共同策划举办的题为"国际式"的展览，已经为现代建筑也将成为一种风格渗透到未来的实践领域做出了预示。

现代派建筑师们普遍强调设计与建造技术以及使用功能之间的逻辑关系，这种理性精神也是他们之所以能引领这个时代建筑发展的关键所在。然而，在战后的大规模建设与持续的设计实践中，部分建筑师对新技术的热情逐渐将建筑推向了技术至上的道路，却偏离了建筑关怀人类现实生活的根本原则。战后，位于德国乌尔姆的高等设计学院（Ulm Hochschule für Gestaltung）由来自战前包豪斯的瑞士建筑师M. 比尔（Max Bill）创建，旨在继承和发扬包豪斯的设计精神。为使包豪斯的设计思想渗入战后广泛的社会现实中，学校发展了一系列符合生产和使用需要的设计方法论，探索工业化建筑体系。然而，由于过于强调形式的确定应依赖于对其生产和使用的精确分析，导致了对于工业化设计的偏执，导致了"那些纯净主义者宁肯准备放弃答案，也不愿接受一种未按人类工程学原理确定的设计"[1]，这种对科学方法和功能美学的过分坚持事实上是对真正解决社会基本矛盾和复杂需求的放弃。

现代派建筑的重要代表人物密斯·范·德·罗及其战后的实践活动更表现出一种技术至上的典型趋向。在美国，密斯不仅实现了20世纪20年代初关于通透轻盈的玻璃摩天楼的梦想，而且将其对钢和玻璃的建造工艺推向表现的极致。在范斯沃斯住宅和伊利诺工学院的克郎楼等项目设计中，"流动空间"被简化为没有任何屏障与分割的大空间，建筑的支撑与围合被最精练地完成，构造工艺被最准确地展现。"当技术完成了它的使命时，它就升华为建筑艺术"，在这一贯的信念支配下，技术被赋予了压倒一切的文化力量，而建筑也成了技术的纪念物。

密斯·范·德·罗在美国的实践还典型地反映出这样一个事实，战前先锋派的理想探索在战后迅疾发展的经济浪潮中不可避免地转化成一种资本主义社会的特殊力量。他设计的芝加哥湖滨公寓和纽约西格伦姆大厦，不仅是新时代的技术纪念碑，也为现代都市摩天楼的商业形象和资本主义权利的表征建立了最重要的范本。密斯以一种精密的建筑美学与工业技术的最佳利用的高度结合，创造了特有的建筑文化。以后美国的SOM、J. C. 波特曼（John C. Portman）、A. C. 马丁及合伙人（Albert C. Martin & Associates）以及KPF等多个事务所都成为密斯的追随者，并以这样的"密斯风格"勾勒着战后诸多的美国城市景观（图6-1-1）。20世纪70年代建成的纽约世贸中心双塔以及芝加哥西尔斯大厦成为这个时代技术与资本的最强有力的象征。不仅如此，随着战后美国资本与技术向世界各个角落的渗透与传播，各种基于标准化体系建造的、往往是框架与幕墙组合的、简洁光亮又轻盈的现代建筑也正向着各个国家和地区传播。尤其在一些发展中国家，这种风格的建筑更是作为现代化的幻景迅速地成为新时代的城市纪念碑，更替着他们的传统建筑，改变着原来的城市面貌（图6-1-2）。

---

[1] K. Frampton, Modern Architecture, a critical history, Thames and Hudson, 1992, 第287页。

第一节 从现代到后现代

图 6-1-1　美国城市芝加哥

图 6-1-2　巴西利亚某居住区

图 6-1-3　富勒用一个透明的大穹窿覆盖纽约曼哈顿中心区的设想

战后，技术至上的意识形态还演绎出新的未来主义。这一方面是战后西方世界技术持续强劲发展的激励，另一方面，以英国的 R. 班纳姆(Reyner Benham)等人为代表的理论家也为这些畅想推波助澜。班纳姆在其《第一机器时代的理论与设计》(Theory and Design of the First Machine Age)中，已经把曾经提出过众多惊人的技术性建造方案的美国设计师 R. B. 富勒推到了很高的历史地位。富勒是善于运用新技术迎解都市问题的大胆畅想者，他最有想象力的设计是 1968 年用一个透明的大穹窿覆盖纽约曼哈顿中心区的设想，体现一种保护城市免遭最终灾难的强大策略(图 6-1-3)。匈牙利籍法国建筑师 Y. 弗里德曼早在 1959 年就已提出所谓空间城市的未来主义方案，旨在提供更多可达的城市空间。无疑，60 年代最引人注目的是高技派代，其代表就是英国的阿基格拉姆集团和日本的新陈代谢派。阿基格拉姆的成员设想以强大的建造技术与工业化生产方式应对不断变换的城市需要，新陈代谢派更是将这种设想推向了实践领域。

然而，应该看到，这些高技派建筑师们真正的热情最终都投入到了如何运用现代技术建立城市巨型结构的空间时代形象上，无论是 R. 赫隆所谓的行走式城市、P. 库克的插入式城市，还是菊竹清训所谓的海上城市，在醉心于科幻电影般的城市巨型居住机器的超绝想象中，他们其实已无意真正关注建筑与人和自然的关联了(以上各种城市的图像见第四章第二节)。阿基格拉姆派甚至认为，"没有多大必要去关怀他们的那些巨型结构物的社会及生态后果"。而事实上，"他们所提出的空间标准都远远低于那些他们理应蔑视的战前功能派所确定的'最低生存标准'"❶。曾经轰动一时的巴黎国立蓬皮杜艺术文化中心显然是阿基格拉姆派城市巨

---

❶ K. Frampton, Modern Architecture, a critical history, Thames and Hudson, 1992, 第 282 页。

型结构的一次建筑实验,它获得了意想不到的公众成就。但显然,这种成功与其说是来自灵活城市空间的良好提供,不如说是来自先进技术威力的狂热表演。而从20世纪末该中心室内展览空间的改造设计中可以看到,这种对技术的热情已经明显地消退了(图6-1-4)。

图6-1-4　巴黎国立蓬皮杜艺术文化中心的室内改建

现代建筑派在主张建筑形式是从使用功能以及建造技术的逻辑关系中获得的同时,又极力推崇建筑师作为形式创造者的直觉与才能。这两种几乎对立的特征在几位现代派建筑大师的作品中出色地整合了。而且,在他们的实践过程中还始终潜藏着这样一个持久的信念,形式的创造对于建立一种新的社会生活具有强大的作用。从勒·柯比西埃20年代的城市规划方案、战后马赛公寓的建造以及他在北非国家的城市规划方案中都明显地表现了出来,因为正是这样的信念形成了他诸多实践的思想基础。在战后大量的建造活动中,建筑师们成为建筑形式赋予者的观念在职业人与职业教育机构中普遍形成。20世纪60年代初,建筑设计已经明显地体现出对现代主义理解的分化状态,"重理"或"偏情"两种倾向的出现似乎已经说明了这点。以小沙里宁、乌特松和沙龙等人为代表,从他们的作品中已经可以看出,高度的形式表现与功能结构的合理性同样重要。由于现代主义的历史性胜利,随着现代建筑不断渗透到政府、银行和文化设施等重大项目中,建筑师的声誉不断上升。但与此同时,现代派建筑大师们所创造的形式语言,也被作为国际风格而传播开来。可以看到,无论是强调逻辑,还是赞赏表现,在理性精神或形式创造的作用被强化的同时,现实中的复杂性与人的需要却被忽视了,而一些风格的模仿更是造成现代建筑广泛传播所带来的场所性及地方特色失落的直接原因。

毫无疑问,现代主义的理想在战后城市发展的实践中所带来的种种城市问题是人们对其产生质疑的最大理由。二次世界大战之间成立的国际现代建筑协会(CIAM)于1933年制定的、以"功能城市"思想为核心的雅典宪章,直接影响了战后欧洲众多城市有关重建、更新或开发的规划实践。主要源于从勒·柯比西埃的"光明城市"构想所制定的雅典宪章，形成了以居住、娱乐、工作和交通四大功能来理解城市结构的规划思想，其实质关注的是功能秩序和生产的合理化。这种看似具有普遍性的认识带有强烈的乌托邦色彩，并隐藏了对于建筑学与城市规划的狭义概念。结果，它带来城市中简单、死板的功能分区，也带来单一类型的城市居住方式。战后按现代主义理想实现的、遭到后人最多争议与批判的城市规划实践是印度的昌迪加尔行政中心和巴西的巴西利亚新城中心，而这两个规划都是在勒·柯比西埃直接参与或影响下付诸实施的。在昌迪加尔，尽管勒·柯比西埃在议会大厦和高等法院的建筑设计中已明显地表现出对乡土特征的接纳与融合，但超长的城市尺度以及过于精确而抽象的布局使其在整体规划上反映出了致命的问题。市中心的巨大尺度已无法显示城市心脏的公共属性；它试图作为新印度的象征，却完全脱离了这个国家的现实生活状态。理论家对这个城市规划的尖锐批评，恰好揭示了西方启蒙思想日益呈现的危机："它在养育现有文化或甚至在维持自己经典形式的意义中所表现的无能为力，它除了不断进行的技术发明和经济成长最优化之外别无其他目标的状态，都综合出现在昌迪加尔的悲剧中——这是一座为小汽车设计的城市，却建造于一个许多人尚未拥有自行车的国家中"❶(图 6-1-5)。相比之下，20 世纪 50 年代中期的巴西利亚规划建设更强烈地显现出了现代主义城市思想的危机。在那里，不仅**昌迪加尔**的问题再次出现，而且整体的规划还不及前者那么系统。现代主义的神话经过这样一种勒·柯比西埃式的阐释，结果造成了不幸的后果：不仅城市的可达性很差，而且建成后的巴西利亚形成了两个城市，即一个由政府部门和大企业所在的、宏大纪念碑式的城市和另一个规划之外的"非法居住"的城市。毫不奇怪，由巴西利亚这样的现代城市危机，最终将会引起一场反对现代建筑运动的全球性反应。

$(a)$ $(b)$

图 6-1-5 印度昌迪加尔行政中心现状

当上述种种现代建筑的不足或弊端日益呈现的时候，对于其观念与实践的整个反思必然会出现。很值得关注的是，一些批判现代主义的声音在 20 世纪 50、60 年代推动建筑发展的部分建筑师中已经出现。50 年代末，从国际现代建筑协会中分离出来的第十次小组已经十分尖锐地揭示了功能城市规划思想的不足。第十次小组的成员开始用居住与城镇的归属感问题来重新理解城市。代表人物、英国建筑师史密森夫妇以一种更接近现象学的分类

---

❶ K. Frampton, Modern Architecture, a critical history, Thames and Hudson, 1992, 第 230 页。

方法提出了房屋、街道、区域和城市的概念，以之与功能城市的四大功能分区概念相对抗。虽然，史密森夫妇60年代的众多实验性规划与建筑设计并不成功，但第十次小组对国际现代建筑协会的建设性批判是有无法忽略的历史价值的。第十次小组的另一位代表人物荷兰建筑师A. 范·艾克因有人类学研究的背景而对现代建筑提出了更为深层的批判。面对战后迅猛的城市发展，范·艾克指出，建筑师和规划师看来都无能发展一种美学或一种战略来应对巨大、多样的社会现实，而现代建筑在消除"风格"和"场所感"中却起了作用。因此，建筑师们如果不通过对乡土文化的关注是无法满足社会多元化需求的。日本现代派建筑师前川国男在20世纪60年代也开始对现代建筑反思，甚至对战后发展现代建筑的社会价值和伦理体系提出质疑。他认为，一方面，工艺学和工程学尽管强调科学，但简单化和抽象化却导致其脱离人类现实；另一方面，一些由于经济利益或官僚机制的需要而把建筑艺术硬塞入某种预定框架内，必然使建筑脱离人性。

还值得注意的是，这一时期个别建筑师的设计实践由于显现出了与现代建筑运动不尽相同的策略而被看作建筑走向后现代的重要转型人物。美国建筑师L. 卡恩是最具影响力的。在卡恩的设计创作中，非现代主义的因素直接表现在他对历史的兴趣与对形式意义的重新理解上。尽管卡恩接受了现代建筑运动发展起来的建筑设计思想与城市规划的一些理念，但他同时又对19世纪法国建筑师勒杜和部雷以及文艺复兴意大利建筑师布鲁内莱斯基和阿尔伯蒂等历史人物的作品与理论十分赞赏。不仅如此，古典传统的建筑与中世纪的历史建筑都可能成为他设计创作的形式来源。因此，与前辈现代派建筑师不同的是，卡恩超越了建筑形式依据建造技术与功能需要的逻辑关系，提出了形式本身存在的独立性与精神意义，并重新思考建筑的历史地位。卡恩强调对于设计的深层理解，设计是"特定建筑空间的存在意志"，"思想和感觉的结合，是事物愿意成为什么的源泉"，这也是形式的起点。卡恩认为，形式包含着一种系统的和谐，一种秩序感，设计虽是一种物化行为，但"形式与物质条件不相干"，形式是"为那些有助于人的某一活动的空间敷陈和谐的特色"[1]这些思想在索尔克生物研究所（1959~1965年，见第四章第120、121页）这样的设计中有极为充分的表现。在这个建筑中，他将功能的组织、建造技术的表达与形式创造的愿望高度整合起来。这座位于美国西海岸的研究所庄严地面对着太平洋，在各部分使用空间清晰安排的同时，卡恩以一个近似中世纪教堂仪式空间般的中心花园和对钢筋混凝土墙面的精彩处理，将原本空白的场地变成了一种诗化的场所。卡恩对历史的喜好并非以怀旧的方式表现。事实上，他与历史的独特对话方式引领了一种超越现代主义的设计思想，使得建筑形式本身所能建构的意义重新得到关注。他的思想与实践对于现代主义之后的建筑发展所产生的影响是不容忽视的。

在20世纪60年代，在不到10年的时间里出现的几部理论著作应该说是对现代建筑运动进行公开而严肃反击的开始，它们的出场也真正宣告了一个对于建筑与城市发展认识上的时代性转变。

第一部引起震动的著作是美国城市理论家J. 雅各布斯（Jane Jacobs）1961年出版的《美国大城市的生与死》(The Life and Death of Great American Cities)。书中，雅各布斯对勒·柯

---

[1] 李大夏，《路易·康》，中国建筑工业出版社，1993，第124页。

比西埃为代表的功能城市的规划思想公开挑战,甚至对在这之前包括霍华德的花园城市在内的近代种种工业化城市的规划思想都提出了批判。她并不回避城市的发展变迁与资金投入和金融运作有直接关系这样的现实问题,但她最尖锐批驳的是,建筑师和规划师遵循的规划理念完全无视城市原有邻里关系和对地域性的历史资源的研究。雅各布斯通过对自己居住的纽约街区街道空间各种可能的多样性与活力的挖掘,与新规划建成的低收入社会住宅区相比较,后者由于街道生活被抹杀而显得死气沉沉。她指出,被现代派建筑师忽视的那些隐藏在街道中的秩序包含了丰富多样的都市生活,这里面有日常生活的模式,有人际关系的网络,对于这些城市现存价值的保持才是规划中极为关键的。这些观点被以后越来越多的人赞赏,它不仅逐渐形成了规划师和建筑师们对城市中现存景观与多样元素的尊重,而且也形成了新的美学价值。在越来越引起注重的城市设计实践中,单一的界面被不同元素的并置所代替,原本对建筑综合体形式的统一性要求也逐步向适应城市肌理与脉络的建筑策略转变。

1966 年出版的两部著作可以说是战后建筑发展观念性转变的更重要的标志,一部是美国建筑师 R. 文图里(Robert Venturi,1925 年)所著的《建筑的复杂性与矛盾性》(Complexity and Contradiction in Architecture),另一部是欧洲意大利建筑师 A. 罗西(Aldo Rossi,1931~1997 年)所著的《城市建筑》(L'architettura della citta)。文图里着眼于建筑本身的设计范畴,批判现代建筑的技术理性排斥了建筑所应包含的矛盾性与复杂性,提倡要向历史吸取经验。而罗西更关注于揭示技术决定论者对城市历史的破坏作用,提出了城市中的建筑需要融入历史、城市形态和记忆来诠释。虽然两者是在不同的文脉环境中形成各自的批判性和设计途径,但他们都共同促成了对历史价值的回归,呈现了对建筑回归历史的社会责任。现代建筑运动明确地以摆脱历史的途径获得其自身的历史地位,而文图里和罗西的理论鼓励了以后的一批建筑师抵抗现代建筑的理性主义,重新审视历史的价值,并获得了尊重地方传统和城市文脉的建筑设计实践的成果与经验。

1969 年由埃及建筑师 H. 法赛发表的《为了穷苦者的建筑》(Architecture for the Poor)一书可以说代表了非西方国家建筑界对国际式建筑的公开抵抗。法赛分析了埃及一个 20 世纪 30 年代建造的村落,指出外来建造技术其实无法满足实际需求,却使传统建造方式与文化特征一并消失。他认为,建筑师应该成为传统继承人,而非技术的模仿者。可以看到,关怀地域特征成为 20 世纪 60 年代以后全球建筑领域的核心课题之一,它不仅使西方世界之外的国家和地区都转向对自身历史传统的挖掘与认识,也使西方世界内部关注到自身的多样性和差异性。

对历史与地域特征的价值回归也促进了对历史建筑与城市历史环境的极大关注。20 世纪 70 年代以后,一方面,以建筑理论家柯林·罗(Colin Rowe)的著作《拼贴城市》(Collage City,1975 年)为代表的理论学说,建立了一种重新认识城市的崭新理念;另一方面,西方国家历史建筑遗产保护逐渐成为城市社会生活中的重要部分。在建筑设计的实践领域,历史建筑的再利用成为备受关注的工作。如意大利建筑师 C. 斯卡帕(Carlo Scarpa,1906~1978 年),他以独特方式将传统手工艺与历史元素纳入现代设计,并出色完成了诸多历史建筑改造设计,受到越来越多的业内人推崇(图 6-1-6,Museum of Castel-vecchio,Verona, ltaly,1956~1964 年,维罗纳古城堡中的中世纪博物馆改造设计)。至 20 世纪末,众多历史建筑扩建或改造的项目已成为不少优秀建筑师们最富有创造性的设计作品。从城市范围来看,历史街区、尤其是被废弃的一些城市产业基地的改造,更成为旧城振兴的重要策略。著名的成功实例有英国伦敦的老码头改造(Dockland, London)以及巴黎贝西区(Quai de Bercy, Paris)的改造项目。为强调对功能城市规划思想的抵抗,欧洲个别建筑师甚至主张返回到工业革命之前的城市秩序,而这种保护历史的愿望与一些中产阶级业主的热情相遇也不可避免地出现了城市建设的怀旧风格。保护地方传统特色的新城或新区规划设计并不简单,被认为比较成功的是20世纪70年代由T.库哈斯(Teun Koolhaas,1940~)规划的在阿姆斯特丹附近的阿尔麦尔(Almere),整个新区既是现代的,又有宜人的建筑与步行街尺度,尊重了荷兰传统生活方式(图6-1-7)。

(a)庭院内景　　　　　　　　　　　(b)局部

图6-1-6　维罗纳古城堡中的中世纪博物馆改造设计

图6-1-7　阿姆斯特丹附近的阿尔麦尔新区

在对现代建筑运动的思想与实践进行反思与批判的转变中,西方建筑界的发展还呈现出理论探索异常活跃、人文学对建筑领域的渗透尤为显著的特点。20世纪60年代以来,西方迎来了人文学科发展极为丰富的时期,针对资本主义世界的进程已经从现代化发展跨入一个新的阶段,即所谓的后工业化社会,或称后现代时期,学术界也引发了关于这个时期社会文化特征的大讨论。这个命题宏大的讨论实际上涉及对工业革命以来人类现代性问题的全面审视和反思,涉及历史、科学、人类学以及哲学等最广泛领域,具有明显的综合性和批判性。更确切地讲,这场探讨是西方人文学者对西方自身人文传统的重新构想与整合。对现存知识系统的质疑,对语言学问题的共同关注,是这些人文学研究中最突出的共同特征。卷帙浩繁的研究成果无疑对这个时期种种建筑思潮的出现与建筑观念的重构起到了推波助澜的作用;而不少建筑师与建筑理论家也极力借助外来学科更有力地促成建筑领域的新思想。从这一时期不断涌现的建筑思潮来看,首先是以 C. 列维-斯特劳斯(Claude Lévi-Strauss)为代表的结构主义哲学(Structuralism)对建筑的影响,语言学和符号学推动了整个建筑界对形式与意义问题的讨论;M. 海德格尔(Martin Heidegger)的现象学(Phenominism)理论对"场所精神"的认识起了决定性的作用;以后 M. 福科(Michael Foucault)与 J. 德里达(Jacques Derrida)的解构主义哲学(Deconstruction)对建筑的影响更为显著。由于哲学家与建筑师的直接交流,西方20世纪80年代出现的建筑思潮解构主义呈现了特有的哲学意味,并引出对西方整个古典建筑传统的大胆质疑。

从强调技术与理性转向对人文关怀的后现代时期,价值观念的多元化是这个时代社会文化生活中的最大特征。20世纪60年代末期出现在西方的学生运动与广泛的文化反叛行动,也宣布了现代主义乌托邦理想的告终。1972年,文图里的又一部著作《向拉斯维加斯学习》(Learning From Las Vegas)发表,呼吁建筑师关注商业文化景观,进一步推进了建筑发展在文化上的开放和多元态势。尽管最初的建筑实践只是停留在风格的层面,但这个后现代时期的建筑美学,最终仍然强烈地折射出观念转变所带来的反叛姿态和形式创新。美国建筑师 F. 盖里(Frank Gehry,1929~)为自己在圣·莫尼卡的自宅(Gehry House, Santa Monica, California, 1978~1979年)所做的改建,以"废料建筑"(junk architecture)的形象大胆改变着现代建筑的固有形式概念。不过,也要看到,多元化的进程也无可避免地使建筑师张扬个性的愿望得到扩张,在否定了现代派建筑师过于信奉形式产生社会作用的同时,形式的创新仍然是后现代时期众多建筑师所津津乐道的。信息社会的强劲发展和商业领域的不断扩张也使不少建筑师的形式创造成为商业社会的附庸。

相比之下,一些建筑师放弃形式的先入为主,进而转向对建筑社会性的关注,做出了极有价值的尝试。很有影响的实例是英国建筑师 R. 厄斯金设计的拜克墙低租金社会住宅综合体(Byker Wall Housing Development, Newcastle-upon-Tyne, England, 1969~1980年,图6-1-8)和比利时建筑师 L. 克罗尔(Lucien Kroll,1927~)设计的鲁汶大学医学院住宅楼(Medical Faculty housing, University of Louvain, Brussels, 1970~1971年,图6-1-9)。厄斯金和克罗尔都坚持,建筑师不是名流职业,应和业主与使用者开展对话,并使他们参与到设计决策与房屋的建造过程中。从两个项目的最后结果可以看到,建筑并不存在完整规则的立面,每一个局部的色彩、材料、形式和比例都由住户自己决定,因此也被称为拼贴的建筑。

图 6-1-8　拜克墙社会住宅综合体

图 6-1-9　鲁汶大学医学院住宅楼

荷兰建筑师 N. 哈布拉肯（Nicolas Habrakan）领导的建筑研究机构创造了一种称为"支撑体系大众住宅"（SAR-Sticking Architecten Research）的住宅模式。他们创造性地使用工业化建造技术，使高技派人物弗里德曼的开放式基础结构以及活动建筑学的畅想得到了合乎逻辑的成果，更使"公众参与"（public participation）的设计思想真正付诸实践（图 6-1-10）。

图 6-1-10　支撑体系住宅，帕本德莱西特（Pan-pendrecht）小区

20 世纪 70 年代初，荷兰结构主义学派的实践探索也开始了建筑形式创造的新思维，其关怀建筑社会向度的意愿与前两者是共同的。结构主义学派以范·艾克和 H. 赫茨贝格为代表，认为建筑师的任务并不是提供任何现成结论，而应提供空间框架，最终由使用者

自己选择、占有并呈现特征。结构主义学派最著名的实例就是赫茨贝格设计的在荷兰的中央贝赫保险公司大楼（图见第五章第 250 页）。

当然，建筑强调人文关怀的这种转变并没有抑制建筑技术的继续发展，对技术世界充满乐观主义的高技派（High-Tech）传统仍然在延续。但是，在普遍认识到夸大技术力量对社会文化领域造成的不幸后果后，这一时期的建筑师对技术的热情已经不再投入到制造巨型结构的幻想之中，而是转向通过技术手段解决各种建筑使用问题的设计创造。如英国建筑师 N. 福斯特的建筑，利用大空间组织建立了自然调节高层建筑室内气候的设计模式。1980 年代引起轰动的努维尔设计的巴黎阿拉伯世界研究中心卓越的立面形式创造，证实了"高度技术"与"高度感人"的融合已不仅仅是一种梦想。当然，20 世纪末高度技术对建筑发展带来最大机遇也是最大挑战的，必定是无可阻挡的电脑技术，一些被称为"解构主义"建筑师的作品已经清楚地显示了，如果脱离这种技术，他们的众多设计无法产生，或只能成为实验室里的梦想。而且更应该看到的是，这一技术为建筑所带来的变化已经超越了美学层面，它有可能将是对整个设计方式，甚至人类生活环境建造的全新观念。

以下的七个小节将分别以"后现代主义"、"新理性主义"、"新地域主义"、"解构主义"、"高技派的新发展"、"新现代"以及"简约的设计倾向"为主题，试图以大致的时间线索对现代主义之后最受关注、最有影响的建筑思潮、建筑观念与建筑设计以及其产生的原因进行比较全面的介绍与论述，以之勾勒出所谓的后现代时期主要的建筑状况与建筑思考。

需要再一次强调的是，后现代时期的建筑状况总体上呈现出更多的人文关怀，是无法与其所处的广大社会文化背景相脱离的。二次大战以后，由众多文化艺术领域出现的新生事物既混杂又保持异质共存的状态，但都与现代主义有着质的不同。A. 沃霍尔（Andy Warhol）的绘画、J. 凯奇（John Cage）的音乐、P. 格拉斯（Phil Glass）与 T. 赖利（Terry Riley）将古典和通俗加以综合的作曲、彭克和新浪潮滚石乐、戈达尔（Jean-Luc Goddard）和后戈达尔的电影及法国的新小说等，共同构成后现代主义的万千景象。理论家 F. 詹姆逊（Fredric Jameson）将后现代主义解释为一种"晚期资本主义的文化逻辑"，并以"审美通俗化"、"深度感的消失"、"拼盘杂烩"、"历史感危机"等一系列术语来描绘后现代文化的整体特征。最早使用"后现代"这一历史文化分期术语的美国文学评论家、社会学家 I. 哈桑（Ihab Hassan）也用一系列相互对照的词语和概念来对比现代主义与后现代主义，总结出后现代主义文化的基本特征，如"游戏"、"无序状态"、"无意偶然"、"反创造/解构"、"不确定性"等等[1]。

建筑的状况很难说与此完全对应，但所呈现的复杂性和特征性却也与此十分相关。事实上，以下的主题分类只是认识现象、理解 20 世纪末国外建筑现状的一种途径，但却无法完全准确地描述历史的整体现象，因为传统编年史的观念与方法在面对多元化时代的文化所遭遇的困境已经完全无法避免了。本章节选择的内容力图具有代表性与典型性，但也能毫不奇怪地发现，同一个建筑师，由于其创作理念的变化，在不同时期出现在不同

---

[1] 盛宁，《人文困惑与反思》，生活读书新知三联书店，1997，第 212、204 页。

的设计倾向中。此外，即使归入一种倾向或思潮的建筑师，也一定要关注他们之间的差异性。有时，一种倾向的界定是一些或某个理论家解说现象的方法，并且很容易滑向风格的泥潭。由于篇幅原因，尚有许多出色的建筑师、建筑作品甚至建筑流派无法列入。这里，对于建筑师在建筑思潮或流派中的归类方式，并不存在一种绝对性。可以说，关注个体的思想与实践与关注思潮的原由几乎同样重要。所以，本章节的编著更强调以作品的特征和设计的用意向读者呈现这一时期建筑发展的种种现象，而非人物派别的对号入座。

## 第二节 后现代主义

西方建筑界出现的所谓后现代主义与整个西方学术界所讨论的后现代时期的种种理论有一定的关系，但又不完全一致。在建筑界，它是指 20 世纪 60 年代后期开始，由部分建筑师和理论家以一系列批判现代建筑派的理论与实践而推动形成的建筑思潮，它既出现在西方世界开始对现代主义提出广泛质疑的时代背景中，又有其自身发展的特点。到 80 年代，当后现代主义的作品在西方建筑界引起广泛关注时，它更多地被用来描述一种乐于吸收各种历史建筑元素、并运用讽喻手法的折衷风格，因此，它后来也被称作后现代古典主义(Postmodern-classicism)，或称作后现代形式主义(Postmodern-formalism)。应该说，美国是形成这股思潮的中心，因此，了解与认识建筑中的后现代主义，也将从思潮中最有影响的一些美国建筑师谈起。

美国费城的建筑师与建筑理论家文图里在 1966 年发表的《建筑的复杂性与矛盾性》一书，是最早对现代建筑公开宣战的建筑理论著作，文图里也因此成为后现代主义思潮的核心人物。在书的一开始，文图里就对正统现代建筑大胆挑战，抨击现代建筑所提倡的理性主义片面强调功能与技术的作用而忽视了建筑在真实世界中所包含的矛盾性与复杂性。他认为，建筑师的义务就是"必须决定如何去解决问题而不是决定想解决什么问题"，而现代派建筑师是排斥复杂的，密斯·范·德·罗"少就是多"(Less is more.)的论点就是对复杂性的否定，这是"要冒建筑脱离生活经验和社会需要的风险"的❶。因此，他针锋相对地提出"少是厌烦"(Less is a bore)❷。文图里提倡一种复杂而有活力的建筑，他甚至直接表明，"我喜欢基本要素混杂而不要'纯粹'，折衷而不要'干净'，扭曲而不要'直率'，含糊而不要'分明'，……宁可迁就也不要排斥，宁可过多也不要简单，既要旧的也要创新"等等，赞成"杂乱而有活力胜过明显的统一"❸。接着，凭借对历史建筑的丰富知识，他在书中通过许多实例与相关艺术的分析，进一步阐释建筑中种种矛盾现象的存在。他指出，建筑的不定性是普遍存在的，形式与内容，实体与意义等等之间，都有来回摇摆的关系，而一些内在的冲突是以生活不定为基础的，也恰恰能提供建筑的丰富性。因此，他赞成包含多个矛盾层次的设计，提出"兼容并蓄"(both-and)、对立统一的设计策略和模棱两可的设计方法。而且，不仅建筑形式的理解如此，对功能的理解也不例外，一幢建筑或一间房间都会是多功能的。由此，文图里大大质疑了现代派建筑师"在极

---

❶❷❸ 《建筑的复杂性与矛盾性》，[美]罗伯特·文图里著，周卜颐译，1991，中国建筑工业出版社。

为紊乱的时代中建立法则"的想法，指出"一切由人为制定的法则极为局限"❶，设计应该适应矛盾，建筑师的任务应该是"对困难的总体负责"。值得特别关注的是，文图里在书中引用了大量西方历史建筑的实例来阐述他的观点与设计主张，从古罗马到巴洛克，从波洛米尼到高迪，甚至还包括现代派建筑师勒·柯比西埃的一些作品。众多历史建筑都成为他提倡兼容并存的设计方法的精彩论证，同时也预示了这样一个重要的事实，那就是，相对于现代派建筑师，后现代的建筑师们对待历史与传统的态度发生了根本的转变。文图里在书中直接提出了对传统的关注，他认为"在建筑中运用传统既有实用价值，又有表现艺术的价值"❷。不仅如此，传统要素的吸收还对环境意义的形成产生影响，他甚至提出，民间艺术对城市规划的方法另有深刻的意义。文图里的著作提出的种种观点是具有深刻内涵的，其中对现代建筑的深层批判对于理解这个时代建筑思想的转变具有极其重要的意义。建筑理论家 V. 斯卡利把这本书称为"1923年勒·柯比西埃写了《走向新建筑》以来有关建筑发展的最重要的著作"❸。

文图里不仅是理论家，还在实践中贯穿自己的建筑主张。他的事务所主要成员包括他的妻子 D. 斯科特-布朗（Denis Scott-Brown，1931~ ）和劳奇（John Rauch，1930~ ）。他早期最有代表性的作品是与劳奇在1962年合作设计的宾州栗子山**文图里母亲住宅**（ Vanna Venturi House, Chestnut Hill, Pa. USA, 1962年，图6-2-1）。文图里称"这是一座承认建筑复杂性和矛盾性的建筑"，因为它"既复杂又简单，既开敞又封闭，既大又小"❹。确实，这座建筑在许多方面显得模棱两可，平面或立面似对称又不对称，形式似传统又并不传统。最特别的是，它的正立面是山墙，但山墙的顶部又是断裂的，墙中央的门洞被放大了，但真正的门却偏在一边。门洞的墙内侧刚好是起居室的中心，壁炉和楼梯结合在一起，形式特别。文图里把它们看作两个互争中心地位的要素，一边是形状歪扭的壁炉及微微偏向

（a）立面

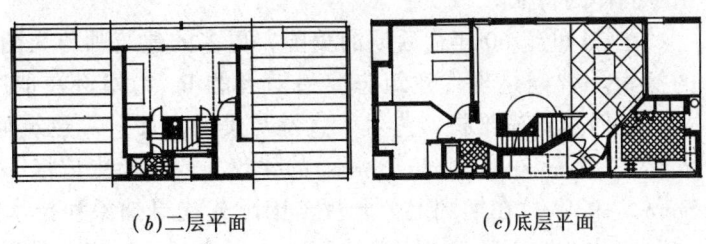

（b）二层平面　　　　　（c）底层平面

图6-2-1　宾州栗子山文图里母亲住宅

---

❶❷❸❹　《建筑的复杂性与矛盾性》，[美] 罗伯特·文图里著，周卜颐译，1991，中国建筑工业出版社。

一边的烟囱,另一边是楼梯。楼梯因遇到烟囱宽度突然变窄,踏步跟着偏歪。他以这样的处理方式来达到所谓的二元统一。文图里还称这住宅是"大尺度的小房子",他把一些构件或元素的尺度放大,如室内的壁炉、椅子扶手以及外部的入口、窗以及抹灰墙上抽象的线角等,从而使建筑真正的尺度感变得暧昧。他认为"在小房子上把复杂与小尺度结合意味着琐碎"❶,而在小建筑上用大尺度从而达到一种对立统一,才能获得建筑的平衡。可以清楚地看到,在这个作品中,文图里至少在两个方面脱离了以往现代建筑师的设计准则,一是他以强调建筑的不定性来对抗现代建筑的确定性和绝对的功能原则,二是他包容了现代建筑所排斥的传统建

(a)立面

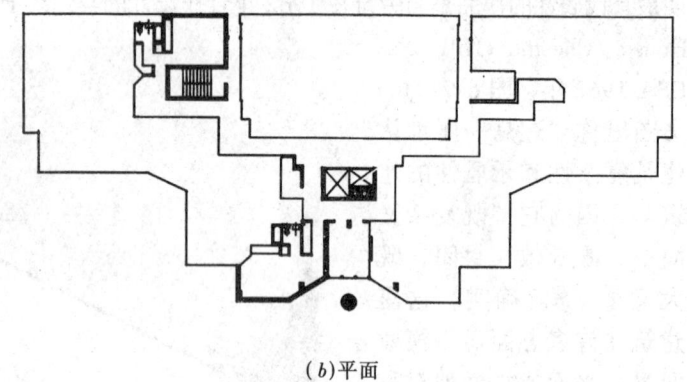

(b)平面

图6-2-2 老年人公寓

筑要素,并以诙谐的方式引用到了自己的设计中。在他的另一个作品**老年人公寓**(Guild House, Retirement Home, Philadelphia, Pa. USA. 1960~1963年,图6-2-2)的设计中也表现出了同样的特征。

在20世纪60年代后期的美国,更多的建筑师与文图里一样,开始了批判现代建筑的探索。曾经是现代建筑忠实追随者的P. 约翰逊在他广泛的演讲中开始反对功能主义,提倡建筑应维护"艺术、直觉与美的真谛"。建筑师C. 穆尔声称要探索依据"拟人形态"(anthropomorphic forms)的建筑,或"历史记忆"的建筑。建筑师斯特恩(Robert Stern, 1939~ )在期刊上公开抨击国际式建筑抽象和技术的定位,提出建筑应是"联想的"(associational)、"感觉的"(perceptional),应立足于文化之中,要达到这些,一方面应回归历史,另一方面要有意识地引入新含义的形式,并以折衷的方式将其拼贴和重

---

❶ 《建筑的复杂性与矛盾性》,[美]罗伯特·文图里著,周卜颐译,1991,中国建筑工业出版社。

叠起来。

后现代主义真正成为被广泛关注的思潮是在20世纪70年代后期，这与更多的理论著作的出现和一系列对现代主义原则离经叛道的建筑作品的出场密不可分。文图里与其夫人斯科特-布朗和社会学家H.甘（Herbert Gan）共同探讨，并于1972年又发表了他的第二本书《向拉斯维加斯学习》，进一步发展了他的理论学说。书中，文图里把视线转向了通俗的大众文化，他提出应关注美国充满广告牌的商业景观，认为拉斯维加斯的赌场和巨型招牌是汽车文化时代恰当的形式。他还进一步断言，对于大多数建筑，装饰了的棚屋（decorated shed）与拒绝装饰的英雄主义式的现代建筑相比，是更为合理的形式选择。很显然，文图里的这些思想与当时整个西方文化艺术中的反叛浪潮有关，并直接受到波普艺术（Pop Art）这样的艺术观念与美学的影响。这一时期的艺术反叛者认为，现代派英雄式的艺术家虽然创造了个性化的艺术品，却是永远不能普及的作品。而在充满广告与商业信息的社会里，文化中可选择的东西是多种多样的，高雅文化与低级趣味（kitsch）之间并没有绝对的界线和高低之分。于是，从广告到日常生活中的现成品都成为波普艺术的题材，而拼贴（collage）也成为通俗艺术的典型手法。无论是文化观念还是美学途径，这些特征都在后现代主义的建筑实践中逐渐呈现出来。

20世纪70年代后期，美国出现了不少令建筑界广泛关注的作品，这些作品真的将斯特恩所说的拼贴、重叠、回归历史以及文图里的通俗文化和装饰外壳付诸实践，并完全背离了现代建筑形式忠实于功能的美学准则。在美国路易斯安那州的新奥尔良市边缘，有一个集商店、餐饮及居住等功能为一体的开发项目，名为意大利广场，主要是为当地意大利后裔和移民规划设计的。广场中心的**圣·约瑟夫喷泉小广场**（St. Joseph's Fountain in the Piazza d' Italia in New Orleans,

图6-2-3　圣·约瑟夫喷泉广场

USA，1975～1978年，图6-2-3），因其极为夸张的设计手法而成为褒贬不一的后现代主义作品，这就是后现代的另一位代表人物C.摩尔的作品。这个小广场由公共场地、柱廊、喷泉、钟塔、凉亭和拱门组成，充满了古典建筑的片段，却全然没有古典建筑的肃穆气氛。广场地面是黑白相间的同心圆弧铺地，喷泉穿入其间，形状是意大利地图，五个柱廊片段围绕圆心，并赋上了红、橙、黄等鲜亮颜色。夜晚，柱廊的轮廓又被闪烁的霓虹灯勾勒出来。柱廊上可以找到古典柱式的各种样式，但柱头的一部分又由不锈钢材料代替而变得具有调侃意味。最"出格"的是摩尔的合作者还把摩尔的头像放在了柱廊的壁檐上，口中不断喷出水来。整个场面实在是有点庸俗离奇，但又热情欢快，它确实让虚幻与真实、历史与现实以及经典与通俗走到了一起。

1978年，曾是现代建筑运动积极倡导者的P.约翰逊设计并建造在纽约麦迪逊大街上的**美国电话电报公司**（AT&T Building, New York, USA, 1978～1983年，图6-2-4）总部大楼，彻底改变了人们以往所熟悉的摩天楼形象。约翰逊这一创作生涯中的戏剧性转变毫无疑义为后现代主义增添了声势和影响。这幢摩天楼与以往的玻璃摩天楼完全不同，外墙大面积覆盖花岗岩，立面按古典方式分成三段，顶部是一个开有圆形缺口的巴洛克式的大山花，底部因中央设一高大拱门的对称构图令人想起布鲁内莱斯基的巴齐小礼拜堂；还有人把这座摩天楼比作恰蓬代尔（Chippendale）❶的立柜。显然，设计师想使摩天楼告别玻璃与钢的模式，重新对20世纪初纽约城里尚未脱离传统形式的石头建筑作出回应。

这一时期接连出现的一批批判现代建筑的理论著作再一次对这股思潮的兴起产生了推波助澜的作用，如P.布莱克（Peter Blake）的《形式追随失败》（Form Follows Fiasco）、B.布罗林（Brent Brolin）的《现代建筑的失败》（The Failure of Modern Architecture）等，一些评论家和理论家如斯卡利、P.戈德伯格（Paul Goldberger）等人事实上已经在为不断出现的后现代建筑师的作品进行观念与理论的建树。这里特别引人关注的是建筑理论家C.詹克斯在1977年发表的《后现代建筑语言》（The Language of Post-modern Architecture）。詹克斯是最早正式给建筑中的后现代主义下定义的人，并真正使这一名称在建筑界广泛流传。在书中，詹克斯首先以一种戏剧性的方式宣告现代建筑已经死亡，然后通过对比，将他认为更加合理的后现代建筑的各种特征呈现出来。他指出，相对于现代主义的单一价值取向，后现代包含了多重价值；现代主义信奉普世的真理，而后现代却关注历史与地方文脉；现代主义注重技术与功能，而后现代却关心乡土的和隐喻的方面，赞赏模糊不定。詹克斯对于后现代建筑语言的阐述明显地吸纳了符号学的理论与方法，他认为，过于强调技术与功能的现代建筑所缺乏的正是建筑应具备的传达意义的交流特征。建筑的形式应是可以联想的，而体现多价取向的后现代建筑的要点"就是它本身的两重性"，詹克斯将此称为"双重译码"（double coding），他的解释是"一种有职业根基的同时是大众化的建筑艺术，它以新技术与老样式为基础"❷。

---

❶ 18世纪英国著名的家具设计师。

❷ C.詹克斯《什么是后现代主义?》，李大夏译，中国建筑工业出版社，1984，第11页。

## 第二节 后现代主义

的确，从实践来看，后现代建筑所体现的最显著的特征之一就是热衷于运用历史建筑元素，尤其是古典建筑元素。于是，有人认为，这一思潮冠以后现代古典主义的名称更为贴切。当然，它们吸取通俗文化的特征同样突显。建筑师 M. 格雷夫斯的作品正是这种形式的典型。格雷夫斯 20 世纪 80 年代初为俄勒冈波特兰市设计的**波特兰市市政厅**(the Public Service Building in Portland, Oregon, USA, 1980~1982 年，图 6-2-5)曾使建筑界哗然，这座建筑也几乎成为后现代主义的标志。建筑形似一个笨重的方盒子，上下分成三段，立面以实体墙面为主，色彩艳丽丰富，似一幅抽象派拼贴画。尤其突出的是从古典建筑拱心石及古典柱式中演绎出来的各种构图，是格氏最喜爱使用的图形。格氏的作品似乎为后现代建筑树立起了一种最典型的风格范式，他一时间也成为后现代主义思潮中的明星人物。这幢建筑将以往现代办公楼简洁冰冷的形式完全打破，它带来了从新古典主义到装饰艺术风格的众多历史联想，但又明显地让人感到像一幅通俗的招贴画。从某种程度上说，它的确使一幢城市中极为重要的公共建筑实现了既出自专业人员之手又使大众简明易懂的后现代设计理想。

图 6-2-4　美国电话电报公司总部大楼

图 6-2-5　俄勒冈波特兰市市政厅

在大多数欧洲人眼中，美国的这些后现代建筑的实践只是一种迎合商业社会的媚俗之举。然而，在欧洲同样出现的批判现代建筑的浪潮中，许多现象也是与美国的后现代主义有所相近的。一些建筑师公开表示与现代建筑决裂，如 1964 年成立的罗马建筑师和规划师协会(GRAU)就是这种倾向的代表。当时，意大利设计界与建筑界重新对现代运动之前的新艺术运动及其作品表示出了极大兴趣，并强调历史意识的恢复。罗马建筑师及建筑历史学家 P. 波托盖西(Paolo Portoghesi, 1931~)将自己的建筑设计与历史上的各种建筑风格联系在一起, 形成了一种富有浪漫精神的折衷主义创作道路。他设计的巴尔第住宅(Casa Baldi, near Rome, Italy, 1959 年, 图 6-2-6)呈现出了巴洛克与风格派的对立综合。他的许多作品都有连绵不断的弯曲墙面和天顶, 看似全新创造, 却又处处能捕捉到巴洛克大师波洛米尼的影子。

奥地利建筑师 H. 霍莱因(Hans Hollein, 1934~)的创作在引用古典语言和象征手法上也完全称得上是一位正统现代建筑的反叛人物。**奥地利维也纳旅行社**(Office of Austrian Tourist Bureau, Vienna, Austria, 1976~1980 年, 图 6-2-7)是其颇有影响的代表作。在这个为旅行社设计的营业大厅里, 霍莱因采用了舞台布景式的设计, 以很写实的手法布置了一组组风景片段, 以唤起旅行者们对异域风景的丰富联想: 破败的柱子象征着在希腊与意大利的旅行; 青铜顶的亭子代表印度, 代售戏票的柜台似舞台帷幕组成的剧场; 鸟代表了飞行; 还有摩洛哥的棕榈树, 等等。这些布景大都为金属制作, 这又提示了高技术在现代旅行中是必不可少的。

1980 年, 由波托盖西主持举办的那一届**威尼斯双年展**(Venice Biennale)推出了特别的主题: "过去的呈现"(The Presence of the Past)。参展建筑师有意识地聚集在这个双年展上, 将其具有共同特征的作品呈现给观众。这些作品大都引入历史建筑的形式语言, 但又是讽喻式的。不少人将这个展览看成是一次后现代建筑师在欧洲的公开大亮相(图 6-2-8)。

虽然, 相对于美国, 欧洲在对待这样的后现代主义思潮的反应要冷淡得多, 但

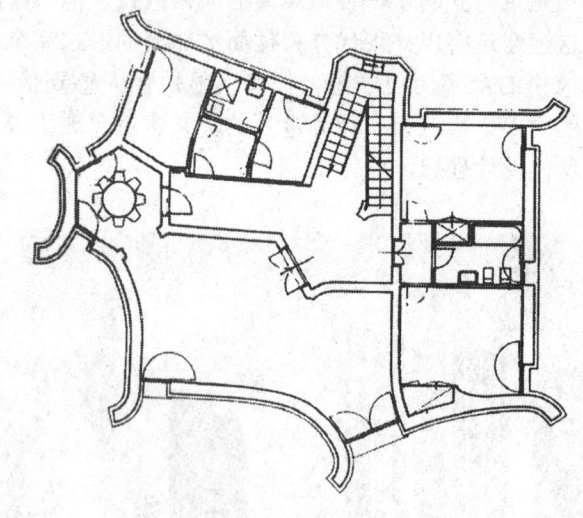

(a)平面

(b)外景

图 6-2-6 巴尔第住宅

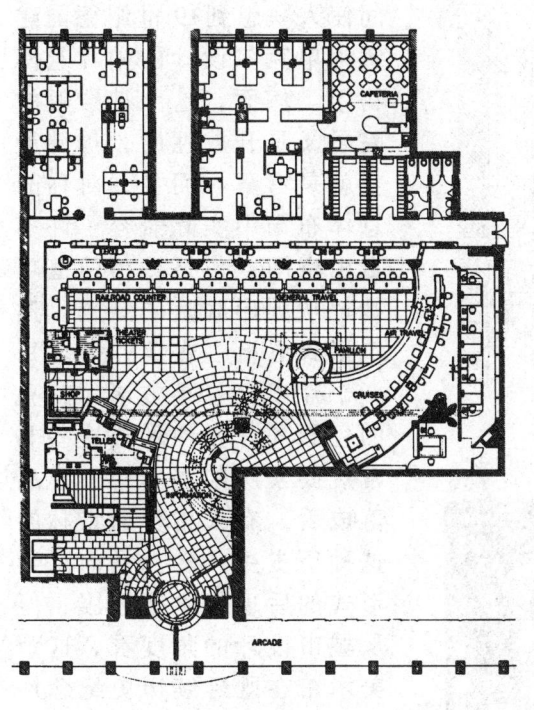

(a)平面　　　　　　　　　　　　(b)室内

图 6-2-7　奥地利维也纳旅行社

建筑师们重新关注城市历史文脉对建筑设计的影响是越来越普遍了。英国建筑师 J. 斯特林在 1982 年完成的德国**斯图加特的州立美术馆扩建工程**（Staatsgalerie Stuttgart Extension，1982 年，图 6-2-9）**扩建工程**显示了这位建筑师创作道路上的巨大转变，这件作品也在建筑界引起了不小的争议。新馆毗邻老馆，建于坡地上，面向一条喧闹的交通要道，新馆的建成除了满足本身功能要求外，还要安排一条原本就有的穿越新馆的城市公共步行道路。从形式上看，这个作品显然吸收了众多古典建筑元素。整座建筑以厚重的墙体为主，顶部有微微出挑的檐口，金色砂岩外墙贴面酷似古典建筑的石墙肌理。平面布局有明显的轴线关系，最突出的是围绕中心有一个圆形的庭院。这里，斯特林试图以新的方式使用历史元素，使博物馆获得一种古典建筑所具有的纪念性和仪式感。圆形空

图 6-2-8　1980 年威尼斯双年展上 DENNIS CROMPTON 的作品 Under the Shadow of Serlio(the missing forum scene from the Strada Novissima)

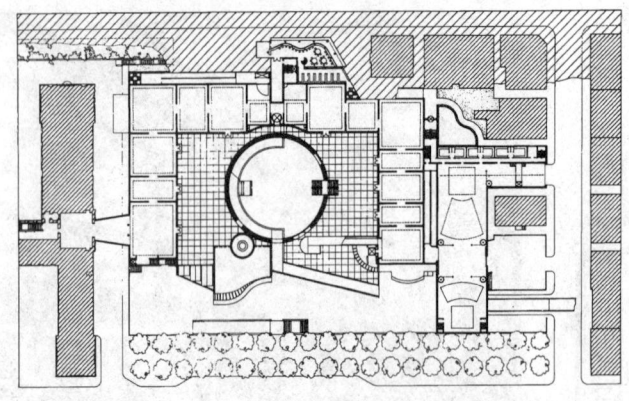

(a) 平面

(b) 鸟瞰图

图 6-2-9　德国斯图加特州立美术馆扩建

间使人联想到19世纪德国建筑师申克尔设计的柏林老博物馆。然而，这个神殿般的院子又是开放性的，仿佛天空就是穹窿，而且，对称的总体布局中实际兼容了许多自由空间，包括城市通道巧妙地从圆形庭院中穿越。建筑形式看上去古典，但在每一个片段又总是被诸如鲜亮的色彩和夸张的形式这些非常规要素所削弱。这个作品落成后，有人指责斯特林的这种历史主义转变是向玩弄形式的后现代主义屈服；但从城市设计的角度看，这个美术馆在既延续历史纪念性又创造开放的公共城市空间上做出了卓越的探索。

20世纪80年代，德国柏林又一次成为住宅设计探索的舞台。不过，这次众建筑师的亮相与20世纪20年代的斯图加特魏森霍夫住宅展和20世纪50年代的柏林现代住宅建筑展全然不同，可以说，这是一次后现代时期建筑师作品的大汇展。这个与城市大规模建筑活动结合的**国际建筑展**（International Building Exhibition, Berlin, Germany, 1987年，德语简称 IBA，图 6-2-10）是由柏林当局为柏林建城750年举办的。展览的主题叫"作为生活场所的内城" The Inner City as a Place for Living）。可以看到，在全新的政治、社会与经济形势下，对住宅展的期望已与过去完全不同，对新建筑关联城市的过去与未来发展的认识也全然不同了。参展的大部分建筑师都是后现代时期的活跃人物。他们在设计中引入了许多传统元素，无论是邻里空间，还是建筑风格，都努力建立着与城市历史的关联性，以此响应这个展览不是规划新区，而是修补城市的宗旨。

关注历史元素和使用隐喻方式的设计探索在日本建筑师中也有回应，矶崎新（Arata Isozaki，1931~）就是一个重要代表。矶崎新曾是丹下健三的学生，也曾是60年代日本新陈代谢派的成员。但70年代后期，他渐渐转变设计方向，关注于自称为引用和隐喻的建筑（an architecture of quotation and metaphor），代表作品就是他设计建

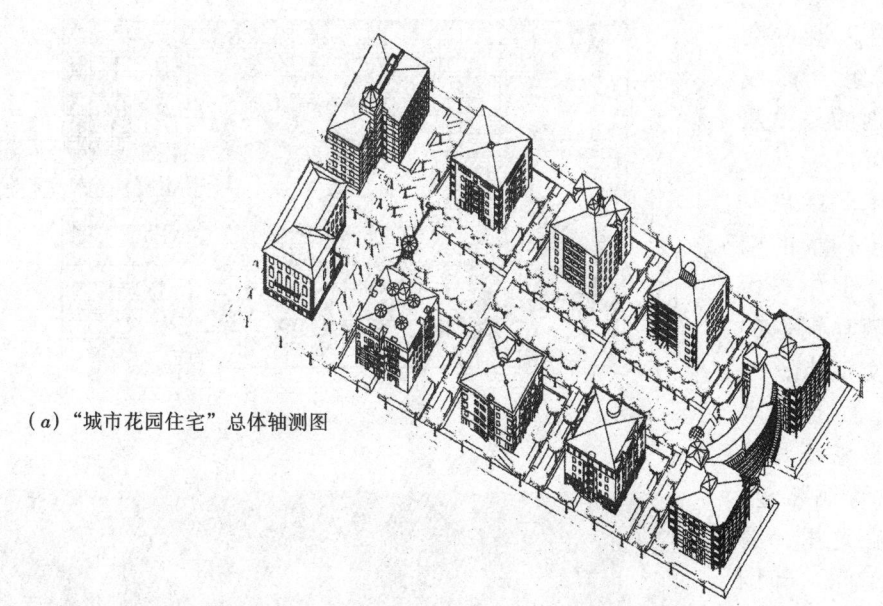

(a)"城市花园住宅"总体轴测图

(b)R. 克里尔的作品

(c)H. 霍莱因的作品

图6-2-10　柏林国际建筑展项目之一,"城市花园住宅"(Urban Villas, Rauchstrasse 4~10, Berlin, Germany, 1983~1984年)

造的**筑波城市政大厦**(Tsukuba Civic Center, Japan, 1979~1982年,图6-2-11)。矶崎新认为,历史建筑的形式原理和方法事实上在产生现代建筑作品的整体上有着重要作用,"建筑的创作方法是对已建成的建筑档案库进行引用和增补的转换工作"[1]。矶崎新在实践中表现出了强烈的手法主义倾向,按他自己的解释,筑波中心所呈现的是一幅包括从米开朗琪罗、勒杜、勒·柯比西埃一直到摩尔在内的群体肖像画,而这幅肖像画又是由形形色色的各种历史片段从它们"原本文脉关系中撕

---

[1] 邱秀文等编译,《矶崎新》,1994,中国建筑工业出版社,第104页。

拉出来"❶，再以既冲突又谐和的方式组合而成的。中心最特别的是由建筑群围绕的下沉广场，显然部分复制了米开朗琪罗在罗马的卡比多广场的椭圆形地面图形，但中央代替古罗马皇帝骑马铜像的是两股水流的交汇点，一股来自光滑石面上的水幕，另一股来自象征月桂女神的月桂树（青铜雕塑）下的礁石中。在这里，看似极有秩序的空间，却围绕了一个空虚的中心，设计结构作了逆转和倒置的处理，历史元素也因此转入了一种新创造的文脉关系。

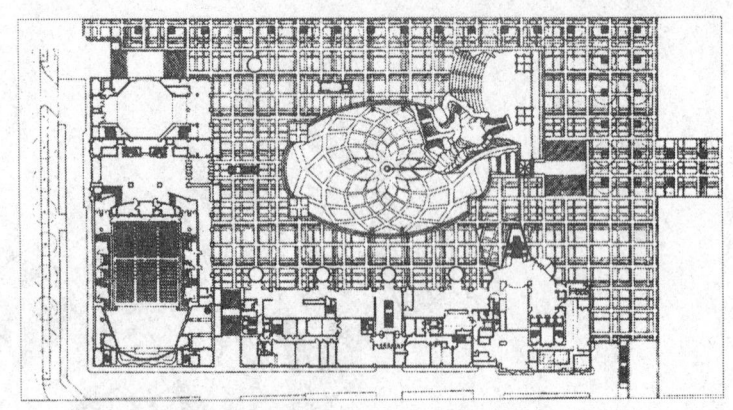

(a) 平面

(b) 外观

图 6-2-11　筑波城市政大厦

建筑师斯特恩曾将这样一些后现代建筑的特征总结为"文脉主义"(contextualism)、"引喻主义"(allusionalism)和"装饰主义"(ornamentalism)。虽然，这些所谓的后现代建筑师大多数并不愿意别人给自己贴上后现代主义的标签，但他们的实践确实呈现出了这样一些基本的共同特征：首先是回归历史，喜用古典建筑元素；其次是追求隐喻的设计手法，以各种符号的广泛使用和装饰手段来强调建筑形式的含义及象征作用；再就是走向大众与通俗文化，戏谑地使用古典元素，如商业环境中的现成品、卡通形象以及儿童喜爱的鲜亮色彩可以一并出现在建筑中；最终，后现代主义的开放性使其并不排斥似乎也将成为历史的现代建筑。因此，詹克斯把后现代归纳为激进的折衷主义(Radical Eclecticism)❷。

的确，后现代主义重新确立了历史传统的价值，承认建筑形式有其技术与功能逻辑之外独立存在的联想及象征的含义，恢复了装饰在建筑中的合理地位，并树立起了兼容并蓄

---

❶ 邱秀文等编译，《矶崎新》，1994，中国建筑工业出版社，第 104 页。
❷ 见 C. 詹克斯《后现代建筑语言》，李大夏译，中国建筑工业出版社，1986。

的多元文化价值观,这从根本上弥补了现代建筑的一些不足。当然,这股思潮在实践上形成的种种形式设计特征也并不是孤立和偶然的,建筑历史研究、符号学的发展以及 20 世纪 60 年代的波普艺术都对此产生了直接的影响。

不过,众多现象也清楚地表明,这段时期的后现代主义在实践中基本停留在形式的层面上而没有更为深刻的内容,因此,后现代主义趋向于越来越与一种风格划上等号。80 年代后期,这股思潮大大降温。对于曾经引起广泛关注的这些后现代建筑的代表作品也从一开始就是极有争议的,不少人认为它们只是些滥用符号、玩弄手法和像舞台布景似的时髦玩意。确实,当部分后现代的设计语言成为制造时尚的工具时,它便极其自然地与商业娱乐世界结成联姻,最典型的就是迪斯尼公司在佛罗里达所开发建设的大型度假娱乐中心,其中格雷夫斯设计的**海豚旅馆与天鹅旅馆**(Swan Hotel and Dauphin Hotel, Walt Disney World, Florida, USA, 1987~1991 年,图 6-2-12)的确是历史主义与通俗文化联手的一次凯旋。难怪越来越多的人认为,把此类所谓的后现代主义思潮称作后现代古典主义或后现代形式主义可能要显得贴切得多。

图 6-2-12　海豚旅馆与天鹅旅馆

## 第三节　新理性主义

从总体上看,20 世纪 60 年代后期在西方出现的批判现代建筑的思潮中,欧洲和美国的情形有所不同。在欧洲,上述所谓的后现代主义并没有引起太多的响应,而与其几乎同时出现的意大利新理性主义运动(Italian Neorationalist Movement)却形成了一股颇有影响力的建筑思潮。新理性主义(New Rationa Lism)也称坦丹札学派( La Tendenza),它的代表人物就是意大利建筑师、建筑理论家 A. 罗西。

从表面上看，新理性主义运动与后现代古典主义有许多共同之处，它的理论关注点是围绕着建筑的历史与传统问题展开的，它的众多实践作品也体现了强烈的历史传统意识。但事实上，新理性主义运动对于建筑的思考在深层次上是与以美国为代表的那些广泛吸收古典建筑元素以及各种历史符号的后现代建筑不尽相同的，它要寻找的是一种基于文化与历史的发展逻辑来建立的、合乎理性的建筑生成原则。

意大利成为新理性主义运动的发源地并非偶然。早在20世纪20年代，欧洲的现代建筑运动方兴未艾，当时的意大利也涌现出了一批非常积极的探索者。然而，同样是寻找新时代的建筑发展之路，与以勒·柯比西埃为代表的激进的先锋派们所持的主张有所不同的是，他们想把意大利古典建筑的民族传统价值与机器时代的结构逻辑进行新的更具理性的综合，这也就是以 G. 特拉尼为代表的、被称为意大利理性建筑运动(M. I. A. R.)的7人小组(Gruppo 7)的基本思想。60年代开始的新理性主义运动很大程度上是在继承那一时期思想理论基础上发展起来的。更主要的是，战后的意大利在社会政治领域始终难以建立一种稳定性，围绕大城市发展的城郊社区呈现出无序状态。而且，60年代末遍及西方世界的向正统和权威挑战的反叛文化浪潮，一方面拓展了迈向多元文化的发展道路，而另一方面也出现了信念破碎后的彷徨，甚至走向悲观主义。在这种危机中，建筑界又开始呼唤向传统职业价值的回归。于是，以罗西和 G. 格拉希(Giorgio Grassi, 1935~)为代表的意大利建筑师们便开始了"回归秩序"(retour à l'ordre)❶的建筑探索，并很快在建筑界引起关注。这就是新理性主义产生的又一背景。

新理性主义的兴起以两部重要理论著作的发表为标志。一是1966年罗西的《城市建筑》，另一部是格拉希的《建筑的结构逻辑》(La Construzion Logica dell'Architettura)。在他们的理论中，回归秩序的途径就是引用从类推法而产生的类型分析方法(analysis of typologies)，其中以罗西的类型学理论最有影响。虽然，在西方建筑学的历史中，早在18世纪就有类型学的研究，但罗西的类型学方法与以往有所不同。他超越了一般关于建筑性质特征的识别与认同的讨论，而是把建筑现象归源于人类普遍的建筑经验的心理积存。罗西认为，建筑的本质是文化的产物，建筑的生成联系着一种深层结构，而这种深层结构存在于由城市历史积淀的集体记忆之中，是一种"集体无意识"，它隐藏了共同的价值观念，具有一种文化中的原型(prototype)特征。这就是他对类型的理解。

基于这样的认识，罗西认为，城市的建筑可以简约到几种基本类型，而建筑的形式语言也可以简约到几个最典型的、简单的几何元素；但这些基本类型和典型元素存在于历史形成的传统城市建筑中，是从这些建筑中抽取的。在罗西看来，传统的城市建筑潜藏着一些历史积淀形成的基本原则，从宫殿到住宅，这些原则决定着这个城市所有建筑的形式特征。

罗西于1971年与一位建筑师合作、在全国竞赛中获胜的**圣·卡塔多公墓**(San Cataldo Cemetery, Modena, Italy, 1971~1976年，1980~1985年，图6-3-1)设计，是他类型学理论的一次典型实践。这是为原有的一个公墓所做的扩建工程。整个墓地被围入一个正方形

---

❶ 1926年由法国艺术家、作家科克多(Jean Cocteau, 1889-1963年)写的一篇文章的题目，这篇文章表达了作者反对当时艺术激进派的思想，号召重新回归传统秩序。

## 第三节 新理性主义

(a)灵堂外观

(b)长廊局部

(c)公墓设计表现图

图 6-3-1　圣·卡塔多公墓

场地，场地内又有一个正方形院落，长长的道路与拱廊规则地排列着。中央轴线上依次是公共墓冢、墓室和灵堂。灵堂是一个色彩艳丽的巨大立方体结构，其形式被抽象为普遍适宜的住宅概念，但又出人意料地与意大利北部的传统住宅极为相似，墙上开满窗洞，却没有屋顶与楼层。这个未完成的房子就像是一个被遗弃的废墟，一个"死亡的住屋"。公共墓冢的圆锥结构似一大烟囱，而以等边三角形层层排列的墓室就像人体躯干上的条条肋骨。墓冢、墓室和灵堂以古典三部曲的方式沿轴线排开，整个构图恰似一个脱离了生命与肉体的躯干，一副死亡者的骨架。

从这里可以看出，罗西的类型学方法有着两个关键的特征。一方面他立足于抽象的和形而上学的概念，试图建立一种绝对的、普遍而永恒的建筑形式原则；正方体、长方体或圆锥体等纯粹的几何体以及长长的拱廊和列柱不断地出现在他的作品中，因为他认为，在传统建筑中抽取的单纯几何体是现代语言表达古典建筑精神的最适宜的元素。另一方面，罗西又极为强调与一项设计任务相关的具体历史环境，立足于对传统建筑的学习和理解，从历史文化的积淀中形成对类型的认识，以寻找形式创造的依据。

对罗西来说，类型研究的一个关键就是去揭示建筑对于城市历史的依存关系，这在他著名的《城市建筑》一书中作了充分的论述。他站在城市历史主义的立场，认为建筑应存在于城市发展的历史逻辑中。因此，建筑形式的自然法则可以通过城市中建筑类型的研究获得（图6-3-2）。城市是历史的场所，人们记忆中的、历史性的以及其秩序性（orderliness）是其中最有价值的部分，是反映社会及文化习俗的"集体的表征"（collective representation），它们形成了一种"建筑构成的场所"（architectonic place）。这样，类型就是一种在城市中"历史性地形成的、亘古不变且无法再减的基本建筑要素"❶，而现代派的功能主义城市是完全无视这一切的。

罗西的另一个代表作，米兰的**格拉拉公寓**（Gallaratese 2 residential complex, Milan, Italy, 1970～1973年，图6-3-3）的设计也表达了他试图实现建筑构成场所的愿望。这是一个超乎寻常的长条形建筑，长182m，进深仅12m，由于地形高差而分成两部分。住宅的形式来自米兰传统出租房的意象，底层透空，住家大都在二楼以上，沿长走道两边布置。透空的底层一边

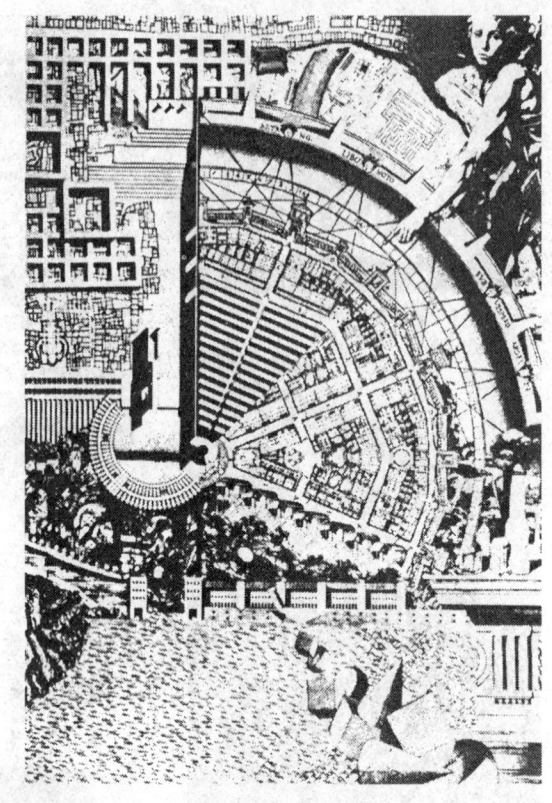

图6-3-2 "类比城市"

由落地的窗间墙支撑，另一边是纤细的列柱，建筑两部分的连接处是几根粗大的圆柱体立柱。无始无终的列柱形成了强烈的"廊"的感觉，"意味着一种浸透了日常琐事、家居的亲切感和变化多样的私人关系的生活方式"。但同时，建筑的形式又被简约到了最纯粹的层面，素面的外墙、正方形的窗洞、长方形的绵延不尽的柱廊以及圆柱体支柱，唤来了超越世俗的抽象与纯净，仿佛也维护了这一低造价住宅的尊严。

从功能主义的眼光来看，格拉拉公寓建筑有一个近乎虚假的立面，是典型的形式主义之作。而且，在卡塔多墓地中使用的纯粹几何形也同样出现在这幢为生者的建筑中，这似乎更是有悖常理的。然而罗西认为，坟墓作为死者的住屋从类型上是与住宅同归一处的，况且，对于建筑来说，保存秩序比适应功能更为重要。因此，建筑形式的赋予是有优先权的，这是"集合的表征"，是真正属于这一城市或这一场所的建筑。

罗西的理论继承了文艺复兴以来的西方建筑传统，而其作品中的抽象性与纯粹性又隐含着20世纪20年代现代派大师勒·柯比西埃和米兰现代建筑领袖人物G. 穆基奥（Giovanni Muzio）的影响。更有意义的是，20世纪60年代在西方现代建筑的种种理论与实践的信念受到极大动摇之时，罗西以其独特的方式重新建立起一种更具理性的建筑原

---

❶ A. Tzonis and L. Lefaivre, Architecture in Europe since 1968, Memory and Invention, Thames and Hudson, 1992, 第58页。

第三节 新理性主义

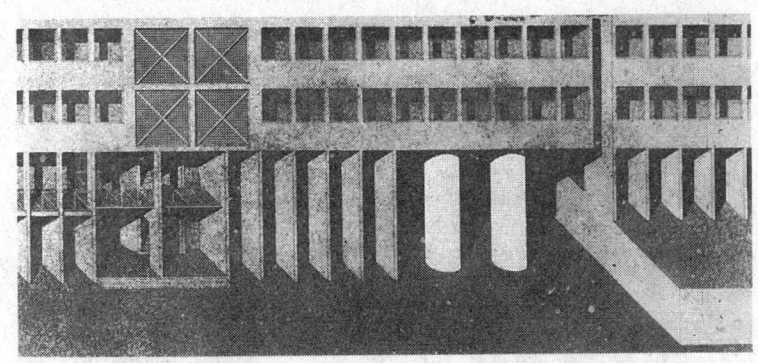

(a)立面表现图

(b)建成外观

图 6-3-3　米兰的格拉拉公寓

则。这种原则既揭示了现代建筑无视城市与建筑的历史关联，也唤回了众多建筑师们的职业信心。因此，罗西的理论在欧美广泛流传，并引来了众多的追随者。

20世纪80年代以后，罗西有更多的机会将他的类型分析方法扩展到各种公共建筑设计的实践领域。他为1980年威尼斯双年展设计的**水上剧场**(Teatro del Mondo, Venice, Italy, 1979年, 图 6-3-4)是其又一代表作。在这一建筑中，他把纯粹几何体的寂静与水城纪念建筑的欢快意象结合起来，使人既联想起文艺复兴时的剧场，又能追忆起中世纪的钟楼；蓝色的八角形屋顶仿佛是为附近圣玛丽亚教堂的大穹窿所作的现代阐释。城市纪念性主题一直贯穿在罗西的公共建筑中，无论是他设计的市政厅，还是博物馆，都传达着罗马建筑般的尊贵或帕拉第奥式的严谨。

罗西后期的作品日渐显现出了对更丰富的材质与构造的追求以及对地方历史的更戏剧性的提炼。在荷兰马斯特里赫特设计的**博尼芳丹博物馆**(Bonnefanten Museum, Maastricht, Holland, 1990~1994年, 图 6-3-5)中，罗西将来自当地的公共建筑、教会建筑和工业建筑的意象融为一体，高耸的砖墙可联想到厂房或传统街道，形成博物馆中心的是那个外包锌板的穹顶塔楼，似乎暗示着洗礼堂或钟楼的意象，却又像是在戏剧性地追忆这片土地作为制陶工厂的历史。

图 6-3-4  1980 威尼斯双年展水上剧场

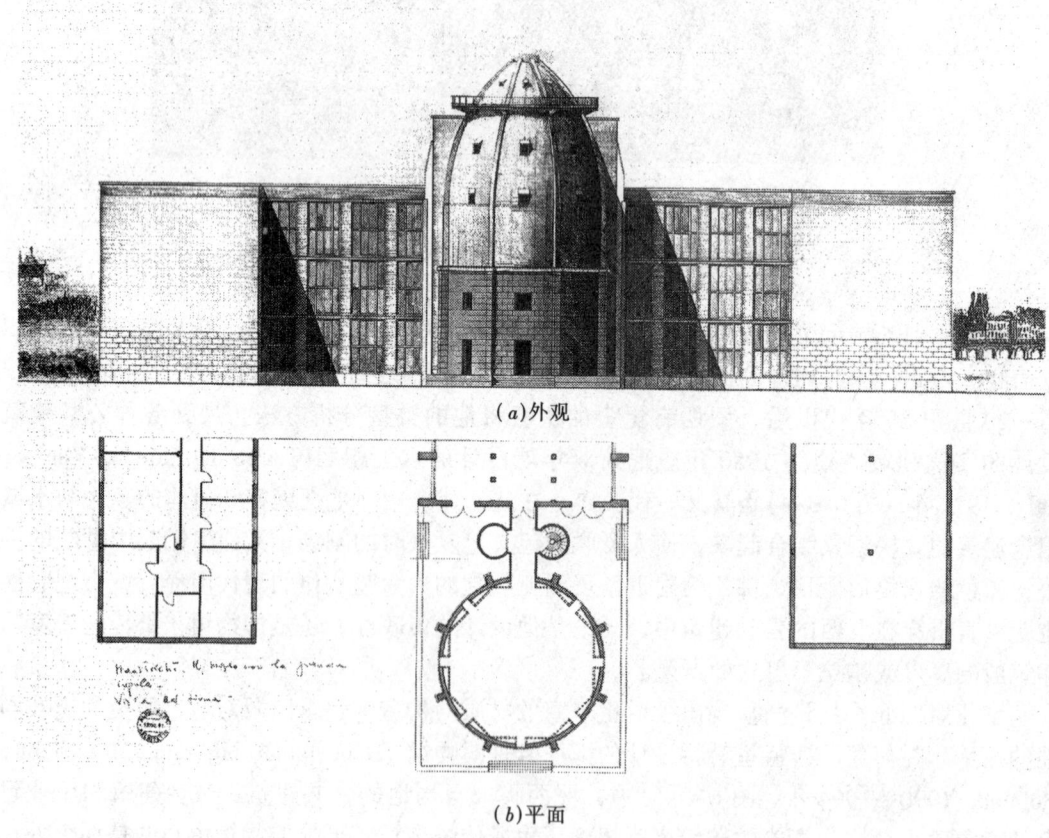

(a) 外观

(b) 平面

图 6-3-5  荷兰马斯特里赫特的博尼芳丹博物馆

### 第三节 新理性主义

建筑师及理论家格拉希也是这场运动中颇有建树的人物，他的著作《建筑的逻辑结构》是倡导新理性主义思想的又一力作。在泰奥拉城的重建设计中，他的类型学方法显现出了极为强烈的城市历史主义的态度。他把这个城市近期由于地震毁坏所带来的城市道路的巨大裂隙看作是与老教堂和城堡同样重要的活生生的城市纪念碑。因此，他使重建部分"像原来就是在这里的"，它们聚集在巨大的裂缝旁，只能是一些无法完整的片段。

新理性主义的探索还包含了意大利之外的一些重要的建筑师。在瑞士南部的提契诺地区，与彼邻的意大利北部有着共同的地域文化传统。几十年来，这里一直活跃着一支尝试将历史传统与现代建筑结合的建筑探索队伍，形成了所谓的提契诺学派（Ticenese School）。20世纪70年代以来备受关注的瑞士建筑师M. 博塔（Mario Botta，1943～）就是这个学派最有影响的代表人物。博塔早年就读于威尼斯建筑学院，曾在勒·柯比西埃的工作室学习过，还做过L. 卡恩的助手；这些经历都深深地印刻在他今后的实践生涯中。70年代，博塔从一系列的独立住宅设计中逐渐建立了自己在建筑界的影响。博塔是一位立足于实践的建筑师，但他的建筑思想却与罗西及其追随者们有着许多共同之处。一方面，博塔致力于以类型学的方法从历史中寻找建筑形式的逻辑表达，另一方面，他的作品也大都是由纯粹的几何体组成，体现着一种强烈的秩序感和古典精神。博塔的独特之处在于，他回应历史的策略是更多地关注提契诺地区的地域性历史文化特征，他"回归秩序"的途径是喜用单个完整的几何体，以减法的方式处理内部空间，建立建筑自身的完整世界。

**在圣·维塔莱河旁的住宅**（House at Riva San Vitale, Ticino, Switzerland，1972～1973年，图6-3-6）是博塔形成自己建筑道路的第一个重要作品。住宅是一个平面为正方形的棱柱体，坚实地矗立在山地上，但其入口是由一道凌空的钢桥与山体连接的。棱柱体或

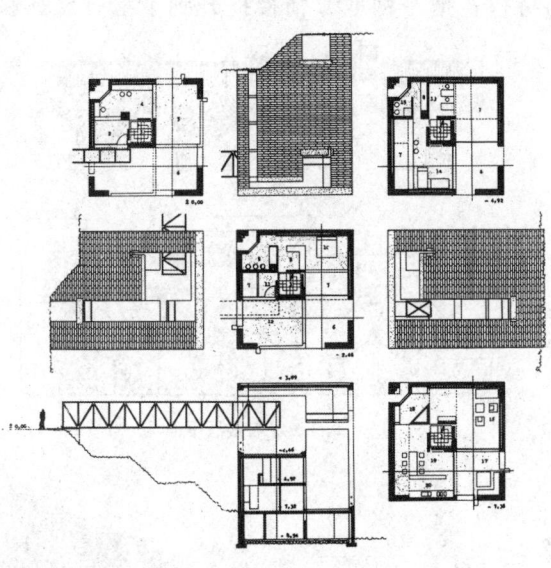

（a）平、立、剖面图

（b）外观

图6-3-6 圣·维塔莱河旁的住宅

圆柱体在他以后的系列住宅世界中一直出现，这种掩蔽而结实的单纯形体有返璞归真之感，可联想到当地传统建筑的干粮仓或瞭望塔。然而，过于严谨的几何体又明显地与场地保持着一种距离，博塔自称为这是一种建筑与环境的辨证游戏。一面是以表现几何形体力度、材料的雄浑以及构造与细部的优雅来唤回地方传统的价值，张扬地域建筑的品质；而另一面则是柏拉图式的几何形和笔直轻盈的红色钢桥强化着建筑的人工意味。这里，建筑的存在起到了重塑场地的作用，周围景观反而在这人工物的主宰中更加衬显了出来。建筑像获得了天赋的特权，把一种地方精神提升到了富有象征性的高贵境界。

博塔在许多城市公共建筑的设计中也体现出同样的思想与策略。在其代表作瑞士**卢加诺的戈塔尔多银行**（Bank of Gottardo, Lugano, Switzerland, 1982~1988年，图6-3-7）设计中，博塔既依赖都市的现实背景，又积极构筑银行自身的城市形象。银行沿街有四个独立的单元体，其间形成半围合式的城市庭院，与侧面的公园遥相呼应。而单元体的立面是一个个坚实的"面具"，隐射着城市中古老宫殿的建筑特征，也为银行自身建立了富有尊严的纪念碑形象。80年代后期起，博塔的业务不断扩展，1995年落成的**美国旧金山现代艺术博物馆**是其实践生涯中的又一重头戏。博塔把这座艺术殿堂提升到了今天的城市大教堂的地位。他将城市空间引入博物馆，又使博物馆赋予社区以新的意义。博塔的作品亘古而纯净，他在广泛的实践中既体现出对地域特征的关怀，同时也创造了他自己的建筑神话。

新理性主义的探索在德国也有响应。建筑师O.M.昂格尔斯长期潜心于建筑原则的本源和建筑类型学的思考。和罗西一样，他探讨了建筑生成的结构原理，并归结为一种"建筑的新抽象"（New Abstraction in Architecture），这种方法能"还原空间的基本概念"，可作为"普遍适宜的、表达一种永恒质量的抽象秩序"[1]。在**马尔堡市利特街的住宅群**（residential develop-

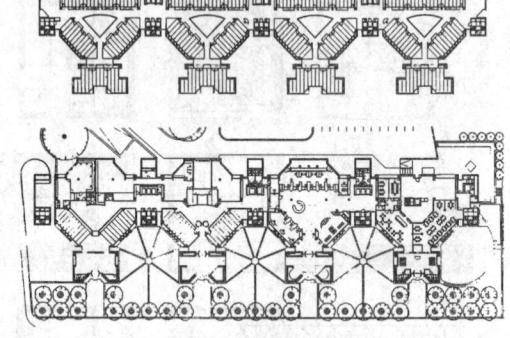

(a) 底层与楼层平面

(b) 沿街立面

图6-3-7　卢加诺戈塔尔多银行

---

[1] A. Tzonis and L. Lefaivre, Architecture in Europe since 1968, Memory and Invention, Thames and Hudson, 1992, 第134页。

ment in the Ritterstrae, Marburg, Germany, 1976 年,图 6-3-8)设计中,他从该市的传统住宅中挖掘形态特征,将其归为十多种变形的立方体块,并选出几种用于设计,形成了多样性中的统一。法兰克福某街道上的一幢旧宅将改成**建筑博物馆**(Museum of Architecture, Frankfurt-am-Main, Germany, 1981~1984 年,图 6-3-9),昂格尔斯设计了一个"屋中之屋",它既成了博物馆中的首件展品、一个建筑的原型,也暗喻了所有的建筑从这里生长,包括围绕在外的另一幢旧宅。

图 6-3-8　利特街的住宅群

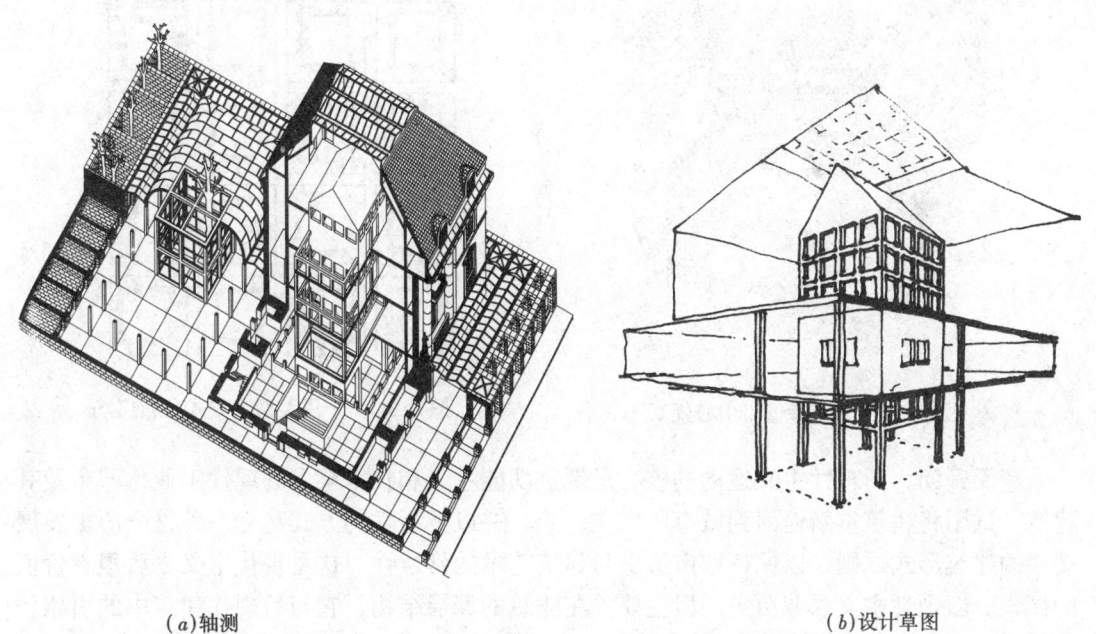

(a)轴测　　　　　　　　　　　　　　(b)设计草图

图 6-3-9　法兰克福旧宅改建的建筑博物馆

除此之外,新理性主义运动还有两位颇受关注的人物,那就是卢森堡建筑师 R. 克里尔(Rob Krier, 1938~ )和 L. 克里尔(Leon Krier, 1946~ )兄弟。比起其他的建筑师,克里尔兄弟回归历史的概念走得最远,他们把工业革命前的欧洲城市看作最理想的城市模式,因而,他们所要追求的理性建筑就是"用恢复城市空间的精确形式的方法来反对城市分区所造成的一片废墟"。借助于类型学与建筑的所有知识，他们要重新建立建筑物与公共领域、实体与空隙、建筑有机体及它所形成的周围空间之间的辨证关系。在 L．克里尔所做的一些城市重建方案，如伦敦的皇家敏特广场(the Royal Mint Square Project, London, 1974 年)、巴黎的拉维莱特区规划(La Villette Quarter in Paris, 1976 年)和**卢森堡市中心规划**(the Center of Luxembourg City, 1978 年)中可以看到，19 世纪早期的新古典主义成为他试图恢复城市秩序的永恒风格(图 6-3-10)。

R．克里尔曾是昂格尔斯的学生，他更用心于城市及建筑空间的形态学研究。他从历史原型中引出明确定义了的都市空间的类型，反过来再把原型重新植入现存的都市环境中。在 R．克里尔所著的《城市空间》一书中，就列举了大量类似的研究，比如，他列出了城市街道与广场交汇的四种原型以及 44 种由此而来的变体形式；还列举了不同类型的广场，如圆形广场、四边形广场等，以及这些类型的多种变体形式。这使类型学的研究具备了更大的操作性(图 6-3-11)。

 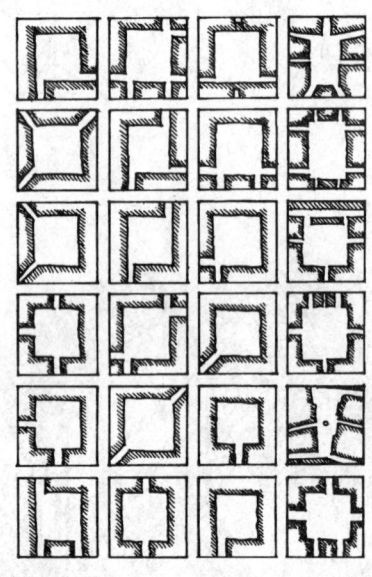

图 6-3-10　卢森堡市中心规划　　　　图 6-3-11　用类型学方式分析广场

毫无疑问，新理性主义运动的核心是抵抗功能主义和技术至上的现代工业化城市及其建筑，试图将建筑重新返回到城市历史文脉中，并以类型学的方式建立一种符合历史发展规律的建筑形式原则，以保持城市历史与建筑艺术的延续性，这是现代主义之后很有价值的探索。新理性主义强调历史，但主要关注建筑的深层结构，它与后现代建筑中的引用历史符号很不相同。比起所谓的后现代古典主义的风格游戏，它更体现一种古典精神的延续而远离现代商业社会的通俗文化。但是，从实际看，新理性主义的类型学方法和抽象概念更适合作为一种理解城市与建筑的途径，而不是一种普遍适用的建筑实践原则。事实上，并没有人对类型学究竟如何定义、尤其是如何真正成为一种设计方法作出明确的回答。对于罗西以及大多数追随者们，对于形式语汇的关注仍然远重于对深层社会习俗的研究。因此，他们的作品最终也难免成为一种带有怀旧特征的、易于模仿的风格。

## 第四节 新地域主义

新地域主义（New Regionalism）这一名称的提出在形式上与后现代主义或新理性主义有着明显的不同。它并不是那种可以列出一系列标志性建筑活动与代表性人物的建筑运动或建筑思潮，而是一种遍布广泛、形式多样的建筑实践倾向。这些实践有一个共同的思想基础和努力目标，那就是，建筑总是联系着一个地区的文化与地域特征，应该创造适应和表征地方精神的当代建筑，以抵抗国际式现代建筑的无尽蔓延。

地域主义并不是当代世界的产物。以西方建筑历史本身的发展为例，无论是哥特建筑还是文艺复兴建筑，都已有融合地方特征的建筑现象存在，构成每一个时代丰富多彩的建筑文化景观。就20世纪后半叶，随着世界各个地区与国家技术、经济、政治与文化的交流日益频繁，关于建筑地域性问题的讨论其实是不可避免的。在西方，对建筑地域性的自觉意识可追溯到19世纪，当时英国的风景画与园林就是这种寻找地方特征的表现。著名诗人歌德在其有关德国建筑的文章中讨论了"真正属于这一地域"的建筑（an architecture true to the region）的问题；他曾用"惊人的……具有蛮族意味的……装饰繁茂的"等词汇来描述斯特拉斯堡大教堂，称其为"我们的建筑"，以使德国建筑与法国经典的哥特教堂加以区别。即使是在20世纪，现代建筑在二次大战后得到广泛的传播，仍然有像芬兰建筑大师A. 阿尔托这样的出色人物，其作品已经在建立有地方特征的现代建筑方面取得了极其可贵的成就。

当然，从20世纪70年代起，地域性问题在建筑界逐渐成为如此自觉和广受关注的课题是有其特定的时代背景的，而且，问题的讨论显然超越西方世界本身，成为一个全球性的问题。从总体来看，二次大战以后，现代主义的思想与实践在西方建筑界得到了广泛传播，并逐渐渗透到西方世界之外越来越多的国家和地区。一时间，现代建筑几乎成了一种走出传统、建立新时代建筑与城市发展道路的必然模式。然而，现代建筑日渐国际化的趋势和"国际式"风格的无限蔓延甚至拙劣模仿，却带来了建筑文化的单一化和地方精神的失落。因此，越来越多的人意识到，"国际式"这种武断的世界模式正在吞噬着一部分悠久文明的传统文化资源，也将扼杀全球文化的多样性和独创性。事实上，不仅是欧洲中心论的观念开始受到普遍质疑，就西方世界本身也逐渐认识到了在现代化进程中其自身内部存在着差异和张力。新地域主义的倾向就是这一文化反思在建筑领域的直接反应。

要真正描述新地域主义这一倾向所共有的实践特征是不容易的，因为地域主义可以是集体努力的结果，也可以是某个有才能的个人专心致志于体现特定地方文化的产物。但是，有一点是清楚的，20世纪70年代以来的新地域主义实践首先是对任何权威性设计原则与风格的反抗，它关注建筑所处的地方文脉和都市生活现状，比后现代主义所提倡的文脉主义要表现得更为全面和深刻。后现代建筑师往往是将传统的形式作为符号，从历史中抽取出来用于新的建筑中。而新地域主义则是关注于那些试图从场地、气候、自然条件以及传统习俗和都市文脉中去思考当代建筑的生成条件与设计原则，使建筑重新获得场所感与归属性。

20世纪70年代后期，西班牙建筑界可谓人才辈出，而且，他们中间许多出色的建筑实践已成为新地域主义倾向的优秀范例。二战以后，西班牙现代建筑的发展受到来自美国、德国、英国和意大利等国现代建筑发展的广泛影响，但也很快表现出对本土传统文化的自觉意识。20世纪50年代中期，在巴塞罗那成立的R小组就致力于将现代建筑的探索与加泰隆尼亚民族复兴的事业联系在一起，在本国产生了影响。当然，西班牙新地域主义的真正活跃是自弗朗哥时代结束后的70年代

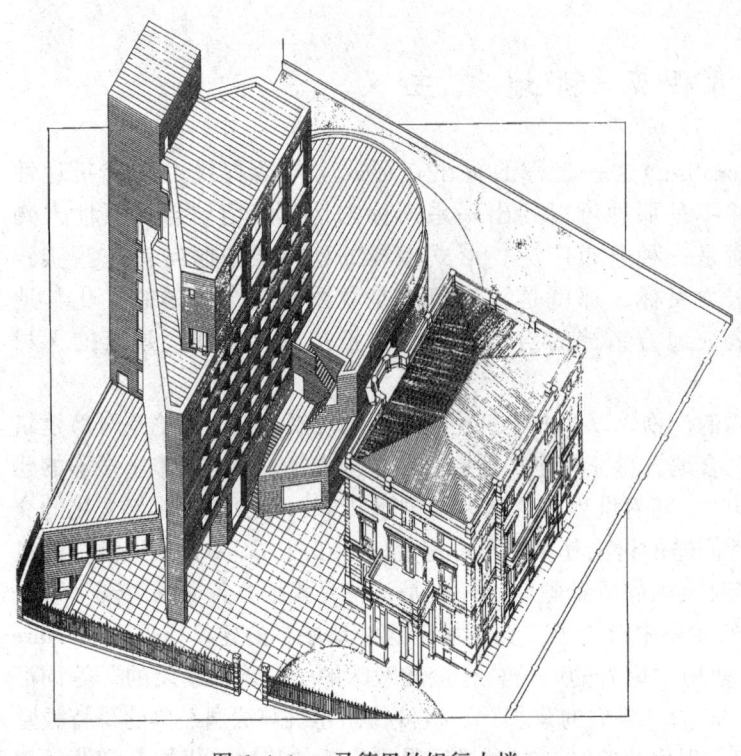

图6-4-1　马德里的银行大楼

开始的，至80年代已出现了像J.R.莫奈奥(Jose Rafael Moneo, 1937~)这样受到世界关注的优秀建筑师。

马德里建筑师莫奈奥自70年代开始的实践活动已使他成为西班牙地域主义运动的活跃人物。当时他设计的**马德里银行大楼**(the Bankinter Building in Madrid, Spain, 1973~1976年，图6-4-1)就是一个重要的代表作。二战后20多年里，马德里城的悠久历史文化也曾因为大规模的城市开发而遭到不小的破坏，莫奈奥设计的银行就坐落在这个城市仅有的几片留有历史遗迹的其中一个地块上，这也是70年代初马德里市开始实施老城中新建筑体量需严格控制这一规定后的第一个项目。从很大程度上说，这一项目是促成西班牙地方主义运动开展的一个关键性作品。按莫奈奥的话来说，主宰这个区域的建筑的真正主角是"砖的构造"(brick construction)，这是一种地区的特质。在莫奈奥眼中马德里的建筑意象就是，棱柱形的体块、精密性和无节点的红砖艺术，这在他的设计中甚至以后的一系列作品中都切实得到了精彩的体现。不过，这还不足以解释他的地域主义思考，因为引用"红砖艺术"的建筑语言并非起始于他。关键的是，莫奈奥将马德里的乡土传统与30年代米兰建筑师的"新纪念性"结合了起来，同时他又巧妙地吸取了芬兰建筑大师A.阿尔托的化整为零的拼贴式形态创作法，获得了一种创造性的综合。银行建筑采用了很清晰的几何构图，但为适应场地，一边是锐角形体，而另一边是圆形体量。形式的综合使建筑在几何性与精密性中获得了一种自由与开放的性格，建筑既结合了特定环境，又超越了以往熟悉的地方模式。

在**国家罗马艺术博物馆**(Museo Nacional de Arte Romano in Merida, Spain, 1980~1986

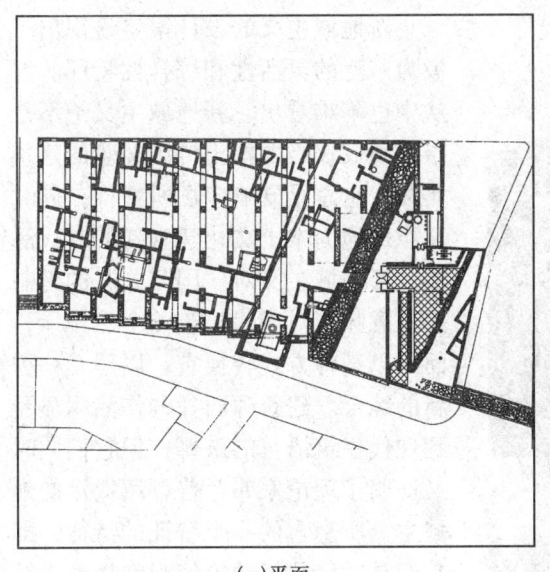 

(a) 平面　　　　　　　　　　　　(b) 内景

图 6-4-2　国家罗马艺术博物馆

年，图 6-4-2）中，莫奈奥更成熟地显现出了建筑来源于场地又超越场地的设计策略。博物馆建在梅里达城的古罗马时期遗址上，要收藏两万多件西班牙在古罗马时代最重要的考古文物。这个建筑也将呈现梅里达城当年古罗马统治时期在这个地区不可替代的重要地位。建筑中对地方与历史元素的使用是显然的，室内连贯的展览空间由一系列大券门的墙体组织。而墙是由塞维利亚地方手工制造的、与当年古罗马砖同样尺度的红砖砌筑。但更令人印象深刻的是，新建的博物馆与原有的遗址建筑形成两个相对独立又互相叠置的空间系统。这种叠置关系不仅形成了动人的、呈现历史的场景特征，而且也诱发了关于如何延续当今都市生活与社区感的思考。

在 20 世纪 60 年代批判国际式现代建筑的潮流刚刚兴起时，阿尔托对场地的敏感和对地方文脉的开敞态度在西班牙建筑界开始受到广泛推崇，其拼贴式的形态设计策略也成了他们实践中积极吸取的重要经验。在与西班牙相邻的葡萄牙，也出现了这样一位出色的当代建筑师，他就是 A. 西扎（Alvaro Siza，1933～）。西扎的智慧，在于他能把对场所精神特有的敏感性同创造富有力度的现代建筑的才能融合在一起，他设计的作品总是既像环境中的自然组成，又显然赋予环境以新的生命。外形简洁、外墙光洁的建筑体量，极其灵活地穿插在起伏的自然地貌或错综的城市脉络中，这就是西扎作品最突显的特征。**加利西亚当代艺术中心**（Galician Center of Contemporary Art, Santiago de Compostela, Spain, 1993 年，图 6-4-3）是西扎为西班牙圣地亚哥市设计的艺术博物馆，位于一座 17 世纪修道院旁的场地上。博物馆平面由两个 L 形穿插起来，与修道院教堂前那连续变化、层层跌落且互不平行的场地形成同一秩序，同时又使原来未经组织的城市空间加强了限定。两段形体的交汇形成建筑中央的三角形空间，成为主展室；环绕展厅的通道引向屋顶平台，作为陈列雕塑的空间；一条斜坡通向屋顶，可供观望修道院和整个城市。整个建筑外表坚实、光洁而有力，大理石贴面与相邻的巴洛克修道院粗实的外墙形成呼应，灵活交汇的形体既融入环境，又整合了环境。

新地域主义的设计策略显现出了极为广泛的灵活性和综合性特征。但从中也不难看出，新地域主义绝不是指那种仅仅吸取本土传统经验的建筑实践，它总是既响应场所精神，同时又积极地为本土文化建立新的时代品质。新地域主义对"国际式"的抵制并非意味着对现代建筑的全然排斥，而是以某种方式转换它，以建立一种新的综合。建筑师西扎的作品明显受到现代建筑语言的鼓舞，但它们同时又证明了理论家弗兰普顿所揭示的地域主义所隐含的一个辨证的特征，即它们是"已扎根的价值观和想像力结合外来文化的范例，自觉地去瓦解和消化世界性的现代主义"❶。

图 6-4-3　加利西亚当代艺术中心

图 6-4-4　阿姆斯特丹的 NMB 银行总部

当然，新地域主义的实践往往在 20 年代现代主义先锋派探索中心地区以外的国家和地区比较活跃，那些巧妙地适应地方气候、利用地方资源甚至吸取地方传统建筑经验或形式的设计方式成为这种倾向的典型特征。荷兰建筑师 A. 阿尔伯兹和 M. 凡·胡特(Anton Alberts and Max van Huut)设计的位于**阿姆斯特丹的 NMB 银行总部**(NMB Bank Headquarters, Amsterdam, Netherland, 1984 年，现为 ING 银行总部，图 6-4-4)表现出了强烈的地方特色。建筑化解成十个单元灵活组合，外墙均为砖墙饰面，沿街立面包含着统一中的变化与差异，并围合成一个开敞的城市小广场。建筑以及空间尺度处处呈现出阿姆斯特丹古老城市的意象，延续着地方传统的亲切氛围。

自 20 世纪 80 年代后期开始，美国和澳大利亚的一些建筑师甚至开始挖掘早在殖民时期就被扼杀了的当地土著文化，依此来重新思考适应地理和气候条件的地方建筑。美国的 A. 普雷多克(Antoine Predock, 1936~ )被誉为"**土坯建筑师**"(adobe architect)，他在美国的西南部设计的一系列作品都用了大片的土墙，灵感来自当地西班牙移民或印第安部族的传统，但又不是肤浅的模仿。在他的**奈尔森美术中心**(Nelson Fine Arts Center, Arizona State University, Tempe, Arizona, USA, 1989 年，图 6-4-5)中，建筑泥浆色的外墙和要塞般的形体与周围的山体、乱石(或沙漠)和仙人掌的环境连成一体，让人想起土著人的"泥浆建筑"(Mud Architecture)，但外墙上意外出现的、带着强烈色彩的钢构件，又让人明确无误

---

❶　K. 弗兰普顿，《现代建筑：一部批判的历史》，原山译，中国建筑工业出版社，第 396 页。

地体验到其当代建筑的性格。普雷多克致力于创造一种与美国西南部沙漠环境相和谐的生活与建筑，这从他的**威南迪住宅**（Winandy House, Scottsdale, Arizona, USA, 1991, 图6-4-6）设计中更清晰地表现了出来。喷沙混凝土墙体体块矗立在金黄色沙地上，建筑就像古老的印第安住宅，自然而优雅。在沙漠的极度高温中，这幢住宅成了一处水与影的圣所。住宅由中央平静的水池降温，围绕的各房间向其开敞，又令人想起罗马庞贝城的住宅。普雷多克的建筑手法总是简明而有效：动人的石质外墙；柱廊里的黑色粉刷利于吸收光和热；占据庭院的浅底的水池反射天光又调节温度；环绕住宅与庭院的钢架条形天窗既过滤了进入的光，又提供了周围景色的片段。

自然，70年代以后，新地域主义的探索已

(b)局部

(a)外观

图6-4-5　奈尔森美术中心

经遍布许多国家和地区。以色列女建筑师A.卡尔米与其兄弟（Ada Karmi - Melamede, Ram Karmi）设计的耶路撒冷**以色列最高法院**（the Israeli Supreme Court, Israeli, 1992年，图6-4-7），就以与山势的完美结合和建筑与光的精彩对话而被认为是唤起场所精神的典范作品。

众多实践说明，寻找现代建筑的地方精神很早成为众多第三世界发展中国家的重要课题。在现代化发展的进程中，发展中国家毫无疑问地面临着接受西方现代化模式和保存民族传统文化的矛盾冲突，尤其是对于那些摆脱西方殖民主义长期统治而获得独立的国家。就西方自身，也有许多人对于西方现代化正在成为全球模式的趋向提出质疑与批判。正如荷兰建筑师范·艾克所说："西方文明习惯于把自己视为文明本身，它极度傲慢地假定凡是不像它的都是邪说，是不先进的，……"❶。无疑场所失落的危机在许多发展中国家的城市里确实发生着，而另一方面，一些自60年起就相当活跃的第三世界国家的建筑师，正是因其探索具有地方精神的现代建筑的出色实践而越来越受到国际建筑界的广泛关注。

---

❶　K. Frampton, Modern Ardritectuce, a critical history, Thames ard Hudson, 1992, 第298页。

图 6-4-6　威南迪住宅

图 6-4-7　以色列最高法院

像墨西哥的 L. 巴拉干(Luis Barragán, 1902~1988 年)、斯里兰卡的 G. 巴瓦、埃及的 H. 法赛、马来西亚的杨经文以及印度的 C. 柯里亚和 B. V. 多西等，都已经成为享有世界声誉的建筑师。

墨西哥建筑师 L. 巴拉干早年受现代派大师勒·柯比西埃的影响，后又钟情于法国画家和景观建筑师巴克(Ferdinand Bac)和德裔墨西哥雕塑家吉奥里兹(Mathias Goeritz)的作品。最后，他把这些形式的灵感来源融入墨西哥地方乡土建筑，并演绎成一种极为抽象的建筑语言，形成了自己的独特风格。他的建筑都是由大块洗练的几何形组成，着以高亮度的、魔幻般的鲜艳色彩，并与水组合成一体，包容在浓郁的绿化之中，传达着一种具有浓重墨西哥风情的诗意的人工环境。巴拉干最著名的作品是**艾格斯托姆住宅**(Egerstrom House at San Cristobal, Mexico, 1967~1968 年，图 6-4-8)、**迈耶住宅**(Meyer House in Bosque de la Lomas,

第四节 新地域主义

图6-4-8 艾格斯托姆住宅

Mexico City, Mexico, 1978~1981年)以及建筑师为自己所设计的住宅。

为重新建立民族精神的理想而回到自身传统文化的深层认识与探索中，以获得创作的灵感或理念，这是不少第三世界国家建筑师自然而然所选的实践途径，印度建筑师柯里亚就是一位典型人物。柯里亚受过西方建筑教育，早在50年代末，他就开始积极探索适应印度本土的现代建筑，甘地纪念馆就是其最早的成功实例，他的一系列为孟买地区适应地方气候和生活方式的住宅设计探索也已受到国际性的赞誉。柯里亚不仅是建筑师，还是建筑理论家，他不断地通过对古代印度传统文化理念与精神的吸纳，来使自己的作品获得真正的地方特质，这从他设计的**斋普尔市博物馆**(Jawahar Kala Kendra, Jaipur, India, 1990年，图6-4-9)中得到了最充分的体现。博物馆的平面由9个方块单元组成，形式来自于曼陀罗图形。在印度教

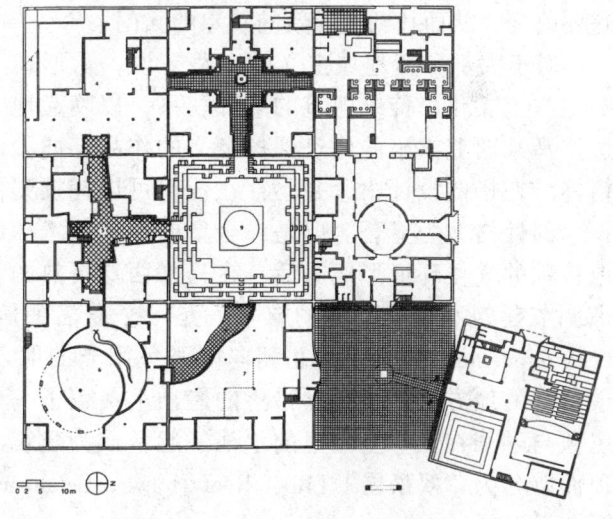

(a)平面

(b)外观

图6-4-9 斋普尔市博物馆

363

里，曼陀罗是象征宇宙中心妙高山的平面化图形，表现了一种"梵我同一"的哲学观，印度教的神庙就是严格按此格式建造的。不仅如此，建于18世纪的斋普尔城也正是依据曼陀罗的图形建造的。与当时的"规划师"在设计这个城市时极其相似的策略是，柯里亚设计的平面将9块方格中的1块游离了这整个图形，使其正好形成博物馆宽敞的入口。博物馆里包括行政部门、图书馆、演出中心、展览中心等多种功能内容，正好分配给了围绕中心（Kund）的8个单元，它们彼此有很紧密的联系，但又相对独立，也符合了博物馆各部分分期投资建造的客观条件。建筑的墙体用当地的红砂石贴面，墙角处都有按正方形切割的"缺口"，曼陀罗的意象被不断唤起。每个单元内的设计都呈现出了既有个性又极为丰富的空间组织，中心单元太阳院中的地面肌理又可以说是来自莫德拉水池的台阶意象。在柯里亚的作品中，无论是建筑本身还是庭院雕塑，无论是室内空间还是室外层层叠叠的台阶，都呈现着浓重的古代印度建筑与艺术的气息，但它们显然又经过了创造性的现代阐释。正如柯里亚自己所说，要寻找"我们文化的深层结构"就要研究过去，"但研究的目的又不是简单地强调任何已存在的价值，我们是要知道为什么它要改变，从而找到通向新的景象的大门"❶。

　　对于大部分新地域主义的实践来说，从形式上或从材料的选用和材质的表现上找到与本土文化中传统建筑的某种联系，以唤起地方精神，是普遍采用的一种策略。不过，马来西亚杰出的建筑师杨经文的作品却向人们展现了另外一种更积极开放的地方精神。在杨的设计中，并不存在任何可以捕捉到传统或乡土语言的东西，倒是喜用新技术的性格尤为显著。但是，全新的现代技术却以一种极富创造性的语言使建筑与当地特殊的气候环境形成对话。在马来西亚炎热的气候里，杨总是巧妙地用设计的手段来调节建筑小气候，他的自宅就是一个著名的例子。这个住宅被称为环境的过滤器（environmental filter），南北朝向能避免阳光的射入，又能有利于主导风向的贯通；其最特别的地方就是在高低错落的屋顶上覆盖了一个大伞状的东西；这个用以遮阳的大屋顶与融和在住宅空间里的水池一起，成为建筑的气候调节器。住宅也因这特别的屋顶而取名为**"双顶屋"**（Roof Roof House，Selangor，Kuala Lumpur，Malaysia，1984年，图6-4-10）。

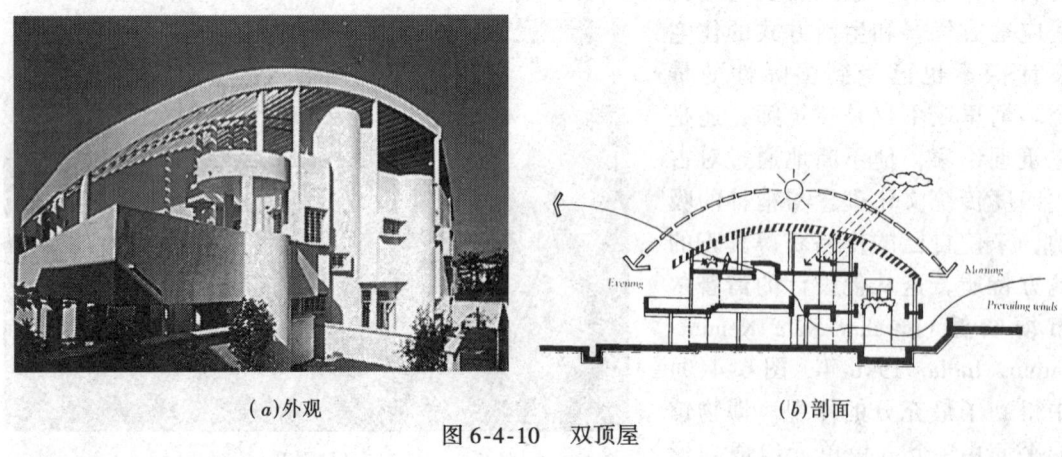

(a)外观　　　　　　　　　　(b)剖面

图6-4-10　双顶屋

---

❶　C. Correa, The New Landscape, The Book Society of India, 1995。

## 第四节 新地域主义

　　无疑，在绝大多数情形下，本土建筑师始终是寻求地方精神的最为热情的探索者。但是，跨越国界或文化的地域主义的实践却也早已有之，尤其可以从一些西方建筑师在告别殖民主义的国家所进行的设计实践中清楚地看到。20世纪50年代，勒·柯比西埃为印度新城昌迪加尔行政中心所做的充满乡土气息的现代建筑就是一个很典型的例证。这位大师在印度的实践一直引起不少争议，但他确实影响了整整一代的印度本土建筑师，B. V. 多西就是其中最突出的一个。从他为自己的**设计在桑伽的事务所**(Sangath, Ahmedabad, India, 1981年，图6-4-11)中可以看到，简洁、理性的现代精神与地方气候、环境及传统气质的融合已趋于完美。在事务所的设计中，多西用长向的筒形拱顶作为建筑造型的主体，使人联想起支提窟的屋顶。但这种形体又与一系列适应气候的实际功能完全整合在一起的：工作室挖入地下半层，造成隔热效应；拱形屋面用白色碎瓷贴面，以反射阳光；双层外墙形成良好通风；拱顶雨水的排散最终通过排水渠收入庭院中的水池，起降温作用。

图6-4-11　多西在桑伽的设计事务所

　　多西在其后的作品**侯赛因—多西画廊**(Husain-Doshi Gufa, Ahmedabad, India, 1995年，图6-4-12)的设计中，更是出人意料地用强烈的表现主义手法塑造了一种既有洞穴意象、同时又让人联想到印度古代的支提窟和萃堵坡的神秘场所。多西保留了场地微微起伏的轮廓，壳体结构和碎瓷表面材料的组合似乡间流行的湿婆(Shiva)神龛的穹顶。多个眼睛般的窗洞在达到采光和隔热的平衡后，给室内带来了神奇的光感。再加画家本人在酷似洞穴的岩壁上添加的蛇形图案，更使画廊增添了少有的宗教神秘气氛。多西在这里所展现的梦境般的创造生动地证明了，新地域主义是可以用最富想像力的现代语言来表述的，而这种精神是否可以说从勒·柯比西埃在朗香教堂的设计实践中就开始了呢？

　　新加坡建筑师林少伟(William Lim)是20世纪80年代以来相当活跃的亚洲建筑师。林不断地在其设计实践以及理论研究中关注全球化趋势下亚洲的城市化进程以及地区传统与

365

特征的延续。在他的事务所完成的位于东南亚地区的一系列城市商业与住宅建筑中，传统生活方式的延续是设计中最为关注的核心。**吉隆坡的中心广场**(Central Square, Kuala Lumpur, Malaysia, 1990年，图6-4-13)是一个新增长的商业综合体，毗邻城市的中央市场。林在这个设计中将综合体分成两块，又使每一块再分成更小的街坊系列，沿街店面都以小尺度方式不规则地组织，并在色彩与造型上形成差异。显然，新的综合体传达了亚洲传统商业街店铺林立的街道意象。

(a) 局部

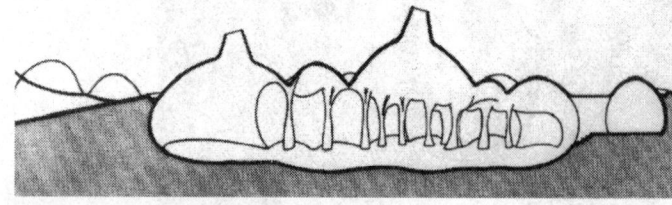

(b) 剖面

(c) 室内

图 6-4-12　侯赛因—多西画廊

80年代以来，西方越来越多享有国际声誉的建筑师在欧美以外的地区获得实践的机会；在众多的国际竞赛中，他们往往成为承担一个城市或地方最重要的一些公共建筑的设计师。对于这些建筑师来说，一个共同的愿望是显然的，即要从地方文化中寻找设计的灵感。阿根廷裔美国建筑师 C. 佩里(Cesar Pelli, 1926~ )设计的马来西亚**吉隆坡的双塔大厦**(Petronas Towers, Kuala Lumpur, Malaysia, 1998年，见图4-3-17)，就是用地方传统塔楼的意象，使现代摩天楼获得了地方建筑的性格。1998年5月，在西南太平洋新喀里多尼亚的努美阿半岛上，一座为纪念卡纳克独立运动领导人而建的**芝柏文化中心**(Tjibaou Cultural Centre, Noumea, New Caledonia, 1995~1998年，图6-4-15)正式开放，同时，它也向世人展示了，建筑的语言是如何将一种地方的自然和人文景观编织得如画一般。中心的设计人就是曾以设计巴黎蓬皮杜现代艺术中心而闻名的意大利建筑师 R. 皮亚诺。在这个作品中，皮亚诺并

图 6-4-13　吉隆坡中心广场

未脱离他的"技术"情结，但与在蓬皮杜艺术中心的设计完全不同的是，他把娴熟掌握现代技术的经验大大倾注到了对这个文明尚在形成的岛屿的自然环境与民间文化的现代诠释之中，从"棚屋"、"森林"及"村落"中抽象出动人的现代工艺景观。艺术中心以一条与半岛地形呼应的弧线道路组织空间，一侧串联着包括大厅、旅馆和露天剧场在内的大小不等的方形空间，而另一侧则自由地散落着似编织物的圆形体，分别容纳了画廊、图书馆、多媒体中心等各种功能。正是这些高耸、独处又相互簇拥的圆形体构成了建筑形象的主体，它们像是融入森林的新成员，又似村落文化中的棚屋。谁也不能否认，它们的确构成了最富表现力和现代感的大地艺术。"棚屋"的布局来自当地乡村的空间原型，最有意思的是，"棚屋"转引了传统建筑构造语言：结构是当地建筑中惯用的木肋架方式，但原来用来固定肋架而编织其上的棕榈树苗被换置成了胶合层板与镀锌钢材。"棚屋"编织的双层立面背后都是单层空间，而立面的大部分却耸向室外。但它们既可以抵御飓风，又可利用海风在上部形成的压力抽取下部空气，达到通风的作用。密密层层的百叶不仅调节着风的气候，还调节着光的变化，甚至可回应出海风掀起的涛声，而"棚屋"未完成的形象正隐喻了卡纳克文明还在形成之中。皮阿诺的智慧与才能切切实实给予了世人这样一种信心：在不可阻挡的高科技时代里，人类依然能"诗意地居住"。

新地域主义的实践折射出后工业时代全球范围内对于文明与文化相互关系的种种思考。世界的距离正在缩小，而西方的现代文明仍然被视作进步与发展的模式广泛传播。不过，这样一个观念几乎已经成为全球的共识，即各个地区在自然及文化上的差异一定存在，一种追求个性的愿望也会一直存在。因此，越来越多的人愿意相信，现代运动的先锋派们所构筑的理想并不是普世的，未来世界文化的模式仍将呈现出多元并存的特征，建筑也是如此。70 年代末挪威建筑理论家 C. 诺伯格-舒尔兹以现象学的观念构筑的"场所"理论，80年代K.弗兰普顿教授发表的论述"批判的地域主义"（Critical Regionalism）等，都为理解新地域主义的设计倾向提供了认识上的理论指导。

弗兰普顿这样总结了"批判的地域主义"倾向的七个特征：(1)在坚持批判态度的同时并不拒绝现代建筑带来的进步，但其片段性和边缘性特征已远离早期现代建筑规范化的理想与幼稚的乌托邦色彩；(2)这种倾向关注"场所—形式"（place-orm）的关联性，认识到一种有边界的建筑，即建筑总是生成于特定的环境；(3)建筑设计注重"建构的事实"（tectonic fact），而非将建筑沦为舞台布景；(4)关注建筑如何回应特定场地的因素，如地形、气候与光的特征，反对存在着一种"普世文明"（universal civilization）的趋向；(5)关注视觉之外的建筑品质，如温度、湿度、空气流动以及表面材料对人体的影响；(6)反对感情用事地模仿乡土建筑，而要寻找乡土建筑的转译方式，要在世界文化的背景中培育具有当代特征的地方精神；(7)这种倾向可以在摆脱普世文明理想的文化间隙中获得繁荣。❶

(a)剖面

(b)外观

图6-4-14 芝柏文化中心

因此，这里所指的新地域主义，无论是理论或是实践，总是包含着对于人与建筑的新的关系的建立。正如弗兰普顿认为的，当一定的外来影响作用于文化和文明时，一切取决于原有的扎根的文化在吸收这种影响的同时对自身传统再创造的能力。批判的地域主义这个概念所强调的也就是这种"再创造的能力"。因此，这里强调的"批判的"概念是非常关键的，它使新地域主义的倾向真正区别于19世纪浪漫的地域主义（romantic regionalism）、20世纪危险的国家主义和表层的民族主义倾向。批判的地域主义吸收了法兰克福学

---

❶ K. 弗兰普顿，《现代建筑：一部批判的历史》，原山译，中国建筑工业出版社，第392页。

K. Frampton, Modern Architecture, a critical history, Thames and Hadson, 1992, 第327页。

派的思想，它不仅要对现实世界提出挑战，也要对各种可能的世界观的合法性提出挑战，对各种习惯思维与陈词滥调提出质疑。用建筑的术语来说，这种批判的观点是建立在从认知上和美学上都将现存事物"再陌生化"(defamiliarization)的基础上的[❶]。否则，那种简单地从传统文化或乡土建筑中提取符号，作为标签，贴在现代建筑上，以标榜地方精神的重振，就与盲目搬用曼哈顿的摩天楼以获得现代性的策略一样，显得软弱无力。

## 第五节 解 构 主 义

20世纪80年代后期，西方建筑舞台上又出现了一种很具先锋派特征的、被称为解构主义的新思潮，并成为建筑界关注的新焦点。从总体上可以说，解构主义是一个具有广泛批判精神和大胆创新姿态的建筑思潮，它不仅质疑现代建筑，还对现代主义之后已经出现的那些历史主义或通俗主义的思潮和倾向都持批评态度，并试图建立起关于建筑存在方式的全新思考。但是，这一思潮的名称又有两个来源，一是来自法国哲学家 J. 德里达为代表的解构主义哲学，还有一个来源于20世纪20年代俄国的先锋派构成主义(见第三章第三节)。显然，解构主义内部也存在着差异性，对解构主义的认识也存在着不同的层面。首先需要指出的是，解构主义作为一种思潮的兴起，有两项重要活动与此密切相关。

一是在1988年的6月至8月，纽约现代艺术博物馆举办了一个名为"解构主义建筑"(Deconstruction Architecture)的7人作品展，参展的7位建筑师是，美国的 F. 盖里和 P. 艾森曼(Peter Eisenman 1932～)、法国的 B. 屈米(Bernard Tschumi 1944～)、英国的 Z. 哈迪得(Zaha Hadid 1950～)、德国的 D. 李伯斯金(Daniel Libeskind 1946～)、荷兰的 R. 库哈斯(Ram Koolhaas 1944～)以及奥地利的蓝天设计小组(Coop Himmelblau)。展览的主办者一位是纽约的建筑评论家 M. 威格利(Mark Wigley)，而另一位就是曾竭力追随现代建筑、后成为后现代的中坚人物、而今又要再一次调转方向的美国建筑师 P. 约翰逊。虽然，展出的10件作品都带着个人风格，但最引起关注的是它们所呈现的共同特征：建筑形式就像是多向度或不规则的几何形体叠合在一起，以往建筑造型中均衡、稳定的秩序被完全打破了。之前，这些建筑师们并未事先约定要创建什么新的派别，但主办人却有意将这些作品汇聚在一起，以宣告一种新的建筑动向已经出现。正如威格利所称的，这是一场新的运动，"一场纯净形式的梦想已全然被打破的运动"。进而，主办者又将这一现象追溯到20年代俄国构成主义运动。他们认为，当时的构成主义敢于打破古典建筑的原则，创造一种相互冲突、游移不定的几何秩序，而现在的解构主义建筑也是试图向和谐、稳定和统一的观念大胆挑战，可谓与构成主义同出一辙，这个解构主义也因此得名。

标志着解构主义兴起的另一重要活动是在同一年的7月，在伦敦的泰特美术馆举办了一个名为"建筑与艺术中的解构主义"(Deconstruction in Architecture and Art)的国际研讨会；之后，英国的 AD 杂志1988年3/4期为此专门出版了一个由主要参加者策划组稿的专集，刊名为《建筑中的解构主义》(Deconstruction in Architecture)。与纽约7人展的意图十分相似，这个研讨活动及其相应的专集也是将同一些作品和人物推向公众，以揭示一种

---

[❶] A. Tzonis and L. Lefaivre, Architecture in Europe since 1968, Memory and Invention, Thames and Hudson, 1992, 第18页。

全新的建筑观念正在形成。所不同的是，纽约7人展的主办人声称解构主义建筑与哲学中的解构主义无关，而在伦敦的研讨会上，解构主义哲学却成为讨论这一建筑新思潮直接的理论话题。

在这两次活动的推动下，建筑中的解构主义思潮开始引起关注。不过在此之前，所谓的解构主义建筑的探索显然已经持续了数年，只是对此并没有一个共同明确的论述。虽然两次活动推出的部分建筑师已被普遍接受为解构主义的代表人物，但他们彼此之间的差异同样是无法忽视的。有意思的是，其中的一些建筑师的确在思考一种全新的建筑认识，甚至与哲学家德里达有过直接的交流。因此可以说，解构主义建筑与解构主义哲学之间确实存在着思想观念上的种种关联。

70年代西方出现的解构主义哲学，是在对结构主义哲学(Structuralism)的继承与批判中建构起来的。结构主义关注形成知识的结构研究，它关注的是这样一些思考：由于人类对知识与概念的表述是完全依靠语言的，所以人的交流必须遵循同一种语言规则，语言系统是一个符号系统，语言的意义是由语言符号的差异性决定的，符号传达的意义是约定俗成的。而解构主义的基本思想认为，按结构主义的观点，既然语言符号的意义取决于符号的差异性，那么寻求符号的含义的过程只能是一个新的符号取代另一个有待阐释的符号的过程；这样，语言体系自身是不稳定的，意义也是不稳定的，原来的"实在"其实永远是一种"不在场"或"缺席"(absence)，这基本就是解构主义对结构主义的质疑。解构主义的代表人物德里达还引申出一个自造的概念术语"延异"(differance)，从而将符号的"差异"(difference)、意义的必然"扩散"(differre)以及意义最终是永无止境的"延宕"(deferment)这三层意思融为了一体。德里达的解构思想更为直接地在其文学评论的理论建树中推广传播。这一理论认为，文学艺术作品就是一个"文本"(text)，文本传达的含义与作者的意图并无必然联系，文本可以有许许多多种解读方式，文本是独立的，而"作者已经死亡了"❶。

解构主义直接触动了建筑领域，引发了这样的思考与讨论：建筑的形式与含义的关联究竟怎样？建筑师究竟是如何赋予世界以秩序的？其实，这种思考更来自建筑自身发展的需要。70年代，索绪尔(Ferdinand de Saussure)的符号学理论及列维-斯特劳斯(Claude Levi-Strauss)的结构主义人类学曾在西方建筑界得到很大的响应，引发了建筑形式作为传达意义的符号系统的广泛研究，这也恰好成为60年代以后批判现代建筑一味强调技术与功能而忽视人文环境的理论武器。然而，正如不少评论家后来所批判的，许多运用符号学的建筑实践，其实对于理论的理解是有偏差的，也就是说，结构主义语言学是要寻找一种意义如何生成的解释，而一些建筑师们将其转译成建筑应如何承担传达意义的社会职责的问题，这就导致了一系列热衷于以贴上各种符号标签来获得意义的建筑设计，后现代主义的众多作品就是典型。不难看出，这种实践很容易使建筑走向形式主义，甚至会"使那些回避真正的社会问题而沉醉于奇异风格的做法变得名正言顺"❷。而解构主义建筑师们普遍认为，进入后现代时期，建筑很难以一种用符号传达意义的方式去回应各种社会问题，他们甚至不再坚持建筑可以传达意义，可以交流。他们中的一些人发现，解构主义哲学可以帮助他们思考如何回应当代的建筑课题。

---

❶ 盛宁，《人文困惑与反思》，生活·读书·新知三联书店，1997，第55、56、88页。

❷ Diane Ghirardo, Architecture after Modernism, Thames and Hudson, 1996, 第32页。

## 第五节 解构主义

法国建筑师屈米可以说是这一群代表人物中最富哲学精神的，这不仅因为他的建筑思考是以这种哲学为依托的，而且同为法国人的哲学家德里达还直接参与了他的实践讨论。1982年，屈米在法国政府举办的、为纪念法国大革命200周年的巴黎十大建设工程之一**拉维莱特公园**(Parc de La Villete, Paris, France, 1982~1989年，图6-5-1)的国际设计竞赛中夺魁，从此名声大振，成为解构主义的中心人物，拉维莱特公园也成了解构主义思潮的最重要的作品之一。公园位于巴黎东北角，由原为供巴黎城生活的肉禽屠宰场改造而成。当时，场地的北侧有已建成的高技派的科学与工业城，以及一个闪闪发光的球体环形影城，而场地的西南面是由19世纪铁和玻璃建造的屠宰场改建的音乐会堂。在这块125英亩(50.6hm$^2$)的基地上，屈米设置了一个不和谐的几何叠加系统。他首先为基地建立一个120m长度单位的方格网，这方格正是巴黎老城典型街坊的尺度。在网格的节点上，他都放置了一个边长10m的、被称作"疯狂"(folies)的红色立方体小品建筑，满足公园所需的一些基本功能，并称此为一个"点"的系统(system of 'point')。立方体形式各异，使人很容易联想到20世纪20年代俄国构成主义代表人物梅尼柯夫(Melnikov)的作品。穿插和围绕着这些"疯狂"，屈米组织了一个道路系统。这些道路有的按几何形式布置，有些却十分自由，它们共同组成公园"线"的系统。在点和线的系统之下，是"面"的系统，包含了科学城、广场、巨大的环形体和三角形的围合体。这些几何体内分别布置了餐厅、影视厅、滑冰场、体育馆、商店等复杂的功能。这样，公园设计实际上是"点"、"线"、"面"三个迥然不同的系统的叠合。每个系统自身完整有序，但叠置起来就会相互作用。它们的相遇有可能造成彼此冲突，也有

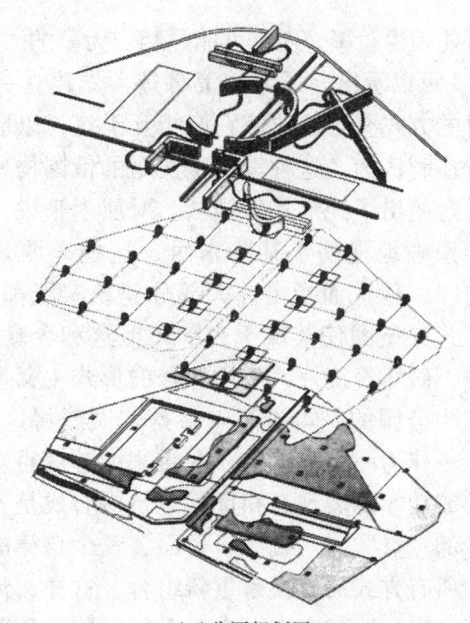
(a)公园规划图

(b)外观1

(c)外观2

图6-5-1　拉维莱特公园

可能相得益彰，还有可能是相安无事的。

可以看出，屈米的策略是，先建立一些相对独立的、纯净几何方式的系统，再以随机的方式叠合，迫使它们相互干扰，以形成某种"杂交"的畸变（'hybrid' distortion）。威格利认为，这种策略是实足的俄国构成主义的继承。然而，屈米对自己作品的解释却远远超出了纯形式的领域。对屈米来说，与以往的"和谐秩序"的概念相比，"疯狂倒能清晰地注明了某些东西，这些东西是为保存脆弱的文化或社会秩序而常常被忽略的"。他进而指出，大部分建筑实践都是将物体作为世界秩序的反映而建立它们的秩序，并试图使其臻于完善，但这和今日的现实情形格格不入。因为这个世界意味着分裂，破坏着统一，滥用符号的形式主义作品只能使建筑语言变得毫无疑义。以"疯狂"作为公园的基本参照点，是"试图将这个建成的'疯狂'从历史的含义中解脱出来，……作为一个自律体，在将来能够获得新的意义"。这样，"建筑不再被认为是一种构图或功能的表现，相反，建筑被看成是置换的对象，是一大套变量的合成。"因此，设计的"点"、"线"、"面"三个自律的抽象系统与同一的整体没有关系，以独立于以往所有方式的置换来重新组合，这样，传统的、惯例性的结构受到了极大的挑战。但由于"疯狂"的存在，由于重新组装导致部分的同一，从而提供了一个重构分裂世界的可能性❶。

除了屈米，美国建筑师艾森曼也在不断发展自己充满哲理的建筑理论与实践的过程中，成了解构思潮中颇具哲学意味的风云人物。早在70年代初，他就作为"纽约五人"（New York Five）的一员开始引人注目。当时，艾森曼是在受结构主义语言学、尤其是以乔姆斯基（Avram Noam Chomsky）为代表的句法结构理论的影响下，开始了对建筑形式与结构之间关系的研究。以后，他又从列维—斯特劳斯和福科等人对结构主义哲学的发展中吸取思想，不断地从建筑的形式表层深入到对建筑深层结构的研究（见本章第六节"新现代"）。从20世纪70年代末到80年代初期，善于理论建树的艾森曼转向了对解构主义的关注，德里达、巴特尔、（R. Barthes）等人的理论成为他在批判中形成更深刻的解构主义建筑学说的强有力支柱。与哲学家的观念一样，艾森曼认为，后现代时期"已不再有对原初形式的信仰，也没有对原初结构的信仰"，这样，形式和功能不再有一一对应的关系，形式的意义也与功能、美学没有直接的联系。总之，建筑并不存在原始价值。与屈米一样，他批评建筑中所谓的后现代主义关注的历史是一种留于表面的、没有意识形态的历史，这是与其他领域里的后现代思潮背道而驰的。

既然建筑已不再承载社会文化的意义，那么建筑自身又是什么呢？艾森曼把建筑等同于解构哲学中的"文本"概念，他认为，"文本再也不是一个关于意义的、含混且总体的术语，而实际上是一个总是在形式和意义之间错置（dislocate）传统关系的术语"。所以，建筑的文本也涉及错置。因而，作为文本的建筑并不存在物的美学和功能的表达，而只是作为一种"之间的状态"（state of between）。这样，文脉中的时间可以被引入建筑之中，形成一种不仅能错置记忆和固有时间，而且能将当前、原初、场所、尺度等所有的方面错置的建筑❷。

---

❶ 见译文"疯狂与合成"，《世界建筑》1990年2/3期。

❷ Peter Eisenman: "Architecture as a second language: the texts of between", Threshold, 1988.

## 第五节 解构主义

在使这些思想诉诸于建筑实践时，艾森曼首先使用了"弱形式"(weak form)的概念。他认为，今日的媒体能很快地制造意义，它已经转移了作为乌托邦的建筑，建筑的出路似乎可以不再延续意味着强意义和图像学的"强形式"[1]。于是，他关于非古典(not-classical)、解图(de-composition)、解中心(de-center)、非连续(dis-continuity)的一系列设计策略随之形成。在解构思想逐渐形成的过程中，艾森曼反复探索一种从立方体框架中演绎出来的L形几何结构，1978年他设计的11a号住宅就是这一几何结构的典型操作。**11a号住宅又称福斯特住宅**(Forster House, Palo Alto, California, USA, 1978年，图6-5-2)，它以一系列的L造型为基调，将其设计成半地上、半地下的状态，形体和空间互为循环，互为轮转。11a的设计是艾森曼对于人类多元时代的离散性、不完整性和宇宙状态的不确

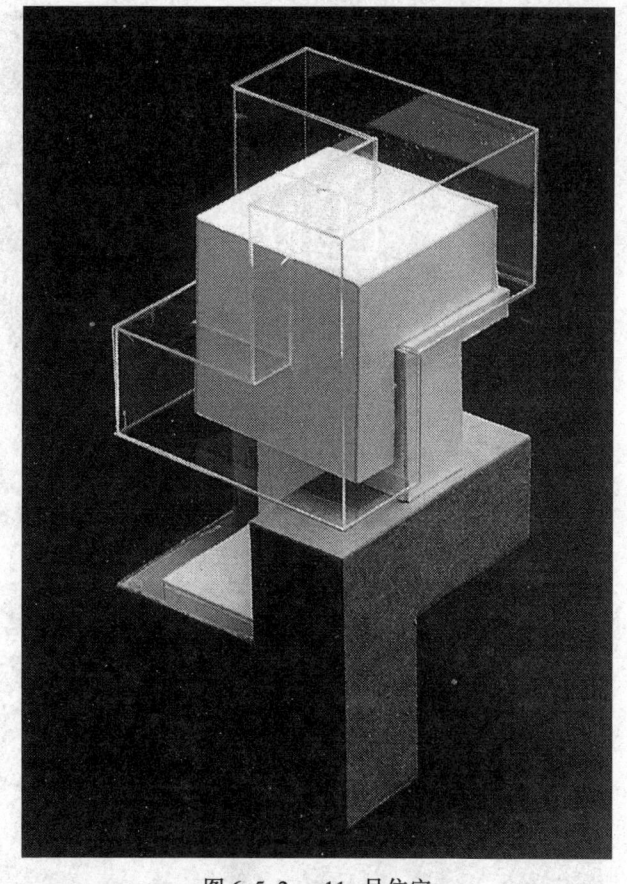

图6-5-2　11a号住宅

定性的建筑图解，因为L形有局部状态和不稳定性，它不是线性发展的，而是既接近又离去地运动着。除此之外，他还发展了"一系列修辞性战略，以表征中心的失落"："挖掘"(excavation)，意味着掘入过去和潜意识；"量度"(scaling)，意指脱离传统的人体尺度与比例的测量方式。他强调以拓扑几何学(topological geometry)代替欧几里得几何学，因为前者提供了一种不同于拟人形态的(anthropomorphic)选择[2]。

艾森曼80年代引起广泛关注的作品是美国**俄亥俄州立大学的韦克斯纳视觉艺术中心**(the Wexner Center for the Visual Arts, Columbus, Ohio, USA, 1985~1989年，图6-5-3)。这座建筑位于校园椭圆形广场的东北角，这个地段上已有两幢分别为古典风格和"粗野"风格的会堂建筑，并遗留了一座曾毁于大火的军火库的基础。艺术中心是若干套不同系统的相遇与叠置，即一组砖砌体、一组白色金属方格构架、一组重叠断裂的混凝土块以及东北角上的植物平台。它们之间看似互相冲突，但实际上是在两套互成$12\frac{1}{4}$角度的平面网格中各自定位的。一套是大学所在的哥伦布城市网格，另一套是大学自己的校园网格。"中心"的布局就是在这两套网格的相互作用中形成的，这在建筑的柱网及铺地中最明显地体现了出来。建筑师十分强调城市网络的作用，他以一条红线强化了这个参照系统的力量。

---

[1] 见"采访彼得·艾森曼"，《世界建筑》1991年第2期。
[2] Charlse Jencks, Deconstruction: The Pleasure of Absence, AD, 1988, 第3、4页。

(a)中心入口处

(b)鸟瞰

图6-5-3 美国俄亥俄州立大学的韦克斯纳视觉艺术中心

这条红线的起点是校园外的第15大街,向西延伸,入东校门后,沿一步行道穿过"中心",擦过椭圆广场,与大学运动场的底边重合。红线步行道与占据"中心"核心地位的白色金属架相交处,是这座建筑的主入口。金属架成了"中心"最引人注目的部分,它像是笔直通贯地斜插入校园,甚至像是直接插入已有的两座会堂建筑,却又与城市网络吻合。金属架覆盖着"中心"中央的步行道,南低北高,呈现不稳定和移动感。它将现存建筑"拉起",又串联了新增设的一系列展览、剧场、声乐室、图书馆、教室以及管理用房,将新老建筑组成了一个相互关联的艺术综合体。入口处与抽象金属架形成对比的砖砌体造型联系着被毁的军火库老城堡的记忆。这里,军火库的基础也已不复存在,艾森曼只是设置了一系列肢解、扭曲和撕裂的片断,如残破的拱和断裂的塔体。"中心"的落成引来了一系列的评论。有人将艾森曼在建筑中注入众多历史印记的设计称作广义的文脉主义(Broad-Contextualism),也有人甚至认为,他的手法就是后现代主义的特技。艾森曼却不这样认为,他称"中心"没有任何先验的形而上学因素,而是想使建筑从场地本身发展出来。他谈到,"我们将场址当作一个再生羊皮纸卷来用,一个可在上面进行书写、涂抹和重写的地方";"我们的建筑颠倒了场址造就建筑的过程,我们的建筑造就场址"。军火库的联想就是回到场所"不可见的历史与结构",也就是印迹(trace)的使用。金属架看似主宰新老建筑,但却空虚、抽象,而使整个建筑无中心,这或许就是他所谓的通过若干系统的错置❶。

**哥伦布会议中心**(Columbus Convention Center, Ohio, USA, 1989~1992年,图6-5-4)是艾森曼的又一个重要作品。艾森曼把它作为一个更大规模、更具公共性的机遇来探索场所与现代大都市不断变化的生活本质之间的关系。他认为,"我们需要的是一个新

---

❶ 见"韦克斯纳视觉艺术中心",《世界建筑》1999年第4期。

第五节 解构主义

的纪念碑，一个位于'之间'的公共建筑(civic architecture of the between)，一个处理动态的现代生活中微小事务的场所"❶。与韦克斯纳视觉艺术中心不同，该地段没有什么特别的城市脉络或历史遗存可寻。基地周边开阔，一边是铁路，一边是住宅区。艾森曼抓住开放基地不断变化的性质和附近住宅区的特征，把建筑分成条条弧线的束状体，犹如光纤电缆的形状，也如一列列火车穿过。这样，一种形象的方式影射了基地旁边的铁路现状，又表达了信息时代的特征。建筑沿主要街道用砖和玻璃装饰成传统立面，以保持街道的延续。尽管艾森曼用了隐喻的方法，但该中心的平面是简单的，而且使得会议中心这个通常既无尺度感(scaleless)，又形态混乱(amorphous)的建筑变得更具人情味和识别性。比较韦克斯纳视觉艺术中心明显突出的中央步行道，在这里艾森曼安排了一条600英尺❷长的室内街道，从入口一直通到舞厅。这条室内街道把各会议室和大跨度的展览厅分开来，并成为该中心的主要公共集散空间。只是，由于建筑的形体复杂，造成了钢结构设计的难度，建筑的施工也曾一度因全新的结构问题而拖延了6个月。

之后，艾森曼的又一作品是**辛辛那提大学设计、建筑、艺术与规划学院大楼**，又称**阿洛诺夫设计与艺术中心**(Aronoff Center for Design

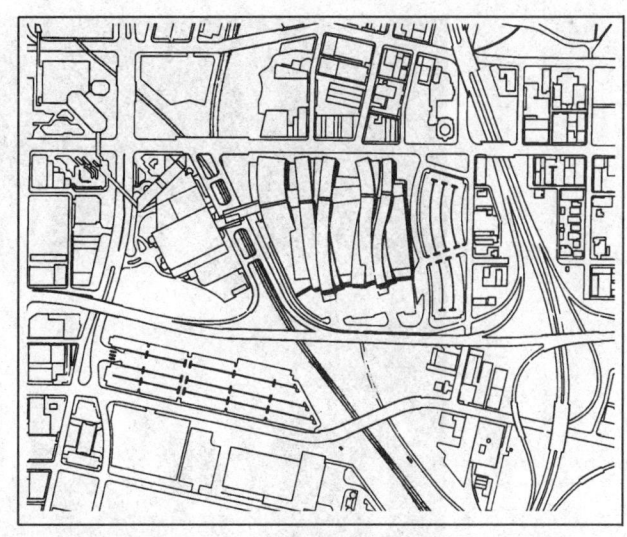

(a)总平面

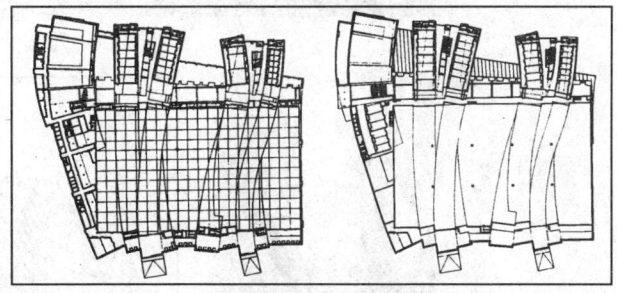

(b)平面

(c)外观

图6-5-4 哥伦布会议中心

and Art, Cincinnati, USA, 1988~1996，图6-5-5)。这座高6层、总面积12000余平方米的建筑建造在辛辛那提大学校园内的一块山坡地上。地形的高差造成它的主要入

---

❶ James steele, Architecture Today, phaidon Press, 1997, 第206页。

❷ 1英尺=0.3048米。

375

(a) 外观

(b) 室内

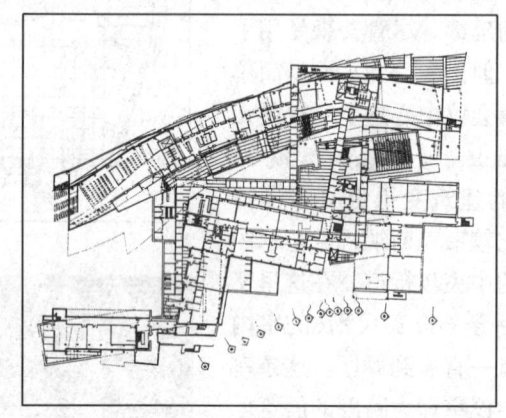

(c) 平面图

图 6-5-5　辛辛那提大学建筑、艺术与规划学院大楼

口在第四层,另外在第 6 层沿城市道路一侧和底层对面校园内一侧也各有出入口。原有建筑呈折线互相连接,新老建筑有机结合,之间的不规则空间是顶部采光的多功能共享中庭。中庭北侧是单跑大楼梯,坡度极缓,而且有宽度变化。该建筑施工难度极大,甚至采用了激光定位。设计图纸繁杂,数量惊人,每隔几厘米就需要一个剖面。可以想象,落成后的这座建筑本身也成了一部建筑学学生认识解构主义建筑的活教材。

荷兰建筑师 R. 库哈斯也被看作是解构主义思潮的一位中坚人物,而他最关注的是大都市问题的研究。1968 至 1972 年,库哈斯在伦敦的建筑协会学院(Architectural Association, London)学习建筑,1975 年组建了大都市建筑事务所(OMA, the Office of Metropolitan Architecture),开始了他的城市理论研究与设计实践。库哈斯是城市化的积极拥护者,对城市发展持乐观态度。1978 年他出版了一本分析大都会文化如何影响建筑的著作:《颠狂的纽约：关于曼哈顿的回顾性宣言》(Delirious New York: A Retroactive Manifesto for Manhattan)。他被纽约的过度丰富和疯狂堆砌的生活方式所深深感染，他认为"曼哈顿惊人的崛起与大都市对其自身概念的定义是同步的，曼哈顿展现了同时在人口与城市设施两方面有关密度理想的极致"，因此，大都市的"建筑促进了在任何可能层面上的拥挤状态，同时它对拥挤状态的探索又激发并支撑着一种特殊的交往形式"，这种交往形式的综合就形成了库哈斯所谓的独一无二的大都市文化特征，即一种"拥挤的文化(the culture of congestion)。他将位于曼哈顿的一幢的"市商业区健身俱乐部"(the Downtown Athletic Club)高层建筑视为拥挤文化的代表。拥挤并非仅指物质空间的高密度，而是指丰富内容的聚集。在市商业区健身俱乐部里，不同的、甚至相反的内容都以叠加的方式在高楼里获得各自空间，高楼成为一个社会聚合器，它的内容可以根据需要变化或更新。可以看出，库哈斯的大都市理论引申出一种全新的都市建筑思想，这种思想既反对引入传统的街道、广场来挽救现代化进程对城市的破坏，也反对现代建筑通过驱逐混乱达到对都市不稳定状态的控制。在他看来，在大都市中，"人们不再相信现实是一成不变或永不消亡的存在"，都市只是散乱片段的聚合，而建筑的内容也是不定的，人们无法以单一的功能认知一个建筑，而建筑的内外也会具有完全不同的性质，真正重要的是建筑本身对变化的包容性❶。(图6-5-6)

1983年，OMA事务所在巴黎拉

图6-5-6 颠狂的纽约(Rem Koolhaas with Zoe Zenghelis, The City of Cuptive Globe, painting by Madelon Vriesenclorp 绘图)

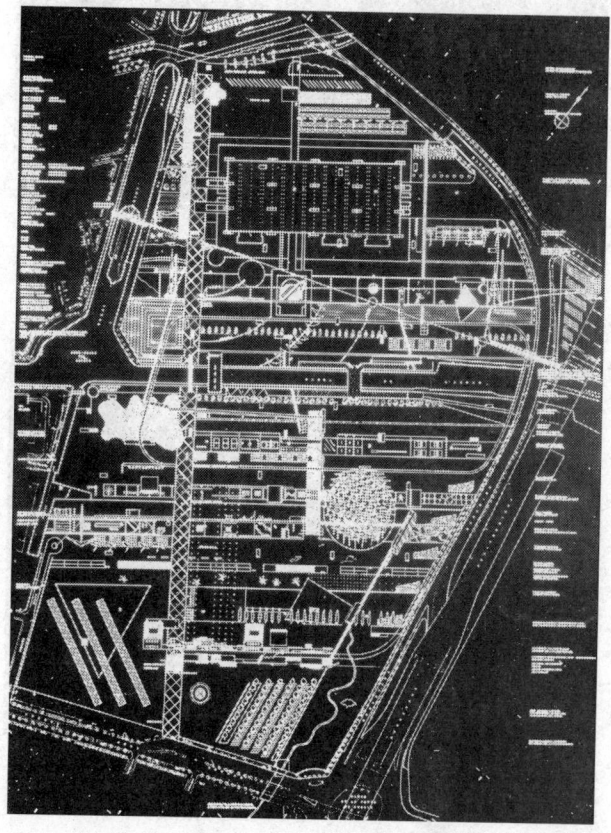

图6-5-7 巴黎拉维莱特公园设计竞赛方案

---

❶ R. Koolhaas, "Life in the Metropolis" or "The Culture of Congestion", Theorizing a New Agenda for Architecture, An Anthology of Architectural Theory 1965~1995, Princeton Architectural Press 1996。

(a) 外观

(b) 入口大厅

图 6-5-8　海牙国立舞剧院

**维莱特公园的设计竞赛**中同样获得了第一名(图 6-5-7)。虽然,OMA 的设计并没有像屈米的作品那样在形式上引起轰动,但库哈斯在这里尝试了一种不同于摩天楼的、但同样体现拥挤文化的规划设计。公园设计由"一系列在几乎没有建筑物参与的情况下制造出的连环事件"组成,提出了一种新景观策略来对付过于复杂而详尽的现实的种种可能。他将已知的内容与可能发生的内容组织到场地里划分出的一系列横向排列的地段中。这些狭长地段上设置不同的活动内容与植物,内容配置是任意和随意的,但彼此又存在着渗透。除此之外,场地上还点状分布了一些售货亭、儿童活动场等元素,并包括原有的建筑,然后是连接系统。这样,各个体系的叠合(superimposition)形成了一种丰富的结构纹理(texture),它近似那个健身俱乐部剖面结构的平放,对都市密度做出了新的阐释❶。

库哈斯第一个引人关注的实施作品是**海牙国立舞剧院**(National Dance Theatre in Hague, Holland, 1984~1987 年,图 6-5-8)。剧院投资很有限,选址在一个城市轨道交通与公交的中转区附近,有 8 车道的高架与呆板的混凝土政府办公楼相邻,属于那种环境"险恶"的城市无人区。然而,与当时不少建筑师采用的唤回"场所"与"记忆"的通俗文脉主义的设计策略不同,库哈斯尖锐地指出了战后城市内脏掏空、边缘受挫的事实使温雅的城市化理想成为一纸空文。他设计了一座硬边建筑(hard edge)置入这苛刻的都市现实:剧院主入口像个次入口,面对喧闹道路的立面故意做成铁板一块,而建筑背后更像车库。总之,建筑完全没有通常

---

❶ Charlse Jencks, Deconstruction: The Pleasure of Absence', AD, 1988, 第 3、4 页。

## 第五节 解构主义

文化机构的优雅形式特征,而是给出一个激起广泛争议的、"着实邂逅"的建筑品质(dirty-real quality of building)作为结果,这是库哈斯独特的、对建筑回应都市文脉的策略❶。当然,这种回应并非全然是这样"无奈",剧院容纳舞台部分的体块是建筑的最高处,库哈斯请艺术家在此设计了一幅描述舞蹈者的巨型壁画,成为抗拒这个环境的强烈标识。不仅如此,室内设计更加强调舞剧院的性格:倒置的金色锥体入口,波浪形的表演厅屋面,尤其是入口大厅里色彩的大胆使用、用缆绳悬吊在大厅内的卵形舱体、卵形香槟酒吧和曲线形的跳台,所有这些不稳定的元素聚在一起,传达着一种由身体运动产生的、极为敏捷又有控制的舞蹈感。

进入20世纪90年代,库哈斯以更多的理论著作与都市实践而成为世界关注的人物,他关心的领域也超越出西方,扩展到亚洲城市,他所思考的是世界全球化趋势下的大都市发展状态。在1995年出版的《广普城市》(Generic City)一书中,库哈斯从涉及城市发展的一系列诸如人口、社会学、政治等问题出发,认为无个性、无历史、无中心、无规划的普通城市是未来城市发展的事实。他把世界各地机场建设的趋同性看作未来城市趋于相似的例证。库哈斯是反历史主义的,相对于场所精神、历史沉积,他对信息化和城市化抱有乐观的态度和极大的热情。同时,他也发展了一种明显带有超现实主义色彩的、不伤感的、鲜明乐观的建筑风格,以阐述他的观点立场。他的作品功能明确,色彩鲜明,形体组织大胆,带有构成主义的手法痕迹。由于他的理论对当代大都市的认识与思考作出了独一无二的贡献,他因此获得了2000年度的建筑普利策奖。

柏林建筑师 D. 李伯斯金因其代表作**柏林犹太人博物馆**(Jewish Museum, Berlin, Germany, 1989~1999,图 6-5-9)而被看作是解构主义的又一重要人物。李伯斯金出生在波

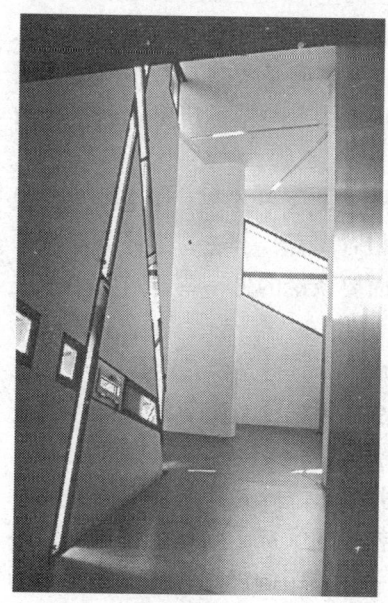
(a)室内

(b)总图

图 6-5-9  柏林犹太人博物馆

---

❶ A. Tzonis and L. Lefaivre, Architecture in Europe since 1968, Memory and Invention, Thames and Hudson, 1992,第182页。

兰,曾在以色列和美国纽约学习音乐,后来在纽约的库柏联合学院(Cooper Union School)学习建筑,又在英格兰的埃塞克斯大学(University of Essex)历史和哲学系攻读。丰富的知识背景使他的建筑创作呈现出与众不同的特殊气质,更富于哲学抽象和历史意味,柏林犹太人博物馆正体现了建筑师这种特殊的气质与追求。

柏林犹太人博物馆是在柏林老博物馆的基础上扩建而成。新馆位于三条大街交汇处、在二战中被炸毁后闲置的一块空地上。新馆在地面上与老馆完全脱开,只在地下相连。老馆是一个巴洛克式的历史建筑,而新馆则是一个有着"之"字形平面的异乎寻常的新建筑。在这个环境里,李伯斯金以极其强烈的对比手法使新老建筑在形式上形成冲突,而在空间深处又相连接,以此暗示德国犹太人的命运。建筑师认为,一切都已因残酷的历史而消失,而那些"不可见的"(What is not visible)正代表了柏林犹太人历史遗产的丰富性,因为从博物馆基地附近、从柏林城的地图上都能轻易找到那些犹太人留下痕迹,即他们的住处、工作地以及他们留给城市的灿烂文化篇章。他将柏林城市地图上一些著名犹太人的出生和工作地点连成线,根据线的走势发展出最终的建筑平面形式,而建筑的立面则充满了不同方向的断裂的直线,形成尖锐的角和狭长的缝,触目惊心。博物馆的入口是通过老馆地下层进入的,入口连接了新馆的三条路径:一条较短的长廊引向一个死胡同,象征死亡之路,进入这个"绝境"空间底部的一扇门,就是他设计的大屠杀塔(Holocaust tower),一个极其阴森恐怖的烟囱空间,里面存放当年被驱逐出城再遭屠杀的犹太人的最后签名;第二条路径的侧墙上布满了当年犹太人逃往世界各地的城市名,路的尽端通向一个小庭院,院中一组密集的混凝土柱,象征犹太人的流浪与迁徙;在第三条、也是最长的路径空间里,陈列着当年犹太社区幸存下来的各种遗物,这个空间也将引导参观者返回博物馆入口。最后,博物馆建筑中最意味深长的是中央一个虚空的空间,而虚空正是建筑师在这个博物馆设计中最想表达的。在他看来,这是一个"缺席的空间"(space of absence),"它是柏林犹太人群体曾被彻底根除的见证"❶;而同时,这空间又使参观者在博物馆里能清晰体验这种缺席的呈现,设计师就以这种方式建立了将犹太人与柏林历史重新整合的概念。

需要指出的是,正如在本节的开始所说的,尽管在解构主义这一名称下有这样一个代表性的建筑师群体,但他们之间的差异性是无法忽视的。相对而言,上述的这部分建筑师比较关注哲学,或试图将建筑纳入深层的人文思考,而下面要谈论的另一些建筑师则更关注建筑艺术形式与空间语言的全新创造。

Z. 哈迪得就是一个大胆尝试建筑创新的解构派建筑师。哈迪得是伊拉克人,早年在黎巴嫩贝鲁特的美国大学攻读数学,后在英国学习建筑,1977年在伦敦建筑师学会学院获建筑学学位,1976至1978年,曾在库哈斯主持的OMA事务所工作,1979年自行开业。

哈迪得的建筑创作思想主要有三个来源。首先是20世纪初俄国先锋派艺术的影响,马列维奇的至上主义(Suprematism)和塔特林、康定斯基的构成主义成了哈迪得建筑创作形式方面的主要灵感来源。其次是她继承了她的导师库哈斯关注城市的思想,在她的建筑创作中比较重视个体建筑和城市肌理的关系。三是哈迪得在建筑创作中对电脑的娴熟应用,这里可以体现创作手段对创作内容的巨大影响。

---

❶ Sheila De Vallée, Architecture for the Future, Terrail, 1996, 第33页。

## 第五节 解构主义

尽管哈迪得参加了1988年在纽约现代艺术博物馆举办的"解构主义建筑"7人展,但她并不认为自己属于解构主义这个阵营,甚至从不提"解构"二字。哈迪得的建筑创作更没有以解构主义哲学为依据,她较多的是对建筑形式与空间可能性的再探讨,并在这个领域有独特的创见。她的建筑画独树一帜,每一张建筑画都是一幅完整的抽象绘画。她的创作过程也是一幅幅抽象绘画的绘制过程,据说,每一个项目她都要绘制上百张这类的建筑画。

图 6-5-10　香港山顶俱乐部设计

哈迪得的第一个产生影响的作品是**香港山顶俱乐部设计**(Peak Club, Hong Kong, 1983年,图6-5-10)。当时,她在俱乐部的国际竞赛中一举夺魁。她的方案被称为是"反重力的爆炸性空间(anti-gravitational exploded space)"。在该方案中,她意图创造一个巨大而抽象的几何形的人造花岗岩山峰景观。她用四块巨形水平大板嵌入山岩,组成基本结构,而四块大板高度不

图 6-5-11　维特拉消防站

同,长短不一,各成角度。在最低的大板上是两层玻璃的工作单元,上下成30°角的叠合。在第二块板上有一圆洞,下面的柱子穿过圆洞撑住第三块板。因此在第二、三块板之间形成了一个13m高的虚空,标志着从工作间到俱乐部活动室的转换空间。入口甲板、门厅、蛇形酒吧和阅览室就悬挂在二、三块大板之间的虚空之中。在第三块板上的是四个单元阁楼,沿屋顶平台长向布置。第四块板中是主人住宅,包括一个很大的起居室、餐厅、私人泳池。这个作品是在香港纷杂的城市脉络中不断勾画而成,它是一组"梁的聚合"(gathering together of the beams)形成的人工山峰。哈迪得以恣意的力量和偶然的叠置强加了一个极度复杂的环境秩序,但其充满能量的空间流动却为这个空间的无限扩张提供了极大潜力[1]。

哈迪得的第一个建成作品是**维特拉消防站**(Vitra Fire-Station, Weil am Rhein, Germany 1993年,图6-5-11)。维特拉消防站位于维特拉家具厂厂区的边缘,主干道的尽端。建筑物与环境十分契合,动态构成的形式与消防站的性格也十分的相符。建筑物主要有两部分组成:一部分是车库,另一部分是辅助用房,包括更衣室、训练室、俱乐部和餐厅

---

[1] Geoffrey Broadbent, Deconstruction, a student guide, Academy Edition, 1996, 第17页。

等。入口处理是整体构图的焦点，入口前的雨篷向上倾斜，悬挑长达 6~7m 的尖角像一把飞刀，投射到墙上的阴影随着日照的变化而变化，与钢管束柱构成一幅抽象图案。建筑最特殊的就是由这些极不规则、极不稳定的建筑元素形成的室内空间。由于无论是墙体还是天棚都少有平行或直交的关系，人在其中会产生一种迷离、晃动的戏剧性感受，仿佛时刻都有行动的爆发。**东京札晃餐厅**(Monsoon Restaurant，Sapporo，Tokyo，Japan，1989 年，图 6-5-12)虽然是室内设计，但也是哈迪得的另一精彩之作。这个分别以"冰"与"火"为主题的餐厅充满了动感和激情，再次体现了设计师对创造偶然形态与空间扩张力的迷恋。

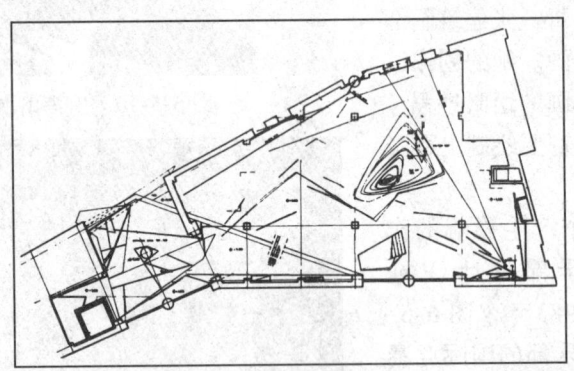

(a)平面

(b)内景1，火的主题

(c)内景2，冰的主题

图 6-5-12　东京札晃餐厅

自 1988 年的解构主义 7 人展后，有一个奥地利设计小组更加引人注目，这就是库柏·希米尔布劳(Coop Himmeblau，意即蓝天设计组—Blue Sky Co-operative)。小组成立于 1968 年，由 W. 普瑞克斯(Wolf. Prix 1942 生)与 H. 斯维琴斯基(Helmut Swiczinsky 1944 生)组成，以维也纳为设计活动基地。蓝天设计组代表着奥地利创新的一代，体现出前卫的姿态。他们曾在宣言中表明了对社会现实的一种激进的、也是悲哀的情怀，同时又力图在建

第五节 解构主义

筑美学中表现这种荒凉的美感。他们的哲学思想与同是奥地利人的弗洛伊德的精神分析理论有着紧密的联系。他们认为，抑制需要巨大的能量，并把这些能量用于设计中。他们声称过去所理解的那种建筑已经结束，"建筑并非是调和或顺从，而是将一个场所中存在的张力用强化的视觉方式做出的表达"❶。也许由此可以理解，他们的作品总是显出对现有秩序强烈的侵犯和破坏，一种不安感、混乱和非理性特征，甚至会把武器作为建筑形式的表现对象。蓝天设计组在1988年纽约现代艺术博物馆的"7人展"上展出了他们最具代表性的作品：**屋顶加建**(the Rooftop Remodeling, Vienna, Austria, 1983～1989年，图6-5-13)和汉堡天际线大楼(Skyline Tower, Hamburg, Germany, 1985)。

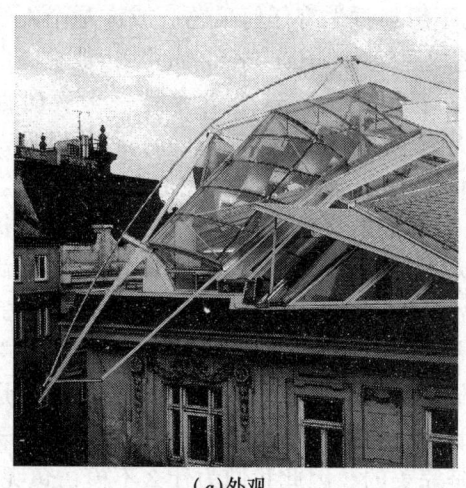
(a)外观

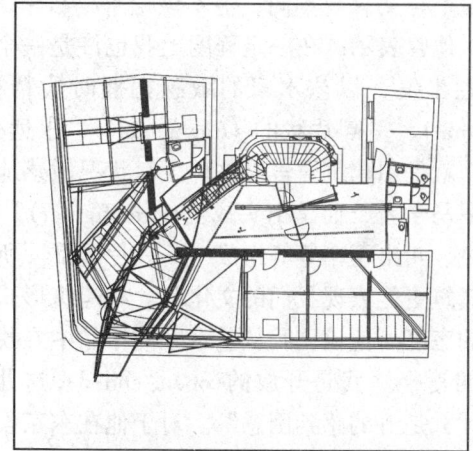
(b)平面

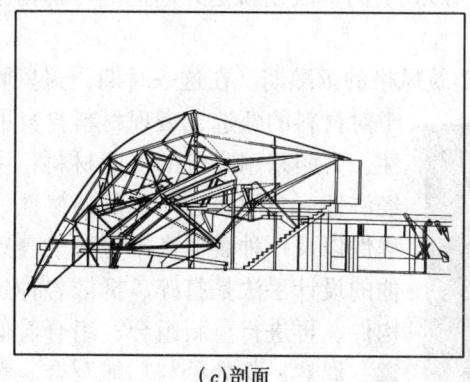
(c)剖面

(d)内景

图6-5-13　屋顶加建

屋顶加建项目位于维也纳传统的居住区中、两条道路交叉处的一幢老房子的顶部，根据业主要求，加建部分为一个律师事务所的会议室和办公室。这个像昆虫一样吸附在屋顶上的房子是若干框架系统的叠合，是建筑师采用钢材、玻璃和钢筋混凝土结构创造的一个十分复杂的形式。设计综合了桥梁和飞机的结构系统原理，构筑了一个全新而明亮的浮游空间，他们通过对各种元素的游戏式的解构(playful deconstruction)，把一个富于梦幻的空

---

❶ Encyclopaedia of 20th Century Architecture, Thames and Hudson, 1989, 第75页。

间变为现实。这是小组成员对他们建筑思想的真实表现。因为在他们看来,当今的建筑并不一定需要功能,并不一定需要仅仅考虑它的业主,建筑也不意味着它的终结;"建筑应该被定义为一种扩展活力的媒介"❶。

最后必然要提到的是解构主义思潮中最具形式创新精神的美国建筑师 F. 盖里。在美国,盖里曾与艾森曼、文图里和 J. 海杜克(John Hejduk, 1929~2000)一起被誉为领导当代建筑潮流的"四大教父"。盖里的作品对 20 世纪末建筑发展的影响和贡献都是无法忽视的,尽管他的作品被建筑评论家们贴上各种各样的标签,如后现代、新古典、晚期现代、解构、现代巴洛克等等,但他在发展一种富于强烈时代精神的建筑艺术上的才能是公认的。

盖里与艾森曼不同,他不谈论解构哲学,也不想与哲学有任何瓜葛。或许是个人气质缘故,他曾表示"在一定程度上我也许是一个艺术建筑家(artist-architect)",他更倾向于从感性出发,以艺术家的敏感把握时代精神。盖里认为,这个世界是一个暂时性的(temporal)、呈碎片状的 (fragmental)、永远处于不断变化(constant changing)的世界,他的工作就是用建筑语言对这种生存状况敏感地加以表达。他说"我从大街上获取灵感。我不是罗马学者,而是街头战士(streetfighter)"。"我们的文化由快餐、广告、用过就扔、赶飞机、叫出租车等等组成——一片混乱。所以我认为我的关于建筑的想法比创造完满整齐的建筑更能表现我们的文化"。在建筑形式上,盖里对过去的传统美学法则采取了完全对抗的态度。他说"我从艺术家的作品中寻找灵感……我努力消除传统的文化包袱,并寻找新的途径。我是开放的(open-ended),这儿没有规则,没有对或错。我常对什么是美的,什么是丑的感到困惑"。对于他在东京设计的鱼餐馆,他是这样解释的,"……若是有人要说古典主义是完美的,那么我就要说鱼是完美的,因此我们为什么不模仿鱼呢?"盖里颠覆了古典传统,他在文化上的反叛立场和形式上的革故创新是人们把他与解构派联系在一起的最重要的原因。

60 年代到 70 年代末期是盖里的探索期和建筑风格的酝酿期。在这一时期,盖里侧重于对材料的甄选,表现材料自身的属性,大胆采用廉价的工业材料;注重经济性,力图表达建筑的偶然性、过程性以及一种看似尚未完成的美感。他的设计手法是打碎、拆散各种建筑构件,再进行重新组合;组合看似随意、偶然,却处处与功能契合。盖里这一时期的作品在美学上也与 20 世纪 20 年代的构成主义颇为相似,都具有动感和不稳定性,都具有对古典形式的反动与颠覆性质。这一时期的思想集中体现在他在圣·莫尼卡的自宅改

图 6-5-14　自宅加建设计

---

❶ Sheila De Vallée, Architecture for the Future, Terrail 1996, 第 113 页。

建上，(图 6-5-14)。这本来是一栋很普通的 2 层住宅，加建部分是将底层向三面扩建，增加 800 平方英尺(74.32m²)，二层则增加了 680 平方英尺(63.17m²)的平台。住宅入口面街，以变化的铺地、台阶和二层出挑的、具有抽象造型的组合金属网架而更加强化。扩建的厨房和餐厅是设计中的最特别处。厨房的窗是个斜放的、形如木条钉成的玻璃立方体，像偶然落到陷进的屋顶上，卡在厨房上空。这样不仅室内采光充足，而且透过顶部玻璃还可以观赏宅旁的大树。餐厅在街道转角，是一个倾斜的大角窗。从使用的材料看，有瓦楞铁板、铁丝网、木条、粗制木夹板、钢丝网玻璃等廉价材料，全部裸露在外，不加修饰，建筑横七竖八，看似永远处于未完成状态。盖里的私宅加建是一个实验性作品，它揭开了盖里以独创性的姿态走向世界舞台的序幕。

转入 80 年代初期，盖里也曾受过后现代符号学的一些影响，尝试过用夸张、诙谐的隐喻手法，如航空宇宙博物馆(California Aerospace Museum, Los Angeles, Calif. US, 1982～1984 年)、东京的鱼餐馆(Fishdance Restaurant, Kobe, Japan, 1987 年)以及为 Chiat Day 广告代理公司在加州的西海岸总部大楼(Chiat/Day Advertising Agency, Venice, Calif. US, )。至 80 年代后期，盖里开始探索整体性的设计语言，他不再以小尺度的建筑构件，如门、窗等为变化单位，而是采用大尺度的功能组合体为单位，同时，盖里更注重建筑的雕塑感，更多运用曲线，创造形体、空间复杂的建筑。主要的手法是，在建筑主体完整的前提下，利用连接部位形成复杂的形式，但并未造成建筑主体的复杂。局部的复杂有完好的功能，如采光、交通部分。同时，他的设计语言更加开放，既有抽象形体，又引人联想。

**维特拉家具设计博物馆**(Vitra Furniture Design Museum, Weilam-Rhein, Germany, 1987～1988 年，图 6-5-15)是盖里风格形成的一个重要作品。博物馆包括门厅、图书室、会议室以及展览大厅，外白色粉墙，钛锌板屋面。从外表看，建筑物形体十分复杂，但仔细分析会发现其布局的合理性。体形变化主要是利用了建筑物的入口门厅、雨篷、楼梯、电梯、天窗等非主体功能部分进行造型加工；局部的造型变化同时考虑到实用性和室内空间效果；天窗的扭转不仅丰富了外部造型，而且直接造成了室内的光影变化。相对于室外的"杂乱无序"，室内空间富于变化和节制。

(a)内景

(b)外观

图 6-5-15　维特拉家具设计博物馆

图 6-5-16　布拉格尼德兰大厦

光在室内空间的统一和谐中扮演了重要的角色。

到了 90 年代，盖里的作品越发显现出鲜明的动感，在形式的把握与功能的完善之间达到了精致的平衡，确立了一种新时代的建筑美学。有人将这种独创性的建筑艺术称之为现代巴罗克。这一时期的作品有**巴黎美国中心**(the American Center, Paris, France, 1993 年)、**布拉格的尼德兰大厦**(Nationale-Nederlanden Building, Prague, Czech Republic, 1994~1996 年, 图 6-5-16)、**魏斯曼艺术博物馆**(Weisman Art Museum, University of Minnesota, Minneapolis, US, 1994 年)和**毕尔巴鄂古根汉姆博物馆**(Guggenheim Museum, Bilbao, Spain, 1993~1997 年, 图 6-5-17)等。

尼德兰大厦位于布拉格市历史文化保护区内，面向伏尔塔瓦河，并在交通要道的转角处。在基地周围中世纪、文艺复兴、巴罗克和新艺术运动时期的建筑云集于此。尼德兰大厦的重点是其独特的转角处理，盖里采用双塔造型，一虚一实，象征一男一女，男的直立坚实，女的流动透明、腰部收缩、上下向外倾斜，犹如衣裙，而挑出的上部可以俯览布拉格风光。虽然建筑的形式特别，但在材料上以及在门窗的尺度上与周围环境取得了某种一致性，获得了似突兀又和谐共处的效果，显示了盖里在历史环境中创作的独到之处。

图 6-5-17　毕尔巴鄂古根汉姆博物馆

毕尔巴鄂古根汉姆博物馆位于西班牙北部巴斯克的毕尔巴鄂市奈维翁河(Nervion)南岸。这片地方原是商业和库储区，这一项目也是该地区复兴计划中的第一步。基地附近有博物馆、大学以及部分老城区，新建博物馆处于这三者的中心。博物馆入口处是一个公共广场，鼓励人们从附近的文化地区步行前来。建筑由曲面块体组合而成，外墙是西班牙石灰石和钛金属面板，前者用来建造矩形的空间，后者用来覆盖雕塑般的自由形体。盖里在设计过程中得益于航空设计中使用的计算机软件，显然，没有高科技技术的支持要完成如此复杂的作品几乎是不可能的。但这个建筑的形式又是如此地激动人心，被称之为有诗一般的动感，她改变了整个城市的意象，也改变了以往建筑艺术语言的固有表达。盖里因此获得了 1997 年度的建筑普利策奖。在评审团的致辞中提到，盖里的作品展现了一种全新定义的(highly redefined)、复杂的、富于冒险性的建筑美学，他创作的作品常常引起争议，但超凡的形态创造也恰恰反映了他用建筑语言表达社会价值的永不厌倦的探索精神。

从以上对解构主义各个代表人物及实例的介绍中可以看到，这一思潮的表现是多样的，正像威格利所说的，对于这些人物，他们之间的差异性和相似性同样重要。就他们自己来说，对解构主义这个标签也是态度不一的。艾森曼是最热衷于将自己标榜为具有知识分子精神的解构主义哲学的实践者，他始终坚持建筑应形成一种系统的知识话语，而哲学成为他建构知识话语的直接基础。屈米在将解构哲学作为其建筑思想的理论基础上也表现出了十分积极的姿态和努力。但除此之外，其余代表人物并不认为自己的实践探索直接来源于某种哲学思想，甚至认为与哲学毫无关系，盖里甚至完全否认自己的作品是解构主义。

诚然，建筑的发展与演变并非就是一种哲学使然，建筑也不可能以仅有哲学的话语便能阐释的。不过，解构主义思潮在建筑界的形成绝不是偶然的，尽管它的一些代表人物声称，当代建筑已经无法承载社会文化的内容，但从另一方面来看，这一思潮仍然是这个时代文化思考的折射。解构哲学的出现是西方日益深化的认识论危机(epistemological crisis)的一种表现，从尼采的权力意志说到解构中的"缺席"状态，西方人文反思的核心就是针对人类语言体系自身的不稳定性特征，是对传统"逻各斯中心"(logocentre)的大胆质疑。因此，反映在建筑领域，长期以来形式与功能的逻辑关系以及符号与意义传达的必然性均受到了极大的挑战。当然，解构建筑并不是将建筑引向虚无，它要消解的不是建筑本身，而是由建筑师或业主，或任何人强加于上的一种形式与意义的对应关系，这也许是一种更加多元的设计策略。从另一方面看，解构建筑的出现也有建筑自身发展的必然性，它在艺术上的前卫姿态又一次体现了西方建筑艺术试图不断走向形式突破的创新传统，盖里等人的实践切实地开创了一个时代的建筑美学。当然，还要看到，一个时代的创新，既是一种观念的突破，但也常常依赖于这个时代的技术成就付诸实践，解构也不例外。如果没有计算机技术的支持，艾森曼的深层结构的探索和他在辛辛那提的建筑系馆的建成都是很难想象的，而盖里充满动感的现代巴洛克作品也很可能是纸上谈兵了。

## 第六节 新 现 代

与其他的建筑倾向或思潮相比，"新现代"(New Modern 或 Neo-Modernism)的所指比较含糊，它算不上是一种全新的建筑思潮，也没有明显统一的学说理论。一般来讲，这一名称的出现主要是指那些相信现代建筑依然有生命力，并力图继承和发展现代派建筑师的设计语言与方法的建筑创作倾向。新现代也可以有更广义的所指，它包括 20 世纪 70 年代以后绝大部分与有历史主义倾向的各种后现代思潮截然不同的当代建筑实践。

很难确定是谁最早开始使用这个词的,建筑评论家们对于新现代的认识也没有统一的说法。80年代初,纽约的一些评论家开始使用这个名称,认为一种新的建筑正在从现代建筑的历史中复活,以表达与后现代主义相抗衡的姿态,并且,以建筑师R. 迈耶(Richard Meirer, 1934年生)为代表的、具有"优雅新几何"风格(Elegant New Geometry)的作品被认为是新现代的典型。与此同时,也有人把注重技术表达的英国建筑师罗杰斯等人都归入新现代❶。1990年9月,伦敦的泰特美术馆举行了一次题为"新现代"(the New Moderns)的国际研讨会,参加会议的有C. 詹克斯、R. 迈耶、D. 李伯斯金、G. 勃罗德彭特(Geoffrey Broadbent)等30多人,他们中有建筑师、评论家和理论家。在研讨会后,英国著名建筑杂志AD出版了为此做的专集《新现代美学》(The New Modern Aesthetics)。研讨会上并没有对新现代做出明确定义,大家基本认为,确实有从现代建筑的传统中发展出来的新建筑,并形成一种与后现代古典主义或通俗主义相抗衡的创作倾向。同年,詹克斯出版了他的同名著作《新现代》(The New Moderns)。书中,他把以艾森曼为代表的解构主义思潮的理论与实践也称为真正的新现代。诚然,这些活动和出版物为这个名称的传播起到了作用,但关键是,在愈加开放和多元的时代,建筑师们的创作体现了既讲个性、又善于吸取各种经验与思想的普遍特征,而对于标签式地对号入座已丧失了热情。事实在于,一方面现代建筑传统受到广泛挑战,另一方面,一些在建立批判意识的同时,坚持现代建筑依然有发展的生命潜力的实践倾向也是明显存在的,并一直持续着。了解这些实践探索是本节所关注的主要内容。

一种普遍的看法是,1969年在纽约现代艺术博物馆举办的一个建筑展被作为新现代的开始。这次展览介绍了5位当时并不很有名气的美国建筑师和他们的部分作品,5位建筑师是P. 艾森曼,M. 格雷夫斯,R. 迈耶,C. 格瓦斯梅(Charles Gwathmey, 1938年生)和J. 海杜克。展览清一色的为独立式住宅设计,住宅形式有一些明显的共同特征,简洁的几何形体看似都发源于20世纪20年代勒·柯比西埃早期的建筑风格,也像是直接吸取了当时荷兰风格派代表人物里特弗尔德和意大利建筑师特拉尼的设计手法。展览引起了建筑界和评

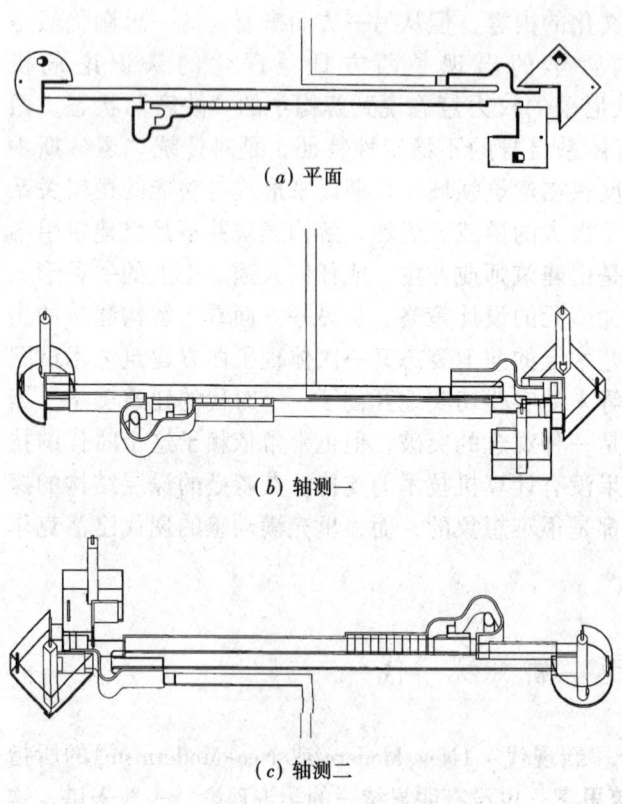

(a) 平面

(b) 轴测一

(c) 轴测二

图 6-6-1　海杜克的"住宅10"

---

❶　C. Jencks, The New Moderns From Late to Neo-Modernism, Academy Editions, 1991, 第14页。

## 第六节 新 现 代

论界的关注，建筑理论家 C. 罗(Colin Rowe)和建筑理论家弗兰普顿都发表了评论文章。随后，5 位建筑师的作品与这些评论文章一起合成专集，于 1972 年出版，书名就叫《五位建筑师》(Five Architects)。由于这 5 人都在纽约，因此他们又被称为"纽约五"(New York Five)。

纽约五的作品看起来酷似勒·柯比西埃早期设计的一些白色住宅建筑，但形式的表达似乎更为抽象，建筑的尺度也很难判断。显然，这些作品在继承现代建筑设计语言的基础上，也在试图拓展这种设计语言的更多可能。海杜克的**住宅 10**(House 10, USA, 1966 年，图 6-6-1)体现出一种无情节的抽象，他使设计降至对建筑形式本身的判断，住宅的布局在水平方向上被超常规地拉长了，建筑以时间方式形成庞大尺度的幻觉，而点、线、面和体的组织、3/4 的圆形或正方形、三角形斜边等等都是形式的基本元素。海杜克事实上致力于将空间和尺度推向它们的极限的建筑实验，而这种关于空间与形式的抽象实验可以说是纽约五的共同特征。

作为解构主义代表之前的艾森曼，主要关注的是如何强化建筑形式的独立性，他所展现的住宅系列设计相当明晰地表现了他的这种努力。首先从形式上看，"**住宅 I**"(House I)和"**住宅 II**"(House II)(图 6-6-2)都是从一种类似格子布似的结构基础中生长出来的，它们保持着各立面的正面性，很容易使人联想到特拉尼 20 年代在意大利北部城市科莫(Como)设计建成的那个现代建筑。但这些住宅同时也包含一种不对称的旋转，使建筑的内外都不易成为建筑形式的主宰。弗兰普顿将这种特性称为"建筑正面性与旋转性的对峙"(frontality vs. rotation)，❶而艾森曼称自己的设计意图是要将形式的结构逻辑区别于功能与技术要求下的形式结果，他承认形式与环境的关联，但更强调来自环境的形式结构要与另一个更抽象、更本质的形式结构相关联。他把自己的设计称作"硬纸板建筑"(cardboard architecture)❷，类似抽象雕塑。他的策略是，使用任何既定习俗意义之外的原始形式，基于语言学结构分析的操作方式，使形式的操作依据规则的严格控制，但规则本身的制定是任

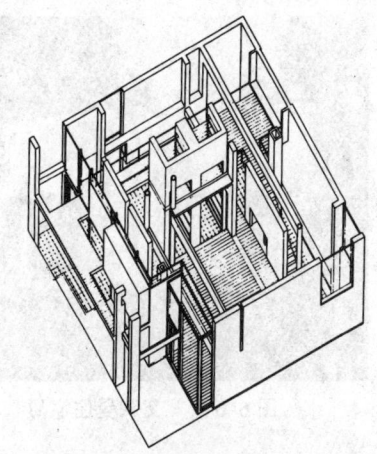

(a)住宅 I 轴测

(b)住宅 II 外观

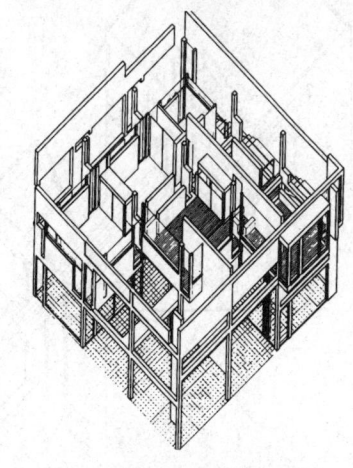

(c)住宅 II 轴测

图 6-6-2　艾森曼的住宅 I 和住宅 II

---

❶　Colin Rowe, Kenneth Frampton, Five Architects, Oxford University Press, 1975, New York, 第 9 页。
❷　Colin Rowe, Kenneth Frampton, Five Architects, Oxford University Press, 1975, New York, 第 15 页。

第六章　现代主义之后的建筑思潮

图 6-6-3　艾森曼住宅 Ⅵ

(a) 外观

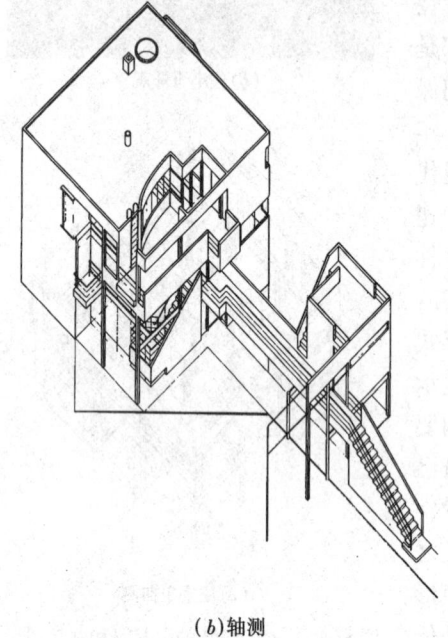

(b) 轴测

图 6-6-4　格雷夫斯的汉索曼住宅

意的。这样，在他设计的住宅中可以看到，原来的结构元素梁和柱已经从承重逻辑中脱离出来，形式与空间的组织产生于更抽象的一系列形式本身关联性的建立，而不是功能与技术的表达。这就是艾森曼要探寻的"自主的建筑"(autonomous architecture)❶。可以看到，原先现代派建筑师所遵循的社会与美学的道德准则与信仰在这里消失了。艾森曼以这种方式转换着原来现代建筑的形式原则，并渐渐将假想推向了质疑，这在他后来的**住宅Ⅵ**(House Ⅵ, Washington, Connecticut, USA, 1978, 图 6-6-3)中变得愈加显著。这幢住宅在一种自主抽象的系统中形成，许多原来的功能要素以非常规的方式出现；最奇特的是，主卧室大床所靠的墙中间有一条断裂的空隙，住宅内的红色楼梯是无法攀登的，因为它通向一个不存在的二楼。对艾森曼来说，许多形式的出现并非满足某种需求，而这种自主的建筑是否也可以说正预示了他"解构"思想的开始。

后现代古典主义的典型人物格雷夫斯在早年的实践中却体现了现代建筑传统的深刻影响，他最初是作为"纽约五"的成员崭露头角的。他设计的住宅在形式上比艾森曼的要易解说，也不尽相同。在他设计的**汉索曼住宅**(Hanselmann House, Wayne, Indiana, USA, 1967, 图 6-6-4)和**贝纳塞拉夫**住宅扩建(Benacerraf House Addition, 1969 年, 图 6-6-5)中，很明显是按照勒·柯比西埃几何秩序的方式来形成建筑形式与空间格局的。格雷夫斯也将建筑活动理解为人在自然中建立秩序的过程，而且他对形式在自然中生成的理由与形式包含的功能同样关注。对于贝纳塞拉夫住宅的扩建，格雷夫斯将一个开放的和一个闭合的体量以立面的规则性与删减法结合起来，意图是使住宅既保持建筑自身完整，又与自然秩序整合。他的设计策略表明，自然性的建筑与秩序相对立，但这并不否定建筑作为对"自然的矫正和完成"(correction and completion of nature)，而这种矫正与完成将通过隐喻的方式获得：扩建部分

---

❶ Colin Rowe, Kenneth Frampton, *Five Architects*, Oxford University Press, 1975, New York, 第 41 页。

的二层露台重复呈现底层平面的理想构筑，但天空成为这层平面上的无尽天篷，而树木成了附着于墙体中的立柱[1]。

如果说艾森曼和格雷夫斯的设计在"纽约五"时期已经预示了他们后来的变化的话，建筑师迈耶从那时起所建立的设计方式则一直成为他保持现代建筑传统的基础，这使他最终被认为是新现代的中心人物。当时展出的**史密斯住宅**(Smith House, Darien, Conn. USA, 1965 年，图 6-6-6)已经可以看到成熟的迈耶设计风格：这座独立式住宅通体洁白，有明显的几何形体构成，使人很容易联想到勒·柯比西埃的斯坦恩别墅(Villa Stain, Garches, France, 1926～1927 年)。在一片宜人的环境中，迈耶首先由基地的特征确定了住宅的轴线关系：入口从浓密的树林和岩石中进入，而主立面直接面向沙滩与大海。住宅本身以功能关系划分为实体的与开敞的两大部分，以区分家庭成员各自的私密生活空间与家庭的公共空间，而住宅的结构系统和空间组织系统正好也与之吻合。于是，住宅形成了清晰的形式逻辑关系：一条长坡道从丛林引向住宅，入口切入住宅实体部分，与住宅内部的水平走廊连接，水平走廊又在每个层面连接了两个成对角布局的楼梯，交通流线就这样将住宅私密与公共两部分有机地结合在一起。封闭的私密空间分3层，而向沙滩与大海开敞的家庭空间上空贯穿3层，家庭成员交通空间的频繁使用将两部分之间的层次感与通畅感相互强化。史密斯住宅表达了迈耶一种住宅设计概念的形成：形式的生成依据两个方面的概念，一个是理想的、抽象的，另一个是现实的、解析的。在史密斯住宅中，抽象的概念是空间分层的线形系统和与之平行或交叉的交通流线的确定，而同时，这一抽象概念又将与它对现实问题所做出的回应相互作用。这些现实问题涉及场地、功能、流线与入口、结构以及围合。可以看出，住宅形式的许多方面，如几何形态、坡道、色彩以及上下贯通的起居室等都延续了现代建筑

图 6-6-5　贝纳塞拉夫住宅扩建

(a)主立面

(b)平面

图 6-6-6　R.迈耶的史密斯住宅

---

[1] Colin Rowe, Kenneth Frampton, Five Architects, Oxford University Press, 1975, New York，第 55 页。

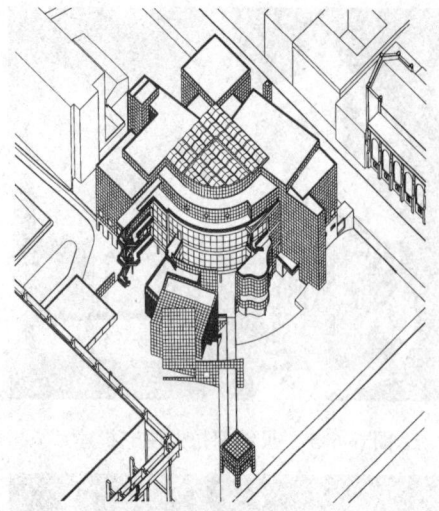

(a) 轴测图

的语言。但是，迈耶独特的风格在于，他进一步强调了建筑生成的自主性与形式秩序感，同时也更自觉地建立了建筑与场地、环境的有机联系。80年代起，迈耶将这种设计方式扩展到更多的公共建筑中，他以对白色的偏爱和对形式把握的出色才能使建筑获得了独特的优雅和诗意。

位于美国佐治亚州亚特兰大的**海尔艺术博物馆**(High Museum of Art, Atlanta, Georgia, USA, 1980~1983年，图6-6-7)是迈耶风格成熟的代表作。在这个作品中，建筑呈现了更复杂的形体组合和更丰富的内外空间。最具特色的是迈耶对这座博物馆的中庭的处理，他把它描述成为一个文化和社会活动的聚会中心。很显然，这个中庭和它的螺旋形的坡道的构思源于赖特的古根海姆博物馆，但迈耶使螺旋坡道成为各种功能与视觉空间的连接要素，避免了赖特设计中展品与地面不平行所带来的视觉错位，既形成了建筑中的闲游空间，也充实了精致的细部和变幻莫测的光影。同时，延伸的入口坡道和钢琴形曲线形体也使迈耶的个人风格在这座建筑物中得到了淋漓尽致的体现。迈耶并非以似是而非的所谓理论来空谈，而是在每一项设计中都精益求精，他的设计手法历经几十年的磨炼，的确达到了炉火纯青的境界。迈耶偏爱光和白色也是他最突显的建筑特征，他也因此被称为"白色派"("纽约五"的另一共称)的代表。他解释说，白色是无穷的运动的瞬间象征，白色无所不在，但又各不相同，白色是光的颜色，它是用于理解和改变生命力的媒介。

1997年，迈耶完成了他迄今为止规模最大的设计项目**格蒂中心**(Getty Center, Los Angeles, USA, 1985~1997年，图6-6-8)。格蒂中心是一个集展览、研究、行政、服务于一体的建筑群，被认为是世界上最昂贵的博物馆之一。它坐落于一座44.5hm²的小山丘之上，建筑共8.7万m²，面向洛杉矶市区和太平洋，周围景色优美。整个中心由6组建筑综合体组成，从中可以看到几乎所有迈耶个性化的手法，堪称迈耶设计生涯的里程碑之作。从形体到光线，从空间到环境景观，迈耶无不全力以赴。格蒂中心设计最成功之处在于建筑群落的

(b) 外观

(c) 中庭

图6-6-7 海尔艺术博物馆

第六节 新 现 代

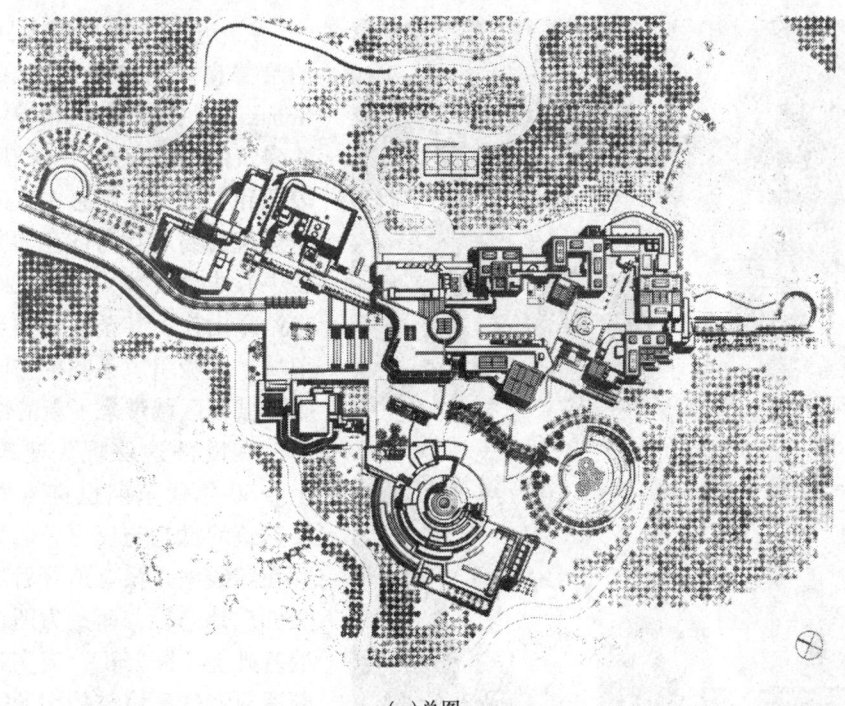

(a) 总图

(b) 鸟瞰

图 6-6-8 格蒂中心

组织与环境的完美结合。迈耶说，面对这片场地他看到了一个经典的构筑即将产生，"她从粗犷的山丘上崭露出来，优雅而永恒，明朗而完美……有时是环境控制着她，有时她又挺立而出地主宰环境，两者在对话中共存，在相互交融中合二为

393

一"❶。迈耶称他要努力回到古罗马的哈德良离宫(Villa Hadriana, Tivoli, Rome, AD118-134)的精神中,回到这些建筑的空间序列、它们厚重的墙体表现和它们的秩序感中,回到它们关于建筑与场地互为依存的方式中。格蒂中心非常成功,它像一座神奇的城市站立山丘,甚至被称作当代的雅典卫城,它吸引了无数的访问者,并为整个城市区域带来了新的性格特征。

图6-6-9 达尔阿瓦住宅

在欧洲这块现代建筑的发源地上,60年代末期也进入了对现代主义建筑的批判与反思,但大部分建筑师在实践中并没有追寻后现代形式主义的设计途径,而是力图在现代建筑的基础上不断修正、充实和扩展,不断适应特殊环境与使用的需要,并表现出设计语言的丰富与多样。事实上,在经过了几十年的发展,现代派建筑师的许多设计语言已经广泛渗透到众多建筑师的实践中。如作为解构主义建筑师的库哈斯,他的一些作品也表现出极其明显的现代建筑特征,他在巴黎郊区设计的**达尔阿瓦住宅**

图6-6-10 法国一战纪念馆

(Dall'Ava House, Saint-Claud, Paris, France, 1990年,图6-6-9)引用了勒·柯比西埃建筑中的立柱形式,且汇合了各种现代派建筑师们贯用的建筑材料。

进入80年代,法国建筑界人才辈出,从他们中的大部分的实践作品来看,勒·柯比西埃的影响显然是持久的、深远的。这一时期,几乎是对美国的后现代古典主义的一种抵抗,许多建筑师坚持现代建筑的传统语言,他们自觉维护勒·柯比西埃,维护现代主义的价值和艺术观,有人甚至称他们为新柯比派(Les Néocorbuséens)。法国的H·希亚尼(Henri Ciriani)对于新柯比派的形成起到了很大的作用。这位秘鲁出生的建筑师60年代开始在法国从业,1978年起担任巴黎美丽城建筑学院教授。希亚尼对勒·柯比西埃设计语言深入研究并与建筑教学紧密地结合。他潜心分析现代空间的组织原则以及对形态和美学的影响,力图挖掘现代空间的丰富潜力。他追求秩序和真实,偏爱光对空间的塑造,并坚持建筑的形成必有原由,而非单纯形式。在他的作品法国**一战纪念馆**(Historial de la Grande Guerre, Péronne, Somme, France, 1987~1992年,图6-6-10)中,几何形、混凝土墙面、圆柱、漫游空间和光的变幻是柯比语言的典型继承,他被看成正统的现代主义学究。

---

❶ Philip Jodidio, Richard Meier, Taschen Press, 1995, 第46页.

但如果去感受他那些充满光影变幻的空间，便不难发现，希亚尼的创造是超越教条主义的，他因此也影响了一批法国青年学生与建筑师。

C. 包赞巴克(Christian de Portzamparc, 1944 年生)是一位从 80 年代开始享有国际声誉的法国建筑师。虽然他的设计带上了更多感性与表现的成分，但他对建筑形体与空间组织的把握仍然强烈表现出现代建筑传统语言的影响。**拉维莱特音乐城**(Cité de la Musique, Paris, France, 1984～1995 年，图 6-6-11)是他最有影响的代表性作品。他的作品蕴涵了对城市生活的思考，又以灵活多变的几何体形来满足复杂的功能和对周围环境的响应。音乐城分为东西两个部分，二者在差异中相互促进，西侧的相对封闭而稳固，主要是国立音乐学院；东侧的具有动感和流动空间的是音乐厅、音乐研究所和乐器博物馆。建筑的各部分有独立的几何形态，但又是总体几何形态的组成。这一组建筑仿佛是一部

(a)音乐厅外观

(b)平面

图 6-6-11　拉维莱特音乐城

庞大的交响乐，以建筑的群体关系和富有装饰性的细节来塑造城市活动空间，避免建筑变成无人性的抽象形体。

80 年代初，由建筑师贝聿铭设计的**巴黎大卢浮宫的扩建**(Grand Louvre, Paris, France, 1981～1989 年，图 6-6-12)曾在这个著名的历史文化名城中引起轩然大波。贝聿铭以强烈几何特征的透明金字塔作为入口，置于古老的历史建筑卢浮宫广场中央，以表明与后现代主义完全不同的历史态度。当然，卢浮宫的扩建，首先是出于功能上的迫切需要，因为这个著名的艺术盛殿每天都要接待上万名游客，但长期以来，一直为展览路线过长且严重缺乏现代博物馆必备的服务空间而困扰。80 年代初的扩建计划是巴黎纪念法国大革命 200 周年的十大工程之一，由当时的总统密特朗亲自组织。扩建涉及到大量复杂的功能和技术问题，所有扩展的服务空间都放入了广场的地下，贝聿铭以其出色的才能将这个庞大的服务空间与宫殿以及延伸至更远的城市交通有机地连接起来。地下增加的宽阔的中庭、各种学术与艺术交流场所、文化购物街等一流设施彻底改善了博物馆的参观条件；在工程的建设过程中挖掘出来的、在卢浮宫原址上 11 世纪的城堡遗址也被自然地组织到参观的路线中，使博物馆又增添了一个独特的景点。当然，最有挑战性的是在地下工程的地面上以何种形式放置博物馆的主入口。面对巴黎人心目中最重要的城市中心，最重要的历史建筑，

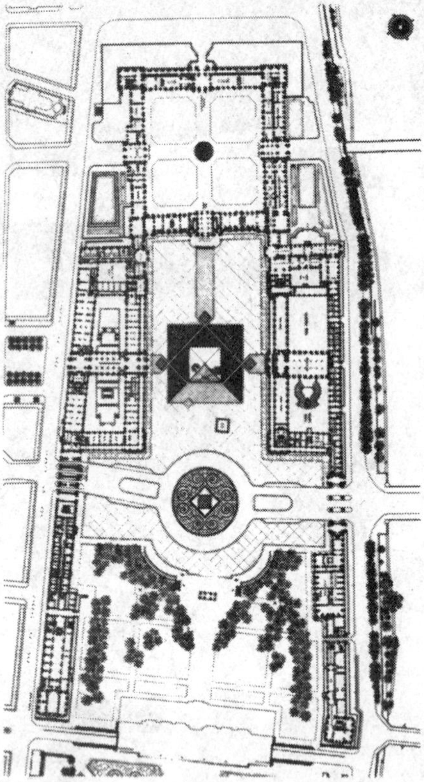

(a) 首层平面 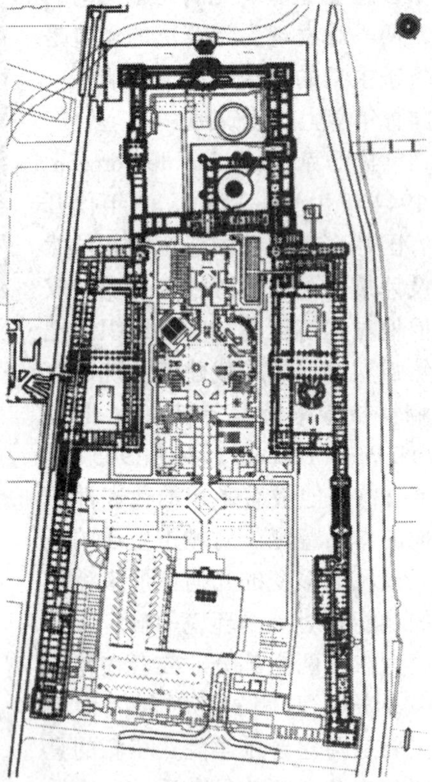　　(b) 地下层平面

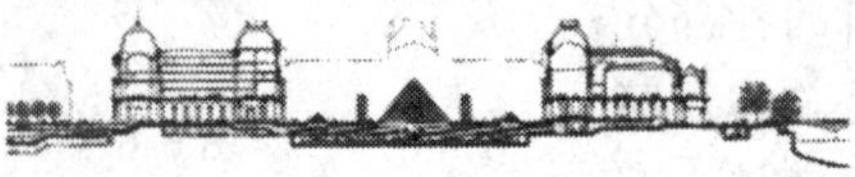

(c) 剖面

(d) 卢浮宫入口

图 6-6-12　巴黎大卢浮宫扩建

第六节 新 现 代

贝聿铭设计了一个体形极为纯净的玻璃金字塔作为入口，他声称选择金字塔的形体和最透明的玻璃就是在最大程度上尊重历史建筑，同时又强烈地表征了新建建筑的时代特征。当时有人指责贝聿铭将古埃及的图像错接到了巴黎中心，但贝聿铭坚持这是面向未来的建筑，而且，几何形是建筑的基本形式语言，这也在某种程度上延续了法国从古典主义到勒·柯比西埃的几何精神。贝聿铭的这个新奇的方案最终还是得到了人们的认同和赞美。

现代建筑对于日本20世纪建筑发展的影响早在前川国男和丹下健三这一代建筑师身上已充分地体现出来了。第二次世界大战以后成长起来的新一代建筑师，从60~70年代起开始崭露头角，如桢文彦（Fumihiko Maki，1928年生）、黑川纪章（Kisho Kurokawa，1934年生）、矶崎新和安藤忠雄（Tadao Ando，1941年生）等人，他们受西方文化的影响依然很深，他们中一些人的建筑设计语言显然地受西方现代派建筑师尤其是勒·柯比西埃的启示。但与他们的前辈不同的是，这些建筑师更加自觉地将现代建筑的设计原则及设计语言与日本城市文脉、传统精神联系在一起，创建了受到世界赞誉的日本现代建筑的独特景观。

曾经在美国工作过许多年的著名日本建筑师桢文彦对西方的现代建筑有着浓厚的兴趣，他致力于探索一种包含有较多感性成分的建筑，也就是抛弃教条，更加诉诸于人们的感受。他的作品首先给人以优雅和亲切的感觉，但又毫无拘束，处于不断演进之中，从他设计的**螺旋大楼**（SPIRAL，Minato，Tokyo，Japan，1985年，图6-6-13）中就可以看出他是如何力图进一步发展现代建筑语言的。从形式上看，组成螺旋大楼的各部分都可回归到一些基本的几何形体，沿街立面的拼贴方式很像是内部各种功能的形式显现，但实际上，螺旋大楼的设计过程却与"形式追随功能"的原则全然不同。设计师首先着手确定建筑沿街立面的表皮特征，他从一个很古典的甚至像教堂一样的立面构图开始，然后使立面在一种螺旋运动中转变，立面因此从稳定转向富有活力的形式，而这一转变过程恰使各种功能包容在建筑之中。在他的代官山集合住宅中，更加可以感觉到他对城市文脉和人们生活方式的关心。他在90年代设计建成的一些公共建筑，风格清新、雅致，他以对形式创造的娴熟技能和对技术表现的精细把握使现代建筑达到了一种极其优美的境地。

在日本，还有一位深受勒·柯比西埃影响的成功建筑师，他就是自学成才的安藤忠雄。安藤忠雄称自己是在15岁那年，在一家旧书店里买到一本勒·柯比西埃的作品全集，描了很多他的图画，这成为他对建筑产

图6-6-13　螺旋大厦

生兴趣的开始。但安藤在明显继承现代建筑传统的前提下，又发展了自己独特而富有诗意的建筑语言。对于这位 1995 年的普利策奖得主，评委会是这样评论他的："他的设计理念和对材料的运用把国际上的现代主义和日本美学传统结合在一起。……通过使用最基本的几何形态，他用变幻摇曳的光线为人们创造了一个世界"。对安藤来说，材料、几何与自然是构成建筑的必备的三个要素，而他的每一件作品都是一丝不苟地体现着对这些要素的把握与组织。安藤强调材料的真实性，他喜用混凝土，并执着于混凝土质朴与纯粹的表达。在安藤的作品中，以圆形、正方形和长方形等纯几何形来塑造建筑空间与形体的特征也是十分突显的，他认为几何是一种原理和演绎推理的游戏，它为建筑提供了基础与框架，体现人拥有超越自然的自由意志和建立和谐的理性力量。最后，安藤强调自然的作用，而他指的自然并非原始的自然，而是人安排过的一种无序的自然或从自然中概括而来的有序的自然，这种自然是抽象了的光、天和水。安藤所追求的建筑就是这些材料、几何与自然三者的有机结合，他称，"当自然以这种姿态被引用到具有可靠的材料和正宗的几何形的建筑中时，建筑本身被自然赋予了抽象的意义"❶。安藤开始引起反响的作品是位于大阪的**住吉的长屋**（1976 年，图 6-6-14）。长屋原来是日本传统中又窄又长的城市住

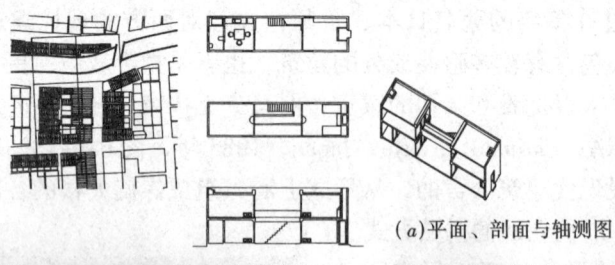

(a) 平面、剖面与轴测图

(b) 庭院内

(c) 沿街立面

图 6-6-14　住吉的长屋

---

❶ 安藤忠雄 1983~1989，台湾圣文书局，1996，第 5 页。

宅，而安藤设计的这个两层住宅就是用狭长的混凝土箱形体块替代了传统长屋中的一间。住宅平面是一个简单的矩形，整个建筑是对外封闭的，材料的质感与形体的几何秩序使建筑和它周围的传统建筑既相似又相异，又有很强的现代建筑特征。出人意料的是，长形平面被分成三等份，中间是一个开放的天井；天井中，楼梯与天桥将两边空间相连，住宅所有的窗户全部朝向这个天井，建筑就这样将光、风和雨等自然感觉引入了居住生活。安藤称这个庭院的置入是有意打破了现代建筑传统中的合理形态，这样，建筑与自然处于相互对峙和相互补充之中。这种几何秩序与自然的交融既有西方建筑的意味，又有日本传统文化的神韵，并成为安藤以后设计生涯中的独特风格。

安藤最杰出的作品是他设计的**光的教堂**（1989 年，图 6-6-15）和**水的教堂**（1988年，图 6-6-16）等系列宗教建筑。位于大阪市的光的教堂建在一个幽静的住宅区内，其

(a)内景

(b)外观

图 6-6-15　光的教堂

(a)鸟瞰图

(b)由室内向水面看

图 6-6-16　水的教堂(1988 年)

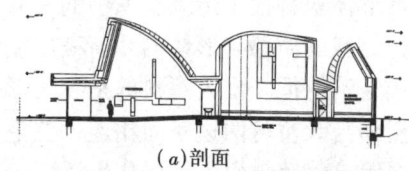

(a) 剖面

(b) 教堂室内一角

(c) 模型鸟瞰

图 6-6-17 圣伊纳爵小教堂

布局由原来木构建筑形式以及与阳光之间的关系所决定。教堂形式比较单纯，长方形空间被一堵墙以 15°的夹角插入其内。这堵墙比建筑低 18cm，人们穿过墙上一个宽 1.6m，高 5m 开口处，沿着对角线墙走进教堂。教堂内部昏暗而深沉，最动人之处是祭坛墙面上的十字光带。安藤认为，光只有被照射在黑色的背景上才能展示其光辉的效果。因此在光的教堂中，他的设计是想使自然抽象到一个最高程度，同时使建筑得到相应的净化。在另一座位于北海道的水的教堂中，安藤的几何与自然的有机共生同样创造了一种无与伦比的诗化世界。水的教堂整个平面由两个上下相叠的、边长分别为 10m 和 15m 的正方形组成，面对着一个 90m 长 45m 宽的人工湖，一堵 L 形的墙将建筑与水池围合。整个教堂似一个被光环抱着的世界，天空下站立着四副相互连接的十字架，光的微妙对比给这方圣土更增添了庄严和肃穆的氛围。

80 年代后期，美国建筑师 S. 霍尔（Steven Holl，1947 年生）成为西方建筑界十分注目的人物。霍尔早年受 L. 卡恩的影响较大，但他又在长期的实践探索中吸收这个时代各种建筑与人文学思想，发展了一条独特的设计创作道路。1987 年，霍尔写作出版了他的著作《锚固》（Anchoring），这一过程也形成了他对建筑、基地、现象、意念与历史的一些根本主张。霍尔坚持一种务实的建筑哲学，他努力超越现代建筑的一些成规，强调关注建筑所在的环境中各种特征与不可预料的因素，他认为任何一处基地都自有一种存在和意义，主张建筑应在这些特殊性中生成。因此，他的创作途径依据的是现象学的方法和直觉的经验。不过，在强调基地存在意义的同时，探索建筑新形式也同样是他的奋斗目标。他对后现代形式主义的东西不感兴趣，而认为光线、材质、细致程度与空间重叠才能构成最强有力的建筑意义。从古罗马的万神庙到 C. 斯卡帕的细部设计，他善于在广泛的历史资源中获得灵感，但最后他又是以非凡的才能创造了自己独特的建筑语言。霍尔在美国西雅图大学设计的**圣伊纳爵小教堂**（Chapel of St. Ignatius, Seattle, USA, 1994～1997 年，图 6-6-17）堪称是一首光的赞美诗。对这座规模很小的教堂，霍尔设计了一系列引入不同光质的屋顶采光口，教堂内部空间就像一个光的容器，将各个方向多样离奇的光接

第六节 新 现 代

纳进来，霍尔称它就像在耶稣会的圣仪中那样，没有一套单一的既定之法，但在这里，差异的光又被空间神奇地整合为一。

**日本福冈公寓**（Void Space/Hinged Space Housing, Nexus World Kashii, Fukuoka, Japan, 1989~1991年，图6-6-18）是霍尔的又一个重要的代表作。对于这个任务，霍尔不想延续通常的标准化概念，而要以一种新的视角看待集合住宅。公寓有28套套房，霍尔的设计方法是增加建筑的构筑部件，打破仅在同一层的空间组织，将各套房以部分相互扣接的方式连在一起，犹如复杂的中国百宝盒，形成多样的空间组合以及各套公寓都不相同的意趣。在各组公寓内，霍尔设计了铰接空间（hinged space），使墙壁可以根据家庭结构的变化进行增减调节。不仅如此，霍尔始终将建筑在开始就与所在场地建立积极的关联，他的设计是以透视图开始的，然后将透视转化成平面的片段。对于这个公寓，霍尔沿基地边一条蜿蜒的道路确定了一个同样弯曲的脊骨状建筑形体，两侧分别有四个空虚空间

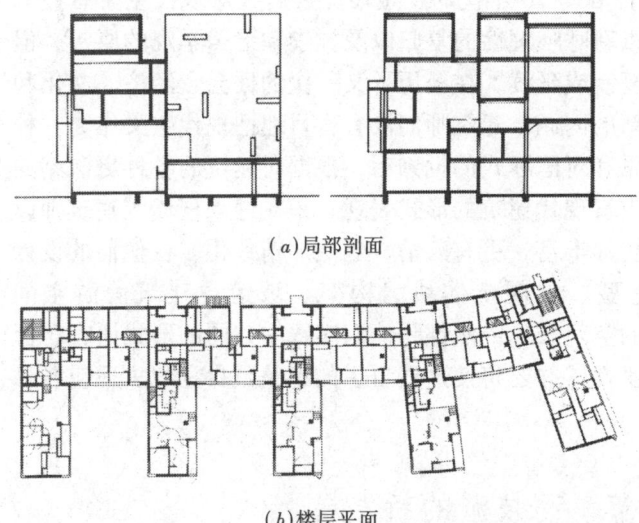

(a) 局部剖面

(b) 楼层平面

(c) 沿街外观

图6-6-18 日本福冈公寓

（void space）嵌入；朝北的一组面向外部的活动空间，并延伸至道路，朝南的一组面向安静的环境，宁静的水面映出春夏秋冬万般景色。公寓建筑虚实交织，富于变化，形成了极为活跃的、从私密空间走向城市空间的生活场所。可以看到，霍尔的建筑是依据场地特有的内涵设计的，他坚持建筑与场地应是超越物理与功能的结合，是现象学的、经验的结合，是形而上学的连环。从这个意义上看，霍尔的作品也是新地域主义的典范。

从以上各种建筑师的实践活动以及他们出色的作品中可以看到，所谓的新现代倾向其实包含了极为丰富与多样的表现，这种丰富性和差异性是本节的文字中难以包容的，也显然是"新现代"这一个标题含糊甚至不确切的原因。简单地将新现代归为对现代主义的复兴是不合适的，尽管不少人认为，某些情况与从80年代开始在绘画领域对现代主义抽

401

象绘画的复兴有点类似，都代表了一种60、70年代的反叛浪潮过后，对现代主义有益原则的重新思考和认识，代表人们开始重新呼唤理性的复归以及推崇和谐美学观的愿望。但是，新现代并不是对现代主义的简单复制或延续，在经历了又一次的社会、经济、文化和技术的历史变迁之后，它已经具有了新的内涵。建筑师们没有盲目地把现代主义作为一种教条，而是在经历了对现代主义的反思和对国际式的批判后，根据对建筑的各种更深刻的理解去充实与扩展现代建筑的内涵，丰富现代建筑的形式表现；是在继承现代派建筑师设计语言的基础上，将这种语言发展得更加丰富，更有人情，也更加精致化。在他们的设计中，现代派建筑师作品中的几何造型、混凝土体块、构架、坡道、建筑漫游空间（promenade architecturale）以及对光的空间表达依然都是他们实践中共同的形式语言，但同时，他们也更加关注建筑形式的自主性，并还将使这些自主的建筑更自觉地去适应各种文脉、环境与美学的需要。

## 第七节　高技派的新发展

建筑中的所谓高技派（High Tech）在60年代已经出现。正如前一章节所介绍的，由于60年代，人类科学技术的又一次飞跃，为整个社会带来普遍的技术乐观主义态度，高技派倾向由此孕育产生。总体来看，建筑中新技术的运用一直是众多西方现代建筑师的实践特征，而作为一种设计倾向的高技派，则有其自身的独特性，它一方面表现为积极开创更复杂的技术手段来解决建筑甚至城市问题，而另一方面表现为建筑形式上新技术带来的新美学语言的热情表达。无论是英国阿基格拉姆小组提出的插入式城市、行走式城市的设计理念，还是在巴黎落成的蓬皮杜现代艺术中心，都是这些表现的典型。

80年代以后，注重高度技术的倾向依然存在，但其表现有所转变。在经历并认识了由种种对技术的盲目信仰带来的社会、环境与人类生存危机的问题以后，西方世界的技术乐观主义有所降温，这也使西方建筑界更加冷静地看待技术对于建筑的影响作用，也更加客观地审视工业革命以来不断涌现的、强调新技术影响下建造方式与建筑美学转变的种种经验与探索。80年代末，由C. 戴维斯（Colin Davies）所著的《高技派建筑》（High Tech Architecture）一书就是对这一倾向的历史性总结与思考，并强调了历史经验对于不断延续的高技派倾向的影响作用。

戴维斯称从早在1779年英国塞文河上的第一座生铁桥的落成起就开始了高技派方式的形式表达，而且，昔日大英帝国工程技术的辉煌所带来的这种设计方式甚至到20世纪末都发生着影响作用。20世纪初，西方建筑先锋派将工业技术的发展与建立

图 6-7-1　玻璃屋

## 第七节 高技派的新发展

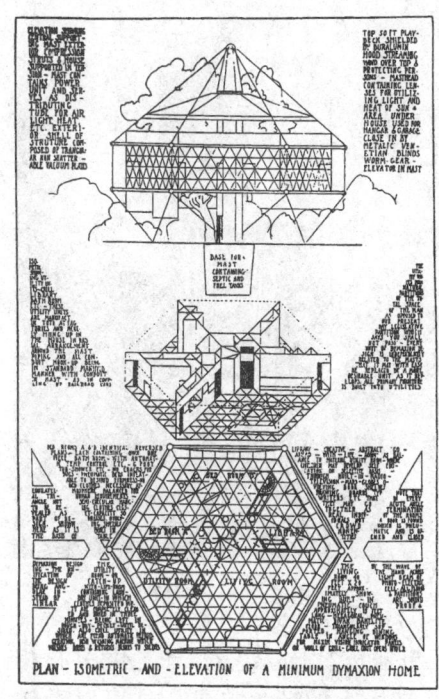

图 6-7-2　迪马克松住宅方案

现代城市与社会秩序的理想联系起来，意大利未来主义的城市畅想和俄国构成主义的设计探索都试图使机器时代的工程技术引导到一种新型文化与美学理想的建构之中。如果说他们的设想只提供了一种观念与图景，那么看一看密斯·范·德·罗的钢和玻璃的建筑、法国建筑师 P. 夏霍（Piere Chareau, 1883～1950 年）设计的玻璃屋（Maison de Verre, Paris, France, 1932 年，图 6-7-1)、美国建筑师富勒研制的一种可以系列生产的住宅方案迪马松（Dymaxion, 1927 年，图 6-7-2）以及法国建筑师 J. 普鲁韦（Jean Prouvé, 1901～1984 年）在 30 年代末叶就已完成的、以预制装配的轻型金属构件系统建造的、空间可灵活调整的实验性公共建筑克利希的人民宫（Maison du Peuple, Clichy, France, 1937～1939 年，图 6-7-3)，切实已经为 20 世纪后半叶的高技派实践完成了一系列最根本的建构语言与建筑形式的实验与创造。二次大战后，一些建筑师将航空技术等

(a) 外观

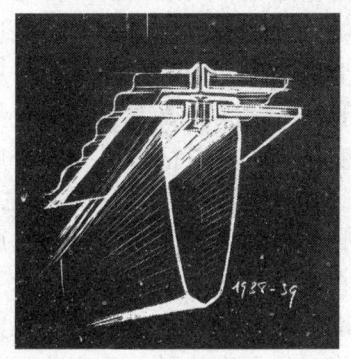

(b) 细部

图 6-7-3　克利希的人民宫

高科技制造业的工业生产方式运用到建筑工业化建造体系的尝试仍然继续着，例如，普鲁韦的实验性探索一直持续到 70 年代。无疑，这样的实践与探索已经成为 20 世纪建筑领域不断持续的重要传统，用 80 年代所谓的高技派代表人物——英国建筑师福斯特评价普鲁韦的话来说，"没有你我们将无法做到这一切"[1]。

70 年代以后，高技派的表现又有一些新的时代特征。虽然，以新技术手段创造性地解决建筑问题以及表现独特建筑美学的尝试仍然继续，但建筑师们却并不像以前那样坚持技术的主导作用。在经历了对现代建筑过于注重技术的理性的批判与反思后，他们的创作实

---

[1] Colin Davies, High-Tech Architecture, Thames and Hudson, First Edition, 1988, 第 16 页。

践中少了许多技术乌托邦的理想，转而更加关注新技术影响下如何拓展建构语言，如何使建造方式更加精良。不仅如此，在一系列强调人文关怀的建筑思潮影响下，这一时期的高技派也开始表现出对环境、生态甚至文化历史的思考，使作品呈现出既注重高度技术、又强调高度感人的特殊景象。

图6-7-4　劳伊德大厦

在英国，以阿基格拉姆的一系列城市畅想为代表，高技派的实践在二次大战之后一直备受关注，理论家甚至认为，英国人对于新技术所表现的热情已经是他们的传统。这一方面是因为18、19世纪工程技术领先的直接的影响，另一方面或许也是因为英国人把建筑当作技艺的职业传统。曾经以巴黎蓬皮杜艺术中心的设计而名声远扬的R.罗杰斯，在80年代以后的众多实践中仍然表现出对新技术运用于建筑设计的探索热情。位于伦敦的劳伊德大厦（Lloyd's of London, London, UK, 1978～1986年，图6-7-4）就是这个时期最重要的代表作。与蓬皮杜国家艺术与文化中心相比，劳伊德大厦减弱了文化上的反叛姿态，多了建造技术上的精美追求，这可以看作是新时期高技派逐渐走向对技术自身美感表现的一种趋向。劳伊德大厦位于伦敦市中心商业区，四周是拥挤的街道和石头般的体块建筑，只有北面是一个由新建筑围合的广场。业主劳伊德保险公司是世界保险业的巨头，要求建筑必须能体现公司在世界市场上的地位，同时又要求业务单元空间在原有条件下提高3倍，主要空间和辅助空间既要相互联系又要减少相互干扰。另外，为了适应保险业对市场的应变，空间必须灵活变化。罗杰斯把一系列办公廊围绕中庭布置，电梯、设备间、服务设施、消防楼梯和结构柱被布置在主体建筑之外的六个垂直塔中。这样的布局使得办公空间简单明确，并得到最大效率的使用，服务设施相对集中又便于维修和更换，结构的支撑柱布置在建筑外部，垂直风道、水平风管外露，使得内部空间更为完整、连续。6个垂直的塔体充分利用了地块的不规则的角隅，由不锈钢夹板饰面的闪亮塔身不仅形成了与周围建筑平实体量的对比，而且丰富了城市的轮廓。在这个建筑中，钢结构与预应力混凝土结构相结合，结构的布置与功能又有紧密的关系，细部精美，显示了形式的表现与现实使用功能的良好合作。只是在室内空间效果上，过分机器构件化的环境显得冰冷而不近人情。

罗杰斯在**欧洲人权法庭**（European Court of Human Rights, Strasbourg, France, 1989～1993年，图6-7-5）和**4频道电视台总部**（Channel 4 Television Headquarters, London, UK, 1990～1994年，）中延续了劳伊德大楼对高技术的表现。前者没有采用纪念性建筑的体量处理，而运用了露明钢架、不锈钢板等手法，并把室外楼梯及部分钢架尤其是室内主楼梯吊顶钢架涂上鲜艳的红色。后者依地形而建，两座4层高的办公楼呈"L"形布置，中间是内凹的弧形连接体。入口的曲面玻璃幕墙通过复杂的空间钢构架与屋顶的悬臂钢支架相连，尤其曲面幕墙顶部连接幕墙与屋面的钢构件形成了有韵律的檐部，透明的幕墙使得幕

第七节 高技派的新发展

(a)入口透视

(b)外观

图6-7-5 欧洲人权法庭

墙后的构件显露无遗,使入口产生了戏剧性的效果。

罗杰斯认为自己并没有刻意追求高技术,甚至不喜欢高技派这个词,虽然他的确对技术呈现了极大的兴趣。他称自己采用的技术为适宜技术(Appropriate Technology),并称这个适宜技术与高技和低技无关。它既可能是低技术,如在非洲曾经尝试过在粘土砖中加入添加剂,以增加墙体对雨水的抵抗力;也可能是高技术,如在欧美特定的经济环境下,在公共建筑中使用复杂的高技术。适宜技术的概念使设计师自己表述的技术观更为全面,尽管在大多数有影响力的公共建筑中他仍然采纳了高技术手段,并在美学上表现它。罗杰斯对于细部也非常重视,正如他指出:"我相信比例、纹理以及美学的许多其他方面都来自细部特征,而它正慢慢地在许多当代建筑中逐渐丧失……如果你掌握了组成部分之间的关系(这一点和建筑的高宽尺寸一样重要)你就能够通过细部的处理使它产生你所希望的效果"❶。

从罗杰斯的作品中可以看出这样几个明显的倾向:罗杰斯常常把服务设施和交通体安排在建筑的外面,创造出室内无障碍的空间效果,同时交通体和服务设施在室外也产生了独特的装饰效果。罗杰斯常常允许建筑在剖面或平面上可以有所变动或延展,如蓬皮杜国家艺术与文化中心的剖面在设计时是允许楼面上下移动的。罗杰斯在作品中还频繁地使用张力结构(tension structure)。张力结构明显轻于传统结构,在视觉和体量上也极为精练,并且这种装配式结构各部分间往往以轴、杆、链的方式联结,它们在空间中联结而成的结构体成为高技术表现最为常见的方式,这些构件一般需在工厂制造,现场只需少量的焊接或装配就可以完成。在细部处理上,设计师大量采用了铆接的方式,甚至整个结构体系采用这一方式,这也直接得益于

图6-7-6 P. 莱斯设计的1992年塞维利亚世界博览会未来馆的细部

---

❶ DCC vs Rogers, Interview with Richard Rogers Partnership, World Architecture Review, 97/0506,第14页。

著名英国结构工程师 P. 莱斯(Peter Rice, 1935~1992年, 图 6-7-6)的配合。莱斯认为, 这种铆接的结构艺术来自 19 世纪大型工程结构如建筑和桥梁结构的启示, 理论家班纳姆将这一结构连接方式描述为一次意义重大的冲击, 动摇了 50 年代几乎已无可争议的刚性节点结构方式。此外, 罗杰斯在作品中依靠智能化技术, 但没有完全依赖复杂的设备与先进科技, 即采用了传统的被动式环境控制, 如选择建筑朝向、体形等控制热交换, 也采用了来自其他领域的科技成果, 如应用在航空和汽车工业中的流体动力学成果以及新型材料和控制系统, 降低建筑物的运行和维修费用。

英国另一位高技派代表人物福斯特, 在建筑实践上表现出了与罗杰斯十分相似的特征。福斯特对于技术也持有明确肯定的乐观信念, 他一直认为, 技术是人类文明的一个部分, 反技术如同向文明本身宣战一样站不住脚。但他一直争辩他对技术的信念从没超出过"适宜"的范围, 而且其作品一直致力于用结构创造空间, 其他技术的采用也围绕着这一目的。福斯特的"适宜技术"从狭义上讲, 常与"低造价"和"再生能源"等技术有关, 特别适用于发展中国家。广义一些讲, 是指采用某些技术时, 应根据当地的条件和使用的情况而定。福斯特在加那利群岛的一个区域规划研究中就曾经采用当地的劳动密集型技术和再生能源技术维护当地的自然生态环境。当然, 在福斯特大量有代表性的作品中仍然采用了人们通常认为的高技术手段。他自己这样解释道, 他只是将用于诸如飞机制造、汽车工业中的新材料、新技术"移植"到建筑中, 这种"移植", 也只有在使用最适宜的方法、产生最大效益的情况下才采用。

福斯特有一个著名的论点是建筑即产品(production)。他认为, 建筑师除了自己个性的表现以及对细部的推敲外, 还必须要与工业企业密切配合,"如果一个建筑师能不辞辛苦和工业企业中的人员紧密合作, 或对生产工艺的内容本质进行深入地研究, 那么他就有可能设计出一种相对来说生产周期短、甚至可用于某些单独的项目的工程部件"❶。可以说, 正是对生产工艺的熟悉, 使得福斯特可以更为方便地设计自己喜爱的部件, 并在工厂中加工, 特殊部分又可以在现场制作。这样的方式使得福斯特的作品既有大工业生产加工的痕迹, 同时其构件或细部又独具个性。同罗杰斯采用张力结构、并在室内创造无柱、连续空间一样, 福斯特也主张采用先进的大跨度结构, 便于空间的灵活划分, 他称之为"可变的机器"(soft machines)❷。这一主张与密斯·范·德·罗的"全面空间"有着较大的相似之处。

福斯特在早期作品中表现出对人类生态学的关注, 但从**信托控股公司**(Reliance Controls Ltd, Swindon, Woltshire, UK, 1965~1966 年)开始, 福斯特在作品中转向对工业化建筑技术的表现。这个建筑的内部空间取消了管理和生产的前台和后台的划分, 只采用可移动的玻璃隔断(包含各种类型的业务活动), 建筑立面上也直接表现了钢框架的斜向支撑构件的构图效果。**塞恩斯伯里视觉艺术中心**(Sainsbury Centre for Visual Arts, VEA, Norwich, Norfolk, UK, 1974~1978 年)是福斯特在 70 年代的一个重要作品。这个建筑在开敞的草地中暴露着端部巨大的结构网架, 被评论家称为"飞机库", 同时墙面覆以几乎处于一个平面

---

❶ 窦以德等,《诺曼·福斯特》, 中国建筑工业出版社, 1997, 第 6 页。

❷ Chris Abel, "Modern Architecture in the Second Machine Age: the Work of Norman Foster", A + U, 1988, 05 期, Extra Edition(增刊)。

上的铝板和玻璃，使建筑又犹如一件家用设备，强调了纯粹的工艺技术和逻辑所产生的"显著的感官形象"。

**香港汇丰银行新楼**（New Headquarters for the Hong Kong Bank, Hong Kong, 1979~1986 年）建于香港回归中国之前，是使福斯特真正成为高技派中最引人注目的代表人物的关键作品。这个建筑悬挂在几榀桁架上，前后共 3 跨，建筑在高度方向共分成 5 段，每段由两层高的桁架

图 6-7-7　雷诺公司产品配送中心

连接，成为楼层的悬挂点。这 5 个楼层段由底部的每段 8 层到顶部为 4 层，依次递减。前后 3 跨也采用不同的高度，依次为 28、35 和 41 层，使这 3 跨的不同高度在侧面上形成了丰富变化的轮廓。在外形上，3 跨桁架的结构主体及悬挂方式完全地显露于立面上，它们和每间的横向的遮阳设施一起仿佛构成了建筑外在的骨架关系，显示了作为金融机构的坚实力量和权力感。这个建筑在高层建筑交通组织方式上也富于创意，设计师打破了传统的作法，把层高划分为几个容易区分的段落空间，通过电梯可快速到达中间的某层接待厅，再由接待厅乘自动扶梯到达分区单元内部的某个目的地。这样，建筑物的内部空间更为丰富，克服了呆板的方盒子直线型的垂直功能组织，一个一个的分区单元犹如一串村落。

福斯特在**雷诺公司产品配送中心**（Parts Distribution Center for Renault UK Ltd, Swindon, Wiltshire, UK, 1980~1983 年，图 6-7-7）设计中，开创了巨型悬挂结构的新领域，表现了这一结构体系强烈的力量感和美感。建筑师在基地上布置了一系列标准单元，从悬挂结构的支撑桅杆的中心顶点计算跨度都是 24m，支撑点高度为 16m。一期工程完成了 42 个标准单元，包括了仓库、配送中心、地区办公室、展示厅和培训中心等内容。每一个结构单元由四个角点的悬挂桅杆的钢索从中部将拱形钢架悬挂，这些悬挂桅杆及拉索被漆成黄色，鲜明地强调着结构自身的美感。

英国建筑师 N. 格瑞姆肖（Nicholas Grimshaw, 1939 年生）也是 80 年代起广受关注的高技派代表人。1984 年的**牛津滑冰馆**（Ice Rink, Oxford, UK, 1984 年）设计是他个人风格形成的开始。在这个大型室内滑冰馆中，建筑师把屋顶的重量先集中于一根纵向的中心钢梁上，钢梁被 4 组钢索悬挂在滑冰馆轴线两端的桅杆上，再经桅杆向下和钢梁的外挑部分铰接后集中传递到地面的混凝土桩上。这一复杂的力的传递过程被建筑师用钢梁、钢索和桅杆的方式一一地表现得淋漓尽致。此后的 4 年里，格瑞姆肖发展了这一帆船式的结构形式。在 1988 年的**金融时报印刷厂**（Financial Times Printing Works, London, UK, 1987~1988 年）中，格瑞姆肖创造性地使用了全新的外张拉式幕墙系统（outrigged glass cladding support system），很好地解决了大面积玻璃幕墙的温度变形问题。它是通过钢架把玻璃挂在幕

墙外的钢柱上,再在玻璃上按网格拉钢索加固。由于玻璃分块悬挂在钢板上,钢索和钢架又有很好的延展性,解决了玻璃的热胀冷缩的变形问题。同时,这一悬挂方式又有高技术的表现能力,悬挂着玻璃的三角形钢架、长条形圆弧端头的悬挂钢柱、距离玻璃面10cm的网状钢索的联结无一不显示出构造的精美,施工的准确。

格瑞姆肖最出色的作品是1992年在**塞维利亚世界博览会上的英国馆**(British Pavilion, Seville, Spain, 1992年,图6-7-8)。这个建筑使用了三种不同形式的围护,东墙是一面高18m,长65m的水墙(water wall),通过水的循环往返把外墙上的热量带走,达到降温的目的。西墙受太阳辐射较强,为此,建筑师采用了由装满水的船用集装箱充当的高蓄热材料作墙体,以吸收热量作为建筑的补充能量来源。在南、北墙上,建筑师又采用了外张拉结构挂上了白色的PVC织物作遮阳之用,弯曲的桅杆上片片织物犹如白帆,充满了抒情的诗意。这个建筑虽然采用了看起来耗能的水瀑布以及大面积的玻璃,但实际耗能量仅为一般同类建筑的1/4。

(a)水墙立面　　　　　　　　　　　　　　(b)遮阳细部

图6-7-8　塞维利亚世界博览会英国馆

英国建筑师M. 霍普金斯(Michael Hopkins,1935年生)以其出色的帐篷结构设计获得声誉。由于他70年代曾与福斯特共事,深受其影响,所以有人称"其作品就是从福斯特那里取得的经验的直接延伸"❶。从80年代起,他开始探索帐篷结构,其中最有代表性的作品是**苏拉姆伯格研究中心**(Schlumberger Research Centre, Cambridge, UK, 1984年,图6-7-9)、**芒得看台**(Mound Stand, Lord's Cricket Ground, London, UK,)和**巴塞尔顿市政广场的围合**(Town Square Enclosure, Basildon, England, UK, 1987年)。在这些作品中,霍普金斯充分利用了由Geiger-Berger和Dupont在与SOM合作的**阿卜杜勒·阿齐兹国王国际空港朝圣候机楼**(Hajj Terminal, King Abdul Aziz International Airport, Jeddah, Saudi Arabia, 1974~1982年)中首创的涂有半透明特氟隆面层(teflon-coated)的重磅纤维玻璃织物于帐篷结构中。尤其在苏拉姆伯格研究中心,建筑师用带采光井的门形构架、桅杆、拉索把纤维玻璃织物固定成多个方向变化的屋顶单元,创造出别具一格的帐篷顶形式。在这个作品中,业

---

❶　A. Papadakis, Architecture of Today, Terrail, 1992, 第14页。

主要求石油勘探研究所需的各种功能和50%的扩展余地。霍普金斯不仅合理布置功能，而且强调了不同部门的科学家的交流。其基本构思十分简单：两个单层的研究区域，包括科学家办公室、实验室、行政办公室、计算机室、厨房等呈南北向布置，中间是24m跨度的大型空间，如钻井试验中心、餐厅、温室等。其中，研究区域的两端留出空地，以备扩建之用。整个建筑的钢结构由两个相互覆盖的不同体系组成，中间的钻井试验中心、温室等空间上面是三个单元的大型半透明特氟隆面层的膜结构，膜表面在两个方向上弯曲，有利于光线的透入。两翼研究空间的平屋顶在压型屋面板上覆盖着单层聚合膜，地面被悬挂起来，其下是设备区。

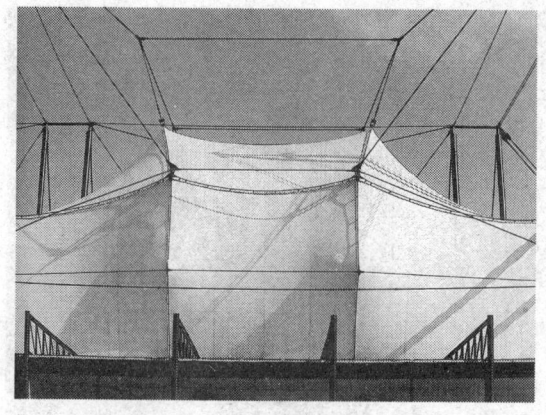

(a) 外观局部

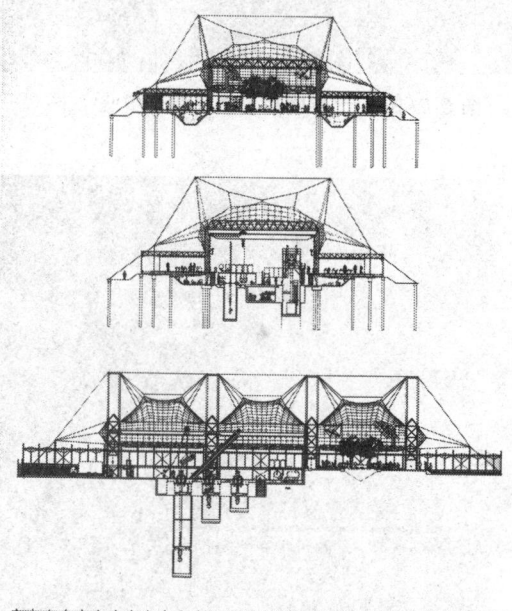

(b) 部分平、立、剖面

图 6-7-9　苏拉姆伯格研究中心

不难看出，从形式上来说，建造技术方式的扩展、结构语言的合理性和由此延伸的美学表达是英国的这些高技派建筑师们比较共同的特性，但法国建筑师让·努维尔（Jean Nouvel, 1945年生）设计的**巴黎阿拉伯世界研究中心**（The Arab World Institute, Paris, France, 1981～1987年，图6-7-10）为高技术在建筑中的创造性使用揭开了一幅崭新的图景。建筑分为两个部分，半月形的部分沿着塞纳河的河岸线弯曲，平直的部分呼应着城市规则的道路网格，中间有一贯通顶部的露天中庭。这个建筑最有表现力的地方是南立面的处理：立面上有上百个完全一样的金属方格窗，平整光亮，它们被称为照相感光的窗格（photo-sensitive panels）；因为每一个方格窗按图案方式安排了大大小小的孔，而每一个孔洞如同一个照相机的快门，孔径随着外界光线的强弱而变化，室内采光也得到了调控。整个立面似屏幕般变得活跃，象征着万花筒般神秘变幻的阿拉伯世界。这个奇妙的作品在1990年10月获得了阿卡汉奖（Aga Khan Award, Cairo），努维尔也因此名声大振。

西班牙建筑师S.卡拉特拉瓦（Santiago Calatrava, 1951年生）对建造技术语言的把握独具一格。他从生物骨骼等形态来源中得到的启发，寻找独特的建筑结构方式，创造了一系列富有诗意的建筑造型艺术。卡拉特拉瓦既学过建筑，又攻读过土木工程，所以他既是建筑师，又是结构工程师。在建筑中他也把这二者的结合充分地发挥出来，因此被称为继意大利著名建筑大师内尔维之后最善于发挥结构与材料特性的设计师。卡拉特拉瓦曾设计了许多桥梁，这些桥梁成为许多环境中的公共艺术。如他设计的**埃拉米洛大桥**（Alamillo Bridge, Serville, Spain, 1987~1992 年，图 6-7-11）犹如一张古希腊的七弦琴，把结构技术与艺术完美地结合为一体。由于个人深厚的结构功底，他能够把钢筋混凝土结构与钢结构的力学性能充分地运用于他那不受约束的、自由的有机形式中，突破了这两种结构体系自身的极限，而这两种结构体系的结合也成了他建筑风格的独到之处。卡拉特拉瓦代表性的建筑作品是法国里昂郊区的**萨特拉斯车站**（TGV Station, Lyon–Satolas, France, 1989~1994 年，图 6-7-12），建筑的结构元素与结构关系完全暴露，但整个结构又像立刻就要腾空而起的鸟，充满了动感。卡拉特拉瓦以一种"能动的建筑"（kinetic architecture）改变了人们对建筑的意象，他赞赏运动，他认为运动就是美。但他又以出色的智慧将这种运动的形态与逻辑的建构方式融合起来，创造出诗意的建筑，他因此也被称为建造大师（Master Builder）。

从以上一些典型作品中可以看出，70 年代以后的高技派有这样一些主要特征：首先，建筑看似复杂的外形，其实都包含着内部空间的高度完整性和灵活性。如劳伊德大厦把结构

图 6-7-10　巴黎阿拉伯世界研究中心

图 6-7-11　埃拉米洛大桥

图 6-7-12　萨特拉斯车站

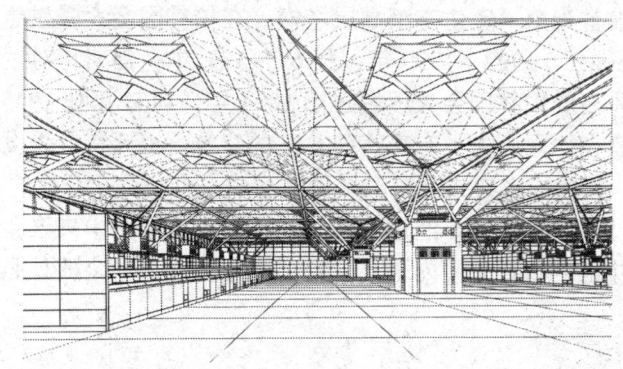

图 6-7-13　斯坦斯梯德第三机场

柱布置在外墙上，室内空间更加整体、开敞。建筑师们甚至认为，他们提供的不是一个围合的空间，而是一个带服务设施的区域（a serviced zone），以供任意分割，或以后方便地改变使用方式。虽然大多数现代建筑也强调室内空间的完整性和灵活性，而高技派建筑师却努力使所有的永久性构件如外墙、屋顶等都可以拆卸，或常常暗示未完工的形式，暗示扩展的可能。其次，高技派注重部件的高度工业化、工艺化特征与设计的开发，他们甚至使建筑构件看起来像批量生产的产品，以显示其中的工业技术含量。他们常常在一些专业工厂或工作室里定做自己设计的部件，如福斯特的香港汇丰银行新楼里所有的构件，包括幕墙、设备单元、地板、顶棚、隔墙、家具等都是由建筑师与厂家一起设计、开发和测试的，使构件既有工业化特征，又有高品质工艺特性。此外，大多数高技派建筑师热衷于结构的外露，但实际上并没有足够充分的理由把钢结构暴露在外，相反，这样做有很多明显的弊端。因为暴露的结构更需要经常的维护，桅杆或钢索的油漆既昂贵又费工，而且屋顶悬挂起来后，结构穿过屋顶的支撑点也是耐风雨性较差的地方。为此，必须采用一系列技术措施来弥补这个问题。比如在牛津滑冰馆里，格瑞姆肖把所有的拉杆设计成昂贵的、无需维修的不锈钢杆件，又通过巨大的室内主梁减少了支撑点的数量，但暴露钢结构的技术缺点依然存在。此外，有些高技派建筑师仍然喜欢把各种设备和管道暴露在外，甚至涂上工业用标志颜色。还有，高技派建筑热衷于插入式舱体的使用，主要理由一个是容易更新，另一个更为实际的理由是可以把需要高度复杂技术的构件在生产线上完成，运到工地后只需测试和安装。在实际应用中，如香港汇丰银行新楼里，由于 139 个舱体每一个都不相同，并不能充分发挥生产线批量加工的优势。

　　显然，70 年代以后的高技派在许多方面是 60、70 年代高技派建筑畅想的一种实践，也反映出了众多新技术带来的建造艺术的发展与手法的逐步成熟。值得关注的是，这一时期的高技派在继续 60 年代的发展理念的基础上，表现出了对地区文化、历史环境和生态平衡的重视，并且他们仍然主张以高度技术的方式去解决这些问题。在福斯特、罗杰斯、格瑞姆肖和皮阿诺的作品中都能看到他们对生态技术的关注，如利用太阳能等可再生能源，少耗或循环使用以及不可再生能源重视自然通风或机械辅助式通风、自然采光和遮阳等节能技术，格瑞姆肖在塞维利亚博览会上的英国馆就是一个典型。前面提到的亚洲建筑师杨经文的建筑实践也充满了以高技术手段对建筑环境加以控制的创造性努力。在福斯特设计的**第三斯坦斯梯德机场**（Third London Airport Stansted, Essex, UK, 1981～1991 年，图 6-7-13）中，他采用了智能化的热量再生系统把业务经营空间中的热量加以回收，以使建筑处于最低的热耗水平。福斯特设计的位于莱茵河畔的**法兰克福商业银行**（Commercial Bank Tower, Frankfurt, Germany, 1992～1997 年，图 6-7-14）因为采用了螺旋上升的室外花园平台和整体的机械辅助式自然通风塔而被誉为第一座生态型高层塔楼。在**柏林国会大厦重建**（Reconstruction of Reichstag, Berlin, Germany, 1992~1999年，图6-7-15）中，福斯特对生态技术的使用更加娴熟。新古典主义风格的柏林国会大厦始建于1894年，1933年和1945年曾两度被破坏和简单修复。对于这座在德国历史上有着特殊意义的建筑，福斯特首先设计了一个透明的玻璃穹顶，以"恢复"被毁的古典式穹窿，并使其变成一个向公众开放的观光场所。建筑师设计了自然光线透过玻璃穹顶后再经过倒锥体的反射进入下面中央议会大厅室内，同时，议会大厅两侧的天井也可以补充室内采光。穹顶内还设置了一个随日照

(a) 外观

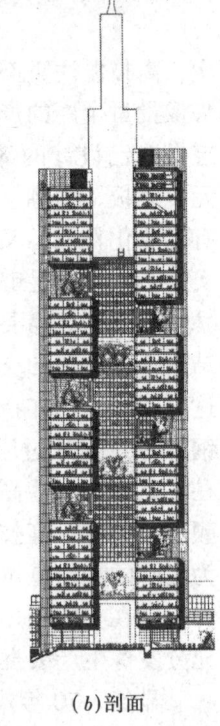

(b) 剖面

图 6-7-14　法兰克福商业银行

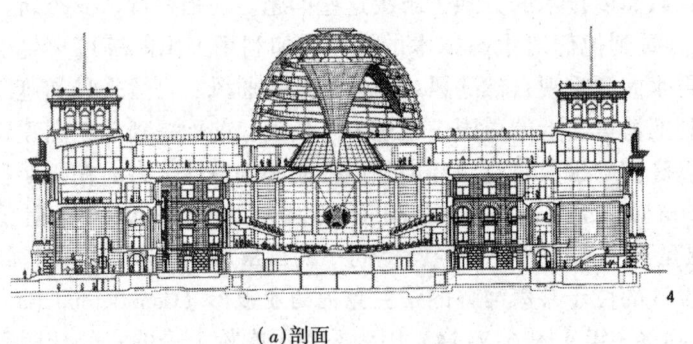

(a) 剖面

(b) 重建穹顶内部

图 6-7-15　柏林国会大厦改建

方向自动转动的巨大遮光罩，防止眩光和热辐射。重建工程也采用了自然通风体系，议会大厅的进风口设在西门廊的檐部，风道位于地板下面，并从座位下的风口送风，顶部联接穹顶的倒锥体内的空腔实际上是一个巨大的天然拔气罩。此外，重建工程还成功地利用了地下湖的天然资源，大厦附近有两个地下湖，浅层蓄冷，深层蓄热，形成了生态的大型冷热交换器。此外，大厦以油菜籽或葵花籽中提炼的油作为生态燃料，大大减少了环境污染。

当然，到了20世纪末叶，人们对高技派建筑师以及建筑作品的这种归类方式已经没有太大的

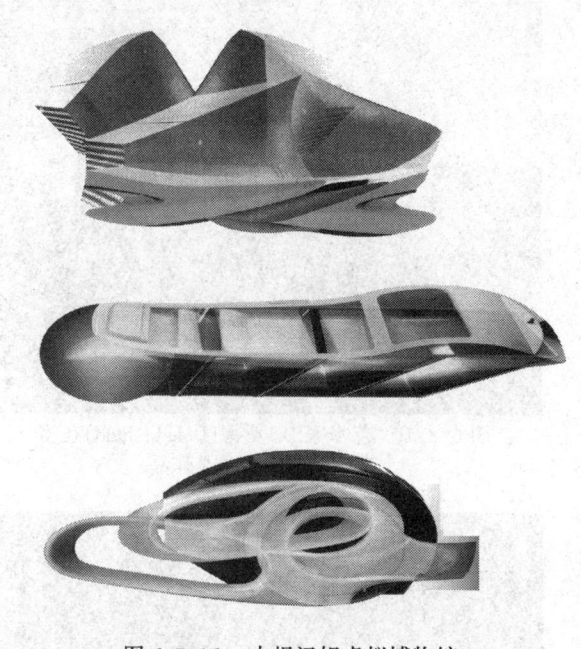

图 6-7-16　古根汉姆虚拟博物馆

兴趣，可以说，以这种方式对技术领域与建筑发展的观察仍然持续了现代建筑的传统。然而，技术的发展已经呈现出一种完全不同的情形，电脑时代带来的全新技术概念不仅改变着建造技术本身的种种实践，也开始了对如何适应信息化时代生活方式的人类生活空间的全新创造（图6-7-16），而这已不是本节的内容所能涉及的领域了。

## 第八节　简约的设计倾向

20世纪的最后20年是一个建筑思潮不断变化的年代，越来越多的风格或形式一个接一个，以令人困惑的速度发展变化着。70年代初期开始引人关注的一些后现代主义建筑师们，希望通过游戏般地使用建筑形式语言组合各种历史符号，以之与现代主义建筑的美学和道德标准相抗衡。在解构主义思潮的冲击下，一些建筑师带着对哲学家德里达和鲍德里雅（Jean Baudrillard，1929年生）的解构哲学的独特解读，将周围日益纷杂、疯狂甚至走向自我毁灭的世界反映到了建筑形式当中。90年代以，在习惯了现代建筑的流动空间、后现代主义的隐喻和解构主义的分裂特征之后，建筑界开始关注一种以继承和发展现代建筑一个明显特征的潮流——向"简约"（Simplicity）回归。虽然对这种风格的命名各不相同，如"新简约"（New Simplicity）、"极少主义"或"极简主义"（Minimalism）[1]等，然而，不论具体的称呼如何，这种设计趋势的主题是以尽可能少的手段与方式感知和创造，即要求去除一切多余和无用的元素，以简洁的形式客观理性地反映事物的本质。

---

[1]　Minimalism 一词来自60年代的"Minimal Art"译为"极少主义"或"极简主义"艺术，80年代以来也开始被用来描述室内和建筑设计中追求极度简洁和纯净的趋势。

一些理论研究或专业杂志已经开始关注这种现象。J. 格兰西（Jonathan Glancey）在他的一本著作《新现代》一书[1]中，称极少主义是"90年代的风格"。意大利《DOMUS》杂志前主编V. M. 兰普尼亚尼（Vittorio Magnago Lampugnani）在其《持久的现代性》（Die Modernität des Dauerhaften）一书中，对这种"新简约"做了理论上的探索。其后，这种以形式上的简约为特征的潮流在建筑设计和评论界引起了广泛关注和讨论。意大利《莲花》（Lotus）杂志、西班牙《草图》（El Croquis）杂志、法国《今日建筑》（L'Architecture D'Aujourd Hui）以及英国《建筑设计》（Architectural Design）杂志都纷纷出版"极少主义"专辑，分析和评价这一趋势。1998年英国皇家艺术学院组织了关于极少主义建筑与艺术的国际研讨会。

"简约"并非这个时代特有，且形成的原因很多。有来自技术方面的原因，即当产品的简约性成为降低成本以适应大规模生产的要求时，那些复杂的方式将被淘汰；也有来自于意识形态、思想方式等方面的，如传统宗教哲学中一直有主张道德和宗教简朴严素的理念，像西多教派、圣方济各会以及美国基督教派中的震颤派，都提倡一种克己苦修的生活。他们将美的概念从教义中放黜，认为上帝的信徒不应在日常生活中为追求美而浪费一丁点钱财。因此，器皿、家具和房屋都力求简单、实用，只考虑遮光蔽热等生存所需的基本功能，同时精工细作并精心维护保养，这样，对方式的精简成为"完美"概念的引伸。最后还有来自艺术观念的原因，因为自工业革命以来形成的一个概念是，顺应时代和技术要求的"简约"已成

图 6-8-1　艺术家 D. 贾德(Donald Judd)在得克萨斯的极少主义作品

图 6-8-2　荷兰法尔斯修道院

---

[1] Jonathan Glancey, *The New Moderns: Architects and Interior Designers of the 1990's*, Crown Pub., 1990。

第八节 简约的设计倾向

为一种文化进步的显著标志，并逐渐上升为一种艺术原则。直至 60 年代西方绘画、雕塑等领域出现的极少主义艺术，都寻求一种简洁的几何形体和结构，运用人工而非自然材料，如金属和玻璃以表达一种精工细作的光洁表面，运用排列、重复等手段，创造一种三维的秩序感（图 6-8-1）。艺术品没有任何意义参照和原型，单一而独特的形式强化了视觉联系和冲击力，作者的痕迹从作品中完全退场，观者直接面对艺术品本身，在观察对象的过程中，体验心理感受。总体上看，极少主义艺术符合 20 世纪纷繁的艺术世界中一种从具象到抽象的艺术趋势，并将之更推向极端，它在剥离了全部意义和历史参照之后，试图以最有限的手段创造最强劲的视觉张力。这些都成为文化领域一种"简约"的思想根源。

可以说，对简洁形式的追求一直成为 20 世纪现代建筑发展中的持续特征。从勒·柯比西埃设计的拉图莱特修道院及同时身兼传教士与建筑师的 H. 莱安（Hans van der Laan）设计的**荷兰法尔斯修道院**（Abbey Church of the Benedictine Monastery, Vaals, Holland, 1955 年，图 6-8-2）中，都很容易辨认出一种宗教性的简约思想的痕迹。勒·柯比西埃认为"一个人越有修养，装饰就越少出现"[1]，而 A. 洛斯很早提出了更加激进的、关于"装饰就是罪恶"的讨论。与洛斯同时的哲学家维特根斯坦（Ludwig Wittgenstein，1889~1951）为他的妹妹设计了一座没有装饰的洛斯风格的住宅，是关于精密细致和严格功能的实验，反映了维特根斯坦的哲学思想：功能主义、优雅和完美主义。而这些现代主义建筑的原则在密斯·范·德·罗手中发展到了极致。他认为"少就是多"实际上是以一种极端简洁的形式达到对复杂的升华。

20 世纪末又出现的简约形式的建筑，常被当作 20 世纪初现代主义运动目标与形式的复兴。对于空间的开放性和连续性的关注、建筑的线性和逻辑性、对传统建筑形式和观念的突破以及建筑中洁白墙体上光与影的变化，这些都赋予两代建筑师的作品以共同的特征。但毋庸讳言，这一时期简约风格绝不仅是现代主义思想的简单再现，而是注入了新的思想内容。60 年代极少主义艺术的影响以及对地方感、建筑本质的探寻，都注定使这时的简约风格不再是现代建筑国际式广泛传播的那种大一统的呆板景象，而是融入了现代美学和不同地区文化的相互作用，甚至直接体现出对地方手工艺传统的吸纳。

在简约倾向的建筑中，较早引起理论界关注的是，自 80 年代末以来，伦敦和纽约建筑师们一系列形式洗练的时装展示空间设计。现代时装界素来不乏简洁明朗的设计风格，一些知名品牌的时装如 CK（Calvin Klein）、阿玛尼（Armani）等以单纯的色调（如黑、白、灰）、冷色照明、宽敞的展示空间、寥寥无几的展品和极少主义的家具确立了自己的美学特征。这一时期的代表建筑师包括英国的 J. 鲍森（John Pawson，1949 年生）、D. 切波菲尔德（David Chipperfield，1953 年生）和 C. 西尔韦斯汀（Claudio Silvestrin，1954 年生）等，其中以完成多项合作设计的鲍森和希尔文斯汀最具代表性。

鲍森 80 年代的作品主要是为富有的艺术品商设计的住宅或公寓，以没有装饰的平面和体量、空旷的空间及材质和光的戏剧性效果为特征。西尔韦斯汀则以设计商业性的艺术品画廊著称。这一时期，许多画廊的陈设趋向于一种中性的空间，以获得最佳的效果展示

---

[1] Le Corbusier, L'Art Décoratifd'aujourd'hui, Paris, 1925, 转引自 Kenneth Frampton, Le Corbusier, London and New York: Thames and Hudson, 2001。

展品本身。两人的设计体验有某种共同的特点：艺术品商希望自己的住宅可以和画廊一样，以最好的氛围展示艺术品。这些特征同样适用于名牌时装店，对于纽约和伦敦的时装店而言，越宽敞的店面展示越少的商品，意味着商品的价格越昂贵，品质也就越高。业主希望他们的商品像画廊里的艺术品一样被展示，与以往提供给顾客丰富的商品信息不同，他们希望顾客走进宽敞的店堂，自己直接欣赏服装本身，而避免一切分散注意力的细节和诱导。

图 6-8-3　纽约麦迪逊大街 CK 分店

1995 年鲍森设计的**纽约麦迪逊大街 CK 分店**（Calvin Klein Madison Avenue, New York, USA, 1995～1996 年，图 6-8-3）正式开业。在这里，CK 希望这不只是一家普通的时装店，而是展示其全部高品位设计的场所。这家时装店占据了一座历史建筑的底层至 4 层，极为简洁的大片无框玻璃使整间店面像一个巨大的时装展示窗。光洁的大理石铺地、白色墙面、有节制的展品布置，使

图 6-8-4　纽约阿玛尼时装店

顾客在一种平静、和谐的氛围中感到自己是整座商店的主人。为避免分散注意力的灯具、标准吊顶和空调装置成为视觉干扰，所有这些元素都被仔细地隐藏起来。没有任何预设的路线或阻挡，顾客可以在这间豪华气派的店堂内自由移动。而由美国的彼得·马里诺（Peter Marino）设计的**纽约阿玛尼时装店**（Giorgio Armani Boutique, New York, USA, 1996 年，图 6-8-4），从建筑到室内设计都表达这样的概念：在今日的商品社会中，时尚与建筑都是临时易变的。整幢建筑以一个简洁的白色盒体的形象从整个曼迪逊大街深色的建筑背景中脱颖而出。和周围嘈杂的环境不同，建筑空间显得平静、安详，是时装展示理想的抽象容器。顾客从拥挤、嘈杂的大街上进入宽敞舒适的空间，甚至可以如释重负地长舒一口气。

值得注意的是：这几位英国建筑师在一定程度上受到了日本建筑的影响。安藤忠雄对日本空间传统的现代诠释虽然有别于立足欧洲建筑传统的建筑实践，却在欧洲建筑界刮起了一阵旋风。日本建筑师坂茂（Shigeru Ban，1957 年生）采用当地的特殊材质建造了许多形式简洁的建筑，比如他的**"2/5 住宅"**（House 2/5, Nishinomiya, Japan, 1995 年，图 5-8-5）项目，采用 PVC 和铝板等工业材料创造光洁立面的同时，日本式的院落及内向的植物景观，都使得小住宅在喧嚣的都市环境中保持了自己的平静典雅。坂茂的建筑实践也频繁地出现在西方的建筑报道中。这些建筑师甚至有数年在日本的生活经历，包括鲍森和西尔

图 6-8-5　"2/5 住宅"

图 6-8-6　阿威罗大学地学系馆

韦斯汀，他们还在英国 AA 学院接触了安藤的作品。东方建筑对于英国建筑界的影响无疑是存在的。从某种意义上说，简约的风格可以视作对今日拥挤嘈杂的城市和让人无法喘息的快节奏生活的保护性反应。建筑除了提供生理上的遮蔽与保护，更重要的是还给人类以平静和抚慰，并提供沉思默想的空间。

简约的设计倾向最具代表性的实践，体现在欧洲大陆的瑞士、西班牙、意大利、葡萄牙和奥地利等国家。欧洲大陆的现代建筑传统是如此强劲，后现代、解构的潮流从未割断欧洲现代主义持续的潜流。E.S. 德·穆拉（Eduardo Souto de Moura, 1952 年生）、赫佐格和德·默隆（Jaques Herzog, 1950 年生 Pierre de Meuron, 1950 年生）、P. 祖姆托（Peter Zumthor, 1943 年生）和 A.C. 巴埃萨（Alberto Campo Baeza, 1946 年生）等融合了现代建筑与地方手工艺传统，探寻建造活动本质和采用纯净形式的建筑实践这时已广泛地影响了建筑的潮流。

从葡萄牙建筑师德·穆拉的作品中，我们可以清晰地看到两种传统的共同影响：一是来自他所在的城市波尔图，基于简单性、对公共建筑建造逻辑的阐释、对细部构造的关注和重视对特殊基地的体验这样一些建筑传统。最能体现德·穆拉建筑特征的，莫过于**波尔图文化中心**（Porto Cultural Center, Porto, Portugal, 1981～1989 年）：一个长条形的建筑隐蔽在原有的新古典主义花园中，所有的空间都设置在一条狭长的石墙后，只开了几扇小窗和隐蔽的入口。这座建筑体现了 19 世纪德国著名建筑师、理论家桑珀所称的"表皮原则"，各种不同材料的表皮并置在一起，并保持各自独立的特性。在这座建筑中，石头、砖、拉毛粉饰和木材以本来面目叠置，没有任何模仿、隐藏或相互混淆。在他 1995 年的作品**阿威罗大学地学系馆** (Department of Geosciences, Aveiro University, Aveiro, Portugal, 1991～1995 年，图 6-8-6) 中，他把整个体量处理为两座被中间玻璃采光通廊一分为二的简洁的混凝土盒体，这里的材质处理再一次展示了他通过特殊的手法赋予普通材质一种高贵特性的技能：微微泛红的大理石片细密地排列在大片玻璃的立面上，成为光线和空间的柔和介质。从他的建筑中可以看出密斯·范·德·罗的作品中所没有的那种对场所的关注。他考虑每一座基地的文脉和限制，将之作为一个创造独特形体的要素加以整合，而不像密斯·范·德·罗那样，认为每座建筑不应有自己的特征，而是一种放之四海而皆准的模式。

奥地利的建筑师鲍姆施拉格和厄伯勒（Carlo Baumschlager, 1956~ & Dietmar Eberle, 1952~）的作品，尝试用极简的形式，反映当地的建筑材料与施工工艺，混凝土、砖、木隔栅等都是他们的常用材料。在他们设计的 **BTV 银行商住综合楼**（BTV Commercial and Residential Building, Wolfurt, Austria, 1997~1998 年，图 6-8-7）中，他们使用了可沿钢轨滑动的松木隔栅覆盖整座玻璃体建筑的立面，既创造了多层次的丰富的光影效果，同时可水平/垂直滑动的松木隔栅板，产生了建筑立面变动不居的面貌。在**格拉夫电力公司办公楼扩建项目**（Extension of Graf Electronics, Dornbirn, Austria, 1995 年，图 6-8-8）中，为了回应该项目的挑战：将新旧部分形成一个给人以强烈视觉冲击的整体，他们用一座鲜红的盒体横跨新旧两部分，同时将旧建筑覆以细木条板，以维持视觉上的平衡。从他们的作品中体现出一种不拘泥于简单的极少主义美学，而将项目特质和业主要求综合起来考虑的策略。

瑞士建筑师赫佐格和德·默隆较早的代表作品有巴塞尔市的**沃尔夫信号楼**（SBB Signal Box 4, Auf dem Wolf, Basel, Switzerland, 1991~1994 年，图 6-8-9）和慕尼黑的**戈兹美术馆**（Gallery for Goetz Collection, Munich, Germany, 1991~1992 年，图 6-8-10）等。赫佐格的设计所具有的特征首先是对建筑本质的追问，这反映了对建筑的一种探索——建筑的要素减至何种程度还成其为建筑？1997 年，在法国建成的**鲁丁住宅**（Rudin House, Leyman, Ht. Rhin, France, 1997 年，图 6-8-11），几乎可以称作是住宅的原型：陡峭的坡屋面伸出的巨大烟囱、混凝土墙面上整扇光洁的玻璃洞口，都使人联想起儿童画中的房子。建

图 6-8-7　BTV 银行商住综合楼

图 6-8-8　格拉夫电力公司办公楼扩建项目

图 6-8-9　巴塞尔市的沃尔夫信号楼

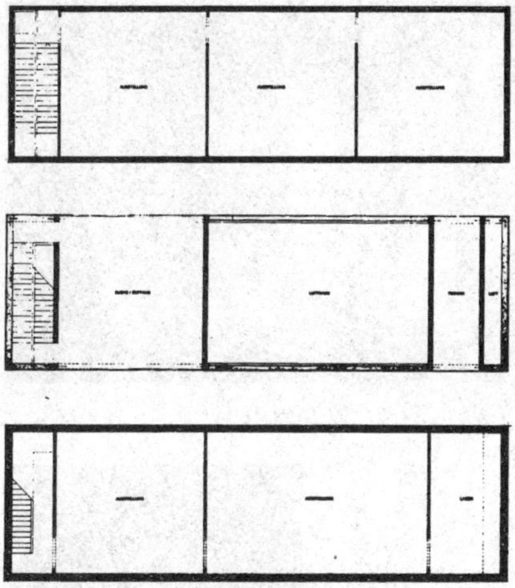

第八节 简约的设计倾向

(a)平面图

(b)外观

(c)室内

图6-8-10 戈兹美术馆

图6-8-11 鲁丁住宅

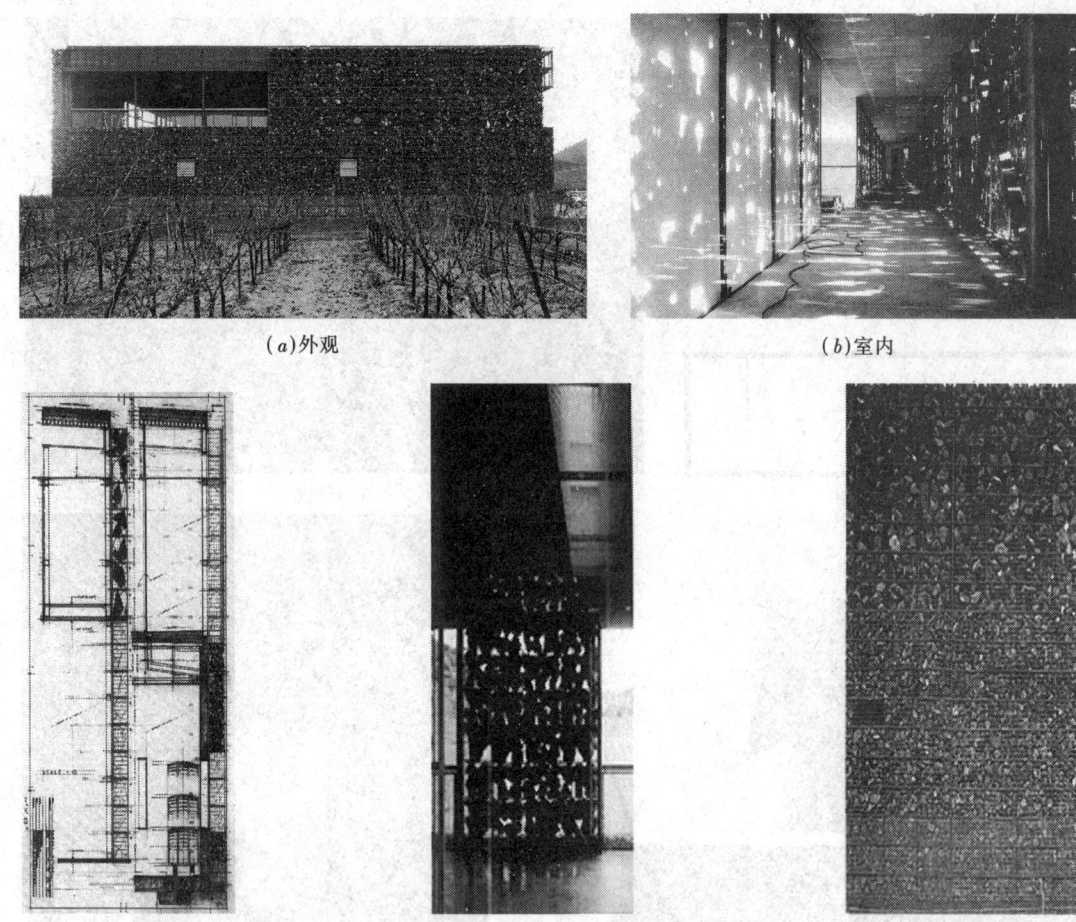

(a)外观　　　　　　　　　　　　　　　(b)室内

(c)墙体剖面　　　　　(d)墙体局部　　　　　(e)墙体局部

图 6-8-12　多米那斯酿酒厂

筑兀立郊外,像一块岩石接受风雨的侵蚀。坡屋面与墙面采用同样的材料,几乎融为一体。建筑坚实的体量感与支撑基座的细桩形成一种戏剧化的矛盾效果。1998 年,他们在美国加州的作品**多米那斯酿酒厂**(Dominus Winery, Yountville, California, USA, 1996~1998 年,图 6-8-12)成为关注的焦点,因为这座建筑很好地表达了赫佐格对表皮的关注。整座酒厂呈现为 100m×25m×9m 的盒体,容纳了工艺需要的三个主要空间。最特别的是面层的处理使用两层金属网,中间填入大小不均的当地碎石,石材颜色呈现从深绿到黑色的微妙差别。阳光透过碎石的缝隙,洒在室内地坪上,呈现一种斑驳而柔和的光影效果。这种独特的表皮处理,消解了通常意义上墙的概念,具有了一种可以自由呼吸的皮肤的意向。

赫佐格在瑞士苏黎世高等工业学校学习期间,意大利建筑师 A. 罗西的影响以及中欧深厚的城市规划传统的熏陶,又使他的作品具有和其他建筑师作品不同的公共性,往往从城市这一更大的角度考察建筑,并要求建筑容纳城市生活。赫佐格又一个作品——**伦敦塔特现代美术馆**(Tate Gallery of Modern Art, London, England, 1995~2000 年,图 6-8-13)也引起广泛的反响。该美术馆是由泰晤士河边一座旧发电厂改造而成的。他的策略是对旧建筑外形改动最小,仅在顶层增加了透明的玻璃盒体。作为激活南岸旧工业区的重要举措,

第八节 简约的设计倾向

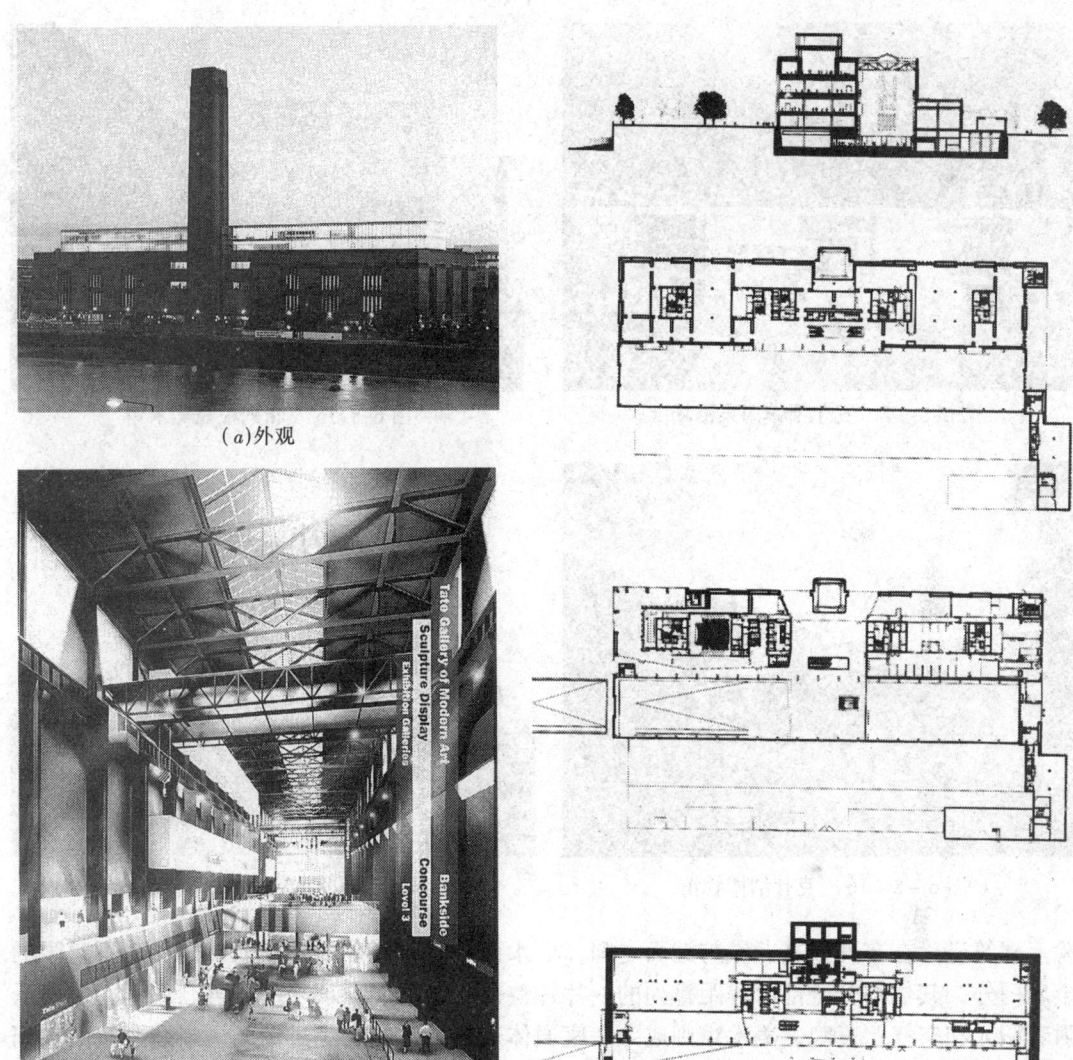

(a)外观

(b)室内

(c)平面剖面

图 6-8-13 伦敦塔特现代美术馆

该美术馆要成为从中心区吸引人流的公共空间。该建筑中设置了通长的中庭作为人们活动交往的空间，力求在展示艺术品的室内营造出类似城市街道的效果。

另一位瑞士建筑师 P. 祖姆托以一种不屈不挠的执著与超然的智慧创造了一座座精确、完美、使人感动的建筑作品。**瓦尔斯镇的温泉浴场**(Thermal Bath Vals, Vals, Switzerland, 1990-1996 年,图 6-8-14)的下半部分嵌入地下，整座建筑采用层砌的石材构成一种有着微妙差异的整齐表面，像一块平行六面体的石头嵌入坡起的山麓，建筑深入地层，以探寻一种强烈的原始力量。光线透过层砌石材精心设置的窄缝照入地层下雾霭弥漫的温泉浴室，除了水和石这两种引发人类原始思维的材料外，几乎空无一物。

1997 年在奥地利建成的**布列根兹美术馆**(Art Museum Bregenz, Bregenz, Austria, 1990~1997 年,图 6-8-15)则反映了祖姆托对平面严谨的、逻辑的追求和对墙体构造的创造性试

421

图 6-8-14　瓦尔斯镇温泉浴场

图 6-8-15　布列根兹美术馆

图 6-8-16　克什纳博物馆

图 6-8-17　苏黎世铁路转换站

验。建筑坐落在布列根兹老城与湖面之间，面水而立，整座建筑除了入口处一扇不起眼的金属门外，其他部分全部由等距排列的一片片鳞片状半透明玻璃层所覆盖。白天，玻璃反射着阳光和空气；夜晚，美术馆则成为一座通体透明的灯箱，经过蚀刻呈半透明状的玻璃使室内外的光线都呈现出一种柔和的、不可名状的美。建筑层高的 2/3 被玻璃内一道混凝土墙体严严实实地包裹起来，展厅内的五个面也都被素混凝土包裹，从顶部一片片不密合的毛玻璃吊顶透入均匀柔和的光线，所有的照明都隐藏在这道半透明玻璃顶棚和上层楼板之间的夹层内。整座建筑像一座内部设计极为精致巧妙的机械盒子，为 4 层高的美术馆提供了最佳的展示气氛。

　　瑞士的青年建筑师组合吉贡和古耶（Annette Gigon, 1959 ~，& Mike Guyer, 1958 ~）同样引人注目，他们作品的冷漠外表下是对建筑基地特质的体验。在他们的代表作**克什纳博物馆**（Kirchner Museum Davos, Davos, Switzerland, 1989 ~ 1992 年，图 6-8-16）中，整个建筑被匀质光洁的半透明玻璃所包裹，并通过玻璃透明度的微妙变化回应不同的使用功能。他们的另一作品**苏黎世的铁路转换站**（Railway Switching Station, Zurich, Switzerland, 1996 ~ 1999 年，图 6-8-17）则呈现为一个微妙变化的方盒子，惟一的几扇窗也被刻意地处理成与墙面完全一致，建筑像一座微微起翘的暗红色混凝土块，伫立在一片错综复杂的铁轨旁。而他们的最新作品**卡尔克瑞斯考古公园**（Kalkriese Archaeological Meseum Park, Kalkriese, Germany, 1998 ~ 2002 年，图 6-8-18）则在一片罗马战场的遗址上修建了几座小型建筑：整个建筑被锈迹斑斑的金属板所覆盖,并按照极为规则的模数张挂,间或透空的洞口象全副盔甲的罗马武士的面容。

欧洲中北部德语区(德国、瑞士)的建筑对建造精确性的表达源自居民性格中严谨、执著的一面;而在稍南部的意大利、西班牙等国家中,建筑的简单性和地中海地区强烈的阳光以及活泼浪漫的民族个性结合起来,产生了一种在烈日和海风下独特的建筑样式。这里的住宅为避开强有力的海风,常采用一种房间围绕内院的布局方式。这些地中海建筑文化的独特传统,在崇尚简洁的西班牙建筑师 A.C. 巴埃萨的作品中同样可以找到。巴埃萨在西班牙**马洛卡岛**上的工业园中一块三角形地块上设计了一座由高墙围合成三角形内院的**新技术中心**(Center for Innovative Technology, Inca, Mallorca, Spain, 1997~1998 年,图 6-8-19)。高过顶的石墙沿基地外沿而建,清晰地隔离了内部与外部环境。办公部分平行于外墙,并脱开一段距离。建筑以最简单的方式建成:两排立柱支撑着一片薄薄的悬挑平板屋檐,并以大片光洁的无框玻璃围合。内院除了按 6m×6m 的网格种植的桔树和一小片下沉广场外空空如也。墙面和地面都使用当地一种浅色的明亮的石灰岩,在阳光下反射着耀眼的光芒。玻璃映射着深蓝的天空,隐在屋檐的阴影中。高科技办公使室内空间只容纳最少的家具,几近空无一物,所有复杂的设备都设在地下层。建筑如此素朴,甚至具有了一种凝重的纪念性。这里甚至体会不到瑞士建筑师的作品中那种层层叠叠的精巧构造,所有的墙柱、支撑和围合体系都一览无余地展现在你的眼前,显得清澈、透明,围合着内院的房间变成了视线可穿透的玻璃体。

实际上,西班牙的现代建筑传统始终在其建筑实践中具有举足轻重的作用。这种简约的倾向渗透在今天新一代建筑师的大量作品中,几乎成为西班牙青年建筑师的集体风格。西班牙著名建筑理论家莫拉雷斯(Ignasi de Solà-Morales,1942 年生)分析了当代西班牙建筑从现代主义时期发展而来的理性传统,以及对 20 世纪末极少主义风格的影响[1],可作为对这种趋势的概括。西班牙最活跃的建筑师如 J.N. 巴蒂维格(Juan Navarro Baldeweg,1939 年生)、阿巴罗斯和海洛斯(Iñaki Abalos,1956 年生,Juan Herreros,1958 年生)等创造了许多极其简约的建筑,在世界范围内的阵容

图 6-8-18　卡尔克瑞斯考古公园

图 6-8-19　马洛卡岛新技术中心

[1] Ignasi de Solà-Morales, *Minimal Architecture in Barcelona*, New York: Rizzoli, 1986。

也日益壮大，并成为一种强有力的趋势。意大利建筑师 M. 福克萨斯（Massimiliano Fuksas,1944年生）、F. 维尼切亚（Francesco Venezia,1944 年生）、奥地利建筑师 A. 克里奇安内兹（Adolf Krischanitz,1946 年生）以及日本建筑师妹岛和世（Kazuyo Sejima, 1956 年生）等人的实践都有相似的特征。

这一类简约倾向的作品显然成为世纪转折时期建筑界最引人注目的设计潮流，甚至成为建筑领域的新时尚。诚然，正因为简约不是一种固定的风格样式，众多的建筑师出于各自的传统和背景与创作才能，设计了面貌不尽相同的作品。然而，从这些创作中还是可以归纳出一些共性与特征：首先，对建造形式、元素和方式的简化。通过严格选择去除一切不必要的东西，以获得符合功能与建造的逻辑性。其次，追求建筑整体性的表达，强调建筑与场所的关联。建筑可以出自一种个人化的设计体验，然而对每座建筑，基地环境始终是一种限制性的要素，整体的建筑是通过与环境的同构提升场所的品质。再有，这些作品十分重视材料的表达，以对材料的关注替代建筑的社会、文化和历史的意义。最后，对细部的研究从形体转折变化上的仔细推敲，转为一种对大面积的表皮构造的重视。正如人的光滑皮肤表面下是复杂的细胞和血管，建筑简约、光洁的外表下，可能是造价高昂的构造和殚精竭虑的选择。

可以看出，简约的倾向依然呈现出现代建筑传统的生命力，当然，这种倾向也不免被归纳为一种美学特征。不过，这些"简约"作品的多样性以及简约背后所包含的丰富性甚至复杂性是超越了当年现代派建筑师们的想像力的。从表象上看，这种倾向似乎要给充斥着符号和媚俗的建筑界注入一股清流，但它的确不仅仅是一种风格的呈现，因为其中众多的建筑师是力图将这种实践与回归建筑的建造艺术本原的思考联系起来的。因而，这一时期建筑理论家弗兰普顿的著作《建构文化研究》（Studies in Tectonic Culture，MIT Press，1995 年）的出版也并不是偶然的。

自从将 20 世纪 60 年代以后出现的种种建筑思潮或倾向笼统地归入现代主义之后这样一个历史阶段后，再也没有出现过新的词汇和概念来描述一个时代建筑发展的整体面貌了。事实上，从本章节的内容可以清楚地看到，现代主义之后，在建筑发展与变化中涌现的各种思潮、人物与创作实践的确呈现出了极其多元的态势。尽管本章节的内容庞杂，涉及众多很有影响的人物与作品，但仍然远远不能面面俱到。而且，多元的理念与创作道路以及众多建筑师日趋复杂与个性的设计语言，使得了解并诠释单个作品的任务也变得复杂和困难，何况不少建筑师是无法以一种形式语言、设计手法甚至设计思想去认识的。因此，本章节的介绍更主要的是为读者提供一个了解现代主义之后各种建筑思潮的引子，真正的了解与评价，一定将依赖更丰富详实的信息资源。

此外，十分明显的是，这一章节的内容是关注建筑思潮与倾向的呈现与变化，但这并不意味着能够将这个历史时期建筑发展的整体面貌呈现出来，往往是，思潮的出现是以种种不同的方式影响建筑实践的广阔天地的，而且，对于不同的地区与文化，思潮的影响作用是有很大差异的。况且，建筑实践的探索与发展又并非仅仅以思潮的影响而演进的。

最后，本章节中虽然涉及了许多西方世界之外的建筑思想与实践，但要真正建立一种多元时代的文化视野，以脱离西方文化中心论影响下的认识与研究途径，还需要很多的努力。

# 索 引

## A

Aalto, Aino Marsio A. M. 阿尔托 100

Aalto, Alvar(1898~1976) 阿尔托 62, 63, 94~101, 108, 114, 120, 232, 233, 234, 240, 284~288, 313, 357, 358, 359
 Artek Furniture Design Company, Artek 家具设计公司 100; Finnish Pavilion, New York 1938 纽约世博会的芬兰馆 98~99; Maison Carre 卡雷住宅 286~287; Municipal Library Viipuri 维堡市立图书馆 96~97, 99, 284; Sunila Pulp Mill Complex 苏尼拉纸浆厂与工人住宅 99; Town Hall of Säynatsalo 珊纳特赛罗镇中心市政厅 285~286; Tuberculosis Sanatorium at Paimio 帕米欧结核病疗养院 94~95, 99, 284; Turkn Sanomat Newspaper Offices and Plant 图尔库报馆办公楼与印刷车间 95; Villa Mairea 玛利亚别墅 98~100, 285; Wolfsburg Cultural Center 沃尔夫斯堡文化中心 287~288

Aalto, Elissa Makiniemi E. M. 阿尔托 100

Abadie, Paul (1812~1884) 阿巴迪 10
 Church of the Sacred Heart 巴黎圣心教堂 10

Abalos, Iñaki(1956~) & Herreros, Juan(1958~) 阿巴罗斯和海洛斯 424

Abramovits, Max (1908~) 阿布拉莫维茨 264, 267; (见 Harrison)
 纽约林肯文化中心爱乐音乐厅 267

Aga Khan Award 阿卡汗奖 409

Alberts, Anton & Huut, Max van 阿尔贝兹和胡特 360
 NMB Bank Headquarters, Amsterdam, Netherland NMB 银行总部(现为 ING 银行总部) 360

Alberti, Leon Battista (1404~1472) 阿尔贝蒂 330

All Beton T 形墙全混凝土体系 228

Allusionalism "引喻主义" 346

Amsterdam 阿姆斯特丹
 Almere（阿尔麦尔）新区 332; Children's Home 儿童之家 118, 248~249, 302; NMB Bank Headquarters NMB 银行总部 360 阿姆斯特丹证券交易所 38;

Archigram 阿基格拉姆 104, 177, 272, 280, 327, 402, 404

L'Architecture D'Aujourd Hui《今日建筑》杂志 414

Architectural Design《建筑设计》杂志 414

arcological city 仿生城市 176

Ardalan, Nadar(1939~) 阿达兰 300
 Museum of Contemporary Art, Tehran 德黑兰当代美术馆 301

Art Deco 装饰艺术派 64, 236

Art Nouveau 新艺术派 31, 33~38, 42, 50, 171

Arts and Crafts Movement 艺术与工艺运动 8, 32, 50

Arup, Ove (1895~1988) 阿鲁普 105

Arup Associates 阿鲁普联合事务所 105

# 索引

## B

Backström, S. and Reinius, L. 贝克斯丘姆与瑞尼尔斯 114
    Siedlung Gröndel 斯德哥尔摩格伦达新村 114
Badwin, C. W. 贝德文 15
    水力升降机 15
Baeza, Alberto Campo(1946~ ) 巴埃萨 417, 423
Bakema, J. B. (1914~1981) 巴克马 117~118, 147~148, 239, 240；(见 Van den Broek and Bakema)
Baldeweg, Juan, Navarro(1939~ ) 巴蒂维格 423
Balloon Frame Balloon 木构架体系 218
Barlow Report 巴洛报告 135
Baroque style 巴罗克风格 4, 5, 10, 20
Barragán, Luis (1902~1988) 巴拉干 362~363
    Egerstrom House at San Cristobal, Mexico 艾格斯托姆住宅 362；House in Tacubaya, Mexico City, Mexico 建筑师自宅 363；Meyer House in Bosque de la Lomas, Mexico City, Mexico 梅耶住宅 363
Barry, Charles, Sir (1795~1860) 巴里爵士 9
    Houses of Parliament 英国国会大厦 9
Bartning, Otto 巴特宁 108, 240
Baudot, Anatole de 博多 47
    Saint-Jean de Montmartre 巴黎的蒙玛尔特教堂 47
Bauhaus 包豪斯 62~63, 67~74, 84, 100, 108, 232, 238, 240, 241, 254, 273, 326
Baumschlager, Carlo (1956~ ) & Eberle, Dietmar(1952~ ) 鲍姆施拉格和厄伯勒 418
    BTV Commercial and Residential Building, Wolfurt, Austria BTV 商住综合楼 418；Extension of Graf Electronics, Dornbirn, Austria 格拉夫电力公司办公楼扩建 418
Bawa, Geoffrey (1919~ ) 巴瓦 294, 362
    Ena De Silva House, Golombo, Sri Lanka 依那地席尔瓦住宅 294
B. B. P. R 设计室 111
    Torre Velasca 贝拉斯加塔楼 111
Behrens, Peter (1868~1940) 贝伦斯 34, 50~51, 62, 63, 65~66, 75, 81~82
    AEG Turbin Factory 德国通用电气公司透平机车间 50, 66
Belluschi, P (1899~ ) 贝卢斯奇 278, 280
    St. Mary's Cathedral, San Francisco 旧金山圣玛丽主教堂 278(~280)(与 Nervi, Mcsweeney, Ryan and Lee 合作)
Benham, Reyner 班纳姆 327, 406
    Theory and Design of the First Machine Age 《第一机器时代的理论与设计》 327
Bennett, H 贝内特 104, 255
    South Bank Art Center 伦敦南岸艺术中心 104, 255
Berg, Max (1870~1947) 贝格 201
    Century Hall, Breslau 百年大厅 201
Berlage, Hendrik Petrus (1856~1934) 伯尔拉赫 37, 62
    Amsterdam Exchange 阿姆斯特丹证券交易所 38
Berlin 柏林
    AEG Turbin Factory 德国通用电气公司透平机车间 50；Altes Museum 老博物馆 7, 344, 380
    Berlin Schauspielhaus 柏林宫廷剧院 7；Berlin Philharmonie(柏林爱乐音乐厅 108, 316~317)Brandenburg Gate 勃兰登堡门 7；Conference Hall 西柏林会堂 205；IBA 国际建筑展 344；Interbau Hansa Viertal 1957 汉莎区国际住宅展览会 108, 241~242；International Conterence Center 国际会议中心 110；Jewish Museun 犹太人博物馆 379, 380；Model Factory at the Exhibition of the werkbund in Cologne 德意志制造联盟科隆展览会模范车间 51；National Gallery 国家美术

馆新馆 258，262~263，264；Schinkel 于 1827 年设计的百货商店与 1830 年设计的图书馆 32；Siemensstadt Housing 西门子住宅区 71；柏林国会大厦重建 412

Berne 瑞士伯尔尼老城绝对保护区 163~164

Bill, Max 比尔 326

Biong & Biong A/S 和 Niel Torp 建筑设计事务所 213

 Olympic Indoor Ice-skating Hall, Hamar, Norway 1992 年挪威冬季奥运会滑冰馆 213，214

Blake, Peter 布莱克 340

 *Form Follows Fiasco* 《形式追随失败》 340

Bogardus, James (1800~1874) 博加德斯 13

 Harper and Brothers Building 纽约的哈珀兄弟大厦 13

Boileau, L. A. and Eiffel. G. 布瓦洛与埃菲尔 17

 Bon Marché 巴黎廉价商场 17

Borromini, Francesco (1599~1667)波洛米尼 337，342

Botta, Mario (1943~) 博塔 353，354

 Bank of Gottardo, Lugano, Switzerland 戈塔尔多银行 354；House at Riva San Vitale, Ticino, Switzerland 圣·维塔莱河旁的住宅 353

Boullée, Etienne-Louis (1728~1799) 部雷 5，330

 Métropole project 大都市博物馆方案 5；Project for a Cenotaph for Sir Isaac Newton 牛顿纪念碑方案 5

Breuer, Marcel (1902~1981) 布罗伊尔 68，72，100，273，312

 IBM Research Center, La Gaude, France 国际商用机器公司研究中心 273~274；Workers Village at New Kensington, Pennsyvania 新肯新顿工人新村 273；巴黎的联合国教科文总部（与 Nervi 和 Zehrfuss 合作）273

 Broadbent, Geoffrey 勃罗德彭特 388

Broad-Contextualism 广义的文脉主义 374

Broek, Van den (1898~1978) and Bakema, J. B(1914~1981) 范登布鲁克和巴克马

 Klein Driene in Hengelo 小德里恩住宅区 118；Lijnbaan 鹿特丹的林巴恩步行街 117，147，148；Nord-Kennermerland 北肯纳麦兰区的住宅区 118；"Visual Group" 形象组团 117

Brolin, Brent 布罗林 340

 *The Failure of Modern Architecture*《现代建筑的失败》340

Scott-Brown Denis 斯科特-布朗 337，339（见 Venturi）

Brunelleschi, Filippo (1377~1446)布鲁内莱斯基 330，340

Brutalism 粗野主义 81，106，120，125，249~258，265~266，271，289，314，318

Burnham and Root 伯纳姆与鲁特事务所 39

 Monadnock Building 莫纳德诺克大厦 39；Reliance Building 里莱斯大厦 41；The Capitol 卡皮托大厦 39

Byzantine 拜占廷风格 10，57，

# C

Cabet, Etienne 卡贝 24

 Icaria 伊卡利亚共产主义移民区 24

Calatrava, Santiago (1951~) 卡拉特拉瓦 409，410

 Alamillo Bridge, Serville, Spain 埃拉米诺大桥 410；TGV Station, Lyon-Satolas, France 萨特拉斯车站 410

Calini, Montuore, Castellazzi and Vitellozzi 111

 Terminal Station, Rome 罗马火车站 111

Camelot, R. Maily, J. de and Zehrfuss, B. 卡默洛特，马利与策尔福斯 203

 Centre Nationale des Industries et Techniques 国家工业与技术中心陈列大厅 202

Camus 加谬体系 225，227

Candilis, Georges(1913~) 坎迪利斯 106，239

# 索 引

Apartment House in Casablanca 卡萨布兰卡一座公寓 291；Toulouse le Mirail 图卢兹·勒·米拉居住区（与 Josic 和 Woods 合作） 106

Cansever, Turgut 坎塞浮（1921～）297
    Turkish Historical Society, Ankara, Turkey 土耳其历史学会大楼 297(与 yener 合作)

Cave City 山洞城市 176

CBD 中央商务区 165～166

Cézanne, Paul (1839～1906) 塞尚 33

Chadirji, Rifat(1926～) 查迪吉 297
    Tobacco Monopoly Headquarters, Baghdad, Iraq 烟草专卖公司总部 298

Chakava, P. 恰哈娃 133
    格鲁吉亚第比利斯的汽车公路局办公楼 133

Chalgrin, J. F. (1739～1811) 查尔格林 6
    Arc de Triomphe 巴黎星型广场凯旋门 6

Chareau, Piere (1883～1950) 夏霍 403
    Maison de Verre, Paris, France 玻璃屋 403

Charter of Athens 雅典宪章 64，150，233，239，328

Charter of Machu Picchu 马丘比丘宪章 150

Chicago 芝加哥
    Carson Pirie Scott Department Store C. P. S 百货公司大厦 42；First Leiter Building 第一莱特尔大厦 39；Home Insurance Company 家庭保险公司大厦 14；John Hancock Center 约翰·汉考克中心大厦 119，184，185；Lake Shore building 湖滨公寓 258；Marina City 马利纳城大厦 184；Marquette Building 马凯特大厦 41；Marshall Field Wholesale Store 马歇尔·菲尔德百货批发商店 39；Miglin-Beitler Tower, Chicago 米格林·贝特勒大厦方案 193；Monadnock Building 莫纳德诺克大厦 39；Reliance Building 里莱斯大厦 41；Robie House 罗比住宅 44，45；Sears Tower 西尔斯大厦 119，184，187，190～191，326；The Capitol 卡皮托大厦 39；Water Tower Place Building 水塔广场大厦 184，186；Willitts House 威利茨住宅 44；World's Columbian Exposition 1893 年哥伦比亚博览会 11；

Chicago School 芝加哥学派 31，39～43，45，50，62

Chipperfield, David（1953～） 切波菲尔德 415

CIAM 国际现代建筑协会 38，62，64，71，95，142，145，232～233，238，239，242，248，328
    Team X 第十次小组 142，145，239，248，329～330

Ciriani, Henri 希亚尼 394，395
    Historial de la Grande Guerre, Péronne, Somme, France 一战纪念馆 395

CLASP (The Consortium of Local Authorities Special Programme) CLASP 学校建造体系 225，226，229

Classical Architecture 古典建筑 5，9，36，57，333，340，341，343

Classical Revival 古典复兴 4～7，9，32，56～57，64

Classicism 古典主义，古典主义派 5，20，56，235

Cluster City 簇群城市 142

Cluster form 多簇式 248

Colonial Style 殖民地风格 7

Colquhoun, Alan 柯尔弘 325

Constructivism 构成主义派 57～61，63，68，71，118，132，236，334，369，371，380，403

Contextualism "文脉主义" 346，357

Cook, Peter(1936～) 库克 104，129，177，280，327
    Archigram 阿基格拉姆派 104；Plug-in City 插入式城市 104，129，177，280，327

Coop Himmelblau 希米尔布劳（蓝天设计组）369，382～384
    Rooftop Remodeling, Vienna, Austria 屋顶加建 383；Skyline Tower, Hamburg, Germany 汉堡天际线大楼 383

Correa, Charles Mark(1930～) 柯里亚 295～296，301～304，362，363

## 索引

Gandi Smarak Sangrahalaya, Ahmedabad, India 甘地纪念馆 301~302, 363; Jawahar Kala Kendra, Jaipur, India 斋普尔市博物馆 363; Kanchanjunga Apartment, Bombay, India 干城章嘉公寓 304; Low Income Housing Scheme, Belapur, New Bombay 低收入家庭试点住宅 304, 363; National Crafts Museum, Delhi, India 国家工艺美术馆 295, 301; "transform"与"transfer" 296, 303

Costa, Lúcio(1902-1998) 科斯塔 123, 145, 329

 巴西新都巴西利亚规划 123, 141, 145~146

Critical Regionalism 批判的地域主义 284, 368

Cubism 立体派 68, 75~76, 78, 81

## D

Darby, Abraham(1750~1789) 达比 11

 Iron Bridge, Severn River 英国塞文河上的生铁桥 11

Davies, Colin 戴维斯 402

 *High Tech Architecture* 《高技派建筑》402

Deconstruction 解构主义 333, 335, 369~388

Deconstructivism 解构主义 61

Deconstructivist Architecture "解构主义建筑" 369

Deilmann, Hausen, Rave and Ruhnau 108

 The New Theatre at Münster 明斯特的新剧院 108

De Moura 德·穆拉, 见 Moura

Derrida, Jacques 德里达 333, 369, 370, 371~372, 413

desert city 沙漠城市 176

De Stij 风格派 57~61, 388

Deutscher Werkbund (1898~1927) 德意志制造联盟 31, 50~51, 62~63, 65~66, 71, 82

Diba, Kamran(1937~) 迪巴 300

 Museum of Contemporary Art, Tehran 当代美术馆 301(与 Ardalan 合作); Shushtar New Town, Khuzestan, Iran 舒什塔尔新城 300;

DMJM (Daniel, Mann, Johnson & Mendenhall) 建筑设计事务所 119

Doshi, Balkrishna Vithaldas (1927~) 多西 304~306, 362, 365

 Husain~Doshi Gufa, Ahmedabad, India 侯赛因-多西画廊 365; India Institute of Management, Bangalore, India 班加罗尔的印度管理学院 306; Sangath, Ahmedabad, India 在桑伽的事务所 365

Doxiadis 多加底斯 141

 Ekistics 雅典技术组织 141

## E

Eames, C. and R. 埃姆斯夫妇 271~273

 Case-study House 专题研究住宅 271~273

Eclecticism 折衷主义, 折衷主义派 4, 9~11, 31, 32, 34, 37~39, 41~43, 46, 56~57, 64, 75, 235, 290

Ecole des Beaux-Arts 巴黎美术学院 11

Ehren-Krantz, Ezra 埃伦-克兰茨 229

 SCSD(School Construction Systems Development) SCSD 学校建造体系 229

Eiermann, Egon(1904~1970) 艾尔曼 271~273

 Linen Mill, Blumberg 布伦堡麻纺厂的锅炉间 273; 1958 年布鲁塞尔世界博览会德国馆 273;

Eisenman, Peter(1932~) 艾森曼 369, 372~376, 384, 387, 388~391

# 索 引

Aronoff Center for Design and Art, Cincinnati, USA 辛辛那提大学设计、建筑、艺术与规划学院大楼（阿洛诺夫设计与艺术中心）375，387；Columbus Convention Center, Ohio, USA 哥伦布会议中心 374；Forster House, Palo Alto, California, USA 11a 号住宅又称福斯特住宅 373；House Ⅰ "住宅Ⅰ" 389；House Ⅱ "住宅Ⅱ" 389；House Ⅵ, Washington, Connecticut, USA "住宅Ⅵ" 390；Wexner Center for the Visual Arts, Columbus, Ohio, USA 韦克斯纳视觉艺术中心 373

Eiffel, G. 埃菲尔 17（见 Boileau）

 Eiffel Tower 埃菲尔铁塔 18，106

El Croquis《草图》杂志 414

Elden, Sedad Hakki（1908~1987）埃尔旦 296

 Social Security Complex, Zeyrek, Istanbul 社会保障大楼 296~297

Elementarism 要素主义派 59

Empire Style "帝国式"风格 6

Endell, August（1871~1924）恩德尔 34

 Elvira Photographic Studio 慕尼黑的埃尔维拉照相馆 34；

Erskine, Ralph（1914~ ）厄斯金 114，288，333

 Byker Wall Housing Development, Newcastle-upon-Tyne, England 拜克墙低租金社会住宅综合体 333；Sports Hotel, Borgafjall, Lappland 体育旅馆 288

Expressionism 表现主义，表现主义派 57~59，61，63，65，，68，81，317

European avant-garde 欧洲先锋派 59，62，232

## F

Fathy Hassan（1900~1990）法赛 292，331，362

 *Architecture for the Poor* 《为了穷苦者的建筑》 331；New Bariz, Oasidi kharge 新巴里斯城 292；Village of New Gournia 新古尔那村 292

 Feininger, Lyonel（1871~1956）法宁格 68

 Fisker, K.（1893~1965）菲斯克尔 114

 Fontaine, Pierre Francois Léonard 方丹 13

 Galerie d'Orléans, Palais Royal 巴黎老王宫的奥尔良廊 12

Forster, Norman 福斯特 105，193，215，335，403，406，407，411，412

 Commercial Bank Tower, Frankfurt 法兰克福商业银行大厦 197，199，411；New Headquarters for the Hong Kong Bank, Hong Kong 香港汇丰银行新楼 193，407，411；Parts Distribution Center for Renault UK Ltd, Swindon, Wiltshire, UK 雷诺公司产品配送中心 407；Reconstruction of Reichstag, Berlin, Germany 柏林国会大厦改建 412；Reliance Controls Ltd, Swindon, Woltshire, UK 信托控股公司 406；Sainsbury Centre for Visual Arts, VEA, Norwich, Norfolk, UK 塞恩斯伯里视觉艺术中心 406；Telecommunications Tower, Torre di Collserola, Barcelona, Spain 巴塞罗那通迅塔 407；Third London Airport Stansted, Essex, UK 伦敦斯坦斯梯德机场 411

Formalism 典雅主义（形式美主义）120，265~271

Foucault, Michael 福科 333，372

Fourier, Francois-Marie-Charles（1772~1837）傅立叶 8，20，24

 Phalanges"法郎吉" 24

Frampton, Kenneth 弗兰普顿 101，284，234，235，325，360，368，389，424

 Critical Regionalism "批判的地域主义" 368；Studies in Tectonic Culture（1995）《建构文化研究》424

Frankfurt 法兰克福

 Commercial Bank Tower, Frankfurt 商业银行大厦 197，199，411；DG Bank DG 银行总部大楼 199；Exhibition and Office Complex 法兰克福商品交易会主楼 196；建筑博物馆 355；

Freyssinet, Engène（1879~1962）弗雷西内 48

Air Ship Hangars, Orly 奥利机场飞船库 48
Friedman, Yona (1923~) 弗里德曼 176, 280, 327, 334
    Floating City 海上城市 176; Spatial Town 空间城市 176, 280, 327
Fry, Maxwell (1899~) 弗赖 72
Fuksas, Massimiliano (1944~) 福克萨斯 424
Fuller, R. Buckminster (1895~1983) 富勒 209, 327, 403
    Dymaxion 住宅方案迪马松 403; United States Pavilion, Expo'67, Montreal 1967 年蒙特利尔世界博览会美国馆 209; 用一个透明的大穹隆覆盖纽约曼哈顿中心区的设想 327
Functionalism 功能主义,功能主义派 37, 62, 64, 82, 95, 97, 232, 314
Futurism 未来主义派 57, 59, 61, 280

# G

Gabo, Naum 伽勃 60
"Garden City" 田园城市 20, 24~26, 331
    Letchworth Garden City 莱奇沃思"田园城市" 25; Welwyn Graden City 韦林"田园城市" 25
Garnier, Charles (1825~1898) C. 加尼埃 10
    Paris Opéra House 巴黎歌剧院 10
Garnier, Tony (1869~1948) T. 加尼埃 26~27, 47~48, 138
    Cité Industrielle "工业城市"假想方案 26~27, 47~48, 138; 里昂的运动场 48
Gaudi, Antonio (1852~1926) 高迪 35, 335
    Casa Mila 米拉公寓 35
Geddes, Patrick, Sir (1854~1932) 格迪斯 135
    Conurbation 集聚城市概念 135
Gehry, Frank (1929~) 盖里 333, 369, 384~387
    American Center, Paris, France 巴黎美国中心 386; California Aerospace Museum, Los Angeles, Calif. USA 航空宇宙博物馆 385; Chiat/Day Advertising Agency, Venice, Calif. USA Chiat/Day 广告代理公司在加州的西海岸总部大楼 385; Gehry House, Santa Monica, California 在圣·莫尼卡的自宅 333, 384; Fishdance Retaurant, Kobe, Japan 东京的鱼餐馆 385; Guggenheim Museum, Bilbao, Spain 毕尔巴鄂古根汉姆博物馆 386; Nationale-Nederlanden Building, Prague, Czech Republic 布拉格尼德兰大厦 386; Vitra Furniture Design Museum, Weilam~Rhein, Germany 维特拉家具设计博物馆 385; Weisman Art Museum, University of Minnesota, Minneapolis, USA 魏斯曼艺术博物馆 386
    Giedion, Sigfried (1888~1968) 基甸 64, 120, 238, 325
        "Nine Points on Monumentality" 纪念性九要点（提出人之一）238
    Gigon, Annette (1959~) & Guyer, Mike(1958~) 吉贡和古耶 422
    Kalkriese Archaeological Meseum Park, Kalkriese, Germany 卡尔克瑞斯考古公园 422; Kirchner Museum Davos, Davos, Switzerland 克什纳博物馆 422; Railway Switching Station, Zurich, Switzerland 苏黎士的铁路转换站 422;
Gilbert, Cass (1859~1934) 吉尔伯特 43
    Woolworth Building 伍尔沃斯大厦 43, 182
Ginzburg, Moisei(1882~1946) 金斯伯格 63, 236
Glancey, Jonathan 格兰西 414
    *The New Moderns: Architects and Interior Designers of the 1990's* 《新现代》414
Gogh, Vincent van (1853~1890) 凡·高 33
Goldberger, Paul 戈德伯格 340
Goldbery, Bertrand 戈德贝瑞 184

# 索 引

Marina City 芝加哥的马利纳城大厦 184
Gothic Revival 哥特复兴 8~9, 43, 190
Gothic style 哥特风格 8~9, 35, 57, 200
Gowan, James 戈文 250, 255, 257 (见 Stirling)
Grassi, Giorgio (1935~) 格拉希 348, 353
 La Construzion Logica dell' Architettura《建筑的结构逻辑》348, 353
Graves, Michael (1934~) 格雷夫斯 200, 341, 347, 388, 390, 391
 Benacerraf House Addition 贝纳塞拉夫住宅扩建 390; Hanselmann House, Wayne, Indiana, USA 汉索曼住宅 390; Humana Building, Louisville, Kentucky, U.S.A 休曼那大厦 200; Public Service Building in Portland, Oregon, USA 波特兰市市政厅 341; Swan Hotel and Dauphin Hotel, Walt Disney World, Florida, USA 海豚旅馆与天鹅旅馆 347
GRAU 罗马建筑师和规划师协会 341
Greene, Charles(1868~1957) and Greene, Henry(1870-1954) 格林兄弟 64
Gridiron City 方格形城市 20, 28
Griffin, Walter Burley (1876~1937) 格里芬 64
Grimshaw, Nicolas (1939~) 格里姆肖 105, 216, 407, 408, 411
 British Pavilion, Seville, Spain 塞维利亚世界博览会上设计的英国馆 408, 411; Financial Times Printing Works, London, UK 金融时报印刷厂工程 407; Ice Rink, Oxford, UK 牛津滑冰馆 407, 411; Waterloo International Channel Passenger Rail Terminal 伦敦滑铁卢国际铁路旅客枢纽站 216
Gropius, Walter (1883~1969) 格罗皮厄斯 34, 51, 54, 62~74, 82, 94, 108, 120, 219, 232, 235, 240, 242, 273, 291, 312, 317, 318, 325
 Bauhaus Dessau 包豪斯校舍 63, 68~71; City Theatre, Jena 耶那市立剧场 68; Dammer stock Housing 达默斯托克居住区 71; Fagus Werk, Alfeld 法古斯(鞋楦)厂 51, 62, 67, 73, 240, 241; Gropius Residence, Lincoln, Mass 格罗皮厄斯自宅 72; Harvard Graduate Center, Cambridge, Mass 哈佛大学研究生中心 72, 240, 241; Interbau, Hansaviertal 1957年汉莎区国际住宅展览会高层公寓楼 241; Model Factory at the Exhibition of the Werkbund in Cologne 德意志制造联盟科隆展览会办公楼 51, 67, 73; Municipal Employment Office, Dessau 德绍市就业办事处 68; Siemensstadt Housing, Berlin 西门子住宅区 71; Village College, Impington 英平顿乡村学院 72;
Gruppo 7 意大利"七人组" 236, 348
Gutbrod, Rolf and Otto, Frei 古德伯罗和奥托 207
 1967年蒙特利尔世界博览会西德馆 207
Gwathmey, Charles (1938~) 格瓦斯梅 388

# H

Habrakan, Nicolas 哈布拉肯 334
 SAR (Sticking Architecten Research) "支撑体系大众住宅" 334
Hadid, Zaha (1950~) 哈迪得 369, 380~382
 Monsoon Restaurant, Sapporo, Tokyo, Japan 东京扎晃餐厅 382; Peak Club, Hong Kong 香港山顶俱乐部设计方案 381; Vitra Fire~Station, Weilam Rhein, Germany 维特拉消防站 381
Hamilton, Thomas(1784~1858) 汉密尔顿 7
 The High School, Edinburgh 爱丁堡中学 7
Hamzah, T.R. & Yeang 哈姆扎和扬设计事务所 197
 MBF Tower 槟榔屿 MBF 大厦 197, 198
Häring, Hugo (1882~1958) 哈林 65, 317
Harrison, W.K. (1895~1981) 哈里森 183, 184; Harrison and Abramovitz 设计事务所 264, 267
 纽约联合国秘书处大厦 183, 220; 匹茨堡美国钢铁公司大厦 184; 纽约林肯文化中心大都会歌剧院 267;

索 引

Hassan Ihab 哈桑 335
Haussmann, Georges Eugène, Baron (1809~1891) 奥斯曼 3, 21
 Rebuilding Paris 19世纪后半叶的巴黎改建 3, 20~23
Heidegger, Martin 海德格尔 333
Hejduk, John (1929~2000) 海杜克 384, 388, 389
 "House 10", USA 住宅 10 389
Hennebique, Francois (1842~1921) 埃纳比克 47
 法国赖因堡的别墅 47
Herron, Ron 赫隆 177, 327
 walking city 行走式城市 177, 327
Hertzberger, Herman (1932~) 赫茨贝格 118, 248, 334
 Central Beheer Headquarters, Apeldoorn 中央贝赫保险公司总部 118, 248~250, 335
Herzog, Jaques (1950~) & Meuron, Pierre de (1950~) 赫佐格和德·默隆 417, 418~420
 Dominus Winery, Yountville, California, USA 多米那斯酿酒厂 419; Gallery for Goetz Collection, Munich, Germany 慕尼黑的戈兹美术馆 418; Rudin House, Leyman, Ht. Rhin, France 鲁丁住宅 418; SBB Signal Box 4, Auf dem Wolf, Basel, Switzerland 沃尔夫信号楼 418; Tate Gallery of Modern Art, London, England 伦敦塔特现代美术馆 420
Heterotopic architecture 异质共存建筑 101
High-Tech 高技派 104, 105, 257, 271~283, 335, 402~413
High-Tech and High-Touch 高度技术与高度感人 280, 335, 404
Hilberseimer, Ludwig 希尔贝赛默 28
 Linear Industrial City 带形工业城市理论 28
Hitchcock, Henry-Russell 希契科克 64, 325, 326
Hoffmann, Josef (1870~1956) 霍夫曼 36, 63
Holabird and Roche 霍拉伯德与罗希建筑事务所 41
 Marquette Building 马凯特大厦 41
Holism 整体主义 141
Holistic Design 整体设计 141
Holl, Steven (1947~) 霍尔 400, 401
 *Anchoring* 《锚固》400; Chapel of St. Ignatius, Seattle, USA 圣伊纳爵小教堂 400; Void Space/Hinged Space Housing, Nexus World Kashii, Fukuoka, Japan 日本福冈公寓 401
Hollein, Hans (1934~) 霍莱因 342
 Office of Austrian Tourist Bureau, Vienna, Austria 奥地利维也纳旅行社 342
Hopkins, Michael (1935~) 霍普金斯 105, 408
 Mound Stand, Lord's Cricket Ground, London, UK 芒得看台 408; Schlumberger Research Centre, Cambridge, UK 苏拉姆伯格研究中心 408; Town Square Enclosure, Basildon, England, UK 巴塞尔顿市政广场围合 408
Horta Victor (1861~1947) 奥太 33
 12 Rue de Turin 布鲁塞尔都灵路 12 号住宅 33
Howard, Ebenezer, Sir 霍华德 24~25, 135, 331
 "Garden City" 田园城市" 20, 24~25, 331; *Garden Cities of Tomorrow* 《明日的田园城市》24
Höyer and Lynndquist 霍伊与林德昆斯特 114
 魏林比一组低层住宅 114;
humanizing architecture 建筑人情化 94, 232, 233, 283~285

**I**

IBA (International Building Exhibition, Berlin, Germany, 1987) 柏林 1987 年国际建筑展 344

# 索 引

Impressionism 印象主义,印象主义派 68
Industrial City "工业城市" 20,21,26~27
Interbau, Hansaviertal 1957年汉莎区国际住宅展览会 108,252
International Style "国际式"建筑 64,232,326,357,359,360
Iofan (1891~) 伊奥凡 133
　　苏维埃宫国际设计竞赛 133,235;1937年巴黎世界博览会苏联馆 235;
Islam, Muzharul 伊斯兰姆 306
　　National Institute of Public Administration Building, University of Dhaka, Bangladesh 达卡大学国家公共管理学院大楼 306;
Italian Neorationalist Movement 新理性主义运动(又称 La Tendenza 坦丹札学派)347~353

## J

Jacobs, Jane (1916~) 雅各布斯 330,331
　　The Life and Death of Great American Cities 《美国大城市的生与死》330,331
Jacobsen, Arne(1902~1971) 雅各布森 108,114,240,288
　　"Chain House", Soholm 联立住宅 288
Jahn, Helmut (1940~) 杨 191
　　Liberty Tower, Phladelphia 自由之塔 191
Jameson, Fredric 詹姆逊 335
Jeanneret, Pierre 让内亥 79
Jencks, Charles 詹克斯 310,322,340,346,388
　　The Language of Post-modern Architecture 《后现代建筑语言》340;The New Moderns 《新现代》388
Jenney, William Le Baron (1832~1907) 詹尼 14,39,42
　　First Leiter Building 第一莱特尔大厦 39;Home Insurance Company 芝加哥家庭保险公司大厦 14
Johansen, John M. (1916~) J.M.约翰森 274
　　United States Embassy, Dublin 美国在都柏林的大使馆 274;
Johnson, Philip (1906~) P.约翰逊 64,200,266,267,326,338,340,369
　　AT&T Headquarters, New York, USA 美国电话电报公司总部大楼 201,340;Pittsburgh Plate Glass Company Headquarters 匹兹堡的PPG平板玻璃公司总部大厦 201;Republic Bank Center, Houston, Texas 共和银行中心大厦 200;Sheldon Memorial Art Gallery 谢尔登艺术纪念馆 266;Transco Tower in Houston 休斯敦的特兰斯科塔楼 201;纽约林肯文化中心舞蹈与轻歌剧剧院 267;
Jugendstil 青年风格派 34~35
　　Elvira Photographic Studio 慕尼黑的埃尔维拉照相馆 34;慕尼黑剧院 34;Ernst Ludwig House, Darmstadt 路德维希展览馆 34~35
Jumsai, S. (1939~) 朱姆赛依 294

## K

Kahn, Louis (1901~1974) 卡恩 120,301,306,311,313,317~318,330,353
　　Richard Medical Research Building 理查德医学研究楼 317~318;Salk Institute for Biological Research, La Jolla, Californa 索尔克生物研究所 120,330
Kandinsky, Wassily (1866~1944) 康定斯基 68,380
Karmi-Melame de, Ada & Karmi, Ram 卡尔米与其兄弟 361
　　Israeli Supreme Court, Israeli 耶路撒冷以色列最高法院 361
Klee, Paul (1879~1940) 克利 68
Koch, Carl 科奇 231
　　Techcrete 建筑工业化建造体系 231

Koolhaas, Rem (1944~) R. 库哈斯 118, 369, 376, 379, 380, 394
　　Dall'Ava House, Saint-Claud, Paris, France 达尔阿瓦住宅 394; *Delirious New York: A Retroactive Manifesto for Manhattan* 《颠狂的纽约:关于曼哈顿的回顾性宣言》377; *Generic City*《广普城市》379; National Dance Theatre in Hague, Holland 海牙国立舞剧院 378
Koolhaas, Teun (1940~) T. 库哈斯 332
　　Almere (阿尔麦尔) 新区 332
KPF 建筑设计事务所 (Kohn, Pederson and Fox) 199, 326
　　DG Bank, Frankfurt, Germany DG 银行总部大楼 199
Krier, Leon (1946~) L. 克里尔 355
　　Center of Luxembourg City 卢森堡市中心规划 356; La Villette Quarter in Paris 巴黎的拉维莱特区规划 356; Royal Mint Square Project, London 伦敦的皇家敏特广场 356
Krier, Rob (1938~) R. 克里尔 355
　　《城市空间》356
Krischanitz, Adolf (1946~) 克里奇安内兹 424
Kroll, Lucien (1927~) 克罗尔 333
　　Medical Faculty housing, University of Louvain, Brussels 鲁汶大学医学院住宅楼 333

# L

Laan, Hans van der 莱安 415
　　Abbey Church of the Benedictine Monastery, Vaals, Holland 荷兰法尔斯修道院 415
Labrouste, Henri (1801~1875) 拉布鲁斯特 15, 32, 62
　　Bibliothèque Nationale of Paris, 巴黎国立图书馆 15, 32; Library of Sainte Geneviève in Paris, 圣吉纳维夫图书馆 15, 32
Lambot, J. L. 兰博 47
　　1855 年巴黎博览会的钢筋水泥船 47
Lampugnani, Vittorio Magnago 兰普尼亚尼 414
　　*Die Modernität des Dauerhaften* 《持久的现代性》414
Lancaster, F. W. 兰卡斯特 209
　　充气结构 209
Langhans, C. G. (1789~1793) 朗格汉斯 7
　　Brandenburg Gate 柏林勃兰登堡门 7
Larsson Nielsen 拉森·纳尔逊十字墙体系 228, 230
Lasdun, Denys 拉斯顿 104, 255
　　National Theatre, South Bank, London 伦敦南岸国家剧院 104
Latrobe, Benjamin Henry (1764~1820) 拉特罗布 7
　　Bank of Pennsylvania 宾夕法尼亚银行 7; Capitol of the United States 美国国会大厦 7
Le Corbusier (1887-1965) 勒·柯比西埃 51, 62~64, 66, 75~81, 82, 92~94, 95, 106, 108, 117, 120, 123, 125, 129, 144, 146, 232~233, 235, 239, 240, 241, 242, 249~253, 254, 255, 271, 289, 291, 304, 311, 313, 314, 318, 328, 329, 331, 337, 345, 348, 350, 353, 362, 365, 388~389, 390~391, 394~395, 397~398, 415
　　Chandigarh, India 昌迪加尔规划及行政中心 81, 123, 141, 144~145, 250, 252~254, 291, 329, 365; Convent de la Saint-Marie-de-la-Tourette, near Lyons 拉图莱特修道院 81, 415; Immeubles Jaoul 尧奥住宅 255; League of Nation's Building 国际联盟总部设计方案 79~80; Le Pavillion des Temps Nouveaux 巴黎世界博览会"新时代"馆 80; *L'Esprit Nouveau*《新精神》62, 75; Uunite d'Habitation, Marseille 马赛公寓"人居单元" 81, 106, 221~222, 250~252, 271, 314, 328; Ministry of Education 巴西教育卫生部大楼 (与 Neimyer 合作) 123, 184; "Modulor" "模数理论" 221; Notre-Dame-du-Haut, Ronchamp 朗香教堂 81, 106, 314~316; Pavillion Suisse A La Cite Universitaire, Paris 巴黎瑞士学生宿舍 78~79; Plan of the Ville Contemporaine 300 万人的现代城市规划方案 80; Plan "Voisin" de Paris 巴黎市中心区改建规划 80; *Vers une architecture*《走向新建筑》63, 75~76, 337; Villa Savoie 萨伏伊别墅 63, 76~78, 271;

索 引

    Villa Stain, Garches, France 斯坦恩别墅 391；东京上野公园西洋美术馆 125；巴西利亚新城规划 329

Ledoux Claude -Nicolas (1736~1806) 勒杜 5，330，345

    Barriere de le Sante 巴黎的勒·桑戴关卡 5；Barriere de la Villette 巴黎的维莱特关卡 5

Legér, Fernand(1881~1955) 莱热 238

    "Nine Points on Monumentality" 纪念性九要点（提出人之一）238

Le Havre 勒阿弗尔的战后重建 105，138

Les Néocorbuséens 新柯比派 394

Lévi-Strauss, Claude 列维-斯特劳斯 333，370，372

Libeskind, Daniel (1946~) 李伯斯金 369，379~380，388

    Jewish Museum, Berlin, Germany 柏林犹太人博物馆 379，380

Lim, Jimmy Cheok Siang 林倬生 294

    Walian House 瓦联住宅 294

Lim, William 林少伟（见 Malayan Architects Co-partenership）291，294，307，365

    Central Square, Kuala Lumpur, Malaysia 吉隆坡的中心广场 366

"Linear City" 带形城市 21，27~28

Locsin, L. V. (1928~1994) 洛克辛 307

    菲律宾文化中心 308~309；菲律宾国家艺术中心 308~309；

London 伦敦

    Bank of England 英格兰银行 7；Barbican Center 巴比坎中心 150，157，160~162；British Museum 不列颠博物馆 7；Channel 4 TV Headquarters 4 频道电视台总部 403；City of London 伦敦市规划 135；County of London 伦敦郡规划 135~136；Coventry and Stevenage 考文垂和斯蒂文乃奇市中心 135，138；Greater London 大伦敦规划 135~136；Harlow New Town 哈洛新城 35，136~138，154；Houses of Parliament 英国国会大厦 9；Hungertord Fish Market 16 Lloyd's of London 劳埃德大厦 194，404；London Dockland 老码头改造 332；Life Issurance Building 伦敦人寿保险公司 57；Milton Keynes 密尔顿·凯恩斯新城 150，153~154；National Theatre, South Bank 南岸国家剧院 104；Royal Mint Square Project 皇家敏特广场方案 356；S. Giles, London 圣吉尔斯教堂 9；Tate Gallery of Modern Art 泰特现代美术馆 420；1966 年伦敦改建规划 3；"建筑与艺术中的解构主义"国际研讨会（1988）369；"新现代"国际研讨会（1990）388

Loos, Adolf (1870~1933) 洛斯 36，62，415

    Steiner House 斯坦纳住宅 37

Lotus《莲花》杂志 414

Louis, Victor (1731~1800) V·路易 12

    Théatre du Palais Royal 巴黎法兰西剧院的铁结构屋顶 12

Luckhardt, W. and H. 卢克哈特兄弟 108

## M

Mackintosh, Charles Rennie (1868~1928) 麦金托什 35

    Library of Glasgow Arts School 格拉斯哥艺术学校图书馆 35

Maillast, Robort 马亚尔 49

    苏黎士某五层楼仓库的无梁楼盖 49

Makiy, Mohamed(1917~) 马基亚 297

    Al Khulafa Mosque, Baghdad, Iraq 胡拉法清真寺 298

Malayan Architects Co-partnership 马来亚建筑师事务所（林苍吉、曾文辉、林少伟）306，307

    马来亚大学地质馆（Geology Building, University of Malaya, Kuala Lumpur）306，307

Malevich, Kazimir (1878~1935) 马列维奇 60，380

Marinetti, Filippo, Tommaso (1876~1944) 马里内蒂 59

Marino, Peter 马里诺 416

索 引

Giorgio Armani Boutique, New York, USA 纽约阿玛尼时装店 416
Markelius, Sven 马克利乌斯 114
Martin, Albert C. & Associates 马丁及合伙人 326
Mega-structure 巨型结构 104, 280
Meirer, Richard R. 迈耶(1934~) 388, 391, 392, 393, 394
　　Getty Center, Los Angeles, USA 格蒂中心 392, 393; High Museum of Art, Atlanta, Georgia, USA 亚特兰大的海尔艺术博物馆 392; Smith House, Darien, Conn. USA 史密斯住宅 391, 392
Melnikov, Konstantin(1890~1974) 梅尼柯夫 371
Mendelsohn, Erich(1887~1953) 门德尔松 58, 63, 325
　　Einstein Tower, Potsdam 爱因斯坦天文台 58
Metabolism 新陈代谢派 281, 327, 344
Meyer, Adolf(1881~1929) 迈尔 51, 62~64, 66, 71, 235
Meyer Hannes H. 迈尔 63
　　City Theatre, Jena 耶那市立剧场(与 Gropius 合作) 68; Fagus Werk, Alfeld 法古斯(鞋楦)厂 51, 62, 66
MIAR(Moviment Italiano per l'Architettura Razionale) 意大利理性建筑运动 236;
Mies van der Rohe, Ludwig (1886-1969) 密斯·范·德·罗 51, 62, 63, 66, 71, 81~86, 92, 94, 120, 183, 216, 232, 250, 254, 259~265, 271, 273, 313, 325, 326, 336, 403, 406, 415, 418
　　Barcelona Pavilion 巴塞罗那博览会德国馆 63, 82~84, 258, 271; Crown Hall, IIT 克朗楼 85, 259, 262, 271, 326; Farnsworth House, Plano, Illinois 法恩斯沃思住宅 85, 258, 260~261, 271, 326; Illinois Institute of Technology 伊利诺工学院校园规划 262; Lake Shore Building, Chicago 芝加哥的湖滨公寓 258, 261, 326; Monument to Liebknecht and Luxemburg 李卜克内西和卢森堡纪念碑 81; National Gallery, Berlin 柏林国家美术馆新馆 258, 262~263; Seagram Building, New York 西格拉姆大厦 85, 183, 258, 261~262, 326; Tugendhat House, Brno 图根德哈特住宅 84, 258; Weissenhof Siedlung 魏森霍夫住宅建筑展览会 82, 108, 240
Miesian Style 密斯风格 86, 263, 264, 313, 326
Milan Triennals 米兰三年展 111
Minimalism "极少主义"或"极简主义" 413, 414, 415, 416, 418, 424
Modulor "模数理论"(Le Corbusier) 221
Modern Architecture 现代建筑,现代建筑派 51, 62~65, 68, 73, 81, 84, 96, 100, 232~234, 239, 325, 328, 330, 331, 338, 340, 357, 358, 359, 369, 387
Modern Movement 现代建筑运动 62~65, 75, 232, 325
Modernism 现代主义,现代主义派 62, 64, 72, 94, 104, 232, 238, 239, 240, 317, 323, 325, 329, 330, 335, 336, 340
Moholy-Nagy, László(1895~1946) 莫霍伊-纳吉 68
Mondrian, Piet (1872~1944) 蒙德里安 59, 61
Moneo, Jose Rafael (1937~) 莫奈奥 358, 359
　　Bankinter Building in Madrid, Spain 马德里银行 358; Museo Nacional de Arte Romano in Merida, Spain 国家罗马艺术博物馆 358
Monnier, Henri 莫尼埃 47
Moore, Charles (1925~1994) 穆尔 167, 338, 339, 340, 345
St. Joseph's Fountain the Piazza d'Italia in New Orleans, USA 圣·约瑟夫喷泉的小广场 167~168, 339, 340
Mopin. E. 莫平 219
　　Mopin 多层公寓体系 219
Morris, William(1834~1896) 莫里斯 32~33
Moura, Eduardo Souto de (1952~) 德·穆拉 417
　　Department of Geosciences, Aveiro University, Aveiro, Portugal 阿威罗大学地学系馆 417; Porto Cultural Center, Porto, Portugal 波尔图文化中心 417
Mumford, Louis 芒福德 264

# 索 引

Munir, Hisham (1930~) 莫尼尔 298, 299
    Mayor's Office, Baghdad, Iraq 巴格达市长办公楼 299
Muzio Giovanni 穆基奥 350

## N

Nash John(1752~1835) 纳什 12
    Royal Pavilion, Brighton 布赖顿皇家花园 8, 12
Neighbourhood Unit 邻里单位 135, 137, 172
Neo-Classicism 新古典主义 57
Neoplasticism 新造型主义 59, 63
Nervi, Pier Luigi (1891~1979) 内尔维 202, 271, 280, 410
    Palazzetto dello Sport 罗马小体育宫 202; Palazzo dello Sport 罗马大体育宫 203; Pirelli Tower 大厦（与 Ponti 合作）187; St. Mary's Cathedral, San Francisco 旧金山的圣玛丽主教堂（与 Belluschi 合作）278; Turin Exposition Hall 都灵展览馆 202; UNESCO Headquarters, Paris 联合国教科文总部（UNESCO）的会议厅（与 Breuer 和 Zehrfuss 合作）204, 273
Neutra, Richard Joseph(1892-1970) 诺伊特拉 64, 120
    Warten Tremaine 特里迈尼住宅 120
New Brutalism 新粗野主义（新野性主义）104
New Empericism 新经验主义 114
New Modern or Neo~Modernism "新现代","新现代"派 335, 387, 388
New Rationalism 新理性主义 335, 347, 348, 353~357
New Regionalism 新地域主义 335, 357, 358, 360, 361, 364, 365, 367, 368
New Simplicity "新简约" 413
New Tradition 新传统派，新传统主义建筑 234~235, 238, 290, 325
New York
    AT&T Headquarters 美国电话电报公司总部大楼 201, 340; Calvin Klein Madison Ave. 麦迪逊大街 CK 分店 415; Chrysler Building 克莱斯勒大厦 236; Empire State Building 帝国州大厦 56, 182; Giorgio Armani Boutique, New York, USA 纽约阿玛尼时装店 416; Harper and Brothers Building 哈珀兄弟大厦 13; Lever House 利华大厦 119, 183, 220; RCA Victor Building RCA 大厦 182; Rockefeller Center 洛克菲勒中心 182; Seagram Building 西格拉姆大厦 85, 183, 258, 261~262, 326; Terminal, TWA, Kennedy Airport 肯尼迪机场环球航空公司候机楼 202; Woolworth Building 伍尔沃斯大厦 43, 182, 235; World Trade Center 世界贸易中心 119, 184, 189, 190, 326; 1932 年 "国际式"建筑展览会 326; 联合国秘书处大厦 183, 220; 罗斯福岛 157, 160; 林肯文化中心 268; 1988 年 "解构主义建筑"七人作品展 388; 1969 年"纽约五人"建筑作品展 388; 华盛顿商店 16
New York Five "纽约五" 372, 389~394
Niemeyer, Oscar (1907~ ) 尼迈耶尔 108, 123, 182, 240
    Ministry of Education 巴西教育卫生部大楼 182; 巴西利亚的三权广场与总统府 123
Norberg-Shultz C. 诺伯格-舒尔茨 284, 310, 367
Nouvel, Jean (1945~ ) 努维尔 192, 335, 409
    Arab World Institute, Paris, France 巴黎阿拉伯世界研究中心 335, 409; Tour Sans Fin, Paris 巴黎无止境大厦方案 192
Nowicki, Matthew (1910~1951) and Severud, Fred With Deitrick, William 瑙维克等 205
    Arena, Raleigh, N.C 美国罗利市的牲畜展赛馆 205

## O

Olbrich, Joseph Maria (1867~1908) 奥尔布里希 34

Ernst Ludwig House 路德维希展览馆 34；Secession Building, Vienna 分离派展览馆 36
Olson & Skarne 奥尔森和斯卡纳体系 228
OMA（Office for Metropolitan Architecture）大都市建筑事务所 118，376，377，378，380
Organic Architecture 有机建筑 44，62，64～65，92～94，100，232，233，234，238；德国的有机建筑 65，232，317
Ornamentalism "装饰主义" 346
OSA（Association of Contemporary Architects）前苏联的当代建筑师联合会 236
Osterman, N. Lyashenko and Pavlov, T. 奥斯梅尔曼、利亚申科与巴甫洛夫 132
 Nineth Block of New Cheremushki 莫斯科的新切廖姆什基九号 132
Otis, E. G. 奥蒂斯 15，182
 蒸汽动力升降机 15
Oud, J. J. P 奥德 59，63，82
Out space city 太空城市 176
Owen, Robert (1771～1858) 欧文 8，21，23～24
 Village of New Harmony 新协和村 20，21，23～24

## P

Paris 巴黎
 Air Ship Hangars, Orly 奥利机场飞船库 48；Apartment building, 25 bis rue Franklin 富兰克林路 25 号公寓 47；Arab World Institute 阿拉伯世界研究中心 409；Arc de Triomphe 星型广场凯旋门 6；Barriere de la Villette 维莱特关卡 5；Bibliothèque Nationale of Paris, 国立图书馆 15，32；Bon Marché 廉价商场 17；Church of the Sacres Heart 圣心教堂 10；Cit dela Musique 拉维莱特音乐城 395；Dall'Ava House, Saint-Claud 达尔阿瓦住宅 394；Eiffel Tower 埃菲尔铁塔 18；Esders Clothing Workshops 埃斯德尔服装工厂 47；Galerie d'Orléans, Palais Royal 旧王宫的奥尔良廊 12；Garage in Rue de ponthieu 庞泰路车库 47；Grand Louvre 大卢浮宫扩建 395～397；Greenhouses of the Botanical Gardens 植物园的温室 13；La Défence 德方斯副中心 106，157～160；Le Centre Nationale d'Art et de Culture Georges Pompidou 国立蓬皮杜艺术文化中心 106，272，282～283，327，402，404，405；Le Pavillion des Temps Nouveaux 1937 年巴黎世界博览会"新时代"馆 80；Library of Sainte Geneviève in Paris 圣吉纳维夫图书馆 15，32；Madeleine Church, Paris 马德莱娜教堂 6；Maine-Montparnasse 曼恩·蒙帕纳斯大厦 187；Market Hall of the Madeleine 马德莱娜市场 16；Panthéon 万神庙 5；Parc de La Villete 拉维莱特公园 370，371，377；Paris Opéra House 巴黎歌剧院 10；Pavillion Suiese A La Cite Universitaire 瑞士学生宿舍 78～79；Plan "Voisin" de Paris 巴黎市中心区改建规划 80；Quai de Bercy, 贝西区改造 332；Rebuilding of Paris 19 世纪后半叶的巴黎改建计划 3，20～23；Saint-Jean de Montmartre 蒙玛尔特教堂 47；Théatre du Palais Royal 法兰西剧院的铁结构屋顶 12；Villa Savoie 萨伏伊别墅 63，76～78，271；1889 年世界博览会中的埃菲尔铁塔和机械馆 18，19；大巴黎规划 154～155；联合国教科文组织（UNESCO）会议大厅 204；巴黎古城和古建筑保护 162～163；国家工业与技术中心陈列大厅 106；
Paxton Joseph (1801～1865) 帕克斯顿 18，217，226
 Crystal Palace, "水晶宫"展览馆 18，32，105，217，225
Pawson, John (1949～) 鲍森 415，416～417
 Calvin Klein Madison Avenue, New York, USA CK 纽约分店 416
Pei, I. M. (1917～) 贝聿铭 120，215，312～314，395，397
 East Gallery, National Gallery of Art 美国国家美术馆东馆 312～314；Grand Louvre, Paris, France 巴黎大卢浮宫扩建 395
Pelli, Cesar (1926～) 佩利 277，366
 Miglin-Beitler Tower, Chicago 米格林·贝特勒大厦 193；Petronas Towers, Kuala Lumper 吉隆坡的双塔大厦 191
Perfection of Technique 讲究技术精美的倾向 259～265
Perret, August (1874～1955) 佩雷 47，62，75，105，235
 Garage in the Rue de ponthieu 庞泰路车库 47；House, 25 Rue Franklin 富兰克林路 25 号公寓 47；埃斯德尔(Esders)服装工厂 47；法国勒阿弗尔市(Le Havre)的战后重建 105；

Perry,C 佩里 135
   Neighbourhood Unit 邻里单位 135,137,172
Pevsner,Nicolas 佩夫斯纳 325
Piano,Renzo(1937~)皮亚诺 215,282,366,411
   Center for Innovative Technology, Inca, Mallorca, Spain 马洛卡岛工业园新技术中心 423;Kansai International Airport 日本关西国际航空港候机楼 214;Le Centre Nationale d'Art et de Culture Georges Pompidou,Paris 国立蓬皮杜艺术文化中心（与 Rogers 合作） 106,272,282~283,327,366,402,404,405;Tjibaou Cultural Centre, Noumea, New Caledonia 芝柏文化中心 366~369
Planet city 外星城市 176
Poelzig,Hans(1869~1936)帕尔齐格 63,219,235
   1927年斯图加特住宅展览会木骨架外复胶合板住宅
Ponti Gio and Nervi Pier Luigi 187
   Pirelli Tower 米兰的皮雷利大厦 187
Portman,John 波特曼 184,326
   Peachtree Center Plaza Hotel,Atlanta 桃树中心广场旅馆 184
Portoghesi,Paolo（1931~）波托盖西 342
   Casa Baldi,near Rome,Italy 巴尔第住宅 342
Portzamparc,Christian de（1944~）包赞巴克 395
   Cite de la Musique,Paris,France 拉维莱特音乐城 395
Postmodern ~ classicism 后现代古典主义 336,341,346,347,356
Postmodern -formalism 后现代形式主义 336,347
Post-modernism 现代主义之后或后现代主义 101,102,120,200,201,239,283,322,323~324,335,336~347,357,374
   Predock,Antoine（1936~）普雷多克 360,361
   Nelson Fine Arts Center, Arizona State University, Tempe, Arizona, USA 奈尔森美术中心 360;Winandy House,Scottsdale,Arizona,USA 威南迪住宅 361
   Pre-romanticism 先浪漫主义 8
   Prix,Wolf（1942~）普瑞克斯 382
Prouvé,Jean（1901~1984）普鲁韦 403
   Maison du Peuple,Clichy,France 克利希的人民宫 403
Pugin,Augustus Welby Northmore（1812~1852）普金 9
   S. Giles,Staffs 圣吉尔斯教堂 9

# R

Radical Eclecticism 激进的折衷主义 346
Rauch,John 劳奇 337
Raymond,Antonin（1888~1976）雷蒙 64,129
Rationalism 理性主义,理性主义派 5,62,64,76,120,232,238,240,249,284,323
Regionalism 地域主义,地域性 284,309,331
Reidy,Affonso Eduardo(1909~1964)雷迪 123
   Pedregulho Residential Complex 里约热内卢的佩德雷古胡综合住宅区 123
Renaissance 文艺复兴 57,67
Revivalism 复古主义 10,31,32,35,56~57,73,75,86,234,290
Rewal,Raj 里瓦尔 304~306
   Asian Game Village,New Delhi 1982年新德里亚运会的亚运村 306

Rice, Peter(1935~1992) 莱斯 405, 406
Richardson, Henry Hobson(1838-1886) 理查森 39
    Marshall Field Wholesale Store 芝加哥的马歇尔·菲尔德百货批发商店 39
Ridolfi, Mario, Quaroni and Fiorentino 里多尔菲等 110
    Tiburtino District 罗马蒂布尔蒂诺区 110；
Rietveld, G. T. (1888~1964) 里特弗尔德 59~61, 388
    Schröder House, Utrecht, Netherlands 乌德勒支住宅 60
Rococo style 洛可可风格 4~6, 10, 67
Rogers, Richard (1933~ ) 罗杰斯 105, 194, 282, 388, 404~406, 411
    Channel 4 Television Headquarters, London, UK 4频道电视台总部 404; European Court of Human Rights, Strasbourg, France 欧洲人权法庭 404; Le Centre Nationale d'Art et de Culture Georges Pompidou, Paris 国立蓬皮杜艺术文化中心 106, 272, 282~283, 327, 402, 404, 405, 410（与Piano合作）; Lloyd's of London 伦敦劳埃德大厦 194, 404, 410
    Romanesque Architecture 罗马风建筑 10, 38, 57
    Romanticism 浪漫主义 4, 7~9, 32, 35, 57, 64, 76
Rome 罗马
    Monument to Victor Emmanuel II, 罗马的伊曼纽尔二世纪念碑 10; Palazzelto dello Sport 罗马小体育宫 202; Palazzo dello Sport 罗马大体育宫 203; Terminal Station, Rome 罗马火车站 111; 意大利罗马的古城与古建筑保护 146~147
Rossi, Aldo (1931~1997) 罗西 331, 348, 349~351, 353, 354, 356, 420
    Bonnefanten Museum, Maastricht, Holland 博尼芳丹博物馆 351; Gallaratese 2 Residential Complex, Milan, Italy 格拉拉公寓 350; San Cataldo Cemetery, Modena, Italy 圣·卡塔多公墓 348, 350; Teatro del Mondo, Venice, Italy 水上剧场 351; The Architecture of the City (1966) 《城市建筑》 331, 348, 349
Rouhault 鲁奥 13
    Greenhouses of the Botanical Gardens 巴黎植物园的温室 13
Rowe, Colin 罗 331, 389
    Collage City (1975)《拼贴城市》 331
Rudolph, Paul(1918~1997) 鲁道夫 196, 250, 311
    Dharmala Office Building, Jakarta 雅加达的达摩拉办公楼 196; 耶鲁大学艺术与建筑学楼 250, 255;
Ruskin, John (1819~1900) 罗斯金 32~33

# S

Saarinen, Eero (1910~1961) 小沙里宁 120, 206, 264~265, 267, 311, 318~322, 328
    David Ingalls Hockey Rink in Yale University 耶鲁大学冰球馆, 319, 321; Dulles International Airport 杜勒斯国际机场候机楼 206; General Motors Technical Center 通用汽车技术中心 264~265; Jefferson National Expansion Memorial 圣路易斯的杰弗逊公园的国土扩展纪念碑 322; Terminal, Trans World Airways, Kennedy Airport 纽约肯尼迪机场环球航空公司候机楼 202, 318~320; 纽约林肯文化中心实验剧院 268; 美国在伦敦的大使馆 274
Saarinen, Eliel (1873~1950) 老沙里宁 38, 94, 135, 264
    Helsinki Central Railroad Station, 赫尔辛基火车站 38; The City: Its Grow, Its Decay, Its Future《城市：其生长、衰败与未来》135
Sacconi, Giuseppe (1854~1905) 赛科尼 10
    Monument to Victor Emmanuel II, 罗马的伊曼纽尔二世纪念碑 10
Saint-Simom, Henri de (1760~1825) 圣西门 8
Sant'Elia, Antonio (1888~1916) 圣泰利亚 59
    "未来主义建筑宣言" 59
SAR (Sticking Architecten Research) 支撑体大众住宅体系 334
Satellite Town 卫星城镇 20, 25, 103

# 索引

Scarpa, Carlo (1906~1978) 斯卡帕 331, 400
  Museum of Castelvecchio, Verona, Italy 维罗纳古城堡中的中世纪博物馆改造设计 331, 332
Scharoun, Hans (1893~1972) 沙龙 65, 108, 232, 316~317, 328
  Berlin Philharmonie 柏林爱乐音乐厅 108, 316~317; Romeo and Juliet Apartment 罗密欧与朱丽叶公寓 108(与 W. Franck 合作);
Schinkel, Karl Friedrich (1781~1841) 申克尔 7, 31, 32, 344
  Altes Museum 柏林老博物馆 7, 344, 380; Berlin Schauspielhaus (theater and concert hall) 柏林宫廷剧院 7; 1827 年百货商店和 1830 年一座图书馆 32
Schumntzer, K 舒姆策 108
  Verwaltüng der Bayerischen Motorenwerke 巴伐利亚发动机厂 (BMW) 办公楼 108
Scott and Moffatt 斯科特与莫法特 9
  S. Giles, London 伦敦的圣吉尔斯教堂 9
SCSD (School Construction Systems Development) SCSD 学校建造体系 229
Scully, Vincent 斯卡利 318, 337, 340
Semper, Gottfried (1803~1879) 桑珀 32, 36, 417
  *Der Stil in den technischen und tektonischen Künsten*《技术与构造艺术中的风格》32; *Wissenschaft, Industrie und Kunst*《工业艺术论》32
Sert, Jose Luis (1902~1983) 塞尔特 135, 238, 242, 301, 318
  *Can Our Cities Survive?*《我们的城市能否存在?》135; Center for the Study of Contemporary Art, Joan Miro's Foundation 加泰罗尼亚的当代艺术研究中心 318; "*Nine Points on Monumentality*" 纪念性九要点 (提出人之一) 238; Peabody Terrace, Cambridge, Mass 皮博迪公寓 242~244; Undergraduate Science Center, Harvard University 哈佛大学本科生科学中心 244~245
Seurat 苏拉 33
Sharmaun, Herbert 沙曼恩 211
  Olympic Complex, Moscow 莫斯科奥运会体育馆 211
Silicon Valley 硅谷 150
Silvestrin, Claudio (1954~) 西尔韦斯汀 415, 417
Siza, Alvaro (1933~) 西扎 67, 359
  Galician Center of Contemporary Art, Santiago de Compostela, Spain 加利西亚当代艺术中心 359
Smirke, Robert, Sir (1780~1867) 斯米克 7
  British Museum, London 不列颠博物馆 7
Smithson, A. (1928~) and P. (1923~) 史密森夫妇 104, 239, 250, 254, 314, 329, 330
  Hunstanton School 亨斯特顿学校 254; Scheme for Sheffield University 谢菲尔德大学设计方案 254~255
Soane, John, Sir (1753~1837) 索恩 7
  Bank of England, London 英格兰银行 7
Solà-Morales, lgnasi de, (1942~) 索拉-莫拉莱斯 423 Minimal Architecture in Barcelona 巴塞罗那的简约倾向建筑 423~424
Soleri, Paolo (1919~ ) 索拉里 180
  Arcosanti 阿科桑蒂 (仿生城市) 180
SOM (Skilmore, Owings & Merrill) SOM 建筑事务所 119, 183, 264, 326, 408
  Banque Lambert 布鲁塞尔的兰伯特银行大楼 274; Chapel, Airforce Academy, Colorado Springs 科罗拉多空军士官学院的教堂 271, 277~278; John Hancock Center 芝加哥汉考克大厦 184, 185; Lever House 利华大厦 183; Sears Tower 西尔斯大厦 184, 190~191, 326
Soria y Mata, Arturo (1844~1920) 索里亚 27
  "Linear City" "带形城市" 27~28
Soufflot, Jacques-Germain (1713~1780) 苏夫洛 5
  Panthéon 巴黎万神庙 5, 7

South-dale 美国明尼阿波利斯的南谷室内高山街 148
Space city 空间城市 176
Stern, Robert (1939~) 斯特恩 338, 339, 346
Stirling, James (1926~1992) 斯特林 104, 250, 255~258, 343, 344
    Langham House 兰根姆住宅（与 Gowan 合作）255；Leicester University Engineering Department building, Leicester 莱斯特大学的工程馆 257（与 Gowan 合作）；Olivetti Training School, Haslemere, England 奥利韦蒂专科学校的校舍 257；Staatsgalerie Stuttgart Extension, Stuttgart, Germany 斯图加特州立美术馆扩建工程，343, 344；剑桥大学历史系图书馆 257
Stone, Edward Durell (1902~1978) 斯通 206, 266, 268
    U.S. Pavilion at the Brussels Universal and International Exhibition, 1958 布鲁塞尔世界博览会美国馆 206, 266；美国在新德里的大使馆 266, 268
Structuralism 结构主义哲学 248, 333, 334, 370
Stubbins, Hugh A. 斯塔宾斯 (1912~) 205, 248
    Conference Hall 柏林会堂 205；Pusey Library, Harvard University 普西图书馆 248
Submarine city 海底城市 176
Sullivan, Louis, Henri (1856~1924) 沙利文 42, 43, 86
    Carson Pirie Scott Department Store 芝加哥 C.P.S 百货公司大厦 42；Guaranty Trust Building, Buffalo 布法罗信托银行大厦 42
Superrealism 超现实主义 68
Suprematism 至上主义 380
Suspension city 悬挂城 176
Sustainable Development 可持续发展 151
Swiczinsky, Helmut (1944~) 斯维琴斯基 382

# T

TAC (The Architect's Collaborative) 协和建筑师事务所 72, 240~241
Harvard Graduate Center 哈佛大学研究生中心 240
    Interbau, Hansaviertel 1957 年汉莎区国际住宅展览会高层公寓楼 241, 242；Josiah Quincy Community School, Boston 何塞·昆西社区学校 245~248
Tapiola City Center 芬兰的塔皮奥拉城市中心 147
Tatlin, Vladimir (1885~1953) 塔特林 60, 380
    Monument to the Third International 第三国际纪念碑 60
Taut, Bruno (1880~1938) and Max (1884~1967) 陶特兄弟 63, 82
Tay Kheng Soon (1940~) 郑庆顺 309, 310
    Chee Tong 道观 309；新加坡技术教育学院 309；
Team X（见 CIAM）
Techcrete 住宅体系 229
Terragni, Guiseppe 特拉尼 (1904~1943) 63, 236, 348, 388
Thornton William (1759~1828) 桑顿 7
    Capitol of the United States 美国国会大厦 7
Ticenese School 提契诺学派 353
Tschumi, Bernard (1944~) 屈米 369, 370, 371, 372, 378, 387
    Parc de La Villete, Paris, France 拉维莱特公园 371

# U

Underground City 地下城市 176
Ungers, Oswald Mathias (1926~) 昂格尔斯 196, 354, 355, 356

索 引

Exhibition and Office Complex, Frankfurt, Germany 法兰克福商品交易会主楼 196; Museum of Architecture, Frankfurt-am-Main, Germany 建筑博物馆 355; Residential Development in the Ritterstrae, Marburg, Germany 马尔堡市的利特街住宅群 354; Upper air city 摩天城 176

Utzon, Jörn (1918~) 乌特松 114, 318, 322~323, 328

　　Sydney Opera 悉尼歌剧院 114, 318, 323

## V

Van den Broek(1898~1978) and Bakema, J. B. (1914~1981) 范登布鲁克和巴克马

　　Klein Driene in Hengelo 小德里恩住宅区 118; Lijnbaan 鹿特丹的林巴恩步行街 117, 147, 148; Nord-Kennermerland 北肯纳麦兰区的住宅区 118; "Visual Group" 形象组团 117

Van Doesberg, Theo 范·陶斯堡 59~61

Van Eyck, Aldo(1918~1999) 范·艾克 118, 239, 248, 330, 334, 361

　　Children's Home, Amsterdam 阿姆斯特丹儿童之家 118, 248, 249, 302

Vantongerloo, G. 范顿吉罗 59

Velde, Henry van de (1863~1957) 费尔德 33, 50, 62

　　Weimar Art School 德国魏玛艺术学校 33, 62

Venezia, Francesco (1944~) 维尼切亚 424

Venice 威尼斯 351

　　Teatro del Mondo 水上剧场 351;

　　Venice Biennale 威尼斯双年展 342, 343, 351, 352

Venturi, Robert (1925~) 文图里 101, 331, 333, 336, 337, 338, 339, 384

　　Complexity and Contradiction in Architecture 《建筑的复杂性与矛盾性》 331, 336; Learning From Las Vegas 《向拉斯维加斯学习》 333, 339; Vanna Venturi House, Chestnut Hill, Pa. USA 宾州栗子山文图里母亲住宅 337; Guild House, Retirement House, Philadelphia, Pa. USA 老年公寓 338

Vesnin brothers, Aleksand (1883~1959), Leonid (1880~1937), Viktor (1882~1950) 维斯宁兄弟 236

Vienna 维也纳

　　Office of Austman Tourist Bureau 奥地利旅行社 342; Postal Savings Bank Office, Vienna 维也纳的邮政储蓄银行 36; Rooftop Remodeling 屋顶加建 383; Stations and other works, Vienna Municipal Railway 维也纳的地下铁道车站 36; Steiner House, 斯坦纳住宅 37

Vienna's School 维也纳学派 35, 36

Vienna's Secession 维也纳分离派 35, 36

Viganó, V (1919~) 维加诺 250

　　Istituto Marchiondi Spagliardi, Milano Baggio, Italy 250

Vignon, Alexandre Pierre(1763~1828) 维格农 6

　　Madeleine Church, Paris 马德莱娜教堂 6

## W

Wachsmann 瓦克斯曼 219

　　木制嵌入式墙板单元住宅建造体系 219

Wagner, Otto (1841~1918) 瓦格纳 36, 62

　　Modern Architecture 《现代建筑》 36; Postal Savings Bank Office, Vienna 维也纳的邮政储蓄银行 36; Stations and other works, Vienna Municipal Railway 维也纳的地下铁道车站 36

walking city 行走式城市 176

　　Wahad-El-Wakil, Abdel 瓦赫德-厄-瓦基尔 292 苏里曼王宫 292

Washington 华盛顿

　　Capitol of the United States 美国国会大厦 7; Dulles International Airport 杜勒斯国际机场候机楼 206; East Gallery of

National Gallery of Art 美国国家美术馆东馆 312~314

Waterhouse, Alfred (1830~1905) 沃特豪斯 9

 Town Hall, Manchester 曼彻斯特市政厅 9

Watt and Boulton 瓦特与博尔顿 12

 The Cotton Mill, Manchester, Salford 索尔福德棉纺厂的 7 层生产车间 12

Webb, Philip Speakman(1831~1915) 韦布 32

 Red House, Bexley Heath, Kent 红屋 32

Wigley, Mark 威格利 369, 371, 387

Winckelmann, Johann (1717~1768) 温克尔曼 5

 *History of Ancient Art* 1764 年《古代艺术史》5

Wittgenstein, Ludwig(1889~1951) 维特根斯坦 415

Womersley, J. L. and Lynn, Smith, Nicklin 255

 Park Hill, Sheffield 公园山公寓 255

Woods, Shadrach(1923~1973) 伍兹 106, 239, 291（见 Candilis）

Wren, Sir Christopher (1632~1723) 雷恩 3

 1966 年伦敦改建规划 3

Wright, Frank Lloyd (1869~1959) 赖特 31, 38, 43~46, 50, 62, 64, 84~94, 120, 129, 135, 232, 233, 310, 311, 313

 Guggenheim, Museum 古根海姆美术馆 90~92, 233, 311; Imperial Hotel 帝国饭店 87; Isabel Roberts House 罗伯茨住宅 44; Johnson and Son Administration Building 约翰逊公司总部 88~89, 233; Kaufmann House on the Waterfall 流水别墅 65, 87~88, 233; Larkin Building 拉金公司大楼 86~87; Organic Architecture 有机建筑 44, 62, 64~65, 92~94, 232, 233; Prairie House"草原式住宅"31, 43~46, 64, 86; Price Tower 普赖斯大楼 312; Robie House 罗比住宅 44, 45; Taliesin West, Scottsdale, Arizona 西塔里埃森 89~90; Willitts House 威利茨住宅 44;《不可救药的城市》135

## Y

Yamasaki, Minoru (1912~ ) 雅马萨奇（山崎实）184, 190, 202, 266, 269~270

 Mcgregor Memorial Conference Center 麦格拉格纪念会议中心 269; Northwest National Life Insurance Co. Minneapolis 西北国家人寿保险公司大楼 270; Terminal Building at Airport in St. Louis 圣路易斯航空站候机楼 202; World Trade Center 纽约世界贸易中心 184, 189, 190, 270, 326 西雅图世界博览会中的科学馆 270

Yeang, Ken 杨经文 310, 362, 364, 411(见 Hamzah & Yeang)

 Roof roof House, Selangor, Kuala Lumpur, Malaysia "双顶屋" 364

Yener, Ertur 叶纳 297

 Turkish Historical Society, Ankara, Turkey 安卡拉的土耳其历史学会大楼（与 Cansever 合作）297

## Z

Zehrfuss, B 策尔福斯 273

 Centre Nationale des Industries et Techniques 巴黎的国家工业与技术中心陈列大厅（与 Camelot 和 Mailly 合作）202; 巴黎的联合国教科文总部（与 Breuer 和 Nerbi 合作）273

Zevi, Bruno (1918~ ) 泽维 65

 *Toward An Organic Architecture*（1949）《走向有机建筑》65

Zumthor, Peter (1943~ ) 祖姆托 417, 421

 Art Museum Bregenz, Bregenz, Austria 布列根兹美术馆 420; Thermal Bath Vals, Vals, Switzerland 瓦尔斯镇的温泉浴场 420

# 索　引

（以姓氏笔画为序）

大谷幸夫(Otani, Ukio, 1924~) 126
　　国立京都国际会馆 126
丹下健三(Tange, Kenzo, 1913~) 125, 177, 250, 272, 281, 289, 344
　　广岛和平中心 125, 140；东京海湾规划 177；东京都新厅舍 128, 195；山梨文化会馆 272, 281；东京代代木国立室内综合竞技场 127, 206；神奈川户冢高尔夫会所 127；九州宫崎高尔夫俱乐部 127；香川县厅舍 128, 289；仓敷市厅舍 255, 289
安藤忠雄（Ando, Tadao, 1941~） 128, 397~400, 416
　　住吉的长屋 128, 399；光的教堂 399~400；水的教堂 399~400
吉阪隆正(Yosisaka, Ryosei, 1917~1980) 125
吉田五十八(Yosita, Isoya, 1894~1966) 126
　　罗马的日本学院 126
阪仓准三(Sakakura, Junzo, 1901~1969) 125
　　吴市厅舍 125
村松映一、平田哲、村上吉雄 Muramathi, Herata, Murakami 212
　　福冈体育馆 212
矶崎新（Isozaki, Arata, 1931~）168, 344, 345, 397
　　日本筑波中心广场 168；空间城市方案 177；筑波城市政中心大厦 345
坂茂（Ban, Shigeru, 1957~） 416
　　House 2/5, Nishinomiya, Japan "2/5 住宅" 416
岩本博行(Iwamoto, Hirouki, 1913~) 126
　　东京国立剧场 126
妹岛和世（Sejima, Kazuyo, 1956~） 424
林昌二（Hayasi，Syoji) 127
　　皇居旁大楼 127
前川国男(Maekawa, Kunio, 1905~1986) 124, 125, 250, 330
　　晴海公寓 124；京都文化会馆 125；东京文化纪念会馆 125
原广司(Hara, Hiroshi, 1936~) 194
　　Umeda Sky Building, Osaka, Japan 大阪新梅田空中大厦 194~195
桢文彦（Fumihiko, Maki, 1928~）211, 397, 398
　　Spiral, Minato, Tokyo, Japan　螺旋大楼 398；藤泽市秋叶台市民体育馆 211；代官山集合住宅 128
菊竹清训 327
　　海上城市 327
黑川纪章（Kurokawa, Kisho Noriaki, 1934~）129, 281, 397
　　东京中银仓体大楼 128~129；1970 年大阪世界博览会 Takara Beautilion 实验性房屋 272, 281

大阪市中心梅田地下街 172
广岛重建 140
日建设计事务所和竹中工务店 212
　　东京充气穹顶竞技馆 212
日本筑波科学城 124, 155~156, 168
日本新宿副中心 124, 157~158
日本的四次全国综合开发计划 151
日本京都、奈良古城和古建筑保护 124, 165
关西科学城 124, 155~157